〘 이 책을 검토해 주신 선생님 〙

경기
김승　플래너수학학원
김진주　수인재학원
이유리　엠엔에스아카데미
임은경　매쓰플랜수학경기화성와우지점
장석영　드림온수학전문나루관학원
홍동균　시흥(배곧)M2수학학원

대전
김민규　청람수학전문학원
이종평　강남수학학원

세종
김상권　원휠영어수학전문학원
장광원　둔산입시학원

전북
오현석　MOA수학학원(전주)
위준　더큰수학학원
전주연　전주길수학전문학원
홍희경　파로수학학원

부산
강대회　해운대강수학
권성현　센텀해법수학학원
박기태　프리미엄수학학원
박기형　참수학교습소

세상이 변해도
배움의 즐거움은
변함없도록

시대는 빠르게 변해도
배움의 즐거움은
변함없어야 하기에

어제의 비상은
남다른 교재부터
결이 다른 콘텐츠
전에 없던 교육 플랫폼까지

변함없는 혁신으로
교육 문화 환경의 새로운 전형을
실현해왔습니다.

비상은 오늘, 다시 한번
새로운 교육 문화 환경을 실현하기 위한
또 하나의 혁신을 시작합니다.

오늘의 내가 어제의 나를 초월하고
오늘의 교육이 어제의 교육을 초월하여
배움의 즐거움을 지속하는 혁신,

바로, 메타인지 기반 완전 학습을.

상상을 실현하는 교육 문화 기업 비상

메타인지 기반 완전 학습

초월을 뜻하는 meta와 생각을 뜻하는 인지가 결합한 메타인지는
자신이 알고 모르는 것을 스스로 구분하고 학습계획을 세우도록 하는
궁극의 학습 능력입니다. 비상의 메타인지 기반 완전 학습 시스템은
잠들어 있는 메타인지를 깨워 공부를 100% 내 것으로 만들도록 합니다.

01 / 유리수와 순환소수 8~27쪽

0001 $0.333\cdots$, 무한소수 **0002** 0.4, 유한소수
0003 -1.25, 유한소수 **0004** $1.8333\cdots$, 무한소수
0005 $-0.4666\cdots$, 무한소수 **0006** 0.5625, 유한소수
0007 4, $0.\dot{4}$ **0008** 3, $0.58\dot{3}$ **0009** 86, $1.\dot{8}\dot{6}$
0010 47, $3.12\dot{4}\dot{7}$ **0011** 123, $4.\dot{1}2\dot{3}$ **0012** 5432, $2.5\dot{4}3\dot{2}$
0013 $0.\dot{7}$ **0014** $0.\dot{7}\dot{2}$ **0015** $0.5\dot{6}$ **0016** $0.3\dot{4}\dot{5}$
0017 (가) 5^2 (나) 100 (다) 0.75 **0018** (가) 2^2 (나) 36 (다) 0.36
0019 (가) 5 (나) 1000 (다) 0.035 **0020** (가) 2^2 (나) 52 (다) 0.052
0021 ○ **0022** × **0023** ○ **0024** ○ **0025** × **0026** ×
0027 (가) 10 (나) 9 (다) 7 **0028** (가) 100 (나) 99 (다) 4
0029 (가) 1000 (나) 999 (다) 333 **0030** (가) 10 (나) 90 (다) 64
0031 (가) 1000 (나) 990 (다) 330 **0032** $\dfrac{25}{99}$ **0033** $\dfrac{78}{37}$
0034 $-\dfrac{197}{45}$ **0035** $\dfrac{1027}{198}$ **0036** ○ **0037** ○
0038 × **0039** ○ **0040** × **0041** ○ **0042** ○ **0043** ×
0044 ×
0045 ③, ④ **0046** 3 **0047** ㄹ **0048** ③ **0049** ④
0050 ⑤ **0051** 8 **0052** ② **0053** ③, ⑤ **0054** ④
0055 3 **0056** 0 **0057** ③ **0058** 1 **0059** ④
0060 (가) 9 (나) 2 (다) 18 (라) 0.18 **0061** ②, ⑤ **0062** ②
0063 ㄹ, ㅂ **0064** ③ **0065** ⑤ **0066** 탄수화물, 지방
0067 ② **0068** 4 **0069** 21 **0070** ③ **0071** 5 **0072** ⑤
0073 ① **0074** 84 **0075** ④ **0076** 6 **0077** ③ **0078** 43
0079 ② **0080** 46 **0081** 37 **0082** ④ **0083** ④, ⑤
0084 26 **0085** ④ **0086** ④ **0087** ③ **0088** ③, ⑤
0089 ② **0090** 7 **0091** ②, ④ **0092** $\dfrac{54}{11}$ **0093** $\dfrac{121}{30}$
0094 ④ **0095** (1) $p=90$, $q=11$ (2) $0.1\dot{2}$ **0096** 62
0097 ③ **0098** ④ **0099** ② **0100** ② **0101** $x=2.\dot{4}\dot{5}$
0102 6 **0103** ②, ④ **0104** ③ **0105** 81 **0106** ③
0107 55 **0108** ⑤ **0109** ㄴ, ㄷ, ㄹ, ㄱ **0110** ④ **0111** ①
0112 ①, ④ **0113** 4 **0114** ④ **0115** ②, ③
0116 ②, ⑤
0117 ㄴ, ㄹ, ㅁ **0118** ⑤ **0119** 12 **0120** ④ **0121** ③
0122 3 **0123** 29 **0124** ④ **0125** ④ **0126** ④ **0127** ②
0128 24 **0129** $0.1\dot{6}$ **0130** ④ **0131** ⑤ **0132** ③
0133 ④, ⑤ **0134** 117 **0135** $\dfrac{7}{11}$ **0136** 5
0137 111 **0138** 38 **0139** 5
0140 (1) 3 (2) $a=2$, $b=1$ (3) $\dfrac{1}{11}$

02 / 단항식의 계산 28~45쪽

0141 2^9 **0142** a^8 **0143** 3^{11} **0144** x^3y^{12} **0145** 5
0146 9 **0147** 3, 10 **0148** a^6 **0149** 5^{36} **0150** 7^{16}
0151 a^{24} **0152** 3 **0153** 2 **0154** a **0155** 1 **0156** $\dfrac{1}{x^4}$
0157 2^2 **0158** $\dfrac{1}{x}$ **0159** 13 **0160** 7 **0161** a^4b^6
0162 $-27x^{12}$ **0163** $\dfrac{1}{16}x^8y^4$ **0164** $\dfrac{a^5}{b^{20}}$
0165 $\dfrac{x^8}{25y^6}$ **0166** 2, 12 **0167** 8, 6 **0168** $18a^7$
0169 $-10x^6y^8$ **0170** $4x^6y^9$ **0171** $-3a^5b^7$
0172 $6x^7y^9$ **0173** $-32a^5$ **0174** $27x^4y^5$
0175 $\dfrac{y^4}{x^2}$ **0176** $4x^7y^{10}$ **0177** $-50x^3$ **0178** $3a^3$
0179 $-\dfrac{1}{5}$ **0180** $\dfrac{3y}{2x}$ **0181** $6x^7y^7$ **0182** $-9a^6$
0183 $-x^2y$ **0184** $\dfrac{2a}{b^3}$ **0185** $\dfrac{x^8}{y^6}$ **0186** $-\dfrac{x^{13}y}{8}$
0187 $\dfrac{x^5y^4}{3}$ **0188** $2x^3$ **0189** $\dfrac{1}{2}b^4$ **0190** $-4x^3y$
0191 $6x^6$ **0192** $9a^2b^5$ **0193** $\dfrac{5}{4}x^7y^6$
0194 ① **0195** 2 **0196** ⑤ **0197** ① **0198** ④ **0199** 6
0200 ③ **0201** ④ **0202** 3 **0203** ③ **0204** ② **0205** ⑤
0206 ② **0207** 4 **0208** 4 **0209** 36 **0210** ④ **0211** ⑤
0212 18 **0213** ② **0214** ① **0215** ④ **0216** 100 **0217** ②
0218 18 **0219** ② **0220** ④ **0221** 12 **0222** ④, ⑤
0223 ⑤ **0224** 4 **0225** ④ **0226** ⑤ **0227** 4 **0228** ②
0229 ④ **0230** ① **0231** ② **0232** 13자리 **0233** 13
0234 ② **0235** ① **0236** ② **0237** -6 **0238** 280 **0239** $-\dfrac{3y}{x^2}$
0240 ④ **0241** ③ **0242** 4 **0243** ③ **0244** ②, ⑤
0245 14 **0246** ② **0247** ③ **0248** (1) $5a^4b^2$ (2) $5a^{10}b^6$
0249 $A=3xy^2$, $B=9x^3y^3$, $C=-9x^6y^6$ **0250** ② **0251** $6ab^3$
0252 $4\pi a^3b^4$ **0253** 4배 **0254** ⑤ **0255** ③ **0256** $2ab^2$
0257 ④
0258 ④ **0259** ② **0260** ③ **0261** 15 **0262** ① **0263** ③
0264 13 **0265** ② **0266** $3x^{12}y^5$ **0267** ③ **0268** 5
0269 ②, ④ **0270** ③ **0271** ② **0272** $9x^3y^3$
0273 11 **0274** 19 **0275** $\dfrac{9}{4}a$
0276 16 **0277** ③ **0278** ④ **0279** $200a^8b^7$

0659 ④　0660 ④　0661 2　0662 -9　0663 ①　0664 8

0665 ⑤　0666 ④　0667 4　0668 6　0669 ①　0670 ⑤

0671 $m=1,\ n=3$　0672 -6　0673 ①　0674 $a=-7,\ b=5$

0675 3　0676 ③　0677 12　0678 -10

0679 ②, ④　0680 ④　0681 $x=-1,\ y=1$　0682 $-\dfrac{2}{3}$

0683 ③　0684 ②　0685 ⑤

0686 ②, ④　0687 ②　0688 4　0689 6

0690 ②, ⑤　0691 ③　0692 ③, ⑤

0693 $x=-4,\ y=-9$　0694 ⑤　0695 -4　0696 ③

0697 1　0698 4　0699 ⑤　0700 ④　0701 7　0702 -3

0703 -8

0704 ②　0705 -1　0706 11　0707 ③

07 / 연립일차방정식의 활용　114~131쪽

0708 (1) $\begin{cases} x+y=84 \\ x-y=8 \end{cases}$ (2) $x=46,\ y=38$ (3) 38, 46

0709 (1) $\begin{cases} x+y=15 \\ 2x+3y=36 \end{cases}$ (2) $x=9,\ y=6$

(3) 2점짜리 슛: 9개, 3점짜리 슛: 6개

0710 (1) $\begin{cases} x+y=11 \\ x=y-3 \end{cases}$ (2) $x=4,\ y=7$

(3) 가로: 4 cm, 세로: 7 cm

0711 (1)

	A 지점 ∼ B 지점	B 지점 ∼ C 지점	전체
거리	x km	y km	10 km
속력	시속 8 km	시속 4 km	
시간	$\dfrac{x}{8}$ 시간	$\dfrac{y}{4}$ 시간	$\dfrac{3}{2}$ 시간

(2) $\begin{cases} x+y=10 \\ \dfrac{x}{8}+\dfrac{y}{4}=\dfrac{3}{2} \end{cases}$ (3) $x=8,\ y=2$ (4) 8 km, 2 km

0712 (1)

	남학생 수	여학생 수
작년	x	y
변화량	$\dfrac{8}{100}x$	$-\dfrac{5}{100}y$

(2) $\begin{cases} x+y=550 \\ \dfrac{8}{100}x-\dfrac{5}{100}y=5 \end{cases}$ (3) $x=250,\ y=300$

(4) 남학생: 250, 여학생: 300

0713 ④　0714 $x=14,\ y=4$　0715 ③　0716 64　0717 18

0718 ③　0719 남학생: 12, 여학생: 8　0720 ⑤　0721 ④

0722 65명　0723 ③　0724 1200원

0725 연필: 2자루, 색연필: 6자루　0726 ④　0727 ②

0728 60마리　0729 노새: 7자루, 당나귀: 5자루

0730 ③　0731 ⑤　0732 ②　0733 33살

0734 어머니: 45살, 딸: 15살　0735 8 cm　0736 ④

0737 ②　0738 32 cm　0739 ②

0740 나무 위: 7마리, 나무 아래: 5마리　0741 60　0742 ⑤

0743 8　0744 10　0745 ②　0746 ②　0747 $a=1,\ b=3$

0748 13　0749 ④　0750 ①　0751 ③　0752 5 km

0753 14 km　0754 ③　0755 25분 후　0756 2 km

0757 ③　0758 수지: 분속 100 m, 연주: 분속 50 m

0759 12분 후　0760 ②　0761 ④　0762 분속 24 m

0763 ③　0764 ①　0765 ②　0766 371　0767 285 kg

0768 52000원　0769 ③　0770 6000원　0771 ③

0772 A 제품: 15000원, B 제품: 20000원　0773 30일

0774 ③　0775 20분　0776 ④　0777 ④　0778 45 g

0779 소금물 A: 12 %, 소금물 B: 6 %　0780 ②

0781 합금 A: 10 kg, 합금 B: 4 kg　0782 70 g

0783 23　0784 ③　0785 사과: 25, 배: 15　0786 ⑤

0787 ②　0788 아버지: 40살, 딸: 9살　0789 20명

0790 ②　0791 ②　0792 19 km　0793 30분 후

0794 ⑤　0795 시속 10 km　0796 ③　0797 ③　0798 4일

0799 20 g　0800 ④　0801 121 cm²　0802 7 km

0803 564 kg

0804 ③　0805 ②　0806 ④　0807 100만 원

05 / 일차부등식의 활용　80~93쪽

0505 (1) $2x+10<3x-6$ (2) $x>16$ (3) 17

0506 (1) $x+(x+1)>47$ (2) $x>23$ (3) 24, 25

0507 (1) $800x+500\le7700$ (2) $x\le9$ (3) 9개

0508 (1) $\dfrac{1}{2}\times8\times x\ge20$ (2) $x\ge5$ (3) 5 cm

0509 (1)

	올라갈 때	내려올 때
거리	x km	x km
속력	시속 3 km	시속 4 km
시간	$\dfrac{x}{3}$시간	$\dfrac{x}{4}$시간

(2) $\dfrac{x}{3}+\dfrac{x}{4}\le3$ (3) $x\le\dfrac{36}{7}$ (4) $\dfrac{36}{7}$ km

0510 ② **0511** ② **0512** 26, 27, 28 **0513** 24 **0514** ②

0515 ④ **0516** 10명 **0517** ④ **0518** 26개

0519 ③ **0520** 11권 **0521** ② **0522** 8개 **0523** 6개

0524 ⑤ **0525** ④ **0526** 7개월 후 **0527** $x\ge10$

0528 ④ **0529** 12 cm **0530** 2 cm **0531** ②

0532 17년 후 **0533** ③ **0534** ④ **0535** 4대 **0536** 150분

0537 ③ **0538** ⑤ **0539** ④ **0540** ② **0541** 15000원

0542 ④ **0543** ② **0544** 36개월 **0545** ⑤ **0546** 8명

0547 37명 **0548** ③ **0549** $\dfrac{7}{8}$ km **0550** ②

0551 7 km **0552** ⑤ **0553** 5 km **0554** ⑤

0555 3 km **0556** ② **0557** ④ **0558** 4분 후

0559 ④ **0560** ⑤ **0561** 5개 **0562** ①, ⑤

0563 50일 후 **0564** ③ **0565** ④ **0566** 53개

0567 350 MB **0568** ⑤ **0569** ④ **0570** 29명

0571 ④ **0572** ③ **0573** 21분 **0574** 18개

0575 10장 **0576** 81곡

0577 ③ **0578** 25 cm **0579** 800원 **0580** ④

06 / 연립일차방정식　94~113쪽

0581 ○ **0582** × **0583** ○ **0584** ×

0585 $400x+700y=5600$ **0586** $x+y+5=17$

0587 ○ **0588** × **0589** × **0590** ○

0591

x	1	2	3	4	5	6
y	17	13	9	5	1	-3

$(1, 17)$, $(2, 13)$, $(3, 9)$, $(4, 5)$, $(5, 1)$

0592

x	19	14	9	4	-1
y	1	2	3	4	5

$(19, 1)$, $(14, 2)$, $(9, 3)$, $(4, 4)$

0593 × **0594** ○

0595 (1)

x	1	2	3	4	5
y	4	3	2	1	0

$(1, 4)$, $(2, 3)$, $(3, 2)$, $(4, 1)$

(2)

x	7	5	3	1	-1
y	1	2	3	4	5

$(7, 1)$, $(5, 2)$, $(3, 3)$, $(1, 4)$

(3) $(1, 4)$

0596 (가) $x-2$ (나) 1 (다) -1 **0597** $x=2$, $y=12$

0598 $x=-11$, $y=-4$

0599 (가) 2 (나) -14 (다) -2 (라) -4

0600 $x=2$, $y=\dfrac{1}{2}$ **0601** $x=-1$, $y=-4$

0602 $x=-2$, $y=2$ **0603** $x=-\dfrac{1}{2}$, $y=3$

0604 $x=-1$, $y=2$ **0605** $x=2$, $y=\dfrac{1}{5}$

0606 $x=3$, $y=-3$ **0607** $x=6$, $y=-12$

0608 $x=1$, $y=5$ **0609** $x=2$, $y=-3$

0610 해가 무수히 많다. **0611** 해가 없다.

0612 ③ **0613** ③, ⑤ **0614** ② **0615** ④

0616 ①, ④ **0617** ③ **0618** ④ **0619** 6 **0620** ③

0621 (1) $30x+15y=180$

(2) $(1, 10)$, $(2, 8)$, $(3, 6)$, $(4, 4)$, $(5, 2)$

0622 ⑤ **0623** -2 **0624** 1 **0625** ④ **0626** ③ **0627** ⑤

0628 ④ **0629** $(3, 5)$ **0630** 3 **0631** ④ **0632** -15

0633 4 **0634** ③ **0635** ④ **0636** ② **0637** 35

0638 ②, ④ **0639** 2 **0640** ②, ④ **0641** 19

0642 ④ **0643** 9 **0644** ④ **0645** ⑤ **0646** 1 **0647** ④

0648 ⑤ **0649** $x=-2$, $y=6$ **0650** 3

0651 $x=-\dfrac{1}{3}$, $y=-2$ **0652** $x=\dfrac{1}{3}$, $y=1$ **0653** 8

0654 ④ **0655** -12 **0656** ③ **0657** ③ **0658** -6

0280 $5x+3y$　0281 $4x+2y$　0282 $-a-9b+3$

0283 $\dfrac{17x+11y}{6}$　0284 $-2a+5b$　0285 $7x-6y$

0286 ㄴ, ㄷ, ㄹ　0287 $3x^2-7x+6$　0288 $4a^2+2a+4$

0289 $5y^2+4y+1$　0290 $3x^2+6x$

0291 $-2ab+4b^2-3b$　0292 $3x^2-4x$

0293 $-2a^2b+8ab^2+8ab$　0294 $4x+2$

0295 $4a^2b^2-3ab+7$　0296 $12x^5y^3+4x^2y^2-10x$

0297 $3x^2-10x-12$　0298 $-9a^2-a$　0299 $2x+2$

0300 $-x+8$　0301 $-x-19y$　0302 $7x+23y$

0303 ⑤　0304 -13　0305 ②　0306 ④　0307 ⑤

0308 -2　0309 ②, ④　0310 ②　0311 2　0312 ①

0313 3　0314 ④　0315 ④　0316 ⑤　0317 a^2+5a

0318 ①　0319 ①　0320 $3x-4y$　0321 ④

0322 (1) $x-5y+6$ (2) $-2x-7y+11$　0323 ②　0324 ③

0325 $9x^2y-3xy^2-12xy$　0326 ⑤　0327 $-6x+3y$

0328 ③　0329 ④　0330 ①　0331 $-2xy^2+2xy$

0332 $3a^5b-b^2$　0333 ④　0334 4　0335 ④

0336 ③, ④　0337 5　0338 ①　0339 $20x+24y-40$

0340 (1) $12x^2+26xy-6y^2$ (2) $18x^2y-6xy^2$　0341 ③

0342 $2a-b$　0343 ②　0344 $4a+2b$　0345 ④

0346 30　0347 ⑤　0348 -23　0349 ③　0350 ③

0351 $21x-8y$

0352 ①　0353 ③　0354 ②　0355 $4x-5y+4$

0356 $A=7x^2+x+5,\ B=5x^2-2,\ C=x^2-2x+4$

0357 ③　0358 ①　0359 30　0360 ②, ⑤　0361 ④

0362 $33xy-8y^2$　0363 ②　0364 ③　0365 ③　0366 ⑤

0367 14　0368 $-8x^3-x^2y+3x$　0369 $\dfrac{1}{6}a+b$

0370 $\left(\dfrac{9}{14}a+\dfrac{2}{7}b\right)$원　0371 ②　0372 $\dfrac{3}{4}b+\dfrac{1}{2}$

0373 ②

0374 ○　0375 ×　0376 ×　0377 ○　0378 $x+5>14$

0379 $4x-3\geq 2x$　0380 $200x<1500$

0381 $7x+500\leq 6000$　0382 ○　0383 ×　0384 ○

0385 ×　0386 $-2,\ -1,\ 0$　0387 $-2,\ -1,\ 0,\ 1$

0388 <　0389 <　0390 <　0391 >　0392 <　0393 >

0394 <　0395 ≥　0396 ≤　0397 <　0398 ○　0399 ×

0400 ×　0401 ○　0402 $x<6$　0403 $x\geq 4$

0404 $x\leq 2$　0405 $x<-2$

0406 $x<3$,　0407 $x\geq 2$,

0408 $x\leq -8$,　0409 $x>-6$,

0410 $x\leq 4$　0411 $x>-10$　0412 $x\geq 3$

0413 $x<3$　0414 $x>-9$　0415 $x\leq -6$

0416 $x<2$　0417 $x\geq 2$　0418 $x>20$

0419 $x\leq 1$　0420 $x\geq 9$　0421 $x>-5$

0422 ③, ⑤　0423 ③, ④　0424 3　0425 ④

0426 ③　0427 $2(x+4)<20$　0428 ④　0429 ③　0430 -5

0431 3　0432 ⑤　0433 ④　0434 ④　0435 ③

0436 ②, ③　0437 ⑤　0438 ④　0439 ①　0440 14

0441 $-12<x\leq 16$　0442 ②　0443 ④　0444 ③

0445 $a\neq -2$　0446 ②　0447 ㄱ, ㄷ　0448 ③

0449 8　0450 ③　0451 ④　0452 ③　0453 ④　0454 7

0455 ③　0456 12　0457 6　0458 ①　0459 10　0460 ②

0461 ④　0462 $x<\dfrac{3}{2}$　0463 ①　0464 $x<-1$

0465 ②　0466 $x\leq 3$　0467 -14　0468 2

0469 ②　0470 ③　0471 -2　0472 ①　0473 (1) $x>-5$ (2) 4

0474 4　0475 ②　0476 ②　0477 ⑤　0478 -1

0479 $5\leq a<7$　0480 ⑤　0481 $\dfrac{1}{2}\leq a<1$　0482 ④

0483 ③　0484 ㄱ, ㄷ　0485 ②　0486 ④　0487 ③

0488 ④　0489 6　0490 ④　0491 ④　0492 ③　0493 ④

0494 $x>\dfrac{3}{2}$　0495 $\dfrac{3}{4}$　0496 ④　0497 ②　0498 15

0499 2　0500 -2

0501 ②, ③　0502 ③　0503 $x<4$　0504 ⑤

08 / 일차함수와 그 그래프   134~151쪽

0808 ○,

x	1	2	3	4	…
y	3	4	5	6	…

0809 ×,

x	1	2	3	4	…
y	없다.	1	1, 2	1, 2, 3	…

0810 ○,

x	1	2	3	4	…
y	1	4	9	16	…

0811 12   **0812** -18 **0813** 2   **0814** -15

0815 -6 **0816** 3   **0817** 2   **0818** -36 **0819** ×

0820 ×   **0821** ○   **0822** ×   **0823** $y=3x$, 일차함수이다.

0824 $y=\pi x^2$, 일차함수가 아니다.

0825 $y=\dfrac{10}{x}$, 일차함수가 아니다.   **0826** 7   **0827** -3

0828 $y=-x+5$ **0829** $y=\dfrac{1}{2}x-1$

0830 x절편: 3, y절편: 2   **0831** x절편: 2, y절편: -1

0832 x절편: -3, y절편: 3   **0833** x절편: 4, y절편: 8

0834 x절편: 6, y절편: -1 **0835** x절편: -10, y절편: -4

0836 2, 4, 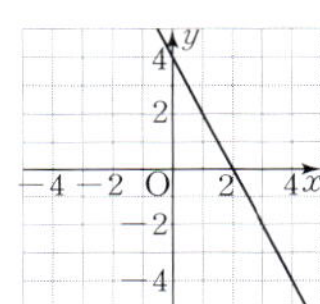   **0837** 3, -1, 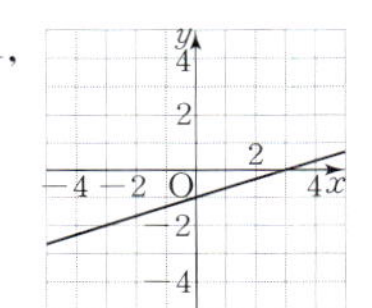

0838 3   **0839** $-\dfrac{2}{3}$ **0840** 6   **0841** 4   **0842** -1

0843 $-\dfrac{5}{3}$

0844 -1, 3, 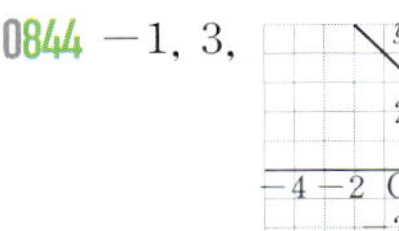   **0845** $\dfrac{3}{2}$, -2, 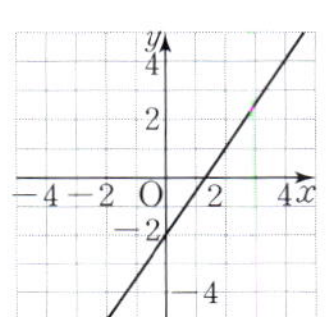

0846 ②   **0847** ②   **0848** 14   **0849** ①, ⑤

0850 ㄴ, ㄷ   **0851** ⑤   **0852** 14   **0853** ②   **0854** ②

0855 ③   **0856** ②   **0857** ④   **0858** 16   **0859** ③   **0860** ②

0861 9   **0862** ③   **0863** ⑤   **0864** 2   **0865** 18   **0866** 11

0867 ③   **0868** ④, ⑤   **0869** -10 **0870** 1

0871 ④   **0872** -4 **0873** ④   **0874** -3 **0875** ④   **0876** ⑤

0877 ②   **0878** 4   **0879** 4   **0880** ①   **0881** 15   **0882** 4

0883 ④   **0884** ②   **0885** -10 **0886** ①   **0887** -3

0888 ③   **0889** ③   **0890** 7   **0891** $\dfrac{1}{4}$ **0892** ②   **0893** 2

0894 ⑤   **0895** ③   **0896** ⑤   **0897** ①   **0898** ②   **0899** 4

0900 ①   **0901** $\dfrac{45}{2}$ **0902** ①   **0903** $\dfrac{1}{2}$ **0904** $\dfrac{9}{4}$

0905 ④, ⑤   **0906** ④   **0907** 2   **0908** 4   **0909** 17

0910 ③   **0911** ②   **0912** 8   **0913** ②   **0914** ⑤   **0915** -1

0916 ②   **0917** $\dfrac{9}{4}$ **0918** ④   **0919** ③   **0920** 27   **0921** 5

0922 5   **0923** 4

0924 (1) $A(a, 2a)$, $\overline{AB}=2a$ (2) 3 (3) 36   **0925** 4, 20

0926 ④   **0927** $-\dfrac{3}{5}$

09 / 일차함수의 그래프의 성질과 활용   152~167쪽

0928 ㄱ, ㄴ, ㄹ   **0929** ㄷ, ㅁ, ㅂ   **0930** ㄴ, ㄷ, ㅁ

0931 $a>0$, $b>0$ **0932** $a<0$, $b<0$ **0933** 3   **0934** -8

0935 $a=5$, $b=-2$ **0936** $a=2, b=-7$ **0937** $y=2x+9$

0938 $y=\dfrac{1}{3}x-2$ **0939** $y=-3x+10$ **0940** $y=4x+2$

0941 $y=-2x+3$ **0942** $y=5x-3$ **0943** $y=\dfrac{3}{2}x+3$

0944 $y=\dfrac{5}{4}x-5$ **0945** (1) $y=10000-1500x$ (2) 4000원

0946 ④   **0947** ③   **0948** ⑤   **0949** ①, ⑤

0950 제2사분면   **0951** ④   **0952** ①   **0953** ①   **0954** ⑤

0955 6   **0956** ③   **0957** 11   **0958** ④   **0959** ③   **0960** 6

0961 $-5 \le a \le -\dfrac{2}{3}$ **0962** $\dfrac{6}{5}$ **0963** ②   **0964** -2

0965 ⑤   **0966** ④   **0967** $y=-\dfrac{3}{2}x+2$ **0968** -3 **0969** 1

0970 ①   **0971** ⑤   **0972** $(2, 0)$ **0973** ④   **0974** -7

0975 ④   **0976** ②   **0977** ⑤   **0978** ①   **0979** $y=3x+9$

0980 3 km   **0981** (1) $y=4+4x$ (2) 64 ℃ (3) 24분 후

0982 40분 후   **0983** 75분   **0984** 25 cm

0985 ④   **0986** ②   **0987** ③   **0988** $y=60-\dfrac{1}{18}x$ **0989** ④

0990 (1) $y=56-2x$ (2) 13초 후   **0991** 60초

0992 4초 후   **0993** 36 cm^2

0994 $y=270-9x$, 6초 후   **0995** ④

0996 (1) $y=8x+4$ (2) 84 cm   **0997** 10기압   **0998** 200개

0999 ④   **1000** (1) $y=2000x+7000$ (2) 31000원   **1001** ①

1002 $y=-50x+400$, 6시간 후   **1003** 23000원

1004 ①   **1005** ③   **1006** ①   **1007** ②   **1008** 5   **1009** $-\dfrac{2}{3}$

1010 ①   **1011** ③, ⑤   **1012** $y=100-\dfrac{1}{274}x$

1013 ①   **1014** ⑤   **1015** 40시간 후   **1016** ①

기출 BOOK

01 / 유리수와 순환소수

1 ①, ② 2 ② 3 ③ 4 ③, ⑤ 5 ③ 6 4
7 86 8 28 9 ②, ⑤ 10 ④ 11 14, 21
12 ③ 13 ④, ⑤ 14 $p=3$, $q=16$ 15 7
16 ⑤ 17 $a=14$, $b=134$, $c=45$ 18 ④ 19 ⑤
20 ② 21 ④ 22 9 23 33 24 ③ 25 ②

02 / 단항식의 계산

1 ③ 2 ② 3 9 4 ④ 5 ② 6 ⑤
7 ③ 8 ③ 9 ④ 10 ④ 11 2^{14}배 12 ①
13 ① 14 ④ 15 21 16 $8a^5b^5c^3$ 17 ④
18 ③, ⑤ 19 $-6x^{11}$ 20 ⑤
21 $-5x^4y^3$ 22 ④ 23 $6\pi x^2y^7$ 24 $\frac{9}{2}$배
25 ⑤

03 / 다항식의 계산

1 -4 2 ④ 3 ④, ⑤ 4 23 5 $x^2-11x+15$
6 ③ 7 $7a-2b+3$
8 $A=-3x^2+6x$, $B=-2x^2+4x-5$ 9 ③ 10 ⑤
11 24 12 ③ 13 ④ 14 $-3x+6y^2$
15 $A=10x-5xy+25y$, $B=12x^4y^2-6x^4y^3+30x^3y^3$
16 x^2+3x+6 17 ⑤ 18 ③
19 $8x+4xy+6y-2$ 20 ③ 21 ③
22 $8a^2b+2ab^2$ 23 ① 24 ② 25 ②

04 / 일차부등식

1 ㄱ 2 ② 3 ④ 4 ⑤ 5 ①, ② 6 ③
7 ③ 8 ⑤ 9 ③ 10 ㄴ, ㄷ 11 ⑤
12 ⑤ 13 $x \geq 9$ 14 ③ 15 ② 16 10 17 -12
18 ② 19 $x \leq 2$ 20 ④ 21 3 22 ③ 23 ⑤
24 5 25 $a \geq -\frac{5}{2}$

05 / 일차부등식의 활용

1 ③ 2 16 3 93점 4 ⑤ 5 ④ 6 14개
7 ③ 8 ② 9 십일각형 10 ③
11 450 mL 12 ① 13 12번 14 13장 15 ④
16 ⑤ 17 ③ 18 ③ 19 16명
20 꽃집, 서점, 문구점 21 ② 22 ④ 23 ⑤
24 2.1 km 25 ④

06 / 연립일차방정식

1 ③, ④ 2 ㄱ, ㄹ, ㅂ 3 ③ 4 ④ 5 ①
6 14 7 ②, ③ 8 ② 9 -10 10 29 11 ①
12 ③ 13 ⑤ 14 $x=-24$, $y=-8$ 15 ②
16 2 17 ① 18 ③ 19 1 20 ⑤ 21 15
22 ④ 23 $x=13$, $y=20$ 24 ② 25 6

07 / 연립일차방정식의 활용

1 9 2 93 3 ③ 4 ② 5 85마리 6 ③
7 ④ 8 36살 9 ⑤
10 긴 변: 7 cm, 짧은 변: 4 cm 11 24 12 ①
13 11 14 ③ 15 6 km 16 ① 17 10분 후
18 배: 시속 7 km, 강물: 시속 1 km 19 ④ 20 616
21 ③ 22 ④ 23 ① 24 ① 25 250 g

08 / 일차함수와 그 그래프

1 ④ 2 14 3 ② 4 4 5 ④
6 ㄴ, ㄷ, ㄹ 7 9 8 ⑤ 9 ④ 10 4
11 ① 12 6 13 ② 14 ④ 15 -6 16 ①
17 ③ 18 ④ 19 -5 20 ⑤ 21 $\frac{7}{2}$ 22 ④
23 $\frac{15}{2}$ 24 ② 25 18

1017 $y=180-4x$, 45일   **1018** 20 ℃

1019 제4사분면   **1020** 1

1021 ⑴ $y=800+180x$ ⑵ 오후 9시 20분

1022 ②   **1023** $a=\dfrac{1}{2}$, $b=2$ **1024** 22   **1025** 3

10 / 일차함수와 일차방정식의 관계   168~184쪽

1026 $y=-x+5$ **1027** $y=3x+6$ **1028** $y=\dfrac{1}{2}x-4$

1029 $y=-3x-\dfrac{1}{3}$ **1030** $\dfrac{2}{3}$, 3, -2

1031 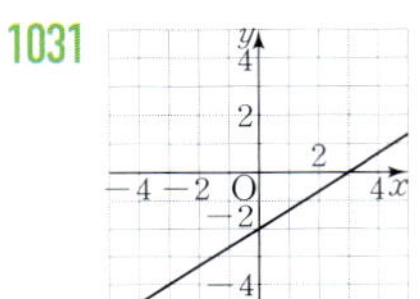

1032 ㄱ, ㄷ   **1033** ㄴ, ㄹ   **1034** ㄴ, ㄹ

1035 ㄷ, ㄹ

1036 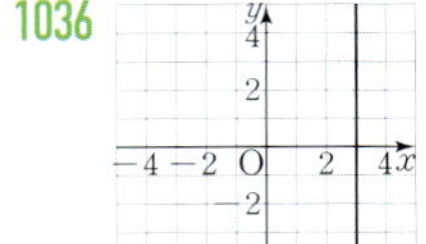   **1037**

1038   **1039**

1040 $x=2$ **1041** $y=-3$ **1042** $y=-1$

1043 $x=8$ **1044** $x=-4$ **1045** $y=2$

1046 $x=2$, $y=2$ **1047** $x=-2$, $y=3$ **1048** $x=0$, $y=-2$

1049 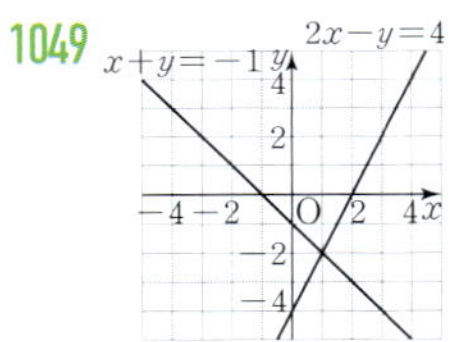

$x=1$, $y=-2$ **1050** $x=2$, $y=3$

1051 $(-4, -2)$ **1052** $(-6, 5)$

1053 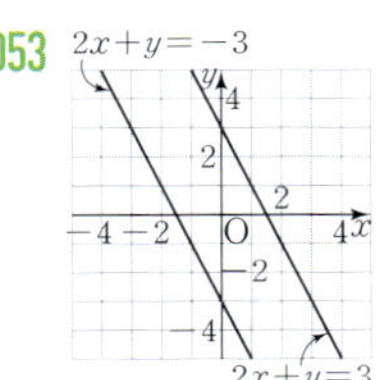

해가 없다.   **1054** 해가 무수히 많다.

1055 ㄴ   **1056** ㄱ   **1057** ㄷ   **1058** $a\neq-5$

1059 $a=-5$, $b=3$ **1060** $a=-5$, $b\neq3$

1061 ③   **1062** ⑤   **1063** ③   **1064** ③   **1065** 3   **1066** ④

1067 ⑤   **1068** 8   **1069** 3   **1070** ③   **1071** 9   **1072** ②

1073 ①   **1074** ②   **1075** ③, ④   **1076** 제1사분면

1077 ③   **1078** ②   **1079** 7   **1080** ⑤   **1081** ④   **1082** ④

1083 3   **1084** ④   **1085** ③   **1086** 6   **1087** ①   **1088** ②

1089 ⑴ 직선 l : $y=-x+2$, 직선 m : $y=2x-3$ ⑵ $\left(\dfrac{5}{3}, \dfrac{1}{3}\right)$

1090 ⑤   **1091** 3   **1092** 4   **1093** ③   **1094** $y=-2$

1095 $y=2x-1$ **1096** -6 **1097** ⑤   **1098** -2

1099 -4, -2, $-\dfrac{3}{2}$ **1100** 1   **1101** ⑤   **1102** ④

1103 $a\neq1$ **1104** ③   **1105** ①   **1106** ③   **1107** 15

1108 $-\dfrac{3}{2}$ **1109** 2   **1110** ①   **1111** ⑤

1112 ⑴ 20초 후 ⑵ 160 m   **1113** 2분 후

1114 ②, ③   **1115** 12   **1116** ②   **1117** ②   **1118** ④

1119 ④   **1120** ②   **1121** 3   **1122** 5   **1123** $\dfrac{1}{2}$ **1124** ③

1125 $\dfrac{3}{2}$ **1126** ④   **1127** ②   **1128** ④   **1129** 오후 1시 40분

1130 $y=-17$ **1131** 제1사분면   **1132** 3

1133 제3사분면   **1134** -12 **1135** ④   **1136** -4

900만*의 압도적 선택
온리원 1등* 스타강사 라인업

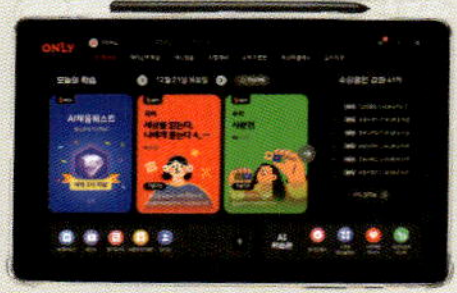

메타인지 시스템
공부 빈틈을 찾아 채우고
장기기억화 하는 학습

리얼타임 메타코칭
학습의 시작부터 끝까지
개인 맞춤 피드백 제시

1위	10명 중 8명	2년 만에 167%	1년 만에 2배
중등 강사 제작 교재*	내신 최상위권*	특목고 합격생 달성*	성적 장학생 증가*

*(2019.01.01~2023.09.30 기준) 중등 유료 온라인 교육 1위 강사 자체 제작 교재(노트) 보유 수 총 합계 1위 * 2023년 2학기 기말고사 기준 전체 성적장학생 중 모범, 으뜸, 우수상 수상자(평균 93점 이상) 비율 81.23%
* 온리원 정회원 대상 특목고 합격생 수 22학년도 대비 24학년도 167.4% * 온리원 정회원 대상 22-1학기: 21년도 1학기 중간~22년도 1학기 중간 누적수, 23-1학기: 21년도 1학기 중간~23년도 1학기 중간 누적수 비교

Bonus! 온리원 중등 100% 당첨 이벤트

강좌 체험 시 상품권, 간식 등 100% 선물 받는다!
지금 바로 '온리원 중등' 체험하고 혜택 받자!

※ 이벤트 경품은 당사 사정으로 사전 예고 없이 변경 또는 중단될 수 있습니다.

문의 1588-6563 | www.only1.co.kr

유형만렙

기출로 다지는 필수 유형서

중학 수학

2 / 1

Structure

구성과 특징

 A 개념 확인

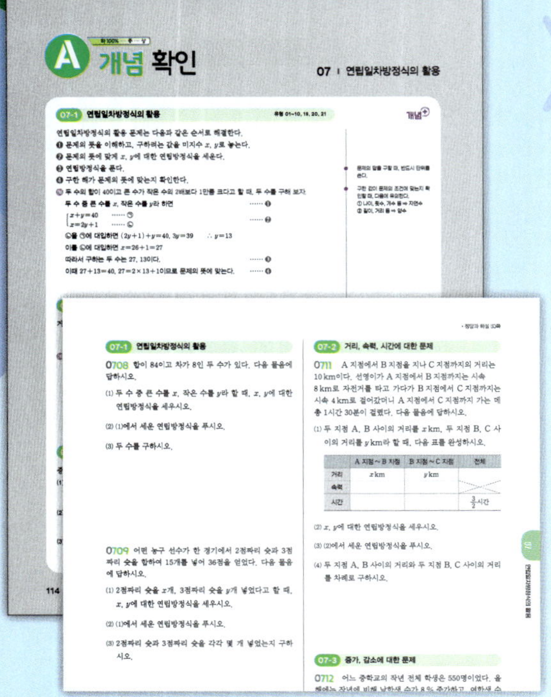

- 교과서 핵심 개념을 중단원별로 제공
- 개념을 익힐 수 있도록 충분한 기본 문제 제공
- 개념 이해를 도울 수 있는 예, 참고, TIP, 개념⁺ 등을 제공

 B 유형 완성

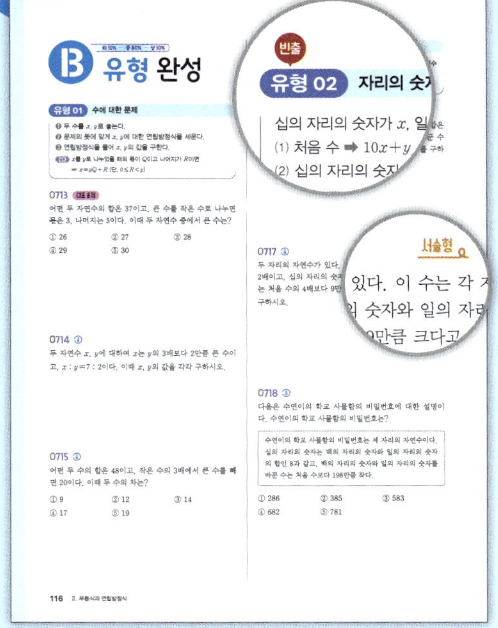

- 학교 기출 문제를 철저하게 분석하여 '개념, 발문 형태, 전략'에 따라 유형을 분류
- 학교 시험에 자주 출제되는 유형을 빈출로 구성
- 유형별로 문제를 해결하는 데 필요한 개념이나 풀이 전략 제공
- 유형별로 실력을 완성할 수 있게 유형 내 문제를 난이도 순서대로 구성
- 서술형으로 출제되는 문제는 답안 작성을 연습할 수 있도록 서술형 문제 구성

AB 유형 점검

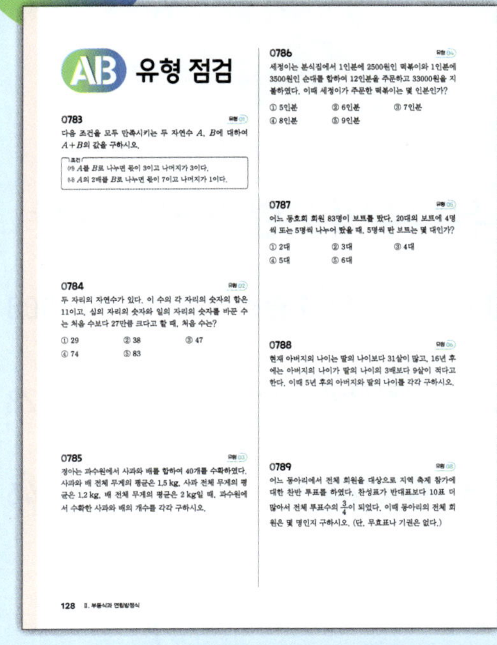

- 앞에서 학습한 A, B단계 문제를 풀어 실력 점검
- 틀린 문제는 해당 유형을 다시 점검할 수 있도록 문제마다 유형 제공
- 학교 시험에 자주 출제되는 서술형 문제 제공

C 실력 향상

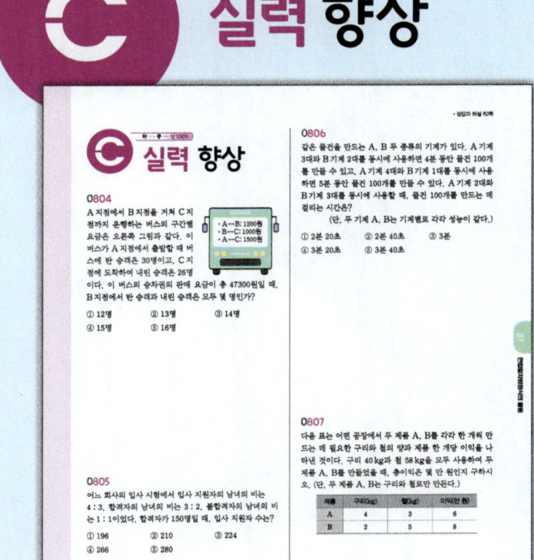

- 사고력 문제를 풀어 고난도 시험 문제 대비

기출 BOOK

시험 직전 기출 250문제로 실전 대비

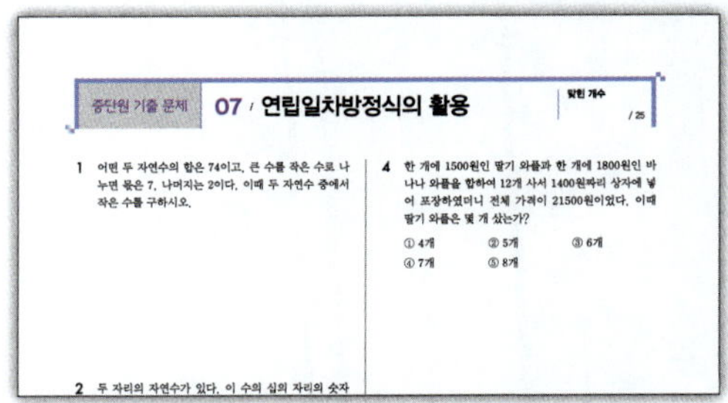

- 학교 시험에 자주 출제되는 문제로 실전 대비

Contents
차례

부등식과 연립방정식

일차함수

I

유리수의 표현과 식의 계산

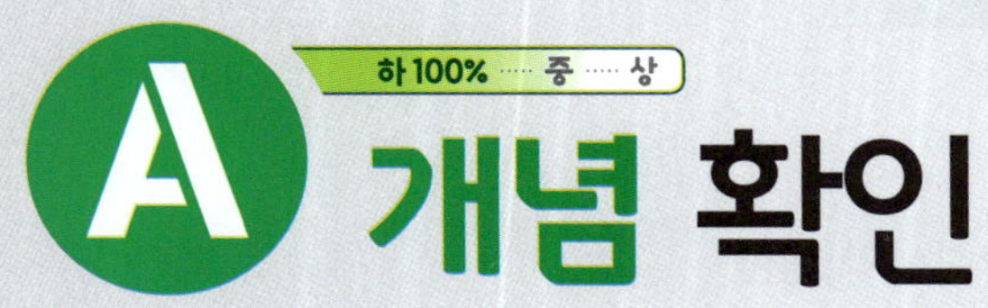

개념 확인

01-1 유리수와 소수 　　　　유형 01

(1) **유리수**: 분수 $\dfrac{a}{b}$ (a, b는 정수, $b \neq 0$) 꼴로 나타낼 수 있는 수

$$
\text{유리수}
\begin{cases}
\text{정수}
\begin{cases}
\text{양의 정수(자연수): } 1,\ 2,\ 3,\ \ldots \\
0 \\
\text{음의 정수: } -1,\ -2,\ -3,\ \ldots
\end{cases} \\
\text{정수가 아닌 유리수: } \dfrac{4}{3},\ -\dfrac{7}{12},\ 0.2,\ -1.234,\ \ldots
\end{cases}
$$

(2) **소수의 분류**

① **유한소수**: 소수점 아래에 0이 아닌 숫자가 **유한 번** 나타나는 소수

　⑩ 0.5, -3.07

② **무한소수**: 소수점 아래에 0이 아닌 숫자가 **무한 번** 나타나는 소수

　⑩ $0.1777\cdots$, $-2.3456\cdots$

> 개념+
>
> $1 = \dfrac{1}{1}$, $0 = \dfrac{0}{1}$, $-3 = \dfrac{-3}{1}$ 과 같이 정수는 $\dfrac{(정수)}{(0이 \ 아닌 \ 정수)}$ 로 나타낼 수 있으므로 유리수이다.
>
> 정수가 아닌 유리수는 유한소수 또는 무한소수로 나타낼 수 있다.

01-2 순환소수 　　　　유형 02, 03, 04

(1) **순환소수**: 무한소수 중에서 소수점 아래의 어떤 자리에서부터 **일정한 숫자의 배열이 한없이 되풀이되는 소수**

　참고 원주율 $\pi = 3.14159265\cdots$ 또는 $2.3458715632\cdots$와 같이 순환소수가 아닌 무한소수도 있다.

(2) **순환마디**: 순환소수의 소수점 아래에서 **일정한 숫자의 배열이 한없이 되풀이되는 한 부분**

(3) **순환소수의 표현**: 순환마디의 양 끝의 숫자 위에 점을 찍어 간단히 나타낸다.

⑩

순환소수	순환마디	순환소수의 표현
$0.555\cdots$	5	$0.\dot{5}$
$1.232323\cdots$	23	$1.\dot{2}\dot{3}$
$2.0417417417\cdots$	417	$2.0\dot{4}1\dot{7}$

　주의 순환마디는 숫자의 배열이 가장 먼저 반복되는 부분을 말한다.

$$2.343434\cdots = 2.\dot{3}\dot{4} \ (\bigcirc),\quad 2.343434\cdots = 2.\dot{3}4\dot{3} \ (\times)$$

> 순환마디는 반드시 소수점 아래에서 찾고, 순환마디의 처음과 끝의 숫자 위에만 점을 찍는다.
> $3.213213213\cdots$
> ➡ $3.\dot{2}\dot{1}\ (\times)$, $3.\dot{2}1\dot{3}\ (\times)$
> 　$3.\dot{2}1\dot{3}\ (\bigcirc)$

01-3 유한소수로 나타낼 수 있는 분수 　　　　유형 05~10

(1) 유한소수는 **분모가 10의 거듭제곱인 분수**로 나타낼 수 있다.

이때 분모를 소인수분해 하면 분모의 소인수가 2 또는 5뿐임을 알 수 있다.

(2) 정수가 아닌 유리수를 기약분수로 나타냈을 때

① 분모의 **소인수가 2 또는 5뿐**이면

　➡ 그 유리수는 **유한소수**로 나타낼 수 있다.

② 분모에 **2 또는 5 이외의 소인수**가 있으면

　➡ 그 유리수는 **순환소수**로 나타낼 수 있다.
　　↳ 유한소수로 나타낼 수 없다.

$$\dfrac{3}{60} \overset{\text{약분}}{=} \dfrac{1}{20} = \dfrac{1}{2^2 \times 5} \ \Rightarrow \ \text{유한소수}$$

$$\dfrac{6}{70} \overset{\text{약분}}{=} \dfrac{3}{35} = \dfrac{3}{5 \times 7} \ \Rightarrow \ \text{순환소수}$$

> 기약분수: 분모와 분자의 공약수가 1뿐인 분수
>
> 정수가 아닌 유리수 중에서 유한소수로 나타낼 수 없는 것은 모두 순환소수로 나타낼 수 있다.

01-1 유리수와 소수

[0001~0006] 다음 분수를 소수로 나타내고, 유한소수인지 무한소수인지 말하시오.

0001 $\dfrac{1}{3}$

0002 $\dfrac{2}{5}$

0003 $-\dfrac{5}{4}$

0004 $\dfrac{11}{6}$

0005 $-\dfrac{7}{15}$

0006 $\dfrac{9}{16}$

01-2 순환소수

[0007~0012] 다음 순환소수의 순환마디를 구하고, 이를 이용하여 간단히 나타내시오.

0007 $0.444\cdots$

0008 $0.58333\cdots$

0009 $1.868686\cdots$

0010 $3.12474747\cdots$

0011 $4.123123123\cdots$

0012 $2.543254325432\cdots$

[0013~0016] 다음 분수를 소수로 나타낼 때, 순환마디를 이용하여 간단히 나타내시오.

0013 $\dfrac{7}{9}$

0014 $\dfrac{8}{11}$

0015 $\dfrac{17}{30}$

0016 $\dfrac{19}{55}$

01-3 유한소수로 나타낼 수 있는 분수

[0017~0020] 다음은 기약분수의 분모를 10의 거듭제곱으로 고쳐서 유한소수로 나타내는 과정이다. (가), (나), (다)에 알맞은 수를 구하시오.

0017 $\dfrac{3}{4}=\dfrac{3}{2^2}=\dfrac{3\times\boxed{\text{(가)}}}{2^2\times\boxed{\text{(가)}}}=\dfrac{75}{\boxed{\text{(나)}}}=\boxed{\text{(다)}}$

0018 $\dfrac{9}{25}=\dfrac{9}{5^2}=\dfrac{9\times\boxed{\text{(가)}}}{5^2\times\boxed{\text{(가)}}}=\dfrac{\boxed{\text{(나)}}}{100}=\boxed{\text{(다)}}$

0019 $\dfrac{7}{200}=\dfrac{7}{2^3\times5^2}=\dfrac{7\times\boxed{\text{(가)}}}{2^3\times5^2\times\boxed{\text{(가)}}}$
$=\dfrac{35}{\boxed{\text{(나)}}}=\boxed{\text{(다)}}$

0020 $\dfrac{13}{250}=\dfrac{13}{2\times5^3}=\dfrac{13\times\boxed{\text{(가)}}}{2\times5^3\times\boxed{\text{(가)}}}$
$=\dfrac{\boxed{\text{(나)}}}{1000}=\boxed{\text{(다)}}$

[0021~0026] 다음 분수 중 유한소수로 나타낼 수 있는 것은 ○를, 유한소수로 나타낼 수 없는 것은 ×를 ( ) 안에 써넣으시오.

0021 $\dfrac{7}{2\times5}$ ( )

0022 $\dfrac{11}{2^2\times3\times5}$ ( )

0023 $\dfrac{14}{2\times5^2\times7}$ ( )

0024 $\dfrac{6}{16}$ ( )

0025 $\dfrac{11}{30}$ ( )

0026 $\dfrac{8}{140}$ ( )

01-4 순환소수를 분수로 나타내기
유형 11~17

순환소수는 다음과 같은 방법으로 분수로 나타낼 수 있다.

방법 ① **10의 거듭제곱 이용하기**

❶ 주어진 순환소수를 x로 놓는다.

❷ 양변에 10의 거듭제곱을 적당히 곱하여 소수점 아래의 부분이 같은 두 식을 만든다.

❸ ❷의 두 식을 변끼리 빼어 x의 값을 구한다.

예 순환소수 $0.16\dot{3}$을 분수로 나타내 보자.

$x=0.16\dot{3}$이라 하면

$x=0.1636363\cdots$ $\cdots\cdots$ ㉠

㉠의 양변에 1000을 곱하면 → 소수점이 첫 순환마디 뒤에 오도록 1000을 곱한다.

$1000x=163.636363\cdots$ $\cdots\cdots$ ㉡

㉠의 양변에 10을 곱하면 → 소수점이 첫 순환마디 앞에 오도록 10을 곱한다.

$10x=1.636363\cdots$ $\cdots\cdots$ ㉢

㉡−㉢을 하면

$990x=162$ $\therefore x=\dfrac{9}{55}$

● 소수점 아래의 부분이 같은 두 순환소수의 차는 정수이다.

방법 ② **공식 이용하기**

(1) **분모**: 순환마디를 이루는 숫자의 개수만큼 9를 쓰고, 그 뒤에 소수점 아래 순환마디에 포함되지 않는 숫자의 개수만큼 0을 쓴다.

(2) **분자**: 전체의 수에서 순환하지 않는 부분의 수를 뺀 값을 쓴다.

● a, b, c가 0 또는 한 자리의 자연수일 때,

$$0.\dot{a}=\frac{a}{9}$$

$$0.\dot{a}\dot{b}=\frac{ab}{99}$$

$$0.a\dot{b}=\frac{ab-a}{90}$$

$$0.a\dot{b}\dot{c}=\frac{abc-ab}{900}$$

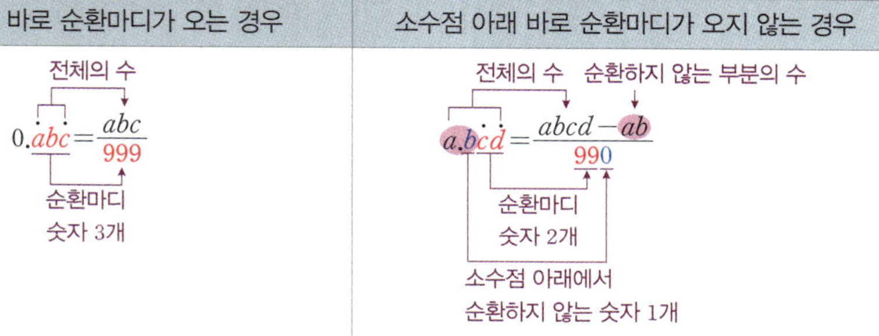

소수점 아래 바로 순환마디가 오는 경우	소수점 아래 바로 순환마디가 오지 않는 경우

예 ① $0.\dot{5}\dot{2}=\dfrac{52}{99}$

② $1.\dot{0}3\dot{6}=\dfrac{1036-1}{999}=\dfrac{115}{111}$

③ $2.7\dot{5}\dot{1}=\dfrac{2751-27}{990}=\dfrac{454}{165}$

01-5 유리수와 소수의 관계
유형 18

(1) 정수가 아닌 유리수는 유한소수 또는 순환소수로 나타낼 수 있다.

(2) 유한소수와 순환소수는 모두 유리수이다.

참고 소수 ┌ 유한소수 ┄┄┄┄┄┄┄┄┄┄┄┄┄ ┐ 유리수
           └ 무한소수 ┌ 순환소수 ┄┄┄┄┘
                          └ 순환소수가 아닌 무한소수 ─ 유리수가 아니다.

● 유한소수와 순환소수는 모두 분수 $\dfrac{a}{b}$(a, b는 정수, $b\neq0$) 꼴로 나타낼 수 있으므로 유리수이다.

01-4 순환소수를 분수로 나타내기

[0027~0031] 다음은 순환소수를 분수로 나타내는 과정이다. (가), (나), (다)에 알맞은 수를 구하시오.

0027 $x=0.\dot{7}$

$$\boxed{(가)}\,x=7.777\cdots$$
$$-)\qquad x=0.777\cdots$$
$$\boxed{(나)}\,x=7$$
$$\therefore\ x=\frac{\boxed{(다)}}{9}$$

0028 $x=0.\dot{3}\dot{6}$

$$\boxed{(가)}\,x=36.363636\cdots$$
$$-)\qquad x=\ \ 0.363636\cdots$$
$$\boxed{(나)}\,x=36$$
$$\therefore\ x=\frac{\boxed{(다)}}{11}$$

0029 $x=2.\dot{3}5\dot{4}$

$$\boxed{(가)}\,x=2354.354354\cdots$$
$$-)\qquad x=\ \ \ \ \ 2.354354\cdots$$
$$\boxed{(나)}\,x=2352$$
$$\therefore\ x=\frac{784}{\boxed{(다)}}$$

0030 $x=1.4\dot{2}$

$$100x=142.222\cdots$$
$$-)\ \boxed{(가)}\,x=\ \ 14.222\cdots$$
$$\boxed{(나)}\,x=128$$
$$\therefore\ x=\frac{\boxed{(다)}}{45}$$

0031 $x=3.0\dot{5}\dot{1}$

$$\boxed{(가)}\,x=3051.515151\cdots$$
$$-)\qquad 10x=\ \ \ 30.515151\cdots$$
$$\boxed{(나)}\,x=3021$$
$$\therefore\ x=\frac{1007}{\boxed{(다)}}$$

[0032~0035] 다음 순환소수를 기약분수로 나타내시오.

0032 $0.2\dot{5}$

0033 $2.\dot{1}0\dot{8}$

0034 $-4.3\dot{7}$

0035 $5.1\dot{8}\dot{6}$

01-5 유리수와 소수의 관계

[0036~0040] 다음 중 유리수인 것은 ○를, 유리수가 아닌 것은 ×를 ( ) 안에 써넣으시오.

0036 -4　　　　　　　　　　　　　　(　)

0037 1.32　　　　　　　　　　　　　(　)

0038 $5.010010001\cdots$　　　　　　　(　)

0039 $-0.7\dot{9}\dot{5}$　　　　　　　　　　(　)

0040 $\pi=3.14159265\cdots$　　　　　(　)

[0041~0044] 다음 중 옳은 것은 ○를, 옳지 않은 것은 ×를 ( ) 안에 써넣으시오.

0041 모든 유한소수는 분수로 나타낼 수 있다.　(　)

0042 모든 순환소수는 유리수이다.　(　)

0043 모든 무한소수는 순환소수이다.　(　)

0044 모든 무한소수는 정수가 아닌 유리수이다.　(　)

유형 완성

유형 01 유한소수와 무한소수

(1) 유한소수: 소수점 아래에 0이 아닌 숫자가 유한 번 나타나는 소수
(2) 무한소수: 소수점 아래에 0이 아닌 숫자가 무한 번 나타나는 소수

0045 대표 문제

다음 중 분수를 소수로 나타낼 때, 무한소수인 것을 모두 고르면? (정답 2개)

① $\dfrac{2}{5}$　　② $\dfrac{9}{8}$　　③ $\dfrac{4}{9}$

④ $\dfrac{11}{15}$　　⑤ $\dfrac{13}{16}$

0046 하

다음 수 중 유한소수의 개수를 구하시오.

$$0.02, \quad 0.545454\cdots, \quad 0.335,$$
$$-0.128, \quad 1.666\cdots, \quad 0.111\cdots$$

0047 하

다음 보기 중 옳지 <u>않은</u> 것을 모두 고르시오.

ㄱ. $2.7353535\cdots$는 무한소수이다.
ㄴ. 4.3은 유한소수이다.
ㄷ. $\dfrac{5}{6}$를 소수로 나타내면 무한소수이다.
ㄹ. $\dfrac{3}{20}$을 소수로 나타내면 무한소수이다.

유형 02 순환소수와 순환마디

(1) 순환소수: 무한소수 중에서 소수점 아래의 어떤 자리에서부터 일정한 숫자의 배열이 한없이 되풀이되는 소수
(2) 순환마디: 순환소수의 소수점 아래에서 일정한 숫자의 배열이 한없이 되풀이되는 한 부분

0048 대표 문제

다음 중 순환소수와 순환마디가 바르게 연결된 것은?

① $0.757575\cdots \Rightarrow 7575$
② $2.342342342\cdots \Rightarrow 234$
③ $0.5323232\cdots \Rightarrow 32$
④ $0.810810810\cdots \Rightarrow 81$
⑤ $1.146146146\cdots \Rightarrow 46$

0049 하

분수 $\dfrac{11}{27}$을 소수로 나타낼 때, 순환마디는?

① 4　　② 47　　③ 74
④ 407　　⑤ 740

0050 중

다음 중 분수를 소수로 나타낼 때, 순환마디가 나머지 넷과 <u>다른</u> 하나는?

① $\dfrac{2}{3}$　　② $\dfrac{5}{3}$　　③ $\dfrac{5}{12}$

④ $\dfrac{4}{15}$　　⑤ $\dfrac{2}{33}$

0051 ⑧ 서술형

두 분수 $\dfrac{7}{11}$과 $\dfrac{5}{13}$를 소수로 나타낼 때, 순환마디를 이루는 숫자의 개수를 각각 a, b라 하자. 이때 $a+b$의 값을 구하시오.

0052 ⑧

다음 중 분수를 소수로 나타낼 때, 순환마디를 이루는 숫자의 개수가 가장 많은 것은?

① $\dfrac{7}{6}$ ② $\dfrac{4}{7}$ ③ $\dfrac{15}{22}$

④ $\dfrac{5}{27}$ ⑤ $\dfrac{14}{33}$

유형 03 순환소수의 표현

순환소수는 순환마디의 양 끝의 숫자 위에 점을 찍어 나타낸다.

➡ a, b, c가 0 또는 한 자리의 자연수일 때

　① $0.aaa\cdots=0.\dot{a}$

　② $0.ababab\cdots=0.\dot{a}\dot{b}$

　③ $0.abcabcabc\cdots=0.\dot{a}b\dot{c}$

0053 대표 문제

다음 중 순환소수의 표현이 옳은 것을 모두 고르면?

(정답 2개)

① $11.7444\cdots=11.7\dot{4}$

② $0.05868686\cdots=0.05\dot{8}\dot{6}$

③ $3.1048048048\cdots=3.1\dot{0}4\dot{8}$

④ $4.132413241324\cdots=\dot{4}.13\dot{2}$

⑤ $36.136136136\cdots=36.\dot{1}3\dot{6}$

0054 ⑧

다음 중 분수를 소수로 나타낸 것으로 옳지 <u>않은</u> 것은?

① $\dfrac{4}{3}=1.\dot{3}$ ② $\dfrac{5}{11}=0.\dot{4}\dot{5}$ ③ $\dfrac{8}{15}=0.5\dot{3}$

④ $\dfrac{17}{18}=0.9\dot{4}$ ⑤ $\dfrac{9}{37}=0.\dot{2}4\dot{3}$

빈출
유형 04 소수점 아래 n번째 자리의 숫자 구하기

순환소수의 소수점 아래 n번째 자리의 숫자는 다음과 같은 순서로 구한다.

❶ 순환마디를 이루는 숫자의 개수를 구한다.

❷ 순환마디가 소수점 아래 n번째 자리까지 몇 번 반복되고 몇 자리가 남는지 파악한다.

❸ 몇 자리가 남는지에 따라 순환마디의 순서를 생각하여 소수점 아래 n번째 자리의 숫자를 구한다.

예 $0.\dot{1}758\dot{6}$의 소수점 아래 32번째 자리의 숫자 구하기

　❶ 순환마디를 이루는 숫자는 5개이다.

　❷ $32=5\times6+2$ ← 순환마디가 6번 반복된다.

　❸ 소수점 아래 32번째 자리의 숫자는 순환마디 17586의 두 번째 숫자인 7이다.

0055 대표 문제

분수 $\dfrac{10}{27}$을 소수로 나타낼 때, 소수점 아래 55번째 자리의 숫자를 구하시오.

0056 ⑧

순환소수 $1.3\dot{1}0\dot{5}$의 소수점 아래 99번째 자리의 숫자를 구하시오.

0057 ㈜

다음 순환소수 중 소수점 아래 150번째 자리의 숫자가 가장 큰 것은?

① $0.5\dot{3}$ ② $0.\dot{7}\dot{6}$ ③ $0.4\dot{8}\dot{1}$

④ $0.9\dot{6}\dot{2}$ ⑤ $1.\dot{2}58\dot{6}$

0058 ㈜

서술형

분수 $\dfrac{25}{41}$ 를 소수로 나타낼 때, 소수점 아래 24번째 자리의 숫자를 a, 소수점 아래 31번째 자리의 숫자를 b라 하자. 이때 $a-b$의 값을 구하시오.

0059 ㈜

분수 $\dfrac{1}{7}$ 을 소수로 나타낼 때, 소수점 아래 첫 번째 자리의 숫자부터 소수점 아래 80번째 자리의 숫자까지의 합은?

① 350 ② 352 ③ 354

④ 356 ⑤ 358

기약분수의 분모의 소인수가 2 또는 5뿐이면 분모를 10의 거듭제곱으로 고쳐서 유한소수로 나타낼 수 있다.

예 $\dfrac{14}{40}=\dfrac{7}{20}=\dfrac{7}{2^2\times 5}=\dfrac{7\times 5}{2^2\times 5\times 5}=\dfrac{35}{10^2}=0.35$

0060 대표 문제

다음은 분수 $\dfrac{27}{150}$ 을 유한소수로 나타내는 과정이다. ㈎~㈑에 알맞은 수를 구하시오.

$$\dfrac{27}{150}=\dfrac{㈎}{50}=\dfrac{㈎\times㈏}{2\times 5^2\times㈏}=\dfrac{㈐}{100}=㈑$$

0061 ㈜

다음 분수 중 분모를 10의 거듭제곱으로 나타낼 수 없는 것을 모두 고르면? (정답 2개)

① $\dfrac{12}{30}$ ② $\dfrac{7}{42}$ ③ $\dfrac{13}{65}$

④ $\dfrac{11}{80}$ ⑤ $\dfrac{21}{98}$

0062 ㈜

분수 $\dfrac{3}{20}$ 을 $\dfrac{a}{10^n}$ 꼴로 고쳐서 유한소수로 나타낼 때, 자연수 a, n에 대하여 $a+n$의 값 중 가장 작은 값은?

① 12 ② 17 ③ 23

④ 27 ⑤ 34

유형 06 유한소수로 나타낼 수 있는 분수

주어진 분수를 기약분수로 나타냈을 때
(1) 분모의 소인수가 2 또는 5뿐이면 ➡ 유한소수
(2) 분모에 2와 5 0 외의 소인수가 있으면 ➡ 순환소수

참고 분수 $\dfrac{1}{A}$, $\dfrac{2}{A}$, $\dfrac{3}{A}$, … 중에서 유한소수로 나타낼 수 있는 것은 A를 소인수분해 한 후 A의 소인수가 2 또는 5뿐이도록 하는 분자를 찾는다.

0063 대표 문제

다음 보기의 분수 중 유한소수로 나타낼 수 있는 것을 모두 고르시오.

보기
ㄱ. $\dfrac{5}{12}$ ㄴ. $\dfrac{14}{27}$ ㄷ. $\dfrac{3}{2^3 \times 3^2}$

ㄹ. $\dfrac{55}{2 \times 5 \times 11}$ ㅁ. $\dfrac{91}{3 \times 5^3 \times 7}$ ㅂ. $\dfrac{126}{3^2 \times 5 \times 7}$

0064 중

다음 중 분수를 소수로 나타낼 때, 순환소수로만 나타낼 수 있는 것은?

① $\dfrac{3}{16}$ ② $\dfrac{13}{20}$ ③ $\dfrac{10}{75}$

④ $\dfrac{18}{225}$ ⑤ $\dfrac{21}{350}$

0065 중

분수 $\dfrac{1}{12}$, $\dfrac{2}{12}$, $\dfrac{3}{12}$, …, $\dfrac{11}{12}$ 중에서 유한소수로 나타낼 수 없는 것의 개수는?

① 4   ② 5   ③ 6
④ 7   ⑤ 8

0066 중

오른쪽 표는 어느 식품의 1회 제공량 70 g에 대한 영양 성분의 함량을 나타낸 것이다. 탄수화물, 단백질, 당류, 지방 중에서 $\dfrac{(영양\ 성분의\ 함량)}{(1회\ 제공량)}$ 을 순환소수로만 나타낼 수 있는 것을 모두 구하시오.

영양 성분	함량(g)
탄수화물	40
단백질	14
당류	7
지방	5

0067 상

수직선 위에서 0과 1에 대응하는 두 점 사이의 거리를 35등분 하는 점을 찍었을 때, 각 점에 대응하는 수를 작은 것부터 차례로 a_1, a_2, a_3, …, a_{34}라 하자. 이 중에서 유한소수로 나타낼 수 있는 것의 개수는?

① 3   ② 4   ③ 5
④ 6   ⑤ 7

0068 상   서술형

두 분수 $\dfrac{2}{5}$와 $\dfrac{5}{6}$ 사이에 있는 분모가 30이고 분자가 자연수인 분수 중 유한소수로 나타낼 수 있는 것의 개수를 구하시오.

유형 07 $\dfrac{B}{A} \times x$가 유한소수가 되도록 하는 x의 값 구하기

$\dfrac{B}{A} \times x$가 유한소수가 되도록 하는 x의 값은 다음과 같은 순서로 구한다.

❶ $\dfrac{B}{A}$를 기약분수로 나타낸다.

❷ ❶의 분모를 소인수분해 한다.

❸ ❷의 분수에 x를 곱하였을 때, 분모의 소인수가 2 또는 5뿐이 도록 하는 x의 값을 구한다.

➡ x의 값은 ❷의 분모의 소인수 중 2와 5를 제외한 소인수들의 곱의 배수이다.

0069 대표 문제

$\dfrac{30}{252} \times x$를 소수로 나타내면 유한소수가 될 때, x의 값이 될 수 있는 가장 작은 자연수를 구하시오.

0070 하

$\dfrac{x}{2^4 \times 7}$를 소수로 나타내면 유한소수가 될 때, 다음 중 x의 값이 될 수 없는 것은?

① 7 　② 14 　③ 24
④ 35 　⑤ 42

0071 중

서술형

분수 $\dfrac{a}{130}$를 소수로 나타내면 유한소수가 될 때, a의 값이 될 수 있는 70 이하의 자연수의 개수를 구하시오.

0072 중

두 분수 $\dfrac{n}{55}$과 $\dfrac{n}{360}$을 소수로 나타내면 모두 유한소수가 된다고 한다. 이때 n의 값이 될 수 있는 가장 작은 세 자리의 자연수는?

① 108 　② 121 　③ 135
④ 165 　⑤ 198

0073 중

두 분수 $\dfrac{3}{70}$과 $\dfrac{7}{126}$에 각각 어떤 자연수 x를 곱하면 두 분수 모두 유한소수로 나타낼 수 있다고 한다. 이때 x의 값이 될 수 있는 가장 작은 자연수는?

① 63 　② 66 　③ 69
④ 72 　⑤ 75

0074 상

다음 조건을 모두 만족시키는 x의 값 중 가장 큰 자연수를 구하시오.

조건
㈎ 분수 $\dfrac{x}{350}$를 소수로 나타내면 유한소수가 된다.

㈏ x는 2와 3의 공배수이고, 두 자리의 자연수이다.

유형 08 $\dfrac{B}{A \times x}$ 가 유한소수가 되도록 하는 x의 값 구하기

$\dfrac{B}{A \times x}$ 가 유한소수가 되도록 하는 x의 값은 다음과 같은 순서로 구한다.

❶ $\dfrac{B}{A}$ 를 기약분수로 나타낸다.

❷ ❶의 분모를 소인수분해 한 후 다음을 이용하여 x의 값을 구한다.

➡ x의 값은
① 소인수가 2나 5로만 이루어진 수
② 분자의 약수
③ ①과 ②의 곱으로 이루어진 수

0075 대표 문제

분수 $\dfrac{72}{32 \times x}$ 를 소수로 나타내면 유한소수가 될 때, 다음 중 x의 값이 될 수 **없는** 것은?

① 3　　　　② 5　　　　③ 6

④ 7　　　　⑤ 9

0076 중

분수 $\dfrac{7}{5^2 \times x}$ 을 소수로 나타내면 유한소수가 될 때, x의 값이 될 수 있는 한 자리의 자연수의 개수를 구하시오.

0077 중

x에 대한 일차방정식 $ax=24$의 해를 소수로 나타내면 유한소수가 될 때, 다음 중 a의 값이 될 수 있는 것은?

① 18　　　　② 36　　　　③ 48

④ 56　　　　⑤ 72

0078 상

서술형

x가 $10 < x < 20$인 자연수일 때, 분수 $\dfrac{39}{65 \times x}$ 를 소수로 나타내면 유한소수가 되도록 하는 모든 x의 값의 합을 구하시오.

유형 09 유한소수가 되는 분수를 기약분수로 나타낼 때 미지수의 값 구하기

분수 $\dfrac{x}{A}$ 를 소수로 나타내면 유한소수가 되고, 기약분수로 나타내면 $\dfrac{B}{y}$ 가 되는 x, y의 값은 다음과 같은 순서로 구한다.

❶ x의 값은 A의 소인수 중 2와 5를 제외한 소인수들의 곱의 배수임을 이용하여 가능한 x의 값을 모두 구한다.

❷ ❶에서 구한 x의 값을 $\dfrac{x}{A}$ 에 대입하여 약분했을 때, 분자가 B가 되는 x의 값과 그때의 y의 값을 구한다.

0079 대표 문제

분수 $\dfrac{x}{144}$ 를 소수로 나타내면 유한소수가 되고, 기약분수로 나타내면 $\dfrac{3}{y}$ 이 된다. x가 40보다 크고 60보다 작은 자연수일 때, $x+y$의 값은?

① 53　　　　② 62　　　　③ 65

④ 70　　　　⑤ 74

0080 중

분수 $\dfrac{x}{120}$ 를 소수로 나타내면 유한소수가 되고, 기약분수로 나타내면 $\dfrac{1}{y}$ 이 된다. x가 가장 작은 자연수일 때, $2x+y$ 의 값을 구하시오.

0081 (상)

분수 $\dfrac{x}{280}$ 를 소수로 나타내면 유한소수가 되고, 기약분수로 나타내면 $\dfrac{11}{y}$ 이 된다. x가 두 자리의 자연수일 때, $x-y$의 값을 구하시오.

유형 10　순환소수가 되도록 하는 미지수의 값 구하기

순환소수가 되려면 분수를 기약분수로 나타냈을 때
➡ 분모에 2 또는 5 이외의 소인수가 있어야 한다.

0082　[대표 문제]

분수 $\dfrac{21}{2^3 \times 3 \times x}$ 을 순환소수로만 나타낼 수 있을 때, x의 값이 될 수 있는 모든 한 자리의 자연수의 합은?

① 9　　　　② 12　　　　③ 15
④ 18　　　　⑤ 21

0083　(중)

분수 $\dfrac{14}{x}$ 를 순환소수로만 나타낼 수 있을 때, 다음 중 x의 값이 될 수 <u>없는</u> 것을 모두 고르면? (정답 2개)

① 18　　　　② 21　　　　③ 24
④ 32　　　　⑤ 35

0084　(상)

분수 $\dfrac{x}{70}$ 를 순환소수로만 나타낼 수 있을 때, x의 값이 될 수 있는 30 이하의 자연수의 개수를 구하시오.

유형 11　순환소수를 분수로 나타내기(1)
　　　　　　 −10의 거듭제곱 이용하기

❶ 순환소수를 x로 놓는다.
❷ 양변에 10의 거듭제곱을 적당히 곱하여 소수점 아래의 부분이 같은 두 식을 만든다.
❸ ❷의 두 식을 변끼리 빼어 x의 값을 구한다.

0085　[대표 문제]

순환소수 $0.342342342\cdots$ 를 분수로 나타내려고 한다. $x=0.342342342\cdots$ 라 할 때, 다음 중 가장 편리한 식은?

① $10x-x$　　　② $100x-x$　　　③ $100x-10x$
④ $1000x-x$　　　⑤ $1000x-100x$

0086　(하)

다음은 순환소수 $1.4\dot{3}\dot{6}$ 을 기약분수로 나타내는 과정이다. □ 안에 들어갈 수로 옳지 <u>않은</u> 것은?

순환소수 $1.4\dot{3}\dot{6}$ 을 x라 하면 $x=1.4363636\cdots$ ⋯⋯ ㉠
㉠의 양변에 ① 을 곱하면
① $x=1436.363636\cdots$ ⋯⋯ ㉡
㉠의 양변에 ② 을 곱하면
② $x=14.363636\cdots$ ⋯⋯ ㉢
㉡에서 ㉢을 변끼리 빼면
③ $x=$ ④ 　 ∴ $x=$ ⑤

① 1000　　　② 10　　　　③ 990
④ 1436　　　⑤ $\dfrac{79}{55}$

0087 ⑧

다음 중 순환소수를 분수로 나타내려고 할 때, 가장 편리한 식을 짝 지은 것으로 옳지 <u>않은</u> 것은?

① $x=0.\dot{4}\dot{7}$ ➡ $100x-x$

② $x=1.9\dot{2}$ ➡ $100x-10x$

③ $x=0.1\dot{6}\dot{5}$ ➡ $1000x-10x$

④ $x=1.2\dot{3}8\dot{4}$ ➡ $10000x-10x$

⑤ $x=0.50\dot{7}\dot{3}$ ➡ $10000x-100x$

0088 ⑧

다음 중 순환소수 $x=0.30555\cdots$에 대한 설명으로 옳은 것을 모두 고르면? (정답 2개)

① 순환마디는 305이다.

② 순환마디를 이루는 숫자는 3개이다.

③ $x=0.30\dot{5}$로 나타낼 수 있다.

④ $1000x-100x=302$이다.

⑤ 분수로 나타내면 $x=\dfrac{11}{36}$이다.

유형 12 순환소수를 분수로 나타내기 ⑵ − 공식 이용하기

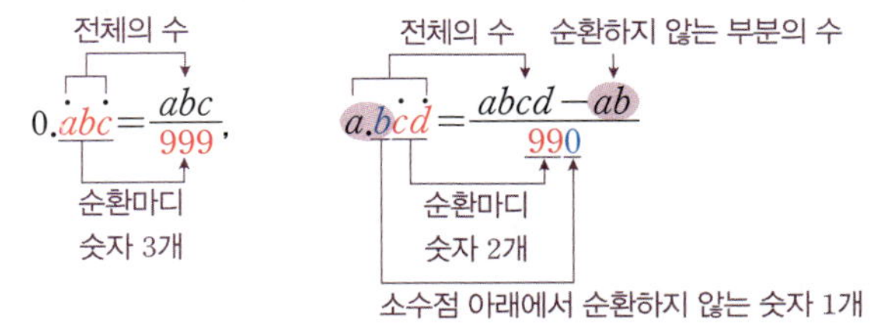

0089 대표 문제

다음 중 순환소수를 분수로 나타낸 것으로 옳지 <u>않은</u> 것은?

① $0.\dot{2}\dot{7}=\dfrac{3}{11}$　　② $1.0\dot{5}=\dfrac{52}{45}$　　③ $2.\dot{3}\dot{6}=\dfrac{26}{11}$

④ $0.3\dot{8}\dot{1}=\dfrac{21}{55}$　　⑤ $0.\dot{3}4\dot{5}=\dfrac{115}{333}$

0090 ⑨

분수 $\dfrac{x}{33}$를 소수로 나타내면 $0.212121\cdots$일 때, 자연수 x의 값을 구하시오.

0091 ⑧

다음 중 순환소수를 분수로 나타내는 과정으로 옳은 것을 모두 고르면? (정답 2개)

① $5.\dot{3}=\dfrac{53-5}{90}$　　② $0.7\dot{2}=\dfrac{72-7}{90}$

③ $4.\dot{3}\dot{8}=\dfrac{438}{99}$　　④ $1.9\dot{5}\dot{3}=\dfrac{1953-19}{990}$

⑤ $0.\dot{3}6\dot{1}=\dfrac{361}{900}$

0092 ⑧　　서술형

순환소수 $0.\dot{5}$의 역수를 a, 순환소수 $0.\dot{3}\dot{6}$의 역수를 b라 할 때, ab의 값을 구하시오.

다음을 계산하여 기약분수로 나타내시오.

$$4+\frac{3}{10^2}+\frac{3}{10^3}+\frac{3}{10^4}+\cdots$$

유형 13 기약분수의 분모, 분자를 잘못 보고 소수로 나타냈을 때 바르게 나타내기

기약분수를 소수로 나타낼 때
(1) 분모를 잘못 보았다. ➡ 분자는 제대로 보았다.
(2) 분자를 잘못 보았다. ➡ 분모는 제대로 보았다.

0094 대표 문제

어떤 기약분수를 소수로 나타내는데 선우는 분모를 잘못 보아서 $1.1\dot{8}$로 나타내고, 보라는 분자를 잘못 보아서 $0.2\dot{5}$로 나타냈다. 두 사람이 잘못 본 분수도 모두 기약분수일 때, 처음 기약분수를 순환소수로 나타내면?

① $2.\dot{5}$ ② $0.2\dot{5}$ ③ $0.0\dot{2}\dot{5}$
④ $1.\dot{0}\dot{8}$ ⑤ $0.1\dot{0}\dot{8}$

0095 (중)

서술형

어떤 기약분수 $\dfrac{q}{p}$를 소수로 나타내는데 윤아는 분모를 잘못 보아서 $0.01\dot{2}$로 나타내고, 정우는 분자를 잘못 보아서 $0.7\dot{4}$로 나타냈다. 두 사람이 잘못 본 분수도 모두 기약분수일 때, 다음 물음에 답하시오.

(1) p, q의 값을 각각 구하시오.

(2) $\dfrac{q}{p}$를 순환소수로 나타내시오.

유형 14 순환소수를 포함한 식의 계산

순환소수를 포함한 식의 덧셈, 뺄셈, 곱셈, 나눗셈은 순환소수를 분수로 나타내어 계산한다.

0096 대표 문제

$0.\dot{6}\dot{3}+0.\dot{2}\dot{4}$를 계산한 값을 기약분수로 나타내면 $\dfrac{b}{a}$일 때, 자연수 a, b에 대하여 $a+b$의 값을 구하시오.

0097 (하)

$3.\dot{2}$보다 $0.\dot{4}$만큼 작은 수는?

① $2.\dot{6}$ ② $2.6\dot{8}$ ③ $2.\dot{7}$
④ $2.7\dot{8}$ ⑤ $2.\dot{8}$

0098 (중)

$0.\dot{2}4\dot{1}=241\times\square$일 때, $\square$ 안에 알맞은 수를 순환소수로 나타내면?

① $0.\dot{1}$ ② $0.0\dot{1}$ ③ $0.\dot{0}\dot{1}$
④ $0.0\dot{0}\dot{1}$ ⑤ $0.\dot{1}0\dot{1}$

유형 15 순환소수를 포함한 방정식의 풀이

순환소수를 포함한 방정식은 순환소수를 분수로 나타내어 푼다.

0099 대표 문제

$\dfrac{13}{30}=x+0.04\dot{1}$일 때, x를 순환소수로 나타내면?

① $0.3\dot{6}$ ② $0.3\dot{8}$ ③ $0.3\dot{8}$

④ $0.3\dot{9}$ ⑤ $0.3\dot{9}$

0100 ⑧

서로소인 두 자연수 a, b에 대하여 $1.3\dot{8}\times\dfrac{b}{a}=0.\dot{5}$일 때, $a-b$의 값은?

① 2 ② 3 ③ 4

④ 5 ⑤ 6

0101 ⑧   서술형

일차방정식 $0.\dot{5}x-1.\dot{2}=0.1\dot{4}$의 해를 순환소수로 나타내시오.

0102 ⑧

순환소수 $0.4\dot{a}$에 대하여 $0.4\dot{a}=\dfrac{a+1}{15}$을 만족시키는 한 자리의 자연수 a의 값을 구하시오.

유형 16 순환소수에 적당한 수를 곱하여 자연수 또는 유한소수 만들기

(순환소수)$\times x$가
(1) 자연수가 될 때
  ➡ 순환소수를 기약분수로 나타냈을 때, x의 값은 분모의 배수이어야 한다.
(2) 유한소수가 될 때
  ➡ 순환소수를 기약분수로 나타냈을 때, x의 값은 분모의 소인수 중 2와 5를 제외한 소인수들의 곱의 배수이어야 한다.

0103 대표 문제

순환소수 $1.5\dot{3}$에 어떤 자연수 a를 곱하면 유한소수가 된다고 할 때, 다음 중 a의 값이 될 수 없는 것을 모두 고르면? (정답 2개)

① 3 ② 5 ③ 6

④ 8 ⑤ 12

0104 ⑧

순환소수 $0.2\dot{7}$에 어떤 자연수 a를 곱하면 자연수가 된다고 할 때, a의 값이 될 수 있는 가장 작은 자연수는?

① 3 ② 9 ③ 18

④ 45 ⑤ 90

0105 중

순환소수 $0.5\dot{2}$에 어떤 자연수 a를 곱하면 유한소수가 된다고 할 때, a의 값이 될 수 있는 자연수 중에서 80에 가장 가까운 수를 구하시오.

0106 중

두 순환소수 $0.2\dot{3}\dot{6}$과 $1.8\dot{3}$에 각각 어떤 자연수 a를 곱하면 두 순환소수 모두 유한소수가 된다고 할 때, a의 값이 될 수 있는 두 자리의 자연수의 개수는?

① 2 ② 2 ③ 3
④ 4 ⑤ 5

0107 상

순환소수 $0.\dot{4}\dot{5}$에 자연수 n을 곱하여 어떤 자연수의 제곱이 되게 하려고 한다. 이때 n의 값이 될 수 있는 가장 작은 자연수를 구하시오.

방법 ① 순환소수를 풀어 써서 각 자리의 숫자를 비교한다.

예 $0.\dot{2}$, 0.2에서 $0.222\cdots > 0.2$

방법 ② 순환소수를 분수로 고친 후 통분하여 비교한다.

예 $0.\dot{2}$, $\dfrac{1}{3}$에서 $\left(0.\dot{2}=\right)\dfrac{2}{9} < \dfrac{3}{9}\left(=\dfrac{1}{3}\right)$

0108 대표 문제

다음 중 두 수의 대소 관계가 옳은 것은?

① $0.37 > 0.3\dot{7}$ ② $0.\dot{1}\dot{0} > 0.\dot{1}$

③ $0.4\dot{6} < \dfrac{46}{99}$ ④ $0.5\dot{2} < \dfrac{23}{45}$

⑤ $0.83\dot{4} > \dfrac{5}{6}$

0109 하

다음 보기의 수를 가장 작은 것부터 차례로 나열하시오.

보기
ㄱ. $3.2\dot{5}1\dot{6}$ ㄴ. 3.2516
ㄷ. $3.25\dot{1}\dot{6}$ ㄹ. $3.\dot{2}51\dot{6}$

0110 중

다음 중 $0.1\dot{6}$보다 크고 $0.4\dot{2}$보다 작은 수는?

① $\dfrac{1}{9}$ ② $\dfrac{5}{11}$ ③ $\dfrac{2}{15}$
④ $\dfrac{13}{33}$ ⑤ $\dfrac{43}{99}$

0111 (상)

$\dfrac{1}{3} \leq 0.\dot{x} \leq \dfrac{1}{2}$ 을 만족시키는 한 자리의 자연수 x의 개수는?

① 2   ② 3   ③ 4

④ 5   ⑤ 6

유형 18   유리수와 소수의 관계

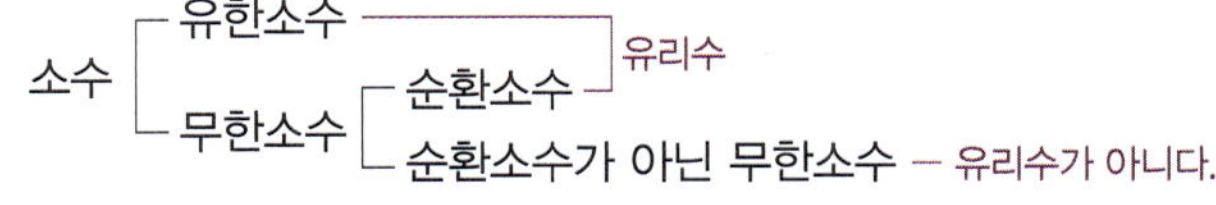

0112 (대표 문제)

다음 중 옳은 것을 모두 고르면? (정답 2개)

① 모든 유한소수는 유리수이다.
② 모든 무한소수는 유리수가 아니다.
③ 순환소수 중에는 유리수가 아닌 것도 있다.
④ 순환소수가 아닌 무한소수는 유리수가 아니다.
⑤ 모든 기약분수는 유한소수로 나타낼 수 있다.

0113 (하)

다음 보기 중 유리수의 개수를 구하시오.

보기
ㄱ. 0   ㄴ. $3.\dot{5}$ ㄷ. $0.12345\cdots$
ㄹ. $\pi - 2$ ㅁ. $1.232323\cdots$ ㅂ. $-\dfrac{2}{3}$

0114 (하)

정수 a를 0이 아닌 정수 b로 나누었을 때, 다음 중 그 계산 결과가 될 수 <u>없는</u> 것은?

① 자연수   ② 정수
③ 유한소수   ④ 순환소수
⑤ 순환소수가 아닌 무한소수

0115 (중)

다음 중 옳지 <u>않은</u> 것을 모두 고르면? (정답 2개)

① $0.316316316\cdots$은 유리수이다.
② $\dfrac{2}{7}$는 유한소수로 나타낼 수 있다.
③ 4는 분수로 나타낼 수 없다.
④ 1.57은 분수로 나타낼 수 있다.
⑤ 1.8과 $1.\dot{8}$은 모두 유리수이다.

0116 (중)

다음 중 옳은 것을 모두 고르면? (정답 2개)

① 유한소수로 나타낼 수 없는 수는 유리수가 아니다.
② 순환소수로 나타낼 수 있는 수는 모두 유리수이다.
③ 정수가 아닌 유리수는 모두 유한소수로 나타낼 수 있다.
④ 모든 소수는 $\dfrac{(정수)}{(0이 \ 아닌 \ 정수)}$ 꼴로 나타낼 수 있다.
⑤ 기약분수의 분모의 소인수가 2 또는 5뿐이면 유한소수로 나타낼 수 있다.

0117

다음 보기 중 무한소수를 모두 고르시오.

> **보기**
> ㄱ. 0.34 ㄴ. $0.252525\cdots$
> ㄷ. 0.777 ㄹ. $1.010010001\cdots$
> ㅁ. $-0.12345\cdots$ ㅂ. 3.141592

0118

다음 중 순환소수의 순환마디와 그 표현이 옳은 것은?

순환소수	순환마디	표현
① $3.444\cdots$	444	$3.\dot{4}$
② $0.606060\cdots$	6	$0.\dot{6}0$
③ $1.212121\cdots$	12	$1.\dot{2}$
④ $2.113113113\cdots$	113	$2.\dot{1}1\dot{3}$
⑤ $4.050105010501\cdots$	0501	$4.\dot{0}50\dot{1}$

0119

분수 $\dfrac{16}{27}$ 을 소수로 나타낼 때, 순환마디를 이루는 숫자의 개수를 a, 소수점 아래 101번째 자리의 숫자를 b라 할 때, $a+b$의 값을 구하시오.

0120

다음은 분수 $\dfrac{4}{125}$ 를 유한소수로 나타내는 과정이다. 이때 $a+b+c$의 값은?

$$\frac{4}{125}=\frac{4}{5^3}=\frac{4\times a}{5^3\times a}=\frac{b}{1000}=c$$

① 20.016 ② 20.16 ③ 38.032
④ 40.032 ⑤ 40.32

0121

다음 중 분수를 소수로 나타낼 때, 유한소수로 나타낼 수 있는 것은?

① $\dfrac{1}{6}$ ② $\dfrac{1}{15}$ ③ $\dfrac{42}{300}$
④ $\dfrac{13}{390}$ ⑤ $\dfrac{12}{3500}$

0122

두 분수 $\dfrac{11}{130}$ 과 $\dfrac{4}{105}$ 에 각각 어떤 자연수 x를 곱하면 두 분수 모두 유한소수로 나타낼 수 있다고 한다. 이때 x의 값이 될 수 있는 세 자리의 자연수의 개수를 구하시오.

0123

분수 $\dfrac{9}{30\times x}$ 를 소수로 나타내면 유한소수가 될 때, x의 값이 될 수 있는 모든 한 자리의 자연수의 합을 구하시오.

0124
유형 07 + 08

분수 $\dfrac{a}{2^3 \times 5 \times 7 \times b}$ 를 소수로 나타내면 유한소수가 될 때, 한 자리의 자연수 a, b의 순서쌍 (a, b)의 개수는?

① 3   ② 4   ③ 5

④ 6   ⑤ 7

0125
유형 09

다음 조건을 모두 만족시키는 자연수 x, y에 대하여 $x+y$의 값은?

┌ 조건 ┐
(가) $20 < x < 35$

(나) 분수 $\dfrac{x}{220}$ 를 소수로 나타내면 유한소수이다.

(다) 분수 $\dfrac{x}{220}$ 를 기약분수로 나타내면 $\dfrac{3}{y}$ 이다.

① 43   ② 48   ③ 53

④ 58   ⑤ 63

0126
유형 10

분수 $\dfrac{78}{2^2 \times 5 \times a}$ 을 순환소수로만 나타낼 수 있을 때, 다음 중 a의 값이 될 수 있는 것은?

① 2   ② 3   ③ 6

④ 7   ⑤ 13

0127
유형 11

다음 중 주어진 순환소수를 x라 할 때, 순환소수를 분수로 나타내는 과정에서 $100x - 10x$를 이용하는 것이 가장 편리한 것은?

① $0.4\dot{8}$ ② $2.\dot{5}\dot{7}$ ③ $2.1\dot{7}\dot{6}$

④ $3.1\dot{2}\dot{5}$ ⑤ $1.4\dot{0}\dot{2}$

0128
유형 12

$3.545454\cdots = \dfrac{a}{11}$, $2.7333\cdots = \dfrac{41}{b}$ 일 때, 자연수 a, b에 대하여 $a-b$의 값을 구하시오.

0129
유형 13

어떤 기약분수를 소수로 나타내는데 희수는 분모를 잘못 보아서 $1.\dot{7}$로 나타내고, 민혁이는 분자를 잘못 보아서 $1.\dot{1}\dot{6}$ 으로 나타냈다. 두 사람이 잘못 본 분수도 모두 기약분수일 때, 처음 기약분수를 순환소수로 나타내시오.

0130
유형 14

$0.\dot{2} + 0.0\dot{4} = \dfrac{4}{a}$, $0.\dot{5} \div 0.0\dot{6} = \dfrac{b}{3}$ 일 때, $b-a$의 값은?

① 8   ② 9   ③ 10

④ 11   ⑤ 12

0131　유형 16

순환소수 $3.7\dot{8}$에 어떤 자연수 a를 곱하면 자연수가 된다고 할 때, a의 값이 될 수 있는 가장 큰 두 자리의 자연수는?

① 55　　　　② 66　　　　③ 77
④ 88　　　　⑤ 99

0132　유형 17

다음 중 두 수의 대소 관계가 옳지 <u>않은</u> 것은?

① $\dfrac{9}{10} > 0.\dot{8}$　　　　② $\dfrac{17}{45} < 0.4\dot{2}$

③ $1.\dot{2} > \dfrac{111}{90}$　　　　④ $1.\dot{6}\dot{0} < 1.\dot{6}$

⑤ $\dfrac{1}{2} < 0.\dot{5}$

0133　유형 18

다음 중 옳은 것을 모두 고르면? (정답 2개)

① 0은 유리수가 아니다.
② 모든 무한소수는 유리수이다.
③ 유한소수 중에는 유리수가 아닌 것도 있다.
④ 유한소수로 나타낼 수 없는 정수가 아닌 유리수는 반드시 순환소수로 나타낼 수 있다.
⑤ 모든 순환소수는 $\dfrac{b}{a}$ (a, b는 정수, $a \neq 0$) 꼴로 나타낼 수 있다.

서술형

0134　유형 07

다음 조건을 모두 만족시키는 모든 자연수 A의 값의 합을 구하시오.

> **조건**
> ㈎ 분수 $\dfrac{A}{240}$ 는 소수로 나타내면 유한소수가 된다.
> ㈏ A는 13의 배수이다.
> ㈐ A는 두 자리의 자연수이다.

0135　유형 12

서로 다른 한 자리의 자연수 a, b에 대하여 순환소수 $0.\dot{a}\dot{b}$를 기약분수로 나타내면 $\dfrac{4}{11}$일 때, 순환소수 $0.\dot{b}\dot{a}$를 기약분수로 나타내시오.

0136　유형 15

어떤 자연수에 $5.\dot{8}$을 곱해야 할 것을 잘못하여 5.8을 곱했더니 그 계산 결과가 바르게 계산한 결과보다 $0.\dot{4}$만큼 작았다. 이때 어떤 자연수를 구하시오.

실력 향상

0137

$\dfrac{18}{55} = \dfrac{x_1}{10} + \dfrac{x_2}{10^2} + \dfrac{x_3}{10^3} + \cdots + \dfrac{x_n}{10^n} + \cdots$일 때,

$x_1 + x_2 + x_3 + \cdots + x_{25}$의 값을 구하시오.

(단, x_1, x_2, x_3, $\cdots$, x_n, $\cdots$은 한 자리의 자연수이다.)

0138

분수 $\dfrac{1}{2}$, $\dfrac{1}{3}$, $\dfrac{1}{4}$, $\cdots$, $\dfrac{1}{50}$ 을 소수로 나타낼 때, 순환소수로 만 나타낼 수 있는 것의 개수를 구하시오.

0139

다음 그림은 어느 해 4월 달력의 일부분을 나타낸 것이다. 연속된 세로의 두 칸에서 위 칸에 있는 수는 분자로, 아래 칸에 있는 수는 분모로 하여 하나의 분수로 생각한다고 하자. 예를 들어 색칠한 부분은 $\dfrac{3}{10}$으로 생각한다. 이때 유한 소수로 나타낼 수 있는 분수의 개수를 구하시오.

(단, 달력은 보이는 부분까지만 생각한다.)

			4월			
일	월	화	수	목	금	토
	1	2	3	4	5	6
7	8	9	10	11	12	13
14	15	16	17	18	19	20

0140

한 자리의 자연수 a, b에 대하여 두 순환소수 $0.\dot{a}\dot{b}$와 $0.\dot{b}\dot{a}$의 합이 $0.\dot{3}$일 때, 다음 물음에 답하시오. (단, $a > b$)

⑴ $a + b$의 값을 구하시오.

⑵ a, b의 값을 각각 구하시오.

⑶ $0.\dot{a}\dot{b} - 0.\dot{b}\dot{a}$의 값을 기약분수로 나타내시오.

◑ 기출 BOOK 2쪽

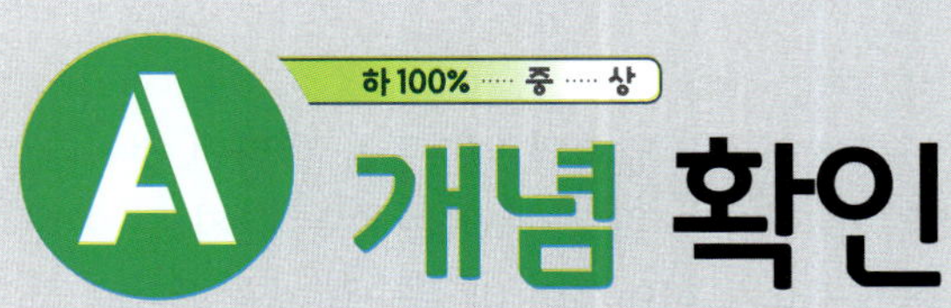

02-1 지수법칙(1) 유형 01, 05~09

m, n이 자연수일 때,

$$\boxed{a^m \times a^n = a^{m+n}} \rightarrow 지수끼리 더한다.$$

예 $a^2 \times a^4 = \underbrace{(a \times a)}_{2번} \times \underbrace{(a \times a \times a \times a)}_{4번} = a^6 \Rightarrow a^2 \times a^4 = a^{2+4} = a^6$

지수의 합

주의 $a^m \times a^n \neq a^{m \times n}$, $a^m + a^n \neq a^{m+n}$

개념➕

- a^m ←지수
  ↑밑
- 지수법칙은 밑이 같은 경우에만 적용할 수 있다.
- a는 a^1으로 생각한다.
- 지수법칙은 셋 이상의 거듭제곱에 대해서도 성립한다.

02-2 지수법칙(2) 유형 02, 05~09

m, n이 자연수일 때,

$$\boxed{(a^m)^n = a^{mn}} \rightarrow 지수끼리 곱한다.$$

예 $(a^2)^4 = a^2 \times a^2 \times a^2 \times a^2 = a^{2+2+2+2} = a^8 \Rightarrow (a^2)^4 = a^{2 \times 4} = a^8$

지수의 곱

주의 $(a^m)^n \neq a^{m+n}$, $(a^m)^n \neq a^{m^n}$

02-3 지수법칙(3) 유형 03, 05~09

$a \neq 0$이고, m, n이 자연수일 때

① $m > n$이면 $\boxed{a^m \div a^n = a^{m-n}}$ → 큰 지수에서 작은 지수를 뺀다.

② $m = n$이면 $\boxed{a^m \div a^n = 1}$

③ $m < n$이면 $\boxed{a^m \div a^n = \dfrac{1}{a^{n-m}}}$ → 분수로 나타낸 후 큰 지수에서 작은 지수를 뺀다.

예 ① $a^5 \div a^2 = \dfrac{a^5}{a^2} = \dfrac{a \times a \times a \times a \times a}{a \times a} = a \times a \times a = a^3 \Rightarrow a^5 \div a^2 = a^{5-2} = a^3$

지수의 차

② $a^3 \div a^3 = \dfrac{a \times a \times a}{a \times a \times a} = 1$

③ $a^2 \div a^5 = \dfrac{a \times a}{a \times a \times a \times a \times a} = \dfrac{1}{a \times a \times a} = \dfrac{1}{a^3} \Rightarrow a^2 \div a^5 = \dfrac{1}{a^{5-2}} = \dfrac{1}{a^3}$

지수의 차

주의 $a^m \div a^n \neq a^{m \div n}$, $a^m \div a^m \neq 0$

- $a^m \div a^n$을 계산할 때는 먼저 m, n의 대소를 비교한다.

02-4 지수법칙(4) 유형 04~09

m이 자연수일 때

① $\boxed{(ab)^m = a^m b^m}$

② $\boxed{\left(\dfrac{a}{b}\right)^m = \dfrac{a^m}{b^m}}$ (단, $b \neq 0$)

예 ① $(ab)^2 = ab \times ab = (a \times a) \times (b \times b) = a^2 b^2$

② $\left(\dfrac{a}{b}\right)^2 = \dfrac{a}{b} \times \dfrac{a}{b} = \dfrac{a \times a}{b \times b} = \dfrac{a^2}{b^2}$

- 거듭제곱을 계산할 때는 부호를 포함하여 거듭제곱해야 한다.
- $(-a)^m$의 계산
  ① m이 짝수
    $\Rightarrow (-a)^m = a^m$
  ② m이 홀수
    $\Rightarrow (-a)^m = -a^m$

02-1 지수법칙 (1)

[0141~0144] 다음 식을 간단히 하시오.

0141 $2^3 \times 2^6$

0142 $a \times a^7$

0143 $3^2 \times 3^5 \times 3^4$

0144 $x^2 \times y^3 \times x \times y^9$

[0145~0147] 다음 □ 안에 알맞은 수를 구하시오.

0145 $a^6 \times a^\square = a^{11}$

0146 $b^3 \times b^\square \times b^6 = b^{18}$

0147 $x^\square \times x^4 \times y^2 \times y^8 = x^7 y^\square$

02-2 지수법칙 (2)

[0148~0151] 다음 식을 간단히 하시오.

0148 $(a^3)^2$

0149 $\{(5^6)^2\}^3$

0150 $7^2 \times (7^2)^7$

0151 $a^8 \times (a^2)^2 \times (a^4)^3$

[0152~0153] 다음 □ 안에 알맞은 수를 구하시오.

0152 $(a^7)^\square = a^{21}$

0153 $x^\square \times (x^3)^3 = x^{26}$

02-3 지수법칙 (3)

[0154~0158] 다음 식을 간단히 하시오.

0154 $a^4 \div a^3$

0155 $5^8 \div 5^8$

0156 $x^6 \div x^{10}$

0157 $2^{12} \div 2^9 \div 2$

0158 $(x^4)^6 \div (x^5)^5$

[0159~0160] 다음 □ 안에 알맞은 수를 구하시오.

0159 $a^\square \div a^4 = a^9$

0160 $b^5 \div b^\square = \dfrac{1}{b^2}$

02-4 지수법칙 (4)

[0161~0165] 다음 식을 간단히 하시오.

0161 $(a^2 b^3)^2$

0162 $(-3x^4)^3$

0163 $\left(\dfrac{1}{2} x^2 y\right)^4$

0164 $\left(\dfrac{a}{b^4}\right)^5$

0165 $\left(-\dfrac{x^4}{5y^3}\right)^2$

[0166~0167] 다음 □ 안에 알맞은 수를 구하시오.

0166 $(x^3 y^\square)^4 = x^\square y^8$

0167 $\left(\dfrac{y^2}{x^\square}\right)^3 = \dfrac{y^\square}{x^{24}}$

02-5 단항식의 곱셈

유형 10, 13, 14, 15

개념⁺

단항식의 곱셈은 다음과 같이 계산한다.
(1) **계수는 계수끼리, 문자는 문자끼리** 곱한다.
(2) 같은 문자끼리의 곱셈은 지수법칙을 이용하여 간단히 한다.

예 $-2a^2 \times 5ab = (-2) \times a^2 \times 5 \times a \times b$
$$= \{(-2) \times 5\} \times (a^2 \times a \times b)$$
$$= -10a^3 b$$

참고 단항식의 곱셈에서 부호는 다음과 같이 결정된다.
- ⊖가 홀수 개 ➡ ⊖
- ⊖가 짝수 개 ➡ ⊕

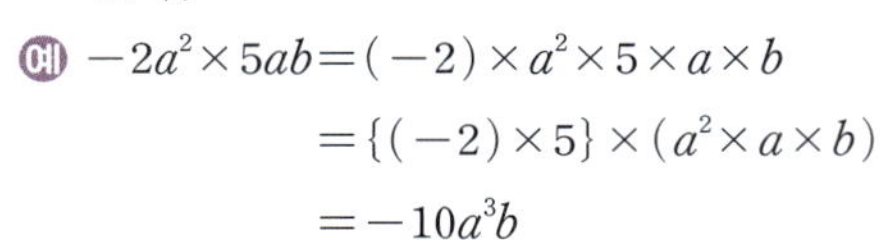

단항식의 곱셈은 곱셈의 교환법칙과 결합법칙을 이용하여 계수는 계수끼리, 문자는 문자끼리 곱하여 간단히 나타낼 수 있다.

02-6 단항식의 나눗셈

유형 11, 13, 14, 15

단항식의 나눗셈은 다음과 같은 방법으로 계산한다.

방법 ① **분수 꼴로 바꾸어** 계산한다.
$$\Rightarrow A \div B = \frac{A}{B}$$

방법 ② **역수를 이용하여** 나눗셈을 곱셈으로 고쳐서 계산한다.
$$\Rightarrow A \div B = A \times \frac{1}{B} = \frac{A}{B}$$

예 **방법 ①** $20a^2 b^3 \div 4ab = \frac{20a^2 b^3}{4ab} = 5ab^2$

방법 ② $20a^2 b^3 \div 4ab = 20a^2 b^3 \times \frac{1}{4ab} = \left(20 \times \frac{1}{4}\right) \times \left(a^2 b^3 \times \frac{1}{ab}\right) = 5ab^2$

TIP 다음의 경우에는 **방법 ②** 를 이용하는 것이 편리하다.
- 나누는 식이 분수 꼴인 경우 ➡ $A \div \dfrac{C}{B} = A \times \dfrac{B}{C} = \dfrac{AB}{C}$
- 나눗셈이 2개 이상인 경우 ➡ $A \div B \div C = A \times \dfrac{1}{B} \times \dfrac{1}{C} = \dfrac{A}{BC}$

나눗셈을 곱셈으로 바꾸어 나타낼 때, 부호는 바뀌지 않음에 주의한다.

02-7 단항식의 곱셈과 나눗셈의 혼합 계산

유형 12~15

단항식의 곱셈과 나눗셈이 혼합된 식은 다음과 같은 순서로 계산한다.
❶ 괄호의 거듭제곱은 지수법칙을 이용하여 괄호를 푼다.
❷ 나눗셈은 역수를 이용하여 곱셈으로 고친다.
❸ 계수는 계수끼리, 문자는 문자끼리 계산한다.

예 $18x^5 y^6 \div 3x^3 y^5 \times (-2xy)^2 = 18x^5 y^6 \div 3x^3 y^5 \times 4x^2 y^2$ ⋯⋯ ❶
$$= 18x^5 y^6 \times \frac{1}{3x^3 y^5} \times 4x^2 y^2 \quad \cdots\cdots ❷$$
$$= 24x^4 y^3 \quad \cdots\cdots ❸$$

곱셈과 나눗셈이 혼합된 식은 앞에서부터 차례로 계산한다.

02-5 단항식의 곱셈

[0168~0172] 다음 식을 계산하시오.

0168 $3a^4 \times 6a^3$

0169 $-2x^2y^5 \times 5x^4y^3$

0170 $\dfrac{1}{6}xy^7 \times 24x^5y^2$

0171 $21a^2b^6 \times \left(-\dfrac{1}{7}a^3b\right)$

0172 $4xy^3 \times (-3x^4y^5) \times \left(-\dfrac{1}{2}x^2y\right)$

[0173~0177] 다음 식을 계산하시오.

0173 $(-2a)^3 \times 4a^2$

0174 $3x^2y \times (3xy^2)^2$

0175 $(x^2y^3)^2 \times \left(-\dfrac{1}{x^3y}\right)^2$

0176 $(x^3y^2)^3 \times \left(\dfrac{2y^2}{x}\right)^2$

0177 $72x^4y^2 \times \left(\dfrac{5x^2}{6y}\right)^2 \times \left(-\dfrac{1}{x}\right)^5$

02-6 단항식의 나눗셈

[0178~0183] 다음 식을 계산하시오.

0178 $24a^6 \div 8a^3$

0179 $-3a^4 \div 15a^4$

0180 $9x^4y^3 \div 6x^5y^2$

0181 $16x^5y^4 \div \dfrac{8}{3x^2y^3}$

0182 $18a^3 \div (-a^2) \div \dfrac{2}{a^5}$

0183 $12x^4y^2 \div 3x^2 \div (-4y)$

[0184~0187] 다음 식을 계산하시오.

0184 $8a^3b \div (-2ab^2)^2$

0185 $(x^4y^2)^3 \div (xy^3)^4$

0186 $(x^2y^2)^2 \div \left(-\dfrac{2y}{x^3}\right)^3$

0187 $(-x^4y^3)^2 \div (3xy^2)^2 \div \dfrac{x}{3y^2}$

02-7 단항식의 곱셈과 나눗셈의 혼합 계산

[0188~0193] 다음 식을 계산하시오.

0188 $9x^4 \times 4x^2 \div 18x^3$

0189 $4a^3b^2 \div 8a^4b \times ab^3$

0190 $12x^8y^6 \times \left(-\dfrac{1}{3x^4}\right) \div xy^5$

0191 $21x^2y \div \dfrac{7y^2}{x^3} \times 2xy$

0192 $(-3ab^3)^3 \times 2a^3b \div (-6a^4b^5)$

0193 $25x^6y^4 \div \dfrac{5x^3}{y^4} \times \left(\dfrac{x^2}{2y}\right)^2$

유형 완성

유형 01 지수법칙 (1) – 지수의 합

m, n이 자연수일 때,

$$a^m \times a^n = a^{m+n} \quad \text{(지수의 합)}$$

0194 대표 문제

$2^3 \times 2^2 \times 2^x = 128$일 때, 자연수 x의 값은?

① 2   ② 3   ③ 4
④ 5   ⑤ 6

0195 하

$x^4 \times y^2 \times x \times y^3 \times x^2 = x^a y^b$일 때, 자연수 a, b에 대하여 $a-b$의 값을 구하시오.

0196 중

$5^{x+3} = \square \times 5^x$일 때, $\square$ 안에 알맞은 수는?

(단, x는 자연수)

① 5   ② 15   ③ 25
④ 75   ⑤ 125

0197 중

n이 자연수일 때, $(-1)^n \times (-1)^{n+1} \times (-1)^{2n}$을 간단히 하면?

① -1 ② 0   ③ 1
④ n ⑤ $2n$

0198 상

$4 \times 5 \times 6 \times 7 \times 8 \times 9 \times 10 = 2^a \times 3^b \times 5^c \times 7$일 때, 자연수 a, b, c에 대하여 $a+b+c$의 값은?

① 9   ② 10   ③ 11
④ 12   ⑤ 13

유형 02 지수법칙 (2) – 지수의 곱

m, n이 자연수일 때,

$$(a^m)^n = a^{mn} \quad \text{(지수의 곱)}$$

0199 대표 문제

$(a^{\square})^2 \times (a^4)^3 \times a = a^{25}$일 때, $\square$ 안에 알맞은 자연수를 구하시오.

0200 ㅎ

다음 중 옳지 <u>않은</u> 것은?

① $(a^5)^4=a^{20}$

② $a\times(a^3)^7=a^{22}$

③ $(a^5)^5\times a=a^{11}$

④ $(a^2)^6\times(b^5)^3=a^{12}b^{15}$

⑤ $(a^3)^4\times(b^7)^2\times a\times(b^2)^3=a^{13}b^{20}$

0201 ㅎ

$3^3\times9^4\times27^5=3^x$일 때, 자연수 x의 값은?

① 23 ② 24 ③ 25

④ 26 ⑤ 27

0202 ㅎ

서술형

$2^{2x}\times8^{x-2}=512$일 때, 자연수 x의 값을 구하시오.

(단, $x\geq3$)

0203 ㅎ

다음 중 가장 큰 수는?

① 2^{24} ② 3^{20} ③ 4^{16}

④ 5^{12} ⑤ 6^8

유형 03 지수법칙(3) − 지수의 차

$a\neq0$이고, m, n이 자연수일 때,

$$a^m\div a^n=\begin{cases} a^{m-n} & (m>n) \\ 1 & (m=n) \\ \dfrac{1}{a^{n-m}} & (m<n) \end{cases}$$

참고 나눗셈이 2개 이상이면 앞에서부터 차례로 계산한다.

0204 대표 문제

$5^{15}\div125^2\div5^x=5^4$일 때, 자연수 x의 값은?

① 4 ② 5 ③ 6

④ 7 ⑤ 8

0205 ㅎ

$(x^4)^2\div x^3\div(x^2)^6$을 간단히 하면?

① x ② x^5 ③ x^7

④ $\dfrac{1}{x^5}$ ⑤ $\dfrac{1}{x^7}$

0206 ㅎ

다음 중 식을 간단히 한 결과가 나머지 넷과 <u>다른</u> 하나는?

① $x^7\div x^2$ ② $(x^2)^3\div x$

③ $(x^{10})^2\div(x^2)^2$ ④ $x^{10}\div x\div x^4$

⑤ $x^8\div(x^6\div x^3)$

0207 ㅎ

$\dfrac{3^{4x-3}}{3^{x+5}}=81$일 때, 자연수 x의 값을 구하시오.

0208 ⑪

$2^{2x-1} \times 4^x \div 128 = \dfrac{1}{16}$, $7^{3y-2} \div 49^y = 343$일 때, 자연수 x, y에 대하여 $y-x$의 값을 구하시오.

빈출

유형 04 지수법칙 (4) – 지수의 분배

m이 자연수일 때,
$$(ab)^m = a^m b^m, \quad \left(\dfrac{a}{b}\right)^m = \dfrac{a^m}{b^m} \ (\text{단}, \ b \neq 0)$$

0209 대표 문제

$(-5x^a)^2 = bx^{10}$, $\left(\dfrac{2y}{x^c}\right)^3 = \dfrac{8y^d}{x^9}$ 을 만족시키는 자연수 a, b, c, d에 대하여 $a+b+c+d$의 값을 구하시오.

0210 ⑧

다음 중 옳은 것은?

① $(a^3 b^2)^3 = a^6 b^5$

② $(-ab^2)^2 = -a^2 b^4$

③ $\left(\dfrac{1}{5}ab\right)^3 = \dfrac{1}{15}a^3 b^3$

④ $-\left(\dfrac{2}{3x}\right)^2 = -\dfrac{4}{9x^2}$

⑤ $\left(-\dfrac{a}{2}\right)^3 = -\dfrac{a^3}{2}$

0211 ⑧

$24^3 = 2^x \times 3^y$일 때, 자연수 x, y에 대하여 xy의 값은?

① 15　　　② 18　　　③ 21

④ 24　　　⑤ 27

0212 ⑧

$\left(\dfrac{2}{9}\right)^x = \dfrac{64}{3^y}$일 때, 자연수 x, y에 대하여 $x+y$의 값을 구하시오.

0213 ⑧

$\left(\dfrac{3x^5}{y^a}\right)^b = \dfrac{cx^{15}}{y^{18}}$일 때, 자연수 a, b, c에 대하여 $a-b+c$의 값은?

① 27　　　② 30　　　③ 33

④ 36　　　⑤ 39

빈출

유형 05 지수법칙 (5) – 종합

m, n이 자연수일 때

(1) $a^m \times a^n = a^{m+n}$

(2) $(a^m)^n = a^{mn}$

(3) $a^m \div a^n = \begin{cases} a^{m-n} & (m > n) \\ 1 & (m = n) \ (\text{단}, \ a \neq 0) \\ \dfrac{1}{a^{n-m}} & (m < n) \end{cases}$

(4) $(ab)^m = a^m b^m$, $\left(\dfrac{a}{b}\right)^m = \dfrac{a^m}{b^m}$ (단, $b \neq 0$)

0214 대표 문제

다음 보기 중 옳은 것을 모두 고른 것은?

보기

ㄱ. $a \times a^4 = a^4$

ㄴ. $3^{10} \div (3^{10})^2 = \dfrac{1}{3^{10}}$

ㄷ. $(-2a^2)^2 = 4a^4$

ㄹ. $(2x^2 y)^3 = 6x^6 y^3$

ㅁ. $x^{10} \div x^5 \times x^3 = \dfrac{1}{x^5}$

ㅂ. $a^{30} \div (a^6 \times a^5) = 1$

① ㄴ, ㄷ　　　② ㄷ, ㅁ　　　③ ㄱ, ㄹ, ㅁ

④ ㄴ, ㄷ, ㅂ　　　⑤ ㄹ, ㅁ, ㅂ

0215 ⑧

다음 중 □ 안에 들어갈 자연수가 나머지 넷과 <u>다른</u> 하나
는?

① $a^{\square} \times a^2 = a^8$

② $\dfrac{x^{\square}}{x^9} = \dfrac{1}{x^3}$

③ $(a^2 b^{\square})^3 = a^6 b^{12}$

④ $\left(-\dfrac{y^5}{x^{\square}}\right)^2 = \dfrac{y^{10}}{x^{12}}$

⑤ $x^{\square} \times x^2 \div x^3 = x^5$

0216 ⑧

지수법칙을 이용하여 다음을 계산하시오.

$$2^6 \div 4^2 \times 5^{32} \times (0.2)^{30}$$

거듭제곱으로 나타낼 수 있는 수의 계산은 지수법칙을 이용하면
편리하다.

예 10^2 L를 mL로 나타내면

➡ $1\,\mathrm{L} = 10^3\,\mathrm{mL}$이므로 $10^2\,\mathrm{L} = 10^2 \times 10^3\,\mathrm{mL} = 10^5\,\mathrm{mL}$

0217 대표 문제

컴퓨터에서 데이터의 양을 나타내는 단위에는 B(바이트),
KiB(키비바이트), MiB(메비바이트), GiB(기비바이트)
등이 있다. 다음 표는 데이터의 양의 단위 사이의 관계를
나타낸 것이다. 이때 $8\,\mathrm{GiB}$는 몇 B인가?

1 KiB	1 MiB	1 GiB
2^{10} B	2^{10} KiB	2^{10} MiB

① 2^{30} B

② 2^{33} B

③ 2^{1000} B

④ 2^{1003} B

⑤ 2^{3000} B

0218 ⑧

어떤 세균은 1시간마다 그 수가 4배씩 증가한다. 이 세균
16마리가 7시간 후에 2^k마리가 된다고 할 때, 자연수 k의
값을 구하시오.

0219 ⑧

태양과 지구 사이의 거리는 $1.5 \times 10^8\,\mathrm{km}$이다. 빛의 속력
이 초속 $3 \times 10^8\,\mathrm{m}$일 때, 태양의 빛이 지구에 도달하는 데
걸리는 시간은?

① 200초

② 250초

③ 500초

④ 750초

⑤ 1000초

0220 ⑧

다음 그림과 같이 길이가 $3^6\,\mathrm{cm}$인 종이테이프를 삼등분하
여 오른쪽 끝부분을 잘라 내는 과정을 8회 반복하였다. 이
때 남은 종이테이프의 길이는?

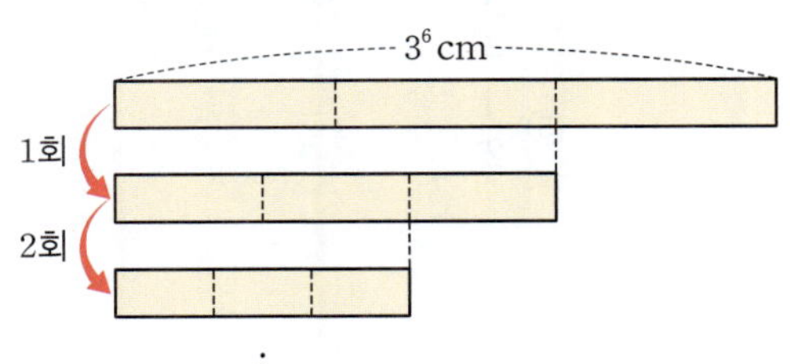

① $\dfrac{2^6}{3}$ cm

② $\dfrac{2^7}{3}$ cm

③ $\dfrac{2^8}{3}$ cm

④ $\dfrac{2^6}{3^2}$ cm

⑤ $\dfrac{2^8}{3^2}$ cm

같은 수의 덧셈은 곱셈으로 바꾸어 나타낸 후 간단히 한다.

➡ $\underbrace{a^m+a^m+a^m+\cdots+a^m}_{a\text{개}}=a\times a^m=a^{1+m}$

0221 대표 문제

$3^2+3^2+3^2=3^a$, $3^3\times3^3\times3^3=3^b$일 때, 자연수 a, b에 대하여 $a+b$의 값을 구하시오.

0222 ㉗

다음 중 옳은 것을 모두 고르면? (정답 2개)

① $5^3\times5^2=5^6$　　　　② $2^5\div2^7=2^2$

③ $3^4+3^4+3^4=3^{12}$　　④ $4^5+4^5=2^{11}$

⑤ $25^2\times25^2=5^8$

0223 ㉗

$\dfrac{3^6+3^6+3^6}{4^6+4^6+4^6+4^6}\times\dfrac{2^6+2^6}{3^7}$을 간단히 하면?

① $\dfrac{1}{2^3}$　　　　② $\dfrac{1}{2^4}$　　　　③ $\dfrac{1}{2^5}$

④ $\dfrac{1}{2^6}$　　　　⑤ $\dfrac{1}{2^7}$

0224 ㉘　　　　　　　　　　　서술형

$2^{x+4}+2^{x+2}+2^x=336$일 때, 자연수 x의 값을 구하시오.

$a^n=A$라 할 때

(1) a^{mn}을 A를 사용하여 나타내면

➡ $a^{mn}=(a^n)^m=A^m$

(2) a^{m+n}을 A를 사용하여 나타내면

➡ $a^{m+n}=a^m a^n=a^m A$

예 (1) $2^2=A$라 할 때, $64=2^6=(2^2)^3=A^3$

　　(2) $2^x=A$라 할 때, $2^{x+3}=2^3\times2^x=8A$

0225 대표 문제

$5^2=A$라 할 때, 125^6을 A를 사용하여 나타내면?

① A^6　　　　② A^9　　　　③ A^{11}

④ A^{15}　　　⑤ A^{18}

0226 ㉗

$A=2^x$일 때, 8^{x+2}을 A를 사용하여 나타내면?

(단, x는 자연수)

① $\dfrac{A^3}{64}$　　　② $\dfrac{A^3}{8}$　　　③ A^3

④ $32A^3$　　　⑤ $64A^3$

0227 ㉗

$\dfrac{1}{5^5}=k$라 할 때, $\dfrac{1}{25^{10}}=k^{\square}$이다. $\square$ 안에 알맞은 자연수를 구하시오.

0228 ⑧

$2^4=a$, $3^2=b$라 할 때, 48^2을 a, b를 사용하여 나타내면?

① ab^2 ② a^2b ③ a^2b^2

④ a^4b ⑤ a^8b^2

0229 ⑧

$a=3^{x-1}$일 때, 9^{x+1}을 a를 사용하여 나타내면?

(단, x는 2 이상의 자연수)

① $9a^2$ ② $27a^2$ ③ $27a^3$

④ $81a^2$ ⑤ $81a^3$

0230 ⑤

$a=2^{x-1}$, $b=3^{x+2}$일 때, 6^x을 a, b를 사용하여 나타내면?

(단, x는 2 이상의 자연수)

① $\dfrac{2}{9}ab$ ② $\dfrac{1}{2}ab$ ③ $\dfrac{2}{3}ab$

④ $\dfrac{3}{2}ab$ ⑤ $2ab$

유형 09   자릿수 구하기

자연수 m, n에 대하여 $2^m \times 5^n$의 자릿수는 다음과 같은 순서로 구한다.

❶ $2^m \times 5^n$을 $a \times 10^k$ (a, k는 자연수) 꼴로 나타낸다.

❷ a가 l자리의 자연수이면 $a \times 10^k$은 $(l+k)$자리의 자연수이다.

예 $2^{10} \times 5^8 = 2^2 \times 2^8 \times 5^8 = 2^2 \times (2 \times 5)^8$ (2와 5의 지수를 같게 만든다.)

$= 4 \times 10^8 = 400\cdots0$ ➡ 9자리의 자연수 (8개, $1+8$)

참고 주어진 수를 $a \times 10^k$ 꼴로 나타낼 때는 2와 5의 지수 중 큰 쪽의 지수를 작은 쪽의 지수에 맞춰 변형한다.

0231   대표 문제

$2^7 \times 5^4$은 몇 자리의 자연수인가?

① 4자리   ② 5자리   ③ 6자리

④ 7자리   ⑤ 8자리

0232 ⑧

$A=(4^2)^3 \times 5^{13}$일 때, A는 몇 자리의 자연수인지 구하시오.

0233 ⑧   서술형

$2^{10} \times 3 \times 5^8$은 n자리의 자연수이고, 각 자리의 숫자의 합을 k라 할 때, $n+k$의 값을 구하시오.

0234 ⓢ

$(2^3+2^3+2^3)\times(5^4+5^4+5^4+5^4)$이 n자리의 자연수일 때, n의 값은?

① 4   ② 5   ③ 6

④ 7   ⑤ 8

(1) 계수는 계수끼리, 문자는 문자끼리 곱한다.
(2) 같은 문자끼리의 곱셈은 지수법칙을 이용하여 간단히 한다.

0235 대표 문제

$(a^4b^3)^2\times(-a^2b)^3\times(2ab^2)^2$을 계산하면?

① $-4a^{16}b^{13}$ ② $-4a^{13}b^{12}$ ③ $-2a^{16}b^{13}$

④ $2a^{13}b^{12}$ ⑤ $4a^{16}b^{13}$

0236 ⓗ

$\left(\dfrac{3}{5}x^2y^3\right)^2\times(-5x)^3$을 계산하면?

① $-45x^9y^6$ ② $-45x^7y^6$ ③ $-3x^7y^6$

④ $3x^9y^6$ ⑤ $45x^7y^6$

0237 ⓒ

$(2xy^2)^3\times(-4xy^4)\times(-x^2y)^4=ax^by^c$일 때, 상수 a, b, c에 대하여 $a+b+c$의 값을 구하시오.

0238 ⓒ

서술형

다음 식을 만족시키는 자연수 a, b, c에 대하여 abc의 값을 구하시오.

$$(-5x^ay^2)^2\times bxy^3=250x^9y^c$$

방법 ① 분수 꼴로 바꾸어 계산한다.

$$\Rightarrow A\div B=\frac{A}{B}$$

방법 ② 역수를 이용하여 나눗셈을 곱셈으로 고쳐서 계산한다.

$$\Rightarrow A\div B=A\times\frac{1}{B}=\frac{A}{B}$$

0239 대표 문제

$(-3xy^2)^2\div 2x^3y\div\left(-\dfrac{3}{2}xy^2\right)$을 계산하시오.

0240 ^중

다음 중 옳지 <u>않은</u> 것은?

① $5ab^2 \times (-4a^2b) = -20a^3b^3$

② $6x^2y \times \dfrac{4}{3}xy^3 \times (-x^2y)^3 = -8x^9y^7$

③ $27a^2b \div 3ab = 9a$

④ $(5xy^3)^2 \div \dfrac{5}{2}x^2y^4 = 10y$

⑤ $(a^4b^5)^3 \div \dfrac{(-2b)^4}{a^2} \div \left(-\dfrac{a^3b^2}{4}\right)^3 = -4a^5b^5$

0241 ^중

$(6x^4y)^2 \div (-xy^2)^3 = \dfrac{Ax^B}{y^C}$일 때, 상수 A, B, C에 대하여 $A+B+C$의 값은?

① -45 ② -36 ③ -27

④ 27 ⑤ 45

0242 ^중 서술형

$(2x^ay^4)^2 \div (xy^3)^b = \dfrac{cx^7}{y}$일 때, 자연수 a, b, c에 대하여 $a+b-c$의 값을 구하시오.

유형 12   **단항식의 곱셈과 나눗셈의 혼합 계산**

❶ 괄호의 거듭제곱은 지수법칙을 이용하여 괄호를 푼다.

❷ 나눗셈은 역수를 이용하여 곱셈으로 고친다.

❸ 계수는 계수끼리, 문자는 문자끼리 계산한다.

참고   곱셈과 나눗셈이 혼합된 식은 앞에서부터 차례로 계산한다.

0243 대표 문제

$8x^4y^2 \times (-6xy^2)^2 \div \dfrac{12}{5}x^6y^3$을 계산하면?

① $40y^3$ ② $40x^2y^3$ ③ $120y^3$

④ $120x^2y^3$ ⑤ $120x^2y^5$

0244 ^중

다음 중 옳은 것을 모두 고르면? (정답 2개)

① $2ab^2 \div 3ab \times 9ab^3 = 3ab^4$

② $15a^2b^2 \times (-b) \div (-3ab) = 5ab^2$

③ $2xy \times (5x^2y)^2 \div 10xy^3 = 5x^4y^3$

④ $49x^2y^3 \div (-7xy)^2 \times (-xy)^2 = 7x^2y^3$

⑤ $\dfrac{3}{4}xy \div \left(-\dfrac{3}{8}xy^2\right) \times 2x^2y = -4x^2$

0245 ^중

$(-3x^3y)^A \div 9x^By \times 3x^5y^2 = Cx^2y^3$일 때, 자연수 A, B, C에 대하여 $A+B+C$의 값을 구하시오.

유형 13　□ 안에 알맞은 식 구하기

(1) $A \times \square = B \Rightarrow \square = B \div A$

(2) $A \div \square = B \Rightarrow A \times \dfrac{1}{\square} = B$

　　　　　　　$\Rightarrow \square = A \div B$

(3) $A \times \square \div B = C \Rightarrow A \times \square \times \dfrac{1}{B} = C$

　　　　　　　　　　$\Rightarrow \square = C \times B \div A$

(4) $A \div \square \times B = C \Rightarrow A \times \dfrac{1}{\square} \times B = C$

　　　　　　　　　　$\Rightarrow \square = A \times B \div C$

0246　대표 문제

$\left(-\dfrac{1}{2}ab\right)^2 \times (\ \boxed{}\ ) \div 3a^2 b = -\dfrac{1}{3}ab^2$일 때, □ 안에 알맞은 식은?

① $-4a^2 b$　　　② $-4ab$　　　③ $-2ab$

④ $2a^2 b$　　　⑤ $4ab$

0247　중

$(-2ab^2)^3 \div A \div (-6a^4 b^3) = \dfrac{2b^2}{3a}$ 을 만족시키는 식 A는?

① $-\dfrac{8b^5}{9a^2}$　　　② $-\dfrac{2b^5}{3a}$　　　③ $2b$

④ $3a^2$　　　⑤ $24a^8 b^{11}$

0248　중

서술형

$(a^3 b^2)^2$에 어떤 식을 곱해야 할 것을 잘못하여 그 식으로 나누었더니 $\dfrac{a^2 b^2}{5}$이 되었다. 다음 물음에 답하시오.

(1) 어떤 식을 구하시오.

(2) 바르게 계산한 식을 구하시오.

0249　중

다음 계산 과정을 만족시키는 식 A, B, C를 각각 구하시오.

$$\boxed{A} \xrightarrow{\times 3x^2 y} \boxed{B} \xrightarrow{\times (-xy)^3} \boxed{C} \xrightarrow{\div (-3x^3 y)^2} \boxed{-y^4}$$

빈출

유형 14　도형에서의 활용(1) – 넓이, 부피 구하기

(1) (직사각형의 넓이)=(가로의 길이)×(세로의 길이)

　　(삼각형의 넓이)=$\dfrac{1}{2}$×(밑변의 길이)×(높이)

(2) (기둥의 부피)=(밑넓이)×(높이)

　　(뿔의 부피)=$\dfrac{1}{3}$×(밑넓이)×(높이)

　　(구의 부피)=$\dfrac{4}{3}$×π×(반지름의 길이)^3

0250　대표 문제

오른쪽 그림과 같이 밑변의 길이가 $2ab^2$, 높이가 $a^2 b$인 삼각형의 넓이는?

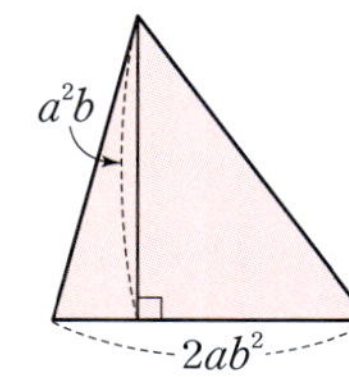

① $a^2 b^2$　　　② $a^3 b^3$

③ $2a^2 b^2$　　　④ $2a^3 b^3$

⑤ $4a^3 b^3$

0251　하

밑면의 가로의 길이가 $2a$, 세로의 길이가 $3b$이고, 높이가 b^2인 직육면체의 부피를 구하시오.

0252 중

오른쪽 그림과 같이 밑변의 길이가 $2ab$, 높이가 $3ab^2$인 직각삼각형을 직선 l을 회전축으로 하여 1회전 시킬 때 생기는 회전체의 부피를 구하시오.

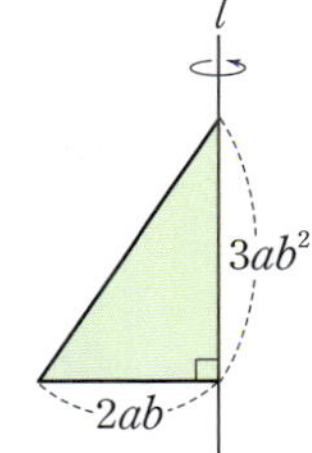

0253 상

다음 그림과 같이 반지름의 길이가 $3a^2b$인 구와 밑면의 반지름의 길이가 a^3b이고 높이가 $9b$인 원기둥이 있다. 이때 구의 부피는 원기둥의 부피의 몇 배인지 구하시오.

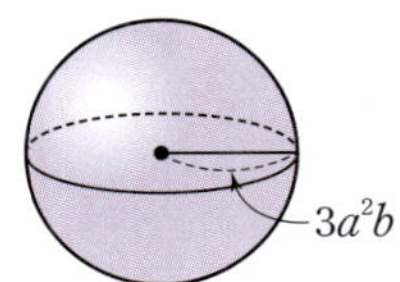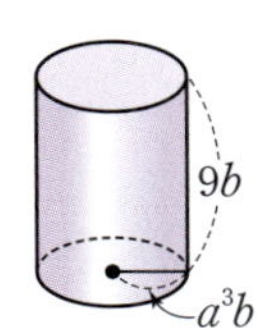

 빈출

유형 15 도형에서의 활용(2) – 길이 구하기

평면도형의 넓이 또는 입체도형의 부피가 주어지면 공식을 이용하여 등식을 세운 후 계산하여 변의 길이 또는 모서리의 길이를 구한다.

0254 대표 문제

오른쪽 그림과 같이 밑면은 가로의 길이가 $2a$, 세로의 길이가 $3b$인 직사각형이고, 부피가 $24a^2b^2$인 사각뿔의 높이는?

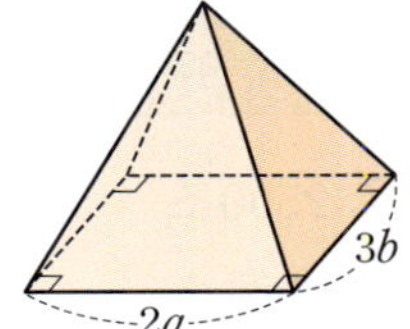

① $4ab$ ② $4a^2b$

③ $6ab$ ④ $12ab$

⑤ $12a^2b$

0255 하

오른쪽 그림과 같이 가로의 길이가 $7a^5b^3$인 직사각형의 넓이가 $28a^6b^9$일 때, 이 직사각형의 세로의 길이는?

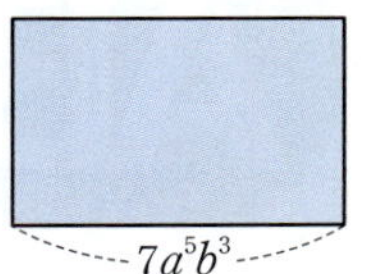

① $2ab^6$ ② $2a^2b^3$

③ $4ab^6$ ④ $4a^2b^3$

⑤ $4a^2b^6$

0256 중

오른쪽 그림과 같이 밑면의 가로의 길이가 $4ab$, 세로의 길이가 $5a$인 직육면체 모양의 물통에 들어 있는 물의 부피가 $40a^3b^3$일 때, 물의 높이를 구하시오.

（단, 물통의 두께는 생각하지 않는다.）

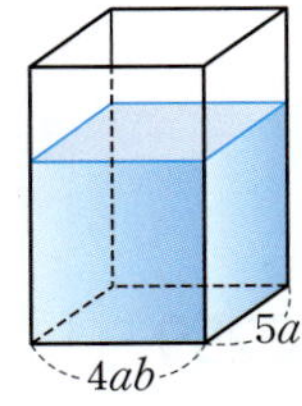

0257 상

다음 그림과 같이 가로의 길이가 $18ab^5$, 세로의 길이가 $\frac{2}{3}a^4b^2$인 직사각형의 넓이와 밑변의 길이가 $4a^4b^6$인 삼각형의 넓이가 같을 때, 삼각형의 높이 h는?

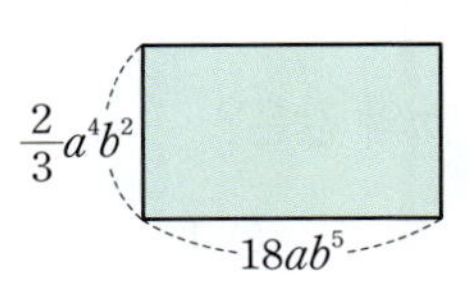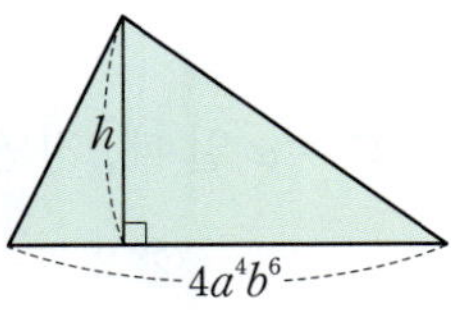

① $3a$ ② $6a^2$ ③ $3ab$

④ $6ab$ ⑤ $6a^2b$

유형 점검

0258

$a^3 \times a^x \times b^4 \times b^y \times b^7 = a^9 b^{13}$일 때, 자연수 x, y에 대하여 $x+y$의 값은?

① 5　　　　② 6　　　　③ 7
④ 8　　　　⑤ 9

0259

$8^{x+1} = 2^{18}$일 때, 자연수 x의 값은?

① 3　　　　② 4　　　　③ 5
④ 6　　　　⑤ 7

0260

$a^{21} \div a^7 \div a^{3x} = a^2$일 때, 자연수 x의 값은?

① 2　　　　② 3　　　　③ 4
④ 5　　　　⑤ 6

0261

$\left(\dfrac{ax^3}{y^2 z^b}\right)^c = \dfrac{125x^9}{y^d z^3}$일 때, 자연수 a, b, c, d에 대하여 $a+b+c+d$의 값을 구하시오.

0262

다음 중 □ 안에 들어갈 자연수가 가장 큰 것은?

① $x^{\square} \times x^2 = x^7$　　　　② $x^4 \div x^{\square} = x^2$

③ $(x^{\square})^2 \times x^3 = x^9$　　　　④ $\left(\dfrac{y^{\square}}{x^2}\right)^2 = \dfrac{y^8}{x^4}$

⑤ $x^8 \div x^2 \div x^{\square} = x^3$

0263

다음 표는 수와 수의 단위를 나타낸 것이다. $2^{17} \times 5^{20}$을 바르게 읽은 것은?

수	10^{12}	10^{16}	10^{20}	10^{24}
수의 단위	조	경	해	자

① 2500조　　　② 125경　　　③ 1250경
④ 25해　　　⑤ 5자

0264
유형 07

$3^6 \times (9^3 + 9^3 + 9^3) = 3^n$일 때, 자연수 n의 값을 구하시오.

0265
유형 08

$a = 2^{x+1}$일 때, 32^x을 a를 사용하여 나타내면?

(단, x는 자연수)

① $\dfrac{a^5}{64}$ ② $\dfrac{a^5}{32}$ ③ $\dfrac{a^5}{16}$

④ $32a^5$ ⑤ $64a^5$

0266
유형 10

다음은 이웃한 두 칸의 식을 곱하여 얻은 결과를 바로 아래 칸에 쓴 것이다. 이때 A에 알맞은 식을 구하시오.

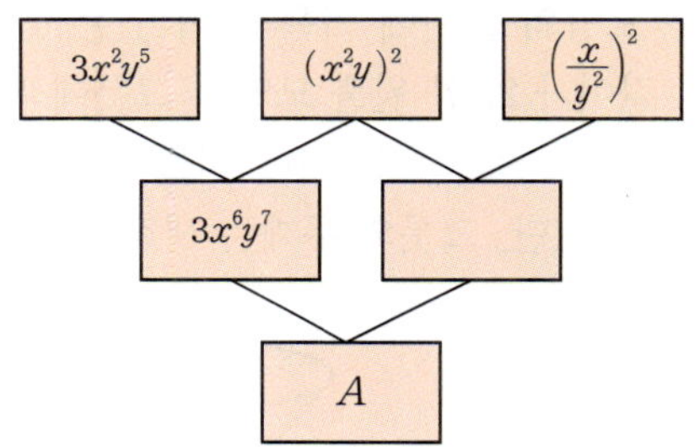

0267
유형 10 + 11

$A = 3x^4 y \times (5y)^2$, $B = 5(xy)^3 \div (-x^2 y)$일 때, $A \div B$를 계산하면?

① $-15x^4 y$ ② $-15x^3 y^3$ ③ $-15x^3 y$

④ $15x^3 y$ ⑤ $15x^4 y$

0268
유형 11

$(-4x^3 y^2)^2 \div \dfrac{8x^A}{y} \div Bxy^2 = -\dfrac{1}{3} x^3 y^C$일 때, 상수 A, B, C에 대하여 $A - B - C$의 값을 구하시오.

(단, A, C는 자연수)

0269
유형 10 + 11 + 12

다음 중 옳지 <u>않은</u> 것을 모두 고르면? (정답 2개)

① $4x^3 \times (-3x^2) = -12x^5$

② $(-2xy^2)^3 \times (3x^2 y)^2 = -36x^7 y^8$

③ $(-x^2 y^3)^2 \div \left(\dfrac{1}{2}xy\right)^3 = 8xy^3$

④ $27a^3 b \div 3a^2 b \times 6a = 54a^6 b^2$

⑤ $8a^2 b^2 \times \left(-\dfrac{1}{4}ab^3\right) \div \dfrac{5}{2}ab = -\dfrac{4}{5}a^2 b^4$

0270 유형 13

$10a^2b^4 \div (-5ab^5) \times (\boxed{}) = 6a^2b^3$일 때, $\square$ 안에 알맞은 식은?

① $-12a^3b^2$ ② $-3a^4b$ ③ $-3ab^4$

④ $3ab^4$ ⑤ $12a^4b$

0271 유형 14

오른쪽 그림과 같이 밑면은 가로의 길이가 $4ab^2$, 세로의 길이가 $9a^4b$인 직사각형이고, 높이가 a^2b^3인 사각뿔의 부피는?

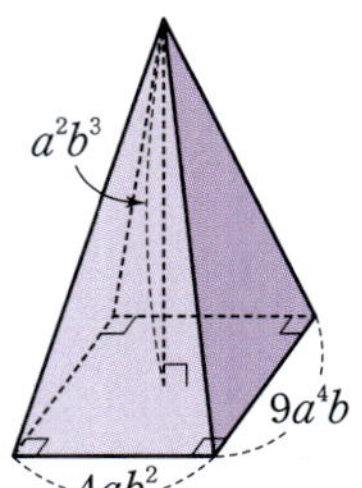

① $6a^7b^6$ ② $6a^{10}b^9$

③ $12a^7b^6$ ④ $12a^{10}b^9$

⑤ $36a^7b^6$

0272 유형 15

오른쪽 그림과 같이 높이가 $\frac{4}{3}xy^2$인 평행사변형의 넓이가 $12x^4y^5$일 때, 이 평행사변형의 밑변의 길이를 구하시오.

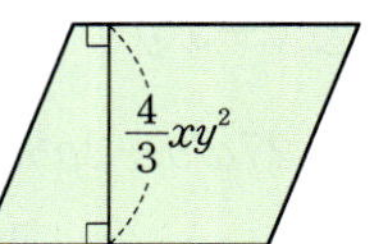

서술형

0273 유형 01 + 02 + 09

다음 조건을 만족시키는 자연수 x, y에 대하여 $x+y$의 값을 구하시오.

> **조건**
> (가) $625^x \times 5^{2x-1} = 5^{23}$
> (나) $4^3 \times 5^7$은 y자리의 자연수이다.

0274 유형 12

$Ax^4y \div \frac{4}{3}x^By^C \times (-y)^2 = \left(\dfrac{3y}{x}\right)^2$일 때, 자연수 A, B, C에 대하여 $A+B+C$의 값을 구하시오.

0275 유형 15

다음 그림과 같이 밑면의 반지름의 길이가 a, 높이가 $3a$인 원기둥 모양의 그릇에 가득 들어 있는 물을 밑면의 반지름의 길이가 $2a$인 원뿔 모양의 그릇에 부었더니 물이 넘치지 않고 가득 찼다. 이때 원뿔 모양의 그릇의 높이를 구하시오. (단, 그릇의 두께는 생각하지 않는다.)

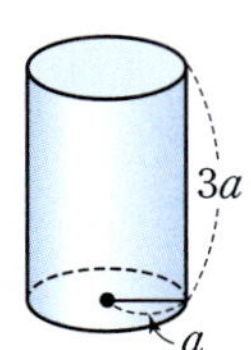

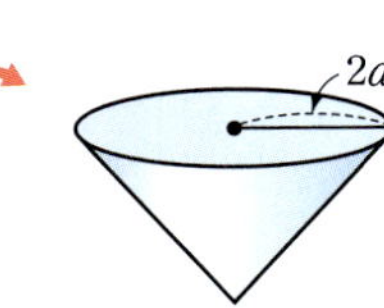

C 실력 향상
하 ···· 중 ···· 상100%

0276
$(x^a y^b z^c)^d = x^{12} y^{18} z^{30}$을 만족시키는 가장 큰 자연수 d에 대하여 $a+b+c+d$의 값을 구하시오. (단, a, b, c는 자연수)

0277
$5^{40} = x$라 할 때, $5^{39} + 5^{41}$을 x를 사용하여 나타내면?

① $\dfrac{2}{5}x$　　　　② $\dfrac{11}{5}x$　　　　③ $\dfrac{26}{5}x$

④ $\dfrac{11}{2}x$　　　　⑤ $10x$

0278
$2^{x-2} \times 5^x$이 11자리의 자연수가 되도록 하는 자연수 x의 값은? (단, $x>2$)

① 8　　　　② 9　　　　③ 10

④ 11　　　　⑤ 12

0279
다음 그림과 같은 전개도를 이용하여 밑면이 정사각형인 직육면체 모양의 용기를 만들었다. 전개도에서 색칠한 부분의 가로의 길이가 $8a^4 b$이고 넓이가 $40a^6 b^4$일 때, 이 직육면체 모양의 용기의 부피를 구하시오.

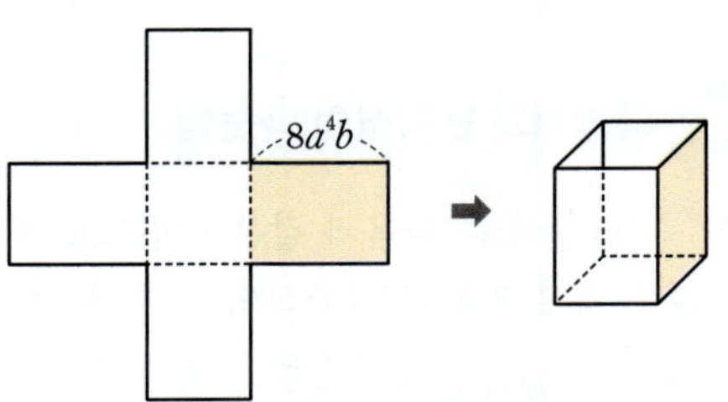

◑ 기출 BOOK 6쪽

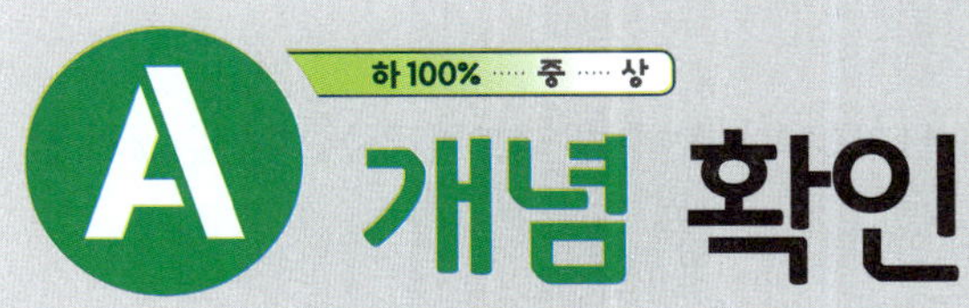

03-1 다항식의 덧셈과 뺄셈

유형 01~05, 09~12

(1) **다항식의 덧셈과 뺄셈**

괄호를 풀고 동류항끼리 모아서 계산한다.

> 참고 여러 가지 괄호가 있는 식은 ( ) → { } → [ ]의 순서대로 괄호를 풀어 계산한다.

(2) **이차식**: 다항식의 각 항의 차수 중 가장 큰 차수가 2인 다항식

예 $3x^2 + 5x - 7$ ➡ x에 대한 이차식

(3) **이차식의 덧셈과 뺄셈**

괄호를 풀고 동류항끼리 모아서 계산한다.

- 동류항: 문자가 같고 차수도 같은 항
- 빼는 식의 괄호를 풀 때, 모든 항의 부호를 반대로 바꾼다.
  - ➡ $-(A-B) = -A - B$ (×)
  - $-(A-B) = -A + B$ (○)

03-2 단항식과 다항식의 곱셈

유형 06, 08, 09, 10, 12

(1) **(단항식) × (다항식)의 계산**

분배법칙을 이용하여 단항식을 다항식의 각 항에 곱한다.

(2) **전개와 전개식**

① **전개**: 단항식과 다항식의 곱을 분배법칙을 이용하여 하나의 다항식으로 나타내는 것

② **전개식**: 전개하여 얻은 다항식

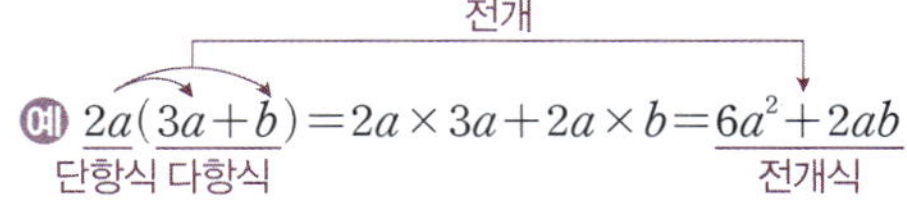

예 $2a(3a + b) = 2a \times 3a + 2a \times b = 6a^2 + 2ab$

- 분배법칙
  $a(b+c) = ab + ac$
  $(a+b)c = ac + bc$

03-3 다항식과 단항식의 나눗셈

유형 07, 08, 09, 11, 12

(다항식) ÷ (단항식)은 다음과 같은 방법으로 계산한다.

방법 ❶ 분수 꼴로 바꾸어 다항식의 각 항을 단항식으로 나누어 계산한다.

➡ $(A+B) \div C = \dfrac{A+B}{C} = \dfrac{A}{C} + \dfrac{B}{C}$

방법 ❷ 역수를 이용하여 나눗셈을 곱셈으로 고쳐서 계산한다.

➡ $(A+B) \div C = (A+B) \times \dfrac{1}{C} = A \times \dfrac{1}{C} + B \times \dfrac{1}{C}$

예 **방법 ❶** $(5a^2 + 3a) \div a = \dfrac{5a^2 + 3a}{a} = \dfrac{5a^2}{a} + \dfrac{3a}{a} = 5a + 3$

방법 ❷ $(5a^2 + 3a) \div a = (5a^2 + 3a) \times \dfrac{1}{a} = 5a^2 \times \dfrac{1}{a} + 3a \times \dfrac{1}{a} = 5a + 3$

- 나누는 식이 분수 꼴이면 방법 ❷를 이용하는 것이 편리하다.
- 다항식과 단항식의 덧셈, 뺄셈, 곱셈, 나눗셈이 혼합된 식은
  거듭제곱
  → 괄호
  → 곱셈, 나눗셈
  → 덧셈, 뺄셈
  의 순서대로 계산한다.

03-4 식의 대입

유형 13

주어진 식의 문자에 그 문자가 나타내는 다른 식을 대입하여 주어진 식을 다른 문자의 식으로 나타낼 수 있다.

예 $y = 2x - 3$일 때, $x - y$를 x에 대한 식으로 나타내면

$x - (2x - 3) = x - 2x + 3 = -x + 3$

- 음수나 다항식을 대입할 때는 괄호를 사용한다.

03-1 다항식의 덧셈과 뺄셈

[0280~0285] 다음 식을 계산하시오.

0280 $(3x+7y)+(2x-4y)$

0281 $(6x-y)-(2x-3y)$

0282 $(2a-8b+1)-(3a+b-2)$

0283 $\dfrac{5x-y}{2}+\dfrac{x+7y}{3}$

0284 $2b-\{4a-(2a+3b)\}$

0285 $(3x-2y)+\{5x-y-(x+3y)\}$

0286 다음 보기 중 이차식인 것을 모두 고르시오.

보기
ㄱ. $2x+y-3$
ㄴ. $3a^2-4a-1$
ㄷ. $\dfrac{1}{2}y^2+9$
ㄹ. $b^3+4b^2-(3+b^3)$

[0287~0289] 다음 식을 계산하시오.

0287 $(x^2-2x)+(2x^2-5x+6)$

0288 $(a^2+6a-5)-(-3a^2+4a-9)$

0289 $(2y^2-y+1)-\{y-3(y^2+2y)\}$

03-2 단항식과 다항식의 곱셈

[0290~0291] 다음 식을 전개하시오.

0290 $3x(x+2)$

0291 $(4a-8b+6)\times\left(-\dfrac{b}{2}\right)$

[0292~0293] 다음 식을 계산하시오.

0292 $2x(x+1)-x(6-x)$

0293 $-2ab(a+2b-1)+3b(2a+4ab)$

03-3 다항식과 단항식의 나눗셈

[0294~0296] 다음 식을 계산하시오.

0294 $(8x^2+4x)\div 2x$

0295 $(12a^2b^4-9ab^3+21b^2)\div 3b^2$

0296 $(30x^6y^5+10x^3y^4-25x^2y^2)\div\dfrac{5}{2}xy^2$

[0297~0298] 다음 식을 계산하시오.

0297 $\dfrac{18x^4-36x^3}{6x^2}-(2x^2+6x)\div\dfrac{x}{2}$

0298 $-a(10a+7)+(4a^4+24a^3)\div(-2a)^2$

03-4 식의 대입

[0299~0300] $y=x-2$일 때, 다음 식을 x에 대한 식으로 나타내시오.

0299 $3x-y$

0300 $x-2y+4$

[0301~0302] $A=x-3y$, $B=2x+5y$일 때, 다음 식을 x, y에 대한 식으로 나타내시오.

0301 $3A-2B$

0302 $-A+4B$

유형 완성

빈출

유형 01 다항식의 덧셈과 뺄셈

다항식의 덧셈과 뺄셈은 괄호를 풀고 동류항끼리 모아서 계산한다. 이때 뺄셈은 빼는 식의 모든 항의 부호를 바꾸어 더한다.

0303 대표 문제

$4(a-3b)+3(2a-b)=ma+nb$일 때, 상수 m, n에 대하여 $m-n$의 값은?

① -25 ② -15 ③ -5

④ 15 ⑤ 25

0304 하

$(-3x+4y-1)-(2x-3y+7)$을 계산했을 때, x의 계수와 상수항의 합을 구하시오.

0305 중

$\dfrac{a-4b}{3}-\dfrac{2a-6b-3}{5}$ 을 계산하면?

① $\dfrac{-a-4b-9}{15}$ ② $\dfrac{-a-2b+9}{15}$ ③ $\dfrac{-a+2b+9}{15}$

④ $\dfrac{a-2b-9}{15}$ ⑤ $\dfrac{a+2b+9}{15}$

0306 중

오른쪽 그림과 같은 직사각형의 둘레의 길이는?

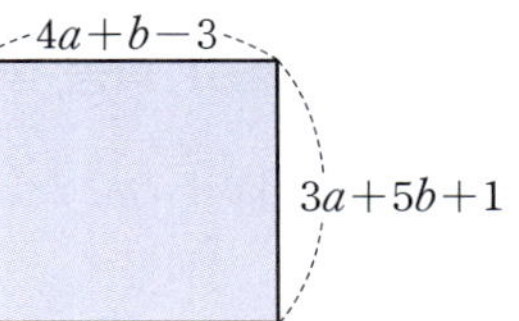

① $7a+6b-2$

② $7a+6b-4$

③ $14a-12b+4$

④ $14a+12b-4$

⑤ $14a+12b+4$

0307 중

다음 표에서 가로 방향으로는 덧셈을, 세로 방향으로는 뺄셈을 할 때, ①~⑤에 들어갈 식으로 옳지 <u>않은</u> 것은?

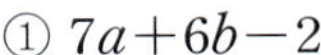

$5x-4y$	$3x-2y$	①
$x+2y-1$	$y-x+3$	②
③	④	⑤

① $8x-6y$ ② $3y+2$ ③ $4x-6y+1$

④ $4x-3y-3$ ⑤ $8x-3y+2$

유형 02 이차식의 덧셈과 뺄셈

(1) 이차식: 다항식의 각 항의 차수 중 가장 큰 차수가 2인 다항식
(2) 이차식의 덧셈과 뺄셈: 괄호를 풀고 동류항끼리 모아서 계산한다.

참고 보통 차수가 높은 항부터 낮은 항의 순서대로 정리한다.

0308 대표 문제

$(10x^2-2x-7)-2(2x^2+3x-5)$를 계산했을 때, x^2의 계수와 x의 계수의 합을 구하시오.

0309 ㈜

다음 보기의 다항식 중 합이 $2x^2+x+4$인 두 식을 바르게 짝 지은 것을 모두 고르면? (정답 2개)

보기
ㄱ. $3x^2+4x+3$ ㄴ. $5x^2+4$
ㄷ. $-x^2-3x+1$ ㄹ. $-3x^2+x$

① ㄱ, ㄴ ② ㄱ, ㄷ ③ ㄴ, ㄷ
④ ㄴ, ㄹ ⑤ ㄷ, ㄹ

0310 ㈜

$\dfrac{4x^2+x-8}{3}-\dfrac{x^2+3x-2}{4}=ax^2+bx+c$일 때, 상수 a, b, c에 대하여 $a-b+c$의 값은?

① -1 ② $-\dfrac{2}{3}$ ③ $-\dfrac{1}{3}$
④ $\dfrac{1}{3}$ ⑤ $\dfrac{2}{3}$

0311 ㈜ 서술형

$(2x^2+x-9)+5(ax^2-3x+1)$을 계산하면 x^2의 계수와 상수항의 합이 8일 때, 상수 a의 값을 구하시오.

유형 03 여러 가지 괄호가 있는 식의 계산

여러 가지 괄호가 있는 식은
$$(\quad) \rightarrow \{\quad\} \rightarrow [\quad]$$
의 순서대로 괄호를 풀어 계산한다.

0312 대표 문제

$7x-[x+4y-\{-2x+3y-(5x-2y)\}]$를 계산하면?

① $-x+y$ ② $-x+9y$ ③ $x+5y$
④ $7x-5y$ ⑤ $13x-9y$

0313 ㈜ 서술형

$10a-2b-[2a+5b+\{a+3(a-2b)\}]$를 계산했을 때, a의 계수와 b의 계수의 합을 구하시오.

0314 ㈜

$6x^2-[5x-\{4x^2+3-2(x-2)\}]=ax^2+bx+c$일 때, 상수 a, b, c에 대하여 $a-b+c$의 값은?

① 21 ② 22 ③ 23
④ 24 ⑤ 25

유형 04 어떤 식 구하기 - 다항식의 덧셈과 뺄셈

(1) $\square+A=B \Rightarrow \square=B-A$
(2) $\square-A=B \Rightarrow \square=B+A$
(3) $A-\square=B \Rightarrow \square=A-B$

0315 대표 문제

어떤 식에 $-2x^2+5x-4$를 더했더니 $3x^2+2x-3$이 되었다. 이때 어떤 식은?

① x^2-3x+1
② x^2+7x-7
③ $5x^2-3x-7$
④ $5x^2-3x+1$
⑤ $5x^2+7x-7$

0316 종

$(4x-2y+5)-(\boxed{})=-6x-3y+2$일 때, $\square$ 안에 알맞은 식은?

① $-10x-y-3$
② $-2x+3y-3$
③ $2x-5y+3$
④ $10x-5y+3$
⑤ $10x+y+3$

0317 종
서술형

$2a^2+3a-7$에 어떤 식 A를 더하면 $-a^2+4a-5$이고, 어떤 식 B에서 $-3a^2+a+8$을 빼면 $7a^2+3a-10$이다. 이때 $A+B$를 계산하시오.

0318 종

오른쪽 보기와 같은 규칙으로 다음 그림의 빈칸을 채울 때, X에 알맞은 식은?

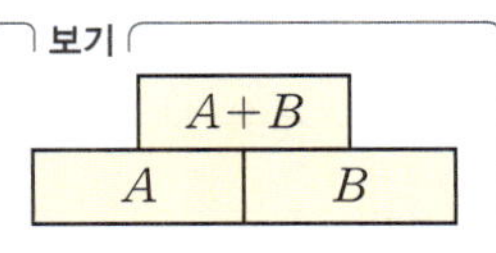

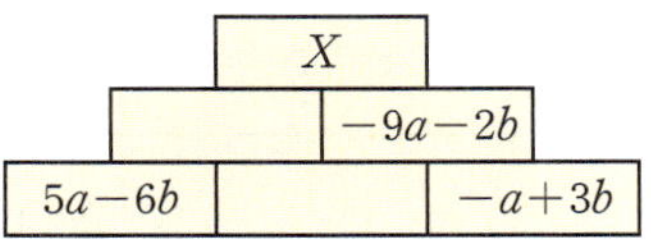

① $-12a-13b$
② $-8a-5b$
③ $-5a-5b$
④ $-3a-11b$
⑤ $6a-9b$

0319 종

다음 $\square$ 안에 알맞은 식은?

$$4x-[5x-4y-\{3x+2y-(\boxed{})\}]=x+8y$$

① $x-2y$
② $x+2y$
③ $2x-y$
④ $2x+y$
⑤ $2x+2y$

0320 상

$x+2y$의 3배에 어떤 식 A의 2배를 더했더니 $9x-2y$가 되었다. 이때 어떤 식 A를 구하시오.

유형 05 바르게 계산한 식 구하기

(1) 어떤 식에 X를 더해야 할 것을 잘못하여 뺐더니 Y가 되었다.
➡ (어떤 식)$-X=Y$ ∴ (어떤 식)$=Y+X$
➡ (바르게 계산한 식)$=$(어떤 식)$+X$

(2) 어떤 식에서 X를 빼야 할 것을 잘못하여 더했더니 Y가 되었다.
➡ (어떤 식)$+X=Y$ ∴ (어떤 식)$=Y-X$
➡ (바르게 계산한 식)$=$(어떤 식)$-X$

0321 대표 문제

어떤 식에 $2x^2+3x-2$를 더해야 할 것을 잘못하여 뺐더니 $-6x^2+4x-3$이 되었다. 이때 바르게 계산한 식은?

① $-8x^2+x-5$ ② $-8x^2+x+5$

③ $-2x^2-10x-7$ ④ $-2x^2+10x-7$

⑤ $2x+10x-7$

0322 ⑧

서술형

어떤 식에서 $3x+2y-5$를 빼야 할 것을 잘못하여 더했더니 $4x-3y+1$이 되었다. 다음 물음에 답하시오.

(1) 어떤 식을 구하시오.

(2) 바르게 계산한 식을 구하시오.

0323 ⑧

$2x^2-5x+1$에 어떤 식을 더해야 할 것을 잘못하여 뺐더니 $6x^2+x-3$이 되었다. 바르게 계산한 식이 ax^2+bx+c일 때, 상수 a, b, c에 대하여 $a-b+c$의 값은?

① 12 ② 14 ③ 16

④ 18 ⑤ 20

유형 06 (단항식)×(다항식)

분배법칙을 이용하여 단항식을 다항식의 각 항에 곱한다.

(1) $A(B+C)=AB+AC$

(2) $(A+B)C=AC+BC$

0324 대표 문제

$-2x(5x^2+3x-1)=ax^3+bx^2+cx$일 때, 상수 a, b, c에 대하여 $a-b-c$의 값은?

① -10 ② -8 ③ -6

④ -4 ⑤ -2

0325 ⑨

$\dfrac{3}{2}xy(6x-2y-8)$을 전개하시오.

0326 ⑧

다음 중 옳은 것은?

① $a(-2a+3)=-2a^2+3$

② $-3x(x+7)=-3x^2+21x$

③ $(a^2-2ab)\times b=a^2b-2ab$

④ $-y(x^2+2x+1)=-x^2y-2xy+y$

⑤ $(a+2b-1)\times(-5a)=-5a^2-10ab+5a$

방법 ❶　$(A+B) \div C = \dfrac{A+B}{C} = \dfrac{A}{C} + \dfrac{B}{C}$

분수 꼴로 바꾼다.

방법 ❷　$(A+B) \div C = (A+B) \times \dfrac{1}{C} = \dfrac{A}{C} + \dfrac{B}{C}$

역수를 이용한다.

0327　대표 문제

$(8x^2y - 4xy^2) \div \left(-\dfrac{4}{3}xy\right)$ 를 계산하시오.

0328　하

$(-6x^5y^3 + 9x^2y^2 + 12x^2y) \div 3x^2y$ 를 계산하면?

① $-3x^3y^2 + 6x + 9$　　　② $-2x^3y^2 + 3y + 6$

③ $-2x^3y^2 + 3y + 4$　　　④ $2x^3y^2 + 3x + 4$

⑤ $3x^3y^2 + 3y - 6$

0329　중

다음 중 옳지 <u>않은</u> 것은?

① $(9x^2 + 15x) \div 3x = 3x + 5$

② $(7a^3b^2 + 28a^2b^4) \div \dfrac{7}{2}b^2 = 2a^3 + 8a^2b^2$

③ $(12x^2y - 8xy^2) \div (-4xy) = -3x + 2y$

④ $(4a^2b - ab^2 - 6b) \div \left(-\dfrac{b}{2a}\right) = -8a^3 + 2a^2b + 12b^2$

⑤ $\{2x^2 - x + 3x(x+2)\} \div 5x = x + 1$

(1) $\square \times A = B \Rightarrow \square = B \div A$

(2) $\square \div A = B \Rightarrow \square = B \times A$

(3) $A \div \square = B \Rightarrow \square = A \div B$

0330　대표 문제

$(\boxed{}) \times \left(-\dfrac{1}{3}x\right) = x^3y + 5x^2y - 2xy$ 일 때, $\square$ 안에 알맞은 식은?

① $-3x^2y - 15xy + 6y$　　　② $3x^2y + 15xy - 6y$

③ $-x^4y - \dfrac{5}{3}x^3y + \dfrac{2}{3}xy$　　　④ $x^4y + \dfrac{5}{3}x^3y - \dfrac{2}{3}xy$

⑤ $x^4y - \dfrac{5}{3}x^3y + \dfrac{2}{3}xy$

0331　중

어떤 다항식 A를 $\dfrac{1}{4}xy$로 나누었더니 $-8y + 8$이 되었다. 이때 다항식 A를 구하시오.

0332　중　　　서술형

어떤 다항식을 $4a^2b$로 나누어야 할 것을 잘못하여 곱했더니 $48a^9b^3 - 16a^4b^4$이 되었다. 이때 바르게 계산한 식을 구하시오.

0333 ⑧

다음 계산 과정을 만족시키는 다항식 A, B에 대하여 $A+B$를 계산하면?

$$\boxed{A} \xrightarrow{\times 3xy} \boxed{B} \xrightarrow{\div(-6y^2)} \boxed{-3x^2y+x}$$

① $-18xy^3+2y$

② $-18x^2y^3-2y^2$

③ $18xy^3+2y$

④ $18x^2y^3-2y$

⑤ $18x^2y^3+2y$

유형 09 덧셈, 뺄셈, 곱셈, 나눗셈이 혼합된 식의 계산

❶ 지수법칙을 이용하여 괄호의 거듭제곱을 계산한다.

❷ 분배법칙을 이용하여 곱셈, 나눗셈을 한다.

❸ 동류항끼리 모아서 덧셈, 뺄셈을 한다.

0334 [대표 문제]

다음 등식을 만족시키는 상수 a, b, c에 대하여 $a+b-c$의 값을 구하시오.

$$2x(3x+11y)-(2x^3+4x^2y-10xy^2)\div\frac{2}{3}x$$
$$=ax^2+bxy+cy^2$$

0335 ⑨

$\dfrac{6x^2y+8xy^2}{2xy}-\dfrac{xy-5y^2}{y}$ 을 계산하면?

① $2x-9y$

② $2x-y$

③ $2x+y$

④ $2x+9y$

⑤ $4x-y$

0336 ⑧

다음 중 옳은 것을 모두 고르면? (정답 2개)

① $4x(-x+2y-3)=-4x^2+8xy+12x$

② $(-6x^2+14xy)\div(-2x)=3x+7y$

③ $(27x^3y-54x^2y)\div(-3x)^2\times\left(-\dfrac{2}{3}xy\right)$
$\quad=-2x^2y^2+4xy^2$

④ $-2x(3x-5y)-(x-2y)\times(-7x)=x^2-4xy$

⑤ $(12x^2-15xy)\div 3x-2(x-y)=6x-7y$

0337 ⑧ 서술형

$\left(\dfrac{8}{3}x^3-4x^4\right)\div 2x^2-\left(\dfrac{3}{2}x^3-6x^2\right)\div\dfrac{9}{2}x$ 를 계산했을 때, x^2의 계수를 a, x의 계수를 b라 하자. 이때 $b-a$의 값을 구하시오.

0338 ⑯

$\dfrac{5}{4}x(4x-8)-\{2x(-3x^2y+xy)+4x^3y\}\div 2xy$ 를 계산하면 ax^2+bx일 때, 상수 a, b에 대하여 $a+b$의 값은?

① -5

② -3

③ -1

④ 3

⑤ 5

유형 10 도형에서의 활용 (1) – 넓이, 부피 구하기

평면도형의 넓이 또는 입체도형의 부피를 구하는 공식을 이용하
여 식을 세운 후 계산한다.

(1) (직사각형의 넓이)=(가로의 길이)×(세로의 길이)

(삼각형의 넓이)=$\dfrac{1}{2}$×(밑변의 길이)×(높이)

(2) (기둥의 부피)=(밑넓이)×(높이)

(뿔의 부피)=$\dfrac{1}{3}$×(밑넓이)×(높이)

0339 대표 문제

오른쪽 그림과 같이 가로의 길이
가 $6y$, 세로의 길이가 $4x$인 직사
각형에서 색칠한 부분의 넓이를
구하시오.

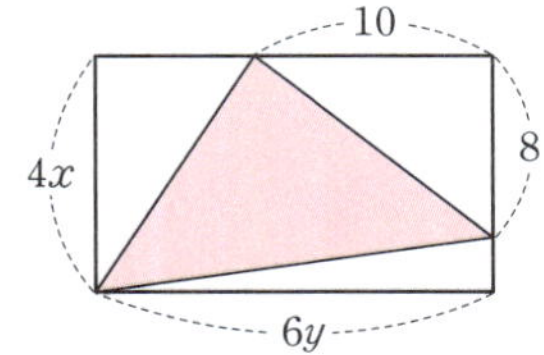

0340 중

오른쪽 그림과 같이 밑면의 가로의 길
이가 $3y$, 세로의 길이가 $2x$, 높이가
$3x-y$인 직육면체에 대하여 다음 물
음에 답하시오.

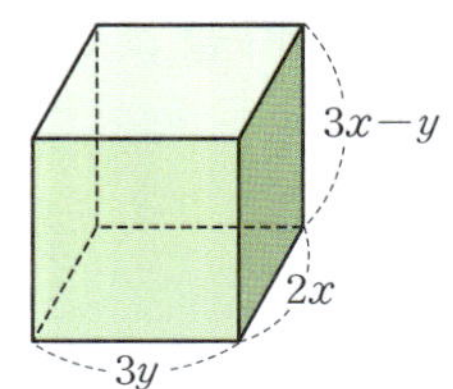

서술형 ♀

(1) 직육면체의 겉넓이를 구하시오.

(2) 직육면체의 부피를 구하시오.

0341 중

오른쪽 그림과 같이 직사각형 모양
의 도서관 열람실 안에 자료 검색실
을 만들려고 한다. 이때 자료 검색
실을 제외한 열람실의 넓이는?
(단, 벽의 두께는 생각하지 않는다.)

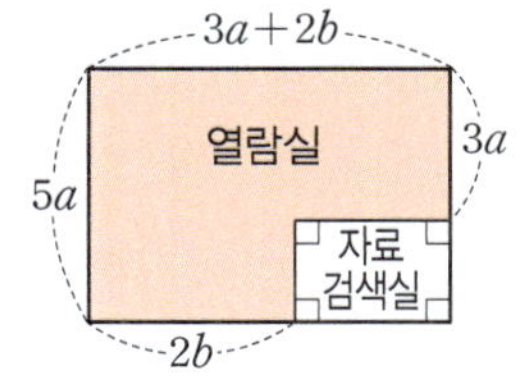

① $16a+4b$ ② $16a+10ab$ ③ $9a^2+10ab$

④ $9a^2+15ab$ ⑤ $15a^2+10ab$

유형 11 도형에서의 활용 (2) – 길이 구하기

평면도형의 넓이 또는 입체도형의 부피가 주어지면 공식을 이용
하여 등식을 세운 후 계산하여 변의 길이 또는 모서리의 길이를
구한다.

0342 대표 문제

오른쪽 그림과 같이 아랫변의 길이가
$3a+2b$, 높이가 $2ab^2$인 사다리꼴의 넓
이가 $5a^2b^2+ab^3$일 때, 이 사다리꼴의 윗
변의 길이를 구하시오.

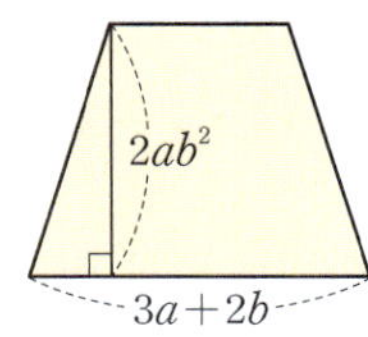

0343 중

오른쪽 그림과 같이 밑면의 반지름의 길
이가 $2a$인 원뿔의 부피가 $\dfrac{2}{3}\pi a^3+4\pi a^2b$
일 때, 이 원뿔의 높이는?

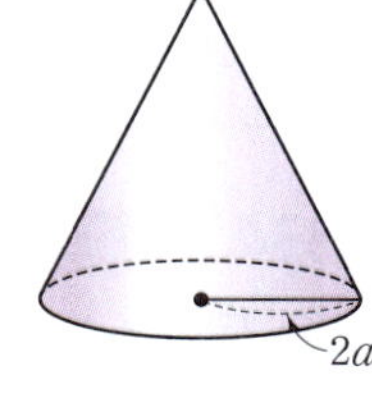

① $\dfrac{1}{2}a-3b$ ② $\dfrac{1}{2}a+3b$

③ $2a-3b$ ④ $2a+3b$

⑤ $3a+2b$

0344 상

오른쪽 그림은 밑면의 가로의 길이가
$4a$, 세로의 길이가 3이고, 부피가
$24a^2+36ab$인 큰 직육면체 위에 밑면
의 가로의 길이가 $2a$, 세로의 길이가 3
이고, 부피가 $12a^2-6ab$인 작은 직육
면체를 올려놓은 것이다. 이때 두 직육면체의 높이의 합을
구하시오.

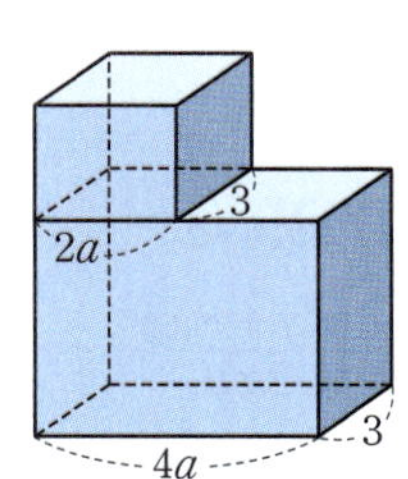

유형 12 │ 식의 값 구하기

❶ 주어진 식을 간단히 한다.
❷ ❶의 식의 문자에 주어진 수를 대입하여 식의 값을 구한다.
주의 음수를 대입할 때는 괄호를 사용한다.

0345 대표 문제

$x=-1$, $y=3$일 때,
$(3xy-2y^2)\times 4x+(15x^3y^2-9xy)\div(-3xy)$의 값은?

① 24 ② 48 ③ 72
④ 96 ⑤ 120

0346 중

$x=2$, $y=-\dfrac{1}{3}$일 때, $3x(2x-y)-(x+3y)\times(-2x)$의
값을 구하시오.

0347 중

$x=\dfrac{1}{5}$, $y=-\dfrac{1}{6}$일 때, $\dfrac{2x^3y^2+3x^2y^3}{x^3y^3}$의 값은?

① -3 ② $-\dfrac{1}{3}$ ③ 0
④ $\dfrac{1}{3}$ ⑤ 3

0348 상

자연수 a, b가 $(3x^a)^b=81x^{20}$을 만족시킬 때,
$3b-[2a-\{a-2(5a+b)\}-7b]$의 값을 구하시오.

유형 13 │ 식의 대입

❶ 주어진 식을 간단히 한다.
❷ 대입하는 식을 괄호를 사용하여 대입한다.
❸ ❷의 식을 동류항끼리 모아서 계산한다.

0349 대표 문제

$A=2x-3y$, $B=x+2y$일 때, $4(2A-3B)-(6A+B)$
를 x, y에 대한 식으로 나타내면?

① $-17x-32y$ ② $-17x-20y$ ③ $-9x-32y$
④ $-9x+20y$ ⑤ $9x+32y$

0350 하

$y=2x-3$일 때, $5x-2y+7$을 x에 대한 식으로 나타내
면?

① $x+1$ ② $x+4$ ③ $x+13$
④ $9x+1$ ⑤ $9x+13$

0351 중

$A=\dfrac{3x-y}{4}$, $B=\dfrac{-5x+2y}{2}$일 때, $3(A-2B)+5A$를
x, y에 대한 식으로 나타내시오.

유형 점검

0352

$\dfrac{2(2x-y)}{3}-\dfrac{3(x-3y)}{2}=ax+by$일 때, 상수 a, b에 대하여 $a-b$의 값은?

① -4 ② $-\dfrac{11}{3}$ ③ -3

④ $\dfrac{11}{3}$ ⑤ 4

0353

$-4(3x^2+4x-7)+3(2x^2-5x-9)$를 계산했을 때, x^2의 계수와 상수항의 차는?

① 5 ② 6 ③ 7

④ 8 ⑤ 9

0354

$6x-4y-[2x-y-\{5x-2y-3(x-y)\}]=ax+by$일 때, 상수 a, b에 대하여 $a+b$의 값은?

① 2 ② 4 ③ 6

④ 8 ⑤ 10

0355

어떤 식에서 $x-2y-1$을 뺐더니 $3x-3y+5$가 되었다. 이때 어떤 식을 구하시오.

0356

다음 표에서 가로, 세로, 대각선에 있는 세 다항식의 합이 모두 $9x^2-3x+3$일 때, 다항식 A, B, C를 각각 구하시오.

$-3x^2-4x$	A	B
	$3x^2-x+1$	
C	$-x^2-3x-3$	

0357

어떤 식에서 $-8x^2+9x-5$를 빼야 할 것을 잘못하여 더했더니 $-5x^2+3x-2$가 되었다. 이때 바르게 계산한 식은?

① $3x^2-15x+8$ ② $3x^2-6x+3$

③ $11x^2-15x+8$ ④ $11x^2-3x+2$

⑤ $11x^2+15x+8$

0358 유형 06

$12x\left(\dfrac{1}{3}x^2-2x+\dfrac{1}{4}\right)=ax^3+bx^2+cx$일 때, 상수 a, b, c 에 대하여 $a-b-c$의 값은?

① 25   ② 26   ③ 27

④ 28   ⑤ 29

0359 유형 07

$(-6x^2y+4xy-2xy^2)\div\left(-\dfrac{2}{5}xy\right)=ax+by+c$일 때, 상수 a, b, c에 대하여 $a+b-c$의 값을 구하시오.

0360 유형 06 + 07

다음 중 옳은 것을 모두 고르면? (정답 2개)

① $x(-3x+9)=-3x^2+9$

② $-y(x^2+2x-1)=-x^2y-2xy+y$

③ $(4x^2-10xy)\div(-2x)=-2x-5y$

④ $\dfrac{12x^3y^2-6xy}{4xy}=3x^2y-2$

⑤ $\left(\dfrac{1}{3}x^4y^3+\dfrac{1}{2}xy^2\right)\div\left(-\dfrac{1}{6}xy^2\right)=-2x^3y-3$

0361 유형 08

$(\boxed{})\div 3ab=5a^2b-4b+3$일 때, $\square$ 안에 알맞은 식은?

① $\dfrac{5}{3}a-\dfrac{4}{3a}+\dfrac{1}{ab}$ ② $\dfrac{5}{3}a+\dfrac{4}{3a}-\dfrac{1}{ab}$

③ $15a^2b^2+12ab^2-9ab$ ④ $15a^3b^2-12ab^2+9ab$

⑤ $15a^3b^2-12a^2b^2-9ab$

0362 유형 09

$\dfrac{3}{2}y(8x-4y)-\left(\dfrac{4}{7}xy^2-6x^2y\right)\div\dfrac{2}{7}x$를 계산하시오.

0363 유형 10

오른쪽 그림과 같이 가로의 길이가 $6x$, 세로의 길이가 $5y$인 직사각형에서 색칠한 부분의 넓이는?

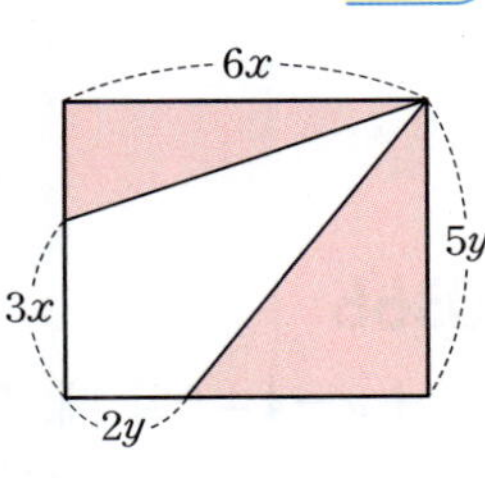

① $-18x^2+60xy-10y^2$

② $-9x^2+30xy-5y^2$

③ $9x^2+30xy+5y^2$

④ $9x^2-5y^2$

⑤ $9x^2+5y^2$

0364

유형 12

$x=2$, $y=-3$일 때, 다음 식의 값은?

$$(-2x^3)^2 \times 3y^2 \div x^5y^2 - (6x^2 - 3xy) \div \frac{3}{2}x$$

① -10 ② -4 ③ 10
④ 12 ⑤ 18

0365

유형 13

$A=\dfrac{5x+2y}{3}$, $B=\dfrac{-x+4y}{5}$일 때, $5(A-2B)+4A+5B$
를 x, y에 대한 식으로 나타내면?

① $14x+2y$ ② $14x+10y$ ③ $16x+2y$
④ $16x+10y$ ⑤ $21x-3y$

0366

유형 13

$3x+y-4=0$일 때, $7x^2-xy+2y$를 x에 대한 식으로 나타내면 ax^2+bx+c이다. 이때 상수 a, b, c에 대하여 $a-b+c$의 값은?

① 20 ② 22 ③ 24
④ 26 ⑤ 28

0367

유형 01

$ax^2+3x-7-(3x^2+x+b)$를 계산하면 x^2의 계수, x의 계수, 상수항이 모두 같을 때, 상수 a, b에 대하여 $a-b$의 값을 구하시오.

0368

유형 01 + 06 + 07

$A=(4x^2-2xy-5)\times(-2x)$,
$B=(15x^3y^2+21x^2y)\div 3xy$일 때, $A-B$를 계산하시오.

0369

유형 11

오른쪽 그림과 같이 밑면의 반지름의 길이가 $3a$인 원기둥의 부피가
$\dfrac{3}{2}\pi a^3 + 9\pi a^2 b$일 때, 이 원기둥의 높이를 구하시오.

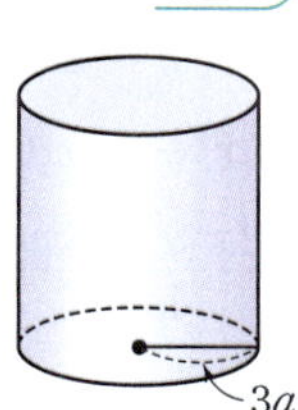

C 실력 향상

0370

다음 표는 어느 미술관의 입장료와 지난 한 달 동안의 입장객 수를 나타낸 것이다. 이때 지난 한 달 동안의 1인당 입장료의 평균을 구하시오.

	성인	청소년	어린이
입장료(원)	a	b	$\dfrac{a}{2}$
입장객 수(명)	$4n$	$2n$	n

0371

오른쪽 그림과 같이 가로의 길이가 $3a+20$, 세로의 길이가 $8a$인 직사각형에서 색칠한 세 직사각형의 넓이의 합은?

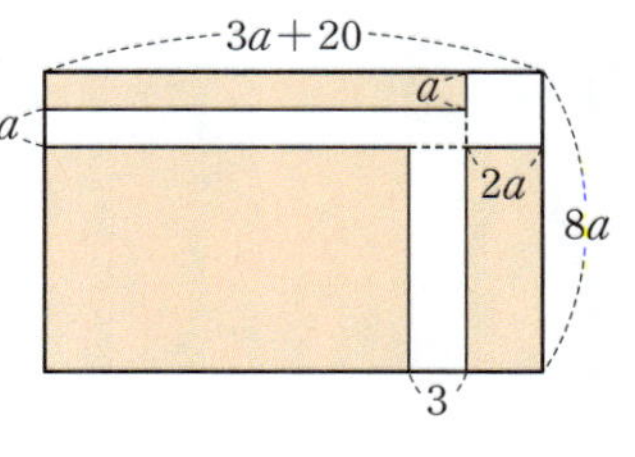

① $19a^2+120a$
② $19a^2+122a$
③ $20a^2+120a$
④ $20a^2+122a$
⑤ $22a^2+120a$

0372

다음 그림과 같이 밑면이 직각삼각형인 삼각기둥 모양의 그릇에 가득 들어 있는 물을 부피가 더 큰 직육면체 모양의 그릇에 모두 옮겨 담았다. 이때 직육면체 모양의 그릇에 담긴 물의 높이를 구하시오.

(단, 그릇의 두께는 생각하지 않는다.)

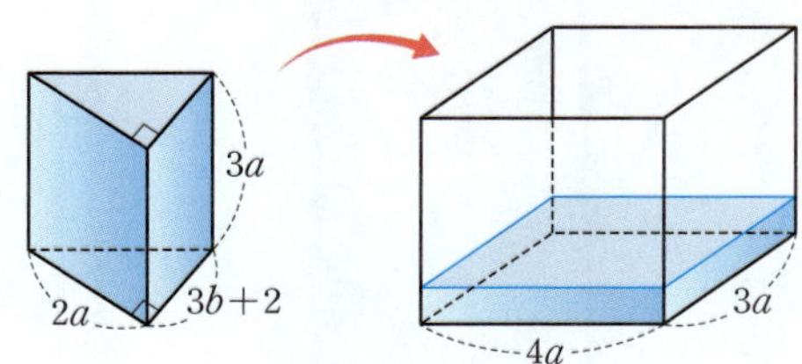

0373

자연수 x, y가 $8^{x+3}=2^{15}$, $\dfrac{81^2}{3^y}=3^5$을 만족시킬 때, $\dfrac{8xy^2-16x^2y}{4xy}-\dfrac{9x^2-15x}{3x}$의 값은?

① -5
② -3
③ -1
④ 3
⑤ 5

🔵 기출 BOOK 10쪽

Ⅱ

부등식과 연립방정식

04-1 부등식과 그 해   유형 01, 02, 03

개념➕

(1) **부등식**: 부등호 $<$, $>$, $\leq$, $\geq$를 사용하여 **수 또는 식 사이의 대소 관계를 나타낸 식**

$$\underset{\underset{\text{양변}}{\underline{\hspace{4em}}}}{\underset{\text{좌변}\quad\text{우변}}{2x+3<9}}$$

  ① 좌변: 부등식에서 부등호의 왼쪽 부분

  ② 우변: 부등식에서 부등호의 오른쪽 부분

  ③ 양변: 부등식의 좌변과 우변

(2) **부등식의 표현**

$a<b$	$a>b$	$a\leq b$	$a\geq b$
• a는 b보다 작다. • a는 b 미만이다.	• a는 b보다 크다. • a는 b 초과이다.	• a는 b보다 작거나 같다. • a는 b보다 크지 않다. • a는 b 이하이다.	• a는 b보다 크거나 같다. • a는 b보다 작지 않다. • a는 b 이상이다.

$a\leq b \Rightarrow a<b$ 또는 $a=b$
$a\geq b \Rightarrow a>b$ 또는 $a=b$

(3) **부등식의 해**: 부등식을 **참이 되게 하는 미지수의 값**

(4) **부등식을 푼다**: 부등식의 해를 모두 구하는 것

  예 x의 값이 -1, 0, 1일 때, 부등식 $3x+2>1$을 풀어 보자.

x	좌변의 값	대소 비교	우변의 값	참, 거짓
-1	$3\times(-1)+2=-1$	$<$	1	거짓
0	$3\times0+2=2$	$>$	1	참
1	$3\times1+2=5$	$>$	1	참

  ➡ 부등식의 해는 0, 1이다.

부등식의 참, 거짓
부등식에서 좌변과 우변의 값의 대소 관계가
① 주어진 부등호의 방향과 같은 경우 ➡ 참
② 주어진 부등호의 방향과 다른 경우 ➡ 거짓

04-2 부등식의 성질   유형 04, 05

(1) 부등식의 양변에 같은 수를 더하거나 양변에서 같은 수를 빼도 부등호의 방향은 바뀌지 않는다.

  ➡ $a<b$이면 $a+c<b+c$, $a-c<b-c$

부등식의 성질은 부등호 $<$를 $\leq$로, $>$를 $\geq$로 바꾸어도 성립한다.

(2) 부등식의 양변에 같은 양수를 곱하거나 양변을 같은 양수로 나누어도 부등호의 방향은 바뀌지 않는다.

  ➡ $a<b$, $c>0$이면 $ac<bc$, $\dfrac{a}{c}<\dfrac{b}{c}$

0으로 나누는 경우는 생각하지 않는다.

(3) 부등식의 **양변에 같은 음수를 곱하거나 양변을 같은 음수로 나누면 부등호의 방향이 바뀐다.**

  ➡ $a<b$, $c<0$이면 $ac>bc$, $\dfrac{a}{c}>\dfrac{b}{c}$

예 (1) $2<5$의 양변에 3을 더하면 $2+3<5+3$ $\therefore 5<8$

  (2) $3<6$의 양변에 2를 곱하면 $3\times2<6\times2$ $\therefore 6<12$

  (3) $-1<4$의 양변에 -1을 곱하면 $-1\times(-1)>4\times(-1)$ $\therefore 1>-4$

04-1 부등식과 그 해

[0374~0377] 다음 중 부등식인 것은 ○를, 부등식이 아닌 것은 ×를 ( ) 안에 써넣으시오.

0374 $4<9$ ( )

0375 $2x-3y+5$ ( )

0376 $3+8=11$ ( )

0377 $2x+1\geq x+7$ ( )

[0378~0381] 다음 문장을 부등식으로 나타내시오.

0378 x에 5를 더하면 14보다 크다.

0379 x의 4배에서 3을 뺀 수는 x의 2배보다 작지 않다.

0380 한 개에 200 g인 사과 x개의 무게는 1500 g 미만이다.

0381 한 개에 x원인 사탕 7개를 사고 500원짜리 포장지로 포장하는 데 드는 전체 금액은 6000원 이하이다.

[0382~0385] 다음 부등식 중 $x=2$가 해인 것은 ○를, 해가 아닌 것은 ×를 ( ) 안에 써넣으시오.

0382 $x-6<4$ ( )

0383 $2x+5>10$ ( )

0384 $3x-7\leq-1$ ( )

0385 $x+2\geq-2x+9$ ( )

[0386~0387] x의 값이 -2, -1, 0, 1, 2일 때, 다음 부등식을 푸시오.

0386 $3-5x>-1$

0387 $2x+1\leq4-x$

04-2 부등식의 성질

[0388~0393] $a<b$일 때, 다음 □ 안에 알맞은 부등호를 써넣으시오.

0388 $a+3\ \square\ b+3$

0389 $a-7\ \square\ b-7$

0390 $8a\ \square\ 8b$

0391 $-2a\ \square\ -2b$

0392 $\dfrac{1}{5}a\ \square\ \dfrac{1}{5}b$

0393 $-\dfrac{a}{6}\ \square\ -\dfrac{b}{6}$

[0394~0397] 다음 □ 안에 알맞은 부등호를 써넣으시오.

0394 $a+8<b+8$이면 $a\ \square\ b$이다.

0395 $a-2\geq b-2$이면 $a\ \square\ b$이다.

0396 $4a\leq4b$이면 $a\ \square\ b$이다.

0397 $-\dfrac{1}{3}a>-\dfrac{1}{3}b$이면 $a\ \square\ b$이다.

04-3 일차부등식의 풀이

유형 06, 07, 08, 11~15

개념 

(1) **일차부등식**: 부등식의 모든 항을 좌변으로 이항하여 정리한 식이

(일차식) <0, (일차식) >0, (일차식) ≤ 0, (일차식) ≥ 0

중에서 어느 하나의 꼴로 나타나는 부등식

예 $4x+1 \geq x-3$에서 $3x+4 \geq 0$ ➡ 일차부등식이다.

$2x < 5+2x$에서 $-5 < 0$ ➡ 일차부등식이 아니다.

(2) **일차부등식의 풀이**

일차부등식은 다음과 같은 순서로 푼다.

❶ 일차항은 좌변으로, 상수항은 우변으로 이항한다.

❷ 양변을 정리하여 $ax < b$, $ax > b$, $ax \leq b$, $ax \geq b$ $(a \neq 0)$ 중 어느 하나의 꼴로 고친다.

❸ 양변을 x의 계수 a로 나누어 $x < (수)$, $x > (수)$, $x \leq (수)$, $x \geq (수)$ 중 어느 하나의 꼴로 나타내어 해를 구한다.

주의 양변을 a로 나눌 때, $a < 0$이면 부등호의 방향이 바뀐다.

(3) **부등식의 해를 수직선 위에 나타내기**

$x < a$	$x > a$	$x \leq a$	$x \geq a$

예 일차부등식 $2x+5 \leq -3$을 풀어 보자.

$2x+5 \leq -3$에서 5를 이항하면

$2x \leq -3-5$, $2x \leq -8$

양변을 2로 나누면 $x \leq -4$

$x \leq -4$를 수직선 위에 나타내면 오른쪽 그림과 같다.

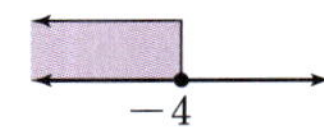

04-4 여러 가지 일차부등식의 풀이

유형 09~15

(1) **괄호가 있는 경우**

분배법칙을 이용하여 괄호를 풀고 동류항끼리 정리하여 푼다.

예 $4x+3 > 3(x-1)$ $\xrightarrow{\text{괄호를 풀면}}$ $4x+3 > 3x-3$

(2) **계수가 소수인 경우**

양변에 10의 거듭제곱을 곱하여 계수를 모두 정수로 고쳐서 푼다.

예 $1.4x+3 < 0.7x+1.6$ $\xrightarrow{\text{양변에 10을 곱하면}}$ $14x+30 < 7x+16$

(3) **계수가 분수인 경우**

양변에 분모의 최소공배수를 곱하여 계수를 모두 정수로 고쳐서 푼다.

예 $\dfrac{x}{2}+2 \geq \dfrac{x}{3}$ $\xrightarrow{\text{양변에 6을 곱하면}}$ $3x+12 \geq 2x$

주의 양변에 수를 곱할 때는 모든 항에 빠짐없이 곱해야 한다.

TIP 계수에 소수와 분수가 모두 있는 경우에는 소수를 분수로 나타낸 후 푸는 것이 편리하다.

이항: 등식 또는 부등식의 어느 한 변에 있는 항을 그 항의 부호를 바꾸어 다른 변으로 옮기는 것

이항할 때, 부등호의 방향은 바뀌지 않는다.

수직선 위에서 '○'에 대응하는 수는 부등식의 해에 포함되지 않고, '●'에 대응하는 수는 부등식의 해에 포함된다.

분배법칙을 이용할 때는 괄호 앞의 부호에 주의한다.

04-3 일차부등식의 풀이

[0398~0401] 다음 중 일차부등식인 것은 ○를, 일차부등식이 아닌 것은 ×를 (   ) 안에 써넣으시오.

0398 $3x+5<2x-7$ (   )

0399 $4-x\leq -x+10$ (   )

0400 $2x^2-3\geq 3x-1$ (   )

0401 $x^2-3x+5>x^2+5x+6$ (   )

[0402~0405] 다음 일차부등식을 푸시오.

0402 $3x<18$

0403 $x+5\geq 9$

0404 $2x-7\leq -3$

0405 $x-2>3x+2$

[0406~0409] 다음 일차부등식을 풀고, 그 해를 오른쪽 수직선 위에 나타내시오.

0406 $2x-1<5$

$$0 \quad 1 \quad 2 \quad 3 \quad 4$$

0407 $-5\geq 7-6x$

$$0 \quad 1 \quad 2 \quad 3 \quad 4$$

0408 $5x+18\leq x-14$

$$-9 \ -8 \ -7 \ -6 \ -5$$

0409 $3-x<2x+21$

$$-9 \ -8 \ -7 \ -6 \ -5$$

04-4 여러 가지 일차부등식의 풀이

[0410~0413] 다음 일차부등식을 푸시오.

0410 $4(x-9)\leq -5x$

0411 $3x+8>2(x-1)$

0412 $5(x+1)+1\geq 3(x+4)$

0413 $6(x-2)<14-(x+5)$

[0414~0417] 다음 일차부등식을 푸시오.

0414 $0.4x+4.5>-0.1x$

0415 $1.3x+2\leq 0.9x-0.4$

0416 $0.1x-0.13<0.02x+0.03$

0417 $0.05x+0.2\geq 0.3(3-x)$

[0418~0421] 다음 일차부등식을 푸시오.

0418 $\dfrac{1}{4}x-1>\dfrac{1}{5}x$

0419 $\dfrac{x}{3}+\dfrac{1}{4}\geq \dfrac{5}{4}x-\dfrac{2}{3}$

0420 $\dfrac{2x+3}{7}\leq \dfrac{x-3}{2}$

0421 $\dfrac{x}{5}-2<\dfrac{2x+1}{3}$

B 유형 완성

유형 01 부등식

부등식: 부등호 $<$, $>$, $\leq$, $\geq$를 사용하여 수 또는 식 사이의 대소 관계를 나타낸 식

0422 대표 문제

다음 중 부등식인 것을 모두 고르면? (정답 2개)

① $2a+8$
② $a+b=3$
③ $3x-5\leq1$
④ $2x-(6-x)$
⑤ $6x>4x$

0423 하

다음 중 부등식이 <u>아닌</u> 것을 모두 고르면? (정답 2개)

① $x-6\leq0$
② $3-10<0$
③ $3x^2-x+1$
④ $x-7=7-x$
⑤ $2x-5>1-3x$

0424 하

다음 보기 중 부등식인 것의 개수를 구하시오.

보기
ㄱ. x^2+3x-2 ㄴ. $\dfrac{x}{4}\leq20$
ㄷ. $2\times6-5=7$ ㄹ. $5x+3=8$
ㅁ. $-3<-\dfrac{1}{2}$ ㅂ. $3x-1\geq3x-3$

유형 02 부등식으로 나타내기

'작다.', '크다.' 등을 부등호로 표현하여 주어진 상황을 부등식으로 나타낸다.

0425 대표 문제

다음 중 문장을 부등식으로 나타낸 것으로 옳은 것은?

① x의 8배에서 1을 빼면 x의 2배보다 작거나 같다.
➡ $8x-1\leq x+2$

② x를 5로 나누고 2를 더하면 3 미만이다. ➡ $\dfrac{x+2}{5}<3$

③ 어떤 놀이기구에 탑승할 수 있는 사람의 키 $x\,\text{cm}$는 140 cm 이상이다. ➡ $x>140$

④ 시속 6 km로 x시간 동안 달린 거리는 20 km 이하이다.
➡ $6x\leq20$

⑤ 현재 x살인 동생의 20년 후의 나이는 현재 나이의 3배보다 많다. ➡ $x+20<3x$

0426 하

'x에서 4를 빼고 2배를 한 수는 x의 3배에서 8을 더한 수보다 크지 않다.'를 부등식으로 나타내면?

① $2x-4\leq3x+8$
② $2x-4<3x+8$
③ $2(x-4)\leq3x+8$
④ $2(x-4)<3x+8$
⑤ $2(x-4)\geq3x+8$

0427 하

다음 문장을 부등식으로 나타내시오.

가로의 길이가 $x\,\text{cm}$, 세로의 길이가 4 cm인 직사각형의 둘레의 길이는 20 cm 미만이다.

유형 03 부등식의 해

$x=a$를 부등식에 대입했을 때
(1) 부등식이 참이면 ➡ $x=a$는 부등식의 해이다.
(2) 부등식이 거짓이면 ➡ $x=a$는 부등식의 해가 아니다.

0428 대표 문제

다음 보기의 부등식 중 $x=-1$을 해로 갖는 것을 모두 고른 것은?

보기
ㄱ. $1-x\leq0$ ㄴ. $3x-2<0$
ㄷ. $5+2x\geq3$ ㄹ. $6x+1>-5$
ㅁ. $2(x+2)>1$ ㅂ. $4x+3\geq0$

① ㄱ, ㄷ   ② ㄴ, ㅁ   ③ ㄱ, ㄹ, ㅂ
④ ㄴ, ㄷ, ㅁ   ⑤ ㄴ, ㄷ, ㅂ

0429 하

다음 중 [   ] 안의 수가 주어진 부등식의 해인 것은?

① $4x+5<3$ [4]
② $3x-7>2x$ [3]
③ $10x\leq12-5x$ [-3]
④ $3x+4<x+1$ [-1]
⑤ $3-2x\geq-1+4x$ [1]

0430 중

x의 값이 -3, -2, -1, 0, 1일 때, 부등식 $4x-1\leq x-7$의 모든 해의 합을 구하시오.

0431 중 <u>서술형</u>

x의 값이 자연수일 때, 부등식 $-2x+1\geq-5$의 해의 개수를 구하시오.

유형 04 부등식의 성질

$a<b$이면
(1) $a+c<b+c$, $a-c<b-c$
(2) $c>0$일 때, $ac<bc$, $\dfrac{a}{c}<\dfrac{b}{c}$
(3) $c<0$일 때, $ac>bc$, $\dfrac{a}{c}>\dfrac{b}{c}$ → 양변에 같은 음수를 곱하거나 양변을 같은 음수로 나누면 부등호의 방향이 바뀐다.

0432 대표 문제

$a>b$일 때, 다음 중 옳지 <u>않은</u> 것은?

① $a-2>b-2$ ② $\dfrac{a}{3}>\dfrac{b}{3}$
③ $-6a<-6b$ ④ $4a+1>4b+1$
⑤ $5-\dfrac{a}{2}>5-\dfrac{b}{2}$

0433 중

다음 중 □ 안에 들어갈 부등호의 방향이 나머지 넷과 <u>다른</u> 하나는?

① $a+2<b+2$이면 $a\,\square\,b$
② $2a-5<2b-5$이면 $a\,\square\,b$
③ $4-a>4-b$이면 $a\,\square\,b$
④ $-\dfrac{a}{7}+3<-\dfrac{b}{7}+3$이면 $a\,\square\,b$
⑤ $\dfrac{4}{3}a+\dfrac{3}{2}<\dfrac{4}{3}b+\dfrac{3}{2}$이면 $a\,\square\,b$

0434 ⑧

$5-4a<5-4b$일 때, 다음 중 옳은 것은?

① $a<b$ ② $-3a>-3b$

③ $\dfrac{a}{2}<\dfrac{b}{2}$ ④ $9a+2>9b+2$

⑤ $-\dfrac{a}{8}-1>-\dfrac{b}{8}-1$

0435 ⑧

다음 중 옳지 <u>않은</u> 것은?

① $a<b$이면 $a\div(-1)>b\div(-1)$

② $a>b$이면 $\dfrac{a}{3}+2>\dfrac{b}{3}+2$

③ $\dfrac{a}{2}<\dfrac{b}{2}$이면 $a-(-3)>b-(-3)$

④ $-\dfrac{a}{5}<-\dfrac{b}{5}$이면 $-6a<-6b$

⑤ $1-a<1-b$이면 $3a+4>3b+4$

0436 ⑧

$a<0<b$일 때, 다음 중 옳은 것을 모두 고르면? (정답 2개)

① $1-a<1-b$ ② $a-b<0$

③ $\dfrac{5a-5}{3}<\dfrac{5b-5}{3}$ ④ $\dfrac{a}{b}>1$

⑤ $a^2<ab$

0437 ⑧

다음 중 옳은 것은? (단, $c\neq0$)

① $a>b$이면 $a-c<b-c$

② $a<b$이면 $ab<b^2$

③ $\dfrac{a}{c}\leq\dfrac{b}{c}$이면 $a\geq b$

④ $ac\geq bc$이면 $a\geq b$

⑤ $-3a+c<-3b+c$이면 $a>b$

(1) x의 값의 범위를 알 때, $ax+b$의 값의 범위 구하기
❶ 주어진 부등식(x의 값의 범위)의 각 변에 a를 곱한다.
❷ ❶의 부등식의 각 변에 b를 더한다.
(2) $ax+b\,(a\neq0)$의 값의 범위를 알 때, x의 값의 범위 구하기
❶ 주어진 부등식($ax+b$의 값의 범위)의 각 변에서 b를 뺀다.
❷ ❶의 부등식의 각 변을 a로 나눈다.
주의　부등식의 각 변에 같은 음수를 곱하거나 각 변을 같은 음수로 나눌 때는 부등호의 방향이 바뀐다.

0438 　대표 문제

$-2<x<3$이고 $A=4x+1$일 때, A의 값의 범위는?

① $-7<A<11$ ② $-7<A<12$

③ $-7<A<13$ ④ $-9<A<11$

⑤ $-9<A<13$

0439 ⑧

$-1<x\leq2$일 때, 다음 중 $2x-3$의 값이 될 수 <u>없는</u> 것은?

① -5 ② -4 ③ -2

④ 0 ⑤ 1

0440 ⑧ 서술형

$-3<x\leq1$일 때, $-2x+5$의 값의 범위가
$a\leq-2x+5<b$이다. 이때 상수 a, b에 대하여 $a+b$의 값을 구하시오.

0441 ⑧

$-1\leq3-\dfrac{1}{4}x<6$일 때, x의 값의 범위를 구하시오.

0442 ⑧

$-8\leq3x-2<10$이고 $A=2-x$일 때, A의 값이 될 수 있는 수 중에서 가장 큰 정수와 가장 작은 정수의 곱은?

① -8 ② -4 ③ -3
④ 2 ⑤ 4

유형 06 일차부등식

부등식의 모든 항을 좌변으로 이항하여 정리한 식이
　(일차식)<0, (일차식)>0, (일차식)≤0, (일차식)≥0
중에서 어느 하나의 꼴로 나타나는 부등식

0443 대표 문제

다음 중 일차부등식인 것은?

① $x-3<x$ ② $x^2+5\geq x^2+3$
③ $4x-1\leq4x+5$ ④ $5x+4<2x-10$
⑤ $-2(x+1)>-2x^2+1$

0444 ⑧

다음 중 문장을 부등식으로 나타낼 때, 일차부등식이 <u>아닌</u> 것은?

① x의 4배에서 5를 뺀 수는 2보다 크다.
② 시속 70 km로 x km의 거리를 달리는 데 걸리는 시간은 1시간 이상이다.
③ 한 변의 길이가 x cm인 정사각형의 넓이는 100 cm²보다 작다.
④ 전체 학생 250명 중 여학생이 x명일 때, 남학생은 120명보다 많다.
⑤ 한 개당 무게가 3 kg인 멜론 x개를 무게가 2 kg인 상자에 담아 전체의 무게를 재었더니 20 kg보다 작거나 같았다.

0445 ⑧

부등식 $3x-7\geq ax-4+5x$가 x에 대한 일차부등식이 되도록 하는 상수 a의 조건을 구하시오.

유형 07 일차부등식의 풀이 빈출

❶ 일차항은 좌변으로, 상수항은 우변으로 이항한다.
❷ 양변을 정리하여 $ax<b$, $ax>b$, $ax\leq b$, $ax\geq b\,(a\neq0)$ 중 어느 하나의 꼴로 고친다.
❸ 양변을 x의 계수 a로 나눈다.
주의 양변을 a로 나눌 때, $a<0$이면 부등호의 방향이 바뀐다.

0446 대표 문제

다음 일차부등식 중 해가 나머지 넷과 <u>다른</u> 하나는?

① $\dfrac{x}{2}>-1$ ② $-x>2x+6$
③ $6x-4<8x$ ④ $5x+1>4x-1$
⑤ $7x-5<11x+3$

0447 하

다음은 일차부등식 $-4x-9 \leq 11$의 풀이 과정이다. (개), (내)에 이용된 부등식의 성질을 보기에서 찾아 차례로 나열하시오.

$$-4x-9 \leq 11 \xrightarrow{\text{(개)}} -4x \leq 20 \xrightarrow{\text{(내)}} x \geq -5$$

보기
ㄱ. $a > b$이면 $a+c > b+c$, $a-c > b-c$
ㄴ. $a > b$이고 $c > 0$이면 $ac > bc$, $\dfrac{a}{c} > \dfrac{b}{c}$
ㄷ. $a > b$이고 $c < 0$이면 $ac < bc$, $\dfrac{a}{c} < \dfrac{b}{c}$

0448 중

일차부등식 $2x+5 < -3x-10$을 만족시키는 x의 값 중 가장 큰 정수는?

① -6 ② -5 ③ -4
④ -3 ⑤ -2

0449 중   서술형

일차부등식 $2x+7 > 5x-20$을 만족시키는 자연수 x의 개수를 구하시오.

(1) $x < a$ (2) $x > a$

(3) $x \leq a$ (4) $x \geq a$

참고   수직선 위에서
○에 대응하는 수 ➡ 부등식의 해에 포함되지 않는다.
●에 대응하는 수 ➡ 부등식의 해에 포함된다.

0450 대표 문제

다음 중 일차부등식 $3-4x \leq 7-6x$의 해를 수직선 위에 바르게 나타낸 것은?

① -2
② -2
③ 2
④ 2
⑤ 2

0451 중

다음 중 일차부등식의 해를 수직선 위에 바르게 나타낸 것은?

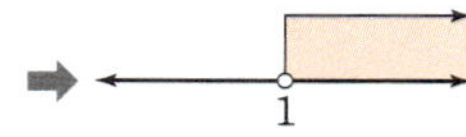
① $2-x > x$ ➡ 1

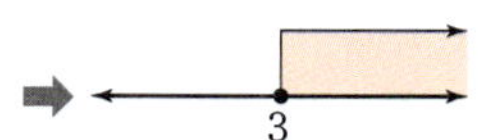
② $3-5x < -12$ ➡ 3

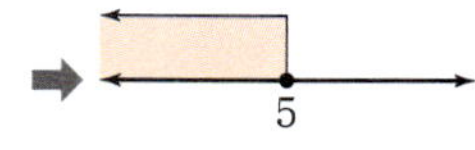
③ $4x+1 \geq 21$ ➡ 5

④ $3x-2 < x+6$ ➡ 4

⑤ $6x+1 \leq 7x+9$ ➡ -8

0452 종

다음 일차부등식 중 그 해를 수직선 위에 나타냈을 때, 오른쪽 그림과 같은 것은?

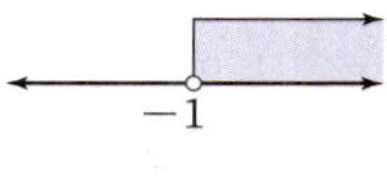

① $x+3>4$ ② $2x<x-1$

③ $3x+6>x+4$ ④ $x-4<-4x+1$

⑤ $-x+2>2x+5$

유형 09   괄호가 있는 일차부등식의 풀이

분배법칙을 이용하여 괄호를 풀고 동류항끼리 정리하여 푼다.

참고 $a(b+c)=ab+ac,\ (a+b)c=ac+bc$

0453   대표 문제

일차부등식 $3(2x-7)<10-(1-x)$를 만족시키는 자연수 x의 개수는?

① 2   ② 3   ③ 4

④ 5   ⑤ 6

0454 종

일차부등식 $5(x+2)>7x-6$을 만족시키는 x의 값 중 가장 큰 정수를 구하시오.

0455 종

일차부등식 $2(x+3)+7\geq4(x+1)$을 만족시키는 모든 자연수 x의 값의 합은?

① 3   ② 6   ③ 10

④ 15   ⑤ 21

0456 종   서술형

일차부등식 $8x+7<3x-28$의 해를 $x<a$, 일차부등식 $5-2(4x+5)\geq25-14x$의 해를 $x\geq b$라 할 때, 상수 a, b에 대하여 $b-a$의 값을 구하시오.

빈출

유형 10   계수가 소수 또는 분수인 일차부등식의 풀이

양변에 적당한 수를 곱하여 계수를 모두 정수로 고쳐서 푼다.

(1) 계수가 소수이면

   ➡ 양변에 10의 거듭제곱을 곱한다.

(2) 계수가 분수이면

   ➡ 양변에 분모의 최소공배수를 곱한다.

0457   대표 문제

일차부등식 $\dfrac{1}{2}x+1\leq\dfrac{4}{5}(x-1)$을 만족시키는 x의 값 중 가장 작은 정수를 구하시오.

0458 ⑧

다음 중 일차부등식 $0.5x-1<0.1(x+2)$의 해를 수직선 위에 바르게 나타낸 것은?

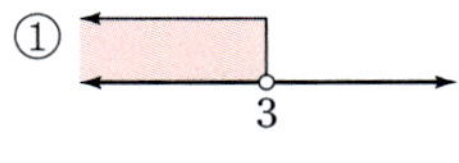
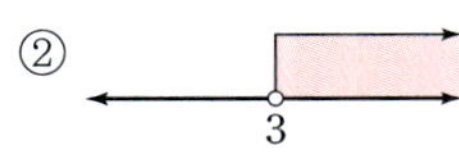

0459 ⑧

서술형

일차부등식 $x-\dfrac{3x-6}{2}>-3$의 해를 $x<a$, 일차부등식 $1.3x+0.8>0.4x-1$의 해를 $x>b$라 할 때, 상수 a, b에 대하여 $a+b$의 값을 구하시오.

0460 ⑧

일차부등식 $0.5(x-2)\leq x-\dfrac{2x+1}{3}$을 풀면?

① $x\leq 2$　　② $x\leq 4$　　③ $x\geq 4$

④ $x\leq 8$　　⑤ $x\geq 8$

0461 ⑧

일차부등식 $\dfrac{1}{6}x+2.5>0.3x-\dfrac{3}{4}$을 만족시키는 자연수 x의 개수는?

① 21　　② 22　　③ 23

④ 24　　⑤ 25

0462 ⑳

일차부등식 $2(0.6x-0.4)<0.\dot{6}x$를 푸시오.

유형 11　x의 계수가 문자인 일차부등식의 풀이

주어진 일차부등식을 $ax>b$ 꼴로 정리했을 때

(1) $a>0$이면 $x>\dfrac{b}{a}$

(2) $a<0$이면 $x<\dfrac{b}{a}$

0463　대표 문제

$a<0$일 때, x에 대한 일차부등식 $5-ax<8$을 풀면?

① $x<-\dfrac{3}{a}$　　② $x>-\dfrac{3}{a}$　　③ $x<\dfrac{3}{a}$

④ $x>\dfrac{3}{a}$　　⑤ $x<-3a$

0464 (중)

$a<0$일 때, x에 대한 일차부등식 $ax+a>0$을 푸시오.

0465 (중)

$a>0$일 때, x에 대한 일차부등식 $3(ax-2)\le 5ax+2$를 풀면?

① $x\le -\frac{4}{a}$　② $x\ge -\frac{4}{a}$　③ $x\ge -\frac{2}{a}$
④ $x\le \frac{4}{a}$　⑤ $x\ge \frac{4}{a}$

0466 (상)

$a<2$일 때, x에 대한 일차부등식 $(a-2)x-3a+6\ge 0$을 푸시오.

빈출

유형 12 일차부등식의 해가 주어진 경우

부등식을 $x<$(수), $x>$(수), $x\le$(수), $x\ge$(수) 중 어느 하나의 꼴로 나타낸 후 주어진 부등식의 해와 비교한다.

참고 일차부등식 $ax>b$의 해가

(1) $x>k$이면 ➡ $a>0$이고, $x>\frac{b}{a}$이므로 $\frac{b}{a}=k$

(2) $x<k$이면 ➡ $a<0$이고, $x<\frac{b}{a}$이므로 $\frac{b}{a}=k$

0467 대표 문제

일차부등식 $3x+a>x-4$의 해가 $x>5$일 때, 상수 a의 값을 구하시오.

0468 (중) 서술형

일차부등식 $3x-(2a-5)<4x+3+a$의 해가 $x>-4$일 때, 상수 a의 값을 구하시오.

0469 (중)

일차부등식 $\frac{2x-8}{3}\le a+\frac{x}{4}$의 해를 수직선 위에 나타내면 오른쪽 그림과 같을 때, 상수 a의 값은?

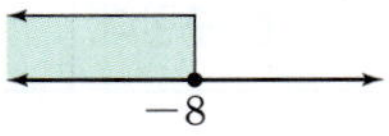

① -12　② -6　③ -3
④ 3　⑤ 6

0470 (중)

일차부등식 $0.3x-1.1\le\frac{3x+a}{2}$의 해가 $x\ge -3$일 때, 일차부등식 $ax-8\le 2x-a$를 풀면? (단, a는 상수)

① $x\le -1$　② $x\ge -1$　③ $x\le 1$
④ $x\ge 1$　⑤ $x\le 2$

04 일차부등식

0471 _상

일차부등식 $ax-2\geq3x-7$의 해가 $x\leq1$일 때, 상수 a의 값을 구하시오.

유형 13   두 일차부등식의 해가 서로 같은 경우

❶ 계수와 상수항이 모두 주어진 부등식의 해를 먼저 구한다.
❷ 나머지 부등식의 해가 ❶의 해와 같음을 이용하여 상수의 값
　을 구한다.

0472 대표 문제

다음 두 일차부등식의 해가 서로 같을 때, 상수 a의 값은?

$$x-4<2x+2, \qquad 5x-a>3(x-1)+4$$

① -13 　　　② -11 　　　③ -9
④ 9 　　　⑤ 11

0473 _중

서술형

두 일차부등식 $2x-1<3x+a$, $\dfrac{x-2}{2}-\dfrac{2x-1}{3}<\dfrac{1}{6}$의 해가 서로 같을 때, 다음 물음에 답하시오. (단, a는 상수)

(1) 일차부등식 $\dfrac{x-2}{2}-\dfrac{2x-1}{3}<\dfrac{1}{6}$의 해를 구하시오.

(2) a의 값을 구하시오.

0474 _중

두 일차부등식 $\dfrac{x-13}{4}\leq\dfrac{x-6}{3}$, $0.8(x-a)\leq x-0.2$의 해가 서로 같을 때, 상수 a의 값을 구하시오.

0475 _상

두 일차부등식 $9x+3<4x+18$, $2ax+5>7x-1$의 해가 서로 같을 때, 상수 a의 값은?

① 2 　　　② $\dfrac{5}{2}$ 　　　③ 3
④ $\dfrac{7}{2}$ 　　　⑤ 4

유형 14   부등식의 해 중 가장 작은(큰) 수가 주어진 경우

부등식의 해 중에서
(1) 가장 작은 수가 k이다. ➡ $x\geq k$
(2) 가장 큰 수가 k이다. ➡ $x\leq k$

0476 대표 문제

일차부등식 $-3+2x\geq a$의 해 중 가장 작은 수가 1일 때, 상수 a의 값은?

① -2 　　　② -1 　　　③ 0
④ 1 　　　⑤ 2

0477 ⓒ

일차부등식 $\dfrac{x-a}{4}\leq1.5-x$를 만족시키는 가장 큰 x의 값이 3일 때, 상수 a의 값은?

① -11 ② -6 ③ -1
④ 4 ⑤ 9

0478 ⓢ

일차부등식 $\dfrac{x+3}{2}\leq\dfrac{ax+2}{3}$의 해 중 가장 큰 수가 -1일 때, 상수 a의 값을 구하시오.

유형 15 부등식의 해의 조건이 주어진 경우

부등식의 자연수인 해가 n개로 주어지면 해를 수직선 위에 나타내어 생각한다.

(1) 부등식의 해가 $x\leq a$이면
➡ $n\leq a<n+1$

(2) 부등식의 해가 $x<a$이면
➡ $n<a\leq n+1$

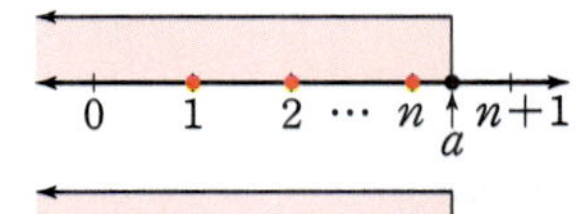

0479 대표 문제

일차부등식 $4x-a\leq2x+1$을 만족시키는 자연수 x가 3개일 때, 상수 a의 값의 범위를 구하시오.

0480 ⓒ

일차부등식 $0.5x-0.3(x-2)<a$를 만족시키는 자연수 x가 4개일 때, 상수 a의 값의 범위는?

① $-\dfrac{8}{5}\leq a<-\dfrac{7}{5}$ ② $-\dfrac{8}{5}<a\leq-\dfrac{7}{5}$

③ $\dfrac{7}{5}\leq a\leq\dfrac{8}{5}$ ④ $\dfrac{7}{5}\leq a<\dfrac{8}{5}$

⑤ $\dfrac{7}{5}<a\leq\dfrac{8}{5}$

0481 ⓒ

일차부등식 $3x-a\leq\dfrac{5x+1}{2}$을 만족시키는 자연수 x가 1, 2뿐일 때, 상수 a의 값의 범위를 구하시오.

0482 ⓢ

일차부등식 $-6x+7\geq4x-3a$를 만족시키는 자연수 x가 존재하지 않을 때, 상수 a의 값의 범위는?

① $a>-1$ ② $a\geq-1$ ③ $a>0$
④ $a<1$ ⑤ $a\leq1$

유형 점검

0483

다음 중 부등식인 것은?

① $x+1=0$ ② $-x+4$ ③ $3+x<8$

④ $7x-5$ ⑤ $2x-1=-1+2x$

0484

다음 보기 중 문장을 부등식으로 나타낸 것으로 옳은 것을 모두 고르시오.

보기
ㄱ. 한 권에 800원인 공책 x권과 한 개에 300원인 지우개 2개를 합한 가격은 6500원 미만이다.
➡ $800x+600<6500$
ㄴ. x에서 2를 뺀 수의 3배는 20 이하이다.
➡ $3x-2\leq20$
ㄷ. x와 75의 평균은 78보다 작지 않다. ➡ $\dfrac{x+75}{2}\geq78$
ㄹ. 시속 $x$km로 3시간 동안 이동한 거리는 15 km 초과이다.
➡ $\dfrac{x}{3}>15$

0485

다음 부등식 중 방정식 $3x-4=2$를 만족시키는 x의 값을 해로 갖는 것은?

① $x+1>3$ ② $2x+5\geq8$

③ $4-x<-7$ ④ $-x+1>x+2$

⑤ $3x-5\leq x-2$

0486

$a<b$일 때, 다음 중 □ 안에 들어갈 부등호의 방향이 나머지 넷과 <u>다른</u> 하나는?

① $-2+a \;\square\; -2+b$ ② $3+5a \;\square\; 3+5b$

③ $\dfrac{a}{4}-1 \;\square\; \dfrac{b}{4}-1$ ④ $-6a+7 \;\square\; -6b+7$

⑤ $-(1-a) \;\square\; -(1-b)$

0487

$-4\leq x<2$일 때, $\dfrac{1}{2}x-3$의 값이 될 수 있는 정수의 개수는?

① 1 ② 2 ③ 3

④ 4 ⑤ 5

0488

부등식 $\dfrac{1}{4}x+5>ax+7-\dfrac{3}{4}x$가 x에 대한 일차부등식일 때, 다음 중 상수 a의 값이 될 수 <u>없는</u> 것은?

① -2 ② -1 ③ 0

④ 1 ⑤ 2

0489
유형 07

일차부등식 $4x-11<6-x$를 만족시키는 모든 자연수 x 의 값의 합을 구하시오.

0490
유형 08 + 09

다음 중 일차부등식 $3(2x+1)<8x+1$의 해를 수직선 위에 바르게 나타낸 것은?

① 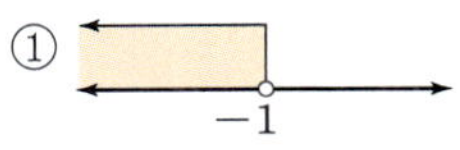
② 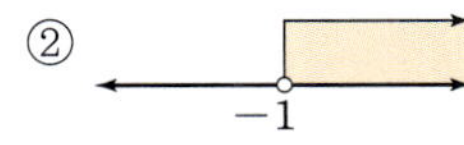
③ 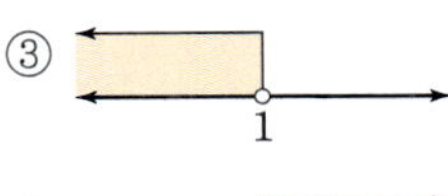
④ 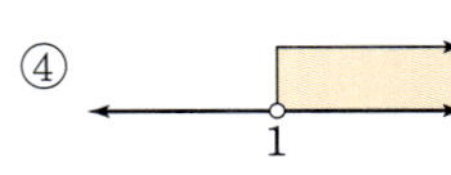
⑤ 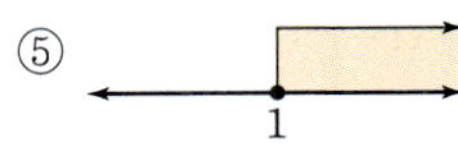

0491
유형 07 + 09 + 10

다음 중 일차부등식의 해를 구한 것으로 옳지 <u>않은</u> 것은?

① $-3x+16 \geq x \Rightarrow x \leq 4$

② $3(1-2x)-5 \geq -2(4x+3) \Rightarrow x \geq -2$

③ $\dfrac{x}{4}+\dfrac{2}{3}<\dfrac{3x-5}{6} \Rightarrow x>6$

④ $1.23+1.1>0.73x-0.4 \Rightarrow x<-3$

⑤ $0.7x-\dfrac{3}{4} \leq \dfrac{2x+3}{5} \Rightarrow x \leq \dfrac{9}{2}$

0492
유형 10

일차부등식 $\dfrac{x-2}{2}-\dfrac{2x-1}{3}<-1$을 만족시키는 x의 값 중 가장 작은 정수는?

① 1   ② 2   ③ 3

④ 4   ⑤ 5

0493
유형 11

$a<3$일 때, x에 대한 일차부등식 $ax-5a \leq 3(x-5)$를 풀면?

① $x \leq 3$ ② $x \geq 3$ ③ $x \leq 5$

④ $x \geq 5$ ⑤ $x \leq 7$

0494
유형 12

일차부등식 $2x-a>5$의 해가 $x>4$일 때, 일차부등식 $3(x+2)<5x+a$의 해를 구하시오. (단, a는 상수)

0495
유형 13

두 일차부등식 $3x+2\leq-x+3$, $\dfrac{x}{3}+\dfrac{2-x}{6}\leq\dfrac{a}{2}$의 해가
서로 같을 때, 상수 a의 값을 구하시오.

0496
유형 14

일차부등식 $x-4\leq3x+a$의 해 중 가장 작은 수가 -3일
때, 상수 a의 값은?

① -6　　　　② -4　　　　③ -2

④ 2　　　　⑤ 4

0497
유형 15

일차부등식 $4(x+1)+a<-3x$를 만족시키는 자연수 x
가 2개일 때, 상수 a의 값의 범위는?

① $-25<a\leq-18$　　　　② $-25\leq a<-18$

③ $-25\leq a\leq-18$　　　　④ $18<a\leq25$

⑤ $18\leq a<25$

서술형

0498
유형 05 + 07

일차부등식 $4x+9>6x-5$를 만족시키는 x에 대하여
$A=3x-5$일 때, A의 값이 될 수 있는 자연수의 개수를
구하시오.

0499
유형 09

일차부등식 $9-2(x+1)>3(x-2)$를 만족시키는 x의
값 중 가장 큰 정수를 구하시오.

0500
유형 12

일차부등식 $3x-5<a-bx$의 해를
수직선 위에 나타내면 오른쪽 그림
과 같을 때, 상수 a, b에 대하여 $a-b$의 값을 구하시오.

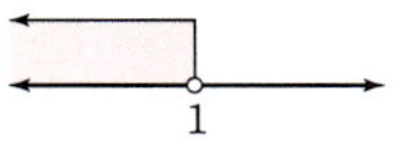

실력 향상

0501

$a<b<0$, $c+d>0$, $cd>0$일 때, 다음 중 옳지 <u>않은</u> 것을 모두 고르면? (정답 2개)

① $a+d<b+d$
② $d-a<d-b$

③ $ab<ac$
④ $\dfrac{a}{c}<\dfrac{b}{c}$

⑤ $\dfrac{ac}{b}>\dfrac{cd}{b}$

0502

$x+y=5$일 때, $-3\le 3x+y<7$을 만족시키는 x의 값의 범위는?

① $-8\le x<2$
② $-8\le x<4$

③ $-4\le x<1$
④ $-4<x\le 2$

⑤ $-2\le x<4$

0503

일차부등식 $(a-b)x+2a-7b>0$의 해가 $x<\dfrac{1}{2}$일 때, 일차부등식 $(2b-a)x+a+b<0$의 해를 구하시오.

(단, a, b는 상수)

0504

일차부등식 $\dfrac{a-x}{4}<1+0.5x$를 만족시키는 음의 정수 x가 2개이도록 하는 상수 a의 값의 범위가 $m\le a<n$일 때, mn의 값은?

① -10
② -5
③ 1

④ 5
⑤ 10

● 기출 BOOK 14쪽

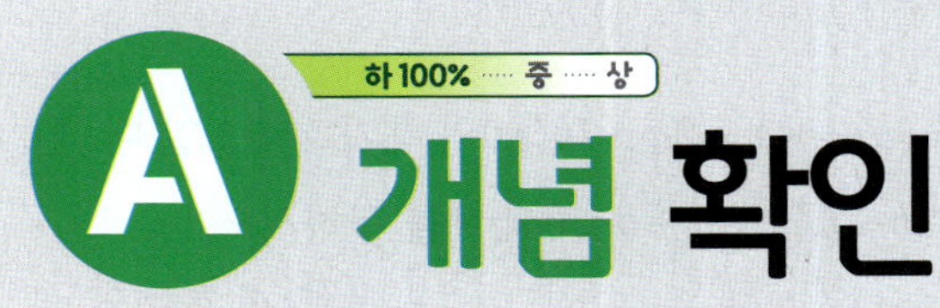

05-1 일차부등식의 활용 문제 유형 01~11

일차부등식의 활용 문제는 다음과 같은 순서로 해결한다.

❶ 문제의 뜻을 이해하고, 구하려는 값을 미지수로 놓는다.

❷ 문제의 뜻에 맞게 일차부등식을 세운다.

❸ 일차부등식을 푼다.

❹ 구한 해가 문제의 뜻에 맞는지 확인한다.

예 한 개에 500원인 초콜릿 5개와 한 개에 200원인 사탕을 사려고 할 때, 전체 금액이 5500원 이하가 되게 하려면 사탕을 최대 몇 개까지 살 수 있는지 구해 보자.

사탕을 x개 산다고 하면 ······ ❶

$500 \times 5 + 200x \leq 5500$ ······ ❷

$200x \leq 3000$ ∴ $x \leq 15$

따라서 사탕은 최대 15개까지 살 수 있다. ······ ❸

이때 사탕을 15개 살 때의 전체 금액은 $500 \times 5 + 200 \times 15 = 5500$(원), 즉 5500원 이하이므로 문제의 뜻에 맞는다. ······ ❹

참고 수에 대한 문제에서 미지수는 다음과 같이 정한다.

(1) 차가 a인 두 수 ➡ x, $x+a$ 또는 $x-a$, x

(2) 연속하는 세 자연수(정수) ➡ $x-1$, x, $x+1$ 또는 x, $x+1$, $x+2$

(3) 연속하는 두 짝수(홀수) ➡ x, $x+2$ 또는 $x-2$, x

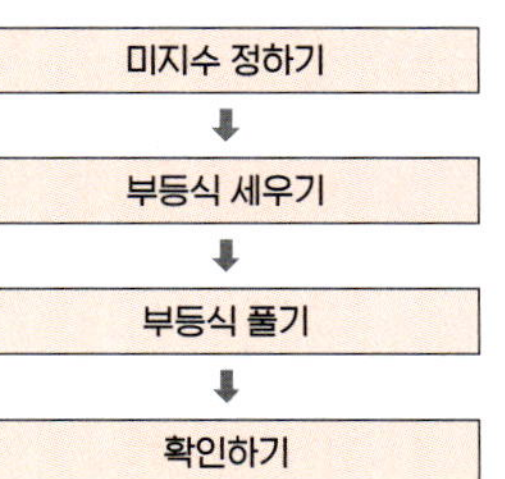

개념 +

이상, 이하, 초과, 미만의 뜻에 유의하여 부등식을 세운다.

미지수 정하기
↓
부등식 세우기
↓
부등식 풀기
↓
확인하기

나이, 개수, 사람 수, 횟수 등을 미지수 x로 놓으면 x의 값은 자연수이다.

05-2 거리, 속력, 시간에 대한 문제 유형 12, 13, 14

거리, 속력, 시간에 대한 문제는 다음 관계를 이용하여 부등식을 세운다.

$$(거리) = (속력) \times (시간), \quad (속력) = \frac{(거리)}{(시간)}, \quad (시간) = \frac{(거리)}{(속력)}$$

예 • 시속 2 km로 x시간 동안 간 거리 ➡ $2x$ km

• x m를 20분 동안 갔을 때의 속력 ➡ 분속 $\dfrac{x}{20}$ m

• 8 km를 시속 x km로 갔을 때 걸린 시간 ➡ $\dfrac{8}{x}$시간

참고 주어진 단위가 다를 경우, 부등식을 세우기 전에 먼저 단위를 통일한다.

➡ $1\,km = 1000\,m$, $1\,m = \dfrac{1}{1000}\,km$, 1시간 = 60분, 1분 = $\dfrac{1}{60}$시간

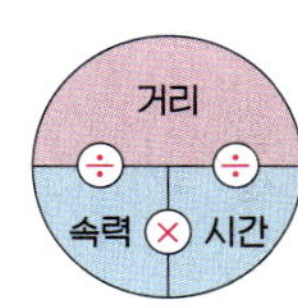

05-1 일차부등식의 활용 문제

0505 어떤 자연수의 2배에 10을 더한 수가 어떤 자연수의 3배에서 6을 뺀 수보다 작다고 할 때, 어떤 자연수 중에서 가장 작은 수를 구하려고 한다. 다음 물음에 답하시오.

⑴ 어떤 자연수를 x라 할 때, 부등식을 세우시오.

⑵ ⑴에서 세운 부등식을 푸시오.

⑶ 가장 작은 자연수를 구하시오.

0506 연속하는 두 자연수의 합이 47보다 클 때, 이를 만족시키는 두 자연수 중에서 가장 작은 두 자연수를 구하려고 한다. 다음 물음에 답하시오.

⑴ 연속하는 두 자연수 중에서 작은 수를 x라 할 때, 부등식을 세우시오.

⑵ ⑴에서 세운 부등식을 푸시오.

⑶ 가장 작은 두 자연수를 구하시오.

0507 한 개에 800원인 쿠키를 500원짜리 상자에 담아 전체 금액이 7700원 이하가 되게 사려고 할 때, 쿠키를 최대 몇 개까지 살 수 있는지 구하려고 한다. 다음 물음에 답하시오.

⑴ 쿠키를 x개 산다고 할 때, 부등식을 세우시오.

⑵ ⑴에서 세운 부등식을 푸시오.

⑶ 쿠키를 최대 몇 개까지 살 수 있는지 구하시오.

0508 오른쪽 그림과 같이 밑변의 길이가 8 cm인 삼각형의 넓이가 20 cm^2 이상일 때, 삼각형의 높이는 최소 몇 cm인지 구하려고 한다. 다음 물음에 답하시오.

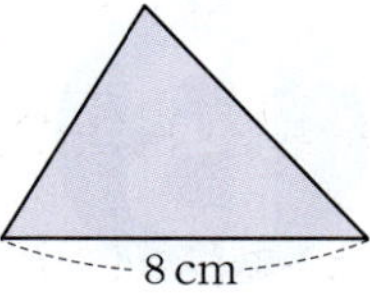

⑴ 높이를 x cm라 할 때, 부등식을 세우시오.

⑵ ⑴에서 세운 부등식을 푸시오.

⑶ 높이는 최소 몇 cm인지 구하시오.

05-2 거리, 속력, 시간에 대한 문제

0509 등산을 하는데 올라갈 때는 시속 3 km로, 내려올 때는 같은 길을 시속 4 km로 걸어서 3시간 이내에 등산을 마치려고 할 때, 최대 몇 km 떨어진 지점까지 올라갔다 내려올 수 있는지 구하려고 한다. 다음 물음에 답하시오.

⑴ x km 떨어진 지점까지 올라갔다 내려온다고 할 때, 다음 표를 완성하시오.

	올라갈 때	내려올 때
거리	x km	
속력		시속 4 km
시간		$\dfrac{x}{4}$ 시간

⑵ 등산을 하는 데 걸린 시간을 이용하여 부등식을 세우시오.

⑶ ⑵에서 세운 부등식을 푸시오.

⑷ 최대 몇 km 떨어진 지점까지 올라갔다 내려올 수 있는지 구하시오.

B 유형 완성

유형 01 수에 대한 문제

어떤 수를 x로 놓고 문제의 뜻에 맞게 부등식을 세운다.

참고 (1) 차가 a인 두 수 ➡ x, $x+a$ 또는 $x-a$, x

(2) 연속하는 세 자연수(정수)

➡ $x-1$, x, $x+1$ 또는 x, $x+1$, $x+2$

(3) 연속하는 두 짝수(홀수) ➡ x, $x+2$ 또는 $x-2$, x

0510 대표 문제

어떤 자연수의 4배에 15를 더한 수는 31보다 작다고 한다. 이를 만족시키는 모든 자연수의 합은?

① 3   ② 6   ③ 10

④ 15   ⑤ 21

0511 하

어떤 두 자연수의 차는 4이고, 합은 18 이하라고 한다. 이를 만족시키는 두 자연수 중에서 작은 수를 x라 할 때, x의 값이 될 수 있는 가장 큰 수는?

① 6   ② 7   ③ 8

④ 9   ⑤ 10

0512 중

연속하는 세 자연수의 합이 84보다 작다고 한다. 이를 만족시키는 세 자연수 중에서 가장 큰 세 자연수를 구하시오.

0513 중

연속하는 두 짝수 중 작은 수의 5배에서 4를 빼면 큰 수의 2배보다 크다고 한다. 이를 만족시키는 두 짝수 중에서 가장 작은 두 짝수의 곱을 구하시오.

유형 02 평균에 대한 문제

(1) 두 수 a, b의 평균 ➡ $\dfrac{a+b}{2}$

(2) 세 수 a, b, c의 평균 ➡ $\dfrac{a+b+c}{3}$

0514 대표 문제

지아는 기말고사에서 국어 81점, 영어 77점, 수학 86점을 받았다. 과학을 포함한 네 과목의 평균 점수가 82점 이상이 되려면 과학 점수는 최소 몇 점이어야 하는가?

① 82점   ② 84점   ③ 86점

④ 88점   ⑤ 90점

0515 중

어떤 권총 사격 경기에서 현우의 9번의 사격 점수의 평균은 9.6점이었다. 10번째까지의 사격 점수의 평균이 9.5점 이상이 되려면 10번째 사격에서 최소 몇 점을 얻어야 하는가?

① 8.3점   ② 8.4점   ③ 8.5점

④ 8.6점   ⑤ 8.7점

0516 상

은서네 반 여학생 20명의 평균 몸무게는 46 kg, 남학생의 평균 몸무게는 58 kg이다. 이 반 학생 전체의 평균 몸무게가 50 kg 이상일 때, 남학생은 최소 몇 명인지 구하시오.

유형 03 최대 개수에 대한 문제 (1)

물건 x개를 사는데 배송비가 드는 경우
➡ (물건 x개의 가격)+(배송비) ☐ (이용 가능 금액)
└ 문제에 맞게 부등호를 넣는다.

0517 대표 문제

우진이는 인터넷 쇼핑몰에서 한 개에 1500원인 아보카도를 사려고 한다. 배송비 3000원을 포함한 전체 금액이 21000원 이하가 되게 하려면 아보카도를 최대 몇 개까지 살 수 있는가?

① 9개 ② 10개 ③ 11개
④ 12개 ⑤ 13개

0518 (중)

한 번에 최대 600 kg까지 운반할 수 있는 엘리베이터가 있다. 몸무게가 80 kg인 한 사람이 한 개에 20 kg인 상자를 여러 개 실어 운반하려고 할 때, 상자를 한 번에 최대 몇 개까지 운반할 수 있는지 구하시오.

0519 (중)

한 송이에 1500원인 카네이션 6송이와 한 송이에 2000원인 장미를 사려고 할 때, 전체 금액이 25000원 미만이 되게 하려면 장미를 최대 몇 송이까지 살 수 있는가?

① 5송이 ② 6송이 ③ 7송이
④ 8송이 ⑤ 9송이

0520 (중)

한 권에 700원인 공책 몇 권을 사는데 한 장에 100원인 종이봉투 3장에 나누어 담아서 전체 금액이 8000원 이하가 되게 하려고 한다. 이때 공책을 최대 몇 권까지 살 수 있는지 구하시오.

유형 04 최대 개수에 대한 문제 (2)

가격이 다른 두 물건 A, B를 합하여 k개를 사는 경우
(1) 물건 A를 x개 산다고 하면 물건 B는 $(k-x)$개 살 수 있다.
(2) (물건 A의 전체 가격)+(물건 B의 전체 가격)
☐ (이용 가능 금액)
└ 문제에 맞게 부등호를 넣는다.

0521 대표 문제

어느 과학 연구소의 1인당 체험 학습비가 어른은 1000원, 어린이는 800원이라고 한다. 어른과 어린이를 합하여 25명이 체험하는 데 드는 전체 비용이 24000원을 넘지 않게 하려면 어른은 최대 몇 명까지 체험할 수 있는가?

① 19명 ② 20명 ③ 21명
④ 22명 ⑤ 23명

0522 (중) 서술형

한 개에 600원인 사탕과 한 개에 1300원인 아이스크림을 합하여 전체 금액이 20000원 이하가 되게 사려고 한다. 사탕의 개수가 아이스크림의 개수의 2배가 되게 할 때, 아이스크림을 최대 몇 개까지 살 수 있는지 구하시오.

0523 (중)

한 개에 2500원인 도넛과 한 개에 4500원인 샌드위치를 합하여 10개를 주문하여 배달시키려고 한다. 배달비 3000원을 포함한 전체 금액이 42000원 미만이 되게 하려면 샌드위치를 최대 몇 개까지 주문할 수 있는지 구하시오.

유형 05   예금에 대한 문제

현재 예금액이 a원이고, 다음 달부터 매달 b원씩 예금하면
➡ (x개월 후의 예금액)
   =(현재 예금액)+(매달 예금하는 금액)$\times x$
   =$a+bx$(원)

0524   대표 문제

현재 형의 통장에는 25000원, 동생의 통장에는 40000원이 예금되어 있다. 다음 달부터 매달 형은 5000원씩, 동생은 3000원씩 예금한다면 형의 예금액이 동생의 예금액보다 많아지는 것은 몇 개월 후부터인가?

(단, 이자는 생각하지 않는다.)

① 4개월 후   ② 5개월 후   ③ 6개월 후
④ 7개월 후   ⑤ 8개월 후

0525   종

현재 연수의 저금통에는 20000원이 들어 있다. 매일 같은 금액을 25일 동안 저금하여 저금통에 들어 있는 금액이 35000원 이상이 되게 하려고 할 때, 연수가 매일 저금해야 하는 금액은 최소 얼마인가?

① 300원   ② 400원   ③ 500원
④ 600원   ⑤ 700원

0526   종

현재 유진이의 예금액은 50000원, 승우의 예금액은 34000원이다. 다음 달부터 매달 유진이는 7000원씩, 승우는 2000원씩 예금한다면 유진이의 예금액이 승우의 예금액의 2배보다 많아지는 것은 몇 개월 후부터인지 구하시오.

(단, 이자는 생각하지 않는다.)

유형 06   도형에 대한 문제

도형의 둘레의 길이, 넓이, 부피에 대한 공식을 이용하여 부등식을 세운다.
(1) (직사각형의 둘레의 길이)
   =$2\times$ {(가로의 길이)+(세로의 길이)}
(2) (사다리꼴의 넓이)
   =$\dfrac{1}{2}\times$ {(윗변의 길이)+(아랫변의 길이)} $\times$(높이)
(3) (뿔의 부피)=$\dfrac{1}{3}\times$(밑넓이)$\times$(높이)

 도형의 변의 길이는 양수이다.

0527   대표 문제

오른쪽 그림과 같이 윗변의 길이가 6 cm, 아랫변의 길이가 x cm이고, 높이가 7 cm인 사다리꼴의 넓이가 $56\,\text{cm}^2$ 이상일 때, x의 값의 범위를 구하시오.

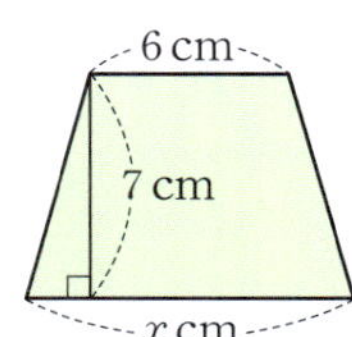

0528   종

가로의 길이가 세로의 길이보다 3 cm만큼 더 짧은 직사각형이 있다. 이 직사각형의 둘레의 길이가 50 cm 이하가 되게 하려면 세로의 길이는 최대 몇 cm이어야 하는가?

① 11 cm   ② 12 cm   ③ 13 cm
④ 14 cm   ⑤ 15 cm

0529   종   서술형

밑면의 반지름의 길이가 5 cm인 원뿔의 부피가 $100\pi\,\text{cm}^3$ 이상이 되게 하려면 원뿔의 높이는 최소 몇 cm이어야 하는지 구하시오.

0530 (상)

오른쪽 그림과 같은 직사각형 ABCD에서 점 P는 $\overline{BC}$ 위를 움직이고 점 Q는 $\overline{CD}$의 중점이다. 삼각형 APQ의 넓이가 $15\,cm^2$ 이하가 되게 하려면 $\overline{PC}$의 길이는 최대 몇 cm이어야 하는지 구하시오.

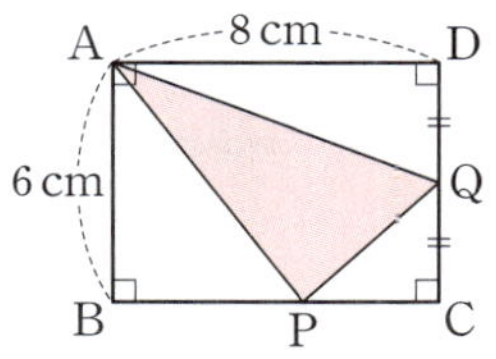

유형 07 여러 가지 일차부등식의 활용 문제

구하려는 것을 x로 놓고 문제의 뜻에 맞게 일차부등식을 세운다.

참고 (1) 현재 나이가 a살인 사람의 x년 후의 나이 ➡ $(a+x)$살

(2) 전체 양이 x일 때 전체 양의 $\dfrac{n}{m}$ ➡ $x \times \dfrac{n}{m}$

(3) 어떤 일을 혼자서 완성하는 데 a일이 걸릴 때

① 하루 동안 하는 일의 양 ➡ $\dfrac{1}{a}$

② x일 동안 하는 일의 양 ➡ $\dfrac{1}{a}x$

0531 대표 문제

현재 준호는 사탕을 39개, 선재는 사탕을 5개 가지고 있다. 준호가 선재에게 사탕을 몇 개 주어도 준호가 가진 사탕의 개수는 선재가 가진 사탕의 개수의 3배보다 많을 때, 준호는 선재에게 사탕을 최대 몇 개까지 줄 수 있는가?

① 4개　　　② 5개　　　③ 6개

④ 7개　　　⑤ 8개

0532 (중)

서술형

현재 아버지의 나이는 47살이고 딸의 나이는 15살일 때, 아버지의 나이가 딸의 나이의 2배 이하가 되는 것은 몇 년 후부터인지 구하시오.

0533 (중)

기름통에 들어 있던 기름을 $2\,L$ 사용한 후, 그 나머지의 $\dfrac{3}{4}$을 더 사용하였더니 $15\,L$ 이상이 남았다고 한다. 처음 기름통에 들어 있던 기름의 양은 최소 몇 L인가?

① 60 L　　　② 61 L　　　③ 62 L

④ 63 L　　　⑤ 64 L

0534 (중)

지민이와 민정이가 계단에서 게임을 하는데 이긴 사람은 1계단씩 올라가고 진 사람은 제자리에 있기로 하였다. 두 사람이 같은 위치에서 시작하여 게임을 25번 한 결과 지민이가 민정이보다 7계단 이상 올라가 있을 때, 지민이는 최소 몇 번 이겼는가?

(단, 비기는 경우는 없고, 계단은 오르기에 충분하다.)

① 13번　　　② 14번　　　③ 15번

④ 16번　　　⑤ 17번

0535 (상)

A 기계 1대를 사용하면 10시간이 걸리고, B 기계 1대를 사용하면 15시간이 걸려서 끝낼 수 있는 일이 있다. 이 일을 A, B기계를 합하여 13대를 사용하여 1시간 이내에 끝내려고 할 때, A 기계는 최소 몇 대가 필요한지 구하시오.

(단, 두 기계 A, B는 기계별로 각각 성능이 같다.)

k개의 가격이 a원이고, k를 초과하면 1개당 b원이 추가될 때, x개의 가격 (단, $x>k$)

➡ $a+\underset{\text{기본요금}}{b(x-k)}$ (원)
　　　　　└ 추가 요금

0536 대표 문제

어느 공영 주차장에서는 주차 시간이 30분 이하이면 주차 요금이 1000원이고, 30분이 지나면 1분마다 50원씩 요금이 추가된다고 한다. 주차 요금이 7000원 이하가 되게 하려면 최대 몇 분 동안 주차할 수 있는지 구하시오.

0537 ㉦

어느 민속촌에 단체 관광객이 입장할 때, 입장료가 4명까지는 1인당 1000원이고, 4명을 초과하면 초과된 인원에 대하여 1인당 800원이라고 한다. 9000원 이하의 금액으로 이 민속촌에 입장하려면 최대 몇 명까지 입장할 수 있는가?

① 8명　　　　　　② 9명　　　　　　③ 10명
④ 11명　　　　　　⑤ 12명

0538 ㉦

증명사진 6장을 뽑는 데 드는 비용은 4000원이고, 6장을 초과하면 한 장당 200원씩 비용이 추가된다고 한다. 증명사진 한 장당 평균 가격이 400원 이하가 되게 하려면 증명사진을 최소 몇 장 뽑아야 하는가?

① 10장　　　　　　② 11장　　　　　　③ 12장
④ 13장　　　　　　⑤ 14장

(1) 원가가 x원인 물건에 $a\%$의 이익을 붙여서 정한 정가

➡ (정가)=(원가)+(이익)

$$=x+\frac{a}{100}x=\left(1+\frac{a}{100}\right)x\,(원)$$

(2) 정가가 y원인 물건을 $b\%$ 할인할 때, 판매 가격

➡ (판매 가격)=(정가)−(할인액)

$$=y-\frac{b}{100}y=\left(1-\frac{b}{100}\right)y\,(원)$$

(3) (실제 이익)=(판매 가격)−(원가)

0539 대표 문제

원가가 12000원인 물건을 정가의 20 %를 할인하여 팔아서 원가의 30 % 이상의 이익을 얻으려고 한다. 이때 정가를 최소 얼마로 정해야 하는가?

① 18000원　　　　② 18500원　　　　③ 19000원
④ 19500원　　　　⑤ 20000원

0540 ㉦

원가가 8000원인 가방에 원가의 50 %의 이익을 붙여서 정가를 정하였다. 이 가방을 정가의 20 %를 할인하여 팔아서 24000원 이상의 이익을 얻으려면 최소 몇 개 팔아야 하는가?

① 14개　　　　　　② 15개　　　　　　③ 16개
④ 17개　　　　　　⑤ 18개

0541 ㉦　　　　　　　　　　　서술형

어떤 상품에 원가의 30 %의 이익을 붙여서 정가를 정하였다. 이 상품을 정가에서 1500원을 할인하여 팔아서 원가의 20 % 이상의 이익을 얻으려면 원가가 얼마 이상이어야 하는지 구하시오.

유형 10 유리한 방법을 선택하는 문제(1)
– 가격 조건이 다른 경우

방법 A가 방법 B보다 유리한 경우
➡ (방법 A에 드는 비용)<(방법 B에 드는 비용)

주의 '유리하다'는 것은 비용이 더 적게 든다는 뜻이므로 등호가 포함된 부등호 $\leq$, $\geq$는 사용하지 않는다.

0542 대표 문제

집 앞 문구점에서 한 자루에 1000원인 볼펜을 할인 매장에서는 한 자루에 700원에 살 수 있다고 한다. 할인 매장에 다녀오려면 왕복 3000원의 교통비가 든다고 할 때, 볼펜을 몇 자루 이상 사야 할인 매장에서 사는 것이 유리한가?

① 8자루　　　② 9자루　　　③ 10자루
④ 11자루　　　⑤ 12자루

0543 (중)

동네 서점에서 한 권에 8000원인 책을 인터넷 서점에서는 이 가격에서 10 % 할인된 금액으로 판매하고 있다. 이 책을 여러 권 사려고 하는데 인터넷 서점에서 구입하면 2500원의 배송비를 내야 한다고 할 때, 책을 최소 몇 권 사야 인터넷 서점을 이용하는 것이 유리한가?

① 3권　　　② 4권　　　③ 5권
④ 6권　　　⑤ 7권

0544 (중)　　　　　　　　　　서술형

도영이네는 집에 공기 청정기를 들여놓으려고 한다. 공기 청정기를 구입할 경우에는 56만 원의 구입 비용과 매달 14000원의 유지비가 들고, 대여할 경우에는 매달 3만 원의 대여비가 든다고 한다. 공기 청정기를 몇 개월 이상 사용해야 구입하는 것이 유리한지 구하시오.

0545 (상)

다음 표는 어느 통신 회사의 두 요금제 A, B를 비교하여 나타낸 것이다. B 요금제를 이용하는 것이 경제적인 것은 통화 시간이 몇 분 초과일 때인가?

(단, 추가되는 다른 요금은 생각하지 않는다.)

	A 요금제	B 요금제
기본요금	12000원	18000원
통화 요금	10초당 40원	10초당 20원

① 30분　　　② 35분　　　③ 40분
④ 45분　　　⑤ 50분

유형 11 유리한 방법을 선택하는 문제(2)
– 단체 입장권을 사는 경우

x명이 입장할 때, a명의 단체 입장권을 사는 것이 유리한 경우
➡ (x명의 입장료)>(a명의 단체 입장료) (단, $x<a$)

참고 a명 이상의 단체는 입장료를 p % 할인해 줄 때, a명의 단체 입장료
➡ (1명의 입장료)$\times\left(1-\dfrac{p}{100}\right)\times a$(원)

0546 대표 문제

다음 그림은 어느 놀이공원에서 판매하는 청소년 자유 이용권의 가격을 나타낸 것이다. 10명 미만의 청소년이 이 놀이공원을 자유 이용권으로 이용한다고 할 때, 몇 명 이상부터 10명의 단체 자유 이용권을 사는 것이 유리한지 구하시오. (단, 10명 미만이어도 10명의 단체 자유 이용권을 살 수 있다.)

0547 ⑧

어떤 연극의 티켓 가격은 한 사람당 30000원이고, 40명 이상의 단체인 경우에는 티켓 가격의 10 %를 할인해 준다고 한다. 이 연극을 40명 미만의 단체가 관람할 때, 몇 명 이상부터 40명의 단체 티켓을 사는 것이 유리한지 구하시오.
　　(단, 40명 미만이어도 40명의 단체 티켓을 살 수 있다.)

0548 ⑩

어떤 박물관의 관람료는 한 사람당 9000원이고, 15명 이상 30명 미만의 단체인 경우에는 관람료의 20 %를, 30명 이상의 단체인 경우에는 관람료의 30 %를 할인해 준다고 한다. 이 박물관을 15명 이상 30명 미만의 단체가 관람할 때, 몇 명 이상부터 30명의 단체 관람권을 사는 것이 유리한가?
　　(단, 30명 미만이어도 30명의 단체 관람권을 살 수 있다.)

① 24명 　　　② 25명 　　　③ 26명
④ 27명 　　　⑤ 28명

유형 12 거리, 속력, 시간에 대한 문제(1)
　　　　　　　 – 왕복하는 경우

(1) 왕복하는 데 걸린 시간
　➡ (갈 때 걸린 시간)+(올 때 걸린 시간)
(2) 중간에 물건을 사거나 쉴 때, 왕복하는 데 걸린 시간
　➡ (갈 때 걸린 시간)+(중간에 소요된 시간)
　　 +(올 때 걸린 시간)

0549 대표 문제

윤기는 주말에 집에서 TV를 시청하다가 재미있는 영화가 시작하기까지 45분의 여유가 있어서 집 근처 편의점에서 음료수를 사 오려고 한다. 음료수를 사는 데 10분이 걸리고, 시속 3 km로 걷는다고 할 때, 집에서 최대 몇 km 떨어진 편의점까지 이용할 수 있는지 구하시오.

0550 ⑧

혜나가 제주 올레길을 걷는데 갈 때는 시속 3 km로, 올 때는 같은 길을 시속 2 km로 걸어서 2시간 15분 이내로 출발점으로 돌아오려고 한다. 이때 출발점에서 최대 몇 km 떨어진 곳까지 갔다 올 수 있는가?

① 2.5 km 　　　② 2.7 km 　　　③ 3 km
④ 3.2 km 　　　⑤ 3.5 km

0551 ⑧ 　　　　　　　　　　　서술형

지수가 등산을 하는데 올라갈 때는 시속 2 km로, 내려올 때는 올라갈 때보다 3 km 더 먼 길을 시속 4 km로 걸었더니 전체 걸린 시간이 6시간 이내였다. 이때 올라간 거리는 최대 몇 km인지 구하시오.

0552 ⑧

유준이가 집에서 출발하여 산책을 하는데 갈 때는 시속 3 km로 걷다가 20분을 쉰 후, 올 때는 갈 때보다 2 km 더 먼 길을 시속 5 km로 걸었다. 산책하는 데 전체 걸린 시간이 3시간 이내였을 때, 산책한 거리는 최대 몇 km인가?

① $\dfrac{17}{2}$ km 　　　② 9 km 　　　③ $\dfrac{19}{2}$ km
④ 10 km 　　　⑤ $\dfrac{21}{2}$ km

유형 13 거리, 속력, 시간에 대한 문제(2)
– 도중에 속력이 바뀌는 경우

A 지점에서 B 지점까지 c시간 이내에 가는데 도중에 속력이 바뀌는 경우

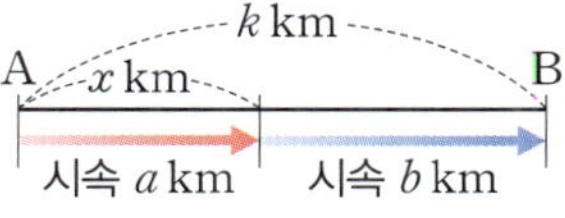

$$\Rightarrow \frac{x}{a} + \frac{k-x}{b} \leq c$$

↳ 시속 b km로 갈 때 걸린 시간
↳ 시속 a km로 갈 때 걸린 시간

0553 대표 문제

진희가 집에서 8 km 떨어진 은우네 집까지 가는데 처음에는 스케이트보드를 타고 시속 10 km로 가다가 도중에 스케이트보드가 고장 나서 그 지점부터 시속 3 km로 걸어갔더니 1시간 30분 이내에 도착하였다. 이때 스케이트보드를 타고 간 거리는 최소 몇 km인지 구하시오.

0554 중

이슬이가 집에서 9 km 떨어진 도서관까지 가는데 처음에는 분속 60 m로 걷다가 도중에 분속 80 m로 걸어서 2시간 이내에 도서관에 도착하였다. 다음 중 분속 60 m로 걸은 거리가 될 수 없는 것은?

① 1.2 km   ② 1.4 km   ③ 1.6 km
④ 1.8 km   ⑤ 2 km

0555 중   서술형

지연이는 집에서 6 km 떨어진 학교까지 가는데 처음에는 분속 50 m로 걷다가 늦을 것 같아 도중에 분속 150 m로 뛰어서 1시간 20분 이내에 학교에 도착하였다. 이때 걸어간 거리는 최대 몇 km인지 구하시오.

유형 14 거리, 속력, 시간에 대한 문제(3)
– 반대 방향으로 출발하는 경우

A, B 두 사람이 같은 지점에서 반대 방향으로 동시에 출발할 때, A, B 사이의 거리
➡ (A가 이동한 거리)+(B가 이동한 거리)

0556 대표 문제

언니와 동생이 같은 지점에서 동시에 출발하여 언니는 동쪽으로 분속 200 m로, 동생은 서쪽으로 분속 150 m로 달려가고 있다. 언니와 동생이 2.1 km 이상 떨어지려면 출발한 지 최소 몇 분이 지나야 하는가?

① 5분   ② 6분   ③ 7분
④ 8분   ⑤ 9분

0557 중

세은이와 현준이가 직선 도로 위의 3.7 km 떨어진 두 지점에서 마주 보고 동시에 출발하여 만나려고 한다. 세은이는 분속 230 m로, 현준이는 분속 170 m로 달린다고 할 때, 두 사람 사이의 거리가 900 m 이하가 되려면 출발한 지 최소 몇 분이 지나야 하는가?

① 10분   ② 9분   ③ 8분
④ 7분   ⑤ 6분

0558 상

민우와 은정이가 같은 지점에서 출발하여 서로 반대 방향으로 직선 도로를 따라 걷고 있다. 은정이는 민우가 출발한 지 8분 후에 출발하였고, 민우는 분속 60 m로, 은정이는 분속 50 m로 걸을 때, 두 사람이 920 m 이상 떨어지는 것은 은정이가 출발한 지 몇 분 후부터인지 구하시오.

유형 점검

0559 유형 01

연속하는 세 홀수의 합이 55보다 크다고 한다. 이를 만족 시키는 세 홀수의 가운데 수가 될 수 있는 수 중에서 가장 작은 수는?

① 13　　　② 15　　　③ 17
④ 19　　　⑤ 21

0560 유형 02

한솔이는 3월, 6월 영어 듣기 평가에서 각각 20개, 13개를 맞혔다. 3월, 6월, 9월 영어 듣기 평가에서 맞힌 개수의 평균이 17개 이상이 되려면 9월 영어 듣기 평가에서 몇 개 이상을 맞혀야 하는가?

① 14개　　　② 15개　　　③ 16개
④ 17개　　　⑤ 18개

0561 유형 03

한 번에 최대 $800\,kg$까지 운반할 수 있는 승강기가 있다. 몸무게가 각각 $65\,kg$, $75\,kg$인 두 사람이 한 개에 $120\,kg$인 상자를 여러 개 실어 운반하려고 할 때, 상자를 한 번에 최대 몇 개까지 운반할 수 있는지 구하시오.

(단, 두 사람은 모두 승강기에 탑승한다.)

0562 유형 04

한 개에 500원인 메모지와 한 개에 300원인 집게를 합하여 15개를 사고, 전체 금액이 5300원 이하가 되게 하려고 한다. 메모지를 x개 살 때, 다음 중 옳지 <u>않은</u> 것을 모두 고르면? (정답 2개)

① 집게는 $(15+x)$개 살 수 있다.
② 메모지를 모두 사는 데 드는 비용은 $500x$원이다.
③ 집게를 모두 사는 데 드는 비용은 $300(15-x)$원이다.
④ 부등식으로 나타내면 $500x+300(15-x)\leq5300$이다.
⑤ 메모지는 최대 5개까지 살 수 있다.

0563 유형 05

예지는 어버이날에 부모님께 드릴 선물을 사기 위해 40000원을 모으려고 한다. 현재 예지는 5000원이 있고 내일부터 매일 700원씩 모은다고 할 때, 예지가 가진 총금액이 40000원 이상이 되는 것은 며칠 후부터인지 구하시오.

0564 유형 06

아랫변의 길이가 윗변의 길이보다 $6\,cm$만큼 더 길고 높이가 $5\,cm$인 사다리꼴이 있다. 이 사다리꼴의 넓이가 $60\,cm^2$ 이하가 되게 하려면 윗변의 길이는 최대 몇 cm이어야 하는가?

① $7\,cm$　　　② $8\,cm$　　　③ $9\,cm$
④ $10\,cm$　　　⑤ $11\,cm$

0565
유형 07

빨간 공 180개가 들어 있는 상자와 파란 공 120개가 들어 있는 상자가 있다. 각 상자에서 한 번에 빨간 공은 6개씩, 파란 공은 3개씩 동시에 꺼낼 때, 상자에 남아 있는 파란 공의 개수가 빨간 공의 개수보다 많으려면 각 상자에서 공을 최소 몇 번 꺼내야 하는가?

① 18번   ② 19번   ③ 20번
④ 21번   ⑤ 22번

0566
유형 07

길이와 모양이 같은 성냥개비로 다음 그림과 같이 정사각형을 한 방향으로 연결하여 만들려고 한다. 성냥개비 162개로 정사각형을 최대 몇 개 만들 수 있는지 구하시오.

 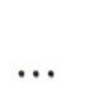 

0567
유형 08

기본요금이 35000원인 어떤 휴대 전화 요금제에 가입하면 100 MB(메가바이트)의 데이터를 무료로 사용할 수 있고, 100 MB를 초과하면 1 MB당 100원의 추가 요금을 내야 한다. 이 요금제에 가입하였을 때, 전체 요금이 60000원 이하가 되게 하려면 데이터를 최대 몇 MB 사용할 수 있는지 구하시오. (단, 추가되는 다른 요금은 생각하지 않는다.)

0568
유형 09

어떤 모자의 원가에 6000원의 이익을 붙여서 정가를 정하였다. 이 모자의 정가의 20 %를 할인하여 팔았더니 800원 이상의 이익을 얻었다고 할 때, 다음 중 원가가 될 수 없는 것은?

① 14000원   ② 16000원   ③ 18000원
④ 20000원   ⑤ 22000원

0569
유형 10

집 앞 편의점에서 한 개에 1500원인 라면을 대형 마트에서는 이 가격에서 20 % 할인된 금액으로 판매하고 있다. 대형 마트에 다녀오려면 왕복 2400원의 교통비가 든다고 할 때, 라면을 최소 몇 개 사야 대형 마트에서 사는 것이 유리한가?

① 6개   ② 7개   ③ 8개
④ 9개   ⑤ 10개

0570
유형 11

어느 테마파크의 입장료는 한 사람당 25000원이고, 40명 이상의 단체인 경우에는 입장료의 30 %를 할인해 준다고 한다. 이 테마파크에 40명 미만의 단체가 입장할 때, 몇 명 이상부터 40명의 단체 입장권을 사는 것이 유리한지 구하시오.
(단, 40명 미만이어도 40명의 단체 입장권을 살 수 있다.)

0571　유형 12

터미널에서 버스를 기다리는데 출발 시각까지 70분의 여유가 있어서 근처 식당에서 식사를 하려고 한다. 식사를 하는 데 25분이 걸리고, 갈 때는 시속 4 km로, 올 때는 시속 5 km로 걷는다고 할 때, 터미널에서 최대 몇 km 떨어진 식당까지 갔다 올 수 있는가?

① $\dfrac{4}{3}$ km　　② $\dfrac{13}{9}$ km　　③ $\dfrac{14}{9}$ km

④ $\dfrac{5}{3}$ km　　⑤ $\dfrac{16}{9}$ km

0572　유형 13

상우가 집에서 25 km 떨어진 도윤이네 집까지 가는데 처음에는 자전거를 타고 시속 15 km로 가다가 도중에 자전거가 고장 나서 그 지점부터 시속 3 km로 걸어갔더니 3시간 이내에 도착하였다. 이때 자전거가 고장 난 지점은 상우네 집에서 몇 km 이상 떨어진 곳인가?

① 19 km　　② 19.5 km　　③ 20 km

④ 20.5 km　　⑤ 21 km

0573　유형 14

민지와 태형이가 같은 지점에서 동시에 출발하여 서로 반대 방향으로 직선 도로를 따라 걷고 있다. 민지는 시속 4 km로, 태형이는 시속 6 km로 걸을 때, 두 사람이 3.5 km 이상 떨어지려면 출발한 지 최소 몇 분이 지나야 하는지 구하시오.

0574　유형 04

두 종류의 쿠키 A, B를 한 개씩 만드는 데 각각 우유 50 mL, 40 mL가 사용된다고 한다. 쿠키 A, B를 합하여 20개를 만들 때, 우유를 980 mL 이하로 사용하려면 쿠키 A를 최대 몇 개까지 만들 수 있는지 구하시오.

0575　유형 08

현수가 인터넷으로 구입하려는 티셔츠는 3장에 29000원이다. 3장을 초과하면 한 장당 8000원씩 추가된다고 한다. 티셔츠 한 장당 평균 가격이 8500원 이하가 되게 하려면 티셔츠를 최소 몇 장 사야 하는지 구하시오.

(단, 배송비는 무료이다.)

0576　유형 08 + 10

다음 표는 A, B 두 음원 사이트에서 음악을 내려받는 요금을 나타낸 것이다. B 사이트를 이용하는 것이 경제적이려면 음악을 몇 곡 이상 내려받아야 하는지 구하시오.

	A 사이트	B 사이트
기본요금	3900원 (50곡까지)	6900원 (무제한)
추가 요금	1곡당 100원 (50곡 초과 시)	없음

실력 향상

0577

오른쪽 표는 두 식품 A, B의 100 g당 지방의 양을 나타낸 것이다. 두 식품 A, B를 합하여 400 g을 섭취하여 지방을 30 g이 넘지 않게 얻으려고 할 때, 식품 A를 최대 몇 g 섭취할 수 있는가?

식품	지방(g)
A	15
B	5

① 90 g ② 95 g ③ 100 g
④ 105 g ⑤ 110 g

0578

오른쪽 그림과 같은 사다리꼴 ABCD에서 점 P는 $\overline{AB}$ 위를 움직인다. 삼각형 DPC의 넓이가 사다리꼴 ABCD의 넓이의 $\dfrac{1}{2}$ 이상이 되게 하려면 $\overline{BP}$의 길이는 최대 몇 cm이어야 하는지 구하시오.

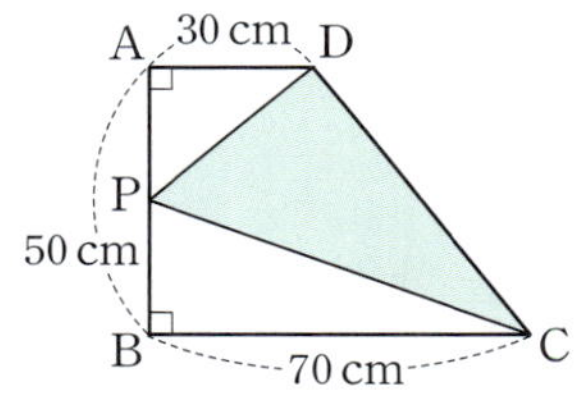

0579

유리컵 100개를 60000원에 구입하여 판매하는 상점이 있다. 그런데 유리컵을 운반하던 중에 10개를 깨뜨려 팔지 못한다고 할 때, 나머지 유리컵을 모두 팔아서 구입 가격의 20 % 이상의 이익을 얻으려면 유리컵 한 개의 판매 가격을 최소 얼마로 정해야 하는지 구하시오.

0580

희진이는 생일을 맞아 친구들과 어느 뷔페에서 식사를 하기로 하였다. 이 뷔페의 1인당 이용 요금은 16000원이고, 다음과 같은 두 가지 할인 혜택 중 하나만 받을 수 있다고 한다. 이때 희진이를 포함하여 몇 명 이상이어야 제휴 카드 할인 혜택을 받는 것이 유리한가?

제휴 카드 할인	생일 이벤트 할인
전체 이용 요금의 20 % 할인	생일인 사람 포함 3인까지 50 % 할인

① 5명 ② 6명 ③ 7명
④ 8명 ⑤ 9명

◑ 기출 BOOK 18쪽

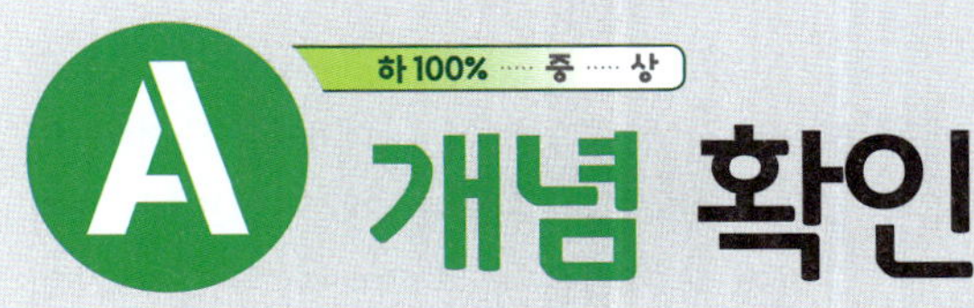

06-1 **미지수가 2개인 일차방정식** 유형 01~04

개념⁺

(1) **미지수가 2개인 일차방정식**: 미지수가 2개이고 그 차수가 모두 1인 방정식

➡ $ax+by+c=0$ (a, b, c는 상수, $a\neq0$, $b\neq0$)

　　미지수 x, y의 2개이고, x, y의 차수는 모두 1이다.

예 $3x-y=0$, $x+2y+4=0$ ➡ 미지수가 2개인 일차방정식이다.

$2x+3=0$, $x^2+3y-5=0$ ➡ 미지수가 2개인 일차방정식이 아니다.
미지수 1개　x의 차수가 2

$x-2y=-2y+1$ ➡ 미지수가 2개인 일차방정식이 아니다.
정리하면 $x-1=0$

(2) **미지수가 2개인 일차방정식의 해(근)**: 미지수가 x, y의 2개인 일차방정식을 참이 되게 하는 x, y의 값 또는 순서쌍 (x, y)

(3) **일차방정식을 푼다**: 일차방정식의 해를 모두 구하는 것

예 x, y의 값이 자연수일 때, 일차방정식 $3x+y=13$을 풀어 보자.

$3x+y=13$에 $x=1, 2, 3, \cdots$을 차례로 대입하여 y의 값을 구하면 다음 표와 같다.

x	1	2	3	4	5	6	$\cdots$
y	10	7	4	1	-2	-5	$\cdots$

　　　　　　　　　　y의 값이 자연수가 아니므로 해가 아니다.

이때 x, y의 값은 자연수이므로 일차방정식의 해를 순서쌍 (x, y)로 나타내면

$(1, 10), (2, 7), (3, 4), (4, 1)$

- 미지수가 2개인 일차방정식의 해를 구할 때는 2개의 미지수의 값을 모두 구해야 한다.

- 미지수가 2개인 일차방정식의 해는 미지수의 범위에 따라 달라진다.

- 미지수가 2개인 일차방정식의 자연수인 해를 구할 때는 계수의 절댓값이 큰 미지수에 1, 2, 3, …을 차례로 대입하여 해를 구하는 것이 편리하다.

06-2 **미지수가 2개인 연립일차방정식** 유형 05, 06

(1) **연립방정식**: 두 개 이상의 방정식을 한 쌍으로 묶어 나타낸 것

(2) **미지수가 2개인 연립일차방정식**: 미지수가 2개인 두 일차방정식을 한 쌍으로 묶어 나타낸 것

예 $\begin{cases} 2x+y=5 \\ x+3y=7 \end{cases}$, $\begin{cases} 3x-4y=1 \\ -2x+5y=9 \end{cases}$

(3) **연립방정식의 해**: 연립방정식에서 두 방정식을 동시에 참이 되게 하는 x, y의 값 또는 순서쌍 (x, y)

(4) **연립방정식을 푼다**: 연립방정식의 해를 구하는 것

예 x, y의 값이 자연수일 때, 연립방정식 $\begin{cases} x+y=7 & \cdots\cdots ㉠ \\ 2x+y=10 & \cdots\cdots ㉡ \end{cases}$을 풀어 보자.

x, y의 값이 자연수이므로 두 일차방정식 ㉠, ㉡의 해를 각각 구하면 다음 표와 같다.

x	1	2	3	4	5	6
y	6	5	4	3	2	1

[㉠의 해]

x	1	2	3	4
y	8	6	4	2

[㉡의 해]

위의 표에서 두 일차방정식 ㉠, ㉡을 동시에 참이 되게 하는 x, y의 값은 $x=3$, $y=4$이고, 이를 순서쌍 (x, y)로 나타내면 $(3, 4)$이다.

- $x=p$, $y=q$를 각 일차방정식에 대입했을 때, 두 일차방정식이 모두 참이면 (p, q)는 그 연립방정식의 해이다.

- ㉠에서 $x\geq7$이면 $y\leq0$이므로 y가 자연수가 아니다. 또 ㉡에서 $x\geq5$이면 $y\leq0$이므로 y가 자연수가 아니다.

06-1 미지수가 2개인 일차방정식

[0581~0584] 다음 중 미지수가 2개인 일차방정식인 것은 ○를, 미지수가 2개인 일차방정식이 아닌 것은 ×를 (   ) 안에 써넣으시오.

0581 $2x+y-9=0$ (   )

0582 $x+y^2+3=0$ (   )

0583 $\dfrac{x}{3}+y+7=0$ (   )

0584 $5x+4y=4y-1$ (   )

[0585~0586] 다음 문장을 미지수가 2개인 일차방정식으로 나타내시오.

0585 한 개에 400원인 초콜릿 x개와 한 개에 700원인 젤리 y개의 총가격은 5600원이다.

0586 세 변의 길이가 각각 $x\,$cm, $y\,$cm, $5\,$cm인 삼각형의 둘레의 길이는 $17\,$cm이다.

[0587~0590] 다음 순서쌍 (x, y) 중 일차방정식 $5x-2y=3$의 해인 것은 ○를, 해가 아닌 것은 ×를 (   ) 안에 써넣으시오.

0587 $(1, 1)$ (   )

0588 $(-1, 4)$ (   )

0589 $(2, 3)$ (   )

0590 $(-3, -9)$ (   )

[0591~0592] 다음 일차방정식에 대하여 표를 완성한 후 이를 이용하여 x, y의 값이 자연수일 때, 일차방정식의 해를 순서쌍 (x, y)로 나타내시오.

0591 $4x+y=21$

x	1	2	3	4	5	6
y						

0592 $x+5y=24$

x					
y	1	2	3	4	5

06-2 미지수가 2개인 연립일차방정식

[0593~0594] 다음 연립방정식 중 순서쌍 $(2, -3)$이 해인 것은 ○를, 해가 아닌 것은 ×를 (   ) 안에 써넣으시오.

0593 $\begin{cases} x-9y=27 \\ 2x+3y=-5 \end{cases}$ (   )

0594 $\begin{cases} 4x+3y=-1 \\ -3x+y=-9 \end{cases}$ (   )

0595 x, y의 값이 자연수일 때, 연립방정식 $\begin{cases} x+y=5 & \cdots\cdots\ \text{㉠} \\ x+2y=9 & \cdots\cdots\ \text{㉡} \end{cases}$ 에 대하여 다음 물음에 답하시오.

(1) 일차방정식 ㉠에 대하여 다음 표를 완성한 후 이를 이용하여 일차방정식의 해를 순서쌍 (x, y)로 나타내시오.

x	1	2	3	4	5
y					

(2) 일차방정식 ㉡에 대하여 다음 표를 완성한 후 이를 이용하여 일차방정식의 해를 순서쌍 (x, y)로 나타내시오.

x					
y	1	2	3	4	5

(3) 연립방정식의 해를 순서쌍 (x, y)로 나타내시오.

06-3 연립방정식의 풀이 – 대입법   유형 07, 09~17

(1) **대입법**: 한 방정식을 한 미지수에 대한 식으로 나타낸 후 이를 다른 방정식에 대입하여 연립방정식을 푸는 방법
(2) **대입법을 이용한 연립방정식의 풀이**
  ❶ 한 일차방정식을 한 미지수에 대한 식으로 나타낸다.
    ➡ $y=(x$에 대한 식$)$ 또는 $x=(y$에 대한 식$)$
  ❷ ❶의 식을 다른 일차방정식에 대입하여 한 미지수를 없앤 후 일차방정식의 해를 구한다.
  ❸ ❷에서 구한 해를 ❶의 식에 대입하여 다른 미지수의 값을 구한다.

> 연립방정식의 두 일차방정식 중 어느 하나가
> $$y=(x\text{에 대한 식})$$
> $$\text{또는 } x=(y\text{에 대한 식})$$
> 꼴로 나타내기 쉬우면 대입법을 이용하는 것이 편리하다.

06-4 연립방정식의 풀이 – 가감법   유형 08~17

(1) **가감법**: 두 방정식을 변끼리 더하거나 빼서 연립방정식을 푸는 방법
(2) **가감법을 이용한 연립방정식의 풀이**
  ❶ 두 일차방정식의 양변에 적당한 수를 곱하여 한 미지수의 계수의 절댓값을 같게 만든다.
  ❷ 계수의 부호가 같으면 두 방정식을 변끼리 빼고, 다르면 두 방정식을 변끼리 더하여 한 미지수를 없앤 후 일차방정식의 해를 구한다.
  ❸ ❷에서 구한 해를 한 일차방정식에 대입하여 다른 미지수의 값을 구한다.

> 대입법과 가감법 중 어느 것을 이용하여 풀어도 연립방정식의 해는 같다.

06-5 여러 가지 연립방정식의 풀이   유형 09~17

(1) **복잡한 연립방정식의 풀이**
  ① 괄호가 있는 경우: 분배법칙을 이용하여 괄호를 풀고 동류항끼리 정리하여 푼다.
  ② 계수가 소수인 경우: 양변에 10의 거듭제곱을 곱하여 계수를 모두 정수로 고쳐서 푼다.
  ③ 계수가 분수인 경우: 양변에 분모의 최소공배수를 곱하여 계수를 모두 정수로 고쳐서 푼다.
(2) **$A=B=C$ 꼴의 방정식의 풀이**
  $A=B=C$ 꼴의 방정식은 세 연립방정식
  $$\begin{cases}A=B\\A=C\end{cases} \quad \begin{cases}A=B\\B=C\end{cases} \quad \begin{cases}A=C\\B=C\end{cases}$$
  중 하나의 꼴로 바꾸어 푼다.
  > **참고** 위의 세 연립방정식은 해가 모두 같으므로 세 가지 중 가장 간단한 것을 선택한다.

> $A=B=C$ 꼴의 방정식에서 C가 상수이면 $\begin{cases}A=C\\B=C\end{cases}$ 를 푸는 것이 가장 간단하다.

06-6 해가 특수한 연립방정식   유형 18, 19

연립방정식에서 어느 한 일차방정식의 양변에 적당한 수를 곱했을 때
(1) 두 일차방정식의 x, y의 계수와 상수항이 각각 같으면 ➡ 연립방정식의 해가 무수히 많다.
(2) 두 일차방정식의 x, y의 계수는 각각 같고, 상수항은 다르면 ➡ 연립방정식의 해가 없다.

> **예** (1) $\begin{cases}3x+y=2 \quad \cdots\cdots\ \unicode{x24D8}\\9x+3y=6\end{cases}$ 에서 $\unicode{x24D8}\times3$을 하면 $\begin{cases}9x+3y=6\\9x+3y=6\end{cases}$ ➡ 해가 무수히 많다.
>
> (2) $\begin{cases}3x+y=2 \quad \cdots\cdots\ \unicode{x24D8}\\9x+3y=4\end{cases}$ 에서 $\unicode{x24D8}\times3$을 하면 $\begin{cases}9x+3y=6\\9x+3y=4\end{cases}$ ➡ 해가 없다.

> 연립방정식 $\begin{cases}ax+by=c\\a'x+b'y=c'\end{cases}$ 에서
> (1) $\dfrac{a}{a'}=\dfrac{b}{b'}=\dfrac{c}{c'}$ 일 때
>   ➡ 해가 무수히 많다.
> (2) $\dfrac{a}{a'}=\dfrac{b}{b'}\neq\dfrac{c}{c'}$ 일 때
>   ➡ 해가 없다.

06-3 연립방정식의 풀이 – 대입법

0596 다음은 연립방정식 $\begin{cases} x-y=2 & \cdots\cdots \ \ominus \\ x+2y=-1 & \cdots\cdots \ \bigcirc \end{cases}$ 을 대입법으로 푸는 과정이다. ㈎, ㈏, ㈐에 알맞은 것을 구하시오.

> $\ominus$에서 y를 x에 대한 식으로 나타내면
> $y=\boxed{\ \text{㈎}\ }$ $\cdots\cdots$ ㉢
> ㉢을 $\bigcirc$에 대입하면
> $x+2(\boxed{\ \text{㈎}\ })=-1$ $\quad\therefore\ x=\boxed{\ \text{㈏}\ }$
> 이를 ㉢에 대입하면 $y=\boxed{\ \text{㈐}\ }$

[0597~0598] 다음 연립방정식을 대입법으로 푸시오.

0597 $\begin{cases} y=3x+6 \\ 2x+y=16 \end{cases}$

0598 $\begin{cases} -x+4y=-5 \\ x-3y=1 \end{cases}$

06-4 연립방정식의 풀이 – 가감법

0599 다음은 연립방정식 $\begin{cases} 3x+y=-10 & \cdots\cdots \ \ominus \\ x-2y=6 & \cdots\cdots \ \bigcirc \end{cases}$ 을 가감법으로 푸는 과정이다. ㈎~㈑에 알맞은 수를 구하시오.

> $\ominus\times\boxed{\ \text{㈎}\ }$ 를 하면 $6x+2y=-20$ $\cdots\cdots$ ㉢
> $\bigcirc+㉢$을 하면 $7x=\boxed{\ \text{㈏}\ }$ $\quad\therefore\ x=\boxed{\ \text{㈐}\ }$
> 이를 $\ominus$에 대입하여 풀면 $y=\boxed{\ \text{㈑}\ }$

[0600~0601] 다음 연립방정식을 가감법으로 푸시오.

0600 $\begin{cases} 4x+2y=9 \\ 3x+4y=8 \end{cases}$

0601 $\begin{cases} 3x+5y=-23 \\ -x+2y=-7 \end{cases}$

06-5 여러 가지 연립방정식의 풀이

[0602~0603] 다음 연립방정식을 푸시오.

0602 $\begin{cases} x+4y=6 \\ 2x+3(y+1)=5 \end{cases}$

0603 $\begin{cases} 2(x-y)+5y=8 \\ x-3(x-2y)=19 \end{cases}$

[0604~0605] 다음 연립방정식을 푸시오.

0604 $\begin{cases} x+1.5y=2 \\ 0.5x-0.7y=-1.9 \end{cases}$

0605 $\begin{cases} 0.3x-y=0.4 \\ 0.04x+0.3y=0.14 \end{cases}$

[0606~0607] 다음 연립방정식을 푸시오.

0606 $\begin{cases} -2x+y=-9 \\ \dfrac{1}{2}x+\dfrac{2}{5}y=\dfrac{3}{10} \end{cases}$

0607 $\begin{cases} \dfrac{x}{2}-\dfrac{y}{4}=6 \\ \dfrac{x}{4}+\dfrac{y}{6}=-\dfrac{1}{2} \end{cases}$

[0608~0609] 다음 방정식을 푸시오.

0608 $3x-y=-7x+y=-2$

0609 $2x+4y+9=y+4=3x+2y+1$

06-6 해가 특수한 연립방정식

[0610~0611] 다음 연립방정식을 푸시오.

0610 $\begin{cases} 3x+2y=-8 \\ -6x-4y=16 \end{cases}$

0611 $\begin{cases} x+y=7 \\ 3x+3y=14 \end{cases}$

유형 완성

유형 01 미지수가 2개인 일차방정식

미지수가 2개인 일차방정식
➡ 미지수가 2개이고 그 차수가 모두 1인 방정식
➡ 등식의 모든 항을 좌변으로 이항하여 정리했을 때,
  $ax+by+c=0\,(a,\,b,\,c$는 상수, $a\neq0,\,b\neq0)$ 꼴

0612 대표 문제

다음 중 미지수가 2개인 일차방정식인 것은?

① $x+y-4$

② $y=\dfrac{1}{x}+2$

③ $x=5y-3$

④ $x^2-y-7=0$

⑤ $3x+y=3(x+y-1)$

0613 하

다음 중 문장을 미지수가 2개인 일차방정식으로 나타낸 것으로 옳지 <u>않은</u> 것을 모두 고르면? (정답 2개)

① x의 2배는 y의 3배보다 1만큼 작다. ➡ $2x=3y-1$

② y를 x로 나누면 몫이 7이고, 나머지가 2이다.
  ➡ $y=7x+2$

③ x살인 준기보다 3살 많은 형의 나이는 y살이다.
  ➡ $x-3=y$

④ 가로의 길이가 $x\,\mathrm{cm}$, 세로의 길이가 $y\,\mathrm{cm}$인 직사각형의 둘레의 길이는 $16\,\mathrm{cm}$이다. ➡ $2x+2y=16$

⑤ 시속 $3\,\mathrm{km}$로 x시간을 걸은 후 시속 $2\,\mathrm{km}$로 y시간을 걸었을 때, 걸은 거리는 총 $32\,\mathrm{km}$이다. ➡ $\dfrac{x}{3}+\dfrac{y}{2}=32$

0614 중

등식 $ax^2-3x+2y=4x^2+by-5$가 미지수가 2개인 일차방정식이 되도록 하는 상수 $a,\,b$의 조건은?

① $a=4,\,b=2$

② $a=4,\,b\neq2$

③ $a=4,\,b\neq3$

④ $a\neq4,\,b=2$

⑤ $a\neq4,\,b\neq3$

유형 02 미지수가 2개인 일차방정식의 해

순서쌍 $(p,\,q)$가 일차방정식 $ax+by+c=0$의 해일 때
➡ $x=p,\,y=q$를 $ax+by+c=0$에 대입하면 등식이 성립한다.
➡ $ap+bq+c=0$

0615 대표 문제

다음 일차방정식 중 순서쌍 $(-2,\,1)$이 해가 <u>아닌</u> 것은?

① $x+y=-1$

② $x+7y=5$

③ $x-5y=-7$

④ $2x-y=-3$

⑤ $4x+3y=-5$

0616 중

다음 순서쌍 $(x,\,y)$ 중 일차방정식 $4x+y=5$의 해인 것을 모두 고르면? (정답 2개)

① $(-5,\,25)$

② $(-3,\,7)$

③ $(1,\,-1)$

④ $(2,\,-3)$

⑤ $(4,\,-10)$

0617 (중)

다음 중 주어진 순서쌍 (x, y)가 일차방정식의 해인 것은?

① $x-3y=8$ $\quad\quad$ $(5, 1)$
② $2x+y-10=0$ $\quad$ $(-1, 11)$
③ $-3x+5y=9$ $\quad$ $(2, 3)$
④ $5x-7y=7$ $\quad\quad$ $(4, 2)$
⑤ $4x+3y-6=0$ $\quad$ $(3, -3)$

유형 03 **미지수가 2개인 일차방정식의 해 구하기**

x, y의 값이 자연수일 때, 일차방정식 $ax+by+c=0$의 해 구하기
➡ $ax+by+c=0$에 $x=1, 2, 3, \ldots$ (또는 $y=1, 2, 3, \ldots$)을 차례로 대입하여 y의 값(또는 x의 값)도 자연수가 되는 순서쌍 (x, y)를 찾는다.

참고 x, y 중 계수의 절댓값이 큰 미지수에 1, 2, 3, …을 차례로 대입 하는 것이 편리하다.

0618 대표 문제

x, y의 값이 자연수일 때, 일차방정식 $2x+y=17$의 해의 개수는?

① 5 $\quad\quad\quad$ ② 6 $\quad\quad\quad$ ③ 7
④ 8 $\quad\quad\quad$ ⑤ 9

0619 (중)

x, y의 값이 음이 아닌 정수일 때, 일차방정식 $x+3y-16=0$을 만족시키는 순서쌍 (x, y)의 개수를 구 하시오.

0620 (중)

x, y의 값이 자연수일 때, 다음 일차방정식 중 해의 개수가 가장 많은 것은?

① $x+y=4$ $\quad\quad\quad$ ② $x+2y=7$
③ $4x+y=18$ $\quad\quad$ ④ $3x+4y=19$
⑤ $5x+2y=16$

0621 (중) 서술형

진로 체험 학습에 참가한 학생 180명을 30명씩으로 구성 된 모둠 x개와 15명씩으로 구성된 모둠 y개로 나누었을 때, 다음 물음에 답하시오. (단, $x \neq 0$, $y \neq 0$)

(1) 미지수가 2개인 일차방정식으로 나타내시오.

(2) (1)의 일차방정식의 모든 해를 순서쌍 (x, y)로 나타내 시오.

빈출

유형 04 **일차방정식의 해 또는 계수가 문자인 경우**

미지수가 2개인 일차방정식에서 계수 또는 상수항 또는 해에 문 자가 포함되어 있을 때, 다음과 같은 순서로 문자의 값을 구한다.
❶ 주어진 해를 일차방정식의 x, y에 각각 대입한다.
❷ 등식이 성립하도록 하는 문자의 값을 구한다.

0622 대표 문제

일차방정식 $2x+ay=1$의 한 해가 $(5, -3)$일 때, 상수 a 의 값은?

① -3 $\quad\quad\quad$ ② -1 $\quad\quad\quad$ ③ 1
④ 2 $\quad\quad\quad$ ⑤ 3

0623 🕔

일차방정식 $3x-4y=6$의 한 해가 $(a,\ a-1)$일 때, a의 값을 구하시오.

0624 🕔   서술형

순서쌍 $(-3,\ -2a)$, $(b,\ 4)$가 모두 일차방정식 $-5x+2y=3$의 해일 때, $a-2b$의 값을 구하시오.

0625 🕔

일차방정식 $ax-4y+10=0$의 한 해가 $x=2$, $y=1$이다. $y=7$일 때, x의 값은? (단, a는 상수)

① -15 ② -12 ③ -9

④ -6 ⑤ -3

0626 🕔

다음 표는 x, y에 대한 일차방정식 $2x+y=a$의 해를 나타 낸 것이다. 이때 $a+b+c$의 값은? (단, a는 상수)

x	-2	-1	b	2
y	14	12	8	c

① 15 ② 16 ③ 17

④ 18 ⑤ 19

유형 05   **미지수가 2개인 연립일차방정식과 그 해**

(1) 미지수가 2개인 연립일차방정식(또는 연립방정식)
   ➡ 미지수가 2개인 두 일차방정식을 한 쌍으로 묶어 나타낸 것

(2) 순서쌍 $(p,\ q)$가 연립방정식 $\begin{cases} ax+by=c \\ a'x+b'y=c' \end{cases}$의 해일 때

   ➡ $x=p$, $y=q$를 두 일차방정식 $ax+by=c$, $a'x+b'y=c'$ 에 각각 대입하면 등식이 성립한다.

   ➡ $ap+bq=c$, $a'p+b'q=c'$

0627   대표 문제

다음 연립방정식 중 해가 $(3,\ -1)$인 것은?

① $\begin{cases} x-3y=6 \\ 2x+y=4 \end{cases}$ ② $\begin{cases} -x+2y=1 \\ x+5y=-2 \end{cases}$

③ $\begin{cases} x+2y=-1 \\ 5x+y=14 \end{cases}$ ④ $\begin{cases} 2x+3y=3 \\ -x+8y=11 \end{cases}$

⑤ $\begin{cases} -2x+y=-7 \\ 5x+3y=12 \end{cases}$

0628 🕔

다음 보기의 일차방정식 중 두 방정식을 한 쌍으로 하는 연립방정식을 만들었을 때, 해가 $x=-3$, $y=4$인 것은?

보기
ㄱ. $-x+3y=9$ ㄴ. $x+2y=5$
ㄷ. $2x-3y=-15$ ㄹ. $2x+3y=6$

① ㄱ, ㄴ   ② ㄱ, ㄷ   ③ ㄴ, ㄷ

④ ㄴ, ㄹ   ⑤ ㄷ, ㄹ

0629 🕔

x, y의 값이 자연수일 때, 연립방정식 $\begin{cases} 2x+y=11 \\ x+3y=18 \end{cases}$의 해를 순서쌍 $(x,\ y)$로 나타내시오.

유형 06 연립방정식의 해 또는 계수가 문자인 경우

연립방정식에서 계수 또는 상수항 또는 해에 문자가 포함되어
있을 때, 다음과 같은 순서로 문자의 값을 구한다.
❶ 주어진 해를 두 일차방정식의 x, y에 각각 대입한다.
❷ 등식이 성립하도록 하는 문자의 값을 구한다.

0630 대표 문제

연립방정식 $\begin{cases} ax+y=8 \\ bx+2y=6 \end{cases}$ 의 해가 $x=2$, $y=4$일 때, 상수
a, b에 대하여 $a-b$의 값을 구하시오.

0631 중

연립방정식 $\begin{cases} ax+2y=3 \\ 3x-5y=4 \end{cases}$ 의 해가 $x=3$, $y=b$일 때, ab의
값은? (단, a는 상수)

① -1 ② $-\dfrac{2}{3}$ ③ $-\dfrac{1}{3}$

④ $\dfrac{1}{3}$ ⑤ $\dfrac{2}{3}$

0632 중   서술형

연립방정식 $\begin{cases} 2x+y=9 \\ 5x-2y=-3a \end{cases}$ 를 만족시키는 y의 값이 -5
일 때, 상수 a의 값을 구하시오.

0633 중

연립방정식 $\begin{cases} mx+y=19 \\ x+ny=7 \end{cases}$ 의 해가 $(6,\ m-2)$일 때, 상수
m, n에 대하여 $m+n$의 값을 구하시오.

0634 중

연립방정식 $\begin{cases} ax+y=10 \\ 4x+by=12 \end{cases}$ 의 해가 $(4,\ -2)$일 때, 다음 순서
쌍 $(x,\ y)$ 중 일차방정식 $bx+ay=-1$의 해인 것은?
(단, a, b는 상수)

① $(-5,\ 2)$ ② $(-3,\ 1)$ ③ $(1,\ -1)$

④ $(2,\ -3)$ ⑤ $(4,\ -5)$

유형 07 연립방정식의 풀이 ⑴ – 대입법

❶ 한 일차방정식을 한 미지수에 대한 식으로 나타낸다.
  ➡ $y=(x$에 대한 식$)$ 또는 $x=(y$에 대한 식$)$
❷ ❶의 식을 다른 일차방정식에 대입하여 한 미지수를 없앤 후
  일차방정식의 해를 구한다.
❸ ❷에서 구한 해를 ❶의 식에 대입하여 다른 미지수의 값을 구
  한다.

0635 대표 문제

연립방정식 $\begin{cases} x=2y+3 \\ 3x-2y=11 \end{cases}$ 의 해가 $(a,\ b)$일 때, ab의 값
은?

① -4 ② -2 ③ 1

④ 2 ⑤ 4

0636 ⓗ

연립방정식 $\begin{cases} y=3x-7 & \cdots\cdots ㉠ \\ 5x-3y=9 & \cdots\cdots ㉡ \end{cases}$ 을 풀기 위해 ㉠을 ㉡에 대입하여 y를 없앴더니 $ax=-12$가 되었다. 이때 상수 a의 값은?

① -6　　　② -4　　　③ -2

④ 8　　　⑤ 14

0637 ⓒ

연립방정식 $\begin{cases} 3x-4y=1 \\ 2x-y=-6 \end{cases}$ 의 해가 일차방정식 $3x+5y+k=0$을 만족시킬 때, 상수 k의 값을 구하시오.

0638 ⓒ

다음 일차방정식 중 연립방정식 $\begin{cases} x=4y-8 \\ 2x+y=11 \end{cases}$ 의 해가 한 해가 되는 것을 모두 고르면? (정답 2개)

① $y=-2x+13$　　　② $-3x+5y=3$

③ $2x+5y=16$　　　④ $4x-3y=7$

⑤ $7x-y=11$

유형 08 연립방정식의 풀이 ⑵ – 가감법

❶ 두 일차방정식의 양변에 적당한 수를 곱하여 한 미지수의 계수의 절댓값을 같게 만든다.

❷ 계수의 부호가
- 같으면 ➡ 두 방정식을 변끼리 빼고
- 다르면 ➡ 두 방정식을 변끼리 더하여

한 미지수를 없앤 후 일차방정식의 해를 구한다.

❸ ❷에서 구한 해를 한 일차방정식에 대입하여 다른 미지수의 값을 구한다.

참고 없애려는 미지수의 계수의 절댓값이 처음부터 같은 경우에는 ❶은 생략하고 ❷부터 시작한다.

0639 대표 문제

연립방정식 $\begin{cases} 3x-2y=16 \\ 2x+3y=2 \end{cases}$ 의 해가 $x=a$, $y=b$일 때, $a+b$의 값을 구하시오.

0640 ⓗ

연립방정식 $\begin{cases} 4x-5y=5 & \cdots\cdots ㉠ \\ 5x+3y=7 & \cdots\cdots ㉡ \end{cases}$ 을 가감법을 이용하여 풀 때, 다음 중 x 또는 y를 없애기 위해 필요한 식을 모두 고르면? (정답 2개)

① $㉠\times3-㉡\times5$　　　② $㉠\times3+㉡\times5$

③ $㉠\times4-㉡\times5$　　　④ $㉠\times5-㉡\times4$

⑤ $㉠\times5+㉡\times3$

0641 ⓗ

연립방정식 $\begin{cases} 3x+2y=7 \\ -5x+3y=1 \end{cases}$ 을 풀기 위해 x를 없앴더니 $ay=38$이 되었다. 이때 상수 a의 값을 구하시오.

0642 ⑤

다음 중 연립방정식의 해가 나머지 넷과 <u>다른</u> 하나는?

① $\begin{cases} x+y=4 \\ x-y=-2 \end{cases}$

② $\begin{cases} 3x+y=6 \\ x+3y=10 \end{cases}$

③ $\begin{cases} x-5y=-16 \\ 2x-3y=-11 \end{cases}$

④ $\begin{cases} 2x-y=-1 \\ 3x+2y=9 \end{cases}$

⑤ $\begin{cases} 7x+y=10 \\ 5x-3y=-4 \end{cases}$

0643 ⑤ 　　　　　　　　　서술형

연립방정식 $\begin{cases} 2x-y=2 \\ 3x-2y=1 \end{cases}$ 의 해가 일차방정식 $ax+by=3$을 만족시킬 때, $9a+12b$의 값을 구하시오. (단, a, b는 상수)

0644 ⑤

연립방정식 $\begin{cases} 4x-3y=9 \\ 3x+2y=11 \end{cases}$ 의 해가 $x=a$, $y=b$일 때, 연립

방정식 $\begin{cases} ax+by=-1 \\ bx+ay=5 \end{cases}$ 의 해는?

① $x=-2$, $y=1$

② $x=-2$, $y=3$

③ $x=-1$, $y=2$

④ $x=-1$, $y=3$

⑤ $x=-1$, $y=5$

유형 09 　 괄호가 있는 연립방정식의 풀이

분배법칙을 이용하여 괄호를 풀고 동류항끼리 정리하여 푼다.

➡ $a(x+y)=ax+ay$, $a(x-y)=ax-ay$

0645 　대표 문제

연립방정식 $\begin{cases} 3x-2(x-2y)=-7 \\ 2(x+y)=-8-3y \end{cases}$ 를 만족시키는 x, y에 대하여 $x-y$의 값은?

① -3　　　　② -2　　　　③ -1

④ 2　　　　⑤ 3

0646 ⑤ 　　　　　　　　　서술형

연립방정식 $\begin{cases} 3x-4(x+y)=5 \\ 5(2x+y)-2y=-13 \end{cases}$ 의 해가 $(1-a,\ b)$일 때, $a+b$의 값을 구하시오.

0647 ⑤

연립방정식 $\begin{cases} 2(x-y)-y=8 \\ 2x+3(x+y)=-1 \end{cases}$ 의 해가 일차방정식 $x-3y+1=a$를 만족시킬 때, 상수 a의 값은?

① -6　　　　② -4　　　　③ 6

④ 8　　　　⑤ 10

유형 10 · 계수가 소수 또는 분수인 연립방정식의 풀이

양변에 적당한 수를 곱하여 계수를 모두 정수로 고쳐서 푼다.

(1) 계수가 소수이면
   ➡ 양변에 10의 거듭제곱을 곱한다.
(2) 계수가 분수이면
   ➡ 양변에 분모의 최소공배수를 곱한다.

0648 대표 문제

연립방정식 $\begin{cases} 0.5x+0.2y=3 \\ \dfrac{x}{6}+\dfrac{y-8}{3}=1 \end{cases}$ 의 해가 $x=a$, $y=b$일 때, $a+b$의 값은?

① 4 　　　　② 6 　　　　③ 8

④ 10 　　　　⑤ 12

0649 중

연립방정식 $\begin{cases} \dfrac{1}{2}x-\dfrac{1}{3}y=-3 \\ 2(x-y)=-10-y \end{cases}$ 를 푸시오.

0650 중

서술형

연립방정식 $\begin{cases} \dfrac{x}{2}-0.6y=1.3 \\ 0.3x+\dfrac{y}{5}=0.5 \end{cases}$ 의 해가 일차방정식 $x-2y=k$ 를 만족시킬 때, 상수 k의 값을 구하시오.

0651 상

연립방정식 $\begin{cases} 0.0\dot{3}x-0.0\dot{5}y=0.1 \\ x-y=1.\dot{6} \end{cases}$ 을 푸시오.

유형 11 · 비례식이 포함된 연립방정식의 풀이

비례식 $a:b=c:d$가 주어질 때
➡ $ad=bc$임을 이용하여 비례식을 일차방정식으로 고쳐서 푼다.

0652 대표 문제

연립방정식 $\begin{cases} (x+1):(y+3)=1:3 \\ 2y+5=3(x+2y) \end{cases}$ 를 푸시오.

0653 중

연립방정식 $\begin{cases} (1-x):(y-3x)=2:5 \\ 4x+3y=-9 \end{cases}$ 의 해가 일차방정식 $-\dfrac{1}{3}ax+y=9$를 만족시킬 때, 상수 a의 값을 구하시오.

0654 중

연립방정식 $\begin{cases} x-\dfrac{y-5}{2}=8 \\ (x+2):3=(y-1):2 \end{cases}$ 의 해가 $(a,\ b)$일 때, $a+b$의 값은?

① 16 　　　　② 17 　　　　③ 18

④ 19 　　　　⑤ 20

유형 12 $A=B=C$ 꼴의 방정식의 풀이

$A=B=C$ 꼴의 방정식은
$$\begin{cases} A=B \\ A=C \end{cases} \begin{cases} A=B \\ B=C \end{cases} \begin{cases} A=C \\ B=C \end{cases}$$
의 세 연립방정식 중 가장 간단한 것을 택하여 푼다.

참고 C가 상수일 때는 $\begin{cases} A=C \\ B=C \end{cases}$를 푸는 것이 가장 간단하다.

0655 대표 문제

방정식 $3x+4y-1=2x+3y=5x+4y-9$의 해가 $x=a$, $y=b$일 때, ab의 값을 구하시오.

0656 (하)

방정식 $6x+7y=-2x+y-12=-4$를 만족시키는 x, y에 대하여 $x+3y$의 값은?

① 1   ② 2   ③ 3
④ 4   ⑤ 5

0657 (중)

방정식 $\dfrac{-x+y}{2}=\dfrac{2x+4y}{3}=3$을 풀면?

① $x=-\dfrac{5}{2}$, $y=-\dfrac{7}{2}$ 　　② $x=-\dfrac{5}{2}$, $y=-\dfrac{1}{2}$

③ $x=-\dfrac{5}{2}$, $y=\dfrac{7}{2}$ 　　④ $x=\dfrac{5}{2}$, $y=-\dfrac{1}{2}$

⑤ $x=\dfrac{5}{2}$, $y=\dfrac{7}{2}$

0658 (중)   서술형

방정식 $x+5y-4=x+y-2=-x+3y-2$의 해가 일차방정식 $2x-ay-4=0$을 만족시킬 때, 상수 a의 값을 구하시오.

빈출

유형 13 연립방정식의 해가 주어진 경우

❶ 주어진 해를 연립방정식에 대입한다.
❷ 새로 만들어지는 두 문자에 대한 연립방정식을 푼다.

예 $\begin{cases} ax+by=2 & \cdots\cdots ㉠ \\ bx+ay=-2 & \cdots\cdots ㉡ \end{cases}$의 해가 $x=1$, $y=2$일 때, 상수 a, b의 값 구하기

❶ $x=1$, $y=2$를 두 일차방정식 ㉠, ㉡에 각각 대입하면
$$\begin{cases} a+2b=2 \\ b+2a=-2 \end{cases}$$
❷ ❶의 a, b에 대한 연립방정식을 풀면 $a=-2$, $b=2$

0659 대표 문제

연립방정식 $\begin{cases} ax+by=-7 \\ bx-ay=1 \end{cases}$의 해가 $x=-3$, $y=1$일 때, 상수 a, b에 대하여 $a+b$의 값은?

① -2 ② -1 ③ 0
④ 1   ⑤ 2

0660 (중)

연립방정식 $\begin{cases} y=-3x-a \\ 9x+2y=a \end{cases}$의 해가 $(2, b)$일 때, $a-b$의 값은? (단, a는 상수)

① -2 ② 2   ③ 6
④ 10   ⑤ 14

0661

순서쌍 $(3, -2)$, $(-2, -7)$이 모두 일차방정식 $ax+by=5$의 해일 때, 상수 a, b에 대하여 a^2+b^2의 값을 구하시오.

0662

방정식 $ax+by-5=2ax-2(by+1)=x-2y$의 해가 $x=2$, $y=-1$일 때, 상수 a, b에 대하여 ab의 값을 구하시오.

유형 14 연립방정식의 해가 다른 일차방정식의 해인 경우

❶ 세 일차방정식 중 계수와 상수항이 모두 주어진 두 일차방정식으로 연립방정식을 세워 해를 구한다.

❷ ❶에서 구한 해를 나머지 일차방정식에 대입하여 상수의 값을 구한다.

0663 대표 문제

연립방정식 $\begin{cases} x+y=2 \\ 2x+ky=10 \end{cases}$의 해가 일차방정식 $x+2y=8$을 만족시킬 때, 상수 k의 값은?

① 3 　　　　② 4 　　　　③ 5

④ 6 　　　　⑤ 7

0664

연립방정식 $\begin{cases} \dfrac{6x+y}{5} - \dfrac{2x-y}{2}=k \\ 0.4x-0.3y=-0.8 \end{cases}$의 해 $x=m$, $y=n$이 일차방정식 $y=3x+1$의 한 해일 때, $m+n+k$의 값을 구하시오. (단, k는 상수)

0665

다음 세 일차방정식이 공통인 해를 가질 때, 상수 a의 값은?

$$4x=y-5, \qquad ax-3y=20, \qquad x-y=10$$

① 1 　　　　② 2 　　　　③ 3

④ 4 　　　　⑤ 5

빈출

유형 15 연립방정식의 해의 조건이 주어진 경우

x, y에 대한 조건이 주어지면 다음과 같은 식으로 나타낸다.
(1) y의 값이 x의 값의 a배이다. ➡ $y=ax$
(2) y의 값이 x의 값보다 a만큼 크다. ➡ $y=x+a$
(3) x와 y의 값의 비가 $a:b$이다. ➡ $x:y=a:b$ → $bx=ay$

0666 대표 문제

연립방정식 $\begin{cases} x+3y=a-4 \\ 2x-y=9 \end{cases}$를 만족시키는 x의 값이 y의 값의 5배일 때, 상수 a의 값은?

① 9 　　　　② 10 　　　　③ 11

④ 12 　　　　⑤ 13

0667

연립방정식 $\begin{cases} 3x+4y=33 \\ \dfrac{2}{3}x+y=2k \end{cases}$를 만족시키는 y의 값이 x의 값보다 3만큼 클 때, 상수 k의 값을 구하시오.

0668 ⑧

연립방정식 $\begin{cases} ax-8y=-6 \\ x+2y=4 \end{cases}$ 를 만족시키는 x와 y의 값의 비가 $2:3$일 때, 상수 a의 값을 구하시오.

0669 ⑧

연립방정식 $\begin{cases} 2x+5y=k+1 \\ 3x+8y=2k \end{cases}$ 를 만족시키는 x와 y의 값의 합이 3일 때, 상수 k의 값은?

① 2 　　② 3 　　③ 4
④ 5 　　⑤ 6

유형 16　두 연립방정식의 해가 서로 같은 경우

❶ 네 일차방정식 중 계수와 상수항이 모두 주어진 두 일차방정식으로 연립방정식을 세워 해를 구한다.
❷ ❶에서 구한 해를 나머지 두 일차방정식에 대입하여 상수의 값을 구한다.

0670　대표 문제

두 연립방정식 $\begin{cases} 3x-y=9 \\ 2x+3y=a \end{cases}$, $\begin{cases} y=5x-13 \\ bx+3y=11 \end{cases}$ 의 해가 서로 같을 때, 상수 a, b에 대하여 $b-a$의 값은?

① 7 　　② 9 　　③ 11
④ 14 　　⑤ 15

0671 ⑧

두 연립방정식 $\begin{cases} mx-3y=7 \\ 2x+3y=-4 \end{cases}$, $\begin{cases} 3x+2y=-1 \\ nx+my=1 \end{cases}$ 의 해가 서로 같을 때, 상수 m, n의 값을 각각 구하시오.

0672 ⑧

다음 네 일차방정식이 한 쌍의 공통인 해를 가질 때, 상수 a, b에 대하여 ab의 값을 구하시오.

$$3x-5y=4, \qquad 3ax+by=-1,$$
$$6ax-by=7, \qquad 6x+7y=-9$$

유형 17　잘못 보고 해를 구한 경우

(1) 계수 a와 b를 서로 바꾸어 놓고 푼 경우
　❶ a는 b로, b는 a로 바꾸어 새로운 연립방정식을 세운다.
　❷ 잘못 구한 해를 ❶의 식에 대입하여 a, b의 값을 각각 구한다.
(2) 계수 또는 상수항을 잘못 보고 푼 경우
　❶ 잘못 본 계수 또는 상수항을 미지수 k로 놓는다.
　❷ 잘못 구한 해를 제대로 본 식에 대입하여 나머지 해를 구한다.
　❸ ❷에서 구한 해를 잘못 본 식에 대입하여 k의 값을 구한다.

0673　대표 문제

연립방정식 $\begin{cases} ax-by=-11 \\ bx-ay=1 \end{cases}$ 에서 잘못하여 a와 b를 서로 바꾸어 놓고 풀었더니 해가 $x=5$, $y=7$이었다. 이때 처음 연립방정식의 해는? (단, a, b는 상수)

① $x=-7$, $y=-5$ 　　② $x=-7$, $y=5$
③ $x=-3$, $y=-2$ 　　④ $x=3$, $y=2$
⑤ $x=7$, $y=-5$

0674 (종)

연립방정식 $\begin{cases} ax+by=3 \\ bx+ay=-9 \end{cases}$ 에서 잘못하여 a와 b를 서로 바꾸어 놓고 풀었더니 해가 $x=2$, $y=1$이었다. 이때 상수 a, b의 값을 각각 구하시오.

0675 (종)

연립방정식 $\begin{cases} 3x-y=2 \\ 2x-3y=-5 \end{cases}$ 를 푸는데 $3x-y=2$의 상수항 2를 다른 수로 잘못 보고 풀어서 $y=3$을 얻었다. 이때 상수항 2를 어떤 수로 잘못 보고 풀었는지 구하시오.

0676 (종)

승재와 연아가 연립방정식 $\begin{cases} 2x+ay=3 \\ bx-y=1 \end{cases}$ 을 푸는데 승재는 a를 잘못 보고 풀어서 $x=2$, $y=3$을 얻었고, 연아는 b를 잘못 보고 풀어서 $x=2$, $y=-1$을 얻었다. 이때 처음 연립방정식의 해는? (단, a, b는 상수)

① $x=-1$, $y=1$ 　　② $x=-1$, $y=2$

③ $x=1$, $y=1$ 　　④ $x=1$, $y=2$

⑤ $x=3$, $y=2$

0677 (상)

연립방정식 $\begin{cases} ax+by=5 \\ -2x+cy=17 \end{cases}$ 을 푸는데 c를 잘못 보고 풀었더니 해가 $x=2$, $y=1$이었고, 바르게 보고 풀었을 때의 해가 $x=-1$, $y=-3$이었다. 상수 a, b, c에 대하여 $a-b-c$의 값을 구하시오.

유형 18　해가 무수히 많은 연립방정식

연립방정식의 한 일차방정식의 양변에 적당한 수를 곱했을 때, 두 일차방정식의 <u>x, y의 계수와 상수항이 각각 같으면</u>
➡ 해가 무수히 많다.　└ 두 일차방정식이 일치한다.

0678　대표 문제

연립방정식 $\begin{cases} 6x-3y=b \\ ax+2y=-4 \end{cases}$ 의 해가 무수히 많을 때, 상수 a, b에 대하여 $a-b$의 값을 구하시오.

0679 (하)

다음 연립방정식 중 해가 무수히 많은 것을 모두 고르면?

(정답 2개)

① $\begin{cases} x-2y=-1 \\ 4x-8y=1 \end{cases}$　　② $\begin{cases} x+2y=5 \\ 2x+4y=10 \end{cases}$

③ $\begin{cases} 3x+y=6 \\ x+3y=10 \end{cases}$　　④ $\begin{cases} 2x-3y=1 \\ 4x-6y=2 \end{cases}$

⑤ $\begin{cases} -\dfrac{x}{2}+\dfrac{y}{6}=\dfrac{1}{3} \\ 3x-y=2 \end{cases}$

0680 (종)

연립방정식 $\begin{cases} ax-3y=9 \\ (1-a)x+y=-3 \end{cases}$ 의 해가 무수히 많을 때, 상수 a의 값은?

① $-\dfrac{3}{2}$　　② $-\dfrac{1}{2}$　　③ $\dfrac{1}{2}$

④ $\dfrac{3}{2}$　　⑤ $\dfrac{5}{2}$

0681 (종)　　서술형

연립방정식 $\begin{cases} ax+8y=-16 \\ x-by=4 \end{cases}$ 의 해가 무수히 많을 때, 연립방정식 $\begin{cases} ax+y=5 \\ 3x+by=-1 \end{cases}$ 을 푸시오.

유형 19　해가 없는 연립방정식

연립방정식의 한 일차방정식의 양변에 적당한 수를 곱했을 때, 두 일차방정식의 x, y의 계수는 각각 같고 상수항은 다르면
➡ 해가 없다.

0682　대표 문제

연립방정식 $\begin{cases} 3x-2y=2 \\ x+ay=1 \end{cases}$ 의 해가 없을 때, 상수 a의 값을 구하시오.

0683 (하)

다음 연립방정식 중 해가 없는 것은?

① $\begin{cases} -6x+4y=6 \\ 3x-2y=-3 \end{cases}$　　② $\begin{cases} 2x-3y=13 \\ 5x+6y=-8 \end{cases}$

③ $\begin{cases} 3x+y=5 \\ 6x+2y=7 \end{cases}$　　④ $\begin{cases} 3x+5y=25 \\ 2x-2y=9 \end{cases}$

⑤ $\begin{cases} 3x-2y=4 \\ 4(x-y)=8-2x \end{cases}$

0684 (종)

연립방정식 $\begin{cases} -\dfrac{1}{2}x+\dfrac{1}{8}y=a \\ 4x-y=2 \end{cases}$ 의 해가 없을 때, 다음 중 상수 a의 값이 될 수 <u>없는</u> 것은?

① $-\dfrac{1}{2}$　　② $-\dfrac{1}{4}$　　③ $-\dfrac{1}{8}$

④ $\dfrac{1}{4}$　　⑤ $\dfrac{1}{2}$

0685 (종)

연립방정식 $\begin{cases} 2x-4y=b \\ (a+2)x-6y=9 \end{cases}$ 의 해가 없도록 하는 상수 a, b의 조건은?

① $a=-1$, $b=3$　　② $a=-1$, $b\neq3$

③ $a=1$, $b\neq3$　　④ $a=1$, $b=6$

⑤ $a=1$, $b\neq6$

유형 점검

0686

유형 01

다음 중 미지수가 2개인 일차방정식인 것을 모두 고르면?
(정답 2개)

① $\dfrac{1}{x}+\dfrac{2}{y}=3$　　② $x+\dfrac{y}{2}+1=4$

③ $2x^2+3=x^2-y$　　④ $3x+2(y-x)+5=0$

⑤ $4x-2(2x+y)-9=0$

0687
유형 02

다음 순서쌍 $(x,\ y)$ 중 일차방정식 $-5x+3y=1$의 해가 아닌 것은?

① $(-2,\ -3)$　　② $\left(-1,\ -\dfrac{4}{3}\right)$　　③ $(1,\ 2)$

④ $\left(\dfrac{8}{5},\ 4\right)$　　⑤ $\left(3,\ \dfrac{16}{3}\right)$

0688
유형 03

$x,\ y$의 값이 자연수일 때, 일차방정식 $3x+5y=65$의 해의 개수를 구하시오.

0689
유형 04

순서쌍 $(2,\ 4)$, $(a,\ 1)$이 모두 일차방정식 $x+by=10$의 해일 때, $a-b$의 값을 구하시오. (단, b는 상수)

0690
유형 05

다음 연립방정식 중 해가 $x=1$, $y=2$인 것을 모두 고르면?
(정답 2개)

① $\begin{cases} x+y=3 \\ 2x-3y=2 \end{cases}$　　② $\begin{cases} x-y=-1 \\ 4x+3y=10 \end{cases}$

③ $\begin{cases} x-3y=-5 \\ 2x+y=5 \end{cases}$　　④ $\begin{cases} 3x+y=6 \\ x+3y=7 \end{cases}$

⑤ $\begin{cases} 3x+2y=7 \\ x-2y=-3 \end{cases}$

0691
유형 06

연립방정식 $\begin{cases} 3x+y=5 \\ -x+ay=-9 \end{cases}$의 해가 $x=b$, $y=-1$일 때, ab의 값은? (단, a는 상수)

① 10　　② 12　　③ 14

④ 16　　⑤ 18

0692 유형 07 + 08

다음 중 연립방정식 $\begin{cases} x-2y=10 & \cdots\cdots \ \boxed{\bigcirc} \\ 2x+3y=13 & \cdots\cdots \ \boxed{\bigcirc} \end{cases}$ 에 대한 설명으로 옳지 <u>않은</u> 것을 모두 고르면? (정답 2개)

① ㉠을 $x=2y+10$으로 변형한 후 ㉡에 대입하여 풀 수 있다.

② x를 없애려면 ㉠×2−㉡을 한다.

③ y를 없애려면 ㉠×3−㉡×2를 한다.

④ 연립방정식을 만족시키는 x의 값은 8이다.

⑤ 연립방정식을 만족시키는 y의 값은 1이다.

0693 유형 09 + 10

연립방정식 $\begin{cases} 0.3x-0.2(y-2)=1 \\ \dfrac{x}{2}-\dfrac{y+1}{4}=0 \end{cases}$ 을 푸시오.

0694 유형 09 + 11

연립방정식 $\begin{cases} (x+3):(y+2)=5:3 \\ 3x-(x+5y)=-1 \end{cases}$ 의 해가 (a, b)일 때, $a+b$의 값은?

① -3 ② -2 ③ -1

④ 2 ⑤ 3

0695 유형 12

방정식 $\dfrac{x-y}{2}=x-\dfrac{2+y}{3}=\dfrac{x-3y}{4}$ 의 해가 $x=a$, $y=b$일 때, ab의 값을 구하시오.

0696 유형 13

연립방정식 $\begin{cases} ax-by=6 \\ 5bx+ay=-3 \end{cases}$ 의 해가 $(1, -2)$일 때, 상수 a, b에 대하여 $a-b$의 값은?

① 1 ② 2 ③ 3

④ 4 ⑤ 5

0697 유형 14

연립방정식 $\begin{cases} -3x+y=7 \\ 2x+5ky=k \end{cases}$ 의 해가 일차방정식 $x+4y=2$를 만족시킬 때, 상수 k의 값을 구하시오.

0698
유형 15

연립방정식 $\begin{cases} 3x-7y=5a \\ x+5y=-8 \end{cases}$을 만족시키는 x와 y의 값의 차가 4일 때, 상수 a의 값을 구하시오. (단, $x>y$)

0699
유형 17

연립방정식 $\begin{cases} x-2y=11 \\ 2x+3y=3 \end{cases}$을 푸는데 $x-2y=11$의 상수항 11을 다른 수로 잘못 보고 풀어서 $x=9$를 얻었다. 이때 상수항 11을 어떤 수로 잘못 보고 풀었는가?

① -19 ② -14 ③ -11
④ 14 ⑤ 19

0700
유형 18 + 19

다음 보기 중 연립방정식 $\begin{cases} -x+ay=5 \\ 2x-6y=b \end{cases}$에 대한 설명으로 옳은 것을 모두 고른 것은?

> **보기**
> ㄱ. $a \neq 3$, $b \neq -10$이면 해가 1개이다.
> ㄴ. $a \neq 3$, $b = -10$이면 해가 없다.
> ㄷ. $a = 3$, $b = -10$이면 해가 무수히 많다.

① ㄱ ② ㄷ ③ ㄱ, ㄴ
④ ㄱ, ㄷ ⑤ ㄴ, ㄷ

서술형

0701
유형 07

연립방정식 $\begin{cases} y=x-4 \\ y=-3x+8 \end{cases}$의 해가 일차방정식 $2x-y=k$를 만족시킬 때, 상수 k의 값을 구하시오.

0702
유형 16

두 연립방정식 $\begin{cases} ax-by=-2 \\ \dfrac{2}{5}x+y=\dfrac{26}{5} \end{cases}$, $\begin{cases} 0.1x-0.3y=-0.9 \\ 6x+ay=10 \end{cases}$의 해가 서로 같을 때, 상수 a, b에 대하여 $a+b$의 값을 구하시오.

0703
유형 18 + 19

연립방정식 $\begin{cases} x+3y=2 \\ ax-by=6 \end{cases}$의 해는 무수히 많고, 연립방정식 $\begin{cases} -2x+4y=9 \\ x+cy=-3 \end{cases}$의 해는 없을 때, 상수 a, b, c에 대하여 $a+b+c$의 값을 구하시오.

C 실력 향상

0704

일차방정식 $2x+3y=36$을 만족시키는 두 자연수 x, y의 최소공배수가 24일 때, $x+y$의 값은?

① 13　　　　② 14　　　　③ 15
④ 16　　　　⑤ 17

0705

두 등식 $2^x \times 4^y = 32$, $9^x \times 3^y = 81$을 모두 만족시키는 자연수 x, y가 일차방정식 $2x-ay-4=0$을 만족시킬 때, 상수 a의 값을 구하시오.

0706

연립방정식 $\begin{cases} ax+2y=-15 \\ 8x+9y=5 \end{cases}$의 해가 연립방정식

$\begin{cases} 4x+7y=4 \\ 6x+by=28 \end{cases}$의 해보다 x, y의 값이 각각 1만큼 크다고

할 때, 상수 a, b에 대하여 $b-a$의 값을 구하시오.

0707

연립방정식 $\begin{cases} 2x+ay=7 \\ 4x-y=9 \end{cases}$를 푸는데 a를 b로 잘못 보고 풀

었더니 해가 $x=1$, $y=k$이었다. b의 값이 a의 값보다 2만큼 클 때, 처음 연립방정식의 해는? (단, a는 상수)

① $x=-1$, $y=-1$　　　② $x=-1$, $y=2$
③ $x=2$, $y=-1$　　　④ $x=2$, $y=1$
⑤ $x=2$, $y=2$

↪ 기출 BOOK 22쪽

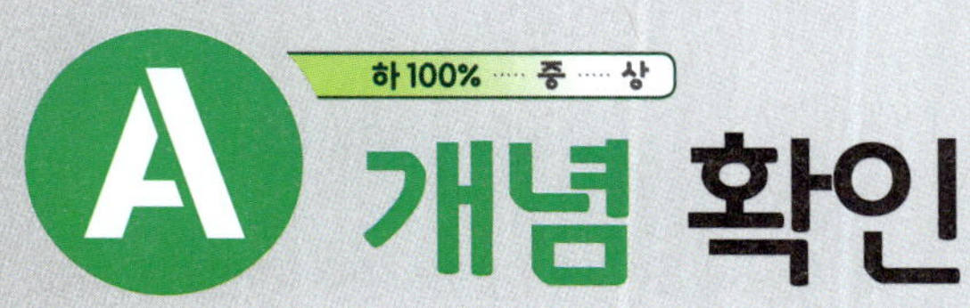

07-1 연립일차방정식의 활용 · 유형 01~10, 19, 20, 21

개념⊕

연립일차방정식의 활용 문제는 다음과 같은 순서로 해결한다.
❶ 문제의 뜻을 이해하고, 구하려는 값을 미지수 x, y로 놓는다.
❷ 문제의 뜻에 맞게 x, y에 대한 연립방정식을 세운다.
❸ 연립방정식을 푼다.
❹ 구한 해가 문제의 뜻에 맞는지 확인한다.

⟮예⟯ 두 수의 합이 40이고 큰 수가 작은 수의 2배보다 1만큼 크다고 할 때, 두 수를 구해 보자.

두 수 중 큰 수를 x, 작은 수를 y라 하면 ······ ❶

$$\begin{cases} x+y=40 & \cdots\cdots \ ㉠ \\ x=2y+1 & \cdots\cdots \ ㉡ \end{cases}$$ ······ ❷

㉡을 ㉠에 대입하면 $(2y+1)+y=40$, $3y=39$ $\therefore y=13$

이를 ㉡에 대입하면 $x=26+1=27$

따라서 구하는 두 수는 27, 13이다. ······ ❸

이때 $27+13=40$, $27=2\times13+1$이므로 문제의 뜻에 맞는다. ······ ❹

● 문제의 답을 구할 때, 반드시 단위를 쓴다.

● 구한 값이 문제의 조건에 맞는지 확인할 때, 다음에 유의한다.
① 나이, 횟수, 개수 등 ➡ 자연수
② 길이, 거리 등 ➡ 양수

07-2 거리, 속력, 시간에 대한 문제 · 유형 11~16

거리, 속력, 시간에 대한 문제는 다음 관계를 이용하여 연립방정식을 세운다.

$$(\text{거리})=(\text{속력})\times(\text{시간}), \quad (\text{속력})=\frac{(\text{거리})}{(\text{시간})}, \quad (\text{시간})=\frac{(\text{거리})}{(\text{속력})}$$

⟮예⟯ 집에서 5 km 떨어진 편의점까지 가는데 처음에는 시속 4 km로 걷다가 도중에 시속 6 km로 뛰었더니 총 1시간이 걸렸을 때, 걸어간 거리와 뛰어간 거리를 각각 구해 보자.

걸어간 거리를 x km, 뛰어간 거리를 y km라 하면

$$\begin{cases} x+y=5 \\ \dfrac{x}{4}+\dfrac{y}{6}=1 \end{cases} \quad \therefore x=2,\ y=3$$

따라서 걸어간 거리는 2 km, 뛰어간 거리는 3 km이다.

● 거리, 속력, 시간에 대한 문제를 풀 때, 주어진 단위가 다를 경우에는 연립방정식을 세우기 전에 먼저 단위를 통일한다.
➡ $1\,\text{km}=1000\,\text{m}$,
$1\,\text{m}=\dfrac{1}{1000}\,\text{km}$,
1시간$=60$분,
1분$=\dfrac{1}{60}$시간

07-3 증가, 감소에 대한 문제 · 유형 17, 18

증가, 감소에 대한 문제는 다음을 이용하여 연립방정식을 세운다.

(1) x가 $a\,\%$ 증가할 때

① 변화량 ➡ $+\dfrac{a}{100}x$　　　② 증가한 후의 양 ➡ $x+\dfrac{a}{100}x$

(2) y가 $b\,\%$ 감소할 때

① 변화량 ➡ $-\dfrac{b}{100}y$　　　② 감소한 후의 양 ➡ $y-\dfrac{b}{100}y$

(3) (A의 변화량)+(B의 변화량)=(A, B 전체의 변화량)

⟮예⟯ x가 $a\,\%$ 증가하고 y가 $b\,\%$ 감소할 때, 전체의 변화량 ➡ $\dfrac{a}{100}x-\dfrac{b}{100}y$

07-1 연립일차방정식의 활용

0708 합이 84이고 차가 8인 두 수가 있다. 다음 물음에 답하시오.

⑴ 두 수 중 큰 수를 x, 작은 수를 y라 할 때, x, y에 대한 연립방정식을 세우시오.

⑵ ⑴에서 세운 연립방정식을 푸시오.

⑶ 두 수를 구하시오.

0709 어떤 농구 선수가 한 경기에서 2점짜리 슛과 3점짜리 슛을 합하여 15개를 넣어 36점을 얻었다. 다음 물음에 답하시오.

⑴ 2점짜리 슛을 x개, 3점짜리 슛을 y개 넣었다고 할 때, x, y에 대한 연립방정식을 세우시오.

⑵ ⑴에서 세운 연립방정식을 푸시오.

⑶ 2점짜리 슛과 3점짜리 슛을 각각 몇 개 넣었는지 구하시오.

0710 가로의 길이와 세로의 길이의 합이 $11\,\text{cm}$이고, 가로의 길이가 세로의 길이보다 $3\,\text{cm}$만큼 짧은 직사각형이 있다. 다음 물음에 답하시오.

⑴ 가로의 길이를 $x\,\text{cm}$, 세로의 길이를 $y\,\text{cm}$라 할 때, x, y에 대한 연립방정식을 세우시오.

⑵ ⑴에서 세운 연립방정식을 푸시오.

⑶ 가로의 길이와 세로의 길이를 각각 구하시오.

07-2 거리, 속력, 시간에 대한 문제

0711 A 지점에서 B 지점을 지나 C 지점까지의 거리는 $10\,\text{km}$이다. 선영이가 A 지점에서 B 지점까지는 시속 $8\,\text{km}$로 자전거를 타고 가다가 B 지점에서 C 지점까지는 시속 $4\,\text{km}$로 걸어갔더니 A 지점에서 C 지점까지 가는 데 총 1시간 30분이 걸렸다. 다음 물음에 답하시오.

⑴ 두 지점 A, B 사이의 거리를 $x\,\text{km}$, 두 지점 B, C 사이의 거리를 $y\,\text{km}$라 할 때, 다음 표를 완성하시오.

	A 지점 ~ B 지점	B 지점 ~ C 지점	전체
거리	$x\,\text{km}$	$y\,\text{km}$	
속력			
시간			$\dfrac{3}{2}$시간

⑵ x, y에 대한 연립방정식을 세우시오.

⑶ ⑵에서 세운 연립방정식을 푸시오.

⑷ 두 지점 A, B 사이의 거리와 두 지점 B, C 사이의 거리를 차례로 구하시오.

07-3 증가, 감소에 대한 문제

0712 어느 중학교의 작년 전체 학생은 550명이었다. 올해에는 작년에 비해 남학생 수가 $8\,\%$ 증가하고, 여학생 수가 $5\,\%$ 감소하여 전체 학생이 5명 증가했다. 다음 물음에 답하시오.

⑴ 작년 남학생 수를 x, 여학생 수를 y라 할 때, 다음 표를 완성하시오.

	남학생 수	여학생 수
작년	x	y
변화량	$\dfrac{8}{100}x$	

⑵ x, y에 대한 연립방정식을 세우시오.

⑶ ⑵에서 세운 연립방정식을 푸시오.

⑷ 작년 남학생 수와 여학생 수를 각각 구하시오.

유형 01   수에 대한 문제

❶ 두 수를 x, y로 놓는다.
❷ 문제의 뜻에 맞게 x, y에 대한 연립방정식을 세운다.
❸ 연립방정식을 풀어 x, y의 값을 구한다.

> 참고 x를 y로 나누었을 때의 몫이 Q이고 나머지가 R이면
> ➡ $x=yQ+R$ (단, $0 \le R < y$)

0713 대표 문제

어떤 두 자연수의 합은 37이고, 큰 수를 작은 수로 나누면 몫은 3, 나머지는 5이다. 이때 두 자연수 중에서 큰 수는?

① 26   ② 27   ③ 28
④ 29   ⑤ 30

0714 중

두 자연수 x, y에 대하여 x는 y의 3배보다 2만큼 큰 수이고, $x : y = 7 : 2$이다. 이때 x, y의 값을 각각 구하시오.

0715 중

어떤 두 수의 합은 48이고, 작은 수의 3배에서 큰 수를 빼면 20이다. 이때 두 수의 차는?

① 9   ② 12   ③ 14
④ 17   ⑤ 19

유형 02   자리의 숫자에 대한 문제

빈출

십의 자리의 숫자가 x, 일의 자리의 숫자가 y인 두 자리의 자연수
(1) 처음 수 ➡ $10x+y$
(2) 십의 자리의 숫자와 일의 자리의 숫자를 바꾼 수 ➡ $10y+x$

0716 대표 문제

두 자리의 자연수가 있다. 이 수의 각 자리의 숫자의 합은 10이고, 십의 자리의 숫자와 일의 자리의 숫자를 바꾼 수는 처음 수보다 18만큼 작다고 한다. 이때 처음 수를 구하시오.

0717 중   서술형

두 자리의 자연수가 있다. 이 수는 각 자리의 숫자의 합의 2배이고, 십의 자리의 숫자와 일의 자리의 숫자를 바꾼 수는 처음 수의 4배보다 9만큼 크다고 한다. 이때 처음 수를 구하시오.

0718 중

다음은 수연이의 학교 사물함의 비밀번호에 대한 설명이다. 수연이의 학교 사물함의 비밀번호는?

> 수연이의 학교 사물함의 비밀번호는 세 자리의 자연수이다. 십의 자리의 숫자는 백의 자리의 숫자와 일의 자리의 숫자의 합인 8과 같고, 백의 자리의 숫자와 일의 자리의 숫자를 바꾼 수는 처음 수보다 198만큼 작다.

① 286   ② 385   ③ 583
④ 682   ⑤ 781

유형 03 평균에 대한 문제

(1) 두 수 a, b의 평균 $\Rightarrow \dfrac{a+b}{2}$

(2) 세 수 a, b, c의 평균 $\Rightarrow \dfrac{a+b+c}{3}$

0719 대표 문제

어느 반 학생 20명이 수학 시험을 보았는데 남학생 점수의 평균은 81점, 여학생 점수의 평균은 86점이고, 이 반 학생 전체의 점수의 평균은 83점이었다. 이 반의 남학생 수와 여학생 수를 각각 구하시오.

0720 종

승연이와 희주의 몸무게의 평균은 $51\,\mathrm{kg}$이고 승연이의 몸무게는 희주의 몸무게보다 $4\,\mathrm{kg}$이 더 나간다고 할 때, 승연이의 몸무게는?

① $49\,\mathrm{kg}$　　　② $50\,\mathrm{kg}$　　　③ $51\,\mathrm{kg}$

④ $52\,\mathrm{kg}$　　　⑤ $53\,\mathrm{kg}$

0721 종

우빈이의 세 과목 국어, 영어, 사회의 평균 점수는 80점이다. 국어 점수와 영어 점수의 비가 5 : 4이고 사회 점수가 78점일 때, 국어 점수와 영어 점수의 차는?

① 12점　　　② 14점　　　③ 16점

④ 18점　　　⑤ 20점

유형 04 개수, 가격에 대한 문제

두 물건 A, B 한 개씩의 가격을 알 때, 전체 개수와 전체 가격이 주어지면 A, B의 개수를 각각 x, y로 놓고 연립방정식을 세운다.

$\Rightarrow \begin{cases} (물건\ A의\ 개수)+(물건\ B의\ 개수)=(전체\ 개수) \\ (물건\ A의\ 전체\ 가격)+(물건\ B의\ 전체\ 가격)=(전체\ 가격) \end{cases}$

0722 대표 문제

어느 식물원의 입장료가 어른은 1000원, 청소년은 500원이다. 어른과 청소년을 합하여 150명이 총 117500원의 입장료를 내고 입장했을 때, 청소년은 몇 명 입장했는지 구하시오.

0723 하

한 개에 400원인 사탕과 한 개에 900원인 아이스크림을 합하여 11개를 사고 7400원을 지불하였다. 사탕을 x개, 아이스크림을 y개 샀다고 할 때, 다음 중 x, y에 대한 연립방정식을 세운 것으로 옳은 것은?

① $\begin{cases} y=x+11 \\ 400x+900y=7400 \end{cases}$　　② $\begin{cases} x=y+11 \\ 900x+400y=7400 \end{cases}$

③ $\begin{cases} x+y=11 \\ 400x+900y=7400 \end{cases}$　　④ $\begin{cases} x+y=11 \\ 900x+400y=7400 \end{cases}$

⑤ $\begin{cases} x+y=11 \\ 400x+7400=900y \end{cases}$

0724 종

쿠키 3개와 와플 2개를 합한 가격은 7600원이고, 쿠키 4개와 와플 3개를 합한 가격은 10800원이다. 이때 쿠키 한 개의 가격을 구하시오.

0725

한 자루에 500원인 연필과 한 자루에 700원인 색연필을 합하여 8자루를 사서 1000원짜리 상자에 넣어 포장하였더니 전체 가격이 6200원이었다. 이때 연필과 색연필을 각각 몇 자루 샀는지 구하시오.

0726

다음 그림은 현우가 과일 가게에서 과일을 사고 받은 영수증인데 일부분이 얼룩져 보이지 않는다. 현우는 자두를 몇 개 샀는가?

영 수 증

귀하

품목	단가(원)	수량(개)	금액(원)
복숭아	800		
자두	200		
사과	1500	5	7500
합계		18	11900

위 금액을 정히 영수(청구)함

① 7개   ② 8개   ③ 9개
④ 10개   ⑤ 11개

0727

백합 한 송이의 가격은 장미 한 송이의 가격보다 600원 비싸다고 한다. 장미 8송이와 백합 5송이를 합한 가격이 14700원일 때, 장미 5송이와 백합 3송이를 합한 가격은?

① 8200원   ② 8600원   ③ 9000원
④ 9400원   ⑤ 9800원

유형 05   여러 가지 개수에 대한 문제

두 물건 A, B의 개수에 대한 조건이 주어지면 A, B의 개수를 각각 x, y로 놓고 연립방정식을 세운다.

0728 대표 문제

어느 농장에서 닭과 토끼를 합하여 180마리를 기르고 있다. 닭과 토끼의 다리의 수의 합이 600일 때, 이 농장에서 기르는 닭은 몇 마리인지 구하시오.

0729

다음은 고대 그리스의 수학자 유클리드의 그리스 시화집에 실린 글이다. 이 글을 읽고, 노새와 당나귀의 짐은 각각 몇 자루인지 구하시오.

노새와 당나귀가 터벅터벅 자루를 운반하고 있습니다.
너무도 짐이 무거워서 당나귀가 한탄하고 있습니다.
노새가 당나귀에게 말했습니다.
"연약한 소녀가 울듯이 어째서 너는 한탄하고 있니? 네 짐의 한 자루만 내 등에다 옮겨 놓으면 내 짐은 네 짐의 2배가 돼. 하지만 내 짐 한 자루를 네 등에다 옮기면 네 짐과 내 짐의 수가 똑같아지는데 왜 그리 투덜대니?"

0730

다음 그림과 같이 길이와 모양이 같은 성냥개비 48개를 모두 사용하여 성냥개비 1개를 한 변으로 하는 정삼각형과 정사각형을 만들려고 한다. 정삼각형과 정사각형을 합하여 14개를 만들려고 할 때, 정삼각형은 몇 개를 만들어야 하는가? (단, 각 도형은 서로 떨어져 있다.)

① 6개   ② 7개   ③ 8개
④ 9개   ⑤ 10개

유형 06 나이에 대한 문제

현재 나이가 x살인 사람의 $\begin{cases} a\text{년 전의 나이} \Rightarrow (x-a)\text{살} \\ b\text{년 후의 나이} \Rightarrow (x+b)\text{살} \end{cases}$

0731 대표 문제

현재 아버지의 나이와 아들의 나이의 합은 54살이고, 6년 후에는 아버지의 나이가 아들의 나이의 3배보다 2살이 많다고 한다. 이때 현재 아버지의 나이는?

① 40살 　　　② 41살 　　　③ 42살
④ 43살 　　　⑤ 44살

0732 ⑧

현재 삼촌의 나이는 수아의 나이의 4배이고, 9년 전에는 삼촌의 나이가 수아의 나이의 10배보다 3살이 적었다고 한다. 이때 현재 삼촌의 나이와 수아의 나이의 차는?

① 41살 　　　② 42살 　　　③ 43살
④ 44살 　　　⑤ 45살

0733 ⑧   서술형

현재 나이 차이가 7살인 누나와 동생이 있다. 6년 전에는 누나의 나이가 동생의 나이의 2배였다고 할 때, 현재 누나의 나이와 동생의 나이의 합을 구하시오.

0734 ⑧

현재로부터 5년 전에는 어머니의 나이가 딸의 나이의 4배이었고, 현재로부터 10년 후에는 어머니의 나이가 딸의 나이의 2배보다 5살이 많다고 한다. 이때 현재 어머니와 딸의 나이를 각각 구하시오.

유형 07 도형에 대한 문제

⑴ (직사각형의 둘레의 길이)
　＝$2 \times \{($가로의 길이$)+($세로의 길이$)\}$
⑵ (사다리꼴의 넓이)
　＝$\dfrac{1}{2} \times \{($윗변의 길이$)+($아랫변의 길이$)\} \times ($높이$)$

참고 전체 길이가 a인 끈을 둘로 나눌 때, 그 각각의 길이를 x, y라 하면 ➡ $x+y=a$

0735 대표 문제

윗변의 길이가 아랫변의 길이보다 $3\,\text{cm}$만큼 짧고, 높이가 $10\,\text{cm}$인 사다리꼴이 있다. 이 사다리꼴의 넓이가 $95\,\text{cm}^2$일 때, 윗변의 길이를 구하시오.

0736 ⑧

길이가 $140\,\text{cm}$인 줄을 두 개로 나누었더니 짧은 줄의 길이가 긴 줄의 길이의 $\dfrac{1}{2}$보다 $17\,\text{cm}$만큼 길다고 한다. 이때 짧은 줄의 길이는?

① $52\,\text{cm}$ 　　　② $54\,\text{cm}$ 　　　③ $56\,\text{cm}$
④ $58\,\text{cm}$ 　　　⑤ $60\,\text{cm}$

0737 ⓐ

둘레의 길이가 56 cm인 직사각형이 있다. 이 직사각형의 가로의 길이를 3 cm만큼 줄이고, 세로의 길이를 2배로 늘였더니 그 둘레의 길이가 62 cm가 되었다. 처음 직사각형의 넓이는?

① 115 cm² ② 132 cm² ③ 147 cm²
④ 160 cm² ⑤ 171 cm²

0738 ⓐ

오른쪽 그림과 같이 모양과 크기가 같은 직사각형 모양의 타일 8장을 겹치지 않게 빈틈없이 이어 붙여 큰 직사각형을 만들었더니

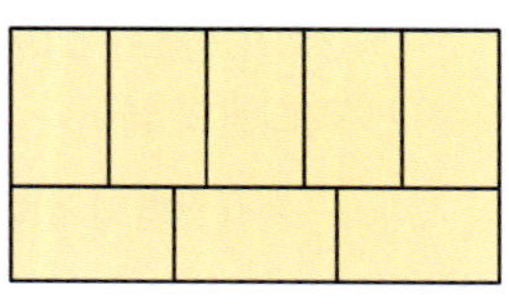

그 둘레의 길이가 92 cm가 되었다. 이때 타일 한 장의 둘레의 길이를 구하시오.

유형 08 비율에 대한 문제

전체 양이 x일 때

(1) 전체 양의 $\dfrac{n}{m}$ ➡ $x \times \dfrac{n}{m}$

(2) 전체 양의 $a\%$ ➡ $x \times \dfrac{a}{100}$

0739 대표 문제

전체 학생이 36명인 어느 반에서 남학생의 $\dfrac{1}{4}$과 여학생의 $\dfrac{1}{5}$이 안경을 썼다. 안경을 쓴 학생이 반 전체 학생의 $\dfrac{2}{9}$일 때, 이 반의 남학생 수는?

① 12 ② 16 ③ 20
④ 24 ⑤ 28

0740 ⓐ

다음 글을 읽고, 나무 위에 있는 독수리와 나무 아래에 있는 독수리가 각각 몇 마리인지 구하시오.

> 몇 마리의 독수리는 나무 위에, 또 몇 마리의 독수리는 나무 아래에 자리를 잡고 있다.
> 나무 위의 독수리가 나무 아래의 독수리에게 말했다.
> "자네들 중에서 한 마리가 이쪽으로 날아오면 자네들의 수는 전체의 3분의 1이 된다네."
> 그러자 나무 아래의 독수리가 대답했다.
> "자네들 중에서 한 마리가 이쪽으로 날아오면 내 쪽의 수와 자네들 쪽의 수가 똑같게 되지."

0741 ⓐ

전체 학생이 500명인 어느 중학교에서 남학생의 15 %와 여학생의 20 %가 봉사 활동에 참여하였다. 봉사 활동에 참여한 학생이 전체 학생의 18 %일 때, 봉사 활동에 참여한 여학생 수를 구하시오.

유형 09 득점에 대한 문제

맞히면 a점을 얻고, 틀리면 b점을 잃는 시험에서 맞힌 문제 수가 x, 틀린 문제 수가 y일 때, 받은 점수

➡ $(ax-by)$점

0742 대표 문제

20문제가 출제된 수학 시험에서 한 문제를 맞히면 5점을 얻고, 틀리면 2점을 잃는다고 한다. 민지는 20문제를 모두 풀어서 72점을 얻었을 때, 민지가 맞힌 문제 수는?

① 12 ② 13 ③ 14
④ 15 ⑤ 16

0743 ⑧   서술형

어느 프로 축구 리그는 매 경기마다 이기면 승점 3점, 비기면 승점 1점을 받는다고 한다. A 팀은 18경기를 하여 이기거나 비기기만 하였고, 그 승점의 합이 38점일 때, A 팀의 비긴 경기 수를 구하시오.

0744 ⑧

지혜가 한글날 기념 행사에 참가하여 맞춤법 퀴즈를 풀었다. 한 문제를 맞히면 100점을 얻고, 틀리면 50점을 잃는다고 한다. 지혜가 틀린 문제 수는 맞힌 문제 수의 $\dfrac{1}{4}$이고, 지혜가 얻은 점수는 700점일 때, 지혜가 푼 전체 문제 수를 구하시오.

빈출
유형 10   계단에 대한 문제

계단을 올라가는 것은 $+$로, 내려가는 것은 $-$로 생각하고 연립방정식을 세운다.

> 참고   A, B 두 사람이 가위바위보를 할 때, 비기는 경우가 없으면
> ➡ (A가 이긴 횟수)$=$(B가 진 횟수)
>   (A가 진 횟수)$=$(B가 이긴 횟수)

0745   대표 문제

혜수와 소희가 가위바위보를 하여 이긴 사람은 5계단씩 올라가고, 진 사람은 3계단씩 내려가기로 하였다. 얼마 후 혜수는 처음 위치보다 24계단을 올라가 있었고, 소희는 처음 위치보다 8계단을 내려가 있었다. 이때 혜수가 이긴 횟수는?
(단, 비기는 경우는 없고, 계단은 오르내리기에 충분하다.)

① 5   ② 6   ③ 7
④ 8   ⑤ 9

0746 ⑧

준서와 민호가 가위바위보를 하여 이긴 사람은 3계단씩 올라가고, 진 사람은 2계단씩 내려가기로 하였다. 가위바위보를 총 20회 하여 민호가 처음 위치보다 25계단을 올라갔다고 할 때, 준서가 이긴 횟수는?
(단, 비기는 경우는 없고, 계단은 오르내리기에 충분하다.)

① 5   ② 7   ③ 9
④ 11   ⑤ 13

0747 ⑧   서술형

주희와 시우가 가위바위보를 하여 이긴 사람은 a계단씩 올라가고, 진 사람은 b계단씩 내려가기로 하였다. 주희는 9번을 이기고 시우는 6번을 이겨서 처음 위치보다 주희는 9계단을, 시우는 21계단을 내려가 있었다. 이때 a, b의 값을 각각 구하시오.
(단, 비기는 경우는 없고, 계단은 오르내리기에 충분하다.)

0748 ⑧

승우와 채은이가 가위바위보를 하여 이긴 사람은 4계단씩 올라가고, 진 사람은 1계단씩 내려가기로 하였다. 또 비기면 두 사람 모두 2계단씩 올라가기로 하였다. 얼마 후 처음 위치보다 승우는 29계단을, 채은이는 14계단을 올라가 있었다. 두 사람이 비긴 횟수가 4일 때, 가위바위보를 한 총 횟수를 구하시오. (단, 계단은 오르내리기에 충분하다.)

유형 11 거리, 속력, 시간에 대한 문제(1)
– 도중에 속력이 바뀌는 경우

A 지점에서 C 지점까지 갈 때 도중에 속력이 바뀌면 처음 속력으로 간 거리와 나중 속력으로 간 거리를 각각 $x\,km$, $y\,km$로 놓고 연립방정식을 세운다.

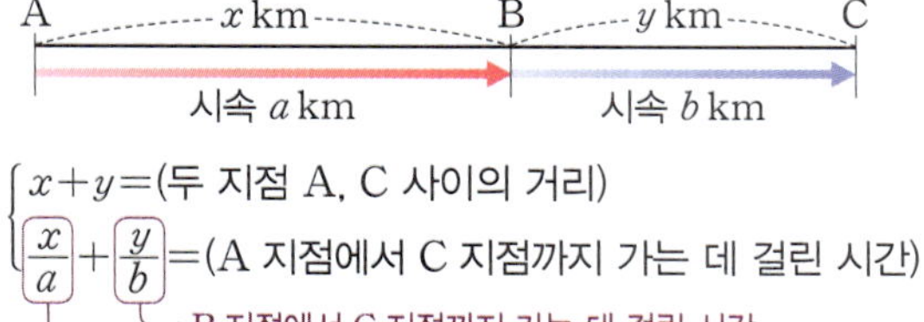

$$\begin{cases} x+y=(\text{두 지점 A, C 사이의 거리}) \\ \dfrac{x}{a}+\dfrac{y}{b}=(\text{A 지점에서 C 지점까지 가는 데 걸린 시간}) \end{cases}$$

→ B 지점에서 C 지점까지 가는 데 걸린 시간
→ A 지점에서 B 지점까지 가는 데 걸린 시간

0749 대표 문제

지우가 집에서 $9\,km$ 떨어진 수영장까지 가는데 시속 $10\,km$로 자전거를 타고 가다가 도중에 시속 $4\,km$로 걸어 갔더니 총 1시간 30분이 걸렸다. 이때 지우가 자전거를 타고 간 거리는?

① $2\,km$　　　② $3\,km$　　　③ $4\,km$
④ $5\,km$　　　⑤ $6\,km$

0750 중

어떤 운동선수가 두 코스 A, B에서 훈련을 하는데 B 코스는 A 코스보다 $5\,km$ 더 길다고 한다. A 코스는 시속 $8\,km$로, B 코스는 시속 $6\,km$로 뛰어서 총 2시간이 걸렸을 때, 두 코스 A, B의 거리의 합은?

① $13\,km$　　　② $14\,km$　　　③ $15\,km$
④ $16\,km$　　　⑤ $17\,km$

0751 중

정민이가 학원에 가려고 오후 4시에 집을 나섰다. 처음에는 시속 $2\,km$로 느긋하게 걷다가 도중에 문구점 앞에서 10분 동안 서서 구경을 하고, 그때부터 학원에 늦을 것 같아 시속 $6\,km$로 뛰어서 오후 4시 54분에 학원에 도착하였다. 집에서 학원까지의 거리가 $2\,km$일 때, 정민이가 걸어간 거리는?

① $0.8\,km$　　　② $1\,km$　　　③ $1.2\,km$
④ $1.4\,km$　　　⑤ $1.5\,km$

유형 12 거리, 속력, 시간에 대한 문제(2)
– 등산하거나 왕복하는 경우

올라갈 때의 속력과 내려올 때의 속력이 다르면 올라간 거리와 내려온 거리를 각각 $x\,km$, $y\,km$로 놓고 연립방정식을 세운다.

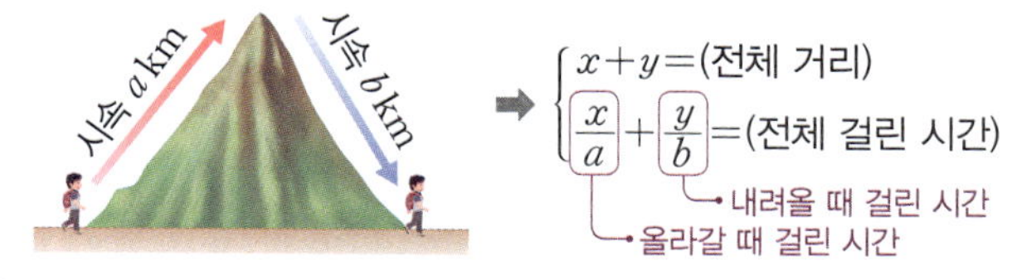

$$\begin{cases} x+y=(\text{전체 거리}) \\ \dfrac{x}{a}+\dfrac{y}{b}=(\text{전체 걸린 시간}) \end{cases}$$

→ 내려올 때 걸린 시간
→ 올라갈 때 걸린 시간

0752 대표 문제

등산을 하는데 올라갈 때는 시속 $3\,km$로 걷고, 내려올 때는 다른 길을 택하여 시속 $5\,km$로 걸었더니 총 4시간이 걸렸다. 올라간 거리와 내려온 거리의 합이 $14\,km$일 때, 내려온 거리를 구하시오.

0753 중　　　　　　　　　서술형

등산을 하는데 올라갈 때는 시속 $4\,km$로 걷고, 내려올 때는 올라갈 때보다 $1\,km$ 더 먼 길을 시속 $6\,km$로 걸어서 총 6시간이 걸렸다. 이때 올라간 거리를 구하시오.

0754 ⓝ

서희는 서점에 갔다 오는데 갈 때는 시속 5 km로 걷고, 서점에서 35분 동안 머무른 다음 올 때는 갈 때보다 2 km 더 가까운 길을 시속 4 km로 걸었더니 총 2시간 20분이 걸렸다. 이때 서희가 올 때 걸은 거리는?

① 1 km   ② 2 km   ③ 3 km
④ 4 km   ⑤ 5 km

0757 ⓢ

승아와 규민이가 학교에서 출발하여 자전거를 타고 도서관에 가기로 하였다. 승아가 먼저 출발하여 분속 150 m로 300 m를 간 후 규민이가 분속 200 m로 승아를 따라갈 때, 두 사람이 만나는 것은 승아가 출발한 지 몇 분 후인가?

① 6분 후   ② 7분 후   ③ 8분 후
④ 9분 후   ⑤ 10분 후

유형 13   **거리, 속력, 시간에 대한 문제(3)**
– 시간 차 또는 거리 차를 두고 출발하는 경우

A, B 두 사람이 시간 차 또는 거리 차를 두고 출발하여 만날 때
(1) 두 사람이 시간 차를 두고 같은 지점에서 출발한 경우
➡ { (시간 차에 대한 식)
    (A가 이동한 거리)=(B가 이동한 거리)
(2) 두 사람이 거리 차를 두고 동시에 출발한 경우
➡ { (거리 차에 대한 식)
    (A가 걸린 시간)=(B가 걸린 시간)

0755   대표 문제

산책로 입구에서 동생이 출발한 지 15분 후에 형이 같은 방향으로 출발하였다. 동생은 분속 50 m로 걷고, 형은 분속 80 m로 따라갈 때, 두 사람이 만나는 것은 형이 출발한 지 몇 분 후인지 구하시오.

유형 14   **거리, 속력, 시간에 대한 문제(4)**
– 둘레를 도는 경우

A, B 두 사람이 같은 지점에서 동시에 출발하여 호수의 둘레를 돌다 만날 때
(1) 같은 방향으로 돌다 처음으로 만나는 경우
➡ (A, B가 이동한 거리의 차)=(호수의 둘레의 길이)
(2) 반대 방향으로 돌다 처음으로 만나는 경우
➡ (A, B가 이동한 거리의 합)=(호수의 둘레의 길이)

0758   대표 문제

둘레의 길이가 1.5 km인 호수의 둘레를 수지와 연주가 같은 지점에서 동시에 출발하여 같은 방향으로 돌면 30분 후에 처음으로 만나고, 반대 방향으로 돌면 10분 후에 처음으로 만난다고 한다. 수지가 연주보다 빠르다고 할 때, 수지와 연주의 속력은 각각 분속 몇 m인지 구하시오.

(단, 수지와 연주의 속력은 각각 일정하다.)

0756 ⓝ

14 km 떨어진 두 지점에서 연우와 은지가 마주 보고 동시에 출발하여 도중에 만났다. 연우는 시속 3 km로, 은지는 시속 4 km로 걸었다고 할 때, 두 사람이 만날 때까지 은지는 연우보다 몇 km를 더 걸었는지 구하시오.

0759 ⓝ   서술형

둘레의 길이가 1.2 km인 공원의 둘레를 찬우는 분속 40 m로 걷고, 아현이는 분속 60 m로 걷는다고 한다. 찬우와 아현이가 같은 지점에서 동시에 출발하여 반대 방향으로 돌 때, 두 사람은 출발한 지 몇 분 후에 처음으로 만나는지 구하시오.

둘레의 길이가 480 m인 운동장의 둘레를 준형이와 도훈이가 같은 지점에서 동시에 출발하여 같은 방향으로 돌면 16분 후에 처음으로 만난다고 한다. 도훈이의 속력은 준형이의 속력의 2배일 때, 두 사람의 속력의 차는?

(단, 준형이와 도훈이의 속력은 각각 일정하다.)

① 분속 32 m ② 분속 30 m ③ 분속 28 m
④ 분속 26 m ⑤ 분속 24 m

유형 15 거리, 속력, 시간에 대한 문제(5)
― 배와 강물의 속력

⑴ (강을 거슬러 올라갈 때의 배의 속력)
　＝(정지한 물에서의 배의 속력)⊖(강물의 속력)
⑵ (강을 따라 내려올 때의 배의 속력)
　＝(정지한 물에서의 배의 속력)⊕(강물의 속력)

0761 대표 문제

배를 타고 길이가 30 km인 강을 거슬러 올라가는 데 5시간, 강을 따라 내려오는 데 3시간이 걸렸다. 이때 정지한 물에서의 배의 속력은?

(단, 배와 강물의 속력은 각각 일정하다.)

① 시속 5 km ② 시속 6 km ③ 시속 7 km
④ 시속 8 km ⑤ 시속 9 km

0762 ⑧ 　　　　　　　　　　　　서술형

어떤 사람이 유람선을 타고 길이가 1.8 km인 강을 왕복하는데 강을 거슬러 올라갈 때는 25분, 강을 따라 내려올 때는 15분이 걸렸다. 이때 강물의 속력은 분속 몇 m인지 구하시오. (단, 유람선과 강물의 속력은 각각 일정하다.)

0763 ⑭

두 선착장 A, B 사이를 배를 타고 왕복하는데 강을 거슬러 올라갈 때는 3시간, 강을 따라 내려올 때는 2시간이 걸렸다. 정지한 물에서의 배의 속력은 시속 20 km일 때, 두 선착장 A, B 사이의 거리는?

(단, 강물의 속력은 일정하다.)

① 40 km ② 44 km ③ 48 km
④ 52 km ⑤ 56 km

유형 16 거리, 속력, 시간에 대한 문제(6)
― 기차가 터널 또는 다리를 지나는 경우

기차가 터널을 완전히 통과하는 데 걸리는 시간은 기차의 맨 앞이 터널에 들어가기 시작할 때부터 기차의 맨 뒤가 터널을 벗어날 때까지의 시간을 말한다.
⑴ (기차가 터널을 완전히 통과할 때까지 이동한 거리)
　＝(터널의 길이)＋(기차의 길이)
⑵ (기차의 속력)＝$\dfrac{(터널의 길이)＋(기차의 길이)}{(터널을 완전히 통과하는 데 걸린 시간)}$

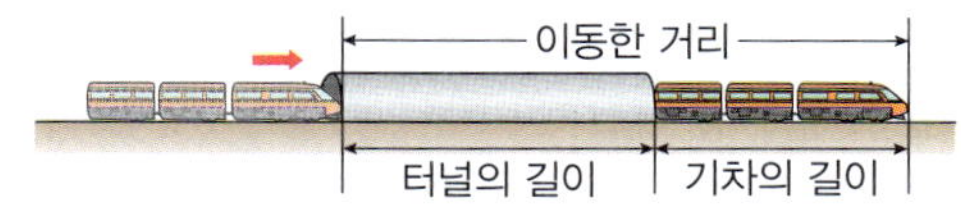

0764 대표 문제

일정한 속력으로 달리는 기차가 길이가 3.4 km인 철교를 완전히 통과하는 데 3분이 걸리고, 길이가 0.8 km인 터널을 완전히 통과하는 데 1분이 걸린다. 이때 기차의 길이는?

① 500 m ② 550 m ③ 600 m
④ 650 m ⑤ 700 m

0765 ⑧

길이가 120 m인 기차가 A 다리를 완전히 통과하는 데 24초가 걸리고, 길이가 A 다리의 길이의 3배인 터널을 완전히 통과하는 데 60초가 걸린다. 이때 A 다리의 길이와 기차의 속력을 차례로 나열한 것은?

(단, 기차의 속력은 일정하다.)

① 320 m, 초속 20 m   ② 360 m, 초속 20 m
③ 360 m, 초속 30 m   ④ 380 m, 초속 20 m
⑤ 380 m, 초속 30 m

유형 17 증가, 감소에 대한 문제

(A의 변화량)+(B의 변화량)=(A, B 전체의 변화량)임을 이용하여 연립방정식을 세운다.

(1) x가 $a\,\%$ 증가
- 변화량 ➡ $+\dfrac{a}{100}x$
- 증가한 후의 양 ➡ $x+\dfrac{a}{100}x \to \left(1+\dfrac{a}{100}\right)x$

(2) y가 $b\,\%$ 감소
- 변화량 ➡ $-\dfrac{b}{100}y$
- 감소한 후의 양 ➡ $y-\dfrac{b}{100}y \to \left(1-\dfrac{b}{100}\right)y$

0766 대표 문제

어느 중학교의 작년 전체 학생은 750명이었다. 올해에는 작년에 비해 남학생 수가 6 % 증가하고, 여학생 수가 3 % 감소하여 전체 학생이 9명 증가했다. 이때 올해 남학생 수를 구하시오.

0767 ⑧   서술형

작년에 어느 농장의 쌀과 보리의 생산량의 합은 700 kg이었다. 올해에는 작년에 비해 쌀의 생산량이 3 % 증가하고, 보리의 생산량이 5 % 감소하여 쌀과 보리의 생산량의 합이 697 kg이 되었다. 이때 올해 보리의 생산량을 구하시오.

0768 ⑧

지난달 연호와 연서의 휴대 전화 요금을 합한 금액은 10만 원이었다. 이번 달의 휴대 전화 요금은 지난달에 비해 연호는 5 % 감소하고, 연서는 30 % 증가하여 두 사람의 휴대 전화 요금을 합한 금액은 9 % 증가했다. 이때 이번 달 연서의 휴대 전화 요금을 구하시오.

0769 ⑧

어느 공연의 오늘 관람객 수는 어제에 비해 남자 관람객 수가 5 % 감소하고, 여자 관람객 수가 4 % 증가하여 전체 관람객이 5명 감소했다. 오늘 전체 관람객이 725명일 때, 오늘 여자 관람객 수는?

① 360   ② 362   ③ 364
④ 366   ⑤ 368

유형 18 정가, 원가에 대한 문제

(1) 원가가 x원인 물건에 $a\,\%$의 이익을 붙여서 정한 정가
➡ (정가)=(원가)+(이익)
$$=x+\dfrac{a}{100}x=\left(1+\dfrac{a}{100}\right)x\,(원)$$

(2) 정가가 y원인 물건을 $b\,\%$ 할인할 때, 판매 가격
➡ (판매 가격)=(정가)-(할인액)
$$=y-\dfrac{b}{100}y=\left(1-\dfrac{b}{100}\right)y\,(원)$$

(3) (실제 이익)=(판매 가격)-(원가)

0770 대표 문제

두 상품 A, B를 합하여 40000원에 사서 A 상품은 원가의 7 %, B 상품은 원가의 10 %의 이익을 붙여 팔았더니 3820원의 이익을 얻었다. 이때 A 상품의 원가를 구하시오.

0771 ㉦

어느 가게에서 원가가 600원인 A 제품과 원가가 400원인 B 제품을 합하여 180개를 구입하였다. A 제품은 원가의 20 %, B 제품은 원가의 25 %의 이익을 붙여 모두 판매하면 19600원의 이익을 얻는다고 할 때, B 제품은 몇 개 구입하였는가?

① 80개　　　② 90개　　　③ 100개
④ 110개　　　⑤ 120개

0772 ㉮

두 제품 A, B를 합하여 35000원에 사서 A 제품은 원가의 20 %, B 제품은 원가의 30 %의 이익을 붙여 정가를 정하였으나 팔리지 않아 A 제품은 정가의 10 %, B 제품은 정가의 20 %를 할인하여 팔았더니 2000원의 이익을 얻었다. A 제품과 B 제품의 원가를 각각 구하시오.

빈출
유형 19　일에 대한 문제

전체 일의 양을 1로, 두 사람 A, B가 일정 시간 동안 할 수 있는 일의 양을 각각 x, y로 놓고 연립방정식을 세운다.

➡ A, B가 함께 a일 동안 작업하여 일을 끝냈을 때, A, B가 하루 동안 할 수 있는 일의 양을 각각 x, y라 하면
$$a(x+y)=1$$
└ 전체 일의 양

0773　대표 문제

A, B 두 사람이 함께 하면 5일 만에 끝낼 수 있는 일을 A가 4일 동안 한 후 나머지를 B가 10일 동안 하여 끝냈다. 이 일을 B가 혼자 하면 며칠이 걸리는지 구하시오.

0774 ㉦

A가 9일 동안 한 후 나머지를 B가 2일 동안 하여 완성할 수 있는 일을 A가 3일 동안 한 후 나머지를 B가 6일 동안 하여 완성하였다. 이 일을 A가 혼자 하면 며칠이 걸리는가?

① 10일　　　② 11일　　　③ 12일
④ 13일　　　⑤ 14일

0775 ㉦　　서술형

어떤 물탱크에 A 호스로 10분 동안 물을 채운 후 B 호스로 15분 동안 물을 채우면 물탱크가 가득 찬다. 또 이 물탱크에 B 호스로 10분 동안 물을 채운 후 A, B 두 호스로 8분 동안 물을 채우면 물탱크가 가득 찬다. 이 물탱크에 A 호스로 물을 가득 채우는 데 걸리는 시간을 구하시오.

0776 ㉦

담장에 벽화를 그리는 행사를 하는데 성인이 혼자서 하면 6시간, 청소년이 혼자서 하면 10시간이 걸린다고 한다. 성인과 청소년을 합하여 8명이 한 팀으로 이 벽화를 완성하는 데 1시간이 걸렸다. 이 팀에 청소년은 몇 명 있는가?
　(단, 성인끼리, 청소년끼리는 각각 일하는 능력이 같다.)

① 2명　　　② 3명　　　③ 4명
④ 5명　　　⑤ 6명

유형 20 　농도에 대한 문제

(1) (소금물의 농도)$= \dfrac{(소금의\ 양)}{(소금물의\ 양)} \times 100(\%)$

　➡ (소금의 양)$= \dfrac{(소금물의\ 농도)}{100} \times (소금물의\ 양)$

(2) 농도가 다른 두 소금물 A, B를 섞을 때

　➡ $\begin{cases} (소금물\ A의\ 양)+(소금물\ B의\ 양)=(전체\ 소금물의\ 양) \\ \left(\begin{matrix}소금물\ A의 \\ 소금의\ 양\end{matrix}\right)+\left(\begin{matrix}소금물\ B의 \\ 소금의\ 양\end{matrix}\right)=(전체\ 소금의\ 양) \end{cases}$

주의 소금물에 물을 더 넣거나 소금물에서 물을 증발시켜도 소금의 양은 변하지 않는다.

0777 　대표 문제

3 %의 소금물과 12 %의 소금물을 섞어서 9 %의 소금물 300 g을 만들었다. 이때 12 %의 소금물의 양은?

① 50 g　　　　② 100 g　　　　③ 150 g

④ 200 g　　　　⑤ 250 g

0778 ㉰

6 %의 소금물과 8 %의 소금물을 섞은 후 물을 40 g 더 넣어 5 %의 소금물 150 g을 만들었다. 이때 8 %의 소금물의 양을 구하시오.

0779 ㉰

농도가 다른 두 소금물 A, B가 있다. 소금물 A를 100 g, 소금물 B를 200 g 섞으면 8 %의 소금물이 되고, 소금물 A를 200 g, 소금물 B를 100 g 섞으면 10 %의 소금물이 된다. 이때 두 소금물 A, B의 농도를 각각 구하시오.

유형 21 　성분의 함량에 대한 문제

(1) 식품에 포함된 영양소의 양
　➡ (영양소의 양)=(영양소가 차지하는 비율)×(식품의 양)

(2) 합금에 포함된 금속의 양
　➡ (금속의 양)=(금속이 차지하는 비율)×(합금의 양)

0780 　대표 문제

다음 표는 두 식품 A, B를 각각 100 g씩 섭취하였을 때, 얻을 수 있는 열량과 단백질의 양을 나타낸 것이다. 두 식품 A, B를 함께 섭취하여 열량 720 kcal, 단백질 66 g을 얻으려면 식품 A는 몇 g을 섭취해야 하는가?

식품	열량(kcal)	단백질(g)
A	160	6
B	120	24

① 280 g　　　　② 300 g　　　　③ 320 g

④ 340 g　　　　⑤ 360 g

0781 ㉰　　　　서술형

구리 60 %, 주석 40 %를 포함한 합금 A와 구리 50 %, 주석 50 %를 포함한 합금 B가 있다. 두 합금 A, B를 녹여서 구리를 8 kg, 주석을 6 kg 얻으려면 합금 A, B는 각각 몇 kg이 필요한지 구하시오.

0782 ㉯

금과 은이 3 : 1의 비율로 포함된 합금 A와 금과 은이 1 : 1의 비율로 포함된 합금 B를 녹여서 금과 은이 2 : 1의 비율로 포함된 합금 210 g을 만들려고 한다. 이때 필요한 합금 B의 양을 구하시오.

(단, 두 합금 A, B는 금과 은만 포함한다.)

유형 점검

0783 유형 01

다음 조건을 모두 만족시키는 두 자연수 A, B에 대하여 $A+B$의 값을 구하시오.

> **조건**
> (개) A를 B로 나누면 몫이 3이고 나머지가 3이다.
> (내) A의 2배를 B로 나누면 몫이 7이고 나머지가 1이다.

0784 유형 02

두 자리의 자연수가 있다. 이 수의 각 자리의 숫자의 합은 11이고, 십의 자리의 숫자와 일의 자리의 숫자를 바꾼 수는 처음 수보다 27만큼 크다고 할 때, 처음 수는?

① 29   ② 38   ③ 47
④ 74   ⑤ 83

0785 유형 03

경아는 과수원에서 사과와 배를 합하여 40개를 수확하였다. 사과와 배 전체 무게의 평균은 1.5 kg, 사과 전체 무게의 평균은 1.2 kg, 배 전체 무게의 평균은 2 kg일 때, 과수원에서 수확한 사과와 배의 개수를 각각 구하시오.

0786 유형 04

세정이는 분식집에서 1인분에 2500원인 떡볶이와 1인분에 3500원인 순대를 합하여 12인분을 주문하고 33000원을 지불하였다. 이때 세정이가 주문한 떡볶이는 몇 인분인가?

① 5인분   ② 6인분   ③ 7인분
④ 8인분   ⑤ 9인분

0787 유형 05

어느 동호회 회원 83명이 보트를 탔다. 20대의 보트에 4명씩 또는 5명씩 나누어 탔을 때, 5명씩 탄 보트는 몇 대인가?

① 2대   ② 3대   ③ 4대
④ 5대   ⑤ 6대

0788 유형 06

현재 아버지의 나이는 딸의 나이보다 31살이 많고, 16년 후에는 아버지의 나이가 딸의 나이의 3배보다 9살이 적다고 한다. 이때 5년 후의 아버지와 딸의 나이를 각각 구하시오.

0789 유형 08

어느 동아리에서 전체 회원을 대상으로 지역 축제 참가에 대한 찬반 투표를 하였다. 찬성표가 반대표보다 10표 더 많아서 전체 투표수의 $\dfrac{3}{4}$이 되었다. 이때 동아리의 전체 회원은 몇 명인지 구하시오. (단, 무효표나 기권은 없다.)

0790

30문제가 출제된 영어 시험에서 한 문제를 맞히면 4점을 얻고, 틀리면 1점을 잃는다고 한다. 은우는 30문제를 모두 풀어서 50점을 얻었을 때, 은우가 틀린 문제 수는?

① 13 　　② 14 　　③ 15
④ 16 　　⑤ 17

0791

A, B 두 사람이 가위바위보를 하여 이긴 사람은 3계단씩 올라가고, 진 사람은 1계단씩 내려가기로 하였다. 얼마 후 처음 위치보다 A는 16계단을, B는 8계단을 올라가 있었다. 이때 두 사람이 가위바위보를 한 총횟수는?
(단, 비기는 경우는 없고, 계단은 오르내리기에 충분하다.)

① 11 　　② 12 　　③ 13
④ 14 　　⑤ 15

0792

서준이가 등산을 하는데 올라갈 때는 시속 3 km로 걷고, 내려올 때는 올라갈 때보다 1 km 더 먼 길을 시속 4 km로 걸어서 총 5시간 30분이 걸렸다. 이때 서준이가 걸은 전체 거리를 구하시오.

0793

동생이 집에서 공원을 향해 출발한 지 1시간 후에 언니가 집에서 동생을 따라 공원을 향해 출발하였다. 동생은 분속 60 m로 걷고, 언니는 자전거를 타고 분속 180 m로 달려서 공원의 정문에 동시에 도착하였을 때, 언니가 공원의 정문에 도착하는 것은 출발한 지 몇 분 후인지 구하시오.

0794

둘레의 길이가 7.5 km인 트랙을 현수와 진구가 같은 지점에서 동시에 출발하여 같은 방향으로 돌면 1시간 15분 후에 처음으로 만나고, 반대 방향으로 돌면 15분 후에 처음으로 만난다고 한다. 현수가 진구보다 빠르다고 할 때, 현수의 속력은? (단, 현수와 진구의 속력은 각각 일정하다.)

① 분속 100 m 　　② 분속 150 m 　　③ 분속 200 m
④ 분속 250 m 　　⑤ 분속 300 m

0795

배를 타고 길이가 32 km인 강을 거슬러 올라가는 데 4시간, 강을 따라 내려오는 데 2시간 40분이 걸렸다. 이때 정지한 물에서의 배의 속력은 시속 몇 km인지 구하시오.
(단, 배와 강물의 속력은 각각 일정하다.)

0796

일정한 속력으로 달리는 기차가 길이가 1200 m인 터널을 완전히 통과하는 데 50초가 걸리고, 길이가 600 m인 다리를 완전히 통과하는 데 30초가 걸린다. 이때 기차의 속력은?

① 초속 20 m 　　② 초속 25 m 　　③ 초속 30 m
④ 초속 35 m 　　⑤ 초속 40 m

0797
유형 18

두 상품 A, B를 합하여 45000원에 사서 A 상품은 원가의 10 %, B 상품은 원가의 20 %의 이익을 붙여 팔았더니 6500원의 이익을 얻었다. 이때 B 상품의 판매 가격은?

① 20000원 ② 21500원 ③ 24000원
④ 25000원 ⑤ 27500원

0798
유형 19

민서와 진우가 함께 3일 동안 하여 완성할 수 있는 일을 민서가 6일 동안 한 후 나머지를 진우가 2일 동안 하여 완성하였다. 이 일을 진우가 혼자 하면 며칠이 걸리는지 구하시오.

0799
유형 20

10 %의 소금물에 소금을 더 넣어서 19 %의 소금물 200 g을 만들었다. 이때 더 넣은 소금의 양을 구하시오.

0800
유형 21

오른쪽 표는 두부와 오이의 100 g당 열량을 나타낸 것이다. 어떤 음식에 들어 있는 두부와 오이를 합한 무게는 220 g이고 여기서 얻은 열량이 170 kcal일 때, 이 음식을 만드는 데 사용된 두부와 오이의 양을 차례로 구한 것은?

식품	열량(kcal)
두부	84
오이	10

① 170 g, 50 g ② 180 g, 40 g
③ 190 g, 30 g ④ 200 g, 20 g
⑤ 210 g, 10 g

서술형

0801
유형 07

길이가 128 cm인 끈을 겹치지 않고 남김없이 사용하여 정삼각형과 정사각형을 하나씩 만들었다. 정삼각형의 한 변의 길이는 정사각형의 한 변의 길이의 3배보다 5 cm만큼 짧다고 할 때, 정사각형의 넓이를 구하시오.

0802
유형 11

A 지점에서 B 지점을 거쳐 C 지점까지 가는 거리는 9 km이다. A 지점에서 B 지점까지는 시속 4 km로 걷다가 B 지점에서 C 지점까지는 시속 6 km로 뛰었더니 총 1시간 40분이 걸렸다. 이때 B 지점에서 C 지점까지의 거리는 몇 km인지 구하시오.

0803
유형 17

작년에 제주도 어느 과수원의 한라봉과 천혜향의 수확량의 합은 3000 kg이었다. 올해에는 작년에 비해 한라봉의 수확량이 6 % 감소하고, 천혜향의 수확량이 14 % 증가하여 한라봉과 천혜향의 수확량의 합이 3300 kg이 되었다. 이때 올해 한라봉의 수확량을 구하시오.

C 실력 향상

0804

A 지점에서 B 지점을 거쳐 C 지점까지 운행하는 버스의 구간별 요금은 오른쪽 그림과 같다. 이 버스가 A 지점에서 출발할 때 버스에 탄 승객은 30명이고, C 지점에 도착하여 내린 승객은 26명이다. 이 버스의 승차권의 판매 요금이 총 47300원일 때, B 지점에서 탄 승객과 내린 승객은 모두 몇 명인가?

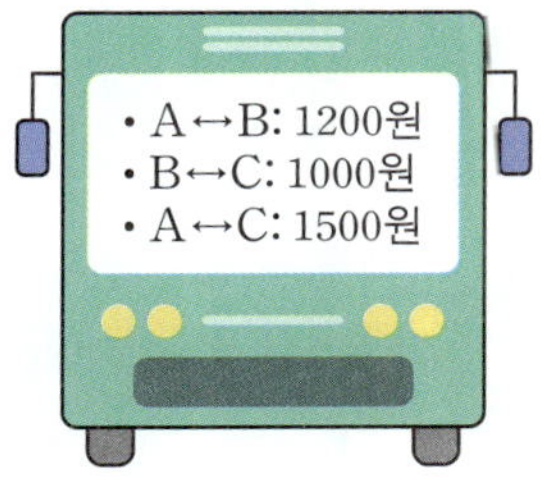

① 12명   ② 13명   ③ 14명
④ 15명   ⑤ 16명

0805

어느 회사의 입사 시험에서 입사 지원자의 남녀의 비는 4 : 3, 합격자의 남녀의 비는 3 : 2, 불합격자의 남녀의 비는 1 : 1이었다. 합격자가 150명일 때, 입사 지원자 수는?

① 196   ② 210   ③ 224
④ 266   ⑤ 280

0806

같은 물건을 만드는 A, B 두 종류의 기계가 있다. A 기계 3대와 B 기계 2대를 동시에 사용하면 4분 동안 물건 100개를 만들 수 있고, A 기계 4대와 B 기계 1대를 동시에 사용하면 5분 동안 물건 100개를 만들 수 있다. A 기계 2대와 B 기계 3대를 동시에 사용할 때, 물건 100개를 만드는 데 걸리는 시간은?

(단, 두 기계 A, B는 기계별로 각각 성능이 같다.)

① 2분 20초   ② 2분 40초   ③ 3분
④ 3분 20초   ⑤ 3분 40초

0807

다음 표는 어떤 공장에서 두 제품 A, B를 각각 한 개씩 만드는 데 필요한 구리와 철의 양과 제품 한 개당 이익을 나타낸 것이다. 구리 40 kg과 철 58 kg을 모두 사용하여 두 제품 A, B를 만들었을 때, 총이익은 몇 만 원인지 구하시오. (단, 두 제품 A, B는 구리와 철로만 만든다.)

제품	구리(kg)	철(kg)	이익(만 원)
A	4	3	6
B	2	5	8

↻ 기출 BOOK 26쪽

III

일차함수

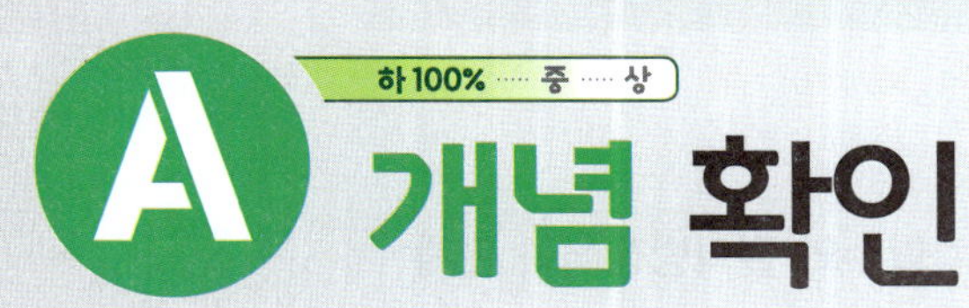

08-1 함수와 함숫값
유형 01, 02

(1) 함수

두 변수 x, y에 대하여 x의 값이 변함에 따라 y의 값이 오직 하나씩 정해지는 대응 관계가 있을 때, y를 x의 **함수**라 한다.

기호 $y=f(x)$

> **참고** 정비례 관계 $y=ax\,(a\neq0)$와 반비례 관계 $y=\dfrac{a}{x}\,(a\neq0)$는 x의 값이 변함에 따라 y의 값이 오직 하나씩 정해지므로 y는 x의 함수이다.

> **주의** x의 값 하나에 대응하는 y의 값이 없거나 두 개 이상이면 y는 x의 함수가 아니다.

(2) 함숫값: 함수 $y=f(x)$에서 x의 값에 대응하는 y의 값 **기호** $f(x)$

> **예** 함수 $f(x)=2x$에서 $x=4$일 때의 함숫값 ➡ $f(4)=2\times4=8$

(3) 함수의 그래프: 함수 $y=f(x)$에서 x의 값과 그 값에 따라 정해지는 y의 값의 순서쌍 $(x,\ y)$를 좌표로 하는 점 전체를 좌표평면 위에 나타낸 것

- 변수: 여러 가지로 변하는 값을 나타내는 문자
- $y=f(x)$에서 f는 함수를 뜻하는 function의 첫 글자이다.
- 함수 $y=f(x)$에서 $f(a)$의 값
  - ➡ $x=a$일 때의 함숫값
  - ➡ $x=a$일 때, y의 값
  - ➡ $f(x)$에 x 대신 a를 대입하여 얻은 값

08-2 일차함수
유형 03, 04

함수 $y=f(x)$에서 y=ax+b(a, b는 상수, a≠0)와 같이 y가 x에 대한 일차식으로 나타날 때, 이 함수를 x에 대한 **일차함수**라 한다.

> **예** $y=3x$, $y=-\dfrac{1}{2}x$, $y=-7x+\dfrac{1}{3}$ ➡ 일차함수이다.
>
> $y=3x^2+4$, $y=-6$, $y=\dfrac{3}{x}+5$ ➡ 일차함수가 아니다.

> **참고** 일차함수 $y=ax+b$에서 특별한 말이 없으면 x의 값의 범위는 수 전체로 생각한다.

- a, b가 상수이고 $a\neq0$일 때
  ① $ax+b$ ➡ x에 대한 일차식
  ② $ax+b=0$
   ➡ x에 대한 일차방정식
  ③ $ax+b>0$
   ➡ x에 대한 일차부등식
  ④ $y=ax+b$
   ➡ x에 대한 일차함수

08-3 일차함수 $y=ax+b$의 그래프
유형 05, 06, 07

(1) 평행이동: 한 도형을 일정한 방향으로 일정한 거리만큼 옮기는 것

(2) 일차함수 $y=ax+b$의 그래프

일차함수 $y=ax+b$의 그래프는 일차함수 y=ax의 그래프를 y축의 방향으로 b만큼 평행이동한 직선이다.

① $b>0$이면 y축의 양의 방향으로 b만큼 평행이동한 것이다.

② $b<0$이면 y축의 음의 방향으로 $|b|$만큼 평행이동한 것이다.

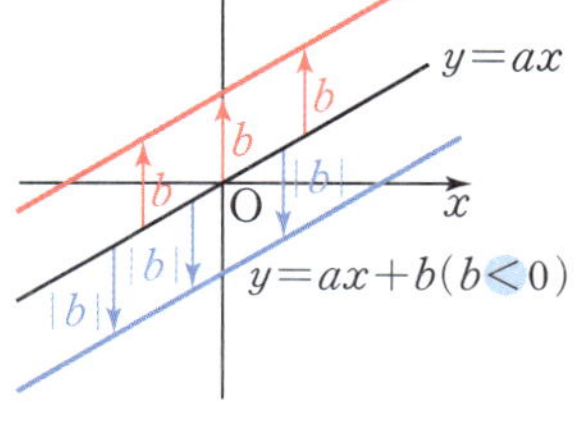

> **예** 일차함수 $y=2x+5$의 그래프는 일차함수 $y=2x$의 그래프를 y축의 방향으로 5만큼 평행이동한 직선이다.

> **참고** 일차함수 $y=ax+b$의 그래프를 y축의 방향으로 m만큼 평행이동한 그래프의 식
> ➡ $y=ax+b+m$

- 평행이동은 도형을 옮기기만 하는 것이므로 그 모양은 변하지 않는다.

08-1 함수와 함숫값

[0808~0810] 다음 표를 완성하고, y가 x의 함수인 것은 ○를, 함수가 아닌 것은 ×를 (　) 안에 써넣으시오.

0808 자연수 x보다 2만큼 큰 수 y　　　　　　(　　)

x	1	2	3	4	…
y					…

0809 자연수 x보다 작은 자연수 y　　　　　(　　)

x	1	2	3	4	…
y					…

0810 한 변의 길이가 $x\,\text{cm}$인 정사각형의 넓이 $y\,\text{cm}^2$
　　　　　　　　　　　　　　　　　(　　)

x	1	2	3	4	…
y					…

[0811~0814] 함수 $f(x)=6x$에 대하여 다음 함숫값을 구하시오.

0811 $f(2)$　　　　　　**0812** $f(-3)$

0813 $f\left(\dfrac{1}{3}\right)$　　　　　**0814** $f\left(-\dfrac{5}{2}\right)$

[0815~0818] 함수 $f(x)=-\dfrac{18}{x}$에 대하여 다음 함숫값을 구하시오.

0815 $f(3)$　　　　　　**0816** $f(-6)$

0817 $f(-9)$　　　　　**0818** $f\left(\dfrac{1}{2}\right)$

08-2 일차함수

[0819~0822] 다음 중 y가 x에 대한 일차함수인 것은 ○를, 일차함수가 아닌 것은 ×를 (　) 안에 써넣으시오.

0819 $x+2y$　　　　　　　　　　　(　　)

0820 $y=\dfrac{1}{x}$　　　　　　　　　　(　　)

0821 $y=\dfrac{5-x}{3}$　　　　　　　　(　　)

0822 $y=x(x-1)$　　　　　　　　(　　)

[0823~0825] 다음 문장에서 y를 x에 대한 식으로 나타내고, y가 x에 대한 일차함수인지 말하시오.

0823 한 변의 길이가 $x\,\text{cm}$인 정삼각형의 둘레의 길이는 $y\,\text{cm}$이다.

0824 반지름의 길이가 $x\,\text{cm}$인 원의 넓이는 $y\,\text{cm}^2$이다.

0825 주스 $10\,\text{L}$를 x명이 똑같이 나누어 마실 때, 한 사람이 마시는 양은 $y\,\text{L}$이다.

08-3 일차함수 $y=ax+b$의 그래프

[0826~0827] 다음 일차함수의 그래프는 일차함수 $y=2x$의 그래프를 y축의 방향으로 얼마만큼 평행이동한 것인지 구하시오.

0826 $y=2x+7$　　　　**0827** $y=2x-3$

[0828~0829] 다음 일차함수의 그래프를 y축의 방향으로 [　] 안의 수만큼 평행이동한 그래프의 식을 구하시오.

0828 $y=-x$ [5]　　　**0829** $y=\dfrac{1}{2}x$ [-1]

08-4 일차함수의 그래프와 절편

유형 08, 09, 13, 14, 15

(1) 함수의 그래프의 x절편, y절편

① **x절편**: 함수의 그래프가 x축과 만나는 점의 x좌표

 ➡ $y=0$일 때, x의 값

② **y절편**: 함수의 그래프가 y축과 만나는 점의 y좌표

 ➡ $x=0$일 때, y의 값

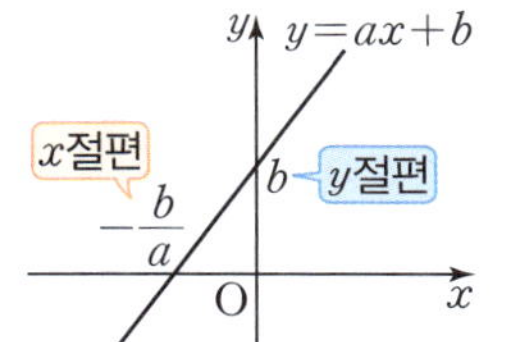

참고 일차함수 $y=ax+b$의 그래프에서

 ① x축과 만나는 점의 좌표: $\left(-\dfrac{b}{a},\ 0\right)$ ➡ x절편: $-\dfrac{b}{a}$

 ② y축과 만나는 점의 좌표: $(0,\ b)$ ➡ y절편: b

x절편과 y절편은 점 또는 순서쌍이 아니라 하나의 값이다.

함수의 그래프의
① x절편이 p이다.
 ➡ 점 $(p, 0)$을 지난다.
② y절편이 q이다.
 ➡ 점 $(0, q)$를 지난다.

원점을 지나는 일차함수의 그래프는 원점에서 x축, y축과 동시에 만나므로 x절편과 y절편이 모두 0이다.

(2) x절편과 y절편을 이용하여 일차함수의 그래프 그리기

❶ x절편과 y절편을 각각 구하여 두 점 $(x$절편, $0)$, $(0, y$절편$)$을 좌표평면 위에 나타낸다.

❷ 두 점을 직선으로 연결한다.

예 일차함수 $y=2x-4$의 그래프를 그려 보자.

 $y=0$일 때, $0=2x-4$ ∴ $x=2$

 $x=0$일 때, $y=-4$

 즉, x절편은 2, y절편은 -4이다.

 따라서 일차함수 $y=2x-4$의 그래프는 두 점 $(2, 0)$, $(0, -4)$를 지나므로

 오른쪽 그림과 같다.

08-5 일차함수의 그래프와 기울기

유형 10~13

(1) 일차함수의 그래프의 기울기

 일차함수 $y=ax+b$에서 x의 값의 증가량에 대한 y의 값의 증가량의 비율은 항상 일정하고, 그 비율은 x의 계수 a와 같다.

 이 증가량의 비율 a를 일차함수 $y=ax+b$의 그래프의 **기울기**라 한다.

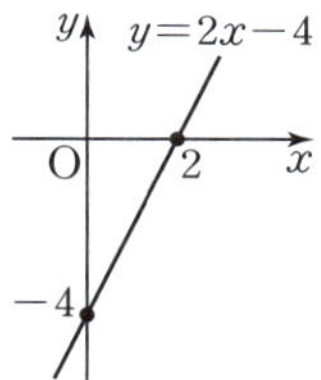

 ➡ (기울기) $=\dfrac{(y의\ 값의\ 증가량)}{(x의\ 값의\ 증가량)}=a$

일차함수 $y=ax+b$의 그래프의 기울기 a는 x의 값이 1만큼 증가할 때 y의 값이 증가하는 양을 나타낸다.

x의 값이 증가할 때 y의 값이 감소하는 경우, y의 값의 증가량은 음수로 나타낸다.

서로 다른 두 점 (x_1, y_1), (x_2, y_2)를 지나는 일차함수의 그래프에서
$$(기울기)=\dfrac{y_2-y_1}{x_2-x_1}$$
$$=\dfrac{y_1-y_2}{x_1-x_2}$$

(2) 기울기와 y절편을 이용하여 일차함수의 그래프 그리기

❶ 점 $(0, y$절편$)$을 좌표평면 위에 나타낸다.

❷ 기울기를 이용하여 그래프가 지나는 다른 한 점을 찾아 좌표평면 위에 나타낸다.

❸ 두 점을 직선으로 연결한다.

예 일차함수 $y=\dfrac{3}{2}x+1$의 그래프를 그려 보자.

 y절편이 1이므로 점 $(0, 1)$을 지난다.

 기울기가 $\dfrac{3}{2}$이므로 점 $(0, 1)$에서 x의 값이 2만큼, y의 값이 3만큼 증가

 한 점 $(2, 4)$를 지난다.

 따라서 일차함수 $y=\dfrac{3}{2}x+1$의 그래프는 두 점 $(0, 1)$, $(2, 4)$를 지나므

 로 오른쪽 그림과 같다.

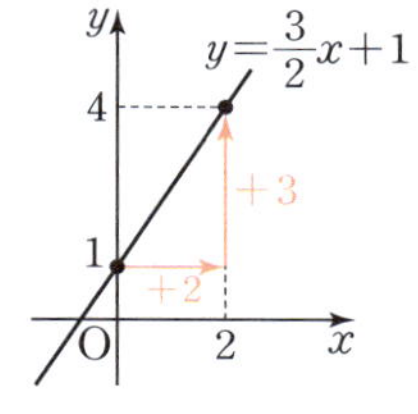

08-4 일차함수의 그래프와 절편

[0830~0831] 오른쪽 그림과 같은 두 일차함수의 그래프 l, m의 x절편과 y절편을 각각 구하시오.

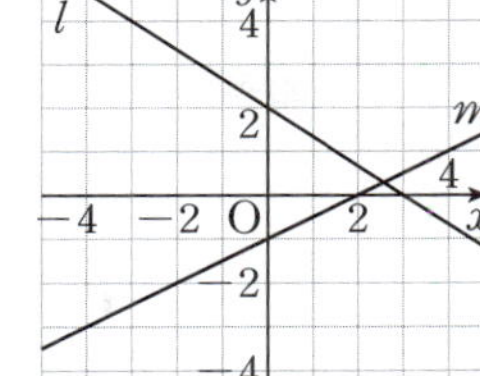

0830 그래프 l

0831 그래프 m

[0832~0835] 다음 일차함수의 그래프의 x절편과 y절편을 각각 구하시오.

0832 $y=x+3$

0833 $y=-2x+8$

0834 $y=\dfrac{1}{6}x-1$

0835 $y=-\dfrac{2}{5}x-4$

[0836~0837] 다음 일차함수의 그래프의 x절편과 y절편을 각각 구하고, 그 그래프를 좌표평면 위에 그리시오.

0836 $y=-2x+4$
➡ x절편: ☐ , y절편: ☐

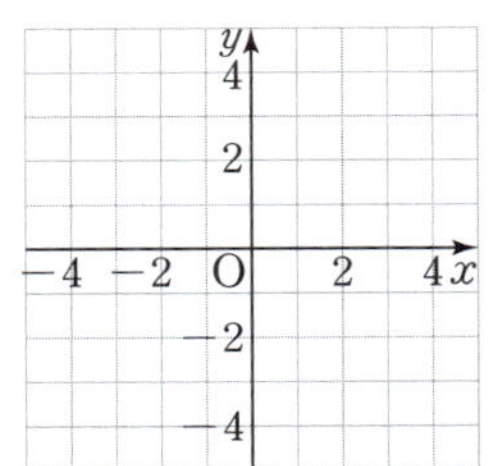

0837 $y=\dfrac{1}{3}x-1$
➡ x절편: ☐ , y절편: ☐

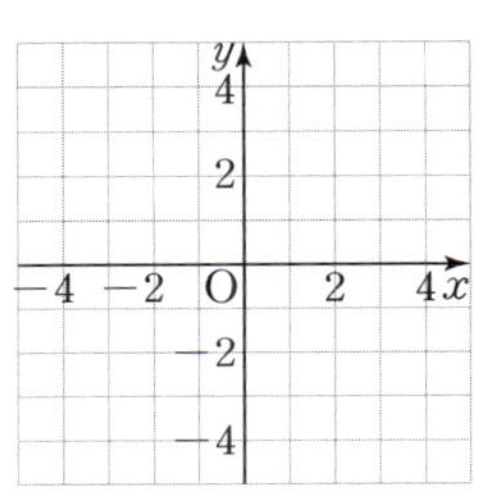

08-5 일차함수의 그래프와 기울기

[0838~0839] 다음 일차함수의 그래프의 기울기를 구하시오.

0838

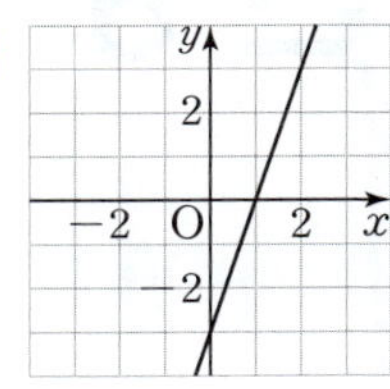

0839

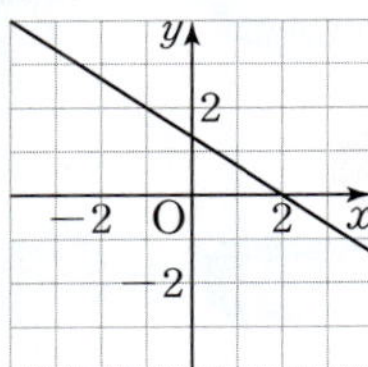

0840 일차함수 $y=\dfrac{3}{4}x-1$의 그래프에서 x의 값이 8만큼 증가할 때, y의 값의 증가량을 구하시오.

[0841~0843] 다음 두 점을 지나는 일차함수의 그래프의 기울기를 구하시오.

0841 $(2,\ 0),\ (0,\ -8)$

0842 $(1,\ 6),\ (5,\ 2)$

0843 $(-2,\ 1),\ (1,\ -4)$

[0844~0845] 다음 일차함수의 그래프의 기울기와 y절편을 각각 구하고, 그 그래프를 좌표평면 위에 그리시오.

0844 $y=-x+3$
➡ 기울기: ☐ , y절편: ☐

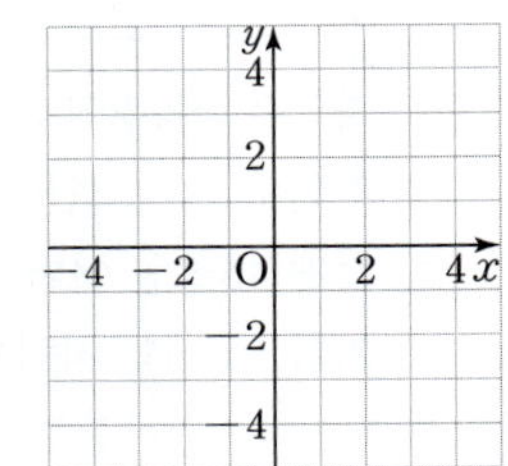

0845 $y=\dfrac{3}{2}x-2$
➡ 기울기: ☐ , y절편: ☐

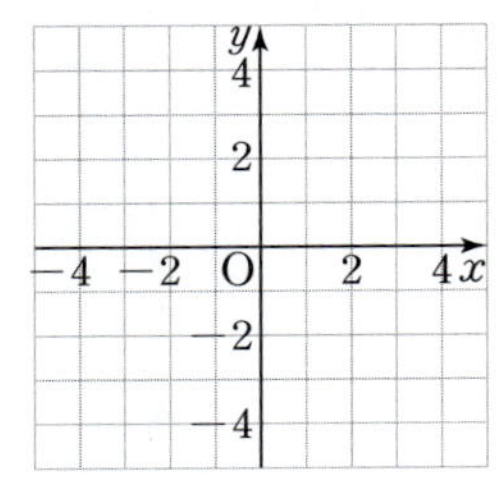

유형 완성

 빈출

유형 01 함수

x의 값이 변함에 따라 y의 값이
(1) 오직 하나씩 정해지면 ➡ y는 x의 함수이다.
(2) 없거나 2개 이상 정해지면 ➡ y는 x의 함수가 아니다.

0846 대표 문제

다음 중 y가 x의 함수가 <u>아닌</u> 것은?

① 자연수 x의 약수의 개수 y

② 자연수 x와 서로소인 수 y

③ 합이 80인 두 자연수 x와 y

④ 넓이가 $36\,\text{cm}^2$인 직사각형의 가로의 길이가 $x\,\text{cm}$일 때, 세로의 길이 $y\,\text{cm}$

⑤ 한 개에 $60\,\text{g}$인 물건 x개의 무게 $y\,\text{g}$

0847 중

다음 보기 중 y가 x의 함수인 것을 모두 고른 것은?

보기
ㄱ. 자연수 x와 2의 최소공배수 y
ㄴ. 자연수 x의 소인수 y
ㄷ. 현재 45살인 어머니의 x년 후의 나이 y살
ㄹ. 키가 $x\,\text{cm}$인 사람의 몸무게 $y\,\text{kg}$

① ㄱ, ㄴ   ② ㄱ, ㄷ   ③ ㄱ, ㄹ
④ ㄴ, ㄷ   ⑤ ㄷ, ㄹ

 빈출

유형 02 함숫값

(1) 함수 $f(x)$에서 $x=p$일 때의 함숫값
 ➡ $f(x)$에 x 대신 p를 대입하여 얻은 값
 ➡ $f(p)$
(2) 함수 $f(x)=ax$에서 $f(p)=k$이면
 ➡ $f(x)$에 $x=p$를 대입한 값이 k이므로
  $ap=k$

0848 대표 문제

함수 $f(x)=-\dfrac{24}{x}$에 대하여 $f(-3)-f(4)$의 값을 구하시오.

0849 하

함수 $y=5x$에 대하여 다음 중 옳지 <u>않은</u> 것을 모두 고르면? (정답 2개)

① $f(0)=50$ ② $f(-1)=-5$

③ $f\left(-\dfrac{1}{10}\right)=-\dfrac{1}{2}$ ④ $f\left(\dfrac{2}{5}\right)=2$

⑤ $f(3)+f(-5)=10$

0850 중

다음 보기의 함수 중 $f(4)=-3$을 만족시키는 것을 모두 고르시오.

보기
ㄱ. $f(x)=12x$ ㄴ. $f(x)=-\dfrac{12}{x}$
ㄷ. $f(x)=-\dfrac{3}{4}x$ ㄹ. $f(x)=-\dfrac{4}{3x}$

0851 중

함수 $f(x)=$(자연수 x를 5로 나눈 나머지)에 대하여
$f(19)+f(62)$의 값은?

① 2　　　　　② 3　　　　　③ 4
④ 5　　　　　⑤ 6

0852 중　　　　　서술형

함수 $f(x)=-\dfrac{x}{9}$에 대하여 $f(a)=-2$, $f(36)=b$일 때,
$a+b$의 값을 구하시오.

0853 중

함수 $f(x)=\dfrac{a}{x}$에 대하여 $f(-1)=-6$일 때,
$2f(3)-f(-2)$의 값은? (단, a는 상수)

① 6　　　　　② 7　　　　　③ 8
④ 9　　　　　⑤ 10

유형 03　일차함수

y가 x에 대한 일차함수
➡ $y=ax+b$ (a, b는 상수, $a\neq0$) 꼴

0854　대표 문제

다음 보기 중 y가 x에 대한 일차함수인 것을 모두 고른 것은?

보기
ㄱ. $y=\dfrac{x-1}{5}$　　　　　ㄴ. $y=x-y+4$
ㄷ. $xy=-7$　　　　　ㄹ. $y=2x-2(x+1)$
ㅁ. $y+x^2=x^2+x+1$　　　　　ㅂ. $y=x(x+3)$

① ㄱ, ㄴ, ㄹ　　　② ㄱ, ㄴ, ㅁ　　　③ ㄱ, ㄷ, ㅂ
④ ㄴ, ㄷ, ㅁ　　　⑤ ㄷ, ㄹ, ㅂ

0855 중

다음 중 y가 x에 대한 일차함수가 <u>아닌</u> 것은?

① 밑변의 길이가 x cm, 높이가 10 cm인 삼각형의 넓이는 y cm^{2}이다.
② 하루 중 밤의 길이가 x시간일 때, 낮의 길이는 y시간이다.
③ 전체 120쪽인 책을 하루에 x쪽씩 읽으면 y일 만에 다 읽는다.
④ 길이가 100 mm인 양초가 1분에 5 mm씩 일정하게 탄다고 할 때, x분 동안 타고 남은 양초의 길이는 y mm이다.
⑤ 시속 60 km로 x시간 동안 달린 거리는 y km이다.

$y=2x(ax-1)+bx+1$이 x에 대한 일차함수가 되도록 하는 상수 a, b의 조건은?

① $a=0$, $b\neq0$ ② $a=0$, $b\neq2$ ③ $a\neq0$, $b=0$
④ $a\neq0$, $b=2$ ⑤ $a\neq0$, $b\neq2$

빈출

유형 04 **일차함수의 함숫값**

(1) 일차함수 $f(x)=ax+b$에서 $x=p$일 때의 함숫값
  ➡ $f(x)=ax+b$에 x 대신 p를 대입하여 얻은 값
  ➡ $f(p)=ap+b$
(2) 일차함수 $f(x)=ax+b$에서 $f(p)=k$이면
  ➡ $f(x)$에 $x=p$를 대입한 값이 k이므로
      $ap+b=k$

0857 대표 문제

일차함수 $f(x)=-x+a$에 대하여 $f(1)=-3$일 때, $f(-4)$의 값은? (단, a는 상수)

① -1 ② 0 ③ 1
④ 2 ⑤ 3

0858 ⑨

일차함수 $f(x)=2x-1$에 대하여 $f(7)-f(-1)$의 값을 구하시오.

0859 ⑧

일차함수 $f(x)=-3x+7$에 대하여 $f(-4)=a$, $f(b)=1$일 때, $a-b$의 값은?

① 15 ② 16 ③ 17
④ 18 ⑤ 19

0860 ⑧

일차함수 $f(x)=ax-5$에 대하여 $f(3)=a+7$일 때, $f(a)$의 값은? (단, a는 상수)

① 30 ② 31 ③ 32
④ 33 ⑤ 34

0861 ⑧   서술형

일차함수 $f(x)=ax+b$에 대하여 $f(-3)=1$, $f(7)=11$일 때, $f(5)$의 값을 구하시오. (단, a, b는 상수)

유형 05 일차함수의 그래프 위의 점

점 (p, q)가 일차함수 $y=ax+b$의 그래프 위의 점이다.
➡ 일차함수 $y=ax+b$의 그래프가 점 (p, q)를 지난다.
➡ $y=ax+b$에 $x=p$, $y=q$를 대입하면 등식이 성립한다.
$\quad\quad\quad\quad\quad\quad q=ap+b$

0862 대표 문제

다음 중 일차함수 $y=-\dfrac{1}{4}x+5$의 그래프 위의 점이 <u>아닌</u> 것은?

① $(-4, 6)$
② $\left(-1, \dfrac{21}{4}\right)$
③ $\left(1, \dfrac{17}{4}\right)$
④ $\left(2, \dfrac{9}{2}\right)$
⑤ $(4, 4)$

0863 ⑧

일차함수 $y=\dfrac{2}{3}x-5$의 그래프가 두 점 $(-6, p)$, $(q, -3)$을 지날 때, $p+q$의 값은?

① -2
② -3
③ -4
④ -5
⑤ -6

0864 ⑧

일차함수 $y=ax-2$의 그래프가 두 점 $(2, 3)$, $(k-4, k)$를 지날 때, $4a-k$의 값을 구하시오. (단, a는 상수)

0865 ⑧

서술형

두 일차함수 $y=ax+3$, $y=4x-7$의 그래프가 모두 점 $(1, b)$를 지날 때, ab의 값을 구하시오. (단, a는 상수)

유형 06 일차함수의 그래프의 평행이동

일차함수 $y=ax+b$의 그래프를 y축의 방향으로 m만큼 평행이동한 그래프의 식
➡ $y=ax+b+m$

0866 대표 문제

일차함수 $y=5x-2$의 그래프를 y축의 방향으로 a만큼 평행이동하면 일차함수 $y=bx+4$의 그래프가 될 때, $a+b$의 값을 구하시오. (단, b는 상수)

0867 ⑨

일차함수 $y=-6x-4$의 그래프를 y축의 방향으로 6만큼 평행이동한 그래프의 식은?

① $y=-6x-10$
② $y=-6x-2$
③ $y=-6x+2$
④ $y=-12x+4$
⑤ $y=-12x+10$

0868 ⑨

다음 일차함수 중 그 그래프가 일차함수 $y=8x$의 그래프를 평행이동했을 때, 겹쳐지는 것을 모두 고르면? (정답 2개)

① $y=-\dfrac{1}{8}x$
② $y=\dfrac{1}{8}x+3$
③ $y=-8x-5$
④ $y=8x+9$
⑤ $y=8(x-1)$

0869 중

일차함수 $y=ax+3$의 그래프를 y축의 방향으로 -7만큼 평행이동하면 일차함수 $y=\dfrac{5}{2}x+b$의 그래프가 될 때, 상수 a, b에 대하여 ab의 값을 구하시오.

유형 07 평행이동한 그래프 위의 점

일차함수 $y=f(x)$의 그래프를 y축의 방향으로 m만큼 평행이동한 그래프가 점 $(p,\ q)$를 지난다.

➡ 일차함수 $y=f(x)+m$의 그래프가 점 $(p,\ q)$를 지난다.

➡ $y=f(x)+m$에 $x=p$, $y=q$를 대입하면 등식이 성립한다.
$$q=f(p)+m$$

0870 대표 문제

일차함수 $y=-x-2$의 그래프를 y축의 방향으로 8만큼 평행이동한 그래프가 점 $(m,\ 5)$를 지날 때, m의 값을 구하시오.

0871 하

다음 중 일차함수 $y=3x+7$의 그래프를 y축의 방향으로 -5만큼 평행이동한 그래프가 지나지 <u>않는</u> 점은?

① $(-4,\ -10)$ ② $(-1,\ -1)$ ③ $(0,\ 2)$

④ $(2,\ 12)$ ⑤ $(5,\ 17)$

0872 중

일차함수 $y=\dfrac{3}{2}x-1$의 그래프를 y축의 방향으로 k만큼 평행이동한 그래프가 점 $(-2,\ -8)$을 지날 때, k의 값을 구하시오.

0873 중

일차함수 $y=2x+a$의 그래프를 y축의 방향으로 3만큼 평행이동한 그래프가 두 점 $(-3,\ -1)$, $(b,\ 9)$를 지날 때, $a+b$의 값은? (단, a는 상수)

① -4 ② -2 ③ 2

④ 4   ⑤ 6

0874 중 서술형

일차함수 $y=ax-3$의 그래프를 y축의 방향으로 b만큼 평행이동한 그래프가 두 점 $(4,\ 1)$, $(-2,\ 4)$를 지날 때, ab의 값을 구하시오. (단, a는 상수)

유형 08 일차함수의 그래프의 x절편, y절편

일차함수 $y=ax+b$의 그래프에서
① x절편: $-\dfrac{b}{a}$ → $y=0$일 때, x의 값
② y절편: b → $x=0$일 때, y의 값

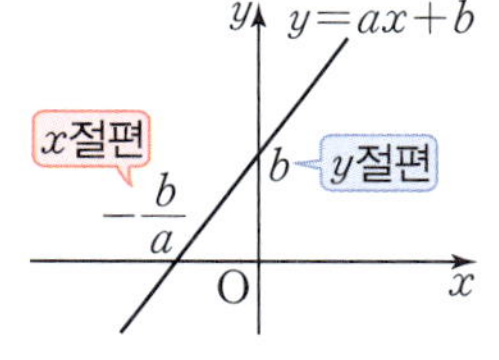

0875 대표 문제

일차함수 $y=-3x+9$의 그래프의 x절편을 a, y절편을 b라 할 때, $a+b$의 값은?

① 6   ② 8   ③ 10

④ 12   ⑤ 14

0876 (하)

다음 일차함수 중 그 그래프의 x절편이 나머지 넷과 <u>다른</u> 하나는?

① $y=-2x+4$ ② $y=-\dfrac{1}{2}x+1$ ③ $y=\dfrac{1}{3}x-\dfrac{2}{3}$

④ $y=x-2$ ⑤ $y=4x-\dfrac{1}{2}$

0877 (중)

다음 일차함수 중 그 그래프가 일차함수 $y=\dfrac{5}{6}x-4$의 그래프와 y축 위에서 만나는 것은?

① $y=-4x-2$ ② $y=-2x-4$ ③ $y=-\dfrac{5}{6}x+4$

④ $y=\dfrac{5}{6}x-3$ ⑤ $y=4x+\dfrac{5}{6}$

빈출

유형 09 x절편, y절편을 이용하여 상수의 값 구하기

일차함수 $y=ax+b$의 그래프의 x절편이 p, y절편이 q이다.
➡ 일차함수 $y=ax+b$의 그래프가 두 점 $(p, 0)$, $(0, q)$를 지난다.
➡ $y=ax+b$에 두 점의 좌표를 각각 대입하면 등식이 성립한다.
       $0=ap+b, \ q=b$

0878 [대표 문제]

일차함수 $y=-\dfrac{1}{2}x+k$의 그래프의 x절편이 8일 때, y절편을 구하시오. (단, k는 상수)

0879 (중)

일차함수 $y=2x+6$의 그래프의 y절편과 일차함수 $y=-\dfrac{2}{3}x+a$의 그래프의 x절편이 같을 때, 상수 a의 값을 구하시오.

0880 (중)

두 일차함수 $y=3x+1$, $y=ax-2$의 그래프가 x축 위에서 만날 때, 상수 a의 값은?

① -6 ② $-\dfrac{1}{3}$ ③ $\dfrac{2}{3}$

④ 3 ⑤ 6

0881 (중)   서술형

일차함수 $y=ax+b$의 그래프의 x절편은 4, y절편은 -12일 때, 상수 a, b에 대하여 $a-b$의 값을 구하시오.

0882 (중)

일차함수 $y=-3x+p$의 그래프를 y축의 방향으로 -1만큼 평행이동한 그래프의 x절편과 y절편의 합이 4일 때, 상수 p의 값을 구하시오.

유형 10 일차함수의 그래프의 기울기

일차함수 $y=ax+b$의 그래프의 기울기
$$\Rightarrow \frac{(y\text{의 값의 증가량})}{(x\text{의 값의 증가량})}=a$$

0883 대표 문제

다음 일차함수 중 그 그래프에서 x의 값이 2만큼 증가할 때, y의 값이 3만큼 증가하는 것은?

① $y=-\dfrac{3}{2}x-3$ ② $y=-\dfrac{2}{3}x+3$

③ $y=\dfrac{2}{3}x+2$ ④ $y=\dfrac{3}{2}x-3$

⑤ $y=2x+3$

0884 하

일차함수 $y=x-\dfrac{4}{3}$의 그래프의 기울기를 p, x절편을 q, y절편을 r라 할 때, $p-q+r$의 값은?

① $-\dfrac{11}{3}$ ② $-\dfrac{5}{3}$ ③ -1

④ $\dfrac{5}{3}$ ⑤ $\dfrac{11}{3}$

0885 중

일차함수 $y=ax-5$의 그래프에서 x의 값이 4만큼 증가할 때, y의 값은 8만큼 감소한다. x의 값이 5만큼 증가할 때, y의 값의 증가량을 구하시오. (단, a는 상수)

0886 중

일차함수 $y=-6x+21$의 그래프에서 x의 값이 2에서 k까지 증가할 때, y의 값은 9에서 -3까지 감소한다. 이때 k의 값은?

① 4 ② 5 ③ 6
④ 7 ⑤ 8

0887 상

일차함수 $y=f(x)$에 대하여 $f(3)-f(-2)=-15$일 때, 이 일차함수의 그래프의 기울기를 구하시오.

유형 11 두 점을 지나는 일차함수의 그래프의 기울기

두 점 $(x_1,\ y_1)$, $(x_2,\ y_2)$를 지나는 일차함수의 그래프의 기울기
$$\Rightarrow \frac{(y\text{의 값의 증가량})}{(x\text{의 값의 증가량})}=\frac{y_2-y_1}{x_2-x_1}=\frac{y_1-y_2}{x_1-x_2}\ (\text{단},\ x_1\neq x_2)$$

0888 대표 문제

두 점 $(-3,\ k)$, $(4,\ 19)$를 지나는 일차함수의 그래프의 기울기가 2일 때, k의 값은?

① 3 ② 4 ③ 5
④ 6 ⑤ 7

0889 

오른쪽 그림과 같은 두 일차함수
$y=f(x)$, $y=g(x)$의 그래프의 기울
기를 각각 m, n이라 할 때, $m-n$의
값은?

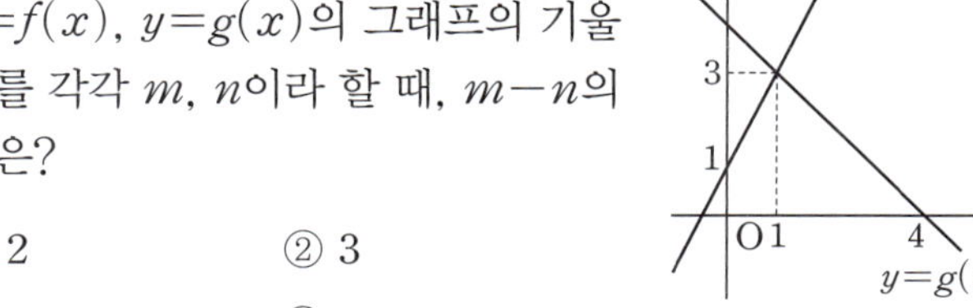

① 2
② 3
③ 4
④ 5
⑤ 6

0890 종 서술형

두 점 $(1, a)$, $(7, -8a)$를 지나는 일차함수의 그래프의
식이 $y=-3x+b$일 때, $a+b$의 값을 구하시오.

(단, b는 상수)

0891 종

일차함수 $y=f(x)$의 그래프는 일차함수 $y=-2x+8$의
그래프와 x축 위에서 만나고, 일차함수 $y=3x-1$의 그래
프와 y축 위에서 만날 때, 일차함수 $y=f(x)$의 그래프의 기
울기를 구하시오.

유형 12 · 세 점이 한 직선 위에 있을 조건

서로 다른 세 점 A, B, C가 한 직선 위에 있다.
➡ 세 직선 AB, BC, AC는 모두 같은 직선이다.
➡ (직선 AB의 기울기)=(직선 BC의 기울기)
$\qquad\qquad\qquad$ =(직선 AC의 기울기)

0892 대표 문제

세 점 $(-1, -2)$, $(2, 4)$, $(3, a)$가 한 직선 위에 있을 때,
a의 값은?

① 5
② 6
③ 7
④ 8
⑤ 9

0893 종 서술형

두 점 $(-4, -9)$, $(1, 6)$을 지나는 직선 위에 점
$(m, 4m+1)$이 있을 때, m의 값을 구하시오.

0894 상

서로 다른 세 점 $(-2, 7)$, (a, b), $(3, 2)$가 한 직선 위에
있을 때, $a+b$의 값은?

① -3
② -1
③ 1
④ 3
⑤ 5

일차함수 $y=ax+b$의 그래프는 다음과 같은 방법으로 그릴 수 있다.

방법 ① x절편과 y절편 이용하기

x절편은 $-\dfrac{b}{a}$, y절편은 b이다.

➡ 두 점 $\left(-\dfrac{b}{a}, 0\right)$, $(0, b)$를 직선으로 연결한다.

방법 ② 기울기와 y절편 이용하기

기울기는 a, y절편은 b이다.

➡ 두 점 $(0, b)$, $(1, a+b)$를 직선으로 연결한다.
└ 점 $(0, b)$에서 x의 값이 1만큼,
　y의 값이 a만큼 증가한 점

0895　대표 문제

다음 중 일차함수 $y=-\dfrac{2}{3}x+2$의 그래프는?

① 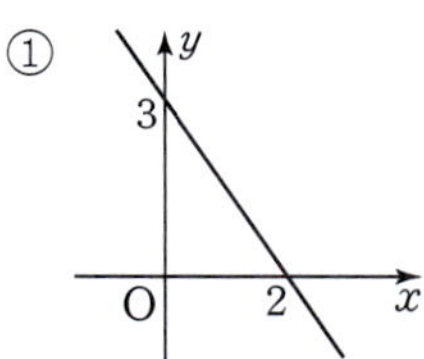　② 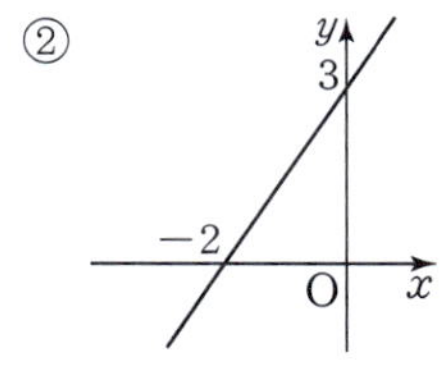

③ 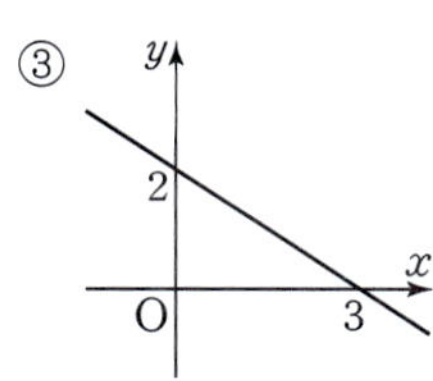　④ 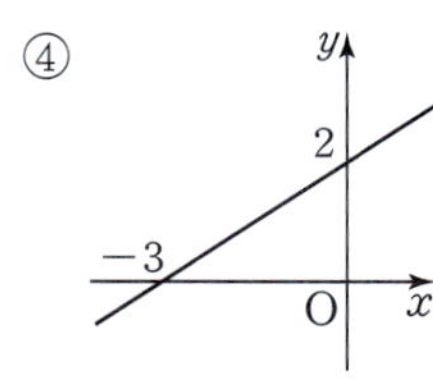

⑤ 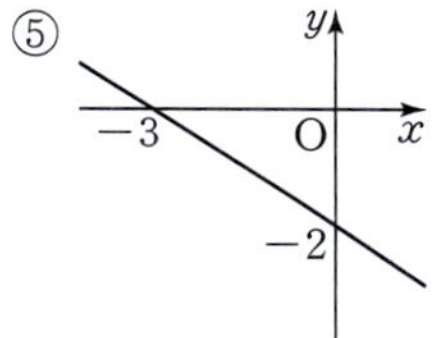

0896　중

다음 일차함수 중 그 그래프가 제3사분면을 지나지 <u>않는</u> 것은?

① $y=-x-5$　② $y=\dfrac{1}{2}x-1$　③ $y=\dfrac{3}{4}x+3$

④ $y=2x-3$　⑤ $y=-3x+2$

0897　중

일차함수 $y=-5x+3$의 그래프를 y축의 방향으로 -7만큼 평행이동한 그래프가 지나지 <u>않는</u> 사분면은?

① 제1사분면　② 제2사분면　③ 제3사분면

④ 제4사분면　⑤ 제1, 3사분면

0898　상

일차함수 $y=ax+\dfrac{3}{4}$의 그래프의 x절편이 $-\dfrac{1}{8}$, y절편이 b일 때, 다음 중 일차함수 $y=bx+a$의 그래프는?

(단, a는 상수)

① 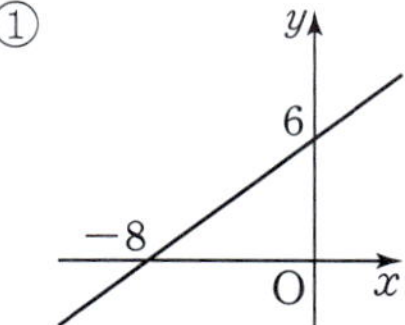　② 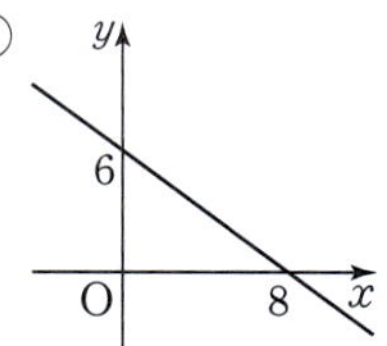

③ 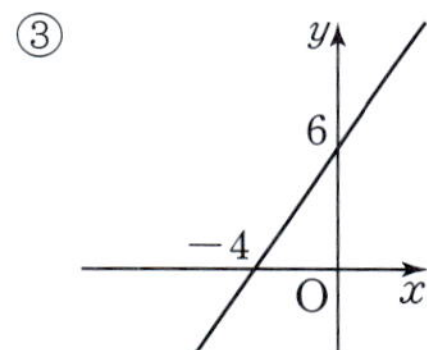　④ 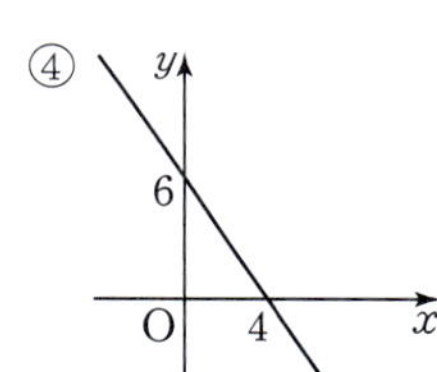

⑤ 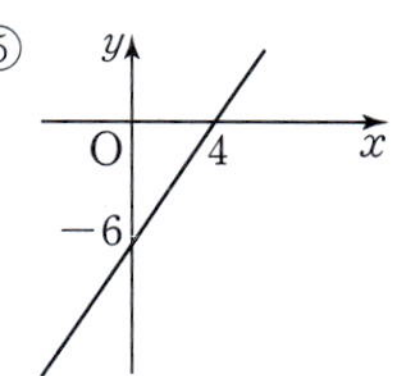

유형 14 일차함수의 그래프와 x축, y축으로 둘러싸인 도형의 넓이

일차함수의 그래프와 x축, y축으로 둘러싸인 도형의 넓이

$\Rightarrow \dfrac{1}{2} \times \overline{OA} \times \overline{OB}$

$\qquad = \dfrac{1}{2} \times |x$절편$| \times |y$절편$|$

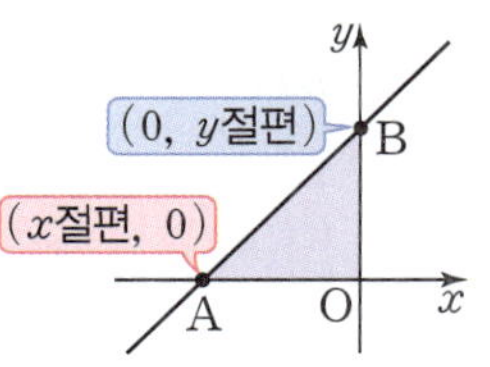

0899 대표 문제

일차함수 $y=2x-4$의 그래프와 x축, y축으로 둘러싸인 도형의 넓이를 구하시오.

0900 종

오른쪽 그림과 같이 일차함수 $y=ax+6$의 그래프가 x축, y축과 만나는 점을 각각 A, B라 하자. $\triangle AOB$의 넓이가 9일 때, 양수 a의 값은? (단, O는 원점)

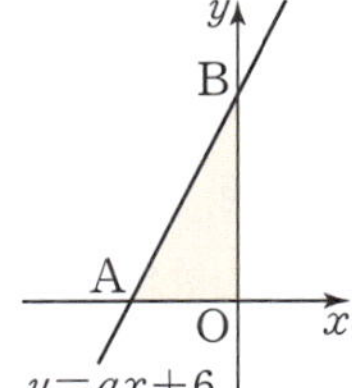

① 2 ② 3
③ 4 ④ 5
⑤ 6

0901 상

오른쪽 그림과 같이 일차함수 $y=-x+9$의 그래프와 이 그래프를 y축의 방향으로 -3만큼 평행이동한 그래프가 있다. 이 두 그래프와 x축, y축으로 둘러싸인 사각형 ABCD의 넓이를 구하시오.

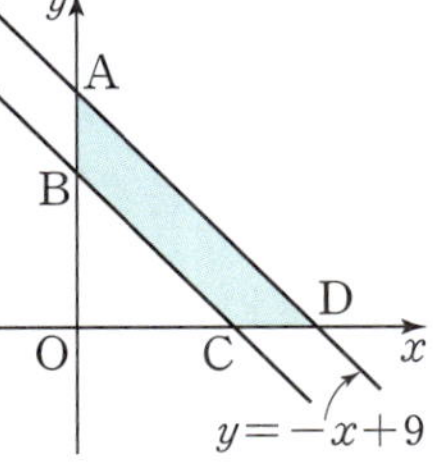

유형 15 두 일차함수의 그래프와 x축 또는 y축으로 둘러싸인 도형의 넓이

두 일차함수의 그래프가 y축 위에서 만날 때, 두 일차함수의 그래프와 x축으로 둘러싸인 도형의 넓이

$\Rightarrow \dfrac{1}{2} \times \overline{BC} \times \overline{OA}$

$\qquad = \dfrac{1}{2} \times (\overline{OB}+\overline{OC}) \times \overline{OA}$

$\qquad = \dfrac{1}{2} \times (x$절편의 차$) \times |y$절편$|$

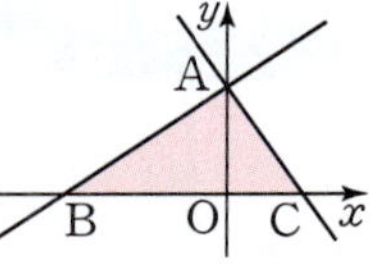

0902 대표 문제

두 일차함수 $y=-x+4$, $y=\dfrac{3}{2}x-6$의 그래프와 y축으로 둘러싸인 도형의 넓이는?

① 20 ② 24 ③ 30
④ 36 ⑤ 40

0903 종

오른쪽 그림과 같이 두 일차함수 $y=ax+2$, $y=-x+2$의 그래프는 y축 위의 점 A에서 만난다. $\triangle ABC$의 넓이가 6일 때, 양수 a의 값을 구하시오.

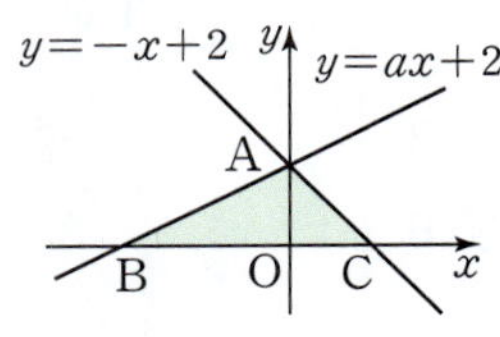

0904 상

오른쪽 그림과 같이 두 일차함수 $y=ax+b$, $y=\dfrac{1}{4}x+1$의 그래프는 x축 위의 점 A에서 만난다. $\triangle ACB$의 넓이가 4일 때, 상수 a, b에 대하여 ab의 값을 구하시오. (단, $b>1$)

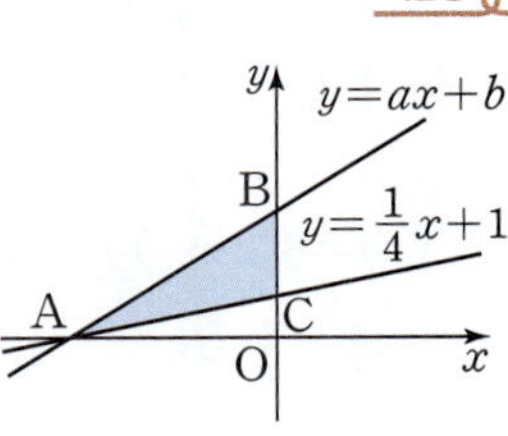

08 일차함수와 그 그래프

0905

유형 01

다음 중 y가 x의 함수인 것을 모두 고르면? (정답 2개)

① 자연수 x보다 작은 정수 y

② 절댓값이 x인 수 y

③ 자연수 x와 16의 공약수 y

④ 길이가 50 cm인 끈을 x cm 사용하고 남은 끈 y cm

⑤ 시속 x km로 7시간 동안 달린 거리 y km

0906

유형 02

두 함수 $f(x)=\dfrac{2}{5}x$, $g(x)=-6x$에 대하여

$f(10)-g\left(\dfrac{1}{3}\right)$의 값은?

① 3　　　　② 4　　　　③ 5

④ 6　　　　⑤ 7

0907

유형 03

다음 보기 중 y가 x에 대한 일차함수가 <u>아닌</u> 것의 개수를 구하시오.

┌ 보기 ┐
ㄱ. $y=3(2x-1)-6x$　　ㄴ. $2x+y=x+2y-1$

ㄷ. $\dfrac{x}{4}+\dfrac{y}{5}=6$　　ㄹ. $y=\dfrac{1}{x}+3$

ㅁ. $x^2-y=x^2+3x+1$

0908

유형 04

일차함수 $f(x)=ax-5$에 대하여 $f(2)=3$일 때, 상수 a의 값을 구하시오.

0909

유형 04

일차함수 $f(x)=-3x-1$에 대하여 $2f(a)+f(-a)=6$일 때, $f(2a)$의 값을 구하시오.

0910

유형 05

점 $(k, -3k)$가 일차함수 $y=-7x+6$의 그래프 위의 점일 때, k의 값은?

① $\dfrac{1}{2}$　　　　② 1　　　　③ $\dfrac{3}{2}$

④ 2　　　　⑤ $\dfrac{5}{2}$

0911

유형 06

일차함수 $y=2x+3$의 그래프는 일차함수 $y=ax-6$의 그래프를 y축의 방향으로 b만큼 평행이동한 것이다. 이때 $a-b$의 값은? (단, a는 상수)

① -11　　　　② -7　　　　③ -4

④ 7　　　　⑤ 11

0912
유형 05 + 07

일차함수 $y=\dfrac{a}{4}x+2$의 그래프가 점 $(4, 5)$를 지나고, 이 그래프를 y축의 방향으로 b만큼 평행이동한 그래프가 점 $(-8, 1)$을 지날 때, $a+b$의 값을 구하시오. (단, a는 상수)

0913
유형 07

일차함수 $y=m(x+1)$의 그래프를 y축의 방향으로 4만큼 평행이동한 그래프가 두 점 $(2, -2)$, $(-3, n)$을 지날 때, $\dfrac{n}{m}$의 값은? (단, m은 상수)

① -6 　② -4 　③ -2
④ 2 　⑤ 4

0914
유형 08

일차함수 $y=f(x)$의 그래프는 일차함수 $y=-\dfrac{1}{5}x+2$의 그래프와 x축 위에서 만나고, 일차함수 $y=2x-8$의 그래프와 y축 위에서 만날 때, 일차함수 $y=f(x)$의 그래프의 x절편과 y절편의 합은?

① -2 　② -1 　③ 0
④ 1 　⑤ 2

0915
유형 09 + 10

일차함수 $y=ax+b$의 그래프는 x의 값이 6만큼 증가할 때, y의 값은 2만큼 감소한다. 이 함수의 그래프의 x절편이 9일 때, ab의 값을 구하시오. (단, a, b는 상수)

0916
유형 10

일차함수 $y=5x-12$의 그래프에서 x의 값이 1에서 k까지 증가할 때, y의 값은 -7에서 3까지 증가한다. 이때 k의 값은?

① 2 　② 3 　③ 4
④ 5 　⑤ 6

0917
유형 11

오른쪽 그림과 같은 일차함수의 그래프에서 x의 값이 3만큼 증가할 때, y의 값의 증가량을 구하시오.

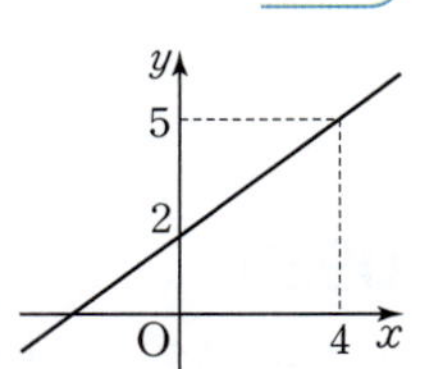

0918 유형 12

세 점 $(-1, 3)$, $(0, k)$, $(1, k-2)$가 한 직선 위에 있을 때, k의 값은?

① -3 ② -2 ③ -1

④ 1 ⑤ 2

0919 유형 13

다음 중 일차함수 $y=-\dfrac{1}{2}x-3$의 그래프는?

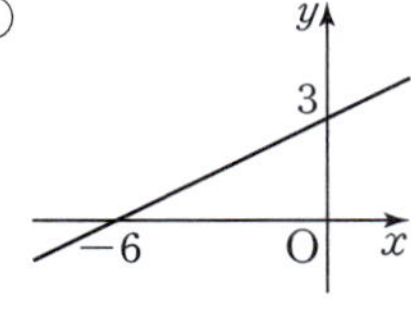
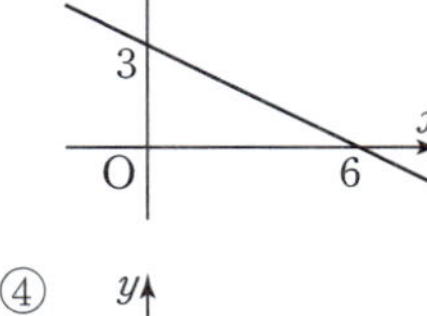
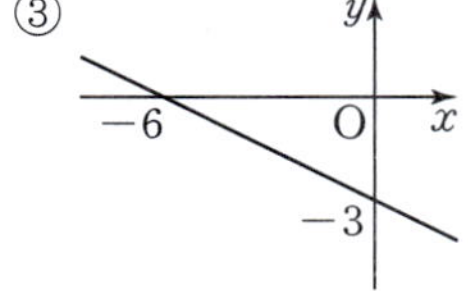
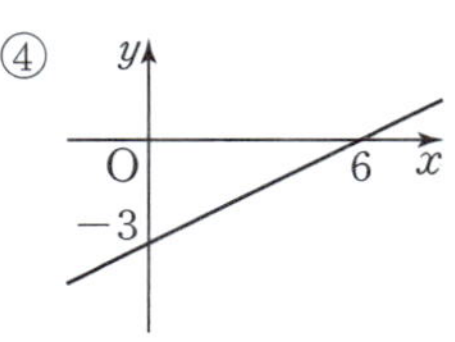
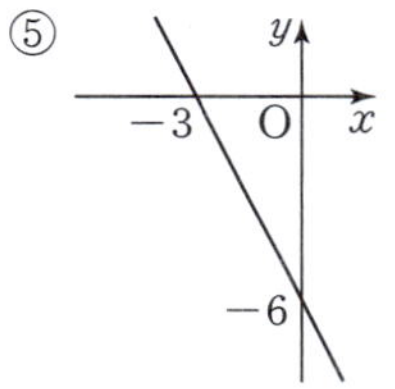

0920 유형 15

오른쪽 그림과 같이 두 일차함수 $y=x+6$, $y=-2x+6$의 그래프 와 x축으로 둘러싸인 도형의 넓이 를 구하시오.

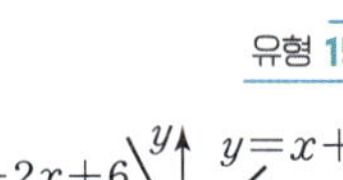
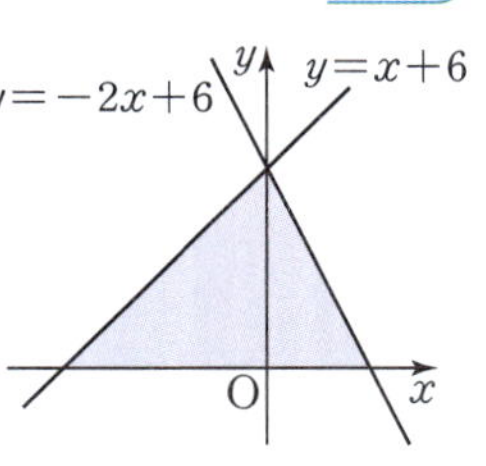

서술형

0921 유형 05

일차함수 $y=-4x+a$의 그래프가 두 점 $(-1, 7)$, $(b, -5)$를 지날 때, $a+b$의 값을 구하시오. (단, a는 상수)

0922 유형 10

일차함수 $f(x)=ax+b$에 대하여 $\dfrac{f(5)-f(2)}{3}=-\dfrac{1}{2}$이 고 $f(4)=2$일 때, $f(-2)$의 값을 구하시오.

(단, a, b는 상수)

0923 유형 14

일차함수 $y=ax-8$의 그래프와 x축, y축으로 둘러싸인 도형의 넓이가 8일 때, 양수 a의 값을 구하시오.

C 실력 향상
하 ⸱⸱⸱⸱⸱ 중 ⸱⸱⸱⸱⸱ 상100%

0924

오른쪽 그림과 같은 정사각형 ABCD에서 두 점 A, D는 각각 일차함수 $y=2x$와 $y=-x+15$의 그래프 위에 있고, 두 점 B, C는 x축 위에 있다. 다음 물음에 답하시오.

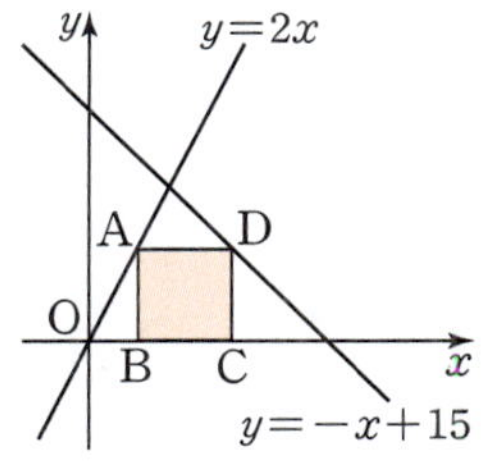

(1) 점 B의 x좌표를 a라 할 때, 점 A의 좌표와 $\overline{AB}$의 길이를 각각 a를 사용하여 나타내시오.

(2) a의 값을 구하시오.

(3) 정사각형 ABCD의 넓이를 구하시오.

0925

두 일차함수 $y=\dfrac{1}{3}x-2$, $y=-2x+a$의 그래프가 x축과 만나는 점을 각각 P, Q라 할 때, $\overline{PQ}=4$이다. 이때 상수 a의 값을 모두 구하시오.

0926

오른쪽 그림과 같이 두 일차함수 $y=-2x+p$, $y=\dfrac{1}{4}x+q$의 그래프가 y축과 만나는 점을 각각 A, B, x축과 만나는 점을 각각 C, D라 하자. $\overline{AB}:\overline{BO}=3:1$이고 $\overline{CD}=18$일 때, 상수 p, q에 대하여 $p-q$의 값은?

(단, O는 원점, $p>q$)

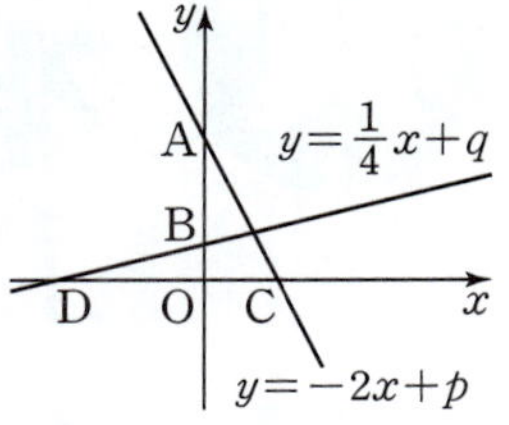

① 6 ② 7 ③ 8
④ 9 ⑤ 10

0927

다음 그림과 같이 한 변의 길이가 10인 정사각형 AOBC의 꼭짓점 A를 지나고 변 BC 위의 한 점 D를 지나는 직선을 그을 때, 삼각형 ADC의 넓이가 사다리꼴 AOBD의 넓이의 $\dfrac{3}{7}$이 되도록 하는 직선 AD의 기울기를 구하시오.

(단, O는 원점)

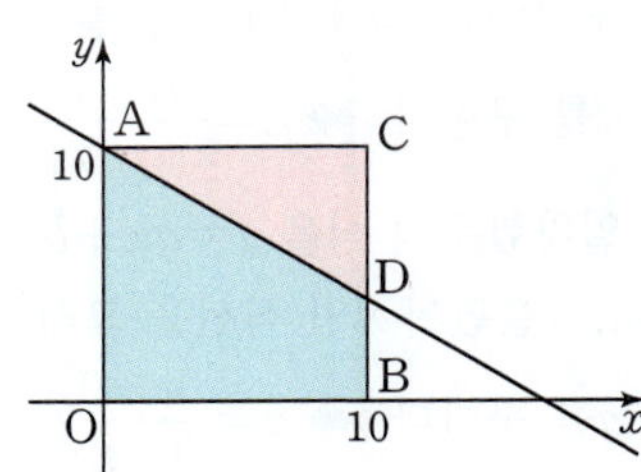

◗ 기출 BOOK 30쪽

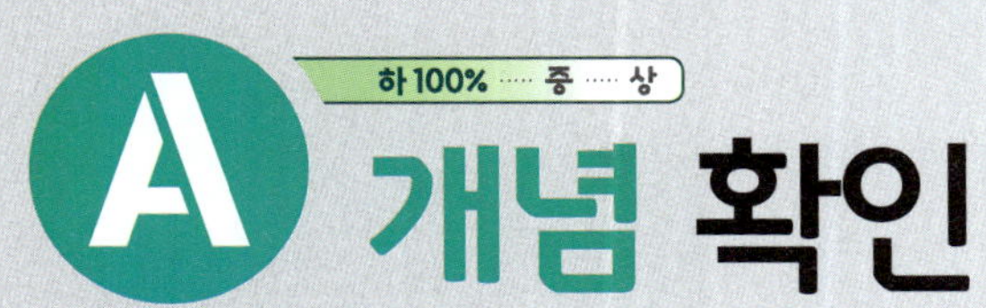

A 개념 확인

09-1 일차함수 $y=ax+b$의 그래프의 성질 유형 01, 02

(1) **기울기 a의 부호**: 그래프의 모양 결정
  ① $a>0$이면 x의 값이 증가할 때, y의 값도 증가한다.
    ➡ 오른쪽 위로 향하는 직선
  ② $a<0$이면 x의 값이 증가할 때, y의 값은 감소한다.
    ➡ 오른쪽 아래로 향하는 직선
(2) **y절편 b의 부호**: 그래프가 y축과 만나는 부분 결정
  ① $b>0$이면 y축과 양의 부분에서 만난다. →y절편이 양수
  ② $b<0$이면 y축과 음의 부분에서 만난다. →y절편이 음수

> 개념➕
> 일차함수 $y=ax+b$의 그래프에서 $|a|$의 값이 클수록 그래프는 y축에 가깝고 $|a|$의 값이 작을수록 그래프는 x축에 가깝다.
>
> $b=0$이면 일차함수 $y=ax+b$의 그래프는 원점을 지난다.

09-2 일차함수의 그래프의 평행, 일치 유형 03

(1) 기울기가 같은 두 일차함수의 그래프는 서로 평행하거나 일치한다.
  ① 기울기가 같고 y절편이 다르면 ➡ 두 그래프는 서로 평행하다.
  ② 기울기가 같고 y절편도 같으면 ➡ 두 그래프는 일치한다.
(2) 서로 평행한 두 일차함수의 그래프의 기울기는 같다.

> 기울기가 같은 두 일차함수의 그래프는 평행이동에 의하여 겹쳐진다.
>
> 기울기가 다른 두 일차함수의 그래프는 한 점에서 만난다.

09-3 일차함수의 식 구하기 유형 04~08

(1) 기울기가 a이고 y절편이 b인 직선을 그래프로 하는 일차함수의 식 ➡ $y=ax+b$
(2) 기울기가 a이고 점 (x_1, y_1)을 지나는 직선을 그래프로 하는 일차함수의 식 구하기
  ❶ 구하는 일차함수의 식을 $y=ax+b$로 놓는다.
  ❷ $y=ax+b$에 $x=x_1$, $y=y_1$을 대입하여 b의 값을 구한다.
(3) 서로 다른 두 점 (x_1, y_1), (x_2, y_2)를 지나는 직선을 그래프로 하는 일차함수의 식 구하기
  ❶ 기울기 a를 구한다. ➡ $a=\dfrac{y_2-y_1}{x_2-x_1}=\dfrac{y_1-y_2}{x_1-x_2}$
  ❷ 구하는 일차함수의 식을 $y=ax+b$로 놓고 한 점의 좌표를 대입하여 b의 값을 구한다.
(4) x절편이 m, y절편이 n인 직선을 그래프로 하는 일차함수의 식 구하기
  ❶ 기울기 a를 구한다. ➡ $a=\dfrac{n-0}{0-m}=-\dfrac{n}{m}$
  ❷ y절편이 n이므로 구하는 일차함수의 식은 $y=-\dfrac{n}{m}x+n$이다.

> $y=ax+b$
>   기울기 y절편
>
> 일차함수의 그래프의 기울기는 다음과 같이 주어질 수 있다.
> ① 평행한 그래프의 식이 주어지는 경우
> ② x, y의 값의 증가량이 주어지는 경우
>
> x절편이 m, y절편이 n인 직선은 두 점 $(m, 0)$, $(0, n)$을 지나는 직선이다.

09-4 일차함수의 활용 유형 09~16

일차함수의 활용 문제는 다음과 같은 순서로 해결한다.
❶ 문제의 뜻을 이해하고, 두 변수 x, y를 정한다.
❷ x와 y 사이의 관계를 일차함수의 식으로 나타낸다.
❸ 일차함수의 식이나 그래프를 이용하여 필요한 함숫값을 구한다.
❹ 구한 답이 문제의 뜻에 맞는지 확인한다.

> 먼저 변하는 양을 변수 x로 놓고 x의 값에 따라 변하는 양을 변수 y로 놓는다.

 일차함수 $y=ax+b$의 그래프의 성질

[0928~0930] 다음을 만족시키는 직선을 그래프로 하는 일차함수의 식을 보기에서 모두 고르시오.

> 보기
> ㄱ. $y=x$ ㄴ. $y=\dfrac{1}{2}x+4$
> ㄷ. $y=-3x+\dfrac{1}{6}$ ㄹ. $y=2x-5$
> ㅁ. $y=-4x+9$ ㅂ. $y=-7x-3$

0928 오른쪽 위로 향하는 직선

0929 x의 값이 증가할 때, y의 값은 감소하는 직선

0930 y축과 양의 부분에서 만나는 직선

[0931~0932] 일차함수 $y=ax+b$의 그래프가 다음 그림과 같을 때, 상수 a, b의 부호를 각각 구하시오.

0931 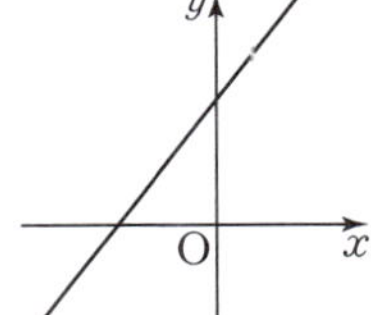

0932 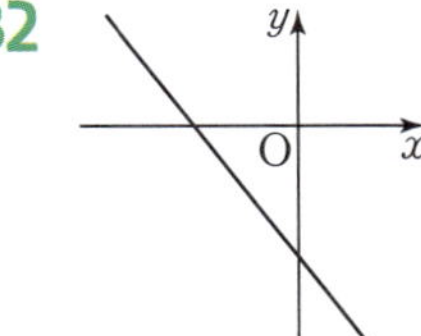

 일차함수의 그래프의 평행, 일치

[0933~0934] 다음 두 일차함수의 그래프가 서로 평행할 때, 상수 a의 값을 구하시오.

0933 $y=ax+7$, $y=3x-5$

0934 $y=-4x+2$, $y=\dfrac{1}{2}ax-6$

[0935~0936] 다음 두 일차함수의 그래프가 일치할 때, 상수 a, b의 값을 각각 구하시오.

0935 $y=-2x+a$, $y=bx+5$

0936 $y=6x+2b$, $y=3ax-14$

 일차함수의 식 구하기

[0937~0938] 다음 직선을 그래프로 하는 일차함수의 식을 구하시오.

0937 기울기가 2이고 y절편이 9인 직선

0938 일차함수 $y=\dfrac{1}{3}x+4$의 그래프와 평행하고 y절편이 -2인 직선

[0939~0940] 다음 직선을 그래프로 하는 일차함수의 식을 구하시오.

0939 기울기가 -3이고 점 $(4, -2)$를 지나는 직선

0940 x의 값이 2만큼 증가할 때 y의 값은 8만큼 증가하고, 점 $(1, 6)$을 지나는 직선

[0941~0942] 다음 두 점을 지나는 직선을 그래프로 하는 일차함수의 식을 구하시오.

0941 $(-2, 7)$, $(1, 1)$

0942 $(1, 2)$, $(3, 12)$

[0943~0944] 다음 직선을 그래프로 하는 일차함수의 식을 구하시오.

0943 x절편이 -2, y절편이 3인 직선

0944 두 점 $(4, 0)$, $(0, -5)$를 지나는 직선

 일차함수의 활용

0945 한 송이에 1500원인 장미 x송이를 사고 10000원을 내면 거스름돈 y원을 받는다고 할 때, 다음 물음에 답하시오.

⑴ y를 x에 대한 식으로 나타내시오.

⑵ 장미 4송이를 샀을 때, 거스름돈은 얼마인지 구하시오.

유형 완성

빈출

유형 01 일차함수 $y=ax+b$의 그래프의 성질

일차함수 $y=ax+b$의 그래프는
(1) $a>0$이면 오른쪽 위로 향하는 직선이다.
   $a<0$이면 오른쪽 아래로 향하는 직선이다.
(2) $b>0$이면 y축과 양의 부분에서 만난다.
   $b<0$이면 y축과 음의 부분에서 만난다.
참고 a의 절댓값이 클수록 y축에 가깝다.

0946 대표 문제

다음 중 일차함수 $y=3x-4$의 그래프에 대한 설명으로 옳은 것은?

① 오른쪽 아래로 향하는 직선이다.

② 점 $(4, 16)$을 지난다.

③ 제4사분면을 지나지 않는다.

④ x절편은 $\dfrac{4}{3}$, y절편은 -4이다.

⑤ 일차함수 $y=3x$의 그래프를 y축의 방향으로 4만큼 평행이동한 것이다.

0947 중

다음 일차함수 중 그 그래프가 y축에 가장 가까운 것은?

① $y=-5x-4$ ② $y=3x-4$

③ $y=-9x-4$ ④ $y=\dfrac{1}{9}x-4$

⑤ $y=-\dfrac{1}{3}x-4$

0948 중

다음 보기 중 일차함수 $y=ax+b$의 그래프에 대한 설명으로 옳지 <u>않은</u> 것을 모두 고른 것은? (단, a, b는 상수)

보기
ㄱ. $a<0$이면 x의 값이 증가할 때, y의 값은 감소한다.
ㄴ. $b>0$이면 제2사분면을 반드시 지난다.
ㄷ. x축과 점 $(a, 0)$에서 만나고, y축과 점 $(0, b)$에서 만난다.
ㄹ. x의 값의 증가량이 1일 때, y의 값의 증가량은 $\dfrac{1}{a}$이다.

① ㄱ, ㄴ   ② ㄱ, ㄷ   ③ ㄴ, ㄷ

④ ㄴ, ㄹ   ⑤ ㄷ, ㄹ

0949 중

다음 중 오른쪽 일차함수의 그래프 ㉠~㉣에 대한 설명으로 옳은 것을 모두 고르면? (정답 2개)

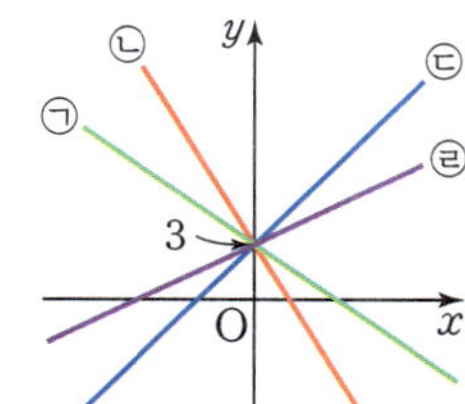

① 모든 그래프의 y절편은 3이다.

② x절편이 가장 큰 그래프는 ㉣이다.

③ x의 값이 증가할 때, y의 값은 감소하는 그래프는 ㉢, ㉣이다.

④ ㉡의 그래프는 ㉠의 그래프보다 기울기가 크다.

⑤ 기울기가 가장 큰 그래프는 ㉢이다.

유형 02 일차함수 $y=ax+b$의 그래프와 a, b의 부호

일차함수 $y=ax+b$의 그래프가
(1) 오른쪽 위로 향하면 $a>0$
오른쪽 아래로 향하면 $a<0$
(2) y축과 양의 부분에서 만나면 $b>0$
y축과 음의 부분에서 만나면 $b<0$

0950 대표 문제

$a<0$, $b<0$일 때, 일차함수 $y=-ax+b$의 그래프가 지나지 않는 사분면을 구하시오. (단, a, b는 상수)

0951 종

일차함수 $y=ax-b$의 그래프가 오른쪽 그림과 같을 때, 다음 중 옳은 것은?
(단, a, b는 상수)

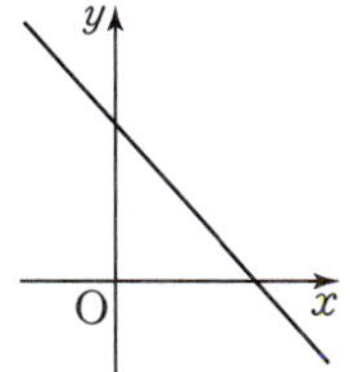

① $a>0$, $b>0$　　② $a>0$, $b<0$
③ $a<0$, $b>0$　　④ $a<0$, $b<0$
⑤ $a<0$, $b=0$

0952 종

$ab>0$, $a+b>0$일 때, 다음 중 일차함수 $y=ax+b$의 그래프로 알맞은 것은? (단, a, b는 상수)

① 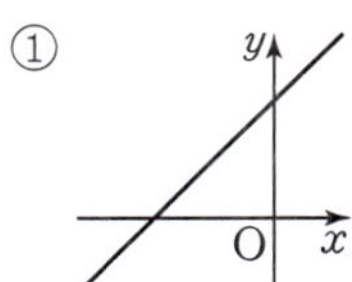　② 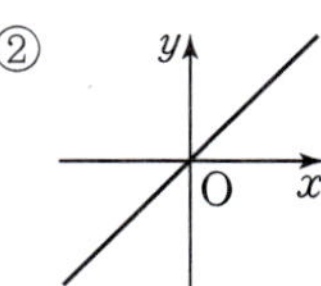　③ 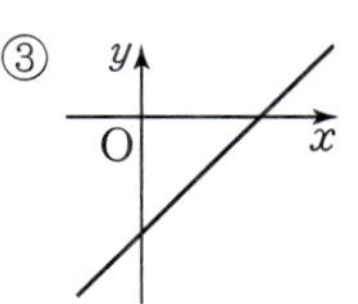

④ 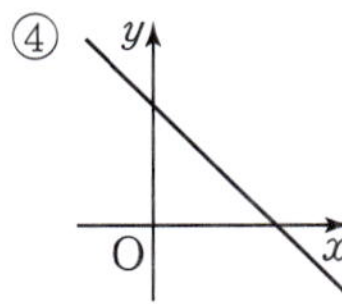　⑤ 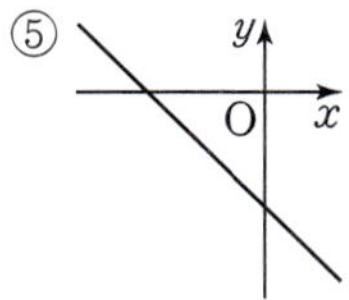

0953 종

일차함수 $y=\dfrac{b}{a}x-b$의 그래프가 오른쪽 그림과 같을 때, 일차함수 $y=ax-ab$의 그래프가 지나지 <u>않는</u> 사분면은?
(단, a, b는 상수)

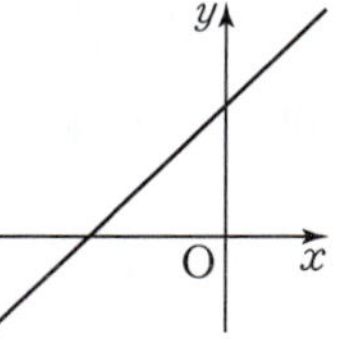

① 제1사분면　　② 제2사분면　　③ 제3사분면
④ 제4사분면　　⑤ 제2, 4사분면

0954 종

일차함수 $y=bx+a$의 그래프가 제2, 3, 4사분면을 지날 때, 다음 중 일차함수 $y=-\dfrac{1}{ab}x-b$의 그래프로 알맞은 것은? (단, a, b는 상수)

① 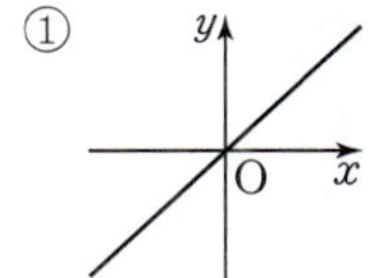　② 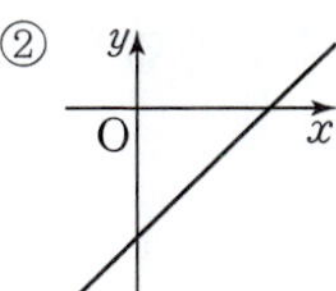　③ 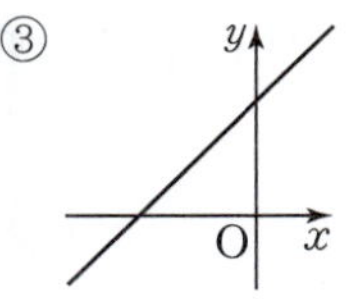

④ 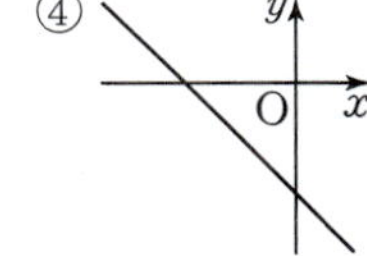　⑤ 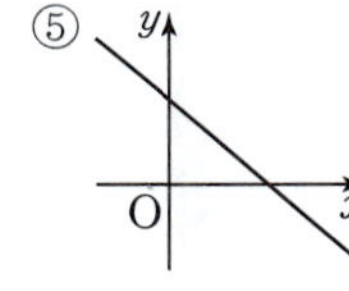

유형 03 일차함수의 그래프의 평행과 일치

두 일차함수 $y=ax+b$, $y=cx+d$의 그래프가
(1) 평행하면 ➡ $a=c$, $b\neq d$
└ 기울기가 같고, y절편이 다르다.
(2) 일치하면 ➡ $a=c$, $b=d$
└ 기울기가 같고, y절편도 같다.

0955 대표 문제

두 점 $(-1, k-4)$, $(2, 2k+8)$을 지나는 직선이 일차함수 $y=6x-2$의 그래프와 평행할 때, k의 값을 구하시오.

0956 ⑱

다음 일차함수 중 그 그래프가 일차함수 $y=-\dfrac{1}{4}x+5$의 그래프와 만나지 <u>않는</u> 것은?

① $y=3x-\dfrac{1}{4}$ ② $y=\dfrac{1}{4}x+2$

③ $y=-\dfrac{1}{4}x-1$ ④ $y=-\dfrac{1}{3}x+4$

⑤ $y=-4x+1$

0957 ⑳

두 일차함수 $y=2(a-3)x+1$, $y=(a+5)x-3$의 그래프가 서로 평행할 때, 상수 a의 값을 구하시오.

0958 ⑳

다음 조건을 만족시키는 상수 a, b에 대하여 ab의 값은?

> **조건**
> ㈎ 일차함수 $y=ax+4$의 그래프는 두 점 $(-3,\,2)$, $(6,\,-1)$을 지나는 직선과 평행하다.
> ㈏ 일차함수 $y=\dfrac{3}{2}x+b$의 그래프는 일차함수 $y=\dfrac{3}{2}x-12$의 그래프와 일치한다.

① -4 ② -2 ③ 2

④ 4 ⑤ 8

0959 ⑳

일차함수 $y=ax-8$의 그래프는 일차함수 $y=-4x+1$의 그래프와 평행하고, 일차함수 $y=3x+b$의 그래프와 x축 위에서 만난다. 이때 상수 a, b에 대하여 $b-a$의 값은?

① 8 ② 9 ③ 10

④ 11 ⑤ 12

0960 ⑳   서술형

일차함수 $y=ax+4$의 그래프를 y축의 방향으로 -3만큼 평행이동한 그래프가 일차함수 $y=5x+b$의 그래프와 일치한다. 이때 상수 a, b에 대하여 $a+b$의 값을 구하시오.

유형 04   **직선이 선분과 만나도록 하는 기울기의 범위**

일차함수 $y=ax+b$의 그래프가 선분 AB와 만나도록 하는 상수 a의 값의 범위
➡ (직선 m의 기울기)$\leq a \leq$(직선 l의 기울기)

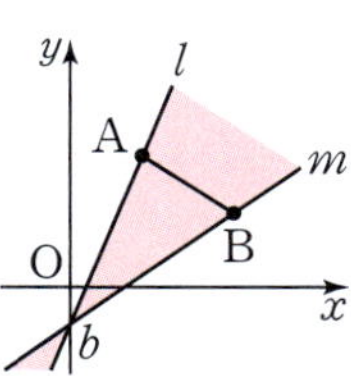

0961   **대표 문제**

오른쪽 그림과 같이 좌표평면 위에 두 점 A$(-2,\,8)$, B$(-6,\,2)$가 있다. 일차함수 $y=ax-2$의 그래프가 선분 AB와 만나도록 하는 상수 a의 값의 범위를 구하시오.

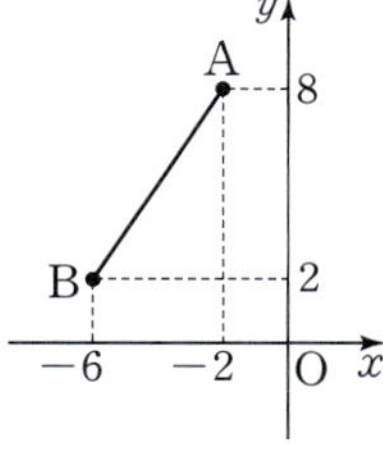

0962 ⑧

오른쪽 그림과 같이 좌표평면 위에 두 점 $A(1, 5)$, $B(5, 4)$가 있다. 일차함수 $y=ax+2$의 그래프가 선분 AB와 만나도록 하는 상수 a의 값의 범위가 $m \leq a \leq n$일 때, mn의 값을 구하시오.

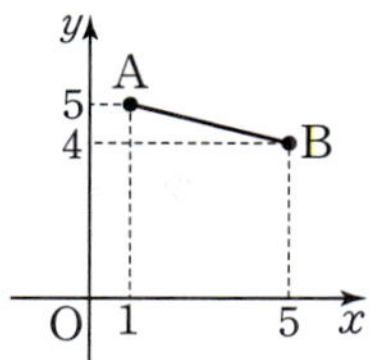

0963 ⑧

오른쪽 그림과 같이 좌표평면 위에 네 점 $A(2, 6)$, $B(2, 3)$, $C(4, 3)$, $D(4, 6)$을 꼭짓점으로 하는 직사각형 $ABCD$가 있다. 일차함수 $y=ax+1$의 그래프가 이 직사각형과 만나도록 하는 상수 a의 값의 범위는?

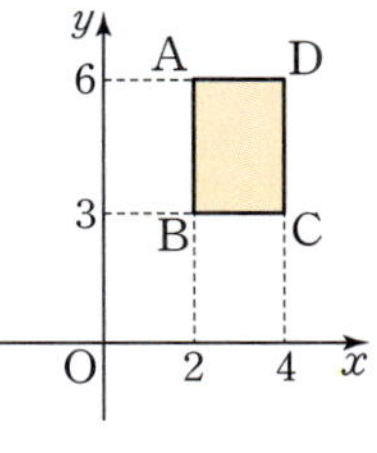

① $\dfrac{1}{5} \leq a \leq \dfrac{1}{2}$ ② $\dfrac{1}{2} \leq a \leq \dfrac{5}{2}$ ③ $\dfrac{1}{2} \leq a \leq 3$

④ $\dfrac{5}{2} \leq a \leq 5$ ⑤ $2 \leq a \leq 5$

유형 05 일차함수의 식 구하기(1)
 – 기울기와 y절편을 알 때

기울기가 a이고 y절편이 b인 직선을 그래프로 하는 일차함수의 식
➡ $y=ax+b$

0964 [대표 문제]

x의 값이 2만큼 증가할 때 y의 값이 6만큼 감소하고, y절편이 1인 직선을 그래프로 하는 일차함수의 식을 $y=ax+b$라 하자. 이때 상수 a, b에 대하여 $a+b$의 값을 구하시오.

0965 ⑧

점 $(0, -6)$을 지나고 기울기가 $\dfrac{1}{4}$인 일차함수의 그래프가 점 $(8a, a+7)$을 지날 때, a의 값은?

① 9 ② 10 ③ 11

④ 12 ⑤ 13

0966 ⑧

두 점 $(7, -6)$, $(9, -2)$를 지나는 직선과 평행하고 일차함수 $y=-x+5$의 그래프와 y절편이 같은 직선을 그래프로 하는 일차함수의 식은?

① $y=-4x+5$ ② $y=-2x+5$ ③ $y=2x-5$

④ $y=2x+5$ ⑤ $y=4x-5$

0967 ⑧

[서술형]

오른쪽 그림과 같은 직선과 평행하고 일차함수 $y=-x+2$의 그래프와 y축 위에서 만나는 직선을 그래프로 하는 일차함수의 식을 구하시오.

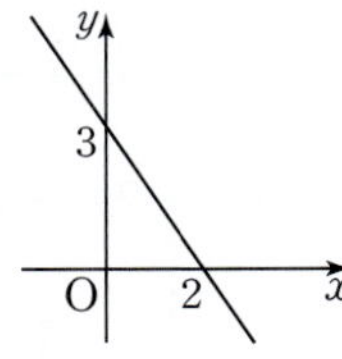

유형 06 일차함수의 식 구하기 (2)
– 기울기와 한 점의 좌표를 알 때

기울기가 a이고 점 (x_1, y_1)을 지나는 직선을 그래프로 하는 일차함수의 식

➡ $y=ax+b$로 놓고 $x=x_1$, $y=y_1$을 대입하여 b의 값을 구한다.

0968 대표 문제

일차함수 $y=\dfrac{3}{2}x+1$의 그래프와 평행하고 점 $(2, 1)$을 지나는 직선을 그래프로 하는 일차함수의 식을 $y=ax+b$라 하자. 이때 상수 a, b에 대하여 ab의 값을 구하시오.

0969 중

점 $\left(-\dfrac{4}{3}, 2\right)$를 지나고 기울기가 -3인 일차함수의 그래프가 점 $(k, -5)$를 지날 때, k의 값을 구하시오.

0970 중

두 점 $(2, 1)$, $(4, -3)$을 지나는 직선과 평행하고 x절편이 3인 직선을 그래프로 하는 일차함수의 식은?

① $y=-2x+6$
② $y=-\dfrac{1}{2}x+\dfrac{3}{2}$
③ $y=\dfrac{1}{3}x-1$
④ $y=2x-6$
⑤ $y=3x-9$

0971 상

일차함수 $f(x)$가 $\dfrac{f(a)-f(5)}{a-5}=4$를 만족시키고, 일차함수 $y=f(x)$의 그래프가 점 $(-2, 2)$를 지날 때, $f(4)$의 값은? (단, $a \neq 5$)

① 18
② 20
③ 22
④ 24
⑤ 26

빈출

유형 07 일차함수의 식 구하기 (3)
– 두 점의 좌표를 알 때

서로 다른 두 점 (x_1, y_1), (x_2, y_2)를 지나는 직선을 그래프로 하는 일차함수의 식

➡ 두 점을 지나는 직선의 기울기 $a=\dfrac{y_2-y_1}{x_2-x_1}$을 구한 후 $y=ax+b$로 놓고 한 점의 좌표를 대입하여 b의 값을 구한다.

참고 일차함수의 식을 $y=ax+b$로 놓고, 두 점의 좌표를 각각 대입하여 a, b의 값을 구할 수도 있다.

0972 대표 문제

두 점 $(-4, 9)$, $(8, -9)$를 지나는 일차함수의 그래프가 x축과 만나는 점의 좌표를 구하시오.

0973 중

오른쪽 그림과 같은 직선을 그래프로 하는 일차함수의 식은?

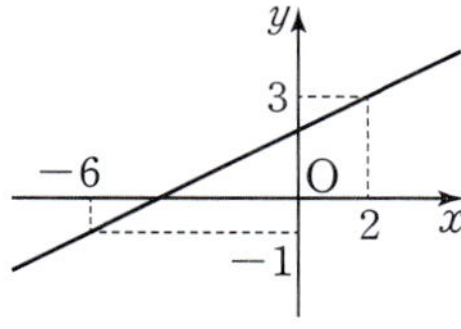

① $y=\dfrac{1}{3}x+2$
② $y=\dfrac{1}{3}x+\dfrac{5}{2}$
③ $y=\dfrac{1}{2}x+\dfrac{3}{2}$
④ $y=\dfrac{1}{2}x+2$
⑤ $y=\dfrac{1}{2}x+\dfrac{5}{2}$

0974 (중) 서술형

두 점 $(-2, 8)$, $(4, -4)$를 지나는 직선을 y축의 방향으로 -5만큼 평행이동한 그래프가 점 $(3, k)$를 지날 때, k의 값을 구하시오.

0975 (중)

다음 중 두 점 $(-3, 4)$, $(6, -2)$를 지나는 일차함수의 그래프에 대한 설명으로 옳지 <u>않은</u> 것은?

① x절편은 3이다.

② y축과 점 $(0, 2)$에서 만난다.

③ x의 값이 6만큼 증가할 때, y의 값은 4만큼 감소한다.

④ 점 $\left(1, \dfrac{2}{3}\right)$를 지난다.

⑤ 일차함수 $y = -\dfrac{2}{3}x$의 그래프와 평행하다.

0976 (중)

두 점 $(3, 2)$, $(5, 6)$을 지나는 일차함수의 그래프와 x축, y축으로 둘러싸인 도형의 넓이는?

① $\dfrac{7}{2}$ ② 4 ③ $\dfrac{9}{2}$

④ 10 ⑤ $\dfrac{11}{2}$

유형 08 **일차함수의 식 구하기 (4)**
— x절편과 y절편을 알 때

x절편이 m, y절편이 n인 직선을 그래프로 하는 일차함수의 식
　└ 두 점 $(m, 0)$, $(0, n)$을 지나는 직선

➡ $y = -\dfrac{n}{m}x + n$

　└ (기울기)$= \dfrac{n-0}{0-m} = -\dfrac{n}{m}$

0977 대표 문제

x절편이 4이고 y절편이 3인 일차함수의 그래프가 점 $(-8, k)$를 지날 때, k의 값은?

① 5 ② 6 ③ 7

④ 8 ⑤ 9

0978 (중)

일차함수 $y = ax + b$의 그래프가 오른쪽 그림과 같을 때, 상수 a, b에 대하여 $3a - b$의 값은?

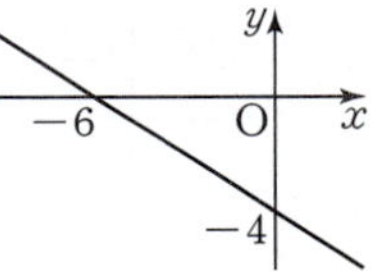

① 2 ② 3

③ 4 ④ 5

⑤ 6

0979 (중) 서술형

일차함수 $y = -2x - 6$의 그래프와 x축 위에서 만나고, 일차함수 $y = \dfrac{1}{4}x + 9$의 그래프와 y축 위에서 만나는 직선을 그래프로 하는 일차함수의 식을 구하시오.

처음 온도는 $a\,^{\circ}\mathrm{C}$이고 1분마다 온도가 $k\,^{\circ}\mathrm{C}$씩 일정하게 변할 때, x분 후의 온도를 $y\,^{\circ}\mathrm{C}$라 하면
➡ $y=a+kx$
└ 온도가 올라가면 $k>0$, 온도가 내려가면 $k<0$

0980 대표 문제

지면으로부터 10 km까지는 높이가 1 km 높아질 때마다 기온이 6 °C씩 일정하게 내려간다고 한다. 지면에서의 기온이 15 °C일 때, 기온이 −3 °C인 지점의 지면으로부터의 높이는 몇 km인지 구하시오.

0981 ⑧

서술형

비커에 담긴 물을 가열하면서 1분마다 물의 온도를 재었더니 일정하게 온도가 올라갔다. 다음 표는 비커에 담긴 물을 가열한 지 x분 후의 물의 온도 $y\,^{\circ}\mathrm{C}$를 나타낸 것일 때, 물음에 답하시오.

x	0	1	2	3	4	5	6
y	4	8	12	16	20	24	28

(1) y를 x에 대한 식으로 나타내시오.

(2) 가열한 지 15분 후의 물의 온도를 구하시오.

(3) 물은 100 °C에서 끓는다고 할 때, 가열한 지 몇 분 후에 물이 끓기 시작하는지 구하시오.

0982 ⑧

주전자에 담긴 80 °C의 물을 실온에 두면 6분마다 물의 온도가 9 °C씩 일정하게 내려간다고 한다. 물의 온도가 20 °C가 되는 것은 물을 실온에 둔 지 몇 분 후인지 구하시오.

처음 길이는 $a\,\mathrm{cm}$이고 1분마다 길이가 $k\,\mathrm{cm}$씩 일정하게 변할 때, x분 후의 길이를 $y\,\mathrm{cm}$라 하면
➡ $y=a+kx$
└ 길이가 늘어나면 $k>0$, 길이가 줄어들면 $k<0$

0983 대표 문제

길이가 30 cm인 양초에 불을 붙이면 5분마다 양초의 길이가 2 cm씩 일정하게 짧아진다고 한다. 이 양초가 모두 타는 데 몇 분이 걸리는지 구하시오.

0984 ⑧

길이가 10 cm인 용수철저울에 4 g의 추를 매달 때마다 용수철의 길이가 2 cm씩 일정하게 늘어난다고 한다. 이 용수철저울에 30 g의 추를 매달았을 때의 용수철의 길이를 구하시오.

0985 ⑧

현재 높이가 4 cm인 붓꽃이 2일마다 4 cm씩 일정하게 자란다고 한다. x일 후의 붓꽃의 높이를 $y\,\mathrm{cm}$라 할 때, 다음 보기 중 옳은 것을 모두 고른 것은?

보기
ㄱ. y를 x에 대한 식으로 나타내면 $y=4+4x$이다.
ㄴ. 붓꽃은 하루에 2 cm씩 자란다.
ㄷ. 15일 후의 붓꽃의 높이는 38 cm이다.
ㄹ. 붓꽃의 높이가 30 cm가 되는 것은 13일 후이다.

① ㄱ, ㄴ   ② ㄱ, ㄷ   ③ ㄴ, ㄷ
④ ㄴ, ㄹ   ⑤ ㄷ, ㄹ

유형 11　물의 양에 대한 문제

처음 물의 양은 a L이고 1분마다 물의 양이 k L씩 일정하게 변할 때, x분 후의 물의 양을 y L라 하면

➡ $y=a+kx$
　└ 물의 양이 늘어나면 $k>0$, 물의 양이 줄어들면 $k<0$

0986　대표 문제

300 L의 물을 넣을 수 있는 물통에 60 L의 물이 들어 있다. 이 물통에 5분마다 30 L씩 일정한 속력으로 물을 넣을 때, 물통에 물을 가득 채우는 데 걸리는 시간은?

① 38분　　　② 40분　　　③ 42분

④ 44분　　　⑤ 46분

0987 ㉗

1 L의 휘발유로 12 km를 달리는 자동차가 있다. 이 자동차에 30 L의 휘발유를 넣고 240 km를 달린 후에 남아 있는 휘발유의 양은?

① 6 L　　　② 8 L　　　③ 10 L

④ 12 L　　　⑤ 14 L

0988 ㉑

연비가 18 km/L인 어떤 자동차에 연료를 가득 채운 후 일정한 속력으로 주행했더니 1080 km를 주행한 후에 연료가 완전히 소모되었다. 이 자동차에 다시 연료를 가득 채운 후 x km를 주행하고 남아 있는 연료의 양을 y L라 할 때, y를 x에 대한 식으로 나타내시오.

유형 12　거리, 속력, 시간에 대한 문제

거리가 a km 떨어진 곳을 분속 k km로 갈 때, 출발한 지 x분 후에 남은 거리를 y km라 하면

➡ $y=a-kx$
　　└ (거리)=(속력)×(시간)

0989　대표 문제

수지는 집에서 출발하여 240 km 떨어진 하연이네 집까지 직선 도로를 따라 자동차를 타고 분속 1.2 km로 달리고 있다. 하연이네 집까지 남은 거리가 150 km가 되는 것은 출발한 지 몇 분 후인가?

① 60분 후　　　② 65분 후　　　③ 70분 후

④ 75분 후　　　⑤ 80분 후

0990 ㉗　　서술형

어느 건물의 20층에 엘리베이터가 멈추어 있을 때, 지면으로부터 엘리베이터의 바닥까지의 높이가 56 m이다. 이 엘리베이터가 20층에서 출발하여 중간에 서지 않고 초속 2 m로 내려올 때, 엘리베이터가 출발한 지 x초 후의 지면으로부터 엘리베이터의 바닥까지의 높이를 y m라 하자. 다음 물음에 답하시오.

⑴ y를 x에 대한 식으로 나타내시오.

⑵ 지면으로부터 엘리베이터의 바닥까지의 높이가 30 m가 되는 것은 출발한 지 몇 초 후인지 구하시오.

0991 ㉗

나연이와 민주가 직선 트랙에서 달리기 시합을 하는데 민주가 나연이보다 60 m 앞에서 동시에 출발하여 나연이는 초속 4 m로, 민주는 초속 3 m로 달린다고 한다. 나연이가 민주를 따라잡는 데 몇 초가 걸리는지 구하시오.

유형 13 도형에 대한 문제

점 P가 점 A를 출발하여 $\overline{AB}$를 따라 점 B까지 초속 k cm로 움직일 때, $\overline{AB}=a$ cm이면 점 P가 점 A를 출발한 지 x초 후에
➡ $\overline{AP}=kx$ cm, $\overline{PB}=(a-kx)$ cm

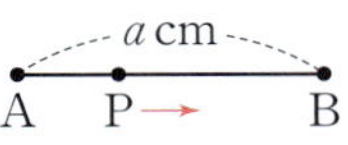

0992 대표 문제

오른쪽 그림과 같은 직사각형 ABCD에서 점 P는 점 B를 출발하여 $\overline{BC}$를 따라 점 C까지 초속 2 cm로 움직인다. 사각형 APCD의 넓이가 80 cm²가 되는 것은 점 P가 점 B를 출발한 지 몇 초 후인지 구하시오.

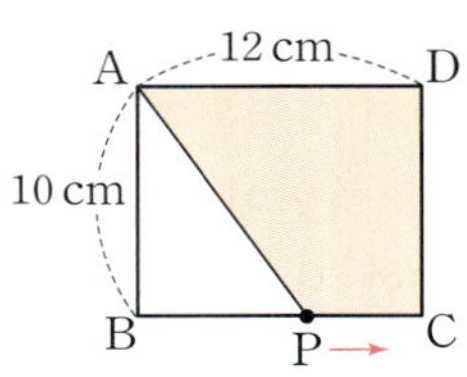

0993 중

오른쪽 그림과 같은 직사각형 ABCD에서 점 P는 점 A를 출발하여 $\overline{AB}$를 따라 점 B까지 4초에 2 cm씩 움직인다. 점 P가 점 A를 출발한 지 18초 후의 삼각형 APD의 넓이를 구하시오.

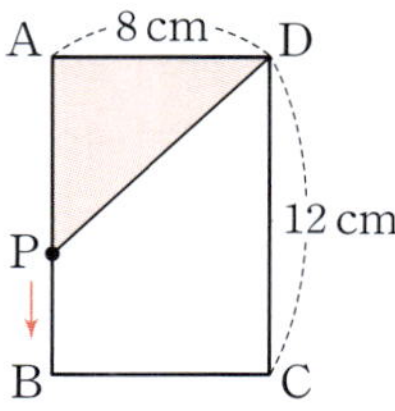

0994 중

오른쪽 그림에서 $\overline{AB}\perp\overline{BC}$, $\overline{DC}\perp\overline{BC}$이고 점 P는 점 B를 출발하여 $\overline{BC}$를 따라 점 C까지 매초 3 cm씩 움직인다. 점 P가 점 B를 출발한 지 x초 후의 △ABP와 △DPC의 넓이의 합을 y cm²라 할 때, y를 x에 대한 식으로 나타내고, △ABP와 △DPC의 넓이의 합이 216 cm²가 되는 것은 점 P가 점 B를 출발한 지 몇 초 후인지 구하시오.

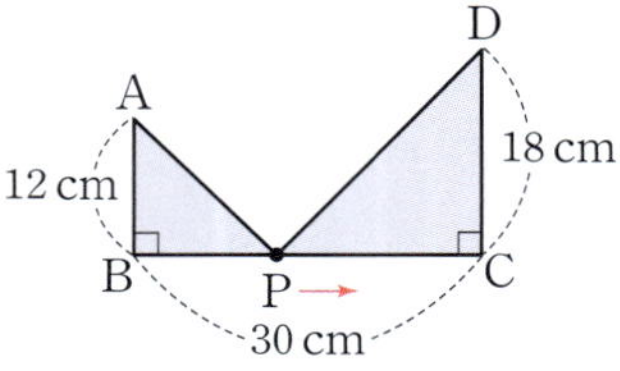

유형 14 개수에 대한 문제

[1단계]의 막대가 a개이고 한 단계 늘어날 때마다 막대가 k개씩 일정하게 늘어날 때, [x단계]의 막대를 y개라 하면
➡ $y=a+k(x-1)$

0995 대표 문제

다음 그림과 같이 길이와 모양이 같은 성냥개비로 정삼각형을 한 방향으로 연결하여 만들 때, 정삼각형 15개를 만드는 데 필요한 성냥개비의 개수는?

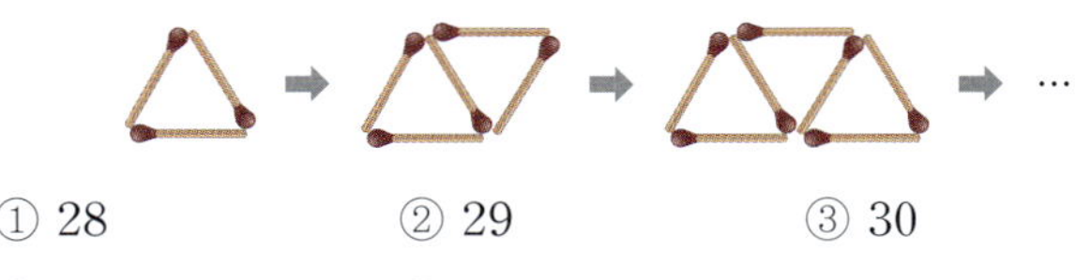

① 28　　　② 29　　　③ 30
④ 31　　　⑤ 32

0996 중 　　　　　　　　　　　　　　　　서술형

아래 그림과 같이 한 변의 길이가 2 cm인 정육각형 모양의 블록을 한 방향으로 한 변에 한 개씩 이어 붙여서 새로운 도형을 만들려고 한다. x개의 블록으로 만든 도형의 둘레의 길이를 y cm라 할 때, 다음 물음에 답하시오.

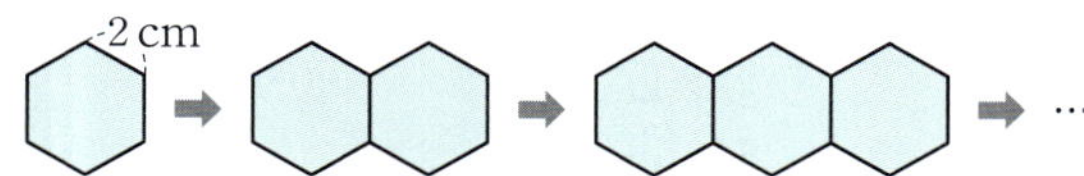

(1) y를 x에 대한 식으로 나타내시오.
(2) 10개의 블록으로 만든 도형의 둘레의 길이를 구하시오.

유형 15 여러 가지 일차함수의 활용

두 변수 x, y를 정하고 x와 y 사이의 관계를 파악하여 y를 x에 대한 일차함수의 식으로 나타낸 후 주어진 조건을 이용하여 필요한 함숫값을 구한다.

0997 대표 문제

해수면에서 공기가 누르는 압력은 1기압이고, 물속으로 10 m 내려갈 때마다 압력이 1기압씩 일정하게 높아진다고 한다. 수심이 90 m인 지점의 압력은 몇 기압인지 구하시오.

0998 ⟨종⟩

500원짜리 동전 한 개의 무게는 7.7 g이다. 무게가 180 g인 저금통에 500원짜리 동전만 넣었을 때, 전체 무게가 1720 g이 되는 것은 500원짜리 동전을 몇 개 넣었을 때인지 구하시오.

0999 ⟨종⟩

기현이는 오전에 운동을 시작하여 120 kcal를 소모한 후 오후 12시부터 10분마다 30 kcal가 일정하게 소모되는 걷기 운동을 하였다. 운동으로 전체 375 kcal를 소모했을 때, 걷기 운동이 끝난 시각은?

① 오후 1시 10분 ② 오후 1시 15분

③ 오후 1시 20분 ④ 오후 1시 25분

⑤ 오후 1시 30분

1000 ⟨상⟩

차량을 사고 또는 고장 등으로 인해 견인할 경우, 견인 거리가 출발 지점에서부터 4 km까지는 기본요금 15000원이고, 4 km 초과 시 1 km당 2000원의 추가 요금을 낸다고 한다. 차량의 견인 거리가 x km $(x \geq 4)$일 때의 견인 요금을 y원이라 할 때, 다음 물음에 답하시오.

(단, (견인 요금) = (기본요금) + (추가 요금))

(1) y를 x에 대한 식으로 나타내시오.

(2) 차량의 견인 거리가 12 km일 때의 견인 요금을 구하시오.

 그래프를 이용한 일차함수의 활용

그래프가 지나는 서로 다른 두 점을 이용하여 주어진 그래프가 나타내는 일차함수의 식을 먼저 구한다.

1001 ⟨대표 문제⟩

오른쪽 그림은 용량이 720 MB(메가바이트)인 파일을 내려받기 시작한 지 x초 후에 남은 파일의 용량을 y MB라 할 때, x와 y 사이의 관계를 그래프로 나타낸 것이다. 파일을 내려받기 시작한 지 30초 후에 남은 파일의 용량은?

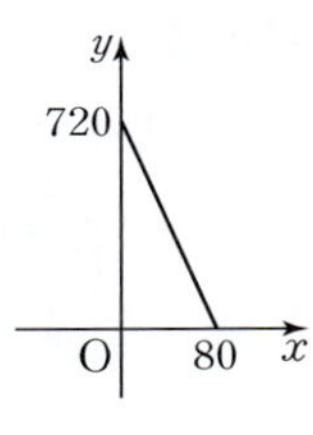

① 450 MB ② 458 MB ③ 466 MB

④ 474 MB ⑤ 482 MB

1002 ⟨종⟩

오른쪽 그림은 400 mL의 물이 들어 있는 가습기를 사용하기 시작한 지 x시간 후에 가습기에 남은 물의 양을 y mL라 할 때, x와 y 사이의 관계를 그래프로 나타낸 것이다. y를 x에 대한 식으로 나타내고, 가습기에 남은 물의 양이 100 mL가 되는 것은 가습기를 사용하기 시작한 지 몇 시간 후인지 구하시오.

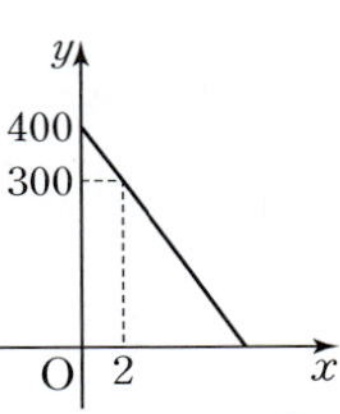

1003 ⟨종⟩

오른쪽 그림은 어느 택배 회사에서 무게가 x kg인 물건의 배송 가격을 y원이라 할 때, x와 y 사이의 관계를 그래프로 나타낸 것이다. 무게가 10 kg인 물건의 배송 가격을 구하시오.

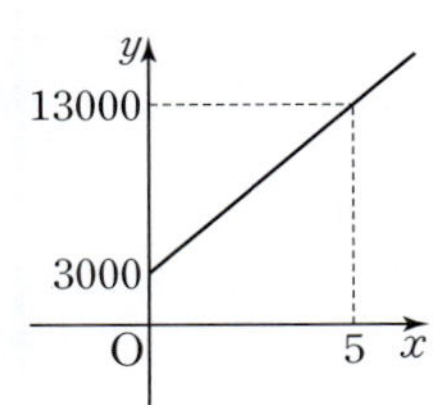

유형 점검

1004

다음 보기 중 일차함수 $y=-\dfrac{1}{2}x$의 그래프를 y축의 방향으로 3만큼 평행이동한 그래프에 대한 설명으로 옳은 것을 모두 고른 것은?

┌ 보기 ┐
ㄱ. x절편은 6, y절편은 -3이다.
ㄴ. 오른쪽 아래로 향하는 직선이다.
ㄷ. 제1, 2, 4사분면을 지난다.
ㄹ. x의 값이 2만큼 증가할 때, y의 값은 1만큼 증가한다.

① ㄱ, ㄴ   ② ㄱ, ㄷ   ③ ㄴ, ㄷ
④ ㄴ, ㄹ   ⑤ ㄷ, ㄹ

1005

다음 보기의 일차함수 중 그 그래프가 오른쪽 위로 향하는 직선의 개수를 a, 제3사분면을 지나지 않는 직선의 개수를 b라 할 때, $a+b$의 값은?

┌ 보기 ┐
ㄱ. $y=-3x+2$ ㄴ. $y=\dfrac{4}{3}x-1$
ㄷ. $y=7x-5$ ㄹ. $y=-\dfrac{5}{2}x-3$
ㅁ. $y=6-\dfrac{1}{2}x$ ㅂ. $y=2x+8$

① 3   ② 4   ③ 5
④ 6   ⑤ 7

1006

$ab<0$, $a-b<0$일 때, 일차함수 $y=ax-b$의 그래프가 지나지 <u>않는</u> 사분면은? (단, a, b는 상수)

① 제1사분면   ② 제2사분면   ③ 제3사분면
④ 제4사분면   ⑤ 제2, 4사분면

1007

두 점 $(-2,\ 3-a)$, $(1,\ a+1)$을 지나는 직선이 일차함수 $y=ax+1$의 그래프와 평행할 때, 상수 a의 값은?

① -3 ② -2 ③ -1
④ 1   ⑤ 2

1008

두 점 $(-4,\ -2)$, $(5,\ 10)$을 지나는 직선과 평행하고 y절편이 -2인 일차함수의 그래프가 점 $\left(k,\ \dfrac{14}{3}\right)$를 지날 때, k의 값을 구하시오.

1009

x의 값이 3만큼 증가할 때 y의 값이 1만큼 감소하고, 점 $(-6,\ 4)$를 지나는 직선을 그래프로 하는 일차함수의 식을 $y=ax+b$라 하자. 이때 상수 a, b에 대하여 ab의 값을 구하시오.

1010 유형 07

다음 중 두 점 $(-2, -13)$, $(3, 7)$을 지나는 직선 위의 점은?

① $(-3, -16)$ ② $\left(-\dfrac{1}{2}, -8\right)$ ③ $\left(\dfrac{3}{4}, -2\right)$

④ $(1, 1)$ ⑤ $(4, 10)$

1011 유형 08

다음 중 오른쪽 그림과 같은 일차함수의 그래프에 대한 설명으로 옳은 것을 모두 고르면? (정답 2개)

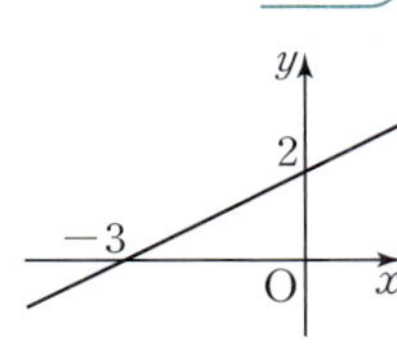

① 기울기는 $\dfrac{3}{2}$이다.

② 점 $(-9, -6)$을 지난다.

③ 일차함수 $y=-4x-12$의 그래프와 x축 위에서 만난다.

④ x의 값이 6만큼 증가할 때, y의 값은 4만큼 감소한다.

⑤ 일차함수 $y=\dfrac{2}{3}x+5$의 그래프와 평행하다.

1012 유형 09

고도가 274 m 높아질 때마다 물이 끓는 온도는 1 ℃씩 일정하게 낮아진다고 한다. 고도가 0 m인 지점에서 물이 끓는 온도가 100 ℃이고 고도가 x m인 지점에서 물이 끓는 온도를 y ℃라 할 때, y를 x에 대한 식으로 나타내시오.

1013 유형 10

물의 높이가 45 cm인 원기둥 모양의 수조에서 일정한 속력으로 물을 빼내고 있다. 물을 모두 빼내는 데 180분이 걸린다고 할 때, 남은 물의 높이가 28 cm가 되는 것은 물을 빼내기 시작한 지 몇 분 후인가?

① 68분 후   ② 72분 후   ③ 76분 후

④ 80분 후   ⑤ 84분 후

1014 유형 11

민철이는 우유 1200 mL를 2초에 16 mL씩 일정한 속력으로 마신다고 한다. 민철이가 우유를 마시기 시작한 지 x초 후에 남아 있는 우유의 양을 y mL라 할 때, 다음 중 옳은 것은?

① y를 x에 대한 식으로 나타내면 $y=1200-16x$이다.

② x의 값이 20일 때, y의 값은 1160이다.

③ 우유를 다 마시는 데 걸리는 시간은 75초이다.

④ 1분 동안 마실 수 있는 우유의 양은 440 mL이다.

⑤ 40초 후에 남아 있는 우유의 양은 880 mL이다.

1015 유형 12

현재 제주도 남쪽 해상의 A 지점에 있는 태풍이 A 지점에서 600 km 떨어진 서울의 B 지점을 향해 시속 15 km로 올라오고 있다. 이때 태풍이 B 지점에 도달하는 것은 A 지점을 출발한 지 몇 시간 후인지 구하시오. (단, 태풍은 직선 거리로 움직이고, 태풍의 크기는 무시한다.)

1016
유형 13

오른쪽 그림과 같은 사다리꼴 ABCD에서 점 P는 점 A를 출발하여 $\overline{AD}$를 따라 점 D까지 초속 2 cm로 움직이고, 점 Q는 점 B를 출발하여 $\overline{BC}$를 따라 점 C까지 초속 3 cm로 움직인다. 두 점 P, Q가 동시에 출발한 지 x초 후의 사각형 AQCP의 넓이를 $y\,\text{cm}^2$라 할 때, y를 x에 대한 식으로 나타내면?

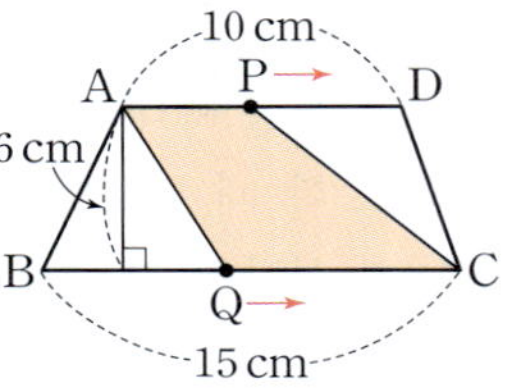

① $y=45-3x$
② $y=45-2x$
③ $y=2x-45$
④ $y=3x-45$
⑤ $y=3x+45$

1017
유형 15

180쪽 분량의 수학 문제집을 하루에 4쪽씩 x일 동안 풀면 y쪽이 남는다고 할 때, y를 x에 대한 식으로 나타내고, 며칠 동안 풀면 이 문제집을 다 풀 수 있는지 구하시오.

1018
유형 16

오른쪽 그림은 50 ℃의 물을 냉동실에 넣은 지 x분 후의 물의 온도를 y ℃라 할 때, x와 y 사이의 관계를 그래프로 나타낸 것이다. 냉동실에 넣은 지 21분 후의 물의 온도를 구하시오.

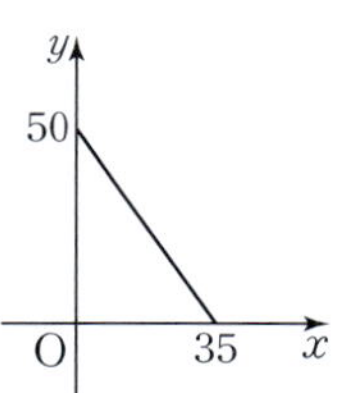

서술형

1019
유형 02

일차함수 $y=ax+b$의 그래프가 오른쪽 그림과 같을 때, 일차함수 $y=bx-a$의 그래프가 지나지 <u>않는</u> 사분면을 구하시오.

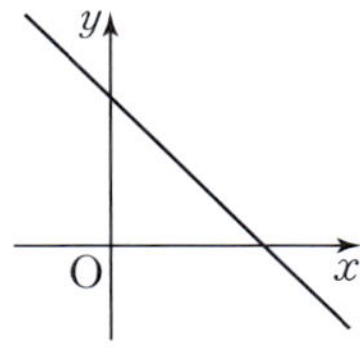

1020
유형 05

일차함수 $y=f(x)$의 그래프가 다음 조건을 모두 만족시킬 때, $f\left(\dfrac{4}{9}\right)$의 값을 구하시오.

> **조건**
> (가) 일차함수 $y=3x+5$의 그래프와 평행하다.
> (나) 일차함수 $y=\dfrac{1}{2}x-\dfrac{1}{3}$의 그래프와 y축 위에서 만난다.

1021
유형 11

어느 댐에서 오늘 정오에 수문을 열어 800톤의 물을 흘려보낸 후 수문을 닫고, 오후 4시부터 다시 수문을 열어 20분당 60톤의 물을 일정하게 흘려 보낸다고 한다. 오후 4시부터 x시간이 지났을 때, 오늘 정오부터 흘려 보낸 물의 전체 양을 y톤이라 하자. 다음 물음에 답하시오.

(1) y를 x에 대한 식으로 나타내시오.

(2) 이 댐에서 오늘 정오부터 흘려 보낸 물의 전체 양이 1760톤이 되는 시각을 구하시오.

C 하 …… 중 …… 상 100%
실력 향상

1022

다음 보기 중 일차함수 $y=\dfrac{b}{a}x-\dfrac{c}{b}$ 의 그래프에 대한 설명으로 옳은 것을 모두 고른 것은? (단, a, b, c는 상수)

> **보기**
> ㄱ. $ab>0$, $bc<0$이면 제1, 2, 3사분면을 지난다.
> ㄴ. $ab<0$, $ac>0$이면 제1, 2, 4사분면을 지난다.
> ㄷ. $ac>0$, $bc>0$이면 제2, 3, 4사분면을 지난다.

① ㄱ   ② ㄱ, ㄴ   ③ ㄱ, ㄷ
④ ㄴ, ㄷ   ⑤ ㄱ, ㄴ, ㄷ

1023

서로 평행한 두 일차함수 $y=\dfrac{1}{2}x-2$, $y=ax+b$ 의 그래프가 x축과 만나는 점을 각각 P, Q라 할 때, $\overline{PQ}=8$이다. b 가 양수일 때, 상수 a, b의 값을 각각 구하시오.

1024

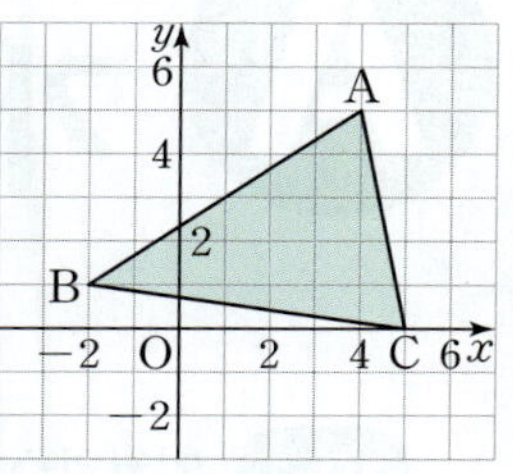

오른쪽 그림과 같이 세 점 A$(4, 5)$, B$(-2, 1)$, C$(5, 0)$ 을 꼭짓점으로 하는 △ABC가 있다. 일차함수 $y=-3x+a$의 그래프가 △ABC와 만나도록 하는 상수 a의 값 중 가장 큰 값과 가장 작은 값의 차를 구하시오.

1025

일차함수 $y=ax+b$의 그래프를 건후는 기울기를 잘못 보고 그려서 두 점 $(1, 3)$, $(2, 8)$을 지나게 그렸고, 은호는 y절편을 잘못 보고 그려서 두 점 $(0, -1)$, $(2, 3)$을 지나게 그렸다. 일차함수 $y=ax+b$의 그래프가 점 $(k, 4)$를 지날 때, k의 값을 구하시오. (단, a, b는 상수)

기출 BOOK 34쪽

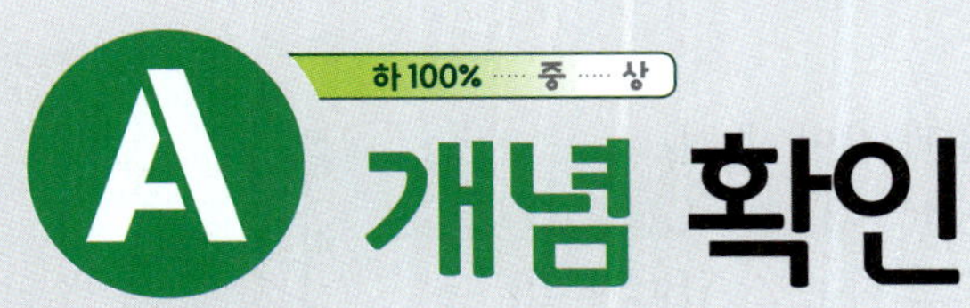

A 개념 확인

10-1 일차함수와 일차방정식의 관계 　　유형 01~05　　개념⊕

(1) 미지수가 2개인 일차방정식의 그래프

일차방정식 $ax+by+c=0\,(a,\ b,\ c$는 상수, $a\neq0,\ b\neq0)$의 해의 순서쌍 $(x,\ y)$를 좌표로 하는 점을 좌표평면 위에 나타낸 것을 이 일차방정식의 그래프라 한다.

(2) 일차함수와 미지수가 2개인 일차방정식의 관계

미지수가 2개인 일차방정식 $ax+by+c=0\,(a,\ b,\ c$는 상수, $a\neq0,\ b\neq0)$의 그래프는 일차함수 $y=-\dfrac{a}{b}x-\dfrac{c}{b}$의 그래프와 같다.

> **일차방정식**
> $ax+by+c=0\,(a\neq0,\ b\neq0)$
>
> y를 x에 대한 식으로 나타내면 →
>
> **일차함수**
> $y=-\dfrac{a}{b}x-\dfrac{c}{b}$

(예) 일차방정식 $3x+y-2=0$의 그래프는 일차함수 $y=-3x+2$의 그래프와 같다.

> 일차방정식 $ax+by+c=0$에서 특별한 말이 없으면 $x,\ y$의 값의 범위는 수 전체로 생각한다.
>
> 일차방정식
> $ax+by+c=0\,(a\neq0,\ b\neq0)$
> 의 그래프의 기울기는 $-\dfrac{a}{b}$, y절편은 $-\dfrac{c}{b}$이다.

10-2 직선의 방정식 　　유형 06, 07

(1) 일차방정식 $x=m,\ y=n\,(m\neq0,\ n\neq0)$의 그래프

① 일차방정식 $x=m\,(m\neq0)$의 그래프는 점 $(m,\ 0)$을 지나고 y축에 평행한 직선이다.
　└ x축에 수직

② 일차방정식 $y=n\,(n\neq0)$의 그래프는 점 $(0,\ n)$을 지나고 x축에 평행한 직선이다.
　└ y축에 수직

(예) ① 일차방정식 $x=3$의 그래프 ➡ 점 $(3,\ 0)$을 지나고 y축에 평행한 직선

　　② 일차방정식 $y=-1$의 그래프 ➡ 점 $(0,\ -1)$을 지나고 x축에 평행한 직선

(2) 직선의 방정식

$x,\ y$의 값의 범위가 수 전체일 때, 방정식
$$ax+by+c=0\,(a,\ b,\ c\text{는 상수},\ a\neq0\ \text{또는}\ b\neq0)$$
의 그래프는 직선이다.

이때 일차방정식 $ax+by+c=0$을 **직선의 방정식**이라 한다.

참고 직선 $ax+by+c=0$에서 $a,\ b$의 값에 따른 직선의 모양

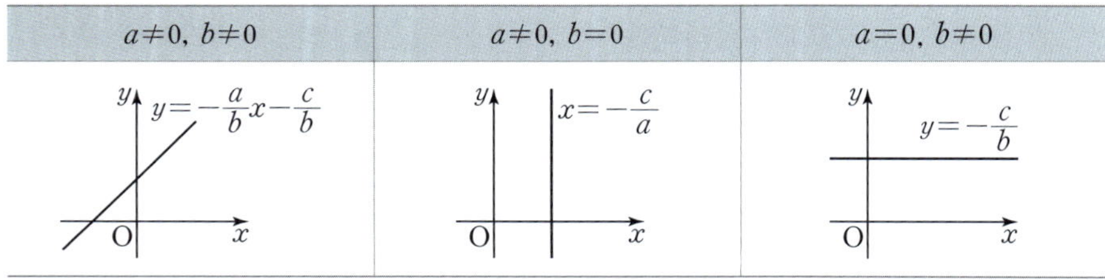

$a\neq0,\ b\neq0$	$a\neq0,\ b=0$	$a=0,\ b\neq0$
$y=-\dfrac{a}{b}x-\dfrac{c}{b}$	$x=-\dfrac{c}{a}$	$y=-\dfrac{c}{b}$

> 일차방정식 $x=0$의 그래프는 y축과 일치하고, 일차방정식 $y=0$의 그래프는 x축과 일치한다.
>
> 좌표축 위에 있지 않은 서로 다른 두 점 $(x_1,\ y_1),\ (x_2,\ y_2)$를 지나는 직선에 대하여
> ① $x_1=x_2$이면 ➡ y축에 평행
> ② $y_1=y_2$이면 ➡ x축에 평행
>
> 일차방정식 $x=m\,(m$은 상수$)$은 함수가 아니고, 일차방정식 $y=n\,(n$은 상수$)$은 함수이지만 일차함수는 아니다.

10-1 일차함수와 일차방정식의 관계

[1026~1029] 다음 일차방정식을 일차함수 $y=ax+b$ 꼴로 나타내시오. (단, a, b는 상수)

1026 $x+y-5=0$

1027 $3x-y+6=0$

1028 $-x+2y+8=0$

1029 $9x+3y+1=0$

[1030~1031] 일차방정식 $2x-3y-6=0$의 그래프에 대하여 다음 물음에 답하시오.

1030 기울기, x절편, y절편을 차례로 구하시오.

1031 일차방정식의 그래프를 좌표평면 위에 그리시오.

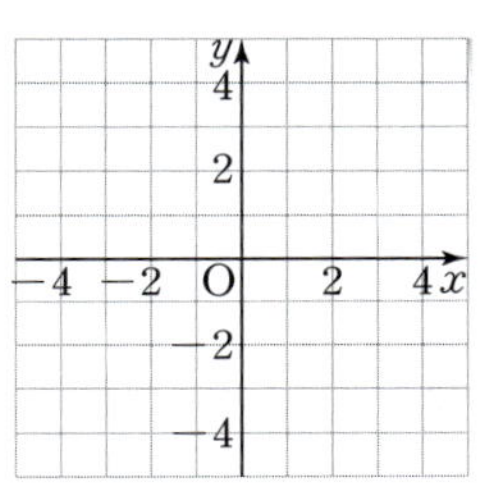

[1032~1035] 아래 보기의 일차방정식의 그래프에 대하여 다음 물음에 답하시오.

> 보기
> ㄱ. $x+y+2=0$ ㄴ. $-2x+y-7=0$
> ㄷ. $3x+y-5=0$ ㄹ. $2(x+3)-y-1=0$

1032 오른쪽 아래로 향하는 그래프를 모두 고르시오.

1033 x의 값이 증가할 때, y의 값도 증가하는 그래프를 모두 고르시오.

1034 서로 평행한 두 그래프를 고르시오.

1035 y축 위에서 만나는 두 그래프를 고르시오.

10-2 직선의 방정식

[1036~1039] 다음 일차방정식의 그래프를 좌표평면 위에 그리시오.

1036 $x=3$

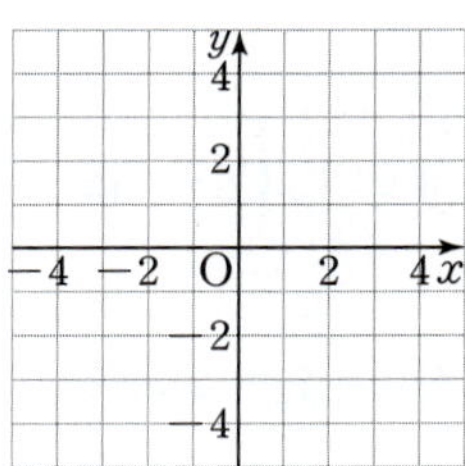

1037 $y=-2$

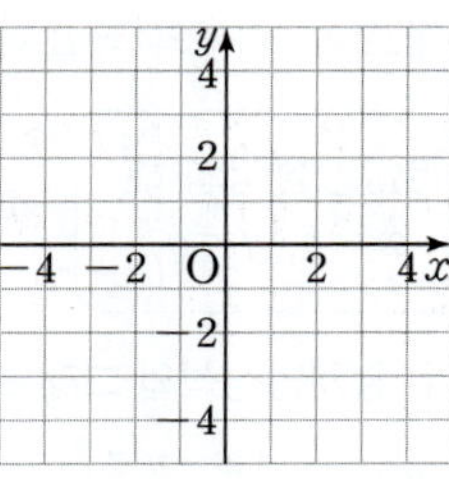

1038 $3x+4=1$

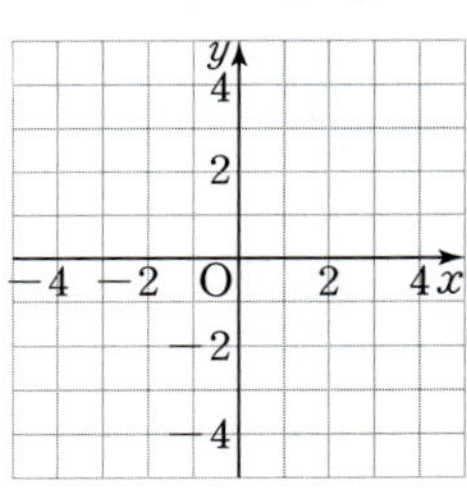

1039 $2y-3=5$

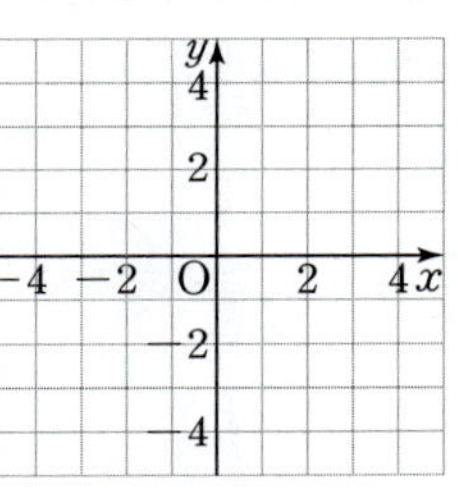

[1040~1041] 다음 그림과 같은 직선의 방정식을 구하시오.

1040

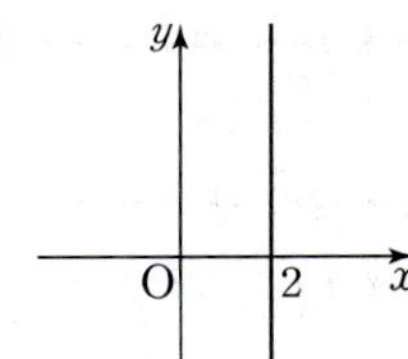

1041

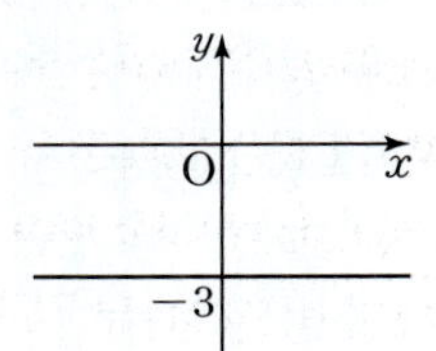

[1042~1045] 다음 직선의 방정식을 구하시오.

1042 점 $(5,\ -1)$을 지나고 x축에 평행한 직선

1043 점 $(8,\ 6)$을 지나고 y축에 평행한 직선

1044 점 $(-4,\ -3)$을 지나고 x축에 수직인 직선

1045 두 점 $(3,\ 2)$, $(-2,\ 2)$를 지나는 직선

10-3 일차함수의 그래프와 연립일차방정식의 해   유형 08~11, 13, 14, 15

연립일차방정식 $\begin{cases} ax+by+c=0 \\ a'x+b'y+c'=0 \end{cases}$ 의 해는 두 일차방정식 $ax+by+c=0$, $a'x+b'y+c'=0$의 그래프, 즉 두 일차함수 의 그래프의 교점의 좌표와 같다.

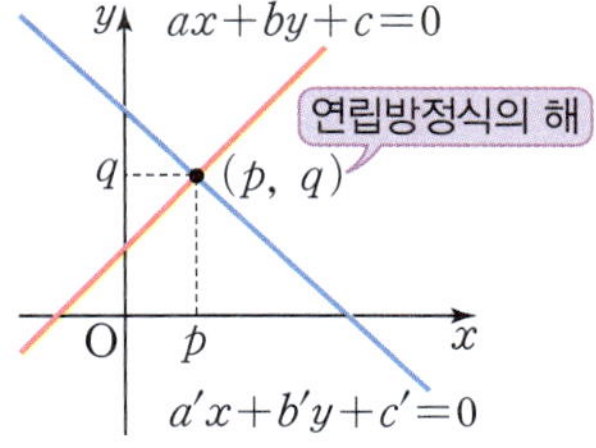

연립방정식의 해 $x=p,\ y=q$	=	두 그래프의 교점의 좌표 $(p,\ q)$

참고 두 일차방정식의 그래프의 교점의 좌표는 연립일차방정식의 해를 이용하여 구할 수 있다.

예 연립방정식 $\begin{cases} x+y=3 \\ 3x-2y=4 \end{cases}$ 에서 두 일차방정식 $x+y=3$, $3x-2y=4$의 그래프는 오른쪽 그림과 같다.

이때 두 그래프의 교점의 좌표가 $(2,\ 1)$이므로 연립방정식의 해는 $x=2,\ y=1$이다.

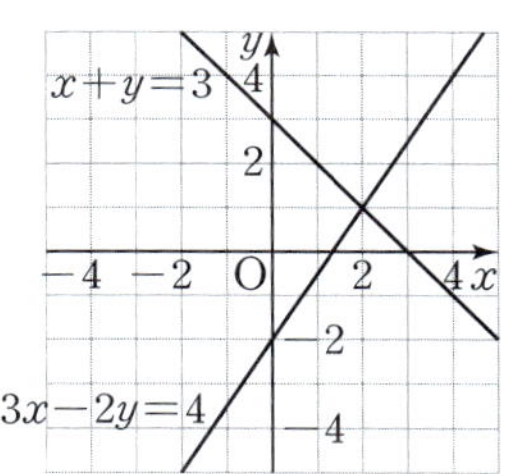

개념+

연립일차방정식의 해
➡ 두 일차방정식의 공통인 해
➡ 두 일차방정식의 그래프의 교점 의 좌표
➡ 두 일차함수의 그래프의 교점의 좌표

10-4 연립일차방정식의 해의 개수와 두 그래프의 위치 관계   유형 12

연립방정식 $\begin{cases} ax+by+c=0 \\ a'x+b'y+c'=0 \end{cases}$ 의 해의 개수는 두 일차방정식 $ax+by+c=0$, $a'x+b'y+c'=0$의 그래프의 교점의 개수와 같다.

두 일차방정식의 그래프	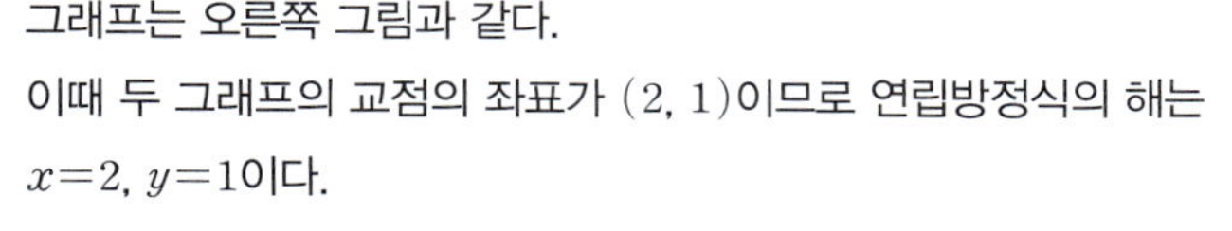		
두 그래프의 위치 관계	한 점에서 만난다.	일치한다.	평행하다.
두 그래프의 교점	교점이 1개이다.	교점이 무수히 많다.	교점이 없다.
연립방정식의 해	해가 하나뿐이다.	해가 무수히 많다.	해가 없다.
기울기와 y절편	기울기가 다르다.	기울기와 y절편이 각각 같다.	기울기는 같고 y절편은 다르다.

두 직선 $y=ax+b$, $y=a'x+b'$에서
(1) $a\neq a'$ ➡ 한 점에서 만난다.
(2) $a=a',\ b=b'$ ➡ 일치한다.
(3) $a=a',\ b\neq b'$ ➡ 평행하다.

참고 연립방정식 $\begin{cases} ax+by+c=0 \\ a'x+b'y+c'=0 \end{cases}$ 에서

(1) $\dfrac{a}{a'}\neq\dfrac{b}{b'}$ ➡ 해가 하나뿐이다.

(2) $\dfrac{a}{a'}=\dfrac{b}{b'}=\dfrac{c}{c'}$ ➡ 해가 무수히 많다.

(3) $\dfrac{a}{a'}=\dfrac{b}{b'}\neq\dfrac{c}{c'}$ ➡ 해가 없다.

[1046~1048] 오른쪽 그래프를 이용하여 다음 연립방정식을 푸시오.

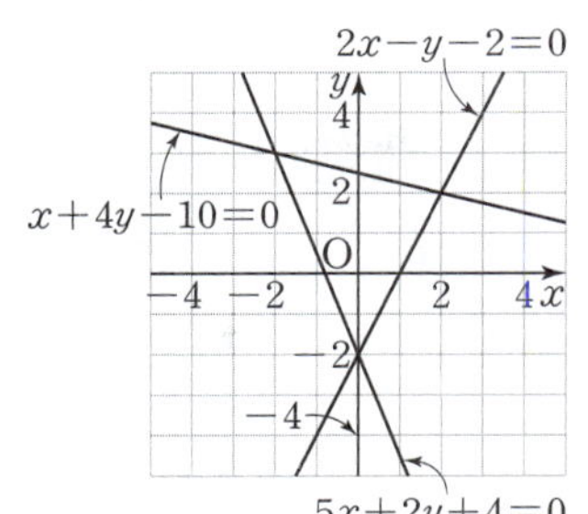

1046 $\begin{cases} x+4y-10=0 \\ 2x-y-2=0 \end{cases}$

1047 $\begin{cases} x+4y-10=0 \\ 5x+2y+4=0 \end{cases}$

1048 $\begin{cases} 2x-y-2=0 \\ 5x+2y+4=0 \end{cases}$

[1049~1050] 다음 연립방정식에서 두 일차방정식의 그래프를 좌표평면 위에 그리고, 연립방정식을 푸시오.

1049 $\begin{cases} x+y=-1 \\ 2x-y=4 \end{cases}$

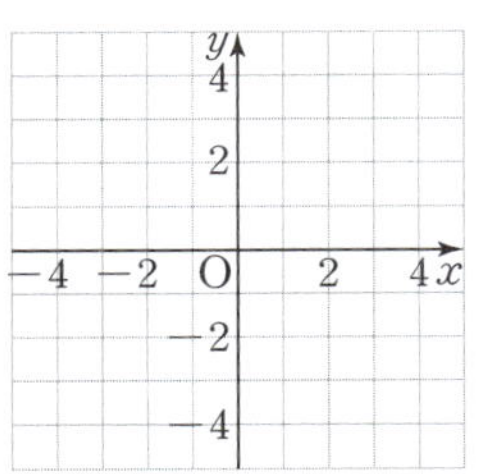

1050 $\begin{cases} x-2y=-4 \\ 3x-2y=0 \end{cases}$

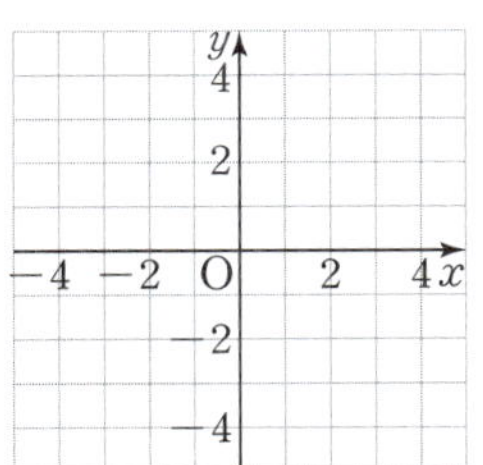

[1051~1052] 연립방정식을 이용하여 다음 두 일차함수의 그래프의 교점의 좌표를 구하시오.

1051 $y=x+2$, $y=3x+10$

1052 $y=\dfrac{1}{2}x+8$, $y=-2x-7$

[1053~1054] 다음 연립방정식에서 두 일차방정식의 그래프를 좌표평면 위에 그리고, 연립방정식을 푸시오.

1053 $\begin{cases} 2x+y=3 \\ 2x+y=-3 \end{cases}$

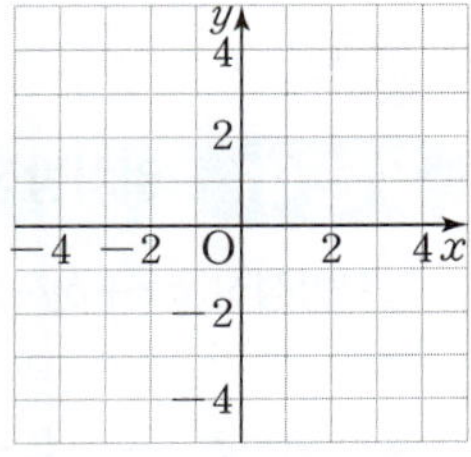

1054 $\begin{cases} x-3y=6 \\ -2x+6y=-12 \end{cases}$

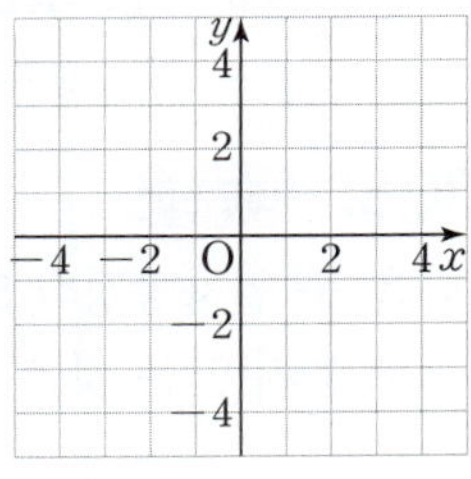

[1055~1057] 다음을 만족시키는 연립방정식을 보기에서 고르시오.

보기

ㄱ. $\begin{cases} x-y=2 \\ -3x+3y=-6 \end{cases}$ ㄴ. $\begin{cases} 4x+y=-1 \\ -x-4y=-4 \end{cases}$

ㄷ. $\begin{cases} x+2y=3 \\ 2x+4y=9 \end{cases}$

1055 해가 하나뿐인 연립방정식

1056 해가 무수히 많은 연립방정식

1057 해가 없는 연립방정식

[1058~1060] 연립방정식 $\begin{cases} ax-y+3=0 \\ 5x+y-b=0 \end{cases}$ 의 해에 대하여 다음을 만족시키는 상수 a, b의 조건을 구하시오.

1058 해가 하나뿐이다.

1059 해가 무수히 많다.

1060 해가 없다.

빈출

유형 01 일차방정식의 그래프와 일차함수의 그래프

일차방정식 $ax+by+c=0$ (a, b, c는 상수, $a\neq 0$, $b\neq 0$)의 그래프

➡ 일차함수 $y=-\dfrac{a}{b}x-\dfrac{c}{b}$의 그래프와 같다.

➡ 기울기: $-\dfrac{a}{b}$, y절편: $-\dfrac{c}{b}$

1061 대표 문제

다음 중 일차방정식 $5x-2y+8=0$의 그래프에 대한 설명으로 옳지 <u>않은</u> 것은?

① 기울기는 $\dfrac{5}{2}$이다.

② 오른쪽 위로 향하는 직선이다.

③ x절편은 $\dfrac{8}{5}$, y절편은 4이다.

④ 제1, 2, 3사분면을 지난다.

⑤ 일차함수 $y=\dfrac{5}{2}x-4$의 그래프와 만나지 않는다.

1062 (중)

다음 중 일차방정식 $3x-2y-6=0$의 그래프는?

① 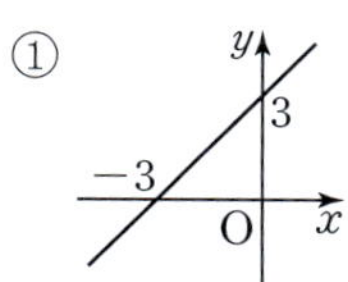 ② 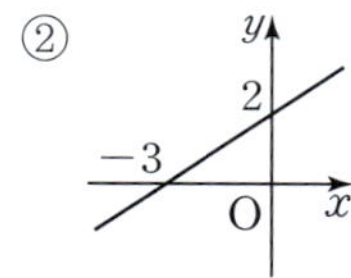 ③ 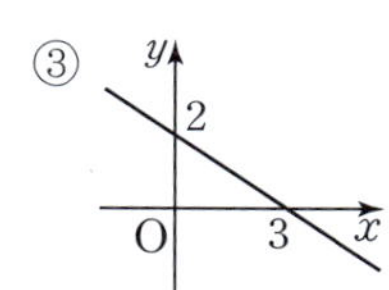

④ 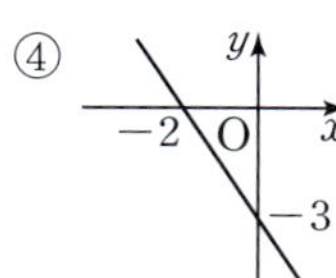 ⑤ 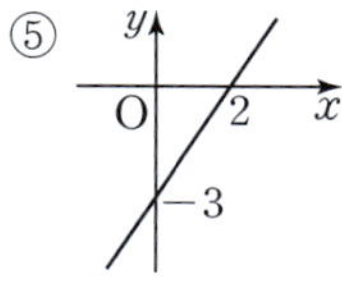

1063 (중)

일차방정식 $8x-4y+b=0$의 그래프와 일차함수 $y=ax-2$의 그래프가 일치할 때, 상수 a, b에 대하여 $a+b$의 값은?

① -10 ② -8 ③ -6

④ 8 ⑤ 10

1064 (중)

일차방정식 $4x+3y+1=0$의 그래프의 기울기를 a, x절편을 b, y절편을 c라 할 때, abc의 값은?

① -1 ② $-\dfrac{1}{3}$ ③ $-\dfrac{1}{9}$

④ $\dfrac{1}{9}$ ⑤ $\dfrac{1}{3}$

1065 (상) 서술형

일차방정식 $ax-5y-10a=0$의 그래프와 x축, y축으로 둘러싸인 도형의 넓이가 30일 때, 양수 a의 값을 구하시오.

유형 02   일차방정식의 그래프 위의 점

일차방정식 $ax+by+c=0$의 그래프가 점 $(p,\ q)$를 지난다.
➡ $ax+by+c=0$에 $x=p,\ y=q$를 대입하면 등식이 성립한다.
➡ $ap+bq+c=0$

1066 대표 문제
일차방정식 $7x-3y=-1$의 그래프가 점 $(a,\ 2a+1)$을 지날 때, a의 값은?

① -2 ② -1 ③ 1
④ 2 ⑤ 3

1067 하
다음 중 일차방정식 $2x-3y=8$의 그래프 위의 점이 <u>아닌</u> 것은?

① $(-5,\ -6)$ ② $(-2,\ -4)$ ③ $(1,\ -2)$
④ $(4,\ 0)$ ⑤ $(6,\ 2)$

1068 중   서술형
일차방정식 $x-2y-10=0$의 그래프를 y축의 방향으로 -2만큼 평행이동한 그래프가 점 $(a,\ -3)$을 지날 때, a의 값을 구하시오.

유형 03   일차방정식 $ax+by+c=0$의 그래프에서 $a,\ b,\ c$의 값 구하기

(1) 그래프가 지나는 점의 좌표가 주어진 경우
   ➡ 일차방정식에 그 점의 좌표를 대입한다.
(2) 그래프의 기울기와 y절편이 주어진 경우
   ➡ 일차방정식을 $y=mx+n$ 꼴로 나타낸 후 비교한다.
   ➡ $m=$(기울기), $n=$(y절편)

1069 대표 문제
일차방정식 $ax+by-4=0$의 그래프가 오른쪽 그림과 같을 때, 상수 $a,\ b$에 대하여 $a+b$의 값을 구하시오.

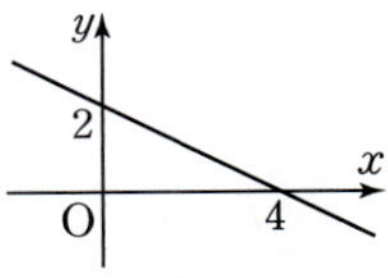

1070 중
일차방정식 $ax-by-5=0$의 그래프의 기울기가 4이고 y절편이 1일 때, 상수 $a,\ b$에 대하여 $b-a$의 값은?

① 11 ② 13 ③ 15
④ 17 ⑤ 19

1071 중
일차방정식 $mx-3y+7=0$의 그래프가 오른쪽 그림과 같은 직선과 평행할 때, 상수 m의 값을 구하시오.

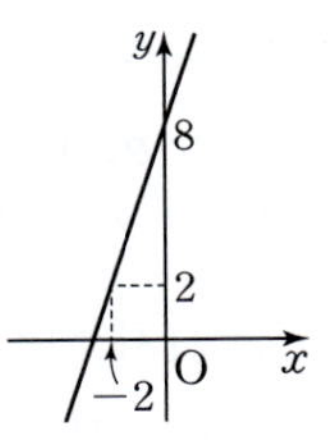

1072 ⓒ

두 점 $(-8, 6)$, $(6, a)$가 일차방정식 $4x+by=10$의 그래프 위에 있을 때, $a+b$의 값은? (단, b는 상수)

① 4   ② 5   ③ 6

④ 7   ⑤ 8

빈출

유형 04 일차방정식 $ax+by+c=0$의 그래프에서 a, b, c의 부호

일차방정식 $ax+by+c=0\,(a\neq0,\ b\neq0)$을 일차함수 $y=-\dfrac{a}{b}x-\dfrac{c}{b}$ 꼴로 나타낸 후 기울기와 y절편의 부호를 각각 확인한다.

1073 　대표 문제

일차방정식 $ax+y+b=0$의 그래프가 오른쪽 그림과 같을 때, 다음 중 옳은 것은?

(단, a, b는 상수)

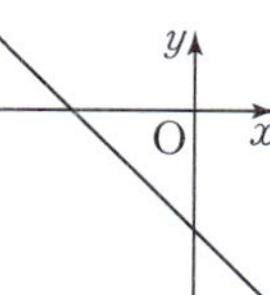

① $a>0$, $b>0$ ② $a>0$, $b<0$

③ $a<0$, $b>0$ ④ $a<0$, $b<0$

⑤ $a<0$, $b=0$

1074 ⓒ

$a>0$, $b>0$, $c<0$일 때, 일차방정식 $ax-by+c=0$의 그래프가 지나지 <u>않는</u> 사분면은?

① 제1사분면   ② 제2사분면   ③ 제3사분면

④ 제4사분면   ⑤ 제1, 3사분면

1075 ⓒ

일차방정식 $ax+by+c=0$의 그래프가 제1, 2, 3사분면을 지날 때, 상수 a, b, c에 대하여 다음 중 옳은 것을 모두 고르면? (정답 2개)

① $a>0$, $b>0$, $c>0$

② $a>0$, $b>0$, $c<0$

③ $a>0$, $b<0$, $c>0$

④ $a<0$, $b>0$, $c<0$

⑤ $a<0$, $b<0$, $c<0$

1076 ⓒ　　　　　　　서술형

점 $(a-b,\ ab)$가 제4사분면 위의 점일 때, 일차방정식 $x+ay-b=0$의 그래프가 지나지 <u>않는</u> 사분면을 구하시오. (단, a, b는 상수)

1077 ⓢ

일차방정식 $ax+by+c=0$의 그래프가 오른쪽 그림과 같을 때, 다음 중 일차함수 $y=\dfrac{c}{a}x-\dfrac{b}{a}$의 그래프로 알맞은 것은?

(단, a, b, c는 상수)

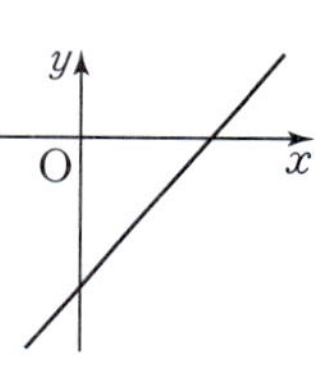

① 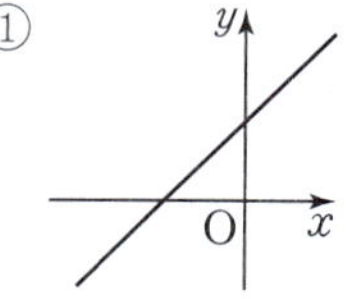   ② 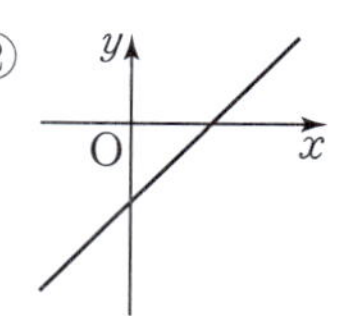   ③ 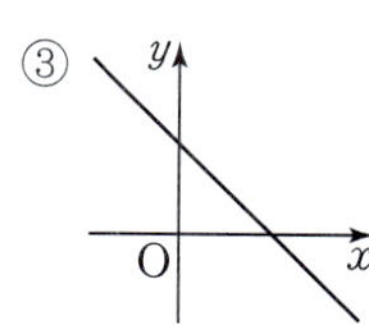

④ 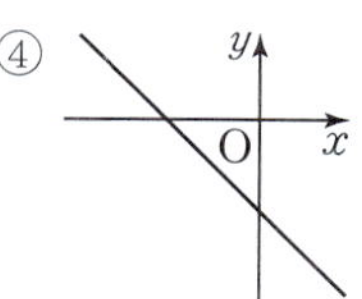   ⑤ 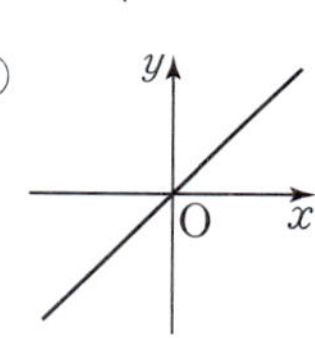

유형 05　직선의 방정식 구하기

주어진 조건을 만족시키는 직선의 방정식을 먼저 $y=mx+n$ 꼴로 나타낸 후 $ax+by+c=0$ 꼴로 고친다.

1078 　대표 문제

직선 $x-3y+12=0$과 평행하고 점 $(3,6)$을 지나는 직선의 방정식은?

① $x-y+3=0$　　　　② $x-3y+15=0$

③ $x-3y+21=0$　　　④ $3x-y+3=0$

⑤ $3x+y-15=0$

1079 　중

x절편이 8이고 y절편이 -6인 직선의 방정식이 $ax-by-24=0$일 때, 상수 a, b에 대하여 $a+b$의 값을 구하시오.

1080 　중

오른쪽 그림과 같은 직선의 방정식은?

① $2x-3y-5=0$

② $2x+3y-10=0$

③ $3x-2y+10=0$

④ $3x+2y-5=0$

⑤ $3x+2y-10=0$

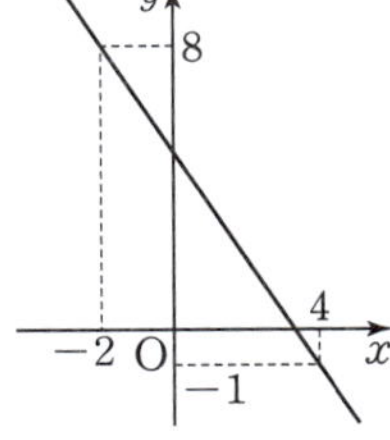

유형 06　일차방정식 $x=m$, $y=n$의 그래프

(1) y축에 평행한(x축에 수직인) 직선의 방정식
　➡ $x=m\,(m\neq0)$ 꼴
(2) x축에 평행한(y축에 수직인) 직선의 방정식
　➡ $y=n\,(n\neq0)$ 꼴

1081 　대표 문제

두 점 $(-2,-3+a)$, $(2,5-3a)$를 지나는 직선이 x축에 평행할 때, a의 값은?

① -2　　　　② -1　　　　③ 1

④ 2　　　　⑤ 3

1082 　하

다음 보기 중 y축에 평행한 직선의 방정식을 모두 고른 것은?

> 보기
> ㄱ. $x=-7$　　　　ㄴ. $y=5$
> ㄷ. $4x+1=0$　　　ㄹ. $6x=3$
> ㅁ. $-2y=0$　　　ㅂ. $3y-8=0$

① ㄱ, ㄴ　　　　② ㄱ, ㄷ　　　　③ ㄴ, ㅂ

④ ㄱ, ㄷ, ㄹ　　⑤ ㄴ, ㅁ, ㅂ

1083 　중

서술형

일차방정식 $ax-by=-9$의 그래프가 오른쪽 그림과 같을 때, 상수 a, b에 대하여 $a-b$의 값을 구하시오.

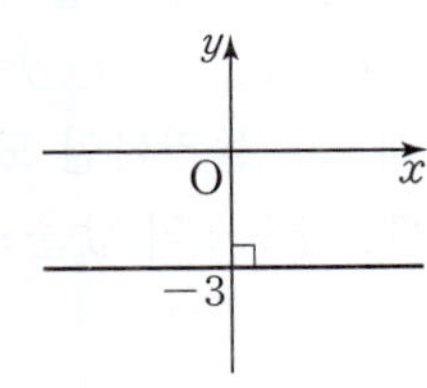

1084 ⑧

일차방정식 $ax+by-2=0$의 그래프가 x축에 수직이고 제2, 3사분면만을 지나도록 하는 상수 a, b의 조건은?

① $a=0$, $b>0$
② $a=0$, $b<0$
③ $a>0$, $b=0$
④ $a<0$, $b=0$
⑤ $a<0$, $b<0$

 좌표축에 평행한 네 직선으로 둘러싸인 도형의 넓이

네 일차방정식 $x=a$, $x=b$, $y=c$, $y=d$ 의 그래프로 둘러싸인 도형의 넓이

➡ $|b-a|\times|d-c|$

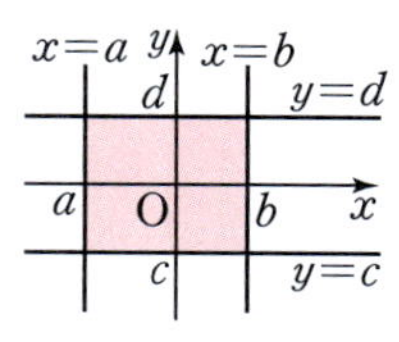

1085 대표 문제

다음 네 일차방정식의 그래프로 둘러싸인 도형의 넓이는?

$x=0$, $3x-9=0$, $y-2=0$, $y=7$

① 9
② 12
③ 15
④ 18
⑤ 21

1086 ⑧

오른쪽 그림과 같이 네 일차방정식 $x=-2$, $x=4$, $y=a$, $y=-a$의 그래프로 둘러싸인 도형의 넓이가 72일 때, 양수 a의 값을 구하시오.

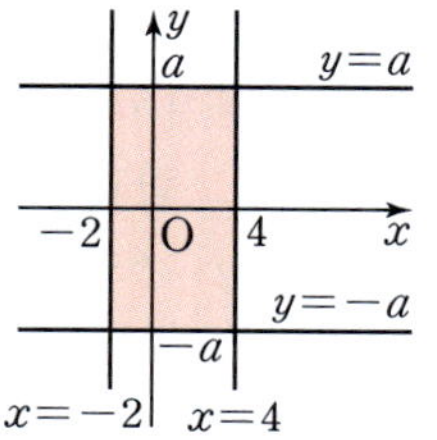

 연립방정식의 해와 그래프의 교점

연립방정식 $\begin{cases} ax+by+c=0 \\ a'x+b'y+c'=0 \end{cases}$ 의 해가 $x=p$, $y=q$이다.

➡ 두 일차방정식 $ax+by+c=0$, $a'x+b'y+c'=0$의 그래프의 교점의 좌표가 (p, q)이다.

1087 대표 문제

두 일차방정식 $3x+2y=7$, $x-2y=-3$의 그래프의 교점의 좌표가 (a, b)일 때, $a-b$의 값은?

① -1
② 0
③ 1
④ 2
⑤ 3

1088 ⑧

두 일차방정식 $3x+y-2=0$, $5x-y+10=0$의 그래프의 교점이 직선 $y=ax-1$ 위의 점일 때, 상수 a의 값은?

① -8
② -6
③ -4
④ 6
⑤ 8

1089 ⑧ 서술형

오른쪽 그림과 같은 두 직선 l, m에 대하여 다음 물음에 답하시오.

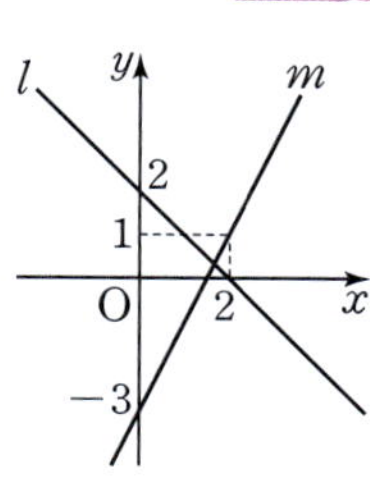

(1) 두 직선 l, m의 방정식을 각각 구하시오.

(2) 두 직선 l, m의 교점의 좌표를 구하시오.

유형 09 두 직선의 교점의 좌표를 이용하여 미지수의 값 구하기

두 직선 $ax+by+c=0$, $a'x+b'y+c'=0$의 교점의 좌표가 (p, q)이다.

➡ 연립방정식 $\begin{cases} ax+by+c=0 \\ a'x+b'y+c'=0 \end{cases}$ 의 해가 $x=p$, $y=q$이다.

➡ 두 일차방정식 $ax+by+c=0$, $a'x+b'y+c'=0$에 $x=p$, $y=q$를 각각 대입하면 등식이 모두 성립한다.

1090 대표 문제

두 일차방정식 $ax-y-8=0$, $-x+by+7=0$의 그래프가 오른쪽 그림과 같을 때, 상수 a, b에 대하여 ab의 값은?

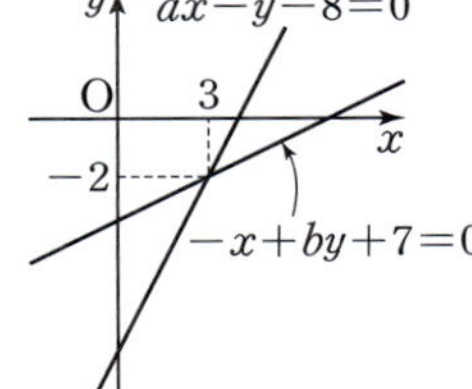

① -6　　② -4
③ -2　　④ 2
⑤ 4

1091 중

두 직선 $5x+y+9=0$, $ax+3y+1=0$이 오른쪽 그림과 같을 때, $a+b$의 값을 구하시오.
(단, a는 상수)

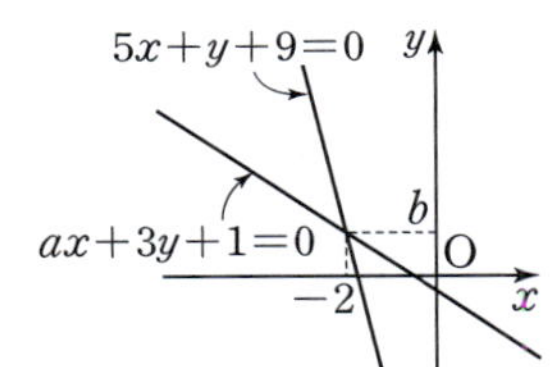

1092 중

두 일차방정식 $2x-y=6$, $ax-y=12$의 그래프의 교점이 x축 위에 있을 때, 상수 a의 값을 구하시오.

유형 10 두 일차방정식의 그래프의 교점을 지나는 직선의 방정식

연립방정식의 해를 구하여 두 직선의 교점의 좌표를 구한 후 조건에 맞는 직선의 방정식을 구한다.

1093 대표 문제

두 일차방정식 $2x+y-3=0$, $x+y-2=0$의 그래프의 교점을 지나고, 일차방정식 $3x+y=5$의 그래프와 평행한 직선의 방정식은?

① $y=-3x-1$　　② $y=-3x-4$
③ $y=-3x+4$　　④ $y=3x-4$
⑤ $y=3x+4$

1094 중

두 일차방정식 $3x-y-5=0$, $x-3y-7=0$의 그래프의 교점을 지나고 y축에 수직인 직선의 방정식을 구하시오.

1095 중

서술형

두 직선 $x+y=5$, $x-y=-1$의 교점을 지나고 y절편이 -1인 직선의 방정식을 구하시오.

1096 중

두 일차방정식 $2x+y-12=0$, $3x-4y-7=0$의 그래프의 교점과 점 $(3, -2)$를 지나는 직선의 방정식이 $ax-y+b=0$일 때, 상수 a, b에 대하여 $a+b$의 값을 구하시오.

빈출

유형 11 한 점에서 만나는 세 직선

세 직선이 한 점에서 만난다.
➡ 두 직선의 교점을 나머지 한 직선도 지난다.
➡ 두 직선의 교점의 좌표를 구하여 이를 나머지 한 직선의 방정
  식에 대입하면 등식이 성립한다.

참고 서로 다른 세 직선에 의하여 삼각형이 만들어지지 않는 경우는
  다음과 같다.
  (1) 어느 두 직선이 서로 평행하거나 세 직선이 모두 평행한 경우
  (2) 세 직선이 한 점에서 만나는 경우

1097 대표 문제

세 직선 $x+y=4$, $x-2y=1$, $4x-ay=a+2$가 한 점에
서 만날 때, 상수 a의 값은?

① 1　　　　　② 2　　　　　③ 3
④ 4　　　　　⑤ 5

1098 중

두 직선 $2x-y=3$, $y=ax+9$의 교점이 일차방정식
$x+y=6$의 그래프 위에 있을 때, 상수 a의 값을 구하시오.

1099 상

세 직선 $x-y-3=0$, $2x-y+5=0$, $ax+2y+10=0$에
의하여 삼각형이 만들어지지 않을 때, 상수 a의 값을 모두
구하시오.

유형 12 연립방정식의 해의 개수와
두 그래프의 위치 관계

연립방정식의
(1) 해가 하나뿐이다. ➡ 두 그래프가 한 점에서 만난다.
　　　　　　　　　　➡ 기울기가 다르다.
(2) 해가 무수히 많다. ➡ 두 그래프가 일치한다.
　　　　　　　　　　➡ 기울기와 y절편이 각각 같다.
(3) 해가 없다. ➡ 두 그래프가 평행하다.
　　　　　　　➡ 기울기는 같고 y절편은 다르다.

1100 대표 문제

연립방정식 $\begin{cases} ax+2y-2=0 \\ 6x-4y+b=0 \end{cases}$의 해가 무수히 많을 때, 상수
a, b에 대하여 $a+b$의 값을 구하시오.

1101 하

다음 연립방정식 중 해가 무수히 많은 것은?

① $\begin{cases} 2x-y=2 \\ 6x-2y=6 \end{cases}$　　　　② $\begin{cases} 2x+y=4 \\ 4x+2y=3 \end{cases}$

③ $\begin{cases} 2x-y=5 \\ x+y=2 \end{cases}$　　　　④ $\begin{cases} 2x-y=2 \\ 4x+y=3 \end{cases}$

⑤ $\begin{cases} 2x-y=-6 \\ 4x-2y=-12 \end{cases}$

1102 중

연립방정식 $\begin{cases} x-6y=4 \\ ax+12y=-1 \end{cases}$의 해가 없을 때, 상수 a의 값은?

① -5　　　　② -4　　　　③ -3
④ -2　　　　⑤ -1

1103 ⑧

연립방정식 $\begin{cases} x-y=3 \\ ax-y=7 \end{cases}$ 의 해가 하나뿐이도록 하는 상수 a 의 조건을 구하시오.

1104 ⑧

두 직선 $2x-y=a$, $bx-y=-3$의 교점이 존재하지 않도록 하는 상수 a, b의 조건은?

① $a=-3$, $b=2$ ② $a=-3$, $b\neq2$

③ $a\neq-3$, $b=2$ ④ $a=-2$, $b\neq2$

⑤ $a\neq-2$, $b\neq2$

 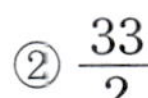

유형 13   직선으로 둘러싸인 도형의 넓이

❶ 연립방정식의 해를 이용하여 두 직선의 교점의 좌표를 구한다.
❷ 문제의 조건을 만족시키는 도형의 넓이를 구한다.

1105   대표 문제

오른쪽 그림과 같이 두 일차방정식 $x+y-6=0$, $x-y+2=0$의 그래프와 x축으로 둘러싸인 도형의 넓이는?

① 16   ② $\dfrac{33}{2}$

③ 17   ④ $\dfrac{35}{2}$

⑤ 18

1106 ⑧

다음 세 직선으로 둘러싸인 도형의 넓이는?

$$x-y=1, \qquad 2x+6=0, \qquad 3y-6=0$$

① 16   ② 17   ③ 18

④ 19   ⑤ 20

1107 ⑧

서술형

오른쪽 그림과 같이 세 직선 $x-2y+4=0$, $x=-2$, $x=4$ 및 x축으로 둘러싸인 도형의 넓이를 구하시오.

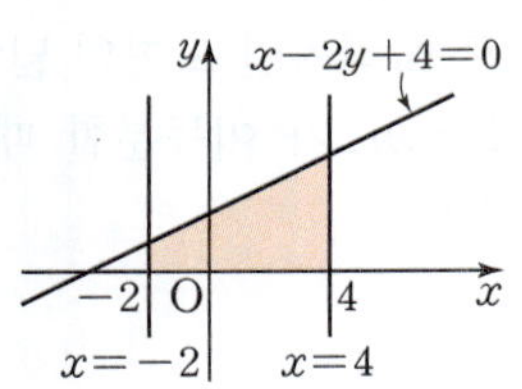

1108 ⑨

두 일차방정식 $ax-y+8=0$, $x-y-2=0$의 그래프와 y축으로 둘러싸인 도형의 넓이가 20일 때, 음수 a의 값을 구하시오.

1109 ⑨

다음 그림과 같이 세 직선 $x-3y+3=0$, $x-y+3=0$, $x+y-1=0$으로 둘러싸인 △ABC의 넓이를 구하시오.

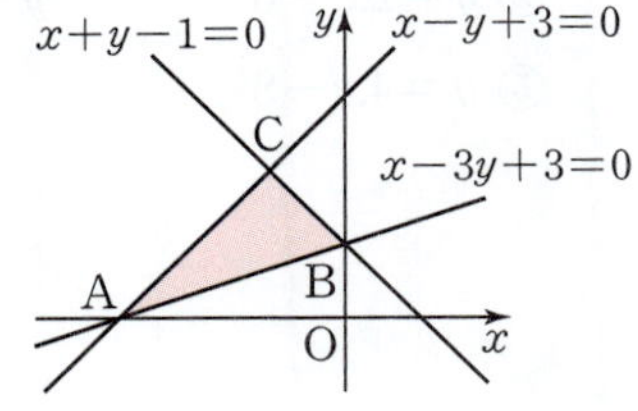

유형 14 도형의 넓이를 이등분하는 직선의 방정식

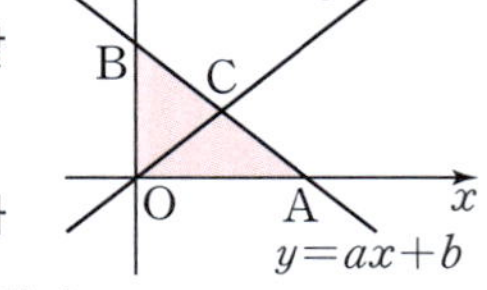

직선 $y=mx$가 △ABO의 넓이를 이등분할 때, 상수 m의 값은 다음과 같은 순서로 구한다.

❶ △COA $=\dfrac{1}{2}$△ABO임을 이용하여 두 직선의 교점 C의 y좌표를 구한다.

❷ $y=ax+b$에 점 C의 y좌표를 대입하여 점 C의 x좌표를 구한다.

❸ $y=mx$에 점 C의 좌표를 대입하여 m의 값을 구한다.

1110 대표 문제

오른쪽 그림과 같이 일차방정식 $2x-y+8=0$의 그래프와 x축, y축으로 둘러싸인 도형의 넓이를 직선 $y=mx$가 이등분할 때, 상수 m의 값은?

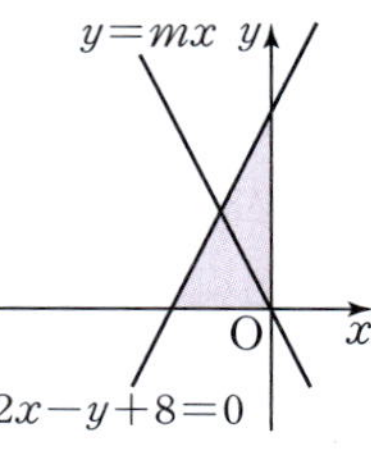

① -2
② $-\dfrac{5}{2}$
③ -3
④ $-\dfrac{7}{2}$
⑤ -4

1111 상

오른쪽 그림과 같이 두 직선 $x-y+1=0$, $2x+y-10=0$과 x축의 교점을 각각 A, B라 하고, 두 직선의 교점을 P라 하자. 점 P를 지나면서 △PAB의 넓이를 이등분하는 직선의 방정식은?

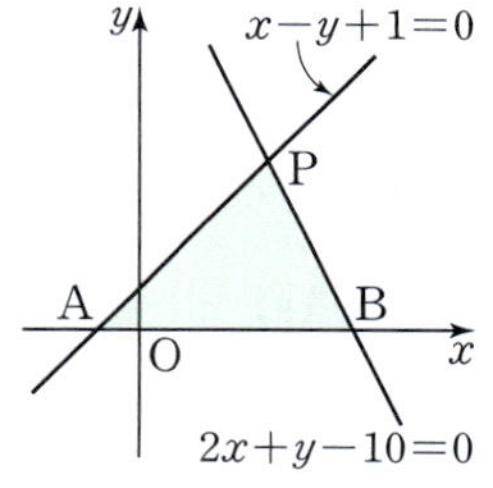

① $y=2x-4$
② $y=2x-6$
③ $y=2x-8$
④ $y=4x-6$
⑤ $y=4x-8$

유형 15 직선의 방정식의 활용

두 일차함수의 그래프가 주어진 활용 문제는 다음과 같은 순서로 해결한다.

❶ 각 그래프가 지나는 두 점을 이용하여 두 직선의 방정식을 구한다.

❷ 두 직선의 방정식을 연립하여 교점의 좌표를 구한다.

❸ 문제의 조건에 맞는 값을 구한다.

1112 대표 문제

형과 동생이 $400\,\mathrm{m}$의 직선 트랙을 달리는데 동생은 형보다 $100\,\mathrm{m}$ 앞에서 출발하였다. 오른쪽 그림은 두 사람이 동시에 달리기 시작한 지 x초 후에 형이 출발한 지점으로부터 떨어진 거리를 각각 $y\,\mathrm{m}$라 할 때, x와 y 사이의 관계를 그래프로 나타낸 것이다. 다음 물음에 답하시오.

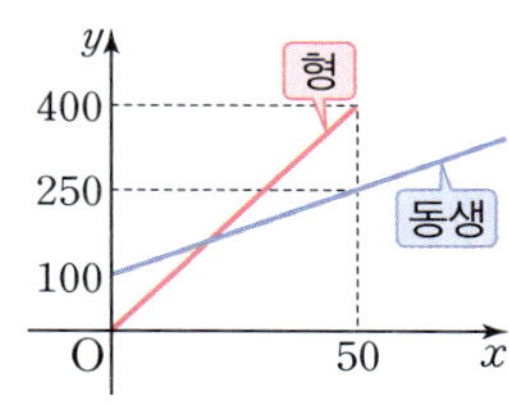

(1) 두 사람이 동시에 달리기 시작한 지 몇 초 후에 형이 동생을 따라잡는지 구하시오.

(2) 형이 출발한 지점으로부터 몇 m 떨어진 지점에서 형과 동생이 처음으로 만나는지 구하시오.

1113 상

서술형

40 L, 30 L의 물이 각각 들어 있는 두 물통 A, B에서 동시에 일정한 속력으로 물을 빼낸다. 오른쪽 그림은 물을 빼내기 시작한 지 x분 후에 남아 있는 물의 양을 $y\,\mathrm{L}$라 할 때, x와 y 사이의 관계를 그래프로 나타낸 것이다. 두 물통에 남아 있는 물의 양이 같아지는 것은 물을 빼내기 시작한 지 몇 분 후인지 구하시오.

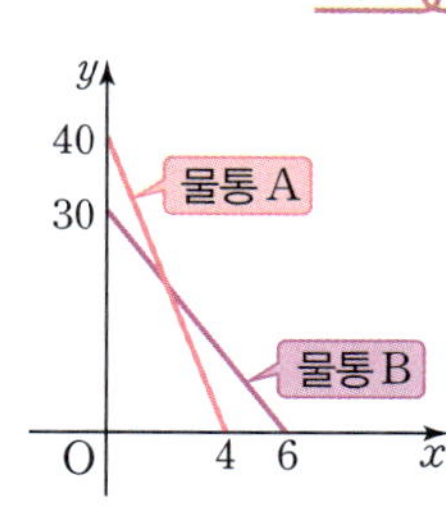

유형 점검

1114
유형 01

다음 중 일차방정식 $4x+3y-6=0$의 그래프에 대한 설명으로 옳은 것을 모두 고르면? (정답 2개)

① x절편은 $\dfrac{2}{3}$이다.

② y절편은 2이다.

③ 오른쪽 아래로 향하는 직선이다.

④ 제2사분면을 지나지 않는다.

⑤ 일차함수 $y=-\dfrac{3}{4}x+7$의 그래프와 평행하다.

1115
유형 02

두 점 $(a,\ 7)$, $(-2,\ b)$가 일차방정식 $3x-4y=2$의 그래프 위에 있을 때, $a-b$의 값을 구하시오.

1116
유형 03

일차방정식 $ax+by+4=0$의 그래프를 y축의 방향으로 -3만큼 평행이동하였더니 두 점 $(-1,\ -4)$, $(2,\ 5)$를 지나는 직선과 일치하였다. 이때 상수 a, b에 대하여 ab의 값은?

① -16 ② -12 ③ -8
④ 8 ⑤ 12

1117
유형 04

일차방정식 $ax-by-3=0$의 그래프가 오른쪽 그림과 같을 때, 다음 중 옳은 것은?
(단, a, b는 상수)

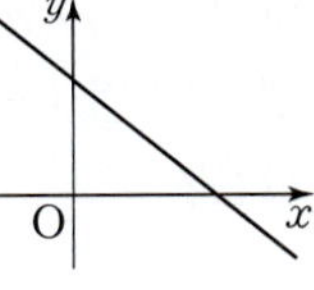

① $a>0,\ b>0$ ② $a>0,\ b<0$
③ $a<0,\ b>0$ ④ $a<0,\ b<0$
⑤ $a\neq0,\ b>0$

1118
유형 05

일차방정식 $2x+3y-15=0$의 그래프와 평행하고, 일차방정식 $x-2y-3=0$의 그래프와 x축 위에서 만나는 직선의 방정식은?

① $2x-3y-9=0$ ② $2x-3y-6=0$
③ $2x+3y-9=0$ ④ $2x+3y-6=0$
⑤ $3x-2y-9=0$

1119
유형 06

다음 중 일차방정식 $y=3$의 그래프인 것은?

① 점 $(3,\ 3)$을 지나고 x축에 수직인 직선
② 점 $(3,\ 2)$를 지나고 x축에 평행한 직선
③ 점 $(3,\ 1)$을 지나고 y축에 수직인 직선
④ 점 $(-1,\ 3)$을 지나고 x축에 평행한 직선
⑤ 점 $(-3,\ 3)$을 지나고 y축에 평행한 직선

1120

유형 06

방정식 $(5-a)x+(3b+2)y+12=0$의 그래프가 y축에 평행하고 점 $(-6, 4)$를 지날 때, 상수 a, b에 대하여 ab의 값은?

① -3　　　② -2　　　③ -1

④ 1　　　⑤ 2

1121
유형 07

다음 네 일차방정식의 그래프로 둘러싸인 도형의 넓이가 42일 때, 양수 p의 값을 구하시오.

$$x=p, \qquad x-3p=0, \qquad y=-2, \qquad y-5=0$$

1122
유형 08

기울기가 $\dfrac{2}{3}$이고 y절편이 4인 직선과 일차방정식 $x-2y+7=0$의 그래프의 교점의 좌표를 (a, b)라 할 때, $b-a$의 값을 구하시오.

1123
유형 09

두 일차방정식 $2x+y-6=0$, $ax-y+1=0$의 그래프가 오른쪽 그림과 같을 때, 상수 a의 값을 구하시오.

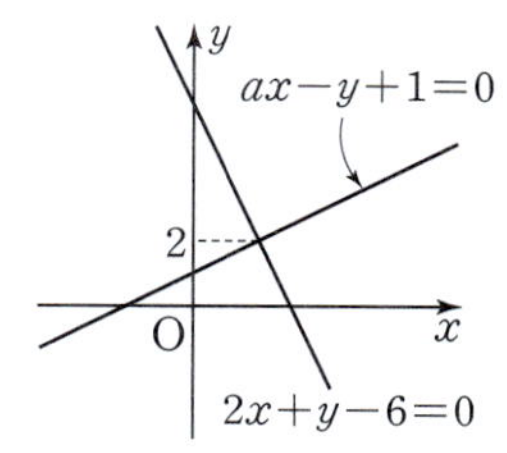

1124
유형 10

두 직선 $x+2y-5=0$, $2x-3y-3=0$의 교점을 지나고 기울기가 -4인 직선의 방정식은?

① $4x-y+3=0$　　　② $4x-y+11=0$

③ $4x+y-13=0$　　　④ $4x+y-7=0$

⑤ $4x+y=0$

1125
유형 11

두 점 $(-2, 7)$, $(4, -5)$를 지나는 직선 위에 두 직선 $x-y-3=0$, $mx+y-2=0$의 교점이 있다. 이때 상수 m의 값을 구하시오.

1126
유형 12

다음 중 연립방정식의 각 일차방정식의 그래프인 두 직선에 대한 설명으로 옳은 것은?

① 두 직선의 기울기가 같으면 연립방정식의 해가 없다.

② 두 직선이 일치하면 연립방정식의 해가 없다.

③ 두 직선이 평행하면 연립방정식의 해가 무수히 많다.

④ 두 직선이 한 점에서 만나면 그 점의 좌표가 연립방정식의 해이다.

⑤ 두 직선의 기울기가 같고 y절편이 다르면 연립방정식의 해가 무수히 많다.

1127
유형 13

세 직선 $2x-y-3=0$, $x-y+1=0$, $y-1=0$으로 둘러싸인 도형의 넓이는?

① 2   ② 4   ③ 6

④ 8   ⑤ 10

1128
유형 14

오른쪽 그림과 같이 일차함수 $y=-\dfrac{4}{3}x+6$의 그래프와 x축, y축으로 둘러싸인 도형의 넓이를 직선 $y=mx$가 이등분할 때, 상수 m의 값은?

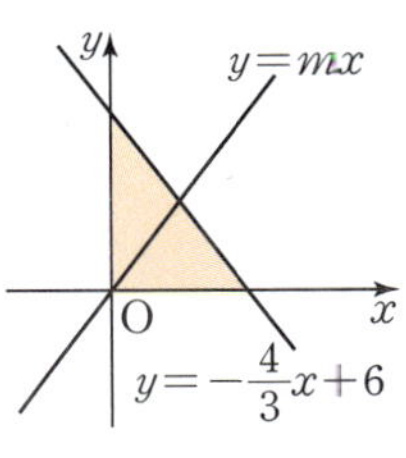

① $\dfrac{1}{3}$ ② $\dfrac{2}{3}$ ③ 1

④ $\dfrac{4}{3}$ ⑤ $\dfrac{5}{3}$

1129
유형 15

희주와 은수가 집에서 6 km 떨어진 영화관까지 가는데 희주가 오후 1시에 먼저 출발하고 20분 후에 은수가 출발하였다. 오른쪽 그림은 희주가 출발한 지 x분 후에 희주와 은수가 집에서 떨어진 거리를 y km라 할 때, x와 y 사이의 관계를 그래프로 나타낸 것이다. 이때 희주와 은수가 처음으로 만나는 시각을 구하시오.

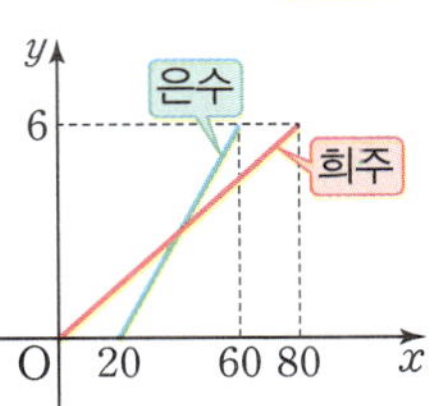

서술형

1130
유형 06

두 점 $(-a,\ 5a+3)$, $(2,\ 2a-9)$를 지나고 y축에 수직인 직선의 방정식을 구하시오.

1131
유형 12

연립방정식 $\begin{cases} ax-2y=8 \\ 9x+6y=b \end{cases}$의 해가 무수히 많을 때, 일차함수 $y=ax+b$의 그래프가 지나지 <u>않는</u> 사분면을 구하시오. (단, a, b는 상수)

1132
유형 13

두 일차방정식 $ax+4y-4a=0$, $ax-6y+6a=0$의 그래프와 x축으로 둘러싸인 도형의 넓이가 15일 때, 양수 a의 값을 구하시오.

실력 향상

1133

두 일차함수 $y=ax-b$, $y=bx-a$의 그래프의 교점이 제2사분면 위에 있을 때, 점 $(a,\ b)$는 제몇 사분면 위의 점인지 구하시오. (단, a, b는 상수, $ab>0$, $a\neq b$)

1134

오른쪽 그림과 같이 직선 $y=2x+2$와 두 직선 $y=4$, $y=-2$의 교점을 각각 A, B라 하고, 직선 $y=ax+b$와 두 직선 $y=-2$, $y=4$의 교점을 각각 C, D라 하면 사각형 ABCD는 평행사변형이다. 사각형 ABCD의 넓이가 24일 때, 상수 a, b에 대하여 ab의 값을 구하시오. (단, $b<0$)

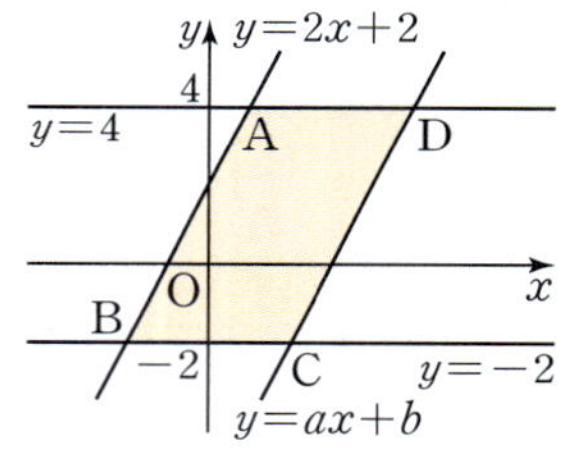

1135

네 일차방정식 $x+1=0$, $2x-10=0$, $y+2=0$, $2y-6=0$의 그래프로 둘러싸인 도형의 넓이를 직선 $y=x+a$가 이등분할 때, 상수 a의 값은?

① $-\dfrac{3}{4}$ ② -1 ③ $-\dfrac{5}{4}$

④ $-\dfrac{3}{2}$ ⑤ $-\dfrac{7}{4}$

1136

오른쪽 그림과 같이 두 일차방정식 $ax-y+4=0$, $x-y+b=0$의 그래프가 x축 위의 점 C에서 만난다. $\triangle$AOC와 $\triangle$BCO의 넓이의 비가 $2:1$일 때, 상수 a, b에 대하여 $a+b$의 값을 구하시오.

(단, O는 원점, $b<0$)

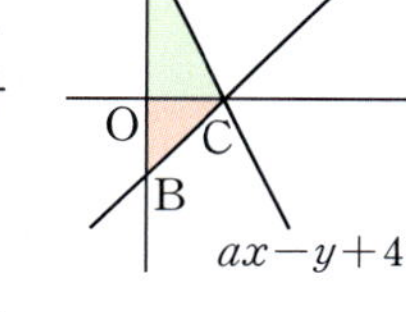

◑ 기출 BOOK 38쪽

유형만렙 기출 BOOK

250문항 수록

중학 수학 2/1

visang

ABOVE IMAGINATION

우리는 남다른 상상과 혁신으로
교육 문화의 새로운 전형을 만들어
모든 이의 행복한 경험과 성장에 기여한다

기출 BOOK

중학 수학

2 / 1

01 / 유리수와 순환소수

1 다음 중 분수를 소수로 나타낼 때, 무한소수인 것을 모두 고르면? (정답 2개)

① $\dfrac{1}{11}$ ② $\dfrac{8}{15}$ ③ $\dfrac{17}{16}$

④ $\dfrac{21}{25}$ ⑤ $\dfrac{11}{40}$

2 분수 $\dfrac{6}{13}$ 을 소수로 나타낼 때, 다음 중 순환마디를 이루는 숫자가 <u>아닌</u> 것은?

① 1   ② 2   ③ 3

④ 4   ⑤ 5

3 다음 중 분수를 소수로 나타낼 때, 순환마디의 개수가 나머지 넷과 <u>다른</u> 하나는?

① $\dfrac{3}{11}$ ② $\dfrac{9}{11}$ ③ $\dfrac{7}{18}$

④ $\dfrac{8}{33}$ ⑤ $\dfrac{61}{99}$

4 다음 중 순환소수의 표현이 옳은 것을 모두 고르면? (정답 2개)

① $5.2888\cdots=5.28\dot{8}$

② $4.010101\cdots=4.0\dot{1}\dot{0}$

③ $1.127127127\cdots=1.\dot{1}2\dot{7}$

④ $3.523523523\cdots=\dot{3}.5\dot{2}$

⑤ $6.8232323\cdots=6.8\dot{2}\dot{3}$

5 분수 $\dfrac{41}{110}$ 을 순환소수로 바르게 나타낸 것은?

① $0.\dot{3}\dot{7}$ ② $0.3\dot{7}\dot{2}$ ③ $0.37\dot{2}$

④ $0.\dot{3}7\dot{2}$ ⑤ $0.37\dot{2}\dot{7}$

6 분수 $\dfrac{26}{111}$ 을 소수로 나타낼 때, 소수점 아래 96번째 자리의 숫자를 구하시오.

7 분수 $\dfrac{5}{21}$ 를 소수로 나타낼 때, 소수점 아래 첫 번째 자리의 숫자부터 소수점 아래 20번째 자리의 숫자까지의 합을 구하시오.

8 분수 $\dfrac{1}{40}$ 을 $\dfrac{a}{10^n}$ 꼴로 고쳐서 유한소수로 나타낼 때, 자연수 a, n에 대하여 $a+n$의 값 중 가장 작은 값을 구하시오.

9 다음 중 분수를 소수로 나타낼 때, 유한소수로 나타낼 수 있는 것을 모두 고르면? (정답 2개)

① $-\dfrac{7}{9}$　　② $\dfrac{16}{25}$　　③ $\dfrac{33}{180}$

④ $\dfrac{6}{3^2 \times 5}$　　⑤ $\dfrac{27}{2^2 \times 3^2}$

10 분수 $\dfrac{n}{30}$ 을 소수로 나타내면 유한소수가 될 때, n의 값이 될 수 있는 30보다 작은 자연수의 개수는?

① 6　　② 7　　③ 8

④ 9　　⑤ 10

11 $\dfrac{1}{4}$ 보다 크고 $\dfrac{6}{7}$ 보다 작은 분수 $\dfrac{a}{28}$ 중에서 유한소수로 나타낼 수 있는 자연수 a의 값을 모두 구하시오.

12 x가 50 이하의 자연수일 때, 분수 $\dfrac{25 \times x}{420}$ 를 소수로 나타내면 유한소수가 되도록 하는 모든 x의 값의 합은?

① 59　　② 61　　③ 63

④ 65　　⑤ 67

13 분수 $\dfrac{6}{2^3 \times 5 \times x}$ 을 소수로 나타내면 유한소수가 될 때, 다음 중 x의 값이 될 수 <u>없는</u> 것을 모두 고르면?

(정답 2개)

① 3　　② 5　　③ 6

④ 7　　⑤ 9

14 분수 $\dfrac{p}{48}$ 를 소수로 나타내면 유한소수가 되고, 기약분수로 나타내면 $\dfrac{1}{q}$ 이 된다. p가 1보다 크고 6보다 작은 자연수일 때, p, q의 값을 각각 구하시오.

15 분수 $\dfrac{9}{5^2 \times x}$ 를 순환소수로만 나타낼 수 있을 때, x의 값이 될 수 있는 가장 작은 자연수를 구하시오.

16 다음은 순환소수 $0.5\dot{1}\dot{7}$ 을 기약분수로 나타내는 과정이다. □ 안에 들어갈 수로 옳지 <u>않은</u> 것은?

> 순환소수 $0.5\dot{1}\dot{7}$ 을 x라 하면
>
> $x = 0.5171717\cdots$ ...... ㉠
>
> ㉠의 양변에 $\boxed{①}$ 을 곱하면
>
> $\boxed{①} x = 517.171717\cdots$ ...... ㉡
>
> ㉠의 양변에 $\boxed{②}$ 을 곱하면
>
> $\boxed{②} x = 5.171717\cdots$ ...... ㉢
>
> ㉡에서 ㉢을 변끼리 빼면
>
> $\boxed{③} x = \boxed{④}$ $\quad \therefore x = \boxed{⑤}$

① 1000　　　② 10　　　③ 990

④ 512　　　⑤ $\dfrac{256}{445}$

17 다음은 순환소수 $1.4\dot{8}$ 을 분수로 나타내는 과정이다. 이때 a, b, c의 값을 각각 구하시오.

$$1.4\dot{8} = \frac{148 - a}{90} = \frac{b}{90} = \frac{67}{c}$$

18 다음을 계산하여 기약분수로 나타내면 $\dfrac{1}{a}$ 이 된다. 이때 자연수 a의 값은?

$$\frac{3}{5} \times \left(\frac{1}{10} + \frac{1}{100} + \frac{1}{1000} + \frac{1}{10000} + \cdots \right)$$

① 3　　　② 5　　　③ 9

④ 15　　　⑤ 45

19 기약분수 $\dfrac{a}{99}$ 를 소수로 나타내는데 태리가 분모를 b로 잘못 보아서 $0.7\dot{4}$ 로 나타냈다. 태리가 잘못 본 분수도 기약분수일 때, 자연수 a, b에 대하여 $a + b$의 값은?

① 149　　　② 151　　　③ 153

④ 155　　　⑤ 157

20 한 자리의 자연수 x, y, z에 대하여
$(x, y, z)=0.00\dot{x}+0.0\dot{y}+0.\dot{z}$라 할 때,
$(2,\ 3,\ 6)-(1,\ 7,\ 3)$의 값은?

① 0.27 ② 0.29 ③ 0.31
④ 0.33 ⑤ 0.35

21 어떤 자연수에 0.2를 곱해야 할 것을 잘못하여 $0.\dot{2}$를 곱했더니 그 계산 결과가 바르게 계산한 결과보다 $0.\dot{3}$만큼 컸다. 이때 어떤 자연수는?

① 6 ② 9 ③ 12
④ 15 ⑤ 18

22 순환소수 $2.5\dot{4}$에 어떤 자연수 a를 곱하면 자연수가 된다고 할 때, a의 값이 될 수 있는 두 자리의 자연수의 개수를 구하시오.

23 순환소수 $0.34\dot{8}$에 어떤 자연수 a를 곱하면 유한소수가 된다고 할 때, a의 값이 될 수 있는 가장 작은 자연수를 구하시오.

24 다음 수를 작은 것부터 차례로 나열할 때, 세 번째에 오는 수는?

$$2.5\dot{2},\quad 2.\dot{5}\dot{2},\quad 2.52\dot{4},\quad 2.5\dot{2}\dot{4},\quad 2.\dot{5}2\dot{4}$$

① $2.5\dot{2}$ ② $2.\dot{5}\dot{2}$ ③ $2.52\dot{4}$
④ $2.5\dot{2}\dot{4}$ ⑤ $2.\dot{5}2\dot{4}$

25 다음 보기 중 옳은 것을 모두 고른 것은?

> **보기**
> ㄱ. 모든 순환소수는 무한소수이다.
> ㄴ. 모든 무한소수는 분수로 나타낼 수 없다.
> ㄷ. 유한소수 중에는 기약분수로 나타낼 수 없는 것도 있다.
> ㄹ. 모든 유한소수는 분모가 10의 거듭제곱인 분수로 나타낼 수 있다.

① ㄱ, ㄴ ② ㄱ, ㄹ ③ ㄴ, ㄷ
④ ㄴ, ㄹ ⑤ ㄷ, ㄹ

1 자연수 x, y에 대하여 $x+y=6$이고 $a=2^x$, $b=2^y$일 때, ab의 값은?

① 16   ② 32   ③ 64

④ 128   ⑤ 256

2 $27^{2x-1}=3^{x+12}$일 때, 자연수 x의 값은?

① 2   ② 3   ③ 4

④ 5   ⑤ 6

3 $3^4 \div 3^a = \dfrac{1}{9}$, $5^7 \div 25^b = 5$일 때, 자연수 a, b에 대하여 $a+b$의 값을 구하시오.

4 다음 중 $a^{10} \div a^4 \div a^3$과 계산 결과가 같은 것은?

① $a^{10} \times a^4 \div a^3$ ② $a^{10} \div a^4 \times a^3$

③ $a^{10} \times (a^4 \div a^3)$ ④ $a^{10} \div (a^4 \times a^3)$

⑤ $a^{10} \div (a^4 \div a^3)$

5 $7^{64} \div 7^9$의 일의 자리의 숫자는?

① 1   ② 3   ③ 7

④ 8   ⑤ 9

6 $(xy^2)^a = x^7 y^b$, $\left(-\dfrac{3x^3}{y^4}\right)^2 = \dfrac{cx^6}{y^d}$일 때, 자연수 a, b, c, d에 대하여 $a+b+c+d$의 값은?

① 30   ② 32   ③ 34

④ 36   ⑤ 38

7 $4^3 \times (0.25)^3$을 계산하면?

① $\dfrac{1}{4}$ ② $\dfrac{1}{2}$ ③ 1

④ 2   ⑤ 4

8 $2^{14} \times 5^{10} = a \times 10^b$일 때, 자연수 a, b에 대하여 $a-b$의 값은? (단, a는 두 자리의 자연수)

① 4   ② 5   ③ 6

④ 7   ⑤ 8

9 다음 보기 중 옳은 것을 모두 고른 것은?

> **보기**
> ㄱ. $a^2 \times a^6 = a^8$ ㄴ. $2^9 \div (2^4 \div 2^3) = \dfrac{1}{2^8}$
> ㄷ. $(-3x^4y)^3 = 27x^{12}y^3$ ㄹ. $\left(-\dfrac{b^3}{a}\right)^2 = \dfrac{b^6}{a^2}$
> ㅁ. $a^5 \div (a^2)^2 \times a^6 = a^7$

① ㄱ, ㄴ, ㄷ   ② ㄱ, ㄴ, ㄹ   ③ ㄱ, ㄷ, ㅁ

④ ㄱ, ㄹ, ㅁ   ⑤ ㄷ, ㄹ, ㅁ

10 1광년은 빛이 초속 3×10^5 km로 1년 동안 나아가는 거리이다. 1년을 3×10^7초로 계산할 때, 지구에서부터 100광년 떨어진 행성과 지구 사이의 거리는?

① 3×10^{12} km   ② 9×10^{12} km

③ 3×10^{14} km   ④ 9×10^{14} km

⑤ 27×10^{14} km

11 다음 그림과 같이 한 사람이 2명에게 전자 우편을 보내고 그 2명이 각각 서로 다른 2명에게 전자 우편을 보내 상품을 홍보하는 바이럴 마케팅을 하려고 한다. 20단계에서 전자 우편을 받는 사람 수는 6단계에서 전자 우편을 받는 사람 수의 몇 배인지 2의 거듭제곱을 사용하여 나타내시오.

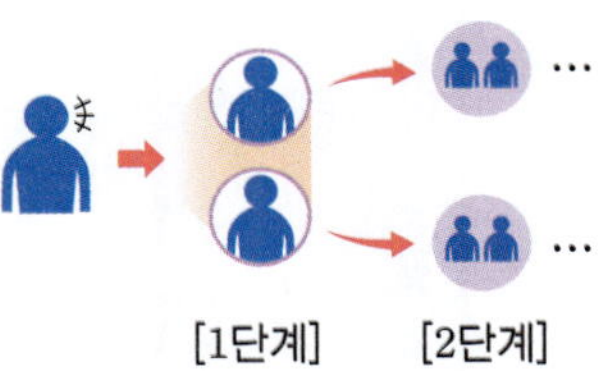

12 $2^{11} + 2^{11} + 2^{11} + 2^{11}$을 간단히 하면?

① 2^{13} ② 2^{15} ③ 2^{17}

④ 2^{20} ⑤ 2^{22}

13 $3^3=a$라 할 때, $9^5 \div 27^6 \times 3^2$을 a를 사용하여 나타내면?

① $\dfrac{1}{a^2}$　　② $\dfrac{1}{a}$　　③ a

④ a^2　　⑤ a^3

14 $a=2^{x-2}$일 때, 16^x을 a를 사용하여 나타내면?

(단, x는 3 이상의 자연수)

① $4a^4$　　② $16a^4$　　③ $16a^8$

④ $256a^4$　　⑤ $256a^8$

15 $\dfrac{2^{41} \times 45^{20}}{18^{20}}$이 n자리의 자연수일 때, n의 값을 구하시오.

16 $(-3ab^2c)^2 \times 2ac \times \dfrac{4}{9}a^2b$를 계산하시오.

17 $(4x^4y^a)^2 \div (2x^b y^8)^3 = \dfrac{cx^2}{y^{12}}$일 때, 자연수 a, b, c에 대하여 abc의 값은?

① 12　　② 16　　③ 20

④ 24　　⑤ 28

18 다음 중 옳지 <u>않은</u> 것을 모두 고르면? (정답 2개)

① $(-14x^6y) \times \dfrac{1}{2}y^3 = -7x^6y^4$

② $(-3xy^2)^3 \times (-xy)^2 = -27x^5y^8$

③ $\dfrac{2}{3}x^3y^2 \times (3xy)^2 \times (xy^3)^2 = 6x^{10}y^7$

④ $\left(\dfrac{3}{4}x^4y^3\right)^2 \div \left(\dfrac{x^3y}{2}\right)^3 = \dfrac{9y^3}{2x}$

⑤ $(5x^2y^3)^2 \div \dfrac{(-y)^3}{4x^2} \div \left(\dfrac{10x^2}{y^4}\right)^2 = x^2y^{11}$

19 다음 계산 과정에서 ㈎에 x^3y를 넣었을 때, ㈐에 알맞은 식을 구하시오.

$$\boxed{\text{㈎}} \xrightarrow{\div \left(\frac{2y^2}{9x}\right)^2} \boxed{\text{㈏}} \xrightarrow{\times \left(-\frac{2}{3}x^2y\right)^3} \boxed{\text{㈐}}$$

20 $(3xy^2)^A \times 4x^3y^B \div (-6x^2y)^2 = Cx^2y^8$일 때, 자연수 A, B, C에 대하여 $A-B+C$의 값은?

① -2 　② -1 　③ 0

④ 1 　⑤ 2

21 다음 ☐ 안에 알맞은 식을 구하시오.

$$\frac{1}{3}xy^2 \div (\boxed{}) \times (-3x^3y)^2 = -\frac{3}{5}x^3y$$

22 오른쪽 그림과 같이 가로의 길이가 $20a^3b^2$, 세로의 길이가 $\frac{1}{4}ab^7$인 직사각형의 넓이는?

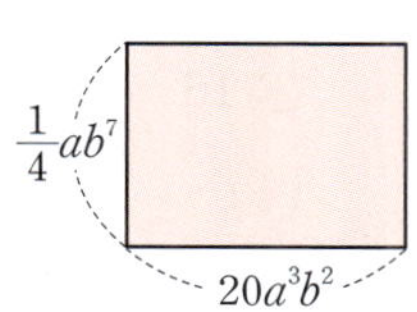

① $4a^3b^{14}$ 　② $4a^4b^9$ 　③ $5a^3b^{14}$

④ $5a^4b^9$ 　⑤ $10a^4b^9$

23 오른쪽 그림과 같이 밑면의 반지름의 길이가 $4x^2y^3$, 높이가 $\frac{y}{2x^2}$인 원기둥 모양의 물통에 $\frac{3}{4}$만큼 물을 채웠다. 이때 물통에 담긴 물의 부피를 구하시오.

（단, 물통의 두께는 생각하지 않는다.）

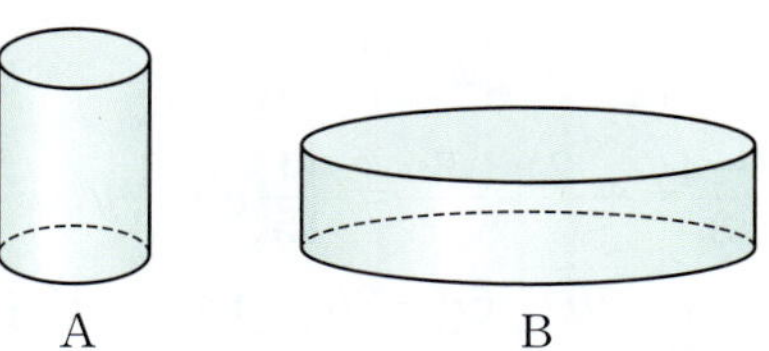

24 다음 그림과 같은 두 원기둥 A, B가 있다. 원기둥 B의 높이는 원기둥 A의 높이의 $\frac{1}{2}$배이고, 원기둥 B의 밑면의 반지름의 길이는 원기둥 A의 밑면의 반지름의 길이의 3배이다. 이때 원기둥 B의 부피는 원기둥 A의 부피의 몇 배인지 구하시오.

25 오른쪽 그림과 같이 밑면이 직각삼각형인 삼각기둥의 부피가 $30a^5b^7$일 때, 이 삼각기둥의 높이는?

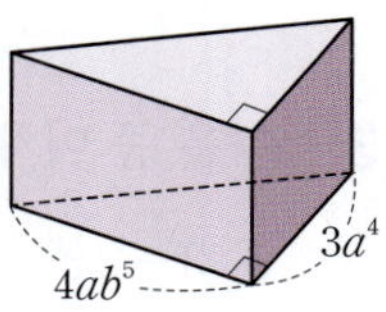

① $\frac{5}{2}ab^2$ 　② $\frac{5}{2}b^2$

③ $5ab^2$ 　④ $5a^2$

⑤ $5b^2$

1　$2(3x-2y-5)-4(x+5y-7)=ax+by+c$일 때, 상수 a, b, c에 대하여 $a+b+c$의 값을 구하시오.

2　다음 중 옳은 것은?

① $(x-2y)+2(6x-3y)=12x+8y$

② $(-4a+5b)-(2a-b-4)=-2a+4b-4$

③ $\left(\dfrac{2}{3}x+\dfrac{1}{4}y+2\right)-\left(\dfrac{3}{4}x-\dfrac{3}{8}y+1\right)$

　　$=-\dfrac{1}{12}x+\dfrac{5}{8}y+3$

④ $\dfrac{x-4y}{3}+\dfrac{2x+5y}{5}=\dfrac{11}{15}x-\dfrac{1}{3}y$

⑤ $\dfrac{-4a+2b}{3}-\dfrac{6a-3b}{2}=\dfrac{13}{3}a-\dfrac{13}{6}b$

3　다음 중 이차식이 <u>아닌</u> 것을 모두 고르면? (정답 2개)

① $3-2x^2$　　　　　② $a^2+7-3a+2$

③ $2x^2-5x+3+5x$　　④ $\dfrac{1}{a^2}+2a+6$

⑤ $(x^2+2x)-(x^2-3)$

4　$3(x^2+2x+6)-(2x^2-3x+4)$를 계산했을 때, x의 계수와 상수항의 합을 구하시오.

5　두 다항식 A, B에 대하여 연산 ☆, ◎를 각각 $A☆B=2A+B$, $A◎B=A-2B$라 하자. $A=x^2-x+2$, $B=7x^2+3x+1$일 때, $3(A☆B)+2(A◎B)$를 계산하시오.

6　다음 식을 계산했을 때, x^2의 계수를 a, x의 계수를 b, 상수항을 c라 하자. 이때 $a-b-c$의 값은?

$$4x^2-3x-\{-2x^2+6x-(x^2-x+3)\}$$

① 10　　　　　② 12　　　　　③ 14

④ 16　　　　　⑤ 18

7　어떤 식에 $-a+3b$의 2배를 더했더니 $5a+4b+3$이 되었다. 이때 어떤 식을 구하시오.

8 다음 그림과 같은 전개도로 정육면체를 만들었을 때, 마주 보는 두 면에 적힌 두 다항식의 합이 모두 같다고 한다. 이때 A, B에 알맞은 식을 각각 구하시오.

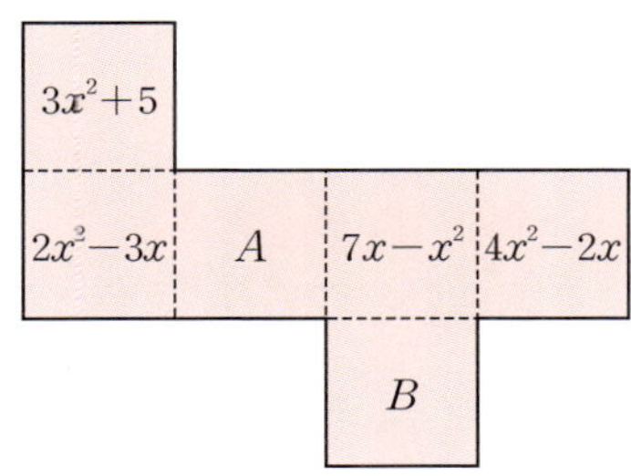

9 어떤 식에 $7a-3b-2$를 더해야 할 것을 잘못하여 뺐더니 $9a+5b-6$이 되었다. 이때 바르게 계산한 식은?

① $9a-b-10$ ② $9a+5b-6$

③ $23a-b-10$ ④ $23a-b-6$

⑤ $23a+5b-10$

10 $(-4x^3+2x-6) \times \dfrac{3}{2}x = ax^4+bx^2+cx$일 때, 상수 a, b, c에 대하여 $a+b-c$의 값은?

① -6 ② -3 ③ 0

④ 3 ⑤ 6

11 $\left(4x^4-2x^3y+\dfrac{1}{8}x^2y^2\right) \div \left(-\dfrac{x^2}{4}\right)$을 계산한 식에서 x^2의 계수와 xy의 계수의 차를 구하시오.

12 다음 중 옳지 <u>않은</u> 것은?

① $2x(-4x+9) = -8x^2+18x$

② $-y(2x+4y-4) = -2xy-4y^2+4y$

③ $(6x^2-7y^2) \times (-3xy) = 18x^3y-21xy^3$

④ $(-30a^3b^2+24ab^2) \div (-6ab) = 5a^2b-4b$

⑤ $(12x^3y^4+16x^2y^2) \div \dfrac{4}{3}x^2y = 9xy^3+12y$

13 $A = (16xy+32xy^2+72y^2) \times \dfrac{3}{8}x$,

$B = (36x^3y^2-30x^3y^3+12x^2y^3) \div (-6xy)$일 때,

$A+B$를 계산하면?

① $-17x^2y^2-25xy^2$ ② $-17x^2y^2+25xy^2$

③ $17x^2y^2-25xy^2$ ④ $17x^2y^2+25xy^2$

⑤ $12x^2y+7x^2y^2+29xy^2$

14 어떤 다항식에 $-\dfrac{2}{3}x$를 곱했더니 $2x^2-4xy^2$이 되었다. 이때 어떤 다항식을 구하시오.

15 다음 계산 과정을 만족시키는 다항식 A, B를 각각 구하시오.

$$\boxed{A} \xrightarrow{\times\frac{3}{5}xy} \boxed{6x^2y-3x^2y^2+15xy^2} \xrightarrow{\times 2x^2y} \boxed{B}$$

16 다음 조건을 모두 만족시키는 다항식 A, B에 대하여 $B-A$를 계산하시오.

> **조건**
> ㈎ 다항식 A를 $-2x$로 나누면 $-7x+5$이다.
> ㈏ 다항식 A와 B를 더하면 $29x^2-17x+6$이다.

17 $\dfrac{-12xy^2+6y^2}{3y}+\dfrac{21x^3-42x^2y}{7x^2}=ax+bxy+cy$일 때, 상수 a, b, c에 대하여 $a-b-c$의 값은?

① 3   ② 5   ③ 7
④ 9   ⑤ 11

18 다음 보기 중

$$2x(y-4)+(12x^3+8x^2y-20x^2)\div\left(\dfrac{2}{3}x\right)^2$$ 을 계산한 결과에 대한 설명으로 옳은 것을 모두 고른 것은?

> **보기**
> ㄱ. x의 계수는 35이다.
> ㄴ. y의 계수는 18이다.
> ㄷ. xy의 계수는 2이다.
> ㄹ. 상수항은 45이다.

① ㄱ, ㄴ   ② ㄱ, ㄷ   ③ ㄴ, ㄷ
④ ㄴ, ㄹ   ⑤ ㄷ, ㄹ

19 오른쪽 그림과 같은 도형의 둘레의 길이를 구하시오.

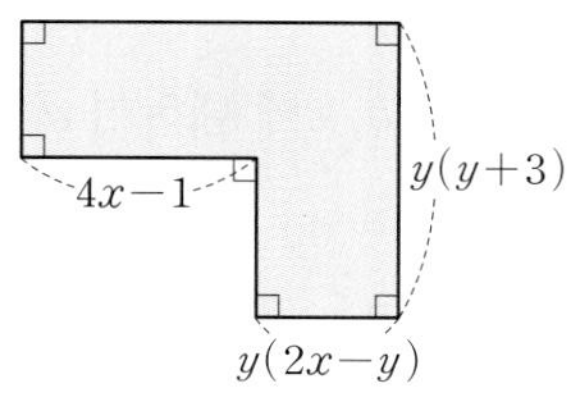

20 오른쪽 그림에서 색칠한 부분의
넓이는?

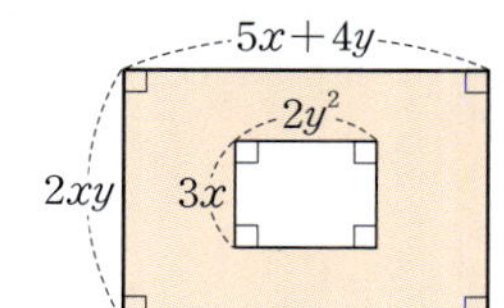

① $8x^2y-4xy^2$

② $8x^2y+2xy^2$

③ $10x^2y+2xy^2$

④ $10x^2y-4xy^2$

⑤ $10x^2y+14xy^2$

21 다음 그림에서 사다리꼴을 밑면으로 하고 높이가 $4a^2b$
인 사각기둥의 부피는 삼각형을 밑면으로 하는 삼각뿔
의 부피의 2배일 때, 삼각뿔의 높이는?

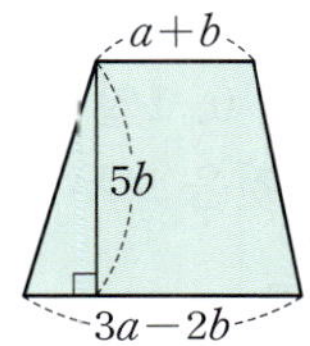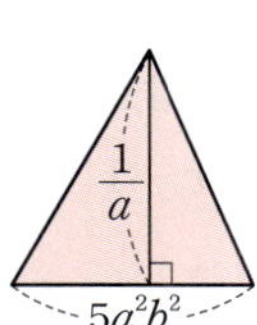

① $8a^2-6ab$　　② $8a^2-2b^2$　　③ $24a^2-6ab$

④ $24a^2+6ab$　　⑤ $24a^2+2b^2$

22 오른쪽 그림과 같은 사각형
ABCD의 넓이가
$28a^3b+7a^2b^2$일 때, $\overline{\text{BD}}$의 길이
를 구하시오.

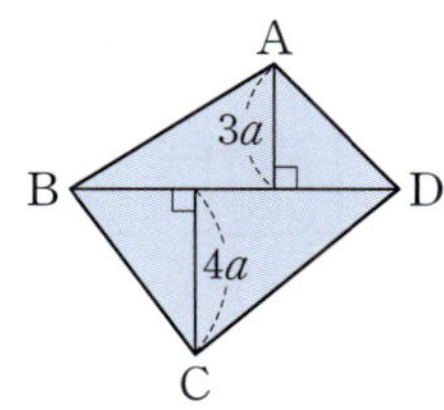

23 $x=\dfrac{1}{2}$, $y=4$일 때,
$2x(4x-3y)-(16x^2y^2+6xy^3-8y^2)\div4y^2$의 값은?

① -12　　　　② -7　　　　③ -2

④ 3　　　　⑤ 8

24 $x+2y=7$일 때, $4(x-2y)+5x-2(3x+y)$를 y에 대
한 식으로 나타내면?

① $-16y-21$　　　　② $-16y+21$

③ $4y-21$　　　　④ $4y+21$

⑤ $21y-16$

25 $A=x-2y$, $B=-3x+y$일 때,
$-3(A-3B)+2A-5B$를 x, y에 대한 식으로 나타
내면?

① $-13x-6y$　　② $-13x+6y$　　③ $-13x+8y$

④ $-11x+3y$　　⑤ $-11x+6y$

1 다음 표에서 부등식이 있는 칸을 모두 색칠할 때 나타나는 알파벳을 말하시오.

$\dfrac{x}{6}>15$	$x-3<7x$	$8x-2\geq 8x-7$
$2x+9=5x$	$5x-6<0$	$x-\dfrac{1}{5}$
$2\times 3-1=5$	$-2>-4$	$x(x-1)=0$

2 'x의 2배에 3을 더한 수는 x의 4배보다 작지 않다.'를 부등식으로 나타내면?

① $2x+3>4x$　　　② $2x+3\geq 4x$

③ $2x+3<4x$　　　④ $2x+3\leq 4x$

⑤ $2x+3=4x$

3 다음 중 문장을 부등식으로 나타낸 것으로 옳은 것은?

① x의 4배에 2를 더한 수는 x의 5배에서 7을 뺀 수 미만이다. ➡ $4x+2\leq 5x-7$

② 한 변의 길이가 $x\,\mathrm{cm}$인 정삼각형의 둘레의 길이는 $30\,\mathrm{cm}$를 넘지 않는다. ➡ $x+3\leq 30$

③ 한 봉지에 $60\,\mathrm{g}$인 과자 x봉지의 무게는 $1600\,\mathrm{g}$보다 가볍다. ➡ $60x>1600$

④ $2\,\mathrm{L}$의 물을 한 번에 $x\,\mathrm{L}$씩 4번 마셨을 때, 남은 물의 양은 $0.5\,\mathrm{L}$보다 많다. ➡ $2-4x>0.5$

⑤ 시속 $50\,\mathrm{km}$로 $x\,\mathrm{km}$를 이동하는 데 걸리는 시간은 2시간 이하이다. ➡ $50x\leq 2$

4 다음 중 [　] 안의 수가 주어진 부등식의 해가 <u>아닌</u> 것은?

① $x-3<5$　　　　　[7]

② $3x-2>9$　　　　[4]

③ $4x+11\geq 5x+8$　[3]

④ $2x-7\leq 4x+3$　[-5]

⑤ $-2x-5<3x+4$　[-2]

5 x의 값이 -3, -2, -1, 0, 1일 때, 부등식 $5x+3\leq 3x-1$의 해인 것을 모두 고르면? (정답 2개)

① -3　　　② -2　　　③ -1

④ 0　　　　⑤ 1

6 $x\geq y$일 때, 다음 보기 중 옳은 것을 모두 고른 것은?

> **보기**
> ㄱ. $x+3\geq y+3$　　　ㄴ. $-5x\geq -5y$
> ㄷ. $2x-1\leq 2y-1$　　ㄹ. $4-\dfrac{x}{9}\leq 4-\dfrac{y}{9}$

① ㄱ, ㄴ　　　② ㄱ, ㄷ　　　③ ㄱ, ㄹ

④ ㄴ, ㄷ　　　⑤ ㄷ, ㄹ

7 다음 중 옳지 <u>않은</u> 것은?

① $a>b$이면 $3a>3b$

② $a\leq b$이면 $-\dfrac{a}{2}+6\geq-\dfrac{b}{2}+6$

③ $-\dfrac{a}{5}\leq-\dfrac{b}{5}$이면 $a-5\leq b-5$

④ $7a-4\geq 7b-4$이면 $a\geq b$

⑤ $8-a>8-b$이면 $2a<2b$

8 $ab<0$이고 $a>b$일 때, 다음 중 옳은 것은?

① $a-2<b-2$　　　② $-\dfrac{a}{4}>-\dfrac{b}{4}$

③ $a^2<ab$　　　④ $ab+1>b^2+1$

⑤ $\dfrac{a}{b}<1$

9 $-1\leq x<4$이고 $A=3x-5$일 때, A의 값의 범위는?

① $-7\leq A<10$　　　② $-7<A\leq 10$

③ $-8\leq A<7$　　　④ $-8<A\leq 7$

⑤ $-8\leq A<10$

10 다음 보기 중 일차부등식인 것을 모두 고르시오.

> **보기**
> ㄱ. $6x-4<8-x^2$　　　ㄴ. $5x+1<7x$
> ㄷ. $(x+4)x\geq x^2-2$　　　ㄹ. $\dfrac{1}{x}-3\leq 2$

11 다음 일차부등식 중 해가 $x<-4$인 것은?

① $x-5<1$　　　② $-2x>-8$

③ $-3x-8<4$　　　④ $3x-9<x-1$

⑤ $3-4x>2x+27$

12 일차부등식 $4x-10<-x+38$을 만족시키는 자연수 x의 개수는?

① 5　　　② 6　　　③ 7

④ 8　　　⑤ 9

13 일차방정식 $-5x+6=-9$의 해가 $x=a$일 때, 일차부등식 $ax-1\leq4x-10$의 해를 구하시오.

14 다음 중 일차부등식 $2(3x-7)+1>2x+7$의 해를 수직선 위에 바르게 나타낸 것은?

① 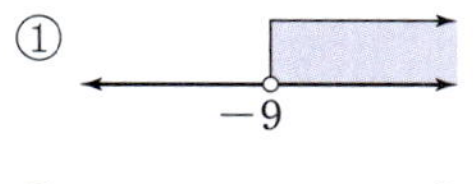 　　 ② 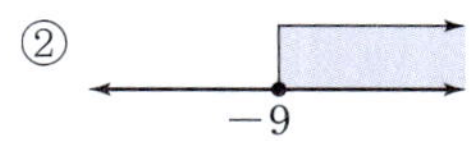

③ 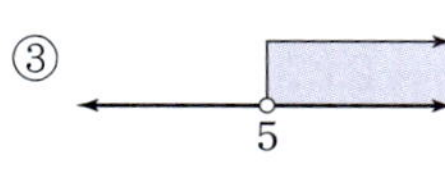 　　 ④ 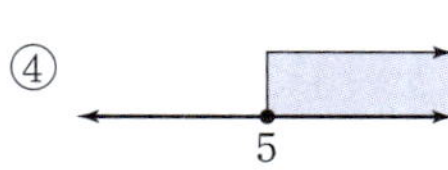

⑤ 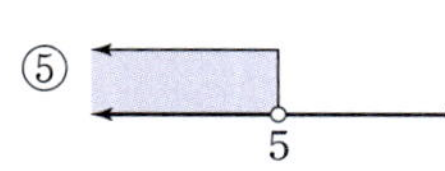

15 일차부등식 $x-3(x+4)>2(x-3)$을 만족시키는 x의 값 중 가장 큰 정수는?

① -3 　　 ② -2 　　 ③ -1

④ 1 　　 ⑤ 2

16 일차부등식 $-0.2x+0.8\leq2-0.5x$를 만족시키는 모든 자연수 x의 값의 합을 구하시오.

17 일차부등식 $\dfrac{2}{3}x+2>\dfrac{x-2}{4}$의 해를 $x>a$라 하고, 일차부등식 $0.3(x+6)>0.5x+1.4$의 해를 $x<b$라 할 때, 상수 a, b에 대하여 ab의 값을 구하시오.

18 $a<0$일 때, x에 대한 일차부등식 $-2ax<4$를 풀면?

① $x\leq-\dfrac{4}{a}$ 　　 ② $x<-\dfrac{2}{a}$ 　　 ③ $x>-\dfrac{2}{a}$

④ $x<\dfrac{2}{a}$ 　　 ⑤ $x>\dfrac{2}{a}$

19 $a<0<b$일 때, x에 대한 일차부등식 $3ax+2b\geq bx+6a$를 푸시오.

20 일차부등식 $\dfrac{2}{3}x+4 \geq \dfrac{x+5a}{2}$의 해가 $x \geq 6$일 때, 상수 a의 값은?

① -2 ② -1 ③ 1

④ 2 ⑤ 3

21 일차부등식 $3a-5x<13-ax$의 해를 수직선 위에 나타내면 오른쪽 그림과 같을 때, 상수 a의 값을 구하시오.

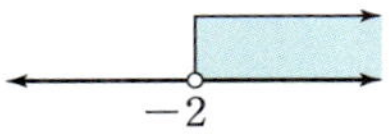

22 두 일차부등식 $-x+3>2x+1$, $3(x-2)+a<5$의 해가 서로 같을 때, 상수 a의 값은?

① 7 ② 8 ③ 9

④ 10 ⑤ 11

23 일차부등식 $4(4-x) \geq 5x+a$의 해 중 가장 큰 수가 -3일 때, 상수 a의 값은?

① 39 ② 40 ③ 41

④ 42 ⑤ 43

24 일차부등식 $\dfrac{x}{3}+a \geq \dfrac{3x+15}{4}$를 만족시키는 자연수 x가 3개 이상일 때, 상수 a의 값 중 가장 작은 수를 구하시오.

25 일차부등식 $6x-2(x+a) \geq 3x+5$를 만족시키는 음수 x가 존재하지 않을 때, 상수 a의 값의 범위를 구하시오.

1 어떤 정수의 4배에서 27을 뺐더니 15보다 작다고 한다. 이를 만족시키는 정수 중에서 가장 큰 수는?

① 8　　　　② 9　　　　③ 10
④ 11　　　　⑤ 12

2 연속하는 세 자연수의 합이 50보다 작다고 한다. 이를 만족시키는 세 자연수의 가운데 수가 될 수 있는 수 중에서 가장 큰 수를 구하시오.

3 서진이는 두 번의 수학 시험에서 각각 86점과 91점을 받았다. 세 번째 수학 시험까지의 평균 점수가 90점 이상이 되려면 세 번째 수학 시험에서 몇 점 이상을 받아야 하는지 구하시오.

4 어느 반에 여학생 15명, 남학생 25명이 있다. 여학생의 과학 점수의 평균은 85점이고, 이 반 학생 전체의 과학 점수의 평균은 87.5점 이상일 때, 남학생의 과학 점수의 평균은 최소 몇 점이어야 하는가?

① 87점　　　　② 87.5점　　　　③ 88점
④ 88.5점　　　　⑤ 89점

5 성범이는 열대어를 키우기 위해 한 마리에 2000원인 열대어 몇 마리와 9000원짜리 어항 한 개를 사려고 한다. 전체 금액이 33000원 미만이 되게 하려면 열대어를 최대 몇 마리까지 살 수 있는가?

① 8마리　　　　② 9마리　　　　③ 10마리
④ 11마리　　　　⑤ 12마리

6 1개당 무게가 15 g인 젤리와 20 g인 초콜릿을 합하여 30개를 사는데 전체 무게가 520 g 이하가 되게 하려고 한다. 이때 초콜릿을 최대 몇 개까지 살 수 있는지 구하시오.

7 현재 아윤이의 예금액은 8000원, 시후의 예금액은 40000원이다. 다음 달부터 매달 아윤이는 2500원씩, 시후는 3500원씩 예금한다면 시후의 예금액이 아윤이의 예금액의 3배보다 적어지는 것은 몇 개월 후부터인가? (단, 이자는 생각하지 않는다.)

① 3개월 후　　　　② 4개월 후　　　　③ 5개월 후
④ 6개월 후　　　　⑤ 7개월 후

8 가로의 길이가 14 cm인 직사각형의 넓이가 252 cm² 이상이 되게 하려면 세로의 길이는 최소 몇 cm이어야 하는가?

① $\dfrac{35}{2}$ cm   ② 18 cm   ③ $\dfrac{37}{2}$ cm

④ 19 cm   ⑤ $\dfrac{39}{2}$ cm

9 내각의 크기의 합이 1500° 이상인 다각형을 만들려고 할 때, 이 다각형은 최소 몇 각형이어야 하는지 구하시오.

10 30000원을 형과 동생에게 나누어 주려고 하는데 형의 몫의 2배가 동생의 몫의 3배보다 크지 않게 하려면 형에게 최대 얼마를 줄 수 있는가?

① 17000원   ② 17500원   ③ 18000원

④ 18500원   ⑤ 19000원

11 병에 들어 있던 주스를 언니가 120 mL를 마시고, 동생은 언니가 마시고 남은 양의 $\dfrac{1}{3}$을 마셨더니 남아 있는 주스의 양이 220 mL 이상이었다. 처음 병에 들어 있던 주스의 양은 최소 몇 mL인지 구하시오.

12 중학생 한 명이 하면 6일이 걸리고, 초등학생 한 명이 하면 9일이 걸려서 끝낼 수 있는 일이 있다. 이 일을 중학생과 초등학생을 합하여 8명이 하루에 끝내려고 할 때, 중학생은 최소 몇 명이 필요한가? (단, 초등학생끼리, 중학생끼리는 각각 일하는 능력이 같다.)

① 2명   ② 3명   ③ 4명

④ 5명   ⑤ 6명

13 1부터 30까지의 자연수가 각각 하나씩 적힌 30장의 카드가 들어 있는 상자에서 A, B 두 사람이 각각 한 장씩 카드를 동시에 꺼내 카드에 적힌 수를 비교하여 큰 수가 나온 사람은 3점, 작은 수가 나온 사람은 1점을 얻는 게임을 한다. 게임을 20번 한 결과 A의 점수가 B의 점수보다 8점 이상 많았을 때, A는 B보다 큰 수가 적힌 카드를 최소 몇 번 꺼냈는지 구하시오.

(단, 꺼낸 카드는 상자에 다시 넣는다.)

14 다음 그림과 같이 한 변의 길이가 4 cm인 정사각형 모양의 색종이 몇 장을 1 cm만큼 겹치도록 이어 붙여서 직사각형을 만들려고 한다. 이 직사각형의 둘레의 길이가 84 cm 이상이 되게 하려면 색종이는 최소 몇 장이 필요한지 구하시오.

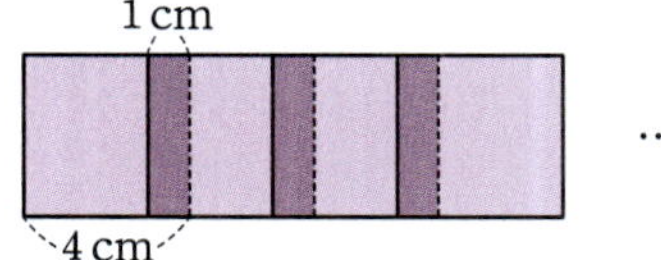

15 어느 택시는 호출비로 1500원을 받고, 1.6 km까지 이동할 때 기본요금 4500원을 받은 후 130 m를 이동할 때마다 100원의 추가 요금을 받는다. 이 택시를 호출하여 타고 이동할 때, 이용 요금이 12000원 이하로 나오게 하려면 최대 몇 km까지 이동할 수 있는가?

① 8.8 km   ② 9 km   ③ 9.2 km
④ 9.4 km   ⑤ 9.6 km

16 어느 제과점에서는 마감 직전 한 시간 동안 원가가 15000원인 호두파이를 정가의 50 %를 할인하여 판매한다고 한다. 이때 1500원 이상의 이익을 얻으려면 정가를 얼마 이상으로 정해야 하는가?

① 25000원   ② 27000원   ③ 29000원
④ 31000원   ⑤ 33000원

17 집 앞 상점에서 한 개에 2000원인 치약을 도매 시장에서는 한 개에 1700원에 살 수 있다고 한다. 도매 시장에 다녀오려면 왕복 1800원의 교통비가 든다고 할 때, 치약을 몇 개 이상 사야 도매 시장에서 사는 것이 유리한가?

① 5개   ② 6개   ③ 7개
④ 8개   ⑤ 9개

18 다음 표는 어느 문화 센터의 이용 요금을 나타낸 것이다. 회원으로 가입하는 것이 경제적이려면 1년에 최소 몇 회 문화 센터를 이용하여 수업을 들어야 하는가?
(단, 추가되는 다른 요금은 생각하지 않는다.)

	비회원	회원
연회비(원)	없음	200000
1회 수업료(원)	35000	14000

① 8회   ② 9회   ③ 10회
④ 11회   ⑤ 12회

19 어느 동물원의 입장료는 한 사람당 8000원이고, 20명 이상의 단체인 경우에는 한 사람당 6000원이라고 한다. 이 동물원에 20명 미만의 단체가 입장할 때, 몇 명 이상부터 20명의 단체 입장권을 사는 것이 유리한지 구하시오. (단, 20명 미만이어도 20명의 단체 입장권을 살 수 있다.)

20 은수는 기차역에 도착하였는데 기차의 출발 시각까지 1시간이 남아 그동안 한 상점에 가서 선물을 사 오려고 한다. 기차역에서 각 상점까지의 거리는 다음 표와 같고, 상점에서 선물을 사는 데 15분이 걸린다. 은수가 시속 5 km로 걷는다고 할 때, 갔다 올 수 있는 상점을 모두 고르시오.

상점	꽃집	옷 가게	인형 가게	서점	문구점
거리	1.6 km	2 km	1.9 km	1.5 km	1.85 km

21 혜원이는 아버지와 함께 약수터에 다녀오는데 갈 때는 시속 4 km로, 올 때는 갈 때보다 1 km 더 먼 길을 시속 5 km로 걸었다. 왕복하는 데 걸린 시간이 2시간 이내였다면 혜원이와 아버지가 갈 때 걸은 거리는 최대 몇 km인가?

① 3.8 km ② 4 km ③ 4.2 km
④ 4.4 km ⑤ 4.6 km

22 집에서 출발하여 자전거 대리점까지 시속 3 km로 걸어가서 20분 동안 자전거를 구입하고, 같은 길을 구입한 자전거를 타고 시속 12 km로 집으로 돌아왔다. 전체 걸린 시간이 1시간 20분 이상일 때, 집에서 자전거 대리점까지의 거리는 최소 몇 km인가?

① 2.1 km ② 2.2 km ③ 2.3 km
④ 2.4 km ⑤ 2.5 km

23 성윤이가 집에서 6 km 떨어진 박물관까지 가는데 처음에는 시속 5 km로 걷다가 도중에 시속 3 km로 걸어서 1시간 40분 이내에 박물관에 도착하였다. 다음 중 시속 3 km로 걸은 거리가 될 수 <u>없는</u> 것은?

① 2 km ② $\dfrac{5}{2}$ km ③ 3 km
④ $\dfrac{7}{2}$ km ⑤ 4 km

24 준수는 친구와 도서관에서 오후 5시에 만나기로 하였다. 준수는 오후 4시 20분에 집에서 출발하여 분속 40 m로 걷다가 늦을 것 같아 도중에 분속 120 m로 걸어서 약속 시간에 늦지 않게 도착하였다. 준수네 집에서 도서관까지의 거리가 3 km일 때, 준수가 분속 120 m로 걸은 거리는 최소 몇 km인지 구하시오.

25 형이 동생보다 먼저 집에서 출발하여 자전거를 타고 분속 160 m로 편의점을 향해 갔다. 형이 집에서부터 600 m 떨어진 지점에 갔을 때, 동생도 자전거를 타고 분속 200 m로 편의점을 향해 갔다. 이때 형과 동생 사이의 거리가 360 m 이하가 되려면 동생이 출발한 지 최소 몇 분이 지나야 하는가?

① 3분 ② 4분 ③ 5분
④ 6분 ⑤ 7분

1 다음 중 미지수가 2개인 일차방정식인 것을 모두 고르면? (정답 2개)

① $x+y-5$
② $x=y(y-1)$
③ $\dfrac{x}{3}+\dfrac{y}{2}=1$
④ $2(x^2+1)+3y=2x^2-x+5$
⑤ $3x(y-1)=2x(y-3)+xy$

2 다음 보기의 순서쌍 (x, y) 중 일차방정식 $3x-y=15$의 해인 것을 모두 고르시오.

> **보기**
>
> ㄱ. $(1, -12)$　　ㄴ. $\left(\dfrac{5}{2}, -\dfrac{5}{2}\right)$
>
> ㄷ. $(7, 5)$　　ㄹ. $\left(-\dfrac{2}{3}, -17\right)$
>
> ㅁ. $(-2, 21)$　　ㅂ. $\left(-\dfrac{7}{3}, -22\right)$

3 x, y의 값이 자연수일 때, 일차방정식 $x+4y=21$을 만족시키는 순서쌍 (x, y)의 개수는?

① 3　　　② 4　　　③ 5
④ 6　　　⑤ 7

4 다음 문장을 x, y에 대한 일차방정식으로 나타냈을 때, 이에 대한 설명으로 옳지 <u>않은</u> 것은?

> 한 개에 1000원인 음료수 x개와 한 개에 1500원인 과자 y개의 총가격은 10000원이다. (단, 음료수와 과자는 각각 적어도 1개 이상 사고 거스름돈은 없다.)

① 일차방정식 $1000x+1500y=10000$으로 나타낼 수 있다.
② 일차방정식을 만족시키는 순서쌍 (x, y)의 개수는 3이다.
③ 음료수를 최대로 살 때, 음료수는 7개, 과자는 2개를 사야 한다.
④ 과자를 최대로 살 때, 음료수는 1개, 과자는 9개를 사야 한다.
⑤ 음료수와 과자의 개수의 합이 8일 때, 음료수는 4개, 과자는 4개를 사야 한다.

5 x, y의 값이 자연수일 때, 일차방정식 $5x+y=16$의 해가 일차방정식 $ax+3y=12$를 만족시킨다. 이때 자연수 a의 값은?

① 3　　　② 4　　　③ 5
④ 6　　　⑤ 7

6 순서쌍 $(4, a-2)$, $(b, 4)$가 모두 일차방정식 $3x-7y=5$의 해일 때, $a+b$의 값을 구하시오.

7 다음 연립방정식 중 해가 $(2, 3)$인 것을 모두 고르면?

(정답 2개)

① $\begin{cases} x+y=5 \\ 2x+y=-1 \end{cases}$ ② $\begin{cases} x+3y=11 \\ -3x+4y=6 \end{cases}$

③ $\begin{cases} -x+2y=4 \\ 2x-3y=-5 \end{cases}$ ④ $\begin{cases} 2x+3y=13 \\ 4x-3y=1 \end{cases}$

⑤ $\begin{cases} -3x+5y=9 \\ 4x-2y=1 \end{cases}$

8 연립방정식 $\begin{cases} ax+y=5 \\ x-by=-11 \end{cases}$의 해가 $(4, -3)$일 때, 상수 a, b에 대하여 $a-b$의 값은?

① 6 ② 7 ③ 8

④ 9 ⑤ 10

9 연립방정식 $\begin{cases} y=-4x-2 & \cdots\cdots ㉠ \\ 2x+3y=4 & \cdots\cdots ㉡ \end{cases}$을 풀기 위해 ㉠을 ㉡에 대입하여 y를 없앴더니 $ax=10$이 되었다. 이 때 상수 a의 값을 구하시오.

10 연립방정식 $\begin{cases} y=x+3 \\ 3x-y=1 \end{cases}$을 만족시키는 x, y에 대하여 x^2+y^2의 값을 구하시오.

11 연립방정식 $\begin{cases} 3x+2y=-6 \\ 7x+3y=6 \end{cases}$의 해가 일차방정식 $ax-4y=30$을 만족시킬 때, 상수 a의 값은?

① -3 ② -2 ③ -1

④ 2 ⑤ 3

12 연립방정식 $\begin{cases} x-4(x-y)=14 \\ 3(2x+y)-6y=-13 \end{cases}$의 해가 $x=a$, $y=b$일 때, ab의 값은?

① -6 ② -4 ③ -2

④ 2 ⑤ 4

13 연립방정식 $\begin{cases} 0.1x+0.3y=1 \\ 0.05x-0.12y=-0.04 \end{cases}$ 를 만족시키는 x, y에 대하여 $x+y$의 값은?

① -6　　　② -3　　　③ 0

④ 3　　　⑤ 6

14 연립방정식 $\begin{cases} (3-x):3=(10-y):2 \\ \dfrac{x}{4}-\dfrac{3y}{2}=6 \end{cases}$ 을 푸시오.

15 방정식 $3x-y=9x+5y=8$을 만족시키는 x, y에 대하여 $x-y$의 값은?

① 2　　　② 4　　　③ 6

④ 8　　　⑤ 10

16 방정식 $\dfrac{ax+3y}{3}=\dfrac{4x+y}{5}=\dfrac{8x-3y}{15}$ 의 해가 $(3,\ b)$ 일 때, $a+b$의 값을 구하시오. (단, a는 상수)

17 연립방정식 $\begin{cases} ax+by=5 \\ bx+ay=-7 \end{cases}$ 의 해가 $x=-3$, $y=1$일 때, 상수 a, b에 대하여 ab의 값은?

① -2　　　② -4　　　③ -6

④ -8　　　⑤ -10

18 연립방정식 $\begin{cases} x-y=-1 \\ 3x+2y=6-a \end{cases}$ 의 해가 일차방정식 $4x-y=2$를 만족시킬 때, 상수 a의 값은?

① -3　　　② -2　　　③ -1

④ 1　　　⑤ 2

19 일차방정식 $2x+7y=5$를 만족시키는 x, y에 대하여 $x:y=4:1$일 때, $x-y$의 값을 구하시오.

20 연립방정식 $\begin{cases} 3x-ay=6 \\ x-2y=10 \end{cases}$ 을 만족시키는 y의 값이 x의 값의 3배일 때, 상수 a의 값은?

① -3 ② -2 ③ -1

④ 1 ⑤ 2

21 두 연립방정식 $\begin{cases} 4x-3y=2 \\ x+ay=-11 \end{cases}$, $\begin{cases} bx+2y=-7 \\ 8x+y=-10 \end{cases}$ 의 해가 서로 같을 때, 상수 a, b에 대하여 ab의 값을 구하시오.

22 연립방정식 $\begin{cases} ax+by=3 \\ bx-ay=4 \end{cases}$ 에서 잘못하여 a와 b를 서로 바꾸어 놓고 풀었더니 해가 $x=1$, $y=2$이었다. 이때 처음 연립방정식의 해는? (단, a, b는 상수)

① $x=\dfrac{1}{5}$, $y=-\dfrac{11}{5}$ ② $x=\dfrac{1}{5}$, $y=\dfrac{13}{5}$

③ $x=\dfrac{2}{5}$, $y=-\dfrac{13}{5}$ ④ $x=\dfrac{2}{5}$, $y=-\dfrac{11}{5}$

⑤ $x=\dfrac{2}{5}$, $y=\dfrac{13}{5}$

23 연립방정식 $\begin{cases} -3x+ay=1 \\ 2x-y=6 \end{cases}$ 을 푸는데 a를 b로 잘못 보고 풀었더니 해가 $x=5$, $y=4$이었다. a의 값이 b의 값보다 2만큼 작을 때, 처음 연립방정식의 해를 구하시오. (단, a는 상수)

24 연립방정식 $\begin{cases} 2y=x+m \\ -3x+ny=6 \end{cases}$ 의 해가 무수히 많을 때, 상수 m, n에 대하여 $n-m$의 값은?

① 3 ② 4 ③ 5

④ 6 ⑤ 7

25 연립방정식 $\begin{cases} ax+2y-1=0 \\ y=-3x-2 \end{cases}$ 의 해가 없을 때, 상수 a의 값을 구하시오.

1 어떤 두 자연수의 합은 74이고, 큰 수를 작은 수로 나누면 몫은 7, 나머지는 2이다. 이때 두 자연수 중에서 작은 수를 구하시오.

2 두 자리의 자연수가 있다. 이 수의 십의 자리의 숫자는 일의 자리의 숫자의 3배이고, 십의 자리의 숫자와 일의 자리의 숫자의 합은 12이다. 이때 이 자연수를 구하시오.

3 십의 자리의 숫자가 7인 세 자리의 자연수가 있다. 이 자연수의 각 자리의 숫자의 합은 15이고, 백의 자리의 숫자와 일의 자리의 숫자를 바꾼 수는 처음 수보다 198만큼 크다고 한다. 이때 처음 수는?

① 177　　　　② 276　　　　③ 375
④ 573　　　　⑤ 672

4 한 개에 1500원인 딸기 와플과 한 개에 1800원인 바나나 와플을 합하여 12개 사서 1400원짜리 상자에 넣어 포장하였더니 전체 가격이 21500원이었다. 이때 딸기 와플은 몇 개 샀는가?

① 4개　　　　② 5개　　　　③ 6개
④ 7개　　　　⑤ 8개

5 어느 농장에서 오리와 염소를 합하여 120마리를 기르고 있다. 오리의 전체 다리의 수가 염소의 전체 다리의 수보다 30만큼 클 때, 이 농장에서 기르는 오리는 몇 마리인지 구하시오.

6 어떤 문구점에서 선물 세트를 만드는데 A 세트를 만들려면 연필 3자루와 지우개 2개가 필요하고, B 세트를 만들려면 연필 5자루와 지우개 3개가 필요하다. 연필 42자루와 지우개 26개를 모두 사용하여 A 세트와 B 세트를 만들 때, 만들 수 있는 A 세트의 개수는?

① 2　　　　② 3　　　　③ 4
④ 5　　　　⑤ 6

7 주원이에게는 쌍둥이 동생 2명이 있다. 현재 쌍둥이 동생은 주원이보다 6살이 어리고, 주원이와 쌍둥이 동생들의 나이의 합은 30살이다. 이때 현재 주원이의 나이는?

① 11살   ② 12살   ③ 13살
④ 14살   ⑤ 15살

8 현재 고모의 나이와 보영이의 나이의 합은 48살이고, 5년 후에는 고모의 나이가 보영이의 나이의 2배보다 7살이 많다고 한다. 이때 현재 고모의 나이를 구하시오.

9 가로의 길이가 세로의 길이보다 4 cm만큼 긴 직사각형의 둘레의 길이가 16 cm일 때, 이 직사각형의 가로의 길이는?

① 4 cm   ② 4.5 cm   ③ 5 cm
④ 5.5 cm   ⑤ 6 cm

10 모양과 크기가 같은 직사각형 여러 개를 이어 붙이려고 한다. [그림 1]은 직사각형 4개, [그림 2]는 직사각형 3개를 이어 붙인 것일 때, 직사각형의 긴 변과 짧은 변의 길이를 각각 구하시오.

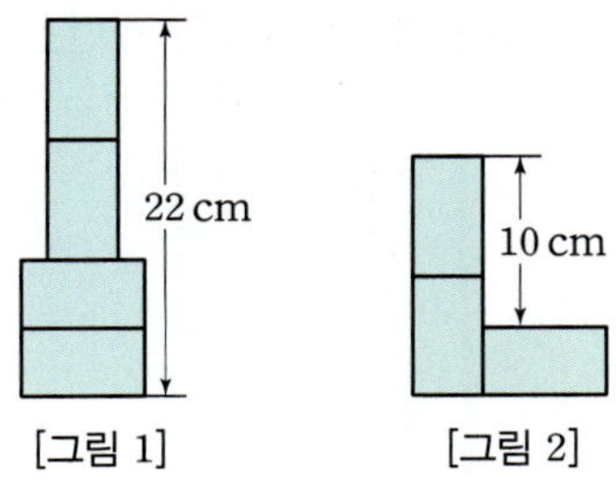

11 전체 회원이 42명인 댄스 동아리에서 남자 회원의 $\frac{1}{2}$과 여자 회원의 $\frac{3}{4}$이 댄스 경연 대회에 참가하였다. 참가한 회원이 27명일 때, 이 댄스 동아리의 여자 회원 수를 구하시오.

12 어느 공장의 생산품 중에서 합격품은 500원의 이익을 얻고 불량품은 700원의 손해가 생긴다고 한다. 이 제품을 30개 생산하여 총 11400원의 이익이 생겼을 때, 불량품의 개수는?

① 3   ② 4   ③ 5
④ 6   ⑤ 7

13 나리와 은주가 가위바위보를 하여 이긴 사람은 6계단씩 올라가고, 진 사람은 4계단씩 내려가기로 하였다. 얼마 후 처음 위치보다 나리는 26계단을, 은주는 16계단을 올라가 있었다. 이때 나리가 이긴 횟수를 구하시오. (단, 비기는 경우는 없고, 계단은 오르내리기에 충분하다.)

14 다은이와 혜성이가 가위바위보를 하여 이긴 사람은 5계단씩 올라가고, 진 사람은 2계단씩 내려가기로 하였다. 다은이는 혜성이보다 14계단 위에서 게임을 시작하여 혜성이가 이긴 횟수가 다은이가 이긴 횟수의 2배일 때, 두 사람은 같은 계단에서 만나게 되었다. 이때 두 사람이 가위바위보를 한 총횟수는? (단, 비기는 경우는 없고, 계단은 오르내리기에 충분하다.)

① 2 ② 4 ③ 6
④ 8 ⑤ 10

15 세호는 집에서 10 km 떨어진 공원까지 가는데 시속 4 km로 걷다가 도중에 시속 6 km로 뛰었더니 총 2시간이 걸렸다. 이때 세호가 뛰어간 거리를 구하시오.

16 경수가 등산을 하는데 A 코스를 선택하여 정상까지 시속 2 km로 올라가고, B 코스를 선택하여 시속 3 km로 내려왔더니 총 3시간이 걸렸다. A, B 두 코스의 거리의 합이 8 km일 때, A 코스의 거리는?

① 2 km ② 3 km ③ 4 km
④ 5 km ⑤ 6 km

17 둘레의 길이가 1.8 km인 호수 공원의 둘레를 단비는 분속 50 m로 걷고, 다솜이는 분속 80 m로 걷는다고 한다. 같은 지점에서 단비가 출발하고 10분 후에 다솜이가 반대 방향으로 출발하여 돌면 다솜이가 출발한 지 몇 분 후에 두 사람이 처음으로 만나는지 구하시오.

18 배를 타고 길이가 24 km인 강을 거슬러 올라가는 데 4시간, 강을 따라 내려오는 데 3시간이 걸렸다. 정지한 물에서의 배의 속력과 강물의 속력은 각각 시속 몇 km인지 구하시오.

(단, 배와 강물의 속력은 각각 일정하다.)

19 일정한 속력으로 달리는 기차가 길이가 3 km인 터널을 완전히 통과하는 데 105초가 걸리고, 길이가 1.8 km인 다리를 완전히 통과하는 데 65초가 걸린다. 이때 기차의 길이는?

① 120 m ② 130 m ③ 140 m
④ 150 m ⑤ 160 m

20 어느 중학교의 작년 전체 학생은 1200명이었다. 올해에는 작년에 비해 남학생 수가 5 % 감소하고, 여학생 수가 10 % 증가하여 전체 학생 수가 2 % 증가하였다. 이때 올해 여학생 수를 구하시오.

21 둘레의 길이가 120 cm인 직사각형에서 가로의 길이는 20 % 늘이고, 세로의 길이는 10 % 줄였더니 전체 둘레의 길이가 7 % 늘어났다. 처음 직사각형의 넓이는?

① 864 cm²   ② 875 cm²   ③ 884 cm²
④ 891 cm²   ⑤ 896 cm²

22 두 상품 A, B를 합하여 50000원에 사서 A 상품은 원가의 15 %, B 상품은 원가의 20 %의 이익을 붙여 팔았더니 8600원의 이익을 얻었다. 이때 A 상품의 판매 가격은?

① 22000원   ② 26400원   ③ 28000원
④ 32200원   ⑤ 33600원

23 A, B 두 사람이 함께 하면 6일 만에 끝낼 수 있는 일을 A가 3일 동안 한 후 나머지를 B가 12일 동안 하여 끝냈다. 이 일을 A가 혼자 하면 며칠이 걸리는가?

① 9일   ② 10일   ③ 11일
④ 12일   ⑤ 13일

24 10 %의 소금물과 30 %의 소금물을 섞은 후 물을 160 g 증발시켜 25 %의 소금물 240 g을 만들었다. 이때 10 %의 소금물의 양은?

① 300 g   ② 250 g   ③ 200 g
④ 150 g   ⑤ 100 g

25 다음 표는 삶은 달걀과 치즈를 각각 100 g씩 섭취하였을 때, 얻을 수 있는 열량과 단백질의 양을 나타낸 것이다. 삶은 달걀과 치즈를 섭취하여 열량 575 kcal, 단백질 40 g을 얻으려면 삶은 달걀은 몇 g 섭취해야 하는지 구하시오.

식품	열량(kcal)	단백질(g)
삶은 달걀	160	12
치즈	350	20

1 다음 중 y가 x의 함수가 <u>아닌</u> 것은?

① 자연수 x에 2를 곱한 수 y

② 자연수 x의 역수 y

③ 한 개에 500원인 젤리 x개의 가격 y원

④ 키가 $x\,\mathrm{cm}$인 사람의 발의 길이 $y\,\mathrm{cm}$

⑤ 반지름의 길이가 $x\,\mathrm{cm}$인 원의 둘레의 길이 $y\,\mathrm{cm}$

2 함수 $f(x)=$(자연수 x 이하의 소수의 개수)에 대하여 $f(13)+f(21)$의 값을 구하시오.

3 함수 $f(x)=-4x$에 대하여 $f(a)=8$, $f\left(-\dfrac{1}{2}\right)=b$일 때, ab의 값은?

① -8 ② -4 ③ -2

④ 2 ⑤ 4

4 함수 $f(x)=\dfrac{a}{x}$에 대하여 $f(-2)=-6$일 때, $f(3)$의 값을 구하시오.

5 다음 중 y가 x에 대한 일차함수인 것은?

① $y=-7$ ② $y=\dfrac{2}{x}$

③ $y=x^2-2x(x-3)$ ④ $y=-x+5$

⑤ $y=\dfrac{2}{3}(3x+1)-2x$

6 다음 보기 중 y가 x에 대한 일차함수인 것을 모두 고르시오.

> **보기**
> ㄱ. 200 km의 거리를 시속 x km로 달린 시간은 y시간이다.
> ㄴ. 한 자루에 1200원인 연필을 x자루 사고 5000원을 지불하였을 때, 거스름돈은 y원이다.
> ㄷ. 윗변의 길이가 $x\,\mathrm{cm}$, 아랫변의 길이가 $2x\,\mathrm{cm}$, 높이가 $3\,\mathrm{cm}$인 사다리꼴의 넓이는 $y\,\mathrm{cm}^2$이다.
> ㄹ. 280쪽 분량의 소설책을 하루에 20쪽씩 x일 동안 읽고 남은 분량은 y쪽이다.

7 두 일차함수 $f(x)=-\dfrac{3}{2}x+4$, $g(x)=2x-5$에 대하여 $f(4)-g(-3)$의 값을 구하시오.

8 일차함수 $f(x)=ax+b$에 대하여 $f(-1)=10$, $f(5)=-8$일 때, $f(-4)$의 값은? (단, a, b는 상수)

① 15   ② 16   ③ 17

④ 18   ⑤ 19

9 다음 중 일차함수 $y=4x-1$의 그래프 위의 점은?

① $(3, 13)$ ② $(1, 5)$ ③ $(-1, 0)$

④ $(-2, -9)$ ⑤ $(-5, -19)$

10 일차함수 $y=ax+1$의 그래프가 두 점 $(3, -5)$, $(b, -3)$을 지날 때, $b-a$의 값을 구하시오.

(단, a는 상수)

11 일차함수 $y=-2x+a$의 그래프를 y축의 방향으로 -7만큼 평행이동하면 일차함수 $y=bx+2$의 그래프가 될 때, 상수 a, b에 대하여 $a+b$의 값은?

① 5   ② 6   ③ 7

④ 8   ⑤ 9

12 일차함수 $y=ax-3$의 그래프가 점 $(-1, 1)$을 지나고, 이 그래프를 y축의 방향으로 -1만큼 평행이동한 그래프가 점 $(k, 2)$를 지날 때, ak의 값을 구하시오.

(단, a는 상수)

13 일차함수 $f(x)=2x-9$에 대하여 $y=f(x)$의 그래프를 y축의 방향으로 p만큼 평행이동한 그래프가 점 $(p-1, p-3)$을 지날 때, $f(p)$의 값은?

① -3 ② -1 ③ 1

④ 3   ⑤ 5

14 일차함수 $y=-\dfrac{2}{5}x+4$의 그래프가 오른쪽 그림과 같을 때, $a+b$의 값은?

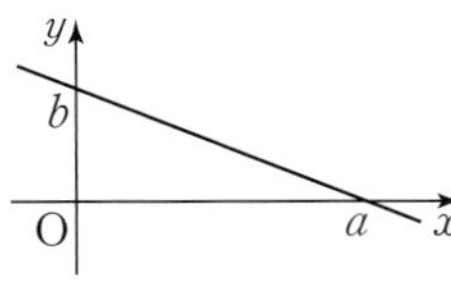

① 11　　　② 12　　　③ 13

④ 14　　　⑤ 15

15 일차함수 $y=5x-4$의 그래프를 y축의 방향으로 k만큼 평행이동한 그래프의 x절편이 2일 때, k의 값을 구하시오.

16 두 일차함수 $y=\dfrac{3}{4}x-2$, $y=-7x+a$의 그래프가 y축 위에서 만날 때, 상수 a의 값은?

① -2　　　② -1　　　③ $-\dfrac{1}{2}$

④ 1　　　⑤ 2

17 다음 일차함수 중 그 그래프에서 x의 값이 9만큼 증가할 때, y의 값은 3만큼 감소하는 것은?

① $y=-3x+3$　　　② $y=-2x-6$

③ $y=-\dfrac{1}{3}x+1$　　　④ $y=\dfrac{1}{3}x-5$

⑤ $y=3x+4$

18 일차함수 $y=ax+b$의 그래프는 일차함수 $y=-4x+12$의 그래프와 x절편이 같고, 일차함수 $y=-\dfrac{7}{2}x+6$의 그래프와 y절편이 같다. 이때 상수 a, b에 대하여 두 점 $(a,\ b)$, $(a+b,\ a-b)$를 지나는 직선의 기울기는?

① $-\dfrac{1}{3}$　　　② -1　　　③ $-\dfrac{5}{3}$

④ $-\dfrac{7}{3}$　　　⑤ -3

19 두 점 $(1,\ 4)$, $(-2,\ k)$를 지나는 일차함수의 그래프의 기울기가 3일 때, k의 값을 구하시오.

20 두 점 $(1, -5)$, $(3, 1)$을 지나는 일차함수의 그래프에서 x의 값이 -4에서 2까지 증가할 때, y의 값의 증가량은?

① 14 　　② 15 　　③ 16
④ 17 　　⑤ 18

21 오른쪽 그림과 같이 세 점이 한 직선 위에 있을 때, a의 값을 구하시오.

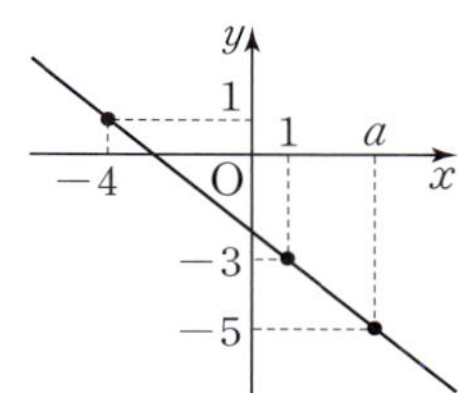

22 다음 일차함수 중 그 그래프가 제1, 3, 4사분면을 지나는 것은?

① $y=-2x-4$ 　　② $y=-\dfrac{3}{4}x+3$

③ $y=-x+1$ 　　④ $y=\dfrac{7}{4}x-7$

⑤ $y=5x+2$

23 오른쪽 그림과 같이 일차함수 $y=-\dfrac{3}{5}x+3$의 그래프가 x축, y축과 만나는 점을 각각 A, B라 하자. 이때 △ABO의 넓이를 구하시오. (단, O는 원점)

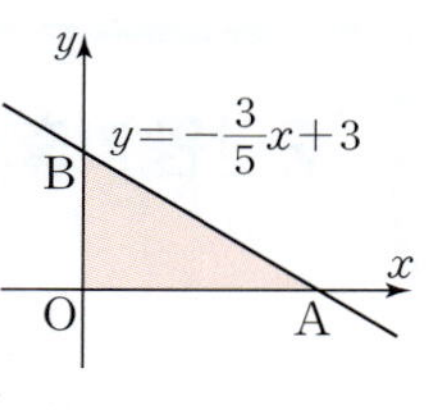

24 오른쪽 그림과 같이 두 일차함수 $y=ax+2$, $y=\dfrac{4}{5}x+2$의 그래프는 y축 위의 점 A에서 만난다. △ABC의 넓이가 3일 때, 음수 a의 값은?

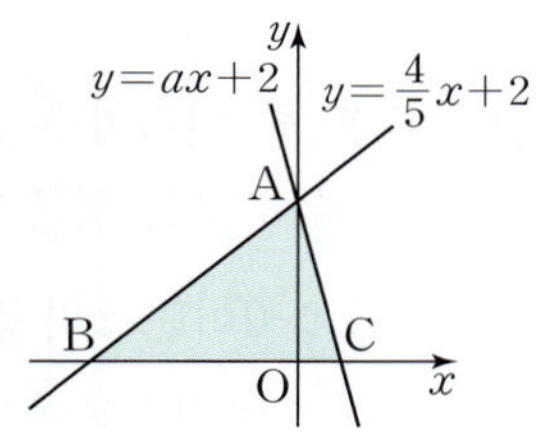

① -5 　　② -4 　　③ -3
④ -2 　　⑤ -1

25 네 일차함수 $y=x+3$, $y=x-3$, $y=-x+3$, $y=-x-3$의 그래프로 둘러싸인 도형의 넓이를 구하시오.

1 다음 일차함수 중 그 그래프가 x의 값이 증가할 때 y의 값도 증가하면서 제2사분면을 지나지 <u>않는</u> 것은?

① $y=-4x$　　② $y=-2x+3$　　③ $y=-\dfrac{1}{5}x-2$

④ $y=\dfrac{2}{3}x-1$　　⑤ $y=6x+2$

2 다음 중 일차함수 $y=ax-b$의 그래프에 대한 설명으로 옳지 <u>않은</u> 것은? (단, a, b는 상수)

① $a>0$이면 x의 값이 증가할 때, y의 값도 증가한다.

② $a<0$이면 오른쪽 아래로 향하는 직선이다.

③ $b<0$이면 y축과 음의 부분에서 만난다.

④ x절편은 $\dfrac{b}{a}$, y절편은 $-b$이다.

⑤ $y=ax$의 그래프를 y축의 방향으로 $-b$만큼 평행 이동한 것이다.

3 일차함수 $y=ax-1$의 그래프가 오른쪽 그림과 같을 때, 다음 중 상수 a의 값이 될 수 <u>없는</u> 것은?

① -1　　② $-\dfrac{3}{2}$

③ -2　　④ $-\dfrac{9}{4}$

⑤ $-\dfrac{11}{4}$

4 $a>0$, $b<0$일 때, 다음 보기의 일차함수 중 그 그래프가 제3사분면을 지나지 <u>않는</u> 것을 모두 고르시오.

> **보기**
> ㄱ. $y=ax+b$　　　　ㄴ. $y=ax-b$
> ㄷ. $y=-ax+b$　　　ㄹ. $y=-ax-b$

5 일차함수 $y=ax+b$의 그래프가 오른쪽 그림과 같을 때, 다음 중 옳은 것은? (단, a, b는 상수)

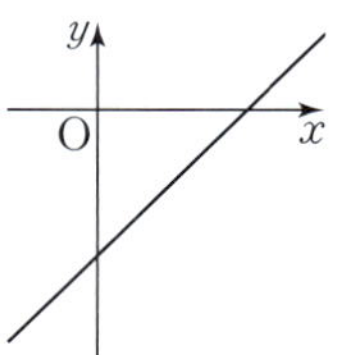

① $ab>0$　　　　② $a-b<0$

③ $a+b^2>0$　　　④ $a-\dfrac{b}{a}<0$

⑤ $b+\dfrac{a}{b}>0$

6 일차함수 $y=abx-b$의 그래프가 오른쪽 그림과 같을 때, 다음 중 일차함수 $y=bx+a$의 그래프로 알맞은 것은? (단, a, b는 상수)

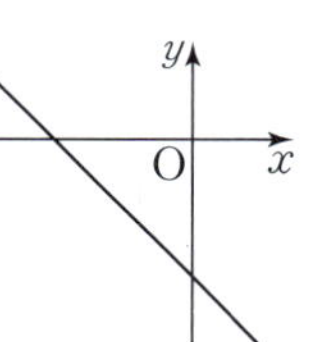

① 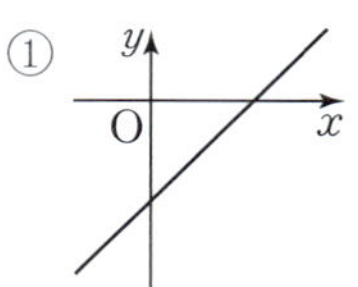
② 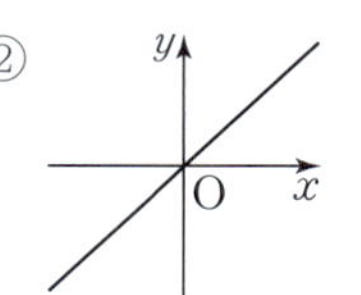
③ 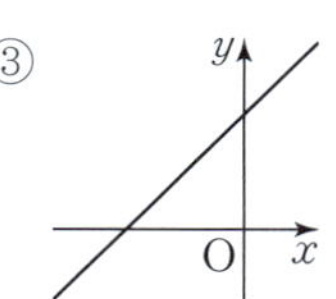
④ 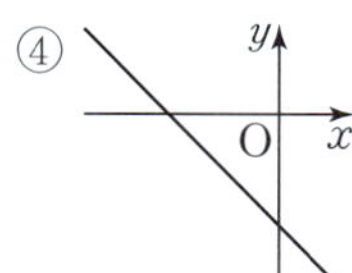
⑤ 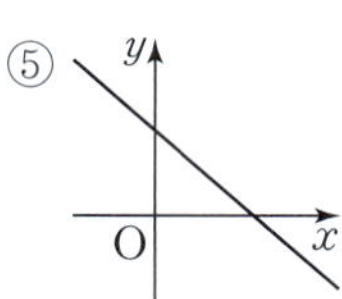

7 다음 일차함수 중 그 그래프가 오른쪽 그림과 같은 일차함수의 그래프와 평행한 것은?

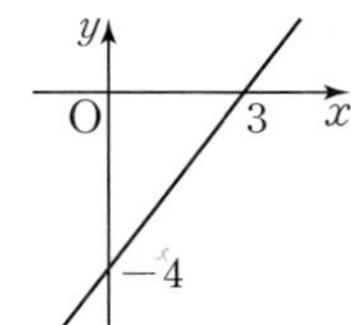

① $y = -\dfrac{4}{3}x - 2$

② $y = -\dfrac{3}{4}x + 1$

③ $y = \dfrac{3}{4}x + 5$

④ $y = \dfrac{4}{3}x - \dfrac{1}{3}$

⑤ $y = 4x - 3$

8 두 일차함수 $y = 4ax - 2$, $y = \dfrac{2}{3}x + b$의 그래프가 일치할 때, 상수 a, b에 대하여 ab의 값을 구하시오.

9 일차함수 $y = ax + 1$의 그래프가 두 점 $A(-4, 3)$, $B(-2, 7)$을 이은 선분 AB와 만나도록 하는 상수 a의 값의 범위가 $m \le a \le n$일 때, $n - m$의 값을 구하시오.

10 네 점 $A(-6, 10)$, $B(-6, 2)$, $C(2, 4)$, $D(2, -2)$에 대하여 선분 AB 위의 점과 선분 CD 위의 점을 지나는 직선을 그래프로 하는 일차함수의 식이 $y = ax + b$일 때, b의 값 중 가장 큰 값과 가장 작은 값의 합을 구하시오. (단, a, b는 상수)

11 다음 중 기울기가 5이고 y절편이 -8인 일차함수의 그래프 위의 점이 <u>아닌</u> 것은?

① $(-3, -23)$ 　　② $(-1, -13)$

③ $(2, 2)$ 　　④ $(3, 8)$

⑤ $(5, 17)$

12 오른쪽 그림과 같은 직선과 평행하고 x절편이 6인 직선을 그래프로 하는 일차함수의 식을 $y = ax + b$라 할 때, 상수 a, b에 대하여 ab의 값을 구하시오.

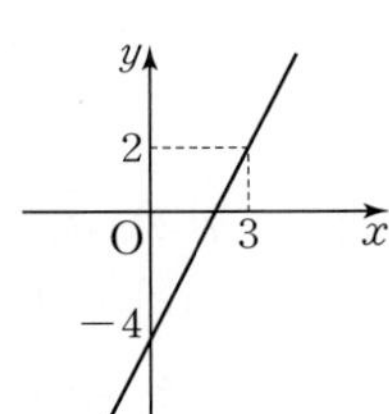

13 일차함수 $y = 3x - 1$의 그래프와 평행하고 점 $(-2, 3)$을 지나는 일차함수의 그래프와 x축, y축으로 둘러싸인 도형의 넓이는?

① 12 　　② $\dfrac{25}{2}$ 　　③ 13

④ $\dfrac{27}{2}$ 　　⑤ 14

14 오른쪽 그림과 같은 일차함수의 그 래프가 두 점 $(m, 15)$, $\left(\dfrac{2}{3}, n\right)$을 지날 때, mn의 값은?

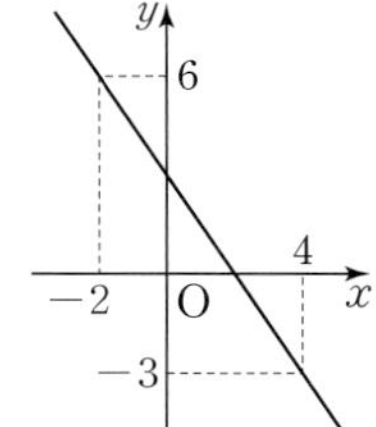

① -16 ② -8

③ -4 ④ 8

⑤ 16

15 두 점 A$(a, 0)$, B$(0, 4)$를 지나는 직선과 x축, y축으로 둘러싸인 도형의 넓이가 12일 때, 두 점 A, B를 지나는 직선을 그래프로 하는 일차함수의 식을 구하시오. (단, $a < 0$)

16 주전자에 담긴 물을 데우면 2분마다 물의 온도가 5 ℃씩 일정하게 올라간다고 한다. 온도가 12 ℃인 물을 57 ℃가 되도록 데우려면 몇 분이 걸리는가?

① 10분 ② 12분 ③ 14분

④ 16분 ⑤ 18분

17 다음 표는 어떤 아이스크림을 실온에 둔 지 x분 후의 아이스크림의 높이 y cm를 나타낸 것이다. y를 x에 대한 식으로 나타내면?
(단, 아이스크림은 실온에서 일정한 속력으로 녹는다.)

x	0	4	8	12	16
y	18	15	12	9	6

① $y = -\dfrac{4}{3}x + 18$ ② $y = -\dfrac{3}{4}x + 18$

③ $y = \dfrac{3}{4}x + 18$ ④ $y = 3x + 15$

⑤ $y = 4x + 15$

18 어떤 환자에게 900 mL의 링거액을 3분에 6 mL씩 일정한 속도로 투여한다. 오후 1시부터 투여하기 시작했다면 링거액을 모두 투여했을 때의 시각은?

① 오후 6시 30분 ② 오후 7시

③ 오후 7시 30분 ④ 오후 8시

⑤ 오후 8시 30분

19 물이 들어 있는 물통에 일정한 속력으로 물을 채우기 시작한 지 5분 후, 10분 후에 물의 양을 재었더니 각각 30 L, 50 L가 되었다. 처음 물통에 들어 있던 물의 양을 구하시오.

20 태구는 A 지점을 출발하여 5 km 떨어진 B 지점까지 분속 40 m로 걸어가고 있다. 태구가 A 지점을 출발한 지 1시간 20분 후에 B 지점까지 남은 거리는 몇 km 인지 구하시오.

21 오른쪽 그림과 같은 직사각형 ABCD에서 점 P는 점 B를 출발하여 $\overline{BC}$를 따라 점 C까지 초속 2 cm로 움직인다. 사각형 ABPD의 넓이가 108 cm²가 되는 것은 점 P가 점 B를 출발한 지 몇 초 후인가?

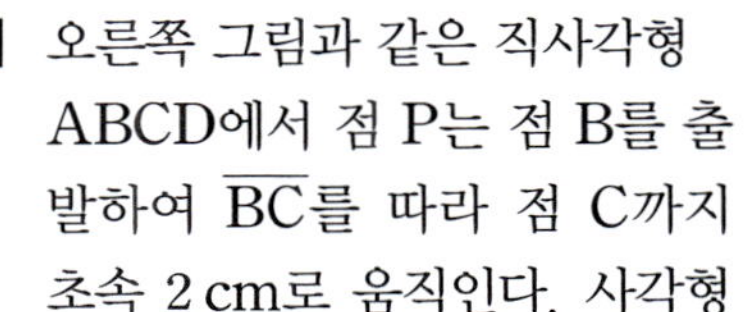

① $\dfrac{5}{2}$초 후 　　② 3초 후 　　③ $\dfrac{7}{2}$초 후

④ 4초 후 　　⑤ $\dfrac{9}{2}$초 후

22 아래 그림과 같이 길이가 같은 빨대로 정사각형을 한 방향으로 연결하여 만들려고 한다. 정사각형 x개를 만드는 데 필요한 빨대의 개수를 y라 할 때, 다음 물음에 답하시오.

(1) y를 x에 대한 식으로 나타내시오.

(2) 73개의 빨대로 만들 수 있는 정사각형의 개수를 구하시오.

23 공기 중에서 기온이 0 ℃일 때 소리의 속력은 초속 331 m이고, 기온이 1 ℃씩 올라갈 때마다 소리의 속력은 초속 0.6 m씩 일정하게 증가한다고 할 때, 소리의 속력이 초속 352 m일 때의 기온은 몇 ℃인가?

① 33.2 ℃　　② 33.8 ℃　　③ 34.4 ℃

④ 35 ℃　　⑤ 35.6 ℃

24 어떤 음원 사이트에서는 15000원을 내면 한 달 동안 30곡을 내려받을 수 있고, 30곡을 초과하면 1곡당 700원을 내야 한다. 이 사이트에서 한 달 요금으로 23400원을 냈을 때, 한 달 동안 몇 곡을 내려받았는지 구하시오.

25 오른쪽 그림은 용량이 150 mL인 방향제를 개봉하고 x일이 지난 후에 남아 있는 방향제의 양을 y mL라 할 때, x와 y 사이의 관계를 그래프로 나타낸 것이다. 방향제를 개봉하고 12일이 지났을 때, 남아 있는 방향제의 양을 구하시오.

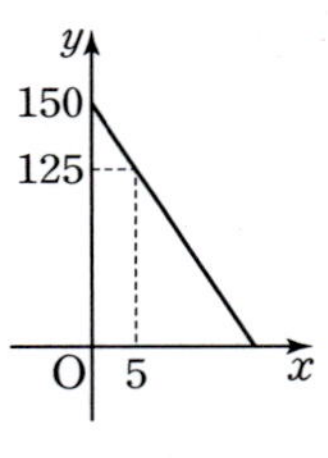

1 다음 일차함수 중 그 그래프가 일차방정식 $x+2y-4=0$의 그래프와 일치하는 것은?

① $y=2x-2$ ② $y=x+2$

③ $y=\dfrac{1}{2}x-2$ ④ $y=-\dfrac{1}{2}x+2$

⑤ $y=-\dfrac{1}{2}x-2$

2 다음 중 일차방정식 $2x-5y-10=0$의 그래프에 대한 설명으로 옳은 것은?

① x절편은 -5, y절편은 2이다.
② x의 값이 5만큼 증가할 때, y의 값은 2만큼 감소한다.
③ 제1, 2, 3사분면을 지난다.
④ 일차함수 $y=\dfrac{2}{5}x-1$의 그래프와 만나지 않는다.
⑤ 일차함수 $y=\dfrac{2}{5}x$의 그래프를 y축의 방향으로 2만큼 평행이동한 것이다.

3 두 점 $(-1,\ a)$, $(b,\ 1)$이 일차방정식 $2x+y=7$의 그래프 위에 있을 때, $a+b$의 값을 구하시오.

4 일차방정식 $ax+by-8=0$의 그래프가 오른쪽 그림과 같은 직선과 평행하고 x절편이 4일 때, 상수 a, b에 대하여 $a+b$의 값은?

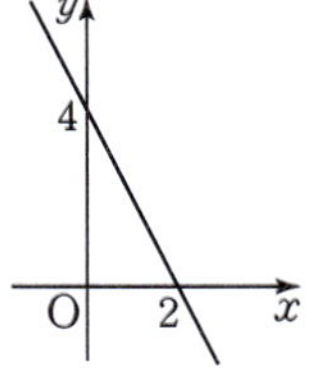

① 2 ② 3

③ 4 ④ 5

⑤ 6

5 일차방정식 $ax-by+4=0$의 그래프가 오른쪽 그림과 같을 때, 다음 중 옳은 것은? (단, a, b는 상수)

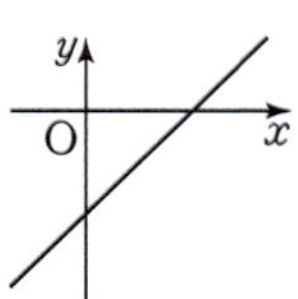

① $a<0,\ b<0$ ② $a<0,\ b>0$
③ $a>0,\ b<0$ ④ $a>0,\ b>0$
⑤ $a<0,\ b\neq0$

6 $ab<0$, $ac>0$일 때, 일차방정식 $ax+by-c=0$의 그래프가 지나지 <u>않는</u> 사분면을 구하시오.

7 두 점 $(-3, -2)$, $(7, 3)$을 지나는 직선을 y축의 방향으로 4만큼 평행이동한 직선의 방정식이 $ax+2y+b=0$일 때, 상수 a, b에 대하여 $a-b$의 값을 구하시오.

8 일차방정식 $3x+2y+4=0$의 그래프와 y축 위에서 만나고 직선 $y=\dfrac{3}{4}x$와 평행한 직선의 방정식은?

① $2x-3y-2=0$ ② $3x-4y-2=0$
③ $3x-4y-8=0$ ④ $4x-3y+2=0$
⑤ $4x-3y-8=0$

9 점 $(-4, -6)$을 지나고 y축에 평행한 직선의 방정식은?

① $x=-6$ ② $x=-4$ ③ $x=4$
④ $y=-6$ ⑤ $y=-4$

10 다음 중 일차방정식 $2x+10=0$의 그래프에 대한 설명으로 옳은 것을 모두 고르면? (정답 2개)

① x축에 평행하다.
② 직선 $x=5$와 일치한다.
③ 직선 $y=-5$와 수직으로 만난다.
④ 점 $(5, -3)$을 지난다.
⑤ 제2, 3사분면을 지난다.

11 두 점 $(-2, 2a-6)$, $(a-2, a-1)$을 지나는 직선이 x축에 평행하고, 두 점 $(2b+1, b+3)$, $(-3b-9, 5)$를 지나는 직선이 x축에 수직일 때, $a+b$의 값을 구하시오.

12 네 일차방정식 $x=2$, $y=4$, $x=0$, $y=0$의 그래프로 둘러싸인 도형의 넓이는?

① 2 ② 4 ③ 6
④ 8 ⑤ 10

13 다음 네 일차방정식의 그래프로 둘러싸인 도형의 넓이가 30일 때, 양수 p의 값을 구하시오.

$$x+2=0, \qquad x=3, \qquad y=p, \qquad y+2p=0$$

14 두 일차방정식 $2x+3y=8$, $4x-y=-5$의 그래프의 교점의 좌표는?

① $\left(-\dfrac{1}{2}, -3\right)$ ② $\left(-\dfrac{1}{2}, 3\right)$

③ $\left(\dfrac{1}{2}, \dfrac{7}{3}\right)$ ④ $\left(\dfrac{1}{2}, 7\right)$

⑤ $\left(3, -\dfrac{1}{2}\right)$

15 연립방정식 $\begin{cases} x+y=a \\ bx+y=1 \end{cases}$ 의 두 일차방정식의 그래프가 오른쪽 그림과 같을 때, 상수 a, b에 대하여 ab의 값은?

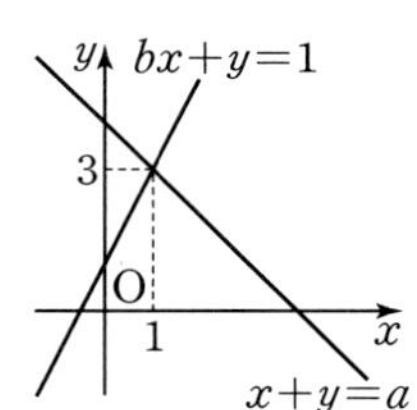

① -8 ② -6 ③ -4

④ 6   ⑤ 8

16 두 일차방정식 $4x+y=15$, $x+y=6$의 그래프의 교점을 지나고, 일차방정식 $x+2y=10$의 그래프와 평행한 직선의 방정식은?

① $x-2y+5=0$ ② $x+2y-10=0$

③ $x+2y-9=0$ ④ $2x-y-3=0$

⑤ $2x-y+2=0$

17 두 일차방정식 $2x+y-1=0$, $3x+2y-4=0$의 그래프의 교점을 지나고 y축에 수직인 직선의 방정식은?

① $x=-2$ ② $x=-1$ ③ $x=5$

④ $y=-2$ ⑤ $y=5$

18 다음 세 일차방정식의 그래프가 한 점에서 만날 때, 상수 a의 값은?

$$ax-4y=23, \qquad x+y=3, \qquad x-y=7$$

① -4 ② -2 ③ 2

④ 3   ⑤ 5

19 연립방정식 $\begin{cases} x-3y=6 \\ ax+by=4 \end{cases}$ 의 해가 없고, 일차방정식 $bx+2ay-2=0$ 의 그래프가 점 $(-1,\ -1)$을 지날 때, 상수 $a,\ b$에 대하여 $a-b$의 값은?

① 6   ② 8   ③ 10

④ 12   ⑤ 14

20 연립방정식 $\begin{cases} 5x+ay=-4 \\ -10x+4y=b \end{cases}$ 의 해가 무수히 많을 때, 일차함수 $y=-ax+b$의 그래프의 x절편을 구하시오. (단, $a,\ b$는 상수)

21 두 일차함수 $y=-x+1$, $y=\dfrac{1}{2}x-5$의 그래프와 y축으로 둘러싸인 도형의 넓이를 구하시오.

22 세 일차방정식 $4y-8=0$, $x+2y-3=0$, $2x+ay-6=0$의 그래프로 둘러싸인 도형의 넓이가 5일 때, 음수 a의 값을 구하시오.

23 오른쪽 그림과 같이 일차방정식 $5x-4y-20=0$의 그래프와 x축, y축으로 둘러싸인 도형의 넓이를 직선 $y=mx$가 이등분할 때, 상수 m의 값을 구하시오.

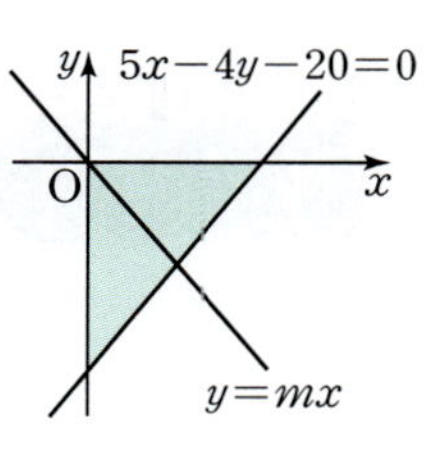

24 다음 그림과 같이 직선 $y=-3x+6$과 직선 $y=6$, x축의 교점을 각각 A, B라 하고, 직선 $y=2x-12$와 직선 $y=6$, x축의 교점을 각각 C, D라 하자. 사다리꼴 ABDC의 넓이를 직선 $x=k$가 이등분할 때, 상수 k의 값을 구하시오.

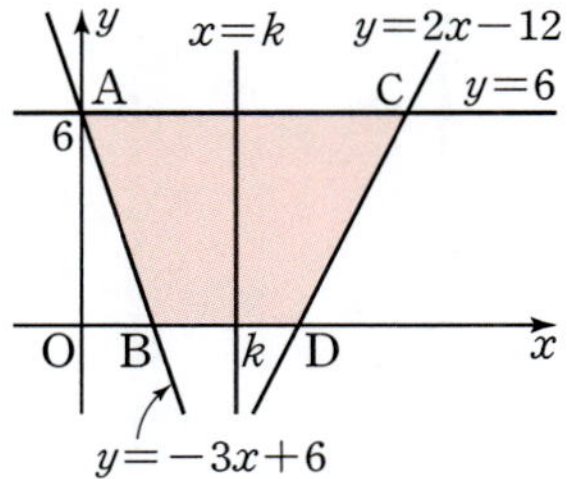

25 어떤 제과 회사에서 과자 A는 1월부터, 과자 B는 5월부터 판매하기 시작했다. 오른쪽 그림은 과자 B가 판매되기 시작한 지 x개월 후에 두 과자 A, B의 총판매량을 각각 y개라 할 때, x와 y 사이의 관계를 그래프로 나타낸 것이다. 두 과자 A, B의 총판매량이 같아지는 것은 과자 B가 판매되기 시작한 지 몇 개월 후인가?

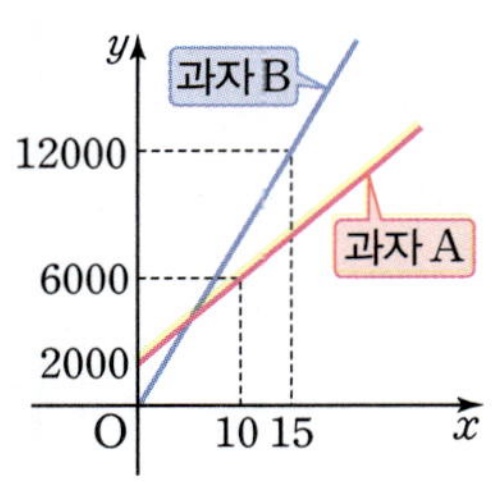

① 2개월 후   ② 3개월 후   ③ 4개월 후

④ 5개월 후   ⑤ 6개월 후

MEMO

MEMO

MEMO
MEMO

정답과 해설

중학 수학 2 / 1

A 개념 확인

8~11쪽

0001 답 $0.333\cdots$, 무한소수

0002 답 0.4, 유한소수

0003 답 -1.25, 유한소수

0004 답 $1.8333\cdots$, 무한소수

0005 답 $-0.4666\cdots$, 무한소수

0006 답 0.5625, 유한소수

0007 답 $4,\ 0.\dot{4}$

0008 답 $3,\ 0.58\dot{3}$

0009 답 $86,\ 1.\dot{8}\dot{6}$

0010 답 $47,\ 3.12\dot{4}\dot{7}$

0011 답 $123,\ 4.\dot{1}2\dot{3}$

0012 답 $5432,\ 2.\dot{5}43\dot{2}$

0013 답 $0.\dot{7}$

$$\frac{7}{9}=0.777\cdots=0.\dot{7}$$

0014 답 $0.\dot{7}\dot{2}$

$$\frac{8}{11}=0.727272\cdots=0.\dot{7}\dot{2}$$

0015 답 $0.5\dot{6}$

$$\frac{17}{30}=0.5666\cdots=0.5\dot{6}$$

0016 답 $0.3\dot{4}\dot{5}$

$$\frac{19}{55}=0.3454545\cdots=0.3\dot{4}\dot{5}$$

0017 답 ㈎ 5^2 ㈏ 100 ㈐ 0.75

$$\frac{3}{4}=\frac{3}{2^2}=\frac{3\times\boxed{5^2}}{2^2\times\boxed{5^2}}=\frac{75}{\boxed{100}}=\boxed{0.75}$$

0018 답 ㈎ 2^2 ㈏ 36 ㈐ 0.36

$$\frac{9}{25}=\frac{9}{5^2}=\frac{9\times\boxed{2^2}}{5^2\times\boxed{2^2}}=\frac{\boxed{36}}{100}=\boxed{0.36}$$

0019 답 ㈎ 5 ㈏ 1000 ㈐ 0.035

$$\frac{7}{200}=\frac{7}{2^3\times5^2}=\frac{7\times\boxed{5}}{2^3\times5^2\times\boxed{5}}=\frac{35}{\boxed{1000}}=\boxed{0.035}$$

0020 답 ㈎ 2^2 ㈏ 52 ㈐ 0.052

$$\frac{13}{250}=\frac{13}{2\times5^3}=\frac{13\times\boxed{2^2}}{2\times5^3\times\boxed{2^2}}=\frac{\boxed{52}}{1000}=\boxed{0.052}$$

0021 답 ○

0022 답 ×

0023 답 ○

$$\frac{14}{2\times5^2\times7}=\frac{1}{5^2}$$

분모의 소인수가 5뿐이므로 유한소수로 나타낼 수 있다.

만렙 Note

유한소수로 나타낼 수 있는 분수를 찾을 때는 먼저 주어진 분수를 기약분수로 나타낸 후 분모의 소인수를 확인한다.

0024 답 ○

$$\frac{6}{16}=\frac{3}{8}=\frac{3}{2^3}$$

분모의 소인수가 2뿐이므로 유한소수로 나타낼 수 있다.

0025 답 ×

$$\frac{11}{30}=\frac{11}{2\times3\times5}$$

분모의 소인수 중에 3이 있으므로 유한소수로 나타낼 수 없다.

0026 답 ×

$$\frac{8}{140}=\frac{2}{35}=\frac{2}{5\times7}$$

분모의 소인수 중에 7이 있으므로 유한소수로 나타낼 수 없다.

0027 답 ㈎ 10 ㈏ 9 ㈐ 7

$x=0.\dot{7}$

$$\begin{array}{r}\boxed{10}\,x=7.777\cdots\\ -)\quad x=0.777\cdots\\ \hline \boxed{9}\,x=7\end{array}$$

$$\therefore x=\frac{7}{\boxed{9}}$$

0028 답 ㈎ 100 ㈏ 99 ㈐ 4

$x=0.\dot{3}\dot{6}$

$$\begin{array}{r}\boxed{100}\,x=36.363636\cdots\\ -)\quad x=\ \ 0.363636\cdots\\ \hline \boxed{99}\,x=36\end{array}$$

$$\therefore x=\frac{\boxed{4}}{11}$$

0029 답 ㈎ 1000 ㈏ 999 ㈐ 333

$x=2.3\dot{5}\dot{4}$

$$\begin{array}{r}\boxed{1000}\,x=2354.354354\cdots\\ -)\quad x=\ \ \ \ \ \ 2.354354\cdots\\ \hline \boxed{999}\,x=2352\end{array}$$

$$\therefore x=\frac{784}{\boxed{333}}$$

0030 답 ㈎ **10** ㈏ **90** ㈐ **64**

$x=1.4\dot{2}$

$$\begin{array}{r} 100\,x=142.222\cdots \\ -)\quad \boxed{10}\,x=\ 14.222\cdots \\ \hline \boxed{90}\,x=128 \end{array}$$

$$\therefore x=\frac{\boxed{64}}{45}$$

0031 답 ㈎ **1000** ㈏ **990** ㈐ **330**

$x=3.0\dot{5}\dot{1}$

$$\begin{array}{r} \boxed{1000}\,x=3051.515151\cdots \\ -)\qquad 10\,x=\ \ 30.515151\cdots \\ \hline \boxed{990}\,x=3021 \end{array}$$

$$\therefore x=\frac{1007}{\boxed{330}}$$

0032 답 $\dfrac{25}{99}$

0033 답 $\dfrac{78}{37}$

$2.\dot{1}0\dot{8}=\dfrac{2108-2}{999}=\dfrac{2106}{999}=\dfrac{78}{37}$

0034 답 $-\dfrac{197}{45}$

$-4.3\dot{7}=-\dfrac{437-43}{90}=-\dfrac{394}{90}=-\dfrac{197}{45}$

0035 답 $\dfrac{1027}{198}$

$5.1\dot{8}\dot{6}=\dfrac{5186-51}{990}=\dfrac{5135}{990}=\dfrac{1027}{198}$

0036 답 ◯   **0037** 답 ◯

0038 답 ×   **0039** 답 ◯

0040 답 ×   **0041** 답 ◯

0042 답 ◯

0043 답 ×

순환소수가 아닌 무한소수도 있다.

0044 답 ×

순환소수가 아닌 무한소수는 유리수가 아니다.

Ⓑ 유형 완성

12~23쪽

0045 답 ③, ④

① $\dfrac{2}{5}=0.4$ ② $\dfrac{9}{8}=1.125$ ③ $\dfrac{4}{9}=0.444\cdots$

④ $\dfrac{11}{15}=0.7333\cdots$ ⑤ $\dfrac{13}{16}=0.8125$

따라서 무한소수인 것은 ③, ④이다.

0046 답 **3**

유한소수는 0.02, 0.335, -0.128의 3개이다.

0047 답 ㄹ

ㄷ. $\dfrac{5}{6}=0.8333\cdots$이므로 무한소수이다.

ㄹ. $\dfrac{3}{20}=0.15$이므로 유한소수이다.

따라서 옳지 않은 것은 ㄹ이다.

0048 답 ③

각 순환소수의 순환마디를 구하면 다음과 같다.

① 75   ② 342   ③ 32   ④ 810   ⑤ 146

따라서 순환마디가 바르게 연결된 것은 ③이다.

0049 답 ④

$\dfrac{11}{27}=0.407407407\cdots$이므로 순환마디는 407이다.

0050 답 ⑤

① $\dfrac{2}{3}=0.666\cdots$이므로 순환마디는 6이다.

② $\dfrac{5}{3}=1.666\cdots$이므로 순환마디는 6이다.

③ $\dfrac{5}{12}=0.41666\cdots$이므로 순환마디는 6이다.

④ $\dfrac{4}{15}=0.2666\cdots$이므로 순환마디는 6이다.

⑤ $\dfrac{2}{33}=0.060606\cdots$이므로 순환마디는 06이다.

다라서 순환마디가 나머지 넷과 다른 하나는 ⑤이다.

0051 답 **8**

$\dfrac{7}{11}=0.636363\cdots$이므로 순환마디는 63이다.

즉, 순환마디를 이루는 숫자는 2개이므로 $a=2$ ······ ❶

$\dfrac{5}{13}=0.384615384615\cdots$이므로 순환마디는 384615이다.

즉, 순환마디를 이루는 숫자는 6개이므로 $b=6$ ······ ❷

$\therefore a+b=2+6=8$ ······ ❸

채점 기준	
❶ a의 값 구하기	40 %
❷ b의 값 구하기	40 %
❸ $a+b$의 값 구하기	20 %

0052 답 ②

① $\dfrac{7}{6}=1.1666\cdots$이므로 순환마디는 6이고, 순환마디를 이루는 숫자는 1개이다.

② $\dfrac{4}{7}=0.571428571428\cdots$이므로 순환마디는 571428이고, 순환마디를 이루는 숫자는 6개이다.

③ $\dfrac{15}{22}=0.6818181\cdots$이므로 순환마디는 81이고, 순환마디를 이루는 숫자는 2개이다.

④ $\dfrac{5}{27}=0.185185185\cdots$이므로 순환마디는 185이고, 순환마디를 이루는 숫자는 3개이다.

⑤ $\dfrac{14}{33}=0.424242\cdots$이므로 순환마디는 42이고, 순환마디를 이루는 숫자는 2개이다.

따라서 순환마디를 이루는 숫자의 개수가 가장 많은 것은 ②이다.

0053 답 ③, ⑤

① $11.7444\cdots=11.7\dot{4}$

② $0.05868686\cdots=0.05\dot{8}\dot{6}$

④ $4.132413241324\cdots=4.\dot{1}32\dot{4}$

따라서 순환소수의 표현이 옳은 것은 ③, ⑤이다.

0054 답 ④

① $\dfrac{4}{3}=1.333\cdots=1.\dot{3}$

② $\dfrac{5}{11}=0.454545\cdots=0.\dot{4}\dot{5}$

③ $\dfrac{8}{15}=0.5333\cdots=0.5\dot{3}$

④ $\dfrac{17}{18}=0.9444\cdots=0.9\dot{4}$

⑤ $\dfrac{9}{37}=0.243243243\cdots=0.\dot{2}4\dot{3}$

따라서 분수를 소수로 나타낸 것으로 옳지 않은 것은 ④이다.

0055 답 3

$\dfrac{10}{27}=0.370370370\cdots=0.\dot{3}7\dot{0}$이므로 순환마디를 이루는 숫자는 3, 7, 0의 3개이다.

이때 $55=3\times18+1$이므로 소수점 아래 55번째 자리의 숫자는 순환마디의 첫 번째 숫자인 3이다.

0056 답 0

$1.3\dot{1}0\dot{5}$의 순환마디를 이루는 숫자는 1, 0, 5의 3개이고, 소수점 아래 두 번째 자리에서부터 순환마디가 반복되므로 소수점 아래에서 순환하지 않는 숫자는 3의 1개이다.

이때 $99-1=3\times32+2$이므로 소수점 아래 99번째 자리의 숫자는
┗ 소수점 아래에서 순환하지 않는 숫자의 개수
순환마디의 두 번째 숫자인 0이다.

순환마디를 이루는 숫자가 a개이고, 소수점 아래에서 순환하지 않는 숫자가 b개인 순환소수의 소수점 아래 n번째 자리의 숫자는 $n-b$를 a로 나눈 나머지를 이용하여 구한다.

0057 답 ③

① $0.5\dot{3}=0.5333\cdots$이므로 소수점 아래 150번째 자리의 숫자는 3이다.

② $0.\dot{7}\dot{6}$의 순환마디를 이루는 숫자는 7, 6의 2개이다.

이때 $150=2\times75$이므로 소수점 아래 150번째 자리의 숫자는 순환마디의 두 번째 숫자인 6이다.

③ $0.4\dot{8}\dot{1}$의 순환마디를 이루는 숫자는 8, 1의 2개이고, 소수점 아래에서 순환하지 않는 숫자는 4의 1개이다.

이때 $150-1=2\times74+1$이므로 소수점 아래 150번째 자리의 숫자는 순환마디의 첫 번째 숫자인 8이다.

④ $0.\dot{9}6\dot{2}$의 순환마디를 이루는 숫자는 9, 6, 2의 3개이다.

이때 $150=3\times50$이므로 소수점 아래 150번째 자리의 숫자는 순환마디의 세 번째 숫자인 2이다.

⑤ $1.\dot{2}58\dot{6}$의 순환마디를 이루는 숫자는 2, 5, 8, 6의 4개이다.

이때 $150=4\times37+2$이므로 소수점 아래 150번째 자리의 숫자는 순환마디의 두 번째 숫자인 5이다.

따라서 소수점 아래 150번째 자리의 숫자가 가장 큰 것은 ③이다.

0058 답 1

$\dfrac{25}{41}=0.6097560975\cdots=0.\dot{6}097\dot{5}$이므로 순환마디를 이루는 숫자는 6, 0, 9, 7, 5의 5개이다. ······ ❶

이때 $24=5\times4+4$이므로 소수점 아래 24번째 자리의 숫자는 순환마디의 네 번째 숫자인 7이다.

∴ $a=7$ ······ ❷

또 $31=5\times6+1$이므로 소수점 아래 31번째 자리의 숫자는 순환마디의 첫 번째 숫자인 6이다.

∴ $b=6$ ······ ❸

∴ $a-b=7-6=1$ ······ ❹

❶ 순환마디를 이루는 숫자와 그 개수 구하기	30 %
❷ a의 값 구하기	30 %
❸ b의 값 구하기	30 %
❹ $a-b$의 값 구하기	10 %

0059 답 ④

$\dfrac{1}{7}=0.142857142857\cdots=0.\dot{1}42857\dot{7}$이므로 순환마디를 이루는 숫자는 1, 4, 2, 8, 5, 7의 6개이다.

이때 $80=6\times13+2$이므로 순환마디가 13번 반복되고, 소수점 아래 79번째 자리의 숫자와 80번째 자리의 숫자는 각각 1, 4이다.

따라서 구하는 합은
$(1+4+2+8+5+7)\times13+(1+4)=356$

0060 답 (가) 9 (나) 2 (다) 18 (라) 0.18

$\dfrac{27}{150}=\dfrac{\boxed{9}}{50}=\dfrac{\boxed{9}\times\boxed{2}}{2\times5^2\times\boxed{2}}=\dfrac{\boxed{18}}{100}=\boxed{0.18}$

0061 답 ②, ⑤

① $\dfrac{12}{30}=\dfrac{2}{5}=\dfrac{2\times2}{5\times2}=\dfrac{4}{10}$

② $\dfrac{7}{42}=\dfrac{1}{6}=\dfrac{1}{2\times3}$

③ $\dfrac{13}{65}=\dfrac{1}{5}=\dfrac{2}{5\times2}=\dfrac{2}{10}$

④ $\dfrac{11}{80}=\dfrac{11}{2^4\times5}=\dfrac{11\times5^3}{2^4\times5\times5^3}=\dfrac{1375}{10^4}$

⑤ $\dfrac{21}{98}=\dfrac{3}{14}=\dfrac{3}{2\times7}$

따라서 분모를 10의 거듭제곱으로 나타낼 수 없는 것은 ②, ⑤이다.

0062 답 ②

$$\frac{3}{20}=\frac{3}{2^2\times 5}=\frac{3\times 5}{2^2\times 5\times 5}=\frac{15}{10^2}=\frac{150}{10^3}=\frac{1500}{10^4}=\cdots$$

따라서 $a=15$, $n=2$일 때, $a+n$의 값이 가장 작으므로 구하는 값은
$15+2=17$

0063 답 ㄹ, ㅂ

ㄱ. $\dfrac{5}{12}=\dfrac{5}{2^2\times 3}$ ㄴ. $\dfrac{14}{27}=\dfrac{14}{3^3}$

ㄷ. $\dfrac{3}{2^3\times 3^2}=\dfrac{1}{2^3\times 3}$ ㄹ. $\dfrac{55}{2\times 5\times 11}=\dfrac{1}{2}$

ㅁ. $\dfrac{91}{3\times 5^3\times 7}=\dfrac{13}{3\times 5^3}$ ㅂ. $\dfrac{126}{3^2\times 5\times 7}=\dfrac{2}{5}$

따라서 유한소수로 나타낼 수 있는 것은 ㄹ, ㅂ이다.

0064 답 ③

① $\dfrac{3}{16}=\dfrac{3}{2^4}$ ② $\dfrac{13}{20}=\dfrac{13}{2^2\times 5}$

③ $\dfrac{10}{75}=\dfrac{2}{15}=\dfrac{2}{3\times 5}$ ④ $\dfrac{18}{225}=\dfrac{2}{25}=\dfrac{2}{5^2}$

⑤ $\dfrac{21}{350}=\dfrac{3}{50}=\dfrac{3}{2\times 5^2}$

따라서 순환소수로만 나타낼 수 있는 것은 ③이다.

0065 답 ⑤

유한소수로 나타낼 수 있는 분수를 $\dfrac{x}{12}$라 하면 $\dfrac{x}{12}=\dfrac{x}{2^2\times 3}$에서 x
는 3의 배수이어야 한다.

즉, 유한소수로 나타낼 수 있는 것은 $\dfrac{3}{12}$, $\dfrac{6}{12}$, $\dfrac{9}{12}$의 3개이다.

따라서 유한소수로 나타낼 수 없는 것의 개수는
$11-3=8$

0066 답 탄수화물, 지방

각 영양 성분에 대하여 $\dfrac{(영양\ 성분의\ 함량)}{(1회\ 제공량)}$은 다음과 같다.

탄수화물: $\dfrac{40}{70}=\dfrac{4}{7}$

단백질: $\dfrac{14}{70}=\dfrac{1}{5}$

당류: $\dfrac{7}{70}=\dfrac{1}{10}=\dfrac{1}{2\times 5}$

지방: $\dfrac{5}{70}=\dfrac{1}{14}=\dfrac{1}{2\times 7}$

따라서 $\dfrac{(영양\ 성분의\ 함량)}{(1회\ 제공량)}$을 순환소수로만 나타낼 수 있는 것은 탄
수화물, 지방이다.

0067 답 ②

$a_1=\dfrac{1}{35}$, $a_2=\dfrac{2}{35}$, $a_3=\dfrac{3}{35}$, ..., $a_{34}=\dfrac{34}{35}$

이 중에서 유한소수로 나타낼 수 있는 분수를 $\dfrac{x}{35}$라 하면

$\dfrac{x}{35}=\dfrac{x}{5\times 7}$에서 x는 7의 배수이어야 한다.

따라서 유한소수로 나타낼 수 있는 것은 $\dfrac{7}{35}$, $\dfrac{14}{35}$, $\dfrac{21}{35}$, $\dfrac{28}{35}$의 4개
이다.

0068 답 4

$\dfrac{2}{5}=\dfrac{12}{30}$, $\dfrac{5}{6}=\dfrac{25}{30}$이므로 $\dfrac{2}{5}$와 $\dfrac{5}{6}$ 사이에 있는 분모가 30인 분수는
$\dfrac{13}{30}$, $\dfrac{14}{30}$, $\dfrac{15}{30}$, ..., $\dfrac{24}{30}$이다.

이 중에서 유한소수로 나타낼 수 있는 분수를 $\dfrac{x}{30}$라 하면

$\dfrac{x}{30}=\dfrac{x}{2\times 3\times 5}$에서 x는 3의 배수이어야 한다.   ······ ❶

따라서 유한소수로 나타낼 수 있는 것은 $\dfrac{15}{30}$, $\dfrac{18}{30}$, $\dfrac{21}{30}$, $\dfrac{24}{30}$의 4개
이다.   ······ ❷

채점 기준	
❶ 유한소수로 나타내기 위한 분자의 조건 구하기	60 %
❷ 유한소수로 나타낼 수 있는 분수의 개수 구하기	40 %

0069 답 21

$\dfrac{30}{252}\times x=\dfrac{5}{42}\times x=\dfrac{5}{2\times 3\times 7}\times x$가 유한소수가 되려면 x는 3과 7
의 공배수, 즉 21의 배수이어야 한다.

따라서 x의 값이 될 수 있는 가장 작은 자연수는 21이다.

0070 답 ③

$\dfrac{x}{2^4\times 7}$가 유한소수가 되려면 x는 7의 배수이어야 하므로 x의 값이
될 수 없는 것은 ③이다.

0071 답 5

$\dfrac{a}{130}=\dfrac{a}{2\times 5\times 13}$가 유한소수가 되려면 a는 13의 배수이어야 한다.
   ······ ❶

따라서 a의 값이 될 수 있는 70 이하의 자연수는 13, 26, 39, 52, 65
의 5개이다.   ······ ❷

채점 기준	
❶ 유한소수가 되기 위한 a의 조건 구하기	60 %
❷ 70 이하의 자연수 a의 개수 구하기	40 %

0072 답 ⑤

$\dfrac{n}{55}=\dfrac{n}{5\times 11}$, $\dfrac{n}{360}=\dfrac{n}{2^3\times 3^2\times 5}$이 모두 유한소수가 되려면 n은
11과 9의 공배수, 즉 99의 배수이어야 한다.

따라서 n의 값이 될 수 있는 가장 작은 세 자리의 자연수는 198이다.

0073 답 ①

$\dfrac{3}{70}=\dfrac{3}{2\times 5\times 7}$, $\dfrac{7}{126}=\dfrac{1}{18}=\dfrac{1}{2\times 3^2}$

두 분수에 각각 자연수 x를 곱했을 때 두 분수가 모두 유한소수가
되려면 x는 7과 9의 공배수, 즉 63의 배수이어야 한다.

따라서 x의 값이 될 수 있는 가장 작은 자연수는 63이다.

0074 답 84

㈎에서 $\dfrac{x}{350}=\dfrac{x}{2\times 5^2\times 7}$가 유한소수가 되려면 x는 7의 배수이어야
한다.

㈏에서 x는 2와 3의 공배수, 즉 6의 배수 중 두 자리의 자연수이어
야 한다.

(가), (나)에 의해 x는 7과 6의 공배수, 즉 42의 배수 중 두 자리의 자연수이므로 구하는 가장 큰 자연수는 84이다.

0075 답 ④

$\dfrac{72}{32\times x}=\dfrac{9}{4\times x}=\dfrac{9}{2^2\times x}$이므로 x에 주어진 수를 각각 대입하면

① $\dfrac{9}{2^2\times 3}=\dfrac{3}{2^2}$ ② $\dfrac{9}{2^2\times 5}$ ③ $\dfrac{9}{2^2\times 6}=\dfrac{3}{2^3}$

④ $\dfrac{9}{2^2\times 7}$ ⑤ $\dfrac{9}{2^2\times 9}=\dfrac{1}{2^2}$

따라서 x의 값이 될 수 없는 것은 ④이다.

0076 답 6

$\dfrac{7}{5^2\times x}$이 유한소수가 되려면 x는 소인수가 2나 5로만 이루어진 수 또는 7의 약수 또는 이들의 곱으로 이루어진 수이어야 한다.

따라서 x의 값이 될 수 있는 한 자리의 자연수는 1, 2, 4, 5, 7, 8의 6개이다.

0077 답 ③

$ax=24$에서 $x=\dfrac{24}{a}$이므로 a에 주어진 수를 각각 대입하면

① $x=\dfrac{24}{18}=\dfrac{4}{3}$ ② $x=\dfrac{24}{36}=\dfrac{2}{3}$ ③ $x=\dfrac{24}{48}=\dfrac{1}{2}$

④ $x=\dfrac{24}{56}=\dfrac{3}{7}$ ⑤ $x=\dfrac{24}{72}=\dfrac{1}{3}$

따라서 a의 값이 될 수 있는 것은 ③이다.

0078 답 43

$\dfrac{39}{65\times x}=\dfrac{3}{5\times x}$이 유한소수가 되려면 x는 소인수가 2나 5로만 이루어진 수 또는 3의 약수 또는 이들의 곱으로 이루어진 수이어야 한다.

이때 $10<x<20$이므로 $x=12,\ 15,\ 16$ ······ ❶

따라서 모든 x의 값의 합은 $12+15+16=43$ ······ ❷

<table>
<tr><td colspan="3">채점 기준</td></tr>
<tr><td>❶ 모든 x의 값 구하기</td><td>70 %</td></tr>
<tr><td>❷ 모든 x의 값의 합 구하기</td><td>30 %</td></tr>
</table>

0079 답 ②

$\dfrac{x}{144}=\dfrac{x}{2^4\times 3^2}$가 유한소수가 되려면 x는 3^2, 즉 9의 배수이어야 한다.

이때 $40<x<60$이므로 $x=45,\ 54$

(i) $x=45$일 때, $\dfrac{45}{144}=\dfrac{5}{16}\ \rightarrow\ \dfrac{x}{144}=\dfrac{3}{y}$을 만족시키지 않는다.

(ii) $x=54$일 때, $\dfrac{54}{144}=\dfrac{3}{8}$

(i), (ii)에서 $x=54,\ y=8$이므로

$x+y=54+8=62$

0080 답 46

$\dfrac{x}{120}=\dfrac{x}{2^3\times 3\times 5}$가 유한소수가 되려면 x는 3의 배수이어야 한다.

x는 가장 작은 자연수이므로 $x=3$

이때 $\dfrac{3}{120}=\dfrac{1}{40}$이므로 $y=40$

$\therefore 2x+y=2\times 3+40=46$

0081 답 37

$\dfrac{x}{280}=\dfrac{x}{2^3\times 5\times 7}$가 유한소수가 되려면 x는 7의 배수이어야 한다.

또 $\dfrac{x}{280}$를 기약분수로 나타내면 $\dfrac{11}{y}$이 되므로 x는 11의 배수이어야 한다.

따라서 x는 7과 11의 공배수, 즉 77의 배수 중 두 자리의 자연수이므로 $x=77$ ······ ❶

이때 $\dfrac{77}{280}=\dfrac{11}{40}$이므로 $y=40$ ······ ❷

$\therefore x-y=77-40=37$ ······ ❸

<table>
<tr><td colspan="3">채점 기준</td></tr>
<tr><td>❶ x의 값 구하기</td><td>50 %</td></tr>
<tr><td>❷ y의 값 구하기</td><td>30 %</td></tr>
<tr><td>❸ $x-y$의 값 구하기</td><td>20 %</td></tr>
</table>

0082 답 ④

$\dfrac{21}{2^3\times 3\times x}=\dfrac{7}{2^3\times x}$이 순환소수가 되려면 기약분수의 분모에 2 또는 5 이외의 소인수가 있어야 한다.

이때 x는 한 자리의 자연수이므로 $x=3,\ 6,\ 7,\ 9$

그런데 $x=7$이면 $\dfrac{7}{2^3\times 7}=\dfrac{1}{2^3}$이므로 유한소수가 된다.

따라서 x의 값이 될 수 있는 한 자리의 자연수는 3, 6, 9이므로 구하는 합은

$3+6+9=18$

0083 답 ④, ⑤

x에 주어진 수를 각각 대입하면

① $\dfrac{14}{18}=\dfrac{7}{9}=\dfrac{7}{3^2}$ ② $\dfrac{14}{21}=\dfrac{2}{3}$

③ $\dfrac{14}{24}=\dfrac{7}{12}=\dfrac{7}{2^2\times 3}$ ④ $\dfrac{14}{32}=\dfrac{7}{16}=\dfrac{7}{2^4}$

⑤ $\dfrac{14}{35}=\dfrac{2}{5}$

따라서 x의 값이 될 수 없는 것은 ④, ⑤이다.

0084 답 26

$\dfrac{x}{70}=\dfrac{x}{2\times 5\times 7}$가 순환소수가 되려면 기약분수의 분모에 2 또는 5 이외의 소인수가 있어야 한다.

즉, x는 7의 배수가 아니어야 한다.

이때 30 이하의 자연수 중 7의 배수는 7, 14, 21, 28의 4개이므로 x의 값이 될 수 있는 30 이하의 자연수의 개수는

$30-4=26$

0085 답 ④

$x=0.342342342\cdots$이므로

$1000x=342.342342342\cdots$

$\therefore 1000x-x=342$

따라서 가장 편리한 식은 ④이다.

> 참고 순환소수를 분수로 나타내는 과정에서 이용되는 가장 편리한 식을 찾을 때는 소수점 아래의 부분이 같은 두 순환소수의 차는 정수가 됨을 이용한다.

0086 답 ④

순환소수 $1.4\dot{3}\dot{6}$을 x라 하면 $x=1.4363636\cdots$ $\quad$ …… ㉠

㉠의 양변에 $\boxed{1000}$ 을 곱하면

$\boxed{1000}\,x=1436.363636\cdots$ $\quad$ …… ㉡

㉠의 양변에 $\boxed{10}$ 을 곱하면

$\boxed{10}\,x=14.363636\cdots$ $\quad$ …… ㉢

㉡에서 ㉢을 변끼리 빼면

$\boxed{990}\,x=\boxed{1422}$ $\qquad$ $\therefore x=\dfrac{1422}{990}=\boxed{\dfrac{79}{55}}$

따라서 옳지 않은 것은 ④이다.

0087 답 ③

③ $x=0.1\dot{6}\dot{5}$ ➡ $1000x-x$

0088 답 ③, ⑤

①, ② 순환마디는 5이므로 순환마디를 이루는 숫자는 1개이다.

④, ⑤ $\quad 1000x=305.555\cdots$
$\quad\quad\ \ -)\ \ 100x=\ \ 30.555\cdots$
$\quad\quad\ \ \overline{\quad\quad 900x=275\quad\quad}$ $\qquad \therefore x=\dfrac{275}{900}=\dfrac{11}{36}$

따라서 옳은 것은 ③, ⑤이다.

0089 답 ②

① $0.\dot{2}\dot{7}=\dfrac{27}{99}=\dfrac{3}{11}$

② $1.0\dot{5}=\dfrac{105-10}{90}=\dfrac{95}{90}=\dfrac{19}{18}$

③ $2.\dot{3}\dot{6}=\dfrac{236-2}{99}=\dfrac{234}{99}=\dfrac{26}{11}$

④ $0.3\dot{8}\dot{1}=\dfrac{381-3}{990}=\dfrac{378}{990}=\dfrac{21}{55}$

⑤ $0.\dot{3}4\dot{5}=\dfrac{345}{999}=\dfrac{115}{333}$

따라서 옳지 않은 것은 ②이다.

0090 답 7

$0.212121\cdots=0.\dot{2}\dot{1}=\dfrac{21}{99}=\dfrac{7}{33}$

$\therefore x=7$

0091 답 ②, ④

① $5.\dot{3}=\dfrac{53-5}{9}$ $\quad$ ③ $4.\dot{3}\dot{8}=\dfrac{438-4}{99}$ $\quad$ ⑤ $0.\dot{3}6\dot{1}=\dfrac{361}{999}$

따라서 옳은 것은 ②, ④이다.

0092 답 $\dfrac{54}{11}$

$0.\dot{5}=\dfrac{5}{9}$ 이므로 $a=\dfrac{9}{5}$ $\quad$ …… ❶

$0.3\dot{6}=\dfrac{36-3}{90}=\dfrac{33}{90}=\dfrac{11}{30}$ 이므로 $b=\dfrac{30}{11}$ $\quad$ …… ❷

$\therefore ab=\dfrac{9}{5}\times\dfrac{30}{11}=\dfrac{54}{11}$ $\quad$ …… ❸

채점 기준

❶ a의 값 구하기		40 %
❷ b의 값 구하기		40 %
❸ ab의 값 구하기		20 %

0093 답 $\dfrac{121}{30}$

$4+\dfrac{3}{10^2}+\dfrac{3}{10^3}+\dfrac{3}{10^4}+\cdots=4+0.03+0.003+0.0003+\cdots$
$\qquad\qquad\qquad\qquad\qquad =4.0333\cdots=4.0\dot{3}$
$\qquad\qquad\qquad\qquad\qquad =\dfrac{403-40}{90}=\dfrac{363}{90}=\dfrac{121}{30}$

0094 답 ④

선우는 분자를 제대로 보았으므로

$1.\dot{1}\dot{8}=\dfrac{118-11}{90}=\dfrac{107}{90}$ 에서 처음 기약분수의 분자는 107이다.

보라는 분모를 제대로 보았으므로

$0.\dot{2}\dot{5}=\dfrac{25}{99}$ 에서 처음 기약분수의 분모는 99이다.

따라서 처음 기약분수는 $\dfrac{107}{99}$ 이므로

$\dfrac{107}{99}=1.080808\cdots=1.\dot{0}\dot{8}$

0095 답 (1) $p=90$, $q=11$ $\quad$ (2) $0.1\dot{2}$

(1) 윤아는 분자를 제대로 보았으므로

$\quad 0.01\dot{2}=\dfrac{12-1}{900}=\dfrac{11}{900}$ 에서 $q=11$ $\quad$ …… ❶

$\quad$ 정우는 분모를 제대로 보았으므로

$\quad 0.7\dot{4}=\dfrac{74-7}{90}=\dfrac{67}{90}$ 에서 $p=90$ $\quad$ …… ❷

(2) $\dfrac{q}{p}=\dfrac{11}{90}=0.1222\cdots=0.1\dot{2}$ $\quad$ …… ❸

채점 기준

❶ q의 값 구하기		40 %
❷ p의 값 구하기		40 %
❸ $\dfrac{q}{p}$를 순환소수로 나타내기		20 %

0096 답 62

$0.\dot{6}\dot{3}+0.\dot{2}\dot{4}=\dfrac{63}{99}+\dfrac{24}{99}=\dfrac{87}{99}=\dfrac{29}{33}$

따라서 $a=33$, $b=29$이므로

$a+b=33+29=62$

0097 답 ③

$3.\dot{2}=\dfrac{32-3}{9}=\dfrac{29}{9}$, $0.\dot{4}=\dfrac{4}{9}$ 이므로

$\dfrac{29}{9}-\dfrac{4}{9}=\dfrac{25}{9}=2.777\cdots=2.\dot{7}$

0098 답 ④

$0.\dot{2}4\dot{1}=\dfrac{241}{999}=241\times\dfrac{1}{999}=241\times0.\dot{0}0\dot{1}$

$\therefore \square=0.\dot{0}0\dot{1}$

0099 답 ②

$\dfrac{13}{30}=x+0.0\dot{4}$ 에서 $\dfrac{13}{30}=x+\dfrac{4}{90}$

$\therefore x=\dfrac{13}{30}-\dfrac{4}{90}=\dfrac{39}{90}-\dfrac{4}{90}=\dfrac{7}{18}=0.3888\cdots=0.3\dot{8}$

0100 답 ②

$1.3\dot{8}\times\dfrac{b}{a}=0.\dot{5}$에서 $\dfrac{138-13}{90}\times\dfrac{b}{a}=\dfrac{5}{9}$

$\dfrac{25}{18}\times\dfrac{b}{a}=\dfrac{5}{9}$ $\therefore \dfrac{b}{a}=\dfrac{5}{9}\times\dfrac{18}{25}=\dfrac{2}{5}$

따라서 $a=5$, $b=2$이므로 $a-b=5-2=3$

0101 답 $x=2.4\dot{5}$

$0.\dot{5}x-1.\dot{2}=0.1\dot{4}$에서 $\dfrac{5}{9}x-\dfrac{12-1}{9}=\dfrac{14}{99}$ ······ ❶

$55x-121=14$, $55x=135$ $\therefore x=\dfrac{27}{11}$ ······ ❷

따라서 해를 순환소수로 나타내면

$x=\dfrac{27}{11}=2.454545\cdots=2.\dot{4}\dot{5}$ ······ ❸

채점 기준	
❶ 주어진 일차방정식에서 순환소수를 분수로 나타내기	40 %
❷ 일차방정식의 해 구하기	40 %
❸ 일차방정식의 해를 순환소수로 나타내기	20 %

0102 답 6

$0.4\dot{a}=\dfrac{(40+a)-4}{90}=\dfrac{36+a}{90}$이므로 $0.4\dot{a}=\dfrac{a+1}{15}$에서

$\dfrac{36+a}{90}=\dfrac{a+1}{15}$, $36+a=6(a+1)$

$36+a=6a+6$, $-5a=-30$ $\therefore a=6$

0103 답 ②, ④

$1.5\dot{3}=\dfrac{153-15}{90}=\dfrac{138}{90}=\dfrac{23}{15}=\dfrac{23}{3\times5}$이므로 a는 3의 배수이어야
한다.
따라서 a의 값이 될 수 없는 것은 ②, ④이다.

0104 답 ③

$0.2\dot{7}=\dfrac{27-2}{90}=\dfrac{25}{90}=\dfrac{5}{18}$이므로 a는 18의 배수이어야 한다.
따라서 a의 값이 될 수 있는 가장 작은 자연수는 18이다.

0105 답 81

$0.5\dot{2}=\dfrac{52-5}{90}=\dfrac{47}{90}=\dfrac{47}{2\times3^2\times5}$이므로 a는 3^2, 즉 9의 배수이어야
한다. ······ ❶
따라서 $9\times8=72$, $9\times9=81$에서 a의 값이 될 수 있는 자연수 중에
서 80에 가장 가까운 수는 81이다. ······ ❷

채점 기준	
❶ a의 조건 구하기	70 %
❷ a의 값 중 80에 가장 가까운 수 구하기	30 %

0106 답 ③

$0.2\dot{3}\dot{6}=\dfrac{236-2}{990}=\dfrac{234}{990}=\dfrac{13}{55}=\dfrac{13}{5\times11}$,

$1.8\dot{3}=\dfrac{183-18}{90}=\dfrac{165}{90}=\dfrac{11}{6}=\dfrac{11}{2\times3}$

이므로 a는 11과 3의 공배수, 즉 33의 배수이어야 한다.
따라서 a의 값이 될 수 있는 두 자리의 자연수는 33, 66, 99의 3개
이다.

0107 답 55

$0.\dot{4}\dot{5}=\dfrac{45}{99}=\dfrac{5}{11}$이므로 n은 $11\times5\times$(자연수)^2 꼴이어야 한다.
따라서 n의 값이 될 수 있는 가장 작은 자연수는
$11\times5\times1^2=55$

순환소수에 자연수 n을 곱하여 어떤 자연수의 제곱이 되려면
➡ 순환소수를 기약분수로 나타낸 후 n은
(기약분수의 분모)×(기약분수의 분자에서 지수가 홀수인 소인수)
×(자연수)^2
꼴이어야 한다.

0108 답 ⑤

① $0.3\dot{7}=0.3777\cdots$이므로 $0.37<0.3\dot{7}$

② $0.\dot{1}\dot{0}=0.101010\cdots$, $0.\dot{1}=0.111\cdots$이므로 $0.\dot{1}\dot{0}<0.\dot{1}$

③ $0.4\dot{6}=0.4666\cdots$, $\dfrac{46}{99}=0.464646\cdots$이므로 $0.4\dot{6}>\dfrac{46}{99}$

④ $0.5\dot{2}=\dfrac{52-5}{90}=\dfrac{47}{90}$, $\dfrac{23}{45}=\dfrac{46}{90}$이므로 $0.5\dot{2}>\dfrac{23}{45}$

⑤ $0.83\dot{4}=\dfrac{834-83}{900}=\dfrac{751}{900}$, $\dfrac{5}{6}=\dfrac{750}{900}$이므로 $0.83\dot{4}>\dfrac{5}{6}$

따라서 옳은 것은 ⑤이다.

0109 답 ㄴ, ㄷ, ㄹ, ㄱ

ㄱ. $3.2516516516\cdots$

ㄴ. 3.2516

ㄷ. $3.25161616\cdots$

ㄹ. $3.251625162516\cdots$

따라서 가장 작은 것부터 차례로 나열하면 ㄴ, ㄷ, ㄹ, ㄱ이다.

0110 답 ④

$0.1\dot{6}=\dfrac{16-1}{90}=\dfrac{15}{90}=\dfrac{1}{6}$, $0.\dot{4}\dot{2}=\dfrac{42}{99}=\dfrac{14}{33}$

① $\dfrac{1}{9}=\dfrac{2}{18}$, $0.1\dot{6}=\dfrac{3}{18}$이므로 $\dfrac{1}{9}<0.1\dot{6}$

② $\dfrac{5}{11}=\dfrac{15}{33}$, $0.\dot{4}\dot{2}=\dfrac{14}{33}$이므로 $\dfrac{5}{11}>0.\dot{4}\dot{2}$

③ $\dfrac{2}{15}=\dfrac{4}{30}$, $0.1\dot{6}=\dfrac{5}{30}$이므로 $\dfrac{2}{15}<0.1\dot{6}$

④ $\dfrac{13}{33}=\dfrac{26}{66}$, $0.1\dot{6}=\dfrac{11}{66}$이므로 $\dfrac{13}{33}>0.1\dot{6}$

$0.\dot{4}\dot{2}=\dfrac{14}{33}$이므로 $\dfrac{13}{33}<0.\dot{4}\dot{2}$

$\therefore 0.1\dot{6}<\dfrac{13}{33}<0.\dot{4}\dot{2}$

⑤ $0.\dot{4}\dot{2}=\dfrac{42}{99}$이므로 $\dfrac{43}{99}>0.\dot{4}\dot{2}$

따라서 $0.1\dot{6}$보다 크고 $0.\dot{4}\dot{2}$보다 작은 수는 ④이다.

0111 답 ①

$\dfrac{1}{3}\le0.\dot{x}\le\dfrac{1}{2}$에서 $\dfrac{1}{3}\le\dfrac{x}{9}\le\dfrac{1}{2}$

$\therefore \dfrac{6}{18}\le\dfrac{2x}{18}\le\dfrac{9}{18}$

따라서 이를 만족시키는 한 자리의 자연수 x는 3, 4의 2개이다.

0112 답 ①, ④

② 무한소수 중 순환소수는 유리수이다.

③ 순환소수는 모두 유리수이다.

⑤ $\dfrac{1}{3}$은 기약분수이지만 유한소수로 나타낼 수 없다.

따라서 옳은 것은 ①, ④이다.

0113 답 4

ㄴ. $3.\dot{5}$는 순환소수이므로 유리수이다.

ㄷ, ㄹ. 순환소수가 아닌 무한소수는 유리수가 아니다.

ㅁ. $1.232323\cdots$은 순환소수이므로 유리수이다.

따라서 유리수는 ㄱ, ㄴ, ㅁ, ㅂ의 4개이다.

0114 답 ⑤

정수 a를 0이 아닌 정수 b로 나눈 수, 즉 $\dfrac{a}{b}\,(b\neq0)$는 유리수이다.

⑤ 순환소수가 아닌 무한소수는 유리수가 아니므로 $\dfrac{a}{b}\,(b\neq0)$가 될

수 없다.

0115 답 ②, ③

① $0.316316316\cdots$은 순환소수이므로 유리수이다.

② $\dfrac{2}{7}$는 유한소수로 나타낼 수 없다.

③ $4=\dfrac{4}{1}=\dfrac{8}{2}=\cdots$과 같이 4는 분수로 나타낼 수 있다.

따라서 옳지 않은 것은 ②, ③이다.

0116 답 ②, ⑤

① 순환소수는 유한소수로 나타낼 수 없는 수이지만 유리수이다.

③ 정수가 아닌 유리수는 유한소수나 순환소수로 나타낼 수 있다.

④ 순환소수가 아닌 무한소수는 $\dfrac{(정수)}{(0이\ 아닌\ 정수)}$ 꼴로 나타낼 수 없다.

따라서 옳은 것은 ②, ⑤이다.

AB 유형 점검

24~26쪽

0117 답 ㄴ, ㄹ, ㅁ

ㄱ, ㄷ, ㅂ. 유한소수

0118 답 ⑤

	순환소수	순환마디	표현
①	$3.444\cdots$	4	$3.\dot{4}$
②	$0.606060\cdots$	60	$0.\dot{6}\dot{0}$
③	$1.212121\cdots$	21	$1.\dot{2}\dot{1}$
④	$2.113113113\cdots$	113	$2.\dot{1}1\dot{3}$

따라서 옳은 것은 ⑤이다.

0119 답 12

$\dfrac{16}{27}=0.592592592\cdots=0.\dot{5}9\dot{2}$이므로 순환마디를 이루는 숫자는 5, 9, 2의 3개이다.

$\therefore a=3$

이때 $101=3\times33+2$이므로 소수점 아래 101번째 자리의 숫자는 순환마디의 두 번째 숫자인 9이다.

$\therefore b=9$

$\therefore a+b=3+9=12$

0120 답 ④

$\dfrac{4}{125}=\dfrac{4}{5^3}=\dfrac{4\times2^3}{5^3\times2^3}=\dfrac{32}{1000}=0.032$이므로

$a=2^3=8,\ b=32,\ c=0.032$

$\therefore a+b+c=8+32+0.032=40.032$

0121 답 ③

① $\dfrac{1}{6}=\dfrac{1}{2\times3}$ ② $\dfrac{1}{15}=\dfrac{1}{3\times5}$

③ $\dfrac{42}{300}=\dfrac{7}{50}=\dfrac{7}{2\times5^2}$ ④ $\dfrac{13}{390}=\dfrac{1}{30}=\dfrac{1}{2\times3\times5}$

⑤ $\dfrac{12}{3500}=\dfrac{3}{875}=\dfrac{3}{5^3\times7}$

따라서 유한소수로 나타낼 수 있는 것은 ③이다.

0122 답 3

$\dfrac{11}{130}=\dfrac{11}{2\times5\times13},\ \dfrac{4}{105}=\dfrac{4}{3\times5\times7}$

두 분수에 각각 자연수 x를 곱했을 때 두 분수가 모두 유한소수가 되려면 x는 13과 21의 공배수, 즉 273의 배수이어야 한다.

따라서 x의 값이 될 수 있는 세 자리의 자연수는 273, 546, 819의 3개이다.

0123 답 29

$\dfrac{9}{30\times x}=\dfrac{3}{2\times5\times x}$이 유한소수가 되려면 x는 소인수가 2나 5로만 이루어진 수 또는 3의 약수 또는 이들의 곱으로 이루어진 수이어야 한다.

따라서 x의 값이 될 수 있는 한 자리의 자연수는 1, 2, 3, 4, 5, 6, 8 이므로 구하는 합은

$1+2+3+4+5+6+8=29$

0124 답 ③

b의 값에 따라 a의 값을 구하면 다음과 같다.

(ⅰ) $b=1,\ 2,\ 4,\ 5,\ 8$일 때,

a는 7의 배수이어야 한다.

(ⅱ) $b=3,\ 6$일 때,

a는 3과 7의 공배수, 즉 21의 배수이어야 한다.

(ⅲ) $b=7$일 때,

a는 49의 배수이어야 한다.

(ⅳ) $b=9$일 때,

a는 63의 배수이어야 한다.

그런데 a, b는 한 자리의 자연수이므로 (ⅰ)~(ⅳ)에서

$a=7$이고 $b=1,\ 2,\ 4,\ 5,\ 8$

따라서 구하는 순서쌍 $(a,\ b)$는 $(7,\ 1),\ (7,\ 2),\ (7,\ 4),\ (7,\ 5),$ $(7,\ 8)$의 5개이다.

0125 답 ③

(내)에서 $\dfrac{x}{220}=\dfrac{x}{2^2\times5\times11}$가 유한소수가 되려면 x는 11의 배수이어야 한다.

이때 (개)에서 $20<x<35$이므로 $x=22,\ 33$

(i) $x=22$일 때, $\dfrac{22}{220}=\dfrac{1}{10}$

(ii) $x=33$일 때, $\dfrac{33}{220}=\dfrac{3}{20}$

(i), (ii)에서 $x=33,\ y=20$

$\therefore\ x+y=33+20=53$

0126 답 ④

$\dfrac{78}{2^2\times5\times a}=\dfrac{39}{2\times5\times a}$이므로 a에 주어진 수를 각각 대입하면

① $\dfrac{39}{2^2\times5}$ ② $\dfrac{39}{2\times5\times3}=\dfrac{13}{2\times5}$

③ $\dfrac{39}{2\times5\times6}=\dfrac{13}{2^2\times5}$ ④ $\dfrac{39}{2\times5\times7}$

⑤ $\dfrac{39}{2\times5\times13}=\dfrac{3}{2\times5}$

따라서 a의 값이 될 수 있는 것은 ④이다.

0127 답 ②

각 순환소수를 분수로 나타낼 때, 가장 편리한 식은 다음과 같다.

① $100x-x$ ② $100x-10x$ ③ $1000x-100x$

④ $1000x-10x$ ⑤ $1000x-x$

따라서 $100x-10x$를 이용하는 것이 가장 편리한 것은 ②이다.

0128 답 24

$3.545454\cdots=3.\dot{5}\dot{4}=\dfrac{354-3}{99}=\dfrac{351}{99}=\dfrac{39}{11}$

$\therefore\ a=39$

$2.7333\cdots=2.7\dot{3}=\dfrac{273-27}{90}=\dfrac{246}{90}=\dfrac{41}{15}$

$\therefore\ b=15$

$\therefore\ a-b=39-15=24$

0129 답 $0.\dot{1}\dot{6}$

희수는 분자를 제대로 보았으므로

$1.\dot{7}=\dfrac{17-1}{9}=\dfrac{16}{9}$에서 처음 기약분수의 분자는 16이다.

민혁이는 분모를 제대로 보았으므로

$1.\dot{1}\dot{6}=\dfrac{116-1}{99}=\dfrac{115}{99}$에서 처음 기약분수의 분모는 99이다.

따라서 처음 기약분수는 $\dfrac{16}{99}$이므로

$\dfrac{16}{99}=0.161616\cdots=0.\dot{1}\dot{6}$

0130 답 ③

$0.\dot{2}+0.0\dot{4}=\dfrac{2}{9}+\dfrac{4}{90}=\dfrac{20}{90}+\dfrac{4}{90}=\dfrac{4}{15}$

$\therefore\ a=15$

$0.\dot{5}\div0.0\dot{6}=\dfrac{5}{9}\div\dfrac{6}{90}=\dfrac{5}{9}\times\dfrac{90}{6}=\dfrac{25}{3}$

$\therefore\ b=25$

$\therefore\ b-a=25-15=10$

0131 답 ⑤

$3.\dot{7}\dot{8}=\dfrac{378-3}{99}=\dfrac{375}{99}=\dfrac{125}{33}$이므로 a는 33의 배수이어야 한다.

따라서 a의 값이 될 수 있는 가장 큰 두 자리의 자연수는 99이다.

0132 답 ③

① $\dfrac{9}{10}=0.9,\ 0.\dot{8}=0.888\cdots$이므로 $\dfrac{9}{10}>0.\dot{8}$

② $0.4\dot{2}=\dfrac{42-4}{90}=\dfrac{38}{90}=\dfrac{19}{45}$이므로 $\dfrac{17}{45}<0.4\dot{2}$

③ $1.\dot{2}=\dfrac{12-1}{9}=\dfrac{11}{9}=\dfrac{110}{90}$이므로 $1.\dot{2}<\dfrac{111}{90}$

④ $1.\dot{6}\dot{0}=1.606060\cdots,\ 1.\dot{6}=1.666\cdots$이므로 $1.\dot{6}\dot{0}<1.\dot{6}$

⑤ $\dfrac{1}{2}=0.5,\ 0.\dot{5}=0.555\cdots$이므로 $\dfrac{1}{2}<0.\dot{5}$

따라서 옳지 않은 것은 ③이다.

0133 답 ④, ⑤

① 0은 유리수이다.

② 무한소수 중 순환소수가 아닌 무한소수는 유리수가 아니다.

③ 모든 유한소수는 유리수이다.

따라서 옳은 것은 ④, ⑤이다.

0134 답 117

(개)에서 $\dfrac{A}{240}=\dfrac{A}{2^4\times3\times5}$가 유한소수가 되려면 A는 3의 배수이어 야 한다. ······ ❶

이때 (개), (내)에서 A는 3과 13의 공배수, 즉 39의 배수이고, (대)에서 A는 두 자리의 자연수이므로 구하는 A의 값은 39, 78이다. ······ ❷

따라서 구하는 합은

$39+78=117$ ······ ❸

채점 기준		
❶ $\dfrac{A}{240}$가 유한소수가 되도록 하는 A의 조건 구하기		40 %
❷ A의 값 구하기		40 %
❸ A의 값의 합 구하기		20 %

0135 답 $\dfrac{7}{11}$

$\dfrac{4}{11}=0.363636\cdots=0.\dot{3}\dot{6}$이므로

$a=3,\ b=6$ ······ ❶

따라서 $0.\dot{b}\dot{a}=0.\dot{6}\dot{3}$이므로

$0.\dot{6}\dot{3}=\dfrac{63}{99}=\dfrac{7}{11}$ ······ ❷

채점 기준		
❶ $a,\ b$의 값 구하기		50 %
❷ $0.\dot{b}\dot{a}$를 기약분수로 나타내기		50 %

0136 답 5

어떤 자연수를 x라 하면 $5.\dot{8}x-5.8x=0.\dot{4}$이므로 ⋯⋯ ❶

$$\frac{58-5}{9}x-\frac{29}{5}x=\frac{4}{9}, \ \frac{53}{9}x-\frac{29}{5}x=\frac{4}{9}$$

$$265x-261x=20, \ 4x=20 \qquad \therefore x=5$$

따라서 어떤 자연수는 5이다. ⋯⋯ ❷

채점 기준	
❶ 어떤 자연수에 대한 식 세우기	50 %
❷ 어떤 자연수 구하기	50 %

0137 답 111

$\dfrac{18}{55}=0.x_1x_2x_3\cdots x_n\cdots$이므로 x_n은 $\dfrac{18}{55}$을 소수로 나타낼 때, 소수점 아래 n번째 자리의 숫자이다.

$\dfrac{18}{55}=0.3272727\cdots=0.3\dot{2}\dot{7}$이므로 순환마디를 이루는 숫자는 2, 7 의 2개이고, 소수점 아래에서 순환하지 않는 숫자는 3의 1개이다.

이때 $25-1=2\times12$이므로 순환마디가 12번 반복된다.

$$\therefore x_1+x_2+x_3+\cdots+x_{25}=3+(2+7)\times12=111$$

0138 답 38

분수 $\dfrac{1}{2}, \ \dfrac{1}{3}, \ \dfrac{1}{4}, \ \cdots, \ \dfrac{1}{50}$ 중에서 유한소수로 나타낼 수 있는 것은 분모의 소인수가 2 또는 5뿐인 분수이므로

$$\frac{1}{2}, \ \frac{1}{4}=\frac{1}{2^2}, \ \frac{1}{5}, \ \frac{1}{8}=\frac{1}{2^3}, \ \frac{1}{10}=\frac{1}{2\times5}, \ \frac{1}{16}=\frac{1}{2^4}, \ \frac{1}{20}=\frac{1}{2^2\times5},$$

$$\frac{1}{25}=\frac{1}{5^2}, \ \frac{1}{32}=\frac{1}{2^5}, \ \frac{1}{40}=\frac{1}{2^3\times5}, \ \frac{1}{50}=\frac{1}{2\times5^2}$$

의 11개이다.

따라서 순환소수로만 나타낼 수 있는 것, 즉 유한소수로 나타낼 수 없는 것의 개수는

$$49-11=38$$

0139 답 5

주어진 달력의 일부분에서 찾을 수 있는 분수는

$$\frac{1}{8}, \ \frac{2}{9}, \ \frac{3}{10}, \ \frac{4}{11}, \ \frac{5}{12}, \ \frac{6}{13}, \ \frac{7}{14}, \ \frac{8}{15}, \ \frac{9}{16}, \ \frac{10}{17}, \ \frac{11}{18}, \ \frac{12}{19}, \ \frac{13}{20}$$

이 중에서 유한소수로 나타낼 수 있는 분수는

$$\frac{1}{8}=\frac{1}{2^3}, \ \frac{3}{10}=\frac{3}{2\times5}, \ \frac{7}{14}=\frac{1}{2}, \ \frac{9}{16}=\frac{9}{2^4}, \ \frac{13}{20}=\frac{13}{2^2\times5}$$

의 5개이다.

0140 답 (1) 3   (2) $a=2, \ b=1$ (3) $\dfrac{1}{11}$

(1) $0.\dot{a}\dot{b}+0.\dot{b}\dot{a}=0.\dot{3}$에서 $\dfrac{10a+b}{99}+\dfrac{10b+a}{99}=\dfrac{3}{9}$

$11a+11b=33 \qquad \therefore a+b=3$

(2) (1)에서 $a+b=3$이고 $a, \ b$는 $a>b$인 한 자리의 자연수이므로

$a=2, \ b=1$

(3) $0.\dot{a}\dot{b}-0.\dot{b}\dot{a}=0.\dot{2}\dot{1}-0.\dot{1}\dot{2}=\dfrac{21}{99}-\dfrac{12}{99}=\dfrac{9}{99}=\dfrac{1}{11}$

0141 답 2^9

0142 답 a^8

0143 답 3^{11}

$3^2\times3^5\times3^4=3^{2+5+4}=3^{11}$

0144 답 x^3y^{12}

$x^2\times y^3\times x\times y^9=x^2\times x\times y^3\times y^9=x^3y^{12}$

0145 답 5

0146 답 9

0147 답 3, 10

0148 답 a^6

0149 답 5^{36}

$\{(5^6)^2\}^3=(5^{12})^3=5^{36}$

0150 답 7^{16}

$7^2\times(7^2)^7=7^2\times7^{14}=7^{16}$

0151 답 a^{24}

$a^8\times(a^2)^2\times(a^4)^3=a^8\times a^4\times a^{12}=a^{8+4+12}=a^{24}$

0152 답 3

0153 답 2

$x^{\square}\times(x^3)^8=x^{26}$에서 $x^{\square}\times x^{24}=x^{26}$

따라서 $\square+24=26$이므로 $\square=2$

0154 답 a

0155 답 1

0156 답 $\dfrac{1}{x^4}$

0157 답 2^2

$2^{12}\div2^9\div2=2^3\div2=2^2$

0158 답 $\dfrac{1}{x}$

$(x^4)^6\div(x^5)^5=x^{24}\div x^{25}=\dfrac{1}{x}$

0159 답 13

0160 답 7

0161 답 a^4b^6

0162 답 $-27x^{12}$

0163 답 $\dfrac{1}{16}x^8y^4$

0164 답 $\dfrac{a^5}{b^{20}}$

0165 답 $\dfrac{x^8}{25y^6}$

0166 답 2, 12

0167 답 8, 6

0168 답 $18a^7$

0169 답 $-10x^6y^8$

0170 답 $4x^6y^9$

0171 답 $-3a^5b^7$

0172 답 $6x^7y^9$

0173 답 $-32a^5$

$(-2a)^3 \times 4a^2 = -8a^3 \times 4a^2 = -32a^5$

0174 답 $27x^4y^5$

$3x^2y \times (3xy^2)^2 = 3x^2y \times 9x^2y^4 = 27x^4y^5$

0175 답 $\dfrac{y^4}{x^2}$

$(x^2y^3)^2 \times \left(-\dfrac{1}{x^3y}\right)^2 = x^4y^6 \times \dfrac{1}{x^6y^2} = \dfrac{y^4}{x^2}$

0176 답 $4x^7y^{10}$

$(x^3y^2)^3 \times \left(\dfrac{2y^2}{x}\right)^2 = x^9y^6 \times \dfrac{4y^4}{x^2} = 4x^7y^{10}$

0177 답 $-50x^3$

$72x^4y^2 \times \left(\dfrac{5x^2}{6y}\right)^2 \times \left(-\dfrac{1}{x}\right)^5 = 72x^4y^2 \times \dfrac{25x^4}{36y^2} \times \left(-\dfrac{1}{x^5}\right) = -50x^3$

0178 답 $3a^3$

$24a^6 \div 8a^3 = \dfrac{24a^6}{8a^3} = 3a^3$

0179 답 $-\dfrac{1}{5}$

$-3a^4 \div 15a^4 = \dfrac{-3a^4}{15a^4} = -\dfrac{1}{5}$

0180 답 $\dfrac{3y}{2x}$

$9x^4y^3 \div 6x^5y^2 = \dfrac{9x^4y^3}{6x^5y^2} = \dfrac{3y}{2x}$

0181 답 $6x^7y^7$

$16x^5y^4 \div \dfrac{8}{3x^2y^3} = 16x^5y^4 \times \dfrac{3x^2y^3}{8} = 6x^7y^7$

0182 답 $-9a^6$

$18a^3 \div (-a^2) \div \dfrac{2}{a^5} = 18a^3 \times \dfrac{1}{-a^2} \times \dfrac{a^5}{2} = -9a^6$

0183 답 $-x^2y$

$12x^4y^2 \div 3x^2 \div (-4y) = 12x^4y^2 \times \dfrac{1}{3x^2} \times \dfrac{1}{-4y} = -x^2y$

0184 답 $\dfrac{2a}{b^3}$

$8a^3b \div (-2ab^2)^2 = \dfrac{8a^3b}{4a^2b^4} = \dfrac{2a}{b^3}$

0185 답 $\dfrac{x^8}{y^6}$

$(x^4y^2)^3 \div (xy^3)^4 = \dfrac{x^{12}y^6}{x^4y^{12}} = \dfrac{x^8}{y^6}$

0186 답 $-\dfrac{x^{13}y}{8}$

$(x^2y^2)^2 \div \left(-\dfrac{2y}{x^3}\right)^3 = x^4y^4 \times \left(-\dfrac{x^9}{8y^3}\right) = -\dfrac{x^{13}y}{8}$

0187 답 $\dfrac{x^5y^4}{3}$

$(-x^4y^3)^2 \div (3xy^2)^2 \div \dfrac{x}{3y^2} = x^8y^6 \times \dfrac{1}{9x^2y^4} \times \dfrac{3y^2}{x} = \dfrac{x^5y^4}{3}$

0188 답 $2x^3$

$9x^4 \times 4x^2 \div 18x^3 = 9x^4 \times 4x^2 \times \dfrac{1}{18x^3} = 2x^3$

0189 답 $\dfrac{1}{2}b^4$

$4a^3b^2 \div 8a^4b \times ab^3 = 4a^3b^2 \times \dfrac{1}{8a^4b} \times ab^3 = \dfrac{1}{2}b^4$

0190 답 $-4x^3y$

$12x^8y^6 \times \left(-\dfrac{1}{3x^4}\right) \div xy^5 = 12x^8y^6 \times \left(-\dfrac{1}{3x^4}\right) \times \dfrac{1}{xy^5} = -4x^3y$

0191 답 $6x^6$

$21x^2y \div \dfrac{7y^2}{x^3} \times 2xy = 21x^2y \times \dfrac{x^3}{7y^2} \times 2xy = 6x^6$

0192 답 $9a^2b^5$

$(-3ab^3)^3 \times 2a^3b \div (-6a^4b^5) = -27a^3b^9 \times 2a^3b \times \dfrac{1}{-6a^4b^5} = 9a^2b^5$

0193 답 $\dfrac{5}{4}x^7y^6$

$25x^6y^4 \div \dfrac{5x^3}{y^4} \times \left(\dfrac{x^2}{2y}\right)^2 = 25x^6y^4 \times \dfrac{y^4}{5x^3} \times \dfrac{x^4}{4y^2} = \dfrac{5}{4}x^7y^6$

B 유형 완성   32~41쪽

0194 답 ①

$2^3 \times 2^2 \times 2^x = 2^{3+2+x} = 2^{5+x}$

따라서 $2^{5+x} = 128 = 2^7$이므로

$5+x = 7$ ∴ $x=2$

0195 답 2

$x^4 \times y^2 \times x \times y^3 \times x^2 = x^4 \times x \times x^2 \times y^2 \times y^3$

$\qquad\qquad\qquad\qquad = x^{4+1+2}y^{2+3} = x^7y^5$

따라서 $a=7$, $b=5$이므로

$a-b = 7-5 = 2$

0196 답 ⑤

$5^{x+3} = 5^3 \times 5^x = 125 \times 5^x$ ∴ $\square = 125$

0197 답 ①

$(-1)^n \times (-1)^{n+1} \times (-1)^{2n} = (-1)^{n+(n+1)+2n}$

$\qquad\qquad\qquad\qquad = (-1)^{4n+1} = -1$

참고 $(-1)^{\text{짝수}} = +1$, $(-1)^{\text{홀수}} = -1$ → n이 자연수일 때, $4n+1$은 홀수

0198 답 ④

$$4\times5\times6\times7\times8\times9\times10=2^2\times5\times(2\times3)\times7\times2^3\times3^2\times(2\times5)$$
$$=2^{2+1+3+1}\times3^{1+2}\times5^{1+1}\times7$$
$$=2^7\times3^3\times5^2\times7$$

따라서 $a=7$, $b=3$, $c=2$이므로
$a+b+c=7+3+2=12$

0199 답 6

$(a^{\square})^2\times(a^4)^3\times a=a^{2\times\square}\times a^{12}\times a=a^{2\times\square+13}$
따라서 $a^{2\times\square+13}=a^{25}$이므로
$2\times\square+13=25$, $2\times\square=12$
$\therefore \square=6$

0200 답 ③

② $a\times(a^3)^7=a\times a^{21}=a^{22}$
③ $(a^5)^5\times a=a^{25}\times a=a^{26}$
⑤ $(a^3)^4\times(b^7)^2\times a\times(b^2)^3=a^{12}\times b^{14}\times a\times b^6=a^{13}b^{20}$
따라서 옳지 않은 것은 ③이다.

0201 답 ④

$$3^3\times9^4\times27^5=3^3\times(3^2)^4\times(3^3)^5$$
$$=3^3\times3^8\times3^{15}$$
$$=3^{3+8+15}=3^{26}$$
$\therefore x=26$

0202 답 3

$2^{2x}\times8^{x-2}=2^{2x}\times(2^3)^{x-2}=2^{2x}\times2^{3x-6}=2^{5x-6}$ ······ ❶
따라서 $2^{5x-6}=512=2^9$이므로
$5x-6=9$, $5x=15$ $\therefore x=3$ ······ ❷

채점 기준		
❶ 좌변 간단히 하기		50 %
❷ x의 값 구하기		50 %

0203 답 ③

① $2^{24}=(2^6)^4=64^4$ ② $3^{20}=(3^5)^4=243^4$
③ $4^{16}=(4^4)^4=256^4$ ④ $5^{12}=(5^3)^4=125^4$
⑤ $6^8=(6^2)^4=36^4$
지수가 같을 때 밑이 클수록 큰 수이므로 가장 큰 수는 ③이다.

만렙 Note

자연수 a, b, m, n에 대하여
① $a<b$이면 $a^m<b^m$
  ➡ 지수가 같을 때, 밑이 클수록 큰 수이다.
② $m<n$이면 $a^m<a^n$ (단, $a\neq1$)
  ➡ 밑이 같을 때, 지수가 클수록 큰 수이다.

0204 답 ②

$$5^{15}\div125^2\div5^x=5^{15}\div(5^3)^2\div5^x=5^{15}\div5^6\div5^x$$
$$=5^9\div5^x=5^{9-x}$$
따라서 $5^{9-x}=5^4$이므로
$9-x=4$ $\therefore x=5$

0205 답 ⑤

$(x^4)^2\div x^3\div(x^2)^6=x^8\div x^3\div x^{12}=x^5\div x^{12}=\dfrac{1}{x^7}$

0206 답 ③

① $x^7\div x^2=x^5$

② $(x^2)^3\div x=x^6\div x=x^5$

③ $(x^{10})^2\div(x^2)^2=x^{20}\div x^4=x^{16}$

④ $x^{10}\div x\div x^4=x^9\div x^4=x^5$

⑤ $x^8\div(x^6\div x^3)=x^8\div x^3=x^5$

따라서 식을 간단히 한 결과가 나머지 넷과 다른 하나는 ③이다.

0207 답 4

$\dfrac{3^{4x-3}}{3^{x+5}}=3^{(4x-3)-(x+5)}=3^{3x-8}$
따라서 $3^{3x-8}=81=3^4$이므로
$3x-8=4$, $3x=12$ $\therefore x=4$

0208 답 4

$$2^{2x-1}\times4^x\div128=2^{2x-1}\times(2^2)^x\div2^7$$
$$=2^{2x-1}\times2^{2x}\div2^7=2^{4x-1}\div2^7$$
$$=\dfrac{1}{2^{7-(4x-1)}}=\dfrac{1}{2^{8-4x}}$$
따라서 $\dfrac{1}{2^{8-4x}}=\dfrac{1}{16}=\dfrac{1}{2^4}$이므로
$8-4x=4$, $-4x=-4$ $\therefore x=1$ ······ ❶
$7^{3y-2}\div49^y=7^{3y-2}\div(7^2)^y=7^{3y-2}\div7^{2y}=7^{3y-2-2y}=7^{y-2}$
따라서 $7^{y-2}=343=7^3$이므로
$y-2=3$ $\therefore y=5$ ······ ❷
$\therefore y-x=5-1=4$ ······ ❸

채점 기준		
❶ x의 값 구하기		50 %
❷ y의 값 구하기		40 %
❸ $y-x$의 값 구하기		10 %

0209 답 36

$(-5x^a)^2=25x^{2a}$
따라서 $25x^{2a}=bx^{10}$이므로
$25=b$, $2a=10$ $\therefore a=5$, $b=25$
$\left(\dfrac{2y}{x^c}\right)^3=\dfrac{8y^3}{x^{3c}}$
따라서 $\dfrac{8y^3}{x^{3c}}=\dfrac{8y^d}{x^9}$이므로
$3c=9$, $3=d$ $\therefore c=3$, $d=3$
$\therefore a+b+c+d=5+25+3+3=36$

0210 답 ④

① $(a^3b^2)^3=a^9b^6$ ② $(-ab^2)^2=a^2b^4$
③ $\left(\dfrac{1}{5}ab\right)^3=\dfrac{1}{125}a^3b^3$ ④ $-\left(\dfrac{2}{3x}\right)^2=-\dfrac{4}{9x^2}$
⑤ $\left(-\dfrac{a}{2}\right)^3=-\dfrac{a^3}{8}$
따라서 옳은 것은 ④이다.

0211 답 ⑤

$24^3=(2^3\times3)^3=2^9\times3^3$

따라서 $x=9$, $y=3$이므로

$xy=9\times3=27$

0212 답 18

$\left(\frac{2}{9}\right)^x=\left(\frac{2}{3^2}\right)^x=\frac{2^x}{3^{2x}}$, $\frac{64}{3^y}=\frac{2^6}{3^y}$

따라서 $\frac{2^x}{3^{2x}}=\frac{2^6}{3^y}$이므로 ······ ⅰ

$x=6$, $2x=y$ $\quad\therefore x=6$, $y=12$ ······ ⅱ

$\therefore x+y=6+12=18$ ······ ⅲ

채점 기준

ⅰ 등식 변형하기	50 %
ⅱ x, y의 값 구하기	30 %
ⅲ $x+y$의 값 구하기	20 %

0213 답 ②

$\left(\frac{3x^5}{y^a}\right)^b=\frac{3^bx^{5b}}{y^{ab}}$

따라서 $\frac{3^bx^{5b}}{y^{ab}}=\frac{cx^{15}}{y^{18}}$이므로

$3^b=c$, $5b=15$, $ab=18$

$5b=15$에서 $b=3$

$ab=18$에서 $3a=18$ $\quad\therefore a=6$

$3^b=c$에서 $3^3=c$ $\quad\therefore c=27$

$\therefore a-b+c=6-3+27=30$

0214 답 ①

ㄱ. $a\times a^4=a^5$

ㄴ. $3^{10}\div(3^{10})^2=3^{10}\div3^{20}=\frac{1}{3^{10}}$

ㄹ. $(2x^2y)^3=8x^6y^3$

ㅁ. $x^{10}\div x^5\times x^3=x^5\times x^3=x^8$

ㅂ. $a^{30}\div(a^6\times a^5)=a^{30}\div a^{11}=a^{19}$

따라서 옳은 것은 ㄴ, ㄷ이다.

0215 답 ③

① $a^{\square}\times a^2=a^{\square+2}=a^8$이므로 $\square+2=8$ $\quad\therefore \square=6$

② $\frac{x^{\square}}{x^9}=\frac{1}{x^{9-\square}}=\frac{1}{x^3}$이므로 $9-\square=3$ $\quad\therefore \square=6$

③ $(a^2b^{\square})^3=a^6b^{\square\times3}=a^6b^{12}$이므로 $\square\times3=12$ $\quad\therefore \square=4$

④ $\left(-\frac{y^5}{x^{\square}}\right)^2=\frac{y^{10}}{x^{\square\times2}}=\frac{y^{10}}{x^{12}}$이므로 $\square\times2=12$ $\quad\therefore \square=6$

⑤ $x^{\square}\times x^2\div x^3=x^{\square+2}\div x^3=x^{\square-1}=x^5$이므로

$\square-1=5$ $\quad\therefore \square=6$

따라서 $\square$ 안에 들어갈 자연수가 나머지 넷과 다른 하나는 ③이다.

0216 답 100

$2^6\div4^2\times5^{32}\times(0.2)^{30}=2^6\div2^4\times5^{32}\times\left(\frac{1}{5}\right)^{30}$

$=2^2\times5^2$

$=10^2=100$

다른 풀이

$2^6\div4^2\times5^{32}\times(0.2)^{30}=2^6\div2^4\times5^2\times5^{30}\times(0.2)^{30}$

$=2^2\times5^2\times(5\times0.2)^{30}$

$=(2\times5)^2\times1^{30}$

$=10^2=100$

0217 답 ②

1 KiB$=2^{10}$ B, 1 MiB$=2^{10}$ KiB, 1 GiB$=2^{10}$ MiB이므로

8 GiB$=8\times2^{10}$ MiB

$=8\times2^{10}\times2^{10}$ KiB

$=8\times2^{10}\times2^{10}\times2^{10}$ B

$=2^3\times2^{10}\times2^{10}\times2^{10}$ B

$=2^{33}$ B

0218 답 18

세균의 수가 1시간마다 4배씩 증가하므로 7시간 후에는 4^7배가 된다.

따라서 세균 16마리가 7시간 후에는

$16\times4^7=2^4\times(2^2)^7=2^4\times2^{14}=2^{18}$(마리)가 되므로 $k=18$

0219 답 ③

1 km$=10^3$ m이므로 태양과 지구 사이의 거리는

1.5×10^8 km$=1.5\times10^8\times10^3$ m$=1.5\times10^{11}$ m

∴ (태양의 빛이 지구에 도달하는 데 걸리는 시간)

$=\frac{1.5\times10^{11}}{3\times10^8}=\frac{10^3}{2}=500$(초)

참고 (시간)$=\frac{(거리)}{(속력)}$

0220 답 ⑤

(1회 잘라 내고 남은 종이테이프의 길이)$=3^6\times\frac{2}{3}$(cm)

(2회 잘라 내고 남은 종이테이프의 길이)

$=\left(3^6\times\frac{2}{3}\right)\times\frac{2}{3}=3^6\times\left(\frac{2}{3}\right)^2$(cm)

(3회 잘라 내고 남은 종이테이프의 길이)

$=\left\{3^6\times\left(\frac{2}{3}\right)^2\right\}\times\frac{2}{3}=3^6\times\left(\frac{2}{3}\right)^3$(cm)

⋮

∴ (8회 잘라 내고 남은 종이테이프의 길이)

$=3^6\times\left(\frac{2}{3}\right)^8=3^6\times\frac{2^8}{3^8}=\frac{2^8}{3^2}$(cm)

0221 답 12

$3^2+3^2+3^2=3\times3^2=3^3$이므로 $a=3$

$3^3\times3^3\times3^3=3^{3+3+3}=3^9$이므로 $b=9$

$\therefore a+b=3+9=12$

0222 답 ④, ⑤

① $5^3\times5^2=5^5$

② $2^5\div2^7=\frac{1}{2^2}$

③ $3^4+3^4+3^4=3\times3^4=3^5$

④ $4^5+4^5=2\times4^5=2\times(2^2)^5=2\times2^{10}=2^{11}$

⑤ $25^2\times25^2=25^4=(5^2)^4=5^8$

따라서 옳은 것은 ④, ⑤이다.

0223 답 ⑤

$$\frac{3^6+3^6+3^6}{4^6+4^6+4^6+4^6}\times\frac{2^6+2^6}{3^7}=\frac{3\times3^6}{4\times4^6}\times\frac{2\times2^6}{3^7}=\frac{3^7}{4^7}\times\frac{2^7}{3^7}$$
$$=\frac{2^7}{4^7}=\frac{2^7}{(2^2)^7}=\frac{2^7}{2^{14}}=\frac{1}{2^7}$$

0224 답 4

$$2^{x+4}+2^{x+2}+2^x=2^4\times2^x+2^2\times2^x+2^x=(2^4+2^2+1)\times2^x$$
$$=(16+4+1)\times2^x=21\times2^x \quad\cdots\cdots ❶$$

따라서 $21\times2^x=336$이므로 $2^x=16$

$2^x=2^4 \qquad \therefore x=4 \quad\cdots\cdots ❷$

채점 기준	
❶ 좌변 간단히 하기	60 %
❷ x의 값 구하기	40 %

만렙 Note

지수가 미지수이고 밑이 같은 수의 덧셈은 분배법칙을 이용하여 간단히 한다.

➡ $a^{x+1}+a^x=a\times a^x+a^x=(a+1)a^x$

0225 답 ②

$125^6=(5^3)^6=5^{18}=(5^2)^9=A^9$

0226 답 ⑤

$8^{x+2}=(2^3)^{x+2}=2^{3x+6}=2^{3x}\times2^6=(2^x)^3\times64=A^3\times64=64A^3$

0227 답 4

$$\frac{1}{25^{10}}=\frac{1}{(5^2)^{10}}=\frac{1}{5^{20}}=\frac{1}{(5^5)^4}=\left(\frac{1}{5^5}\right)^4=k^4 \qquad \therefore \square=4$$

0228 답 ②

$48^2=(2^4\times3)^2=(2^4)^2\times3^2=a^2b$

0229 답 ④

$a=3^{x-1}=3^x\div3=\frac{3^x}{3}$이므로 $3^x=3a$

$\therefore 9^{x+1}=(3^2)^{x+1}=3^{2x+2}=3^{2x}\times3^2=(3^x)^2\times9$
$$=(3a)^2\times9=9a^2\times9=81a^2$$

0230 답 ①

$a=2^{x-1}=2^x\div2=\frac{2^x}{2}$이므로 $2^x=2a$

$b=3^{x+2}=3^x\times3^2=3^x\times9$이므로 $3^x=\frac{b}{9}$

$\therefore 6^x=(2\times3)^x=2^x\times3^x=2a\times\frac{b}{9}=\frac{2}{9}ab$

0231 답 ②

$2^7\times5^4=2^3\times2^4\times5^4=2^3\times(2\times5)^4$
$$=8\times10^4=80000 \underset{\text{4개}}{}$$

따라서 $2^7\times5^4$은 5자리의 자연수이다.

0232 답 13자리

$A=(4^2)^3\times5^{13}=4^6\times5^{13}=(2^2)^6\times5^{13}$
$$=2^{12}\times5^{13}=2^{12}\times5\times5^{12}=5\times(2\times5)^{12}$$
$$=5\times10^{12}=500\underset{\text{12개}}{\cdots0}$$

따라서 A는 13자리의 자연수이다.

0233 답 13

$2^{10}\times3\times5^8=2^2\times2^8\times3\times5^8=2^2\times3\times(2\times5)^8$
$$=12\times10^8=1200\underset{\text{8개}}{\cdots0}$$

따라서 $2^{10}\times3\times5^8$은 10자리의 자연수이므로
$n=10 \quad\cdots\cdots ❶$
또 각 자리의 숫자의 합은 $1+2=3$이므로
$k=3 \quad\cdots\cdots ❷$
$\therefore n+k=10+3=13 \quad\cdots\cdots ❸$

채점 기준	
❶ n의 값 구하기	50 %
❷ k의 값 구하기	30 %
❸ $n+k$의 값 구하기	20 %

0234 답 ②

$(2^3+2^3+2^3)\times(5^4+5^4+5^4+5^4)=(3\times2^3)\times(4\times5^4)$
$$=3\times2^3\times2^2\times5^4$$
$$=3\times2\times2^4\times5^4$$
$$=3\times2\times(2\times5)^4$$
$$=6\times10^4=60000\underset{\text{4개}}{}$$

따라서 $(2^3+2^3+2^3)\times(5^4+5^4+5^4+5^4)$은 5자리의 자연수이므로
$n=5$

0235 답 ①

$(a^4b^3)^2\times(-a^2b)^3\times(2ab^2)^2=a^8b^6\times(-a^6b^3)\times4a^2b^4$
$$=-4a^{16}b^{13}$$

0236 답 ②

$\left(\frac{3}{5}x^2y^3\right)^2\times(-5x)^3=\frac{9}{25}x^4y^6\times(-125x^3)=-45x^7y^6$

0237 답 −6

$(2xy^2)^3\times(-4xy^4)\times(-x^2y)^4=8x^3y^6\times(-4xy^4)\times x^8y^4$
$$=-32x^{12}y^{14}$$

따라서 $a=-32$, $b=12$, $c=14$이므로
$a+b+c=-32+12+14=-6$

0238 답 280

$(-5x^ay^2)^2\times bxy^3=25x^{2a}y^4\times bxy^3=25bx^{2a+1}y^7 \quad\cdots\cdots ❶$
따라서 $25bx^{2a+1}y^7=250x^9y^c$이므로
$25b=250$, $2a+1=9$, $7=c$
$\therefore a=4$, $b=10$, $c=7 \quad\cdots\cdots ❷$
$\therefore abc=4\times10\times7=280 \quad\cdots\cdots ❸$

채점 기준	
ⓐ 좌변 간단히 하기	50 %
ⓑ a, b, c의 값 구하기	30 %
ⓒ abc의 값 구하기	20 %

0239 답 $-\dfrac{3y}{x^2}$

$$(-3xy^2)^2 \div 2x^3y \div \left(-\dfrac{3}{2}xy^2\right) = 9x^2y^4 \div 2x^3y \div \left(-\dfrac{3}{2}xy^2\right)$$
$$= 9x^2y^4 \times \dfrac{1}{2x^3y} \times \left(-\dfrac{2}{3xy^2}\right)$$
$$= -\dfrac{3y}{x^2}$$

0240 답 ④

② $6x^2y \times \dfrac{4}{3}xy^3 \times (-x^2y)^3 = 6x^2y \times \dfrac{4}{3}xy^3 \times (-x^6y^3)$
$$= -8x^9y^7$$

③ $27a^2b \div 3ab = \dfrac{27a^2b}{3ab} = 9a$

④ $(5xy^3)^2 \div \dfrac{5}{2}x^2y^4 = 25x^2y^6 \times \dfrac{2}{5x^2y^4} = 10y^2$

⑤ $(a^4b^5)^3 \div \dfrac{(-2b)^4}{a^2} \div \left(-\dfrac{a^3b^2}{4}\right)^3 = a^{12}b^{15} \div \dfrac{16b^4}{a^2} \div \left(-\dfrac{a^9b^6}{64}\right)$
$$= a^{12}b^{15} \times \dfrac{a^2}{16b^4} \times \left(-\dfrac{64}{a^9b^6}\right)$$
$$= -4a^5b^5$$

따라서 옳지 않은 것은 ④이다.

0241 답 ③

$(6x^4y)^2 \div (-xy^2)^3 = 36x^8y^2 \div (-x^3y^6)$
$$= \dfrac{36x^8y^2}{-x^3y^6} = -\dfrac{36x^5}{y^4}$$
따라서 $A=-36$, $B=5$, $C=4$이므로
$A+B+C=-36+5+4=-27$

0242 답 4

$(2x^ay^4)^2 \div (xy^3)^b = 4x^{2a}y^8 \div x^by^{3b} = \dfrac{4x^{2a-b}}{y^{3b-8}}$ ······ ⓐ

따라서 $\dfrac{4x^{2a-b}}{y^{3b-8}} = \dfrac{cx^7}{y}$이므로

$4=c$, $2a-b=7$, $3b-8=1$

$3b-8=1$에서 $3b=9$ ∴ $b=3$

$2a-b=7$에서 $2a-3=7$, $2a=10$ ∴ $a=5$ ······ ⓑ

∴ $a+b-c=5+3-4=4$ ······ ⓒ

채점 기준	
ⓐ 좌변 간단히 하기	40 %
ⓑ a, b, c의 값 구하기	40 %
ⓒ $a+b-c$의 값 구하기	20 %

0243 답 ③

$8x^4y^2 \times (-6xy^2)^2 \div \dfrac{12}{5}x^6y^3 = 8x^4y^2 \times 36x^2y^4 \times \dfrac{5}{12x^6y^3}$
$$= 120y^3$$

0244 답 ②, ⑤

① $2ab^2 \div 3ab \times 9ab^3 = 2ab^2 \times \dfrac{1}{3ab} \times 9ab^3 = 6ab^4$

② $15a^2b^2 \times (-b) \div (-3ab) = 15a^2b^2 \times (-b) \times \left(-\dfrac{1}{3ab}\right) = 5ab^2$

③ $2xy \times (5x^2y)^2 \div 10xy^3 = 2xy \times 25x^4y^2 \times \dfrac{1}{10xy^3} = 5x^4$

④ $49x^2y^3 \div (-7xy)^2 \times (-xy)^2 = 49x^2y^3 \times \dfrac{1}{49x^2y^2} \times x^2y^2 = x^2y^3$

⑤ $\dfrac{3}{4}xy \div \left(-\dfrac{3}{8}xy^2\right) \times 2x^2y = \dfrac{3}{4}xy \times \left(-\dfrac{8}{3xy^2}\right) \times 2x^2y = -4x^2$

따라서 옳은 것은 ②, ⑤이다.

0245 답 14

$(-3x^3y)^A \div 9x^By \times 3x^5y^2 = (-3)^Ax^{3A}y^A \times \dfrac{1}{9x^By} \times 3x^5y^2$
$$= \dfrac{(-3)^A}{3}x^{3A-B+5}y^{A+1}$$

따라서 $\dfrac{(-3)^A}{3}x^{3A-B+5}y^{A+1} = Cx^2y^3$이므로

$\dfrac{(-3)^A}{3}=C$, $3A-B+5=2$, $A+1=3$

$A+1=3$에서 $A=2$

$3A-B+5=2$에서 $6-B+5=2$ ∴ $B=9$

$\dfrac{(-3)^A}{3}=C$에서 $\dfrac{(-3)^2}{3}=C$ ∴ $C=3$

∴ $A+B+C=2+9+3=14$

0246 답 ②

$\left(-\dfrac{1}{2}ab\right)^2 \times (\boxed{}) \div 3a^2b = -\dfrac{1}{3}ab^2$에서

$\left(-\dfrac{1}{2}ab\right)^2 \times (\boxed{}) \times \dfrac{1}{3a^2b} = -\dfrac{1}{3}ab^2$

∴ $\boxed{} = -\dfrac{1}{3}ab^2 \times 3a^2b \div \left(-\dfrac{1}{2}ab\right)^2$
$$= -\dfrac{1}{3}ab^2 \times 3a^2b \div \dfrac{1}{4}a^2b^2$$
$$= -\dfrac{1}{3}ab^2 \times 3a^2b \times \dfrac{4}{a^2b^2} = -4ab$$

0247 답 ③

$(-2ab^2)^3 \div A \div (-6a^4b^3) = \dfrac{2b^2}{3a}$에서

$(-2ab^2)^3 \times \dfrac{1}{A} \times \left(-\dfrac{1}{6a^4b^3}\right) = \dfrac{2b^2}{3a}$

∴ $A = (-2ab^2)^3 \times \left(-\dfrac{1}{6a^4b^3}\right) \div \dfrac{2b^2}{3a}$
$$= -8a^3b^6 \times \left(-\dfrac{1}{6a^4b^3}\right) \times \dfrac{3a}{2b^2} = 2b$$

0248 답 (1) $5a^4b^2$ (2) $5a^{10}b^6$

(1) 어떤 식을 A라 하면

$(a^3b^2)^2 \div A = \dfrac{a^2b^2}{5}$ ······ ⓐ

∴ $A = (a^3b^2)^2 \div \dfrac{a^2b^2}{5} = a^6b^4 \times \dfrac{5}{a^2b^2} = 5a^4b^2$

따라서 어떤 식은 $5a^4b^2$이다. ······ ⓑ

(2) 바르게 계산한 식은

$(a^3b^2)^2 \times 5a^4b^2 = a^6b^4 \times 5a^4b^2 = 5a^{10}b^6$ ······ ⓒ

채점 기준

❶ 어떤 식을 구하는 식 세우기	20 %
❷ 어떤 식 구하기	40 %
❸ 바르게 계산한 식 구하기	40 %

0249 답 $A=3xy^2$, $B=9x^3y^3$, $C=-9x^6y^6$

$C \div (-3x^3y)^2 = -y^4$이므로

$C = -y^4 \times (-3x^3y)^2 = -y^4 \times 9x^6y^2 = -9x^6y^6$

$B \times (-xy)^3 = -9x^6y^6$이므로

$B = -9x^6y^6 \div (-xy)^3 = -9x^6y^6 \div (-x^3y^3) = \dfrac{-9x^6y^6}{-x^3y^3} = 9x^3y^3$

$A \times 3x^2y = 9x^3y^3$이므로

$A = 9x^3y^3 \div 3x^2y = \dfrac{9x^3y^3}{3x^2y} = 3xy^2$

0250 답 ②

(삼각형의 넓이)$= \dfrac{1}{2} \times 2ab^2 \times a^2b = a^3b^3$

0251 답 $6ab^3$

(직육면체의 부피)$= 2a \times 3b \times b^2 = 6ab^3$

0252 답 $4\pi a^3b^4$

직선 l을 회전축으로 하여 1회전 시킬 때 생기는 회전체는 오른쪽 그림과 같은 원뿔이므로

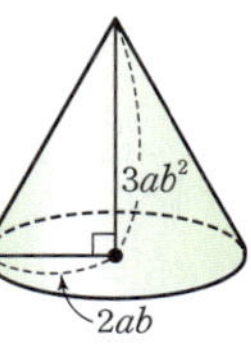

(회전체의 부피)$= \dfrac{1}{3} \times \{\pi \times (2ab)^2\} \times 3ab^2$

$= \dfrac{1}{3} \times \pi \times 4a^2b^2 \times 3ab^2$

$= 4\pi a^3b^4$

0253 답 4배

(구의 부피)$= \dfrac{4}{3} \times \pi \times (3a^2b)^3 = \dfrac{4}{3} \times \pi \times 27a^6b^3 = 36\pi a^6b^3$

(원기둥의 부피)$= \{\pi \times (a^3b)^2\} \times 9b = \pi \times a^6b^2 \times 9b = 9\pi a^6b^3$

따라서 $36\pi a^6b^3 \div 9\pi a^6b^3 = 4$이므로 구의 부피는 원기둥의 부피의 4배이다.

0254 답 ④

$\dfrac{1}{3} \times (2a \times 3b) \times (높이) = 24a^2b^2$이므로

$2ab \times (높이) = 24a^2b^2$

$\therefore (높이) = 24a^2b^2 \div 2ab = \dfrac{24a^2b^2}{2ab} = 12ab$

0255 답 ③

$7a^5b^3 \times (세로의 길이) = 28a^6b^9$이므로

(세로의 길이)$= 28a^6b^9 \div 7a^5b^3 = \dfrac{28a^6b^9}{7a^5b^3} = 4ab^6$

0256 답 $2ab^2$

$4ab \times 5a \times (물의 높이) = 40a^3b^3$이므로

$20a^2b \times (물의 높이) = 40a^3b^3$

$\therefore (물의 높이) = 40a^3b^3 \div 20a^2b = \dfrac{40a^3b^3}{20a^2b} = 2ab^2$

0257 답 ④

(직사각형의 넓이)$= 18ab^5 \times \dfrac{2}{3}a^4b^2 = 12a^5b^7$

(삼각형의 넓이)$= \dfrac{1}{2} \times 4a^4b^6 \times h = 2a^4b^6 \times h$

따라서 $12a^5b^7 = 2a^4b^6 \times h$이므로

$h = 12a^5b^7 \div 2a^4b^6 = \dfrac{12a^5b^7}{2a^4b^6} = 6ab$

AB 유형 점검

42~44쪽

0258 답 ④

$a^3 \times a^x \times b^4 \times b^y \times b^7 = a^{x+3}b^{y+11}$

따라서 $a^{x+3}b^{y+11} = a^9b^{13}$이므로

$x+3=9$, $y+11=13$ $\therefore x=6$, $y=2$

$\therefore x+y = 6+2 = 8$

0259 답 ③

$8^{x+1} = (2^3)^{x+1} = 2^{3x+3}$

따라서 $2^{3x+3} = 2^{18}$이므로

$3x+3=18$, $3x=15$ $\therefore x=5$

0260 답 ③

$a^{21} \div a^7 \div a^{3x} = a^{14} \div a^{3x} = a^{14-3x}$

따라서 $a^{14-3x} = a^2$이므로

$14-3x=2$, $-3x=-12$ $\therefore x=4$

0261 답 15

$\left(\dfrac{ax^3}{z^2z^b}\right)^c = \dfrac{a^c x^{3c}}{y^{2c}z^{bc}}$

따라서 $\dfrac{a^c x^{3c}}{y^{2c}z^{bc}} = \dfrac{125x^9}{y^d z^3}$이므로

$a^c = 125$, $3c=9$, $2c=d$, $bc=3$

$3c=9$에서 $c=3$

$a^c=125$에서 $a^3=5^3$ $\therefore a=5$

$2c=d$에서 $2 \times 3 = d$ $\therefore d=6$

$bc=3$에서 $3b=3$ $\therefore b=1$

$\therefore a+b+c+d = 5+1+3+6 = 15$

0262 답 ①

① $x^{\square} \times x^2 = x^{\square+2} = x^7$이므로 $\square+2=7$ $\therefore \square=5$

② $x^4 \div x^{\square} = x^{4-\square} = x^2$이므로 $4-\square=2$ $\therefore \square=2$

③ $(x^{\square})^2 \times x^3 = x^{\square \times 2 + 3} = x^9$이므로

  $\square \times 2 + 3 = 9$ $\therefore \square = 3$

④ $\left(\dfrac{y^{\square}}{x^2}\right)^2 = \dfrac{y^{\square \times 2}}{x^4} = \dfrac{y^8}{x^4}$이므로 $\square \times 2 = 8$ $\therefore \square = 4$

⑤ $x^8 \div x^2 \div x^{\square} = x^6 \div x^{\square} = x^{6-\square} = x^3$이므로

  $6-\square=3$ $\therefore \square=3$

따라서 $\square$ 안에 들어갈 자연수가 가장 큰 것은 ①이다.

0263 답 ③

$2^{17} \times 5^{20} = (2 \times 2^{16}) \times (5^4 \times 5^{16})$

$\qquad\qquad = (2 \times 5^4) \times (2^{16} \times 5^{16})$

$\qquad\qquad = (2 \times 5^4) \times (2 \times 5)^{16}$

$\qquad\qquad = 1250 \times 10^{16}$

따라서 $2^{17} \times 5^{20}$을 바르게 읽으면 1250경이다.

0264 답 13

$3^6 \times (9^3 + 9^3 + 9^3) = 3^6 \times (3 \times 9^3) = 3^6 \times 3 \times (3^2)^3$

$\qquad\qquad\qquad\qquad = 3^6 \times 3 \times 3^6 = 3^{13}$

$\therefore n = 13$

0265 답 ②

$a = 2^{x+1} = 2^x \times 2$이므로 $2^x = \dfrac{a}{2}$

$\therefore 32^x = (2^5)^x = (2^x)^5 = \left(\dfrac{a}{2}\right)^5 = \dfrac{a^5}{32}$

0266 답 $3x^{12}y^5$

$(x^2 y)^2 \times \left(\dfrac{x}{y^2}\right)^2 = x^4 y^2 \times \dfrac{x^2}{y^4} = \dfrac{x^6}{y^2}$이므로

$A = 3x^6 y^7 \times \dfrac{x^6}{y^2} = 3x^{12} y^5$

0267 답 ③

$A = 3x^4 y \times (5y)^2 = 3x^4 y \times 25y^2 = 75x^4 y^3$

$B = 5(xy)^3 \div (-x^2 y) = 5x^3 y^3 \div (-x^2 y) = \dfrac{5x^3 y^3}{-x^2 y} = -5xy^2$

$\therefore A \div B = 75x^4 y^3 \div (-5xy^2) = \dfrac{75x^4 y^3}{-5xy^2} = -15x^3 y$

0268 답 5

$(-4x^3 y^2)^2 \div \dfrac{8x^A}{y} \div Bxy^2 = 16x^6 y^4 \div \dfrac{8x^A}{y} \div Bxy^2$

$\qquad\qquad\qquad\qquad = 16x^6 y^4 \times \dfrac{y}{8x^A} \times \dfrac{1}{Bxy^2}$

$\qquad\qquad\qquad\qquad = \dfrac{2}{B} x^{5-A} y^3$

따라서 $\dfrac{2}{B} x^{5-A} y^3 = -\dfrac{1}{3} x^3 y^C$이므로

$\dfrac{2}{B} = -\dfrac{1}{3},\ 5-A=3,\ 3=C$

$\therefore A=2,\ B=-6,\ C=3$

$\therefore A-B-C = 2-(-6)-3 = 5$

0269 답 ②, ④

② $(-2xy^2)^3 \times (3x^2 y)^2 = (-8x^3 y^6) \times 9x^4 y^2 = -72x^7 y^8$

③ $(-x^2 y^3)^2 \div \left(\dfrac{1}{2}xy\right)^3 = x^4 y^6 \div \dfrac{1}{8} x^3 y^3 = x^4 y^6 \times \dfrac{8}{x^3 y^3} = 8xy^3$

④ $27a^3 \div 3a^2 b \times 6a = 27a^3 b \times \dfrac{1}{3a^2 b} \times 6a = 54a^2$

⑤ $8a^2 b^2 \times \left(-\dfrac{1}{4}ab^3\right) \div \dfrac{5}{2}ab = 8a^2 b^2 \times \left(-\dfrac{1}{4}ab^3\right) \times \dfrac{2}{5ab}$

$\qquad\qquad\qquad\qquad\qquad\qquad = -\dfrac{4}{5} a^2 b^4$

따라서 옳지 않은 것은 ②, ④이다.

0270 답 ③

$10a^2 b^4 \div (-5ab^5) \times (\boxed{}) = 6a^2 b^3$에서

$10a^2 b^4 \times \left(-\dfrac{1}{5ab^5}\right) \times (\boxed{}) = 6a^2 b^3$

$-\dfrac{2a}{b} \times (\boxed{}) = 6a^2 b^3$

$\therefore \boxed{} = 6a^2 b^3 \div \left(-\dfrac{2a}{b}\right) = 6a^2 b^3 \times \left(-\dfrac{b}{2a}\right) = -3ab^4$

0271 답 ③

$(\text{사각뿔의 부피}) = \dfrac{1}{3} \times (4ab^2 \times 9a^4 b) \times a^2 b^3$

$\qquad\qquad\qquad\quad = 12a^7 b^6$

0272 답 $9x^3 y^3$

$(\text{밑변의 길이}) \times \dfrac{4}{3} xy^2 = 12x^4 y^5$이므로

$(\text{밑변의 길이}) = 12x^4 y^5 \div \dfrac{4}{3} xy^2 = 12x^4 y^5 \times \dfrac{3}{4xy^2} = 9x^3 y^3$

0273 답 11

㈎에서

$625^x \times 5^{2x-1} = (5^4)^x \times 5^{2x-1} = 5^{4x} \times 5^{2x-1}$

$\qquad\qquad\qquad = 5^{6x-1}$

따라서 $5^{6x-1} = 5^{23}$이므로

$6x-1=23,\ 6x=24 \qquad \therefore x=4$ $\qquad\qquad$······ ❶

㈏에서

$4^3 \times 5^7 = (2^2)^3 \times 5^7 = 2^6 \times 5^7$

$\qquad\quad = 2^6 \times 5 \times 5^6 = 5 \times (2 \times 5)^6$

$\qquad\quad = 5 \times 10^6 = 5\underbrace{000000}_{\text{6개}}$

따라서 $4^3 \times 5^7$은 7자리의 자연수이므로 $y=7$ $\qquad$······ ❷

$\therefore x+y = 4+7 = 11$ $\qquad\qquad\qquad\qquad$······ ❸

채점 기준	
❶ x의 값 구하기	40 %
❷ y의 값 구하기	40 %
❸ $x+y$의 값 구하기	20 %

0274 답 19

$Ax^4 y \div \dfrac{4}{3} x^B y^C \times (-y)^2 = Ax^4 y \times \dfrac{3}{4x^B y^C} \times y^2 = \dfrac{3Ay^{3-C}}{4x^{B-4}}$ ······ ❶

$\left(\dfrac{3y}{x}\right)^2 = \dfrac{9y^2}{x^2}$ $\qquad\qquad\qquad\qquad\qquad\qquad\qquad$······ ❷

따라서 $\dfrac{3Ay^{3-C}}{4x^{B-4}} = \dfrac{9y^2}{x^2}$이므로

$\dfrac{3A}{4} = 9,\ B-4=2,\ 3-C=2$

$\therefore A=12,\ B=6,\ C=1$ $\qquad\qquad\qquad\qquad$······ ❸

$\therefore A+B+C = 12+6+1 = 19$ $\qquad\qquad$······ ❹

채점 기준	
❶ 좌변 간단히 하기	40 %
❷ 우변 간단히 하기	20 %
❸ A, B, C의 값 구하기	30 %
❹ $A+B+C$의 값 구하기	10 %

0275 답 $\dfrac{9}{4}a$

(원기둥 모양의 그릇의 부피)=(원뿔 모양의 그릇의 부피)이므로 원뿔 모양의 그릇의 높이를 h라 하면

$$(\pi \times a^2) \times 3a = \dfrac{1}{3} \times \{\pi \times (2a)^2\} \times h \qquad \cdots\cdots \text{❶}$$

$$3\pi a^3 = \dfrac{4}{3}\pi a^2 \times h$$

$$\therefore h = 3\pi a^3 \div \dfrac{4}{3}\pi a^2 = 3\pi a^3 \times \dfrac{3}{4\pi a^2} = \dfrac{9}{4}a$$

따라서 원뿔 모양의 그릇의 높이는 $\dfrac{9}{4}a$이다. $\qquad \cdots\cdots \text{❷}$

채점 기준

❶ 두 그릇의 부피가 같음을 이용하여 식 세우기	50 %
❷ 원뿔 모양의 그릇의 높이 구하기	50 %

C 실력 향상

0276 답 16

$(x^a y^b z^c)^d = x^{ad} y^{bd} z^{cd} = x^{12} y^{18} z^{30}$이므로

$ad=12$, $bd=18$, $cd=30$

따라서 가장 큰 자연수 d는 12, 18, 30의 최대공약수인 6이므로

$6a=12$에서 $a=2$

$6b=18$에서 $b=3$

$6c=30$에서 $c=5$

$\therefore a+b+c+d = 2+3+5+6 = 16$

0277 답 ③

$5^{39} = 5^{40} \div 5 = 5^{40} \times \dfrac{1}{5} = \dfrac{1}{5}x$

$5^{41} = 5^{40} \times 5 = 5x$

$\therefore 5^{39} + 5^{41} = \dfrac{1}{5}x + 5x = \dfrac{26}{5}x$

0278 답 ④

$$2^{x-2} \times 5^x = 2^{x-2} \times 5^{x-2+2} = 2^{x-2} \times 5^{x-2} \times 5^2$$
$$= 5^2 \times (2 \times 5)^{x-2}$$
$$= 25 \times 10^{x-2}$$

따라서 $25 \times 10^{x-2}$이 11자리의 자연수가 되려면

$2 + (x-2) = 11 \qquad \therefore x = 11$

0279 답 $200a^8 b^7$

$8a^4 b \times$ (색칠한 부분의 세로의 길이)$= 40a^6 b^4$이므로

(색칠한 부분의 세로의 길이)$= 40a^6 b^4 \div 8a^4 b = \dfrac{40a^6 b^4}{8a^4 b} = 5a^2 b^3$

따라서 용기의 밑면은 한 변의 길이가 $5a^2 b^3$인 정사각형이고, 용기의 높이는 $8a^4 b$이므로

(용기의 부피)$= (5a^2 b^3)^2 \times 8a^4 b = 25a^4 b^6 \times 8a^4 b = 200a^8 b^7$

---

03 / 다항식의 계산

A 개념 확인

0280 답 $5x+3y$

0281 답 $4x+2y$

$(6x-y)-(2x-3y) = 6x-y-2x+3y = 4x+2y$

0282 답 $-a-9b+3$

$(2a-8b+1)-(3a+b-2) = 2a-8b+1-3a-b+2$
$\qquad\qquad = -a-9b+3$

0283 답 $\dfrac{17x+11y}{6}$

$$\dfrac{5x-y}{2} + \dfrac{x+7y}{3} = \dfrac{3(5x-y)+2(x+7y)}{6}$$
$$= \dfrac{15x-3y+2x+14y}{6}$$
$$= \dfrac{17x+11y}{6}$$

참고 분수 꼴인 다항식의 덧셈과 뺄셈은 분모의 최소공배수로 통분한 후 동류항끼리 모아서 계산한다.

0284 답 $-2a+5b$

$$2b-\{4a-(2a+3b)\} = 2b-(4a-2a-3b)$$
$$= 2b-(2a-3b)$$
$$= 2b-2a+3b$$
$$= -2a+5b$$

0285 답 $7x-6y$

$$(3x-2y)+\{5x-y-(x+3y)\} = (3x-2y)+(5x-y-x-3y)$$
$$= (3x-2y)+(4x-4y)$$
$$= 3x-2y+4x-4y$$
$$= 7x-6y$$

0286 답 ㄴ, ㄷ, ㄹ

ㄹ. $b^3+4b^2-(3+b^3) = b^3+4b^2-3-b^3 = 4b^2-3$

따라서 이차식인 것은 ㄴ, ㄷ, ㄹ이다.

0287 답 $3x^2-7x+6$

$$(x^2-2x)+(2x^2-5x+6) = x^2-2x+2x^2-5x+6$$
$$= 3x^2-7x+6$$

0288 답 $4a^2+2a+4$

$$(a^2+6a-5)-(-3a^2+4a-9) = a^2+6a-5+3a^2-4a+9$$
$$= 4a^2+2a+4$$

0289 답 $5y^2+4y+1$

$$(2y^2-y+1)-\{y-3(y^2+2y)\} = (2y^2-y+1)-(y-3y^2-6y)$$
$$= (2y^2-y+1)-(-3y^2-5y)$$
$$= 2y^2-y+1+3y^2+5y$$
$$= 5y^2+4y+1$$

0290 답 $3x^2+6x$

0291 답 $-2ab+4b^2-3b$

0292 답 $3x^2-4x$

$2x(x+1)-x(6-x)=2x^2+2x-6x+x^2$
$\qquad\qquad\qquad\quad =3x^2-4x$

0293 답 $-2a^2b+8ab^2+8ab$

$-2ab(a+2b-1)+3b(2a+4ab)$
$=-2a^2b-4ab^2+2ab+6ab+12ab^2$
$=-2a^2b+8ab^2+8ab$

0294 답 $4x+2$

$(8x^2+4x)\div 2x=\dfrac{8x^2+4x}{2x}=4x+2$

0295 답 $4a^2b^2-3ab+7$

$(12a^2b^4-9ab^3+21b^2)\div 3b^2=\dfrac{12a^2b^4-9ab^3+21b^2}{3b^2}$
$\qquad\qquad\qquad\qquad\qquad\qquad =4a^2b^2-3ab+7$

0296 답 $12x^5y^3+4x^2y^2-10x$

$(30x^6y^5+10x^3y^4-25x^2y^2)\div \dfrac{5}{2}xy^2$
$=(30x^6y^5+10x^3y^4-25x^2y^2)\times \dfrac{2}{5xy^2}$
$=12x^5y^3+4x^2y^2-10x$

0297 답 $3x^2-10x-12$

$\dfrac{18x^4-36x^3}{6x^2}-(2x^2+6x)\div \dfrac{x}{2}=\dfrac{18x^4-36x^3}{6x^2}-(2x^2+6x)\times \dfrac{2}{x}$
$\qquad\qquad\qquad\qquad\qquad\qquad =(3x^2-6x)-(4x+12)$
$\qquad\qquad\qquad\qquad\qquad\qquad =3x^2-6x-4x-12$
$\qquad\qquad\qquad\qquad\qquad\qquad =3x^2-10x-12$

0298 답 $-9a^2-a$

$-a(10a+7)+(4a^4+24a^3)\div(-2a)^2$
$=-a(10a+7)+(4a^4+24a^3)\div 4a^2$
$=-a(10a+7)+\dfrac{4a^4+24a^3}{4a^2}$
$=-10a^2-7a+a^2+6a$
$=-9a^2-a$

0299 답 $2x+2$

$3x-y=3x-(x-2)=3x-x+2=2x+2$

0300 답 $-x+8$

$x-2y+4=x-2(x-2)+4$
$\qquad\qquad =x-2x+4+4$
$\qquad\qquad =-x+8$

0301 답 $-x-19y$

$3A-2B=3(x-3y)-2(2x+5y)$
$\qquad\qquad =3x-9y-4x-10y$
$\qquad\qquad =-x-19y$

0302 답 $7x+23y$

$-A+4B=-(x-3y)+4(2x+5y)$
$\qquad\qquad =-x+3y+8x+20y$
$\qquad\qquad =7x+23y$

B 유형 완성

48~55쪽

0303 답 ⑤

$4(a-3b)+3(2a-b)=4a-12b+6a-3b$
$\qquad\qquad\qquad\qquad =10a-15b$
따라서 $m=10$, $n=-15$이므로
$m-n=10-(-15)=25$

0304 답 -13

$(-3x+4y-1)-(2x-3y+7)=-3x+4y-1-2x+3y-7$
$\qquad\qquad\qquad\qquad\qquad\qquad =-5x+7y-8$
따라서 x의 계수는 -5, 상수항은 -8이므로 구하는 합은
$-5+(-8)=-13$

0305 답 ②

$\dfrac{a-4b}{3}-\dfrac{2a-6b-3}{5}=\dfrac{5(a-4b)-3(2a-6b-3)}{15}$
$\qquad\qquad\qquad\qquad\qquad =\dfrac{5a-20b-6a+18b+9}{15}$
$\qquad\qquad\qquad\qquad\qquad =\dfrac{-a-2b+9}{15}$

0306 답 ④

직사각형의 둘레의 길이는
$2\{(4a+b-3)+(3a+5b+1)\}=2(7a+6b-2)$
$\qquad\qquad\qquad\qquad\qquad\qquad =14a+12b-4$

0307 답 ⑤

① $(5x-4y)+(3x-2y)=8x-6y$
② $(x+2y-1)+(y-x+3)=3y+2$
③ $(5x-4y)-(x+2y-1)=5x-4y-x-2y+1$
$\qquad\qquad\qquad\qquad\qquad =4x-6y+1$
④ $(3x-2y)-(y-x+3)=3x-2y-y+x-3$
$\qquad\qquad\qquad\qquad\qquad =4x-3y-3$
⑤ $(4x-6y+1)+(4x-3y-3)=8x-9y-2$
따라서 옳지 않은 것은 ⑤이다.

다른 풀이

⑤ $(8x-6y)-(3y+2)=8x-6y-3y-2=8x-9y-2$

0308 답 -2

$(10x^2-2x-7)-2(2x^2+3x-5)=10x^2-2x-7-4x^2-6x+10$
$\qquad\qquad\qquad\qquad\qquad\qquad\qquad =6x^2-8x+3$
따라서 x^2의 계수는 6, x의 계수는 -8이므로 구하는 합은
$6+(-8)=-2$

0309 답 ②, ④

② $(3x^2+4x+3)+(-x^2-3x+1)=2x^2+x+4$
④ $(5x^2+4)+(-3x^2+x)=2x^2+x+4$

0310 답 ②

$$\frac{4x^2+x-8}{3}-\frac{x^2+3x-2}{4}=\frac{4(4x^2+x-8)-3(x^2+3x-2)}{12}$$
$$=\frac{16x^2+4x-32-3x^2-9x+6}{12}$$
$$=\frac{13x^2-5x-26}{12}$$
$$=\frac{13}{12}x^2-\frac{5}{12}x-\frac{13}{6}$$

따라서 $a=\dfrac{13}{12}$, $b=-\dfrac{5}{12}$, $c=-\dfrac{13}{6}$이므로

$$a-b+c=\frac{13}{12}-\left(-\frac{5}{12}\right)+\left(-\frac{13}{6}\right)=-\frac{2}{3}$$

0311 답 2

$(2x^2+x-9)+5(ax^2-3x+1)=2x^2+x-9+5ax^2-15x+5$
$\qquad\qquad\qquad\qquad\qquad =(2+5a)x^2-14x-4$ ······ ❶
따라서 x^2의 계수는 $2+5a$, 상수항은 -4이므로 ······ ❷
$(2+5a)+(-4)=8$
$5a=10$ $\quad\therefore a=2$ ······ ❸

채점 기준	
❶ 주어진 식 계산하기	40 %
❷ x^2의 계수와 상수항 구하기	20 %
❸ a의 값 구하기	40 %

0312 답 ①

$7x-[x+4y-\{-2x+3y-(5x-2y)\}]$
$=7x-\{x+4y-(-2x+3y-5x+2y)\}$
$=7x-\{x+4y-(-7x+5y)\}$
$=7x-(x+4y+7x-5y)$
$=7x-(8x-y)$
$=7x-8x+y$
$=-x+y$

0313 답 3

$10a-2b-[2a+5b+\{a+3(a-2b)\}]$
$=10a-2b-\{2a+5b+(a+3a-6b)\}$
$=10a-2b-\{2a+5b+(4a-6b)\}$
$=10a-2b-(6a-b)$
$=10a-2b-6a+b$
$=4a-b$ ······ ❶
따라서 a의 계수는 4, b의 계수는 -1이다. ······ ❷
즉, 구하는 합은
$4+(-1)=3$ ······ ❸

채점 기준	
❶ 주어진 식 계산하기	60 %
❷ a의 계수와 b의 계수 구하기	20 %
❸ a의 계수와 b의 계수의 합 구하기	20 %

0314 답 ④

$6x^2-[5x-\{4x^2+3-2(x-2)\}]$
$=6x^2-\{5x-(4x^2+3-2x+4)\}$
$=6x^2-\{5x-(4x^2-2x+7)\}$
$=6x^2-(5x-4x^2+2x-7)$
$=6x^2-(-4x^2+7x-7)$
$=6x^2+4x^2-7x+7$
$=10x^2-7x+7$
따라서 $a=10$, $b=-7$, $c=7$이므로
$a-b+c=10-(-7)+7=24$

0315 답 ④

어떤 식을 A라 하면
$A+(-2x^2+5x-4)=3x^2+2x-3$
$\therefore A=(3x^2+2x-3)-(-2x^2+5x-4)$
$\qquad =3x^2+2x-3+2x^2-5x+4$
$\qquad =5x^2-3x+1$
따라서 어떤 식은 $5x^2-3x+1$이다.

0316 답 ⑤

$(4x-2y+5)-(\boxed{})=-6x-3y+2$에서
$\boxed{}=(4x-2y+5)-(-6x-3y+2)$
$\qquad =4x-2y+5+6x+3y-2$
$\qquad =10x+y+3$

0317 답 a^2+5a

$2a^2+3a-7+A=-a^2+4a-5$이므로
$A=(-a^2+4a-5)-(2a^2+3a-7)$
$\quad =-a^2+4a-5-2a^2-3a+7$
$\quad =-3a^2+a+2$ ······ ❶
$B-(-3a^2+a+8)=7a^2+3a-10$이므로
$B=(7a^2+3a-10)+(-3a^2+a+8)=4a^2+4a-2$ ······ ❷
$\therefore A+B=(-3a^2+a+2)+(4a^2+4a-2)=a^2+5a$ ······ ❸

채점 기준	
❶ 어떤 식 A 구하기	40 %
❷ 어떤 식 B 구하기	40 %
❸ $A+B$ 계산하기	20 %

0318 답 ①

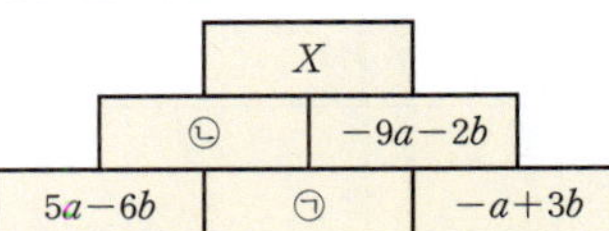

위의 그림에서 ㉠$+(-a+3b)=-9a-2b$이므로
㉠$=(-9a-2b)-(-a+3b)$
$\quad =-9a-2b+a-3b=-8a-5b$
또 $(5a-6b)+$㉠$=$㉡이므로
㉡$=(5a-6b)+(-8a-5b)=-3a-11b$
$\therefore X=$㉡$+(-9a-2b)$
$\qquad =(-3a-11b)+(-9a-2b)$
$\qquad =-12a-13b$

0319 답 ①

$4x-[5x-4y-\{3x+2y-(\boxed{})\}]$
$=4x-\{5x-4y-3x-2y+(\boxed{})\}$
$=4x-\{2x-6y+(\boxed{})\}$
$=4x-2x+6y-(\boxed{})$
$=2x+6y-(\boxed{})$
따라서 $2x+6y-(\boxed{})=x+8y$이므로
$\boxed{}=(2x+6y)-(x+8y)$
$\qquad=2x+6y-x-8y=x-2y$

0320 답 $3x-4y$

$3(x+2y)+2A=9x-2y$이므로
$3x+6y+2A=9x-2y$
$2A=(9x-2y)-(3x+6y)$
$\quad=9x-2y-3x-6y$
$\quad=6x-8y$
$\therefore A=\dfrac{6x-8y}{2}=3x-4y$

0321 답 ④

어떤 식을 A라 하면
$A-(2x^2+3x-2)=-6x^2+4x-3$
$\therefore A=(-6x^2+4x-3)+(2x^2+3x-2)=-4x^2+7x-5$
즉, 어떤 식은 $-4x^2+7x-5$이다.
따라서 바르게 계산한 식은
$(-4x^2+7x-5)+(2x^2+3x-2)=-2x^2+10x-7$

0322 답 (1) $x-5y+6$ (2) $-2x-7y+11$

(1) 어떤 식을 A라 하면
$\quad A+(3x+2y-5)=4x-3y+1$
$\quad \therefore A=(4x-3y+1)-(3x+2y-5)$
$\qquad\quad=4x-3y+1-3x-2y+5$
$\qquad\quad=x-5y+6$
따라서 어떤 식은 $x-5y+6$이다. $\qquad\cdots\cdots$ ❶
(2) 바르게 계산한 식은
$\quad(x-5y+6)-(3x+2y-5)=x-5y+6-3x-2y+5$
$\qquad\qquad\qquad\qquad\qquad=-2x-7y+11$ $\quad\cdots\cdots$ ❷

채점 기준	
❶ 어떤 식 구하기	50 %
❷ 바르게 계산한 식 구하기	50 %

0323 답 ②

어떤 식을 A라 하면
$(2x^2-5x+1)-A=6x^2+x-3$
$\therefore A=(2x^2-5x+1)-(6x^2+x-3)$
$\quad=2x^2-5x+1-6x^2-x+3=-4x^2-6x+4$
즉, 어떤 식은 $-4x^2-6x+4$이므로 바르게 계산한 식은
$(2x^2-5x+1)+(-4x^2-6x+4)=-2x^2-11x+5$
따라서 $a=-2$, $b=-11$, $c=5$이므로
$a-b+c=-2-(-11)+5=14$

0324 답 ③

$-2x(5x^2+3x-1)=-10x^3-6x^2+2x$
따라서 $a=-10$, $b=-6$, $c=2$이므로
$a-b-c=-10-(-6)-2=-6$

0325 답 $9x^2y-3xy^2-12xy$

$\dfrac{3}{2}xy(6x-2y-8)=9x^2y-3xy^2-12xy$

0326 답 ⑤

① $a(-2a+3)=-2a^2+3a$
② $-3x(x+7)=-3x^2-21x$
③ $(a^2-2ab)\times b=a^2b-2ab^2$
④ $-y(x^2+2x+1)=-x^2y-2xy-y$
따라서 옳은 것은 ⑤이다.

0327 답 $-6x+3y$

$(8x^2y-4xy^2)\div\left(-\dfrac{4}{3}xy\right)=(8x^2y-4xy^2)\times\left(-\dfrac{3}{4xy}\right)$
$\qquad\qquad\qquad\qquad\qquad=-6x+3y$

0328 답 ③

$(-6x^5y^3+9x^2y^2+12x^2y)\div 3x^2y=\dfrac{-6x^5y^3+9x^2y^2+12x^2y}{3x^2y}$
$\qquad\qquad\qquad\qquad\qquad\qquad=-2x^3y^2+3y+4$

0329 답 ④

① $(9x^2+15x)\div 3x=\dfrac{9x^2+15x}{3x}=3x+5$
② $(7a^3b^2+28a^2b^4)\div\dfrac{7}{2}b^2=(7a^3b^2+28a^2b^4)\times\dfrac{2}{7b^2}$
$\qquad\qquad\qquad\qquad\qquad=2a^3+8a^2b^2$
③ $(12x^2y-8xy^2)\div(-4xy)=\dfrac{12x^2y-8xy^2}{-4xy}=-3x+2y$
④ $(4a^2b-ab^2-6b)\div\left(-\dfrac{b}{2a}\right)=(4a^2b-ab^2-6b)\times\left(-\dfrac{2a}{b}\right)$
$\qquad\qquad\qquad\qquad\qquad\qquad=-8a^3+2a^2b+12a$
⑤ $\{2x^2-x+3x(x+2)\}\div 5x=(2x^2-x+3x^2+6x)\div 5x$
$\qquad\qquad\qquad\qquad\qquad=(5x^2+5x)\div 5x$
$\qquad\qquad\qquad\qquad\qquad=\dfrac{5x^2+5x}{5x}=x+1$
따라서 옳지 않은 것은 ④이다.

0330 답 ①

$\boxed{}=(x^3y+5x^2y-2xy)\div\left(-\dfrac{1}{3}x\right)$
$\qquad=(x^3y+5x^2y-2xy)\times\left(-\dfrac{3}{x}\right)$
$\qquad=-3x^2y-15xy+6y$

0331 답 $-2xy^2+2xy$

$A\div\dfrac{1}{4}xy=-8y+8$이므로

$A=(-8y+8)\times\dfrac{1}{4}xy=-2xy^2+2xy$

0332 답 $3a^5b-b^2$

어떤 다항식을 A라 하면

$A \times 4a^2b = 48a^9b^3 - 16a^4b^4$

$\therefore A = (48a^9b^3 - 16a^4b^4) \div 4a^2b = \dfrac{48a^9b^3 - 16a^4b^4}{4a^2b}$

$\qquad = 12a^7b^2 - 4a^2b^3$

즉, 어떤 다항식은 $12a^7b^2 - 4a^2b^3$이다. $\qquad$ ······ ❶

따라서 바르게 계산한 식은

$(12a^7b^2 - 4a^2b^3) \div 4a^2b = \dfrac{12a^7b^2 - 4a^2b^3}{4a^2b} = 3a^5b - b^2$ $\quad$ ······ ❷

채점 기준	
❶ 어떤 다항식 구하기	50 %
❷ 바르게 계산한 식 구하기	50 %

0333 답 ④

$B \div (-6y^2) = -3x^2y + x$이므로

$B = (-3x^2y + x) \times (-6y^2) = 18x^2y^3 - 6xy^2$

$A \times 3xy = B$, 즉 $A \times 3xy = 18x^2y^3 - 6xy^2$이므로

$A = (18x^2y^3 - 6xy^2) \div 3xy = \dfrac{18x^2y^3 - 6xy^2}{3xy} = 6xy^2 - 2y$

$\therefore A + B = (6xy^2 - 2y) + (18x^2y^3 - 6xy^2) = 18x^2y^3 - 2y$

0334 답 4

$2x(3x + 11y) - (2x^3 + 4x^2y - 10xy^2) \div \dfrac{2}{3}x$

$= 2x(3x + 11y) - (2x^3 + 4x^2y - 10xy^2) \times \dfrac{3}{2x}$

$= 6x^2 + 22xy - (3x^2 + 6xy - 15y^2)$

$= 6x^2 + 22xy - 3x^2 - 6xy + 15y^2 = 3x^2 + 16xy + 15y^2$

따라서 $a = 3$, $b = 16$, $c = 15$이므로

$a + b - c = 3 + 16 - 15 = 4$

0335 답 ④

$\dfrac{6x^2y + 8xy^2}{2xy} - \dfrac{xy - 5y^2}{y} = 3x + 4y - (x - 5y)$

$\qquad\qquad\qquad\qquad = 3x + 4y - x + 5y = 2x + 9y$

0336 답 ③, ④

① $4x(-x + 2y - 3) = -4x^2 + 8xy - 12x$

② $(-6x^2 + 14xy) \div (-2x) = \dfrac{-6x^2 + 14xy}{-2x} = 3x - 7y$

③ $(27x^3y - 54x^2y) \div (-3x)^2 \times \left(-\dfrac{2}{3}xy\right)$

$\quad = (27x^3y - 54x^2y) \div 9x^2 \times \left(-\dfrac{2}{3}xy\right)$

$\quad = \dfrac{27x^3y - 54x^2y}{9x^2} \times \left(-\dfrac{2}{3}xy\right)$

$\quad = (3xy - 6y) \times \left(-\dfrac{2}{3}xy\right) = -2x^2y^2 + 4xy^2$

④ $-2x(3x - 5y) - (x - 2y) \times (-7x)$

$\quad = -6x^2 + 10xy - (-7x^2 + 14xy)$

$\quad = -6x^2 + 10xy + 7x^2 - 14xy = x^2 - 4xy$

⑤ $(12x^2 - 15xy) \div 3x - 2(x - y) = \dfrac{12x^2 - 15xy}{3x} - 2(x - y)$

$\qquad\qquad\qquad\qquad = 4x - 5y - 2x + 2y = 2x - 3y$

따라서 옳은 것은 ③, ④이다.

0337 답 5

$\left(\dfrac{8}{3}x^3 - 4x^4\right) \div 2x^2 - \left(\dfrac{3}{2}x^3 - 6x^2\right) \div \dfrac{9}{2}x$

$= \left(\dfrac{8}{3}x^3 - 4x^4\right) \times \dfrac{1}{2x^2} - \left(\dfrac{3}{2}x^3 - 6x^2\right) \times \dfrac{2}{9x}$

$= \dfrac{4}{3}x - 2x^2 - \left(\dfrac{1}{3}x^2 - \dfrac{4}{3}x\right)$

$= \dfrac{4}{3}x - 2x^2 - \dfrac{1}{3}x^2 + \dfrac{4}{3}x = -\dfrac{7}{3}x^2 + \dfrac{8}{3}x$ $\qquad$ ······ ❶

따라서 x^2의 계수는 $-\dfrac{7}{3}$, x의 계수는 $\dfrac{8}{3}$이므로

$a = -\dfrac{7}{3}$, $b = \dfrac{8}{3}$ $\qquad$ ······ ❷

$\therefore b - a = \dfrac{8}{3} - \left(-\dfrac{7}{3}\right) = 5$ $\qquad$ ······ ❸

채점 기준	
❶ 주어진 식 계산하기	60 %
❷ a, b의 값 구하기	20 %
❸ $b - a$의 값 구하기	20 %

0338 답 ①

$\dfrac{5}{4}x(4x - 8) - \{2x(-3x^2y + xy) + 4x^3y\} \div 2xy$

$= \dfrac{5}{4}x(4x - 8) - (-6x^3y + 2x^2y + 4x^3y) \div 2xy$

$= \dfrac{5}{4}x(4x - 8) - (-2x^3y + 2x^2y) \div 2xy$

$= \dfrac{5}{4}x(4x - 8) - \dfrac{-2x^3y + 2x^2y}{2xy}$

$= 5x^2 - 10x - (-x^2 + x)$

$= 5x^2 - 10x + x^2 - x$

$= 6x^2 - 11x$

따라서 $a = 6$, $b = -11$이므로

$a + b = 6 + (-11) = -5$

0339 답 $20x + 24y - 40$

(색칠한 부분의 넓이)

$= 6y \times 4x - \dfrac{1}{2} \times (6y - 10) \times 4x - \dfrac{1}{2} \times 6y \times (4x - 8) - \dfrac{1}{2} \times 10 \times 8$

$= 24xy - 12xy + 20x - 12xy + 24y - 40$

$= 20x + 24y - 40$

0340 답 (1) $12x^2 + 26xy - 6y^2$ $\quad$ (2) $18x^2y - 6xy^2$

(1) (직육면체의 겉넓이)

$\quad = 2 \times \{3y \times 2x + 3y(3x - y) + 2x(3x - y)\}$

$\quad = 2(6xy + 9xy - 3y^2 + 6x^2 - 2xy)$

$\quad = 2(6x^2 + 13xy - 3y^2)$

$\quad = 12x^2 + 26xy - 6y^2$ $\qquad$ ······ ❶

(2) (직육면체의 부피) $= 3y \times 2x \times (3x - y)$

$\qquad\qquad\qquad = 6xy(3x - y)$

$\qquad\qquad\qquad = 18x^2y - 6xy^2$ $\qquad$ ······ ❷

채점 기준	
❶ 겉넓이 구하기	50 %
❷ 부피 구하기	50 %

0341 답 ③

(자료 검색실을 제외한 열람실의 넓이)
=(열람실 전체의 넓이)$-$(자료 검색실의 넓이)
$=(3a+2b)\times 5a-\{(3a+2b)-2b\}\times(5a-3a)$
$=15a^2+10ab-3a\times 2a$
$=15a^2+10ab-6a^2=9a^2+10ab$

0342 답 $2a-b$

$\dfrac{1}{2}\times\{(윗변의\ 길이)+(3a+2b)\}\times 2ab^2=5a^2b^2+ab^3$이므로
$\{(윗변의\ 길이)+(3a+2b)\}\times ab^2=5a^2b^2+ab^3$
$(윗변의\ 길이)+(3a+2b)=(5a^2b^2+ab^3)\div ab^2$
$$=\dfrac{5a^2b^2+ab^3}{ab^2}=5a+b$$
$\therefore\ (윗변의\ 길이)=(5a+b)-(3a+2b)$
$$=5a+b-3a-2b=2a-b$$

0343 답 ②

$\dfrac{1}{3}\times\{\pi\times(2a)^2\}\times(높이)=\dfrac{2}{3}\pi a^3+4\pi a^2b$이므로
$\dfrac{4}{3}\pi a^2\times(높이)=\dfrac{2}{3}\pi a^3+4\pi a^2b$
$\therefore\ (높이)=\left(\dfrac{2}{3}\pi a^3+4\pi a^2b\right)\div\dfrac{4}{3}\pi a^2$
$$=\left(\dfrac{2}{3}\pi a^3+4\pi a^2b\right)\times\dfrac{3}{4\pi a^2}=\dfrac{1}{2}a+3b$$

0344 답 $4a+2b$

$4a\times 3\times(큰\ 직육면체의\ 높이)=24a^2+36ab$이므로
$12a\times(큰\ 직육면체의\ 높이)=24a^2+36ab$
$\therefore\ (큰\ 직육면체의\ 높이)=(24a^2+36ab)\div 12a$
$$=\dfrac{24a^2+36ab}{12a}=2a+3b$$
$2a\times 3\times(작은\ 직육면체의\ 높이)=12a^2-6ab$이므로
$6a\times(작은\ 직육면체의\ 높이)=12a^2-6ab$
$\therefore\ (작은\ 직육면체의\ 높이)=(12a^2-6ab)\div 6a$
$$=\dfrac{12a^2-6ab}{6a}=2a-b$$
따라서 두 직육면체의 높이의 합은
$(2a+3b)+(2a-b)=4a+2b$

0345 답 ④

$(3xy-2y^2)\times 4x+(15x^3y^2-9xy)\div(-3xy)$
$=(3xy-2y^2)\times 4x+\dfrac{15x^3y^2-9xy}{-3xy}$
$=12x^2y-8xy^2-5x^2y+3$
$=7x^2y-8xy^2+3$
$=7\times(-1)^2\times 3-8\times(-1)\times 3^2+3=96$

0346 답 30

$3x(2x-y)-(x+3y)\times(-2x)=6x^2-3xy-(-2x^2-6xy)$
$$=6x^2-3xy+2x^2+6xy$$
$$=8x^2+3xy$$
$$=8\times 2^2+3\times 2\times\left(-\dfrac{1}{3}\right)=30$$

0347 답 ⑤

$\dfrac{2x^3y^2+3x^2y^3}{x^3y^3}=\dfrac{2}{y}+\dfrac{3}{x}$
$$=2\div\left(-\dfrac{1}{6}\right)+3\div\dfrac{1}{5}$$
$$=2\times(-6)+3\times 5=3$$

0348 답 -23

$(3x^a)^b=81x^{20}$에서 $3^bx^{ab}=3^4x^{20}$
따라서 $b=4,\ ab=20$이므로 $a=5,\ b=4$
$\therefore\ 3b-[2a-\{a-2(5a+b)\}-7b]$
$=3b-\{2a-(a-10a-2b)-7b\}$
$=3b-\{2a-(-9a-2b)-7b\}$
$=3b-(2a+9a+2b-7b)$
$=3b-(11a-5b)$
$=3b-11a+5b$
$=-11a+8b$
$=-11\times 5+8\times 4=-23$

0349 답 ③

$4(2A-3B)-(6A+B)=8A-12B-6A-B$
$$=2A-13B$$
$$=2(2x-3y)-13(x+2y)$$
$$=4x-6y-13x-26y$$
$$=-9x-32y$$

0350 답 ③

$5x-2y+7=5x-2(2x-3)+7$
$$=5x-4x+6+7=x+13$$

0351 답 $21x-8y$

$3(A-2B)+5A=3A-6B+5A$
$$=8A-6B$$
$$=8\times\dfrac{3x-y}{4}-6\times\dfrac{-5x+2y}{2}$$
$$=2(3x-y)-3(-5x+2y)$$
$$=6x-2y+15x-6y$$
$$=21x-8y$$

0352 답 ①

$\dfrac{2(2x-y)}{3}-\dfrac{3(x-3y)}{2}=\dfrac{4(2x-y)-9(x-3y)}{6}$
$$=\dfrac{8x-4y-9x+27y}{6}$$
$$=\dfrac{-x+23y}{6}=-\dfrac{1}{6}x+\dfrac{23}{6}y$$
따라서 $a=-\dfrac{1}{6},\ b=\dfrac{23}{6}$이므로
$a-b=-\dfrac{1}{6}-\dfrac{23}{6}=-\dfrac{24}{6}=-4$

0353 답 ③

$-4(3x^2+4x-7)+3(2x^2-5x-9)$
$=-12x^2-16x+28+6x^2-15x-27$
$=-6x^2-31x+1$
따라서 x^2의 계수는 -6, 상수항은 1이므로 구하는 차는
$1-(-6)=7$

0354 답 ②

$6x-4y-[2x-y-\{5x-2y-3(x-y)\}]$
$=6x-4y-\{2x-y-(5x-2y-3x+3y)\}$
$=6x-4y-\{2x-y-(2x+y)\}$
$=6x-4y-(2x-y-2x-y)=6x-4y-(-2y)$
$=6x-4y+2y=6x-2y$
따라서 $a=6$, $b=-2$이므로 $a+b=6+(-2)=4$

0355 답 $4x-5y+4$

어떤 식을 A라 하면
$A-(x-2y-1)=3x-3y+5$
$\therefore A=(3x-3y+5)+(x-2y-1)=4x-5y+4$
따라서 어떤 식은 $4x-5y+4$이다.

0356 답 $A=7x^2+x+5$, $B=5x^2-2$, $C=x^2-2x+4$

$A+(3x^2-x+1)+(-x^2-3x-3)=9x^2-3x+3$에서
$A+2x^2-4x-2=9x^2-3x+3$
$\therefore A=(9x^2-3x+3)-(2x^2-4x-2)$
$\qquad=9x^2-3x+3-2x^2+4x+2=7x^2+x+5$
$(-3x^2-4x)+A+B=9x^2-3x+3$에서
$(-3x^2-4x)+(7x^2+x+5)+B=9x^2-3x+3$
$4x^2-3x+5+B=9x^2-3x+3$
$\therefore B=(9x^2-3x+3)-(4x^2-3x+5)$
$\qquad=9x^2-3x+3-4x^2+3x-5=5x^2-2$
$B+(3x^2-x+1)+C=9x^2-3x+3$에서
$(5x^2-2)+(3x^2-x+1)+C=9x^2-3x+3$
$8x^2-x-1+C=9x^2-3x+3$
$\therefore C=(9x^2-3x+3)-(8x^2-x-1)$
$\qquad=9x^2-3x+3-8x^2+x+1=x^2-2x+4$

0357 답 ③

어떤 식을 A라 하면
$A+(-8x^2+9x-5)=-5x^2+3x-2$
$\therefore A=(-5x^2+3x-2)-(-8x^2+9x-5)$
$\qquad=-5x^2+3x-2+8x^2-9x+5=3x^2-6x+3$
즉, 어떤 식은 $3x^2-6x+3$이다.
따라서 바르게 계산한 식은
$(3x^2-6x+3)-(-8x^2+9x-5)=3x^2-6x+3+8x^2-9x+5$
$\qquad\qquad\qquad\qquad\qquad=11x^2-15x+8$

0358 답 ①

$12x\left(\dfrac{1}{3}x^2-2x+\dfrac{1}{4}\right)=4x^3-24x^2+3x$
따라서 $a=4$, $b=-24$, $c=3$이므로
$a-b-c=4-(-24)-3=25$

0359 답 30

$(-6x^2y+4xy-2xy^2)\div\left(-\dfrac{2}{5}xy\right)$
$=(-6x^2y+4xy-2xy^2)\times\left(-\dfrac{5}{2xy}\right)$
$=15x+5y-10$
따라서 $a=15$, $b=5$, $c=-10$이므로
$a+b-c=15+5-(-10)=30$

0360 답 ②, ⑤

① $x(-3x+9)=-3x^2+9x$
③ $(4x^2-10xy)\div(-2x)=\dfrac{4x^2-10xy}{-2x}=-2x+5y$
④ $\dfrac{12x^3y^2-6xy}{4xy}=3x^2y-\dfrac{3}{2}$
⑤ $\left(\dfrac{1}{3}x^4y^3+\dfrac{1}{2}xy^2\right)\div\left(-\dfrac{1}{6}xy^2\right)=\left(\dfrac{1}{3}x^4y^3+\dfrac{1}{2}xy^2\right)\times\left(-\dfrac{6}{xy^2}\right)$
$\qquad\qquad\qquad\qquad\qquad\qquad\qquad=-2x^3y-3$
따라서 옳은 것은 ②, ⑤이다.

0361 답 ④

$\boxed{}=(5a^2b-4b+3)\times 3ab=15a^3b^2-12ab^2+9ab$

0362 답 $33xy-8y^2$

$\dfrac{3}{2}y(8x-4y)-\left(\dfrac{4}{7}xy^2-6x^2y\right)\div\dfrac{2}{7}x$
$=\dfrac{3}{2}y(8x-4y)-\left(\dfrac{4}{7}xy^2-6x^2y\right)\times\dfrac{7}{2x}$
$=(12xy-6y^2)-(2y^2-21xy)$
$=12xy-6y^2-2y^2+21xy$
$=33xy-8y^2$

0363 답 ②

(색칠한 부분의 넓이)$=\dfrac{1}{2}\times 6x\times(5y-3x)+\dfrac{1}{2}\times(6x-2y)\times 5y$
$\qquad\qquad\qquad=15xy-9x^2+15xy-5y^2$
$\qquad\qquad\qquad=-9x^2+30xy-5y^2$

0364 답 ③

$(-2x^3)^2\times 3y^2\div x^5y^2-(6x^2-3xy)\div\dfrac{3}{2}x$
$=4x^6\times 3y^2\times\dfrac{1}{x^5y^2}-(6x^2-3xy)\times\dfrac{2}{3x}$
$=12x-(4x-2y)$
$=12x-4x+2y$
$=8x+2y$
$=8\times 2+2\times(-3)=10$

0365 답 ③

$5(A-2B)+4A+5B=5A-10B+4A+5B$
$\qquad\qquad\qquad=9A-5B$
$\qquad\qquad\qquad=9\times\dfrac{5x+2y}{3}-5\times\dfrac{-x+4y}{5}$
$\qquad\qquad\qquad=3(5x+2y)-(-x+4y)$
$\qquad\qquad\qquad=15x+6y+x-4y=16x+2y$

0366 답 ⑤

$3x+y-4=0$에서 $y=-3x+4$이므로

$$7x^2-xy+2y=7x^2-x(-3x+4)+2(-3x+4)$$
$$=7x^2+3x^2-4x-6x+8$$
$$=10x^2-10x+8$$

따라서 $a=10$, $b=-10$, $c=8$이므로

$$a-b+c=10-(-10)+8=28$$

참고 x, y에 대한 등식이 주어지면 $y=(x$에 대한 식) 또는 $x=(y$에 대한 식)으로 변형하여 대입한다.

0367 답 14

$$ax^2+3x-7-(3x^2+x+b)=ax^2+3x-7-3x^2-x-b$$
$$=(a-3)x^2+2x-7-b \quad \cdots\cdots \; ⓘ$$

x^2의 계수, x의 계수, 상수항이 모두 같으므로

$$a-3=2=-7-b$$

$a-3=2$에서 $a=5$

$2=-7-b$에서 $b=-9$ $\quad \cdots\cdots \; ⓘ$

$$\therefore a-b=5-(-9)=14 \quad \cdots\cdots \; ⓘ$$

채점 기준

ⓘ	주어진 식 계산하기	40 %
ⓘ	a, b의 값 구하기	40 %
ⓘ	$a-b$의 값 구하기	20 %

0368 답 $-8x^3-x^2y+3x$

$$A=(4x^2-2xy-5)\times(-2x)$$
$$=-8x^3+4x^2y+10x \quad \cdots\cdots \; ⓘ$$
$$B=(15x^3y^2+21x^2y)\div 3xy$$
$$=\frac{15x^3y^2+21x^2y}{3xy}$$
$$=5x^2y+7x \quad \cdots\cdots \; ⓘ$$
$$\therefore A-B=(-8x^3+4x^2y+10x)-(5x^2y+7x)$$
$$=-8x^3+4x^2y+10x-5x^2y-7x$$
$$=-8x^3-x^2y+3x \quad \cdots\cdots \; ⓘ$$

채점 기준

ⓘ	식 A 간단히 하기	40 %
ⓘ	식 B 간단히 하기	40 %
ⓘ	$A-B$ 계산하기	20 %

0369 답 $\dfrac{1}{6}a+b$

$$\{\pi\times(3a)^2\}\times(높이)=\frac{3}{2}\pi a^3+9\pi a^2b \text{이므로} \quad \cdots\cdots \; ⓘ$$

$$9\pi a^2\times(높이)=\frac{3}{2}\pi a^3+9\pi a^2b$$

$$\therefore (높이)=\left(\frac{3}{2}\pi a^3+9\pi a^2b\right)\div 9\pi a^2$$
$$=\left(\frac{3}{2}\pi a^3+9\pi a^2b\right)\times\frac{1}{9\pi a^2}$$
$$=\frac{1}{6}a+b \quad \cdots\cdots \; ⓘ$$

채점 기준

ⓘ	부피에 대한 식 세우기	40 %
ⓘ	높이 구하기	60 %

0370 답 $\left(\dfrac{9}{14}a+\dfrac{2}{7}b\right)$원

	성인	청소년	어린이
지난 한 달 동안 입장료의 합(원)	$a\times 4n=4an$	$b\times 2n=2bn$	$\dfrac{a}{2}\times n=\dfrac{1}{2}an$

위의 표에서 입장료의 총합은

$$4an+2bn+\frac{1}{2}an=\frac{9}{2}an+2bn(원)$$

이때 전체 입장객 수는 $4n+2n+n=7n$이므로 지난 한 달 동안의 1인당 입장료의 평균은

$$\left(\frac{9}{2}an+2bn\right)\div 7n=\left(\frac{9}{2}an+2bn\right)\times\frac{1}{7n}=\frac{9}{14}a+\frac{2}{7}b(원)$$

0371 답 ②

오른쪽 그림에서

(㉠의 가로의 길이)$=(3a+20)-2a$
$$=a+20$$

(㉡의 가로의 길이)$=(a+20)-3$
$$=a+17$$

(㉡, ㉢의 세로의 길이)$=8a-a-a$
$$=6a$$

$\therefore$ (색칠한 세 직사각형의 넓이의 합)
$$=(㉠의 넓이)+(㉡의 넓이)+(㉢의 넓이)$$
$$=(a+20)\times a+(a+17)\times 6a+2a\times 6a$$
$$=a^2+20a+6a^2+102a+12a^2$$
$$=19a^2+122a$$

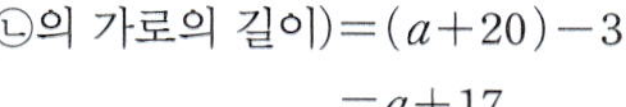
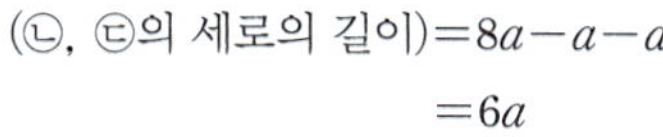
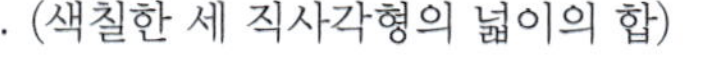

0372 답 $\dfrac{3}{4}b+\dfrac{1}{2}$

삼각기둥 모양의 그릇에 들어 있는 물의 부피는

$$\left\{\frac{1}{2}\times 2a\times(3b+2)\right\}\times 3a=(3ab+2a)\times 3a$$
$$=9a^2b+6a^2$$

즉, 직육면체 모양의 그릇으로 옮겨진 물의 부피는 $9a^2b+6a^2$이므로

$$4a\times 3a\times(물의 높이)=9a^2b+6a^2$$
$$12a^2\times(물의 높이)=9a^2b+6a^2$$

$$\therefore (물의 높이)=(9a^2b+6a^2)\div 12a^2$$
$$=\frac{9a^2b+6a^2}{12a^2}=\frac{3}{4}b+\frac{1}{2}$$

0373 답 ②

$8^{x+3}=(2^3)^{x+3}=2^{3x+9}=2^{15}$에서

$3x+9=15$, $3x=6$ $\quad \therefore x=2$

$\dfrac{81^2}{3^y}=\dfrac{(3^4)^2}{3^y}=\dfrac{3^8}{3^y}=3^{8-y}=3^5$에서

$8-y=5$ $\quad \therefore y=3$

$$\therefore \frac{8xy^2-16x^2y}{4xy}-\frac{9x^2-15x}{3x}=2y-4x-(3x-5)$$
$$=2y-4x-3x+5$$
$$=-7x+2y+5$$
$$=-7\times 2+2\times 3+5=-3$$

04 / 일차부등식

Ⓐ 개념 확인
62~65쪽

0374 답 ○　　**0375** 답 ×

0376 답 ×　　**0377** 답 ○

0378 답 $x+5>14$

0379 답 $4x-3\geq2x$

0380 답 $200x<1500$

0381 답 $7x+500\leq6000$

0382 답 ○
$2-6<4$에서 $-4<4$ (참)

0383 답 ×
$2\times2+5>10$에서 $9>10$ (거짓)

0384 답 ○
$3\times2-7\leq-1$에서 $-1\leq-1$ (참)

0385 답 ×
$2+2\geq-2\times2+9$에서 $4\geq5$ (거짓)

0386 답 $-2,\ -1,\ 0$
$3-5x>-1$에 $x=-2,\ -1,\ 0,\ 1,\ 2$를 차례로 대입하면
$x=-2$일 때, $3-5\times(-2)>-1$ (참)
$x=-1$일 때, $3-5\times(-1)>-1$ (참)
$x=0$일 때, $3-5\times0>-1$ (참)
$x=1$일 때, $3-5\times1>-1$ (거짓)
$x=2$일 때, $3-5\times2>-1$ (거짓)
따라서 부등식 $3-5x>-1$의 해는 $-2,\ -1,\ 0$이다.

0387 답 $-2,\ -1,\ 0,\ 1$
$2x+1\leq4-x$에 $x=-2,\ -1,\ 0,\ 1,\ 2$를 차례로 대입하면
$x=-2$일 때, $2\times(-2)+1\leq4-(-2)$ (참)
$x=-1$일 때, $2\times(-1)+1\leq4-(-1)$ (참)
$x=0$일 때, $2\times0+1\leq4-0$ (참)
$x=1$일 때, $2\times1+1\leq4-1$ (참)
$x=2$일 때, $2\times2+1\leq4-2$ (거짓)
따라서 부등식 $2x+1\leq4-x$의 해는 $-2,\ -1,\ 0,\ 1$이다.

0388 답 $<$　　**0389** 답 $<$

0390 답 $<$　　**0391** 답 $>$

0392 답 $<$　　**0393** 답 $>$

0394 답 $<$
$a+8<b+8$의 양변에서 8을 빼면 $a\boxed{<}b$

0395 답 $\geq$
$a-2\geq b-2$의 양변에 2를 더하면 $a\boxed{\geq}b$

0396 답 $\leq$
$4a\leq4b$의 양변을 4로 나누면 $a\boxed{\leq}b$

0397 답 $<$
$-\dfrac{1}{3}a>-\dfrac{1}{3}b$의 양변에 -3을 곱하면 $a\boxed{<}b$

0398 답 ○
$3x+5<2x-7$에서 $x+12<0$

0399 답 ×
$4-x\leq-x+10$에서 $-6\leq0$

0400 답 ×
$2x^2-3\geq3x-1$에서 $2x^2-3x-2\geq0$

0401 답 ○
$x^2-3x+5>x^2+5x+6$에서 $-8x-1>0$

0402 답 $x<6$
$3x<18$의 양변을 3으로 나누면 $x<6$

0403 답 $x\geq4$
$x+5\geq9$에서 5를 이항하면 $x\geq4$

0404 답 $x\leq2$
$2x-7\leq-3$에서 -7을 이항하면 $2x\leq4$
양변을 2로 나누면 $x\leq2$

0405 답 $x<-2$
$x-2>3x+2$에서 $-2,\ 3x$를 각각 이항하면 $-2x>4$
양변을 -2로 나누면 $x<-2$

0406 답 풀이 참조
$2x-1<5$에서
$2x<6$　　∴ $x<3$
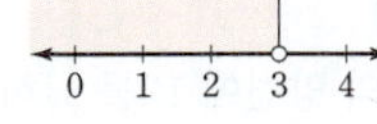

0407 답 풀이 참조
$-5\geq7-6x$에서
$6x\geq12$　　∴ $x\geq2$
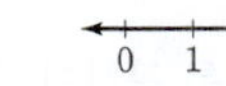

0408 답 풀이 참조
$5x+18\leq x-14$에서
$4x\leq-32$　　∴ $x\leq-8$
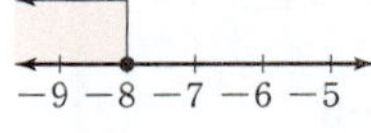

0409 답 풀이 참조
$3-x<2x+21$에서
$-3x<18$　　∴ $x>-6$
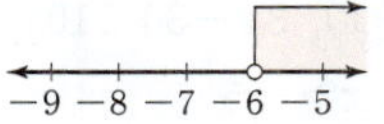

0410 답 $x \leq 4$

$4(x-9) \leq -5x$에서 $4x-36 \leq -5x$

$9x \leq 36$　　$\therefore x \leq 4$

0411 답 $x > -10$

$3x+8 > 2(x-1)$에서

$3x+8 > 2x-2$　　$\therefore x > -10$

0412 답 $x \geq 3$

$5(x+1)+1 \geq 3(x+4)$에서

$5x+5+1 \geq 3x+12$, $5x+6 \geq 3x+12$

$2x \geq 6$　　$\therefore x \geq 3$

0413 답 $x < 3$

$6(x-2) < 14-(x+5)$에서

$6x-12 < 14-x-5$, $6x-12 < 9-x$

$7x < 21$　　$\therefore x < 3$

0414 답 $x > -9$

$0.4x+4.5 > -0.1x$의 양변에 10을 곱하면

$4x+45 > -x$, $5x > -45$　　$\therefore x > -9$

0415 답 $x \leq -6$

$1.3x+2 \leq 0.9x-0.4$의 양변에 10을 곱하면

$13x+20 \leq 9x-4$, $4x \leq -24$　　$\therefore x \leq -6$

0416 답 $x < 2$

$0.1x-0.13 < 0.02x+0.03$의 양변에 100을 곱하면

$10x-13 < 2x+3$, $8x < 16$　　$\therefore x < 2$

0417 답 $x \geq 2$

$0.05x+0.2 \geq 0.3(3-x)$의 양변에 100을 곱하면

$5x+20 \geq 30(3-x)$, $5x+20 \geq 90-30x$

$35x \geq 70$　　$\therefore x \geq 2$

0418 답 $x > 20$

$\dfrac{1}{4}x-1 > \dfrac{1}{5}x$의 양변에 20을 곱하면

$5x-20 > 4x$　　$\therefore x > 20$

0419 답 $x \leq 1$

$\dfrac{x}{3}+\dfrac{1}{4} \geq \dfrac{5}{4}x-\dfrac{2}{3}$의 양변에 12를 곱하면

$4x+3 \geq 15x-8$, $-11x \geq -11$　　$\therefore x \leq 1$

0420 답 $x \geq 9$

$\dfrac{2x+3}{7} \leq \dfrac{x-3}{2}$의 양변에 14를 곱하면

$2(2x+3) \leq 7(x-3)$, $4x+6 \leq 7x-21$

$-3x \leq -27$　　$\therefore x \geq 9$

0421 답 $x > -5$

$\dfrac{x}{5}-2 < \dfrac{2x+1}{3}$의 양변에 15를 곱하면

$3x-30 < 5(2x+1)$, $3x-30 < 10x+5$

$-7x < 35$　　$\therefore x > -5$

0422 답 ③, ⑤

①, ④ 다항식(일차식)

② 등식

따라서 부등식인 것은 ③, ⑤이다.

0423 답 ③, ④

③ 다항식(이차식)

④ 등식

0424 답 3

ㄱ. 다항식(이차식)

ㄷ, ㄹ. 등식

따라서 부등식인 것은 ㄴ, ㅁ, ㅂ의 3개이다.

0425 답 ④

① $8x-1 \leq 2x$　　　　② $\dfrac{x}{5}+2 < 3$

③ $x \geq 140$　　　　⑤ $x+20 > 3x$

따라서 부등식으로 나타낸 것으로 옳은 것은 ④이다.

참고 (거리)$=$(속력)$\times$(시간)

0426 답 ③

0427 답 $2(x+4) < 20$

0428 답 ④

각 부등식에 $x=-1$을 대입하면

ㄱ. $1-(-1) \leq 0$ (거짓)　　ㄴ. $3 \times (-1)-2 < 0$ (참)

ㄷ. $5+2 \times (-1) \geq 3$ (참)　　ㄹ. $6 \times (-1)+1 > -5$ (거짓)

ㅁ. $2 \times (-1+2) > 1$ (참)　　ㅂ. $4 \times (-1)+3 \geq 0$ (거짓)

따라서 $x=-1$을 해로 갖는 것은 ㄴ, ㄷ, ㅁ이다.

0429 답 ③

각 부등식에 [　] 안의 수를 대입하면

① $4 \times 4+5 < 3$ (거짓)

② $3 \times 3-7 > 2 \times 3$ (거짓)

③ $10 \times (-3) \leq 12-5 \times (-3)$ (참)

④ $3 \times (-1)+4 < -1+1$ (거짓)

⑤ $3-2 \times 1 \geq -1+4 \times 1$ (거짓)

따라서 [　] 안의 수가 주어진 부등식의 해인 것은 ③이다.

0430 답 -5

$4x-1 \leq x-7$에 $x=-3$, -2, -1, 0, 1을 차례로 대입하면

$x=-3$일 때, $4 \times (-3)-1 \leq -3-7$ (참)

$x=-2$일 때, $4 \times (-2)-1 \leq -2-7$ (참)

$x=-1$일 때, $4 \times (-1)-1 \leq -1-7$ (거짓)

$x=0$일 때, $4 \times 0-1 \leq 0-7$ (거짓)

$x=1$일 때, $4 \times 1-1 \leq 1-7$ (거짓)

따라서 부등식 $4x-1 \leq x-7$의 해는 -3, -2이므로 구하는 합은

$-3+(-2)=-5$

0431 답 3

$-2x+1 \geq -5$에 $x=1$, 2, 3, 4, $\cdots$를 차례로 대입하면

$x=1$일 때, $-2 \times 1 + 1 \geq -5$ (참)

$x=2$일 때, $-2 \times 2 + 1 \geq -5$ (참)

$x=3$일 때, $-2 \times 3 + 1 \geq -5$ (참)

$x=4$일 때, $-2 \times 4 + 1 \geq -5$ (거짓)

$\vdots$ ...... ❶

따라서 부등식 $-2x+1 \geq -5$의 해는 1, 2, 3의 3개이다. ...... ❷

채점 기준	
❶ $x=1$, 2, 3, 4, $\cdots$일 때 부등식의 참, 거짓 판별하기	70 %
❷ 부등식의 해의 개수 구하기	30 %

0432 답 ⑤

④ $a>b$에서 $4a>4b$이므로 $4a+1>4b+1$

⑤ $a>b$에서 $-\dfrac{a}{2} < -\dfrac{b}{2}$이므로 $5-\dfrac{a}{2} < 5-\dfrac{b}{2}$

따라서 옳지 않은 것은 ⑤이다.

0433 답 ④

① $a+2<b+2$에서 $a<b$

② $2a-5<2b-5$에서 $2a<2b$이므로 $a<b$

③ $4-a>4-b$에서 $-a>-b$이므로 $a<b$

④ $-\dfrac{a}{7}+3 < -\dfrac{b}{7}+3$에서 $-\dfrac{a}{7} < -\dfrac{b}{7}$이므로 $a>b$

⑤ $\dfrac{4}{3}a+\dfrac{3}{2} < \dfrac{4}{3}b+\dfrac{3}{2}$에서 $\dfrac{4}{3}a < \dfrac{4}{3}b$이므로 $a<b$

따라서 부등호의 방향이 나머지 넷과 다른 하나는 ④이다.

0434 답 ④

① $5-4a<5-4b$에서 $-4a<-4b$이므로 $a>b$

② $a>b$에서 $-3a<-3b$

③ $a>b$에서 $\dfrac{a}{2} > \dfrac{b}{2}$

④ $a>b$에서 $9a>9b$이므로 $9a+2>9b+2$

⑤ $a>b$에서 $-\dfrac{a}{8} < -\dfrac{b}{8}$이므로 $-\dfrac{a}{8}-1 < -\dfrac{b}{8}-1$

따라서 옳은 것은 ④이다.

0435 답 ③

② $a>b$에서 $\dfrac{a}{3} > \dfrac{b}{3}$이므로 $\dfrac{a}{3}+2 > \dfrac{b}{3}+2$

③ $\dfrac{a}{2} < \dfrac{b}{2}$에서 $a<b$이므로 $a-(-3) < b-(-3)$

④ $-\dfrac{a}{5} < -\dfrac{b}{5}$에서 $a>b$이므로 $-6a<-6b$

⑤ $1-a<1-b$에서 $-a<-b$, 즉 $a>b$이므로

$3a>3b$ $\therefore 3a+4>3b+4$

따라서 옳지 않은 것은 ③이다.

0436 답 ②, ③

① $a<b$에서 $-a>-b$이므로 $1-a>1-b$

② $a<b$에서 $a-b<b-b$이므로 $a-b<0$

③ $a<b$에서 $5a<5b$이므로 $5a-5<5b-5$

$\therefore \dfrac{5a-5}{3} < \dfrac{5b-5}{3}$

④ $a<b$이고 $b>0$이므로 $\dfrac{a}{b} < \dfrac{b}{b}$ $\therefore \dfrac{a}{b}<1$

⑤ $a<b$이고 $a<0$이므로 $a \times a > b \times a$ $\therefore a^2>ab$

따라서 옳은 것은 ②, ③이다.

0437 답 ⑤

① $a>b$이면 $a-c>b-c$

② $b<0$이면 $a<b$에서 $ab>b^2$

③ $c>0$이면 $\dfrac{a}{c} \leq \dfrac{b}{c}$에서 $a \leq b$

④ $c<0$이면 $ac \geq bc$에서 $a \leq b$

⑤ $-3a+c < -3b+c$에서 $-3a<-3b$이므로 $a>b$

따라서 옳은 것은 ⑤이다.

0438 답 ③

$-2<x<3$의 각 변에 4를 곱하면 $-8<4x<12$

이 식의 각 변에 1을 더하면 $-7<4x+1<13$

$\therefore -7<A<13$

0439 답 ①

$-1<x \leq 2$의 각 변에 2를 곱하면 $-2<2x \leq 4$

이 식의 각 변에서 3을 빼면 $-5<2x-3 \leq 1$

따라서 $2x-3$의 값이 될 수 없는 것은 ①이다.

0440 답 14

$-3<x \leq 1$의 각 변에 -2를 곱하면 $-2 \leq -2x<6$

이 식의 각 변에 5를 더하면 $3 \leq -2x+5<11$ ...... ❶

따라서 $a=3$, $b=11$이므로 ...... ❷

$a+b=3+11=14$ ...... ❸

채점 기준	
❶ $-2x+5$의 값의 범위 구하기	60 %
❷ a, b의 값 구하기	20 %
❸ $a+b$의 값 구하기	20 %

0441 답 $-12<x \leq 16$

$-1 \leq 3-\dfrac{1}{4}x<6$의 각 변에서 3을 빼면 $-4 \leq -\dfrac{1}{4}x<3$

이 식의 각 변에 -4를 곱하면 $-12<x \leq 16$

0442 답 ②

$-8 \leq 3x-2<10$의 각 변에 2를 더하면 $-6 \leq 3x<12$

이 식의 각 변을 3으로 나누면 $-2 \leq x<4$

이 식의 각 변에 -1을 곱하면 $-4<-x \leq 2$

이 식의 각 변에 2를 더하면 $-2<2-x \leq 4$

$\therefore -2<A \leq 4$

따라서 A의 값이 될 수 있는 수 중에서 가장 큰 정수는 4, 가장 작은 정수는 -1이므로 구하는 곱은

$4 \times (-1) = -4$

0443 답 ④

① $x-3<x$에서 $-3<0$ ➡ 일차부등식이 아니다.

② $x^2+5 \geq x^2+3$에서 $2 \geq 0$ ➡ 일차부등식이 아니다.

③ $4x-1\leq4x+5$에서 $-6\leq0$ ➡ 일차부등식이 아니다.

④ $5x+4<2x-10$에서 $3x+14<0$ ➡ 일차부등식이다.

⑤ $-2(x+1)>-2x^2+1$에서 $-2x-2>-2x^2+1$

　　$\therefore 2x^2-2x-3>0$ ➡ 일차부등식이 아니다.

따라서 일차부등식인 것은 ④이다.

0444　답 ③

① $4x-5>2$에서 $4x-7>0$ ➡ 일차부등식이다.

② $\dfrac{x}{70}\geq1$에서 $\dfrac{x}{70}-1\geq0$ ➡ 일차부등식이다.

③ $x\times x<100$에서 $x^2-100<0$ ➡ 일차부등식이 아니다.

④ $250-x>120$에서 $-x+130>0$ ➡ 일차부등식이다.

⑤ $3x+2\leq20$에서 $3x-18\leq0$ ➡ 일차부등식이다.

따라서 일차부등식이 아닌 것은 ③이다.

0445　답 $a\neq-2$

$3x-7\geq ax-4+5x$에서 $3x-7-ax+4-5x\geq0$

$\therefore (-a-2)x-3\geq0$

이 부등식이 x에 대한 일차부등식이 되려면

$-a-2\neq0$　　$\therefore a\neq-2$

0446　답 ②

① $\dfrac{x}{2}>-1$에서 $x>-2$

② $-x>2x+6$에서 $-3x>6$　　$\therefore x<-2$

③ $6x-4<8x$에서 $-2x<4$　　$\therefore x>-2$

④ $5x+1>4x-1$에서 $x>-2$

⑤ $7x-5<11x+3$에서 $-4x<8$　　$\therefore x>-2$

따라서 해가 나머지 넷과 다른 하나는 ②이다.

0447　답 ㄱ, ㄷ

㈎ 부등식의 양변에 9를 더한다. ➡ ㄱ

㈏ 부등식의 양변을 -4로 나눈다. ➡ ㄷ

0448　답 ③

$2x+5<-3x-10$에서 $5x<-15$　　$\therefore x<-3$

따라서 주어진 부등식을 만족시키는 x의 값 중 가장 큰 정수는 -4이다.

0449　답 8

$2x+7>5x-20$에서 $-3x>-27$　　$\therefore x<9$ ……❶

따라서 주어진 부등식을 만족시키는 자연수 x는 1, 2, 3, …, 8의 8개이다. ……❷

채점 기준	
❶ 일차부등식 풀기	60 %
❷ 자연수 x의 개수 구하기	40 %

0450　답 ③

$3-4x\leq7-6x$에서 $2x\leq4$　　$\therefore x\leq2$

따라서 해를 수직선 위에 나타내면 오른쪽 그림과 같다.

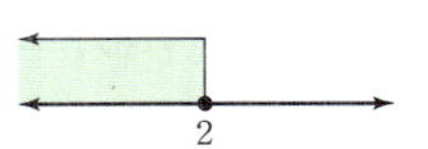

0451　답 ④

① $2-x>x$에서 $-2x>-2$　　$\therefore x<1$

　　따라서 해를 수직선 위에 나타내면 오른쪽 그림과 같다.

② $3-5x<-12$에서 $-5x<-15$　　$\therefore x>3$

　　따라서 해를 수직선 위에 나타내면 오른쪽 그림과 같다.

③ $4x+1\geq21$에서 $4x\geq20$　　$\therefore x\geq5$

　　따라서 해를 수직선 위에 나타내면 오른쪽 그림과 같다.

④ $3x-2<x+6$에서 $2x<8$　　$\therefore x<4$

　　따라서 해를 수직선 위에 나타내면 오른쪽 그림과 같다.

⑤ $6x+1\leq7x+9$에서 $-x\leq8$　　$\therefore x\geq-8$

　　따라서 해를 수직선 위에 나타내면 오른쪽 그림과 같다.

따라서 해를 수직선 위에 바르게 나타낸 것은 ④이다.

0452　답 ③

주어진 그림에서 해는 $x>-1$이다.

① $x+3>4$에서 $x>1$

② $2x<x-1$에서 $x<-1$

③ $3x+6>x+4$에서 $2x>-2$　　$\therefore x>-1$

④ $x-4<-4x+1$에서 $5x<5$　　$\therefore x<1$

⑤ $-x+2>2x+5$에서 $-3x>3$　　$\therefore x<-1$

따라서 해를 수직선 위에 나타냈을 때, 주어진 그림과 같은 것은 ③이다.

0453　답 ④

$3(2x-7)<10-(1-x)$에서 $6x-21<10-1+x$

$6x-21<9+x$, $5x<30$　　$\therefore x<6$

따라서 주어진 부등식을 만족시키는 자연수 x는 1, 2, 3, 4, 5의 5개이다.

0454　답 7

$5(x+2)>7x-6$에서 $5x+10>7x-6$

$-2x>-16$　　$\therefore x<8$

따라서 주어진 부등식을 만족시키는 x의 값 중 가장 큰 정수는 7이다.

0455　답 ③

$2(x+3)+7\geq4(x+1)$에서 $2x+6+7\geq4x+4$

$2x+13\geq4x+4$, $-2x\geq-9$　　$\therefore x\leq\dfrac{9}{2}\left(=4\dfrac{1}{2}\right)$

따라서 주어진 부등식을 만족시키는 자연수 x는 1, 2, 3, 4이므로 구하는 합은

$1+2+3+4=10$

0456　답 12

$8x+7<3x-28$에서 $5x<-35$　　$\therefore x<-7$

$\therefore a=-7$ ……❶

$5-2(4x+5)\geq25-14x$에서 $5-8x-10\geq25-14x$

$-8x-5\geq25-14x$, $6x\geq30$　　$\therefore x\geq5$

$\therefore b=5$　　　　　　　　　　　　　　　…… ⓑ

$\therefore b-a=5-(-7)=12$　　　　　　　　…… ⓒ

ⓐ a의 값 구하기		40 %
ⓑ b의 값 구하기		40 %
ⓒ $b-a$의 값 구하기		20 %

0457 답 6

$\dfrac{1}{2}x+1\leq\dfrac{4}{5}(x-1)$의 양변에 10을 곱하면

$5x+10\leq8(x-1)$, $5x+10\leq8x-8$

$-3x\leq-18$　　$\therefore x\geq6$

따라서 주어진 부등식을 만족시키는 x의 값 중 가장 작은 정수는 6이다.

0458 답 ①

$0.5x-1<0.1(x+2)$의 양변에 10을 곱하면

$5x-10<x+2$, $4x<12$　　$\therefore x<3$

따라서 해를 수직선 위에 나타내면 오른쪽 그림과 같다.

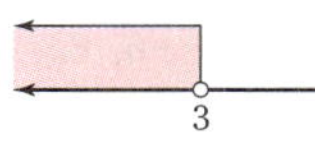

0459 답 10

$x-\dfrac{3x-6}{2}>-3$의 양변에 2를 곱하면

$2x-(3x-6)>-6$, $2x-3x+6>-6$

$-x>-12$　　$\therefore x<12$

$\therefore a=12$　　　　　　　　　　　　　　…… ⓐ

$1.3x+0.8>0.4x-1$의 양변에 10을 곱하면

$13x+8>4x-10$, $9x>-18$　　$\therefore x>-2$

$\therefore b=-2$　　　　　　　　　　　　　　…… ⓑ

$\therefore a+b=12+(-2)=10$　　　　　　　…… ⓒ

ⓐ a의 값 구하기		40 %
ⓑ b의 값 구하기		40 %
ⓒ $a+b$의 값 구하기		20 %

0460 답 ②

$0.5(x-2)\leq x-\dfrac{2x+1}{3}$에서 $\dfrac{1}{2}(x-2)\leq x-\dfrac{2x+1}{3}$

이 식의 양변에 6을 곱하면

$3(x-2)\leq6x-2(2x+1)$, $3x-6\leq6x-4x-2$

$3x-6\leq2x-2$　　$\therefore x\leq4$

0461 답 ④

$\dfrac{1}{6}x+2.5>0.3x-\dfrac{3}{4}$에서 $\dfrac{1}{6}x+\dfrac{5}{2}>\dfrac{3}{10}x-\dfrac{3}{4}$

이 식의 양변에 60을 곱하면

$10x+150>18x-45$

$-8x>-195$　　$\therefore x<\dfrac{195}{8}\left(=24\dfrac{3}{8}\right)$

따라서 주어진 부등식을 만족시키는 자연수 x는 1, 2, 3, …, 24의 24개이다.

0462 답 $x<\dfrac{3}{2}$

$2(0.6x-0.4)<0.\dot{6}x$에서 $1.2x-0.8<\dfrac{2}{3}x$이므로

$0.\dot{6}=\dfrac{6}{9}=\dfrac{2}{3}$

$\dfrac{6}{5}x-\dfrac{4}{5}<\dfrac{2}{3}x$

이 식의 양변에 15를 곱하면

$18x-12<10x$, $8x<12$　　$\therefore x<\dfrac{3}{2}$

0463 답 ①

$5-ax<8$에서 $-ax<3$

이때 $a<0$에서 $-a>0$이므로 $-ax<3$의 양변을 $-a$로 나누면

$x<-\dfrac{3}{a}$

0464 답 $x<-1$

$ax+a>0$에서 $ax>-a$

이때 $a<0$이므로 $ax>-a$의 양변을 a로 나누면

$x<\dfrac{-a}{a}$　　$\therefore x<-1$

0465 답 ②

$3(ax-2)\leq5ax+2$에서 $3ax-6\leq5ax+2$, $-2ax\leq8$

이때 $a>0$에서 $-2a<0$이므로 $-2ax\leq8$의 양변을 $-2a$로 나누면

$x\geq\dfrac{8}{-2a}$　　$\therefore x\geq-\dfrac{4}{a}$

0466 답 $x\leq3$

$(a-2)x-3a+6\geq0$에서 $(a-2)x\geq3a-6$

$(a-2)x\geq3(a-2)$

이때 $a<2$에서 $a-2<0$이므로 $(a-2)x\geq3(a-2)$의 양변을 $a-2$로 나누면

$x\leq\dfrac{3(a-2)}{a-2}$　　$\therefore x\leq3$

0467 답 -14

$3x+a>x-4$에서 $2x>-a-4$

$\therefore x>\dfrac{-a-4}{2}$

이때 부등식의 해가 $x>5$이므로

$\dfrac{-a-4}{2}=5$, $-a-4=10$　　$\therefore a=-14$

0468 답 2

$3x-(2a-5)<4x+3+a$에서

$3x-2a+5<4x+3+a$, $-x<3a-2$

$\therefore x>-3a+2$　　　　　　　　　　　…… ⓐ

이때 부등식의 해가 $x>-4$이므로

$-3a+2=-4$, $-3a=-6$　　$\therefore a=2$　…… ⓑ

ⓐ 부등식의 해를 a를 사용하여 나타내기		50 %
ⓑ a의 값 구하기		50 %

0469 답 ②

$\dfrac{2x-8}{3}\leq a+\dfrac{x}{4}$의 양변에 12를 곱하면

$4(2x-8)\leq 12a+3x$, $8x-32\leq 12a+3x$

$5x\leq 12a+32$ $\therefore x\leq\dfrac{12a+32}{5}$

이때 주어진 그림에서 부등식의 해가 $x\leq -8$이므로

$\dfrac{12a+32}{5}=-8$, $12a+32=-40$

$12a=-72$ $\therefore a=-6$

0470 답 ③

$0.3x-1.1\leq\dfrac{3x+a}{2}$에서 $\dfrac{3}{10}x-\dfrac{11}{10}\leq\dfrac{3x+a}{2}$

이 식의 양변에 10을 곱하면

$3x-11\leq 5(3x+a)$, $3x-11\leq 15x+5a$

$-12x\leq 5a+11$ $\therefore x\geq -\dfrac{5a+11}{12}$

이때 부등식의 해가 $x\geq -3$이므로

$-\dfrac{5a+11}{12}=-3$, $5a+11=36$

$5a=25$ $\therefore a=5$

따라서 $5x-8\leq 2x-5$에서

$3x\leq 3$ $\therefore x\leq 1$

0471 답 -2

$ax-2\geq 3x-7$에서 $(a-3)x\geq -5$

이때 부등식의 해가 $x\leq 1$이므로 $a-3<0$

따라서 $(a-3)x\geq -5$에서 $x\leq -\dfrac{5}{a-3}$이므로

$-\dfrac{5}{a-3}=1$, $a-3=-5$ $\therefore a=-2$

0472 답 ①

$x-4<2x+2$에서 $-x<6$ $\therefore x>-6$

$5x-a>3(x-1)+4$에서 $5x-a>3x-3+4$

$2x>a+1$ $\therefore x>\dfrac{a+1}{2}$

따라서 $\dfrac{a+1}{2}=-6$이므로

$a+1=-12$ $\therefore a=-13$

0473 답 (1) $x>-5$ (2) 4

(1) $\dfrac{x-2}{2}-\dfrac{2x-1}{3}<\dfrac{1}{6}$의 양변에 6을 곱하면

$3(x-2)-2(2x-1)<1$

$3x-6-4x+2<1$, $-x<5$ $\therefore x>-5$ $\cdots\cdots$ ❶

(2) $2x-1<3x+a$에서 $-x<a+1$

$\therefore x>-a-1$ $\cdots\cdots$ ❷

이때 주어진 두 부등식의 해가 서로 같으므로

$-a-1=-5$ $\therefore a=4$ $\cdots\cdots$ ❸

0474 답 4

$\dfrac{x-13}{4}\leq\dfrac{x-6}{3}$의 양변에 12를 곱하면

$3(x-13)\leq 4(x-6)$, $3x-39\leq 4x-24$

$-x\leq 15$ $\therefore x\geq -15$

$0.8(x-a)\leq x-0.2$의 양변에 10을 곱하면

$8(x-a)\leq 10x-2$, $8x-8a\leq 10x-2$

$-2x\leq 8a-2$ $\therefore x\geq -4a+1$

따라서 $-4a+1=-15$이므로

$-4a=-16$ $\therefore a=4$

0475 답 ②

$9x+3<4x+18$에서 $5x<15$ $\therefore x<3$

$2ax+5>7x-1$에서 $(2a-7)x>-6$

이 부등식의 해가 $x<3$이므로 $2a-7<0$

따라서 $(2a-7)x>-6$에서 $x<-\dfrac{6}{2a-7}$이므로

$-\dfrac{6}{2a-7}=3$, $3(2a-7)=-6$

$6a-21=-6$, $6a=15$ $\therefore a=\dfrac{5}{2}$

0476 답 ②

$-3+2x\geq a$에서 $2x\geq a+3$ $\therefore x\geq\dfrac{a+3}{2}$

따라서 $\dfrac{a+3}{2}=1$이므로 $a+3=2$ $\therefore a=-1$

0477 답 ⑤

$\dfrac{x-a}{4}\leq 1.5-x$에서 $\dfrac{x-a}{4}\leq\dfrac{3}{2}-x$

이 식의 양변에 4를 곱하면

$x-a\leq 6-4x$, $5x\leq a+6$ $\therefore x\leq\dfrac{a+6}{5}$

따라서 $\dfrac{a+6}{5}=3$이므로

$a+6=15$ $\therefore a=9$

0478 답 -1

$\dfrac{x+3}{2}\leq\dfrac{ax+2}{3}$의 양변에 6을 곱하면

$3(x+3)\leq 2(ax+2)$, $3x+9\leq 2ax+4$

$\therefore (3-2a)x\leq -5$

이때 부등식의 해 중 가장 큰 수가 -1, 즉 주어진 부등식의 해가

$x\leq -1$이므로 $3-2a>0$

따라서 $(3-2a)x\leq -5$에서 $x\leq\dfrac{-5}{3-2a}$이므로

$\dfrac{-5}{3-2a}=-1$, $-5=2a-3$

$-2a=2$ $\therefore a=-1$

만렙 Note

부등식 $ax\geq b$의 해 중에서

(1) 가장 작은 수가 k이면 $x\geq k$이므로 ➡ $a>0$, $\dfrac{b}{a}=k$

(2) 가장 큰 수가 k이면 $x\leq k$이므로 ➡ $a<0$, $\dfrac{b}{a}=k$

0479 답 $5 \leq a < 7$

$4x - a \leq 2x + 1$에서 $2x \leq a + 1$ $\qquad \therefore x \leq \dfrac{a+1}{2}$ $\quad \cdots\cdots$ ㉠

㉠을 만족시키는 자연수 x가 3개, 즉 자연수 x가 1, 2, 3이므로 오른쪽 그림에서

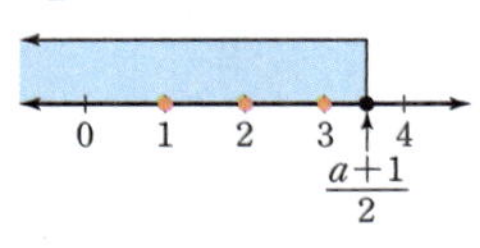

$3 \leq \dfrac{a+1}{2} < 4$, $6 \leq a + 1 < 8$

$\therefore 5 \leq a < 7$

0480 답 ⑤

$0.5x - 0.3(x-2) < a$의 양변에 10을 곱하면

$5x - 3(x-2) < 10a$, $5x - 3x + 6 < 10a$

$2x < 10a - 6$ $\qquad \therefore x < 5a - 3$ $\quad \cdots\cdots$ ㉠

㉠을 만족시키는 자연수 x가 4개, 즉 자연수 x가 1, 2, 3, 4이므로 오른쪽 그림에서

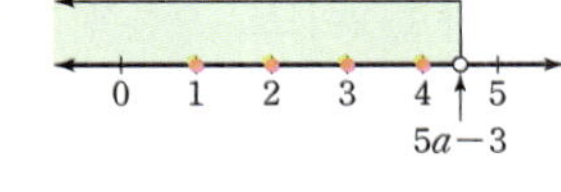

$4 < 5a - 3 \leq 5$, $7 < 5a \leq 8$

$\therefore \dfrac{7}{5} < a \leq \dfrac{8}{5}$

0481 답 $\dfrac{1}{2} \leq a < 1$

$3x - a \leq \dfrac{5x+1}{2}$의 양변에 2를 곱하면

$6x - 2a \leq 5x + 1$ $\qquad \therefore x \leq 2a + 1$ $\quad \cdots\cdots$ ㉠

㉠을 만족시키는 자연수 x가 1, 2뿐이므로 오른쪽 그림에서

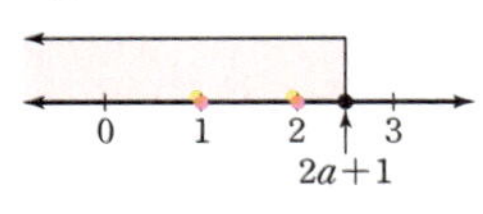

$2 \leq 2a + 1 < 3$, $1 \leq 2a < 2$

$\therefore \dfrac{1}{2} \leq a < 1$

0482 답 ④

$-6x + 7 \geq 4x - 3a$에서 $-10x \geq -3a - 7$

$\therefore x \leq \dfrac{3a+7}{10}$ $\quad \cdots\cdots$ ㉠

㉠을 만족시키는 자연수 x가 존재하지 않으므로 오른쪽 그림에서

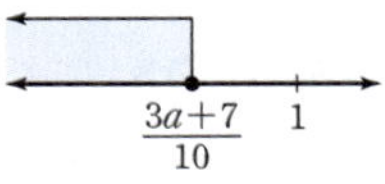

$\dfrac{3a+7}{10} < 1$, $3a + 7 < 10$

$3a < 3$ $\qquad \therefore a < 1$

만렙 Note

부등식을 만족시키는 자연수 x가 존재하지 않을 때

(1) 부등식의 해가 $x \leq k$이면 ➡ $k < 1$

(2) 부등식의 해가 $x < k$이면 ➡ $k \leq 1$

AB 유형 점검

76~78쪽

0483 답 ③

①, ⑤ 등식

②, ④ 다항식(일차식)

따라서 부등식인 것은 ③이다.

0484 답 ㄱ, ㄷ

ㄴ. $3(x-2) \leq 20$

ㄹ. $3x > 15$

따라서 부등식으로 나타낸 것으로 옳은 것은 ㄱ, ㄷ이다.

0485 답 ②

$3x - 4 = 2$에서 $3x = 6$ $\qquad \therefore x = 2$

각 부등식에 $x = 2$를 대입하면

① $2 + 1 > 3$ (거짓)

② $2 \times 2 + 5 \geq 8$ (참)

③ $4 - 2 < -7$ (거짓)

④ $-2 + 1 > 2 + 2$ (거짓)

⑤ $3 \times 2 - 5 \leq 2 - 2$ (거짓)

따라서 주어진 방정식을 만족시키는 x의 값을 해로 갖는 것은 ②이다.

0486 답 ④

① $a < b$에서 $-2 + a < -2 + b$

② $a < b$에서 $5a < 5b$이므로 $3 + 5a < 3 + 5b$

③ $a < b$에서 $\dfrac{a}{4} < \dfrac{b}{4}$이므로 $\dfrac{a}{4} - 1 < \dfrac{b}{4} - 1$

④ $a < b$에서 $-6a > -6b$이므로 $-6a + 7 > -6b + 7$

⑤ $a < b$에서 $-a > -b$이므로 $1 - a > 1 - b$

$\therefore -(1-a) < -(1-b)$

따라서 부등호의 방향이 나머지 넷과 다른 하나는 ④이다.

0487 답 ③

$-4 \leq x < 2$의 각 변에 $\dfrac{1}{2}$을 곱하면 $-2 \leq \dfrac{1}{2}x < 1$

이 식의 각 변에서 3을 빼면 $-5 \leq \dfrac{1}{2}x - 3 < -2$

따라서 $\dfrac{1}{2}x - 3$의 값이 될 수 있는 정수는 -5, -4, -3의 3개이다.

0488 답 ④

$\dfrac{1}{4}x + 5 > ax + 7 - \dfrac{3}{4}x$에서 $\dfrac{1}{4}x + 5 - ax - 7 + \dfrac{3}{4}x > 0$

$\therefore (1-a)x - 2 > 0$

이 부등식이 x에 대한 일차부등식이므로

$1 - a \neq 0$ $\qquad \therefore a \neq 1$

0489 답 6

$4x - 11 < 6 - x$에서 $5x < 17$ $\qquad \therefore x < \dfrac{17}{5}\left(= 3\dfrac{2}{5}\right)$

따라서 주어진 부등식을 만족시키는 자연수 x는 1, 2, 3이므로 구하는 합은

$1 + 2 + 3 = 6$

0490 답 ④

$3(2x+1) < 8x + 1$에서 $6x + 3 < 8x + 1$

$-2x < -2$ $\qquad \therefore x > 1$

따라서 해를 수직선 위에 나타내면 오른쪽 그림과 같다.

0491 답 ④

① $-3x+16 \geq x$에서 $-4x \geq -16$ $\quad \therefore x \leq 4$

② $3(1-2x)-5 \geq -2(4x+3)$에서
$3-6x-5 \geq -8x-6$, $-6x-2 \geq -8x-6$
$2x \geq -4$ $\quad \therefore x \geq -2$

③ $\dfrac{x}{4}+\dfrac{2}{3} < \dfrac{3x-5}{6}$의 양변에 12를 곱하면
$3x+8 < 2(3x-5)$, $3x+8 < 6x-10$
$-3x < -18$ $\quad \therefore x > 6$

④ $1.23+1.1 > 0.73x-0.4$의 양변에 100을 곱하면
$123x+110 > 73x-40$, $50x > -150$ $\quad \therefore x > -3$

⑤ $0.7x-\dfrac{3}{4} \leq \dfrac{2x+3}{5}$에서 $\dfrac{7}{10}x-\dfrac{3}{4} \leq \dfrac{2x+3}{5}$
이 식의 양변에 20을 곱하면
$14x-15 \leq 4(2x+3)$, $14x-15 \leq 8x+12$
$6x \leq 27$ $\quad \therefore x \leq \dfrac{9}{2}$

따라서 해를 구한 것으로 옳지 않은 것은 ④이다.

0492 답 ③

$\dfrac{x-2}{2}-\dfrac{2x-1}{3} < -1$의 양변에 6을 곱하면
$3(x-2)-2(2x-1) < -6$
$3x-6-4x+2 < -6$, $-x < -2$ $\quad \therefore x > 2$
따라서 주어진 부등식을 만족시키는 x의 값 중 가장 작은 정수는 3이다.

0493 답 ④

$ax-5a \leq 3(x-5)$에서 $ax-5a \leq 3x-15$
$ax-3x \leq 5a-15$, $(a-3)x \leq 5(a-3)$
이때 $a < 3$에서 $a-3 < 0$이므로 $(a-3)x \leq 5(a-3)$의 양변을 $a-3$으로 나누면
$x \geq \dfrac{5(a-3)}{a-3}$ $\quad \therefore x \geq 5$

0494 답 $x > \dfrac{3}{2}$

$2x-a > 5$에서 $2x > a+5$ $\quad \therefore x > \dfrac{a+5}{2}$
이때 부등식의 해가 $x > 4$이므로
$\dfrac{a+5}{2}=4$, $a+5=8$ $\quad \therefore a=3$
따라서 $3(x+2) < 5x+3$에서
$3x+6 < 5x+3$, $-2x < -3$ $\quad \therefore x > \dfrac{3}{2}$

0495 답 $\dfrac{3}{4}$

$3x+2 \leq -x+3$에서 $4x \leq 1$ $\quad \therefore x \leq \dfrac{1}{4}$
$\dfrac{x}{3}+\dfrac{2-x}{6} \leq \dfrac{a}{2}$의 양변에 6을 곱하면
$2x+(2-x) \leq 3a$ $\quad \therefore x \leq 3a-2$
따라서 $3a-2=\dfrac{1}{4}$이므로
$3a=\dfrac{9}{4}$ $\quad \therefore a=\dfrac{3}{4}$

0496 답 ④

$x-4 \leq 3x+a$에서 $-2x \leq a+4$
$\therefore x \geq -\dfrac{a+4}{2}$
따라서 $-\dfrac{a+4}{2}=-3$이므로
$a+4=6$ $\quad \therefore a=2$

0497 답 ②

$4(x+1)+a < -3x$에서 $4x+4+a < -3x$
$7x < -a-4$ $\quad \therefore x < \dfrac{-a-4}{7}$ $\quad\cdots\cdots$ ㉠

㉠을 만족시키는 자연수 x가 2개, 즉 자연수 x가 1, 2이므로 오른쪽 그림에서

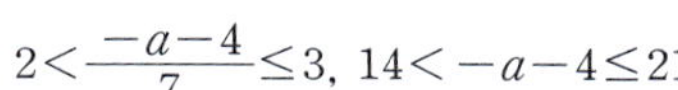
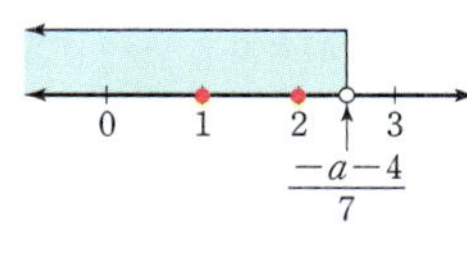

$2 < \dfrac{-a-4}{7} \leq 3$, $14 < -a-4 \leq 21$
$18 < -a \leq 25$ $\quad \therefore -25 \leq a < -18$

0498 답 15

$4x+9 > 6x-5$에서 $-2x > -14$ $\quad \therefore x < 7$ $\quad\cdots\cdots$ ❶
이 식의 각 변에 3을 곱하면 $3x < 21$
이 식의 각 변에서 5를 빼면 $3x-5 < 16$
$\therefore A < 16$ $\quad\cdots\cdots$ ❷
따라서 A의 값이 될 수 있는 자연수는 1, 2, 3, $\cdots$, 15의 15개이다.
$\quad\cdots\cdots$ ❸

채점 기준	
❶ 일차부등식 풀기	40 %
❷ A의 값의 범위 구하기	40 %
❸ A의 값이 될 수 있는 자연수의 개수 구하기	20 %

0499 답 2

$9-2(x+1) > 3(x-2)$에서 $9-2x-2 > 3x-6$
$-5x > -13$ $\quad \therefore x < \dfrac{13}{5}\left(=2\dfrac{3}{5}\right)$ $\quad\cdots\cdots$ ❶
따라서 주어진 부등식을 만족시키는 x의 값 중 가장 큰 정수는 2이다.
$\quad\cdots\cdots$ ❷

채점 기준	
❶ 일차부등식 풀기	70 %
❷ 일차부등식을 만족시키는 x의 값 중 가장 큰 정수 구하기	30 %

0500 답 -2

$3x-5 < a-bx$에서 $(3+b)x < a+5$
이때 주어진 그림에서 부등식의 해가 $x < 1$이므로 $3+b > 0$
따라서 $(3+b)x < a+5$에서 $x < \dfrac{a+5}{3+b}$이므로 $\quad\cdots\cdots$ ❶
$\dfrac{a+5}{3+b}=1$, $a+5=3+b$
$\therefore a-b=3-5=-2$ $\quad\cdots\cdots$ ❷

채점 기준	
❶ 일차부등식의 해를 a, b를 사용하여 나타내기	60 %
❷ $a-b$의 값 구하기	40 %

 실력 향상

0501 답 ②, ③

$cd>0$에서 $c>0$, $d>0$ 또는 $c<0$, $d<0$

이때 $c+d>0$이므로 $c>0$, $d>0$

② $a<b$에서 $-a>-b$이므로 $d-a>d-b$

③ $b<0$, $c>0$이므로 $b<c$

　　이때 $a<0$이므로 $ab>ac$

④ $a<b$에서 $c>0$이므로 $\dfrac{a}{c}<\dfrac{b}{c}$

⑤ $a<0$, $d>0$이므로 $a<d$

　　이때 $c>0$이므로 $ac<cd$

　　또 $b<0$이므로 $\dfrac{ac}{b}>\dfrac{cd}{b}$

따라서 옳지 않은 것은 ②, ③이다.

0502 답 ③

$x+y=5$에서 $y=5-x$

이를 $-3\leq 3x+y<7$에 대입하면

$-3\leq 3x+(5-x)<7$ 　 $\therefore -3\leq 2x+5<7$

이 식의 각 변에서 5를 빼면 $-8\leq 2x<2$

이 식의 각 변을 2로 나누면 $-4\leq x<1$

0503 답 $x<4$

$(a-b)x+2a-7b>0$에서 $(a-b)x>-2a+7b$

이때 부등식의 해가 $x<\dfrac{1}{2}$이므로 $a-b<0$ 　 …… ㉠

따라서 $(a-b)x>-2a+7b$에서 $x<\dfrac{-2a+7b}{a-b}$이므로

$\dfrac{-2a+7b}{a-b}=\dfrac{1}{2}$, $a-b=-4a+14b$

$5a=15b$ 　 $\therefore a=3b$ 　 …… ㉡

㉡을 ㉠에 대입하면 $3b-b<0$, $2b<0$ 　 $\therefore b<0$

㉡을 $(2b-a)x+a+b<0$에 대입하면

$(2b-3b)x+3b+b<0$, $-bx<-4b$

이때 $b<0$에서 $-b>0$이므로

$x<\dfrac{-4b}{-b}$ 　 $\therefore x<4$

0504 답 ⑤

$\dfrac{a-x}{4}<1+0.5x$에서 $\dfrac{a-x}{4}<1+\dfrac{1}{2}x$

이 식의 양변에 4를 곱하면

$a-x<4+2x$, $-3x<4-a$

$\therefore x>\dfrac{a-4}{3}$ 　 …… ㉠

㉠을 만족시키는 음의 정수 x가 2개, 즉 음의
정수 x가 -1, -2이므로 오른쪽 그림에서

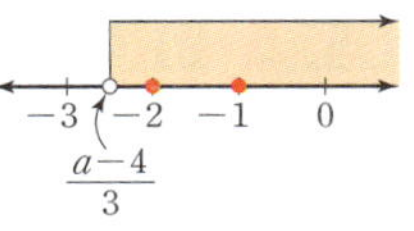

$-3\leq\dfrac{a-4}{3}<-2$, $-9\leq a-4<-6$

$\therefore -5\leq a<-2$

따라서 $m=-5$, $n=-2$이므로

$mn=-5\times(-2)=10$

05 / 일차부등식의 활용

A 개념 확인

0505 답 (1) $2x+10<3x-6$ 　 (2) $x>16$ 　 (3) 17

(2) $2x+10<3x-6$에서

　$-x<-16$ 　 $\therefore x>16$

0506 답 (1) $x+(x+1)>47$ 　 (2) $x>23$ 　 (3) 24, 25

(1) 연속하는 두 자연수 중에서 작은 수가 x이면 큰 수는 $x+1$이므로

　$x+(x+1)>47$

(2) $x+(x+1)>47$에서

　$2x+1>47$, $2x>46$ 　 $\therefore x>23$

0507 답 (1) $800x+500\leq 7700$ 　 (2) $x\leq 9$ 　 (3) 9개

(2) $800x+500\leq 7700$에서

　$800x\leq 7200$ 　 $\therefore x\leq 9$

0508 답 (1) $\dfrac{1}{2}\times 8\times x\geq 20$ 　 (2) $x\geq 5$ 　 (3) 5 cm

(2) $\dfrac{1}{2}\times 8\times x\geq 20$에서

　$4x\geq 20$ 　 $\therefore x\geq 5$

0509 답 (1)

	올라갈 때	내려올 때
거리	x km	x km
속력	시속 3 km	시속 4 km
시간	$\dfrac{x}{3}$시간	$\dfrac{x}{4}$시간

(2) $\dfrac{x}{3}+\dfrac{x}{4}\leq 3$ 　 (3) $x\leq\dfrac{36}{7}$ 　 (4) $\dfrac{36}{7}$ km

(3) $\dfrac{x}{3}+\dfrac{x}{4}\leq 3$의 양변에 12를 곱하면

　$4x+3x\leq 36$, $7x\leq 36$ 　 $\therefore x\leq\dfrac{36}{7}$

B 유형 완성

0510 답 ②

어떤 자연수를 x라 하면

$4x+15<31$, $4x<16$ 　 $\therefore x<4$

따라서 주어진 조건을 만족시키는 자연수 x는 1, 2, 3이므로 구하는
합은

$1+2+3=6$

0511 답 ②

두 자연수 중에서 작은 수가 x이면 큰 수는 $x+4$이므로

$x+(x+4)\leq 18$, $2x\leq 14$ 　 $\therefore x\leq 7$

따라서 x의 값이 될 수 있는 가장 큰 수는 7이다.

0512 답 **26, 27, 28**
연속하는 세 자연수를 $x-1$, x, $x+1$이라 하면
$(x-1)+x+(x+1)<84$
$3x<84$ $\therefore x<28$
이때 x의 값 중에서 가장 큰 자연수는 27이다.
따라서 가장 큰 세 자연수는 26, 27, 28이다.

0513 답 **24**
연속하는 두 짝수를 x, $x+2$라 하면
$5x-4>2(x+2)$ ..... ❶
$5x-4>2x+4$, $3x>8$
$\therefore x>\dfrac{8}{3}\left(=2\dfrac{2}{3}\right)$ ..... ❷
이때 x의 값 중에서 가장 작은 짝수는 4이다.
따라서 가장 작은 두 짝수는 4, 6이므로 구하는 곱은
$4\times6=24$ ..... ❸

채점 기준	
❶ 일차부등식 세우기	40 %
❷ 일차부등식 풀기	30 %
❸ 가장 작은 두 짝수의 곱 구하기	30 %

0514 답 ②
과학 점수를 x점이라 하면
$\dfrac{81+77+86+x}{4}\geq82$
$244+x\geq328$ $\therefore x\geq84$
따라서 과학 점수는 최소 84점이어야 한다.

0515 답 ④
10번째 사격에서 x점을 얻는다고 하면
$\dfrac{9.6\times9+x}{10}\geq9.5$
$86.4+x\geq95$ $\therefore x\geq8.6$
따라서 10번째 사격에서 최소 8.6점을 얻어야 한다.

0516 답 **10명**
남학생을 x명이라 하면 반 전체 학생은 $(20+x)$명이므로
$\dfrac{46\times20+58x}{20+x}\geq50$
$920+58x\geq1000+50x$
$8x\geq80$ $\therefore x\geq10$
따라서 남학생은 최소 10명이다.

참고 (학생 전체의 평균 몸무게)$=\dfrac{\text{(학생 전체의 몸무게의 합)}}{\text{(전체 학생 수)}}$

0517 답 ④
아보카도를 x개 산다고 하면
$1500x+3000\leq21000$
$1500x\leq18000$ $\therefore x\leq12$
따라서 아보카도를 최대 12개까지 살 수 있다.

0518 답 **26개**
상자를 한 번에 x개 운반한다고 하면
$80+20x\leq600$
$20x\leq520$ $\therefore x\leq26$
따라서 상자를 한 번에 최대 26개까지 운반할 수 있다.

0519 답 ③
장미를 x송이 산다고 하면
$1500\times6+2000x<25000$
$9000+2000x<25000$, $2000x<16000$ $\therefore x<8$
따라서 장미를 최대 7송이까지 살 수 있다.

0520 답 **11권**
공책을 x권 산다고 하면
$700x+100\times3\leq8000$
$700x\leq7700$ $\therefore x\leq11$
따라서 공책을 최대 11권까지 살 수 있다.

0521 답 ②
어른이 x명 체험한다고 하면 어린이는 $(25-x)$명 체험할 수 있으므로
$1000x+800(25-x)\leq24000$
$1000x+20000-800x\leq24000$
$200x\leq4000$ $\therefore x\leq20$
따라서 어른은 최대 20명까지 체험할 수 있다.

0522 답 **8개**
아이스크림을 x개 산다고 하면 사탕은 $2x$개 살 수 있으므로
$600\times2x+1300x\leq20000$ ..... ❶
$2500x\leq20000$ $\therefore x\leq8$ ..... ❷
따라서 아이스크림을 최대 8개까지 살 수 있다.   ..... ❸

채점 기준	
❶ 일차부등식 세우기	40 %
❷ 일차부등식 풀기	40 %
❸ 아이스크림을 최대 몇 개까지 살 수 있는지 구하기	20 %

0523 답 **6개**
샌드위치를 x개 주문한다고 하면 도넛은 $(10-x)$개 주문할 수 있으므로
$2500(10-x)+4500x+3000<42000$
$25000-2500x+4500x+3000<42000$
$2000x<14000$ $\therefore x<7$
따라서 샌드위치를 최대 6개까지 주문할 수 있다.

0524 답 ⑤
x개월 후부터 형의 예금액이 동생의 예금액보다 많아진다고 하면
$25000+5000x>40000+3000x$
$2000x>15000$ $\therefore x>\dfrac{15}{2}\left(=7\dfrac{1}{2}\right)$
따라서 형의 예금액이 동생의 예금액보다 많아지는 것은 8개월 후부터이다.

0525 답 ④

매일 저금하는 금액을 x원이라 하면

$20000+25x \geq 35000$

$25x \geq 15000$　∴ $x \geq 600$

따라서 매일 저금해야 하는 금액은 최소 600원이다.

0526 답 **7개월 후**

x개월 후부터 유진이의 예금액이 승우의 예금액의 2배보다 많아진 다고 하면

$50000+7000x > 2(34000+2000x)$

$50000+7000x > 68000+4000x$

$3000x > 18000$　∴ $x > 6$

따라서 유진이의 예금액이 승우의 예금액의 2배보다 많아지는 것은 7개월 후부터이다.

0527 답 $x \geq 10$

$\dfrac{1}{2} \times (6+x) \times 7 \geq 56$이므로

$6+x \geq 16$　∴ $x \geq 10$

0528 답 ④

직사각형의 세로의 길이를 x cm라 하면 가로의 길이는 $(x-3)$ cm 이므로

$2 \times \{(x-3)+x\} \leq 50$

$2x-3 \leq 25,\ 2x \leq 28$　∴ $x \leq 14$

따라서 세로의 길이는 최대 14 cm이어야 한다.

0529 답 **12 cm**

원뿔의 높이를 x cm라 하면

$\dfrac{1}{3} \times (\pi \times 5^2) \times x \geq 100\pi$　······ ❶

$\dfrac{25}{3}\pi x \geq 100\pi$　∴ $x \geq 12$　······ ❷

따라서 원뿔의 높이는 최소 12 cm이어야 한다.　······ ❸

채점 기준	
❶ 일차부등식 세우기	40 %
❷ 일차부등식 풀기	40 %
❸ 원뿔의 높이는 최소 몇 cm인지 구하기	20 %

0530 답 **2 cm**

$\overline{PC}=x$ cm라 하면 $\overline{BP}=(8-x)$ cm이므로

(삼각형 APQ의 넓이)

$=8 \times 6 - \left\{\dfrac{1}{2} \times 6 \times (8-x) + \dfrac{1}{2} \times x \times 3 + \dfrac{1}{2} \times 8 \times 3\right\}$

$=48-\left(24-3x+\dfrac{3}{2}x+12\right)$

점 Q는 $\overline{CD}$의 중점이므로 $\overline{CQ}=\overline{QD}$ $=\dfrac{1}{2} \times 6$ $=3$(cm)

$=\dfrac{3}{2}x+12$

이때 삼각형 APQ의 넓이가 15 cm² 이하가 되려면

$\dfrac{3}{2}x+12 \leq 15,\ \dfrac{3}{2}x \leq 3$　∴ $x \leq 2$

따라서 $\overline{PC}$의 길이는 최대 2 cm이어야 한다.

0531 답 ②

준호가 선재에게 사탕을 x개 준다고 하면

$39-x > 3(5+x)$

$39-x > 15+3x,\ -4x > -24$　∴ $x < 6$

따라서 준호는 선재에게 사탕을 최대 5개까지 줄 수 있다.

0532 답 **17년 후**

x년 후의 아버지의 나이는 $(47+x)$살, 딸의 나이는 $(15+x)$살이 므로

$47+x \leq 2(15+x)$　······ ❶

$47+x \leq 30+2x,\ -x \leq -17$

∴ $x \geq 17$　······ ❷

따라서 아버지의 나이가 딸의 나이의 2배 이하가 되는 것은 17년 후 부터이다.　······ ❸

채점 기준	
❶ 일차부등식 세우기	40 %
❷ 일차부등식 풀기	40 %
❸ 아버지의 나이가 딸의 나이의 2배 이하가 되는 것은 몇 년 후 부터인지 구하기	20 %

0533 답 ③

처음 기름통에 들어 있던 기름의 양을 x L라 하면

$(x-2) \times \left(1-\dfrac{3}{4}\right) \geq 15$

$x-2 \geq 60$　∴ $x \geq 62$

따라서 처음 기름통에 들어 있던 기름의 양은 최소 62 L이다.

0534 답 ④

지민이가 x번 이겼다고 하면 민정이는 $(25-x)$번 이겼으므로

$x-(25-x) \geq 7$

$x-25+x \geq 7,\ 2x \geq 32$　∴ $x \geq 16$

따라서 지민이는 최소 16번 이겼다.

0535 답 **4대**

전체 일의 양을 1이라 하면

A 기계 1대가 1시간 동안 하는 일의 양은 $\dfrac{1}{10}$,

B 기계 1대가 1시간 동안 하는 일의 양은 $\dfrac{1}{15}$이다.

A 기계를 x대 사용한다고 하면 B 기계는 $(13-x)$대 사용하므로

$\dfrac{1}{10}x+\dfrac{1}{15}(13-x) \geq 1$

└→ A 기계 x대, B 기계 $(13-x)$대가 1시간 동안 하는 일의 양

$3x+2(13-x) \geq 30$

$3x+26-2x \geq 30$　∴ $x \geq 4$

따라서 A 기계는 최소 4대가 필요하다.

참고 일에 대한 문제는 전체 일의 양을 1로 놓고, 다음을 이용하여 부등 식을 세운다.

· 어떤 일을 혼자서 완성하는 데 a일이 걸린다.

→ 하루 동안 하는 일의 양은 $\dfrac{1}{a}$

· 하루 동안 하는 일의 양이 A이다.

→ x일 동안 하는 일의 양은 Ax

0536 답 150분

x분 동안 주차한다고 하면 1분마다 50원씩 요금이 추가되는 주차 시간은 $(x-30)$분이므로

$1000+50(x-30) \leq 7000$

$1000+50x-1500 \leq 7000$, $50x \leq 7500$ $\therefore x \leq 150$

따라서 최대 150분 동안 주차할 수 있다.

0537 답 ③

민속촌에 x명이 입장한다고 하면 1인당 입장료가 800원인 인원은 $(x-4)$명이므로

$1000 \times 4 + 800(x-4) \leq 9000$

$4000+800x-3200 \leq 9000$

$800x \leq 8200$ $\therefore x \leq \dfrac{41}{4}\left(=10\dfrac{1}{4}\right)$

따라서 최대 10명까지 입장할 수 있다.

0538 답 ⑤

증명사진을 x장 뽑는다고 하면 한 장당 200원씩 비용이 추가되는 사진은 $(x-6)$장이므로

$4000+200(x-6) \leq 400x$

$4000+200x-1200 \leq 400x$

$-200x \leq -2800$ $\therefore x \geq 14$

따라서 증명사진을 최소 14장 뽑아야 한다.

0539 답 ④

물건의 정가를 x원이라 하면

$\left(1-\dfrac{20}{100}\right)x-12000 \geq 12000 \times \dfrac{30}{100}$

$\dfrac{4}{5}x \geq 15600$ $\therefore x \geq 19500$

따라서 정가를 최소 19500원으로 정해야 한다.

0540 답 ②

가방의 정가는 $8000+8000 \times \dfrac{50}{100}=12000$(원)

가방의 판매 가격은 $12000-12000 \times \dfrac{20}{100}=9600$(원)

가방을 x개 판다고 하면

$(9600-8000) \times x \geq 24000$

$1600x \geq 24000$ $\therefore x \geq 15$

따라서 가방을 최소 15개 팔아야 한다.

0541 답 15000원

상품의 원가를 x원이라 하면

$\left\{\left(1+\dfrac{30}{100}\right)x-1500\right\}-x \geq \dfrac{20}{100}x$ ······ ❶

$\dfrac{13}{10}x-1500-x \geq \dfrac{1}{5}x$

$13x-15000-10x \geq 2x$ $\therefore x \geq 15000$ ······ ❷

따라서 원가가 15000원 이상이어야 한다.   ······ ❸

채점 기준

❶ 일차부등식 세우기	40 %
❷ 일차부등식 풀기	40 %
❸ 원가가 얼마 이상인지 구하기	20 %

0542 답 ④

볼펜을 x자루 산다고 하면

$1000x > 700x+3000$

$300x > 3000$ $\therefore x > 10$

따라서 볼펜을 11자루 이상 사야 할인 매장에서 사는 것이 유리하다.

참고 볼펜을 10자루 사는 경우 문구점에서는 $1000 \times 10=10000$(원), 할인 매장에서는 $700 \times 10+3000=10000$(원)이 든다.
따라서 이 경우는 문구점에서의 볼펜 구입 비용과 할인 매장에서의 볼펜 구입 비용이 같으므로 할인 매장에서 사는 것이 유리하다고 할 수 없다.

0543 답 ②

책을 x권 산다고 하면

$8000x > \left\{8000 \times \left(1-\dfrac{10}{100}\right)\right\} \times x + 2500$

$8000x > 7200x+2500$

$800x > 2500$ $\therefore x > \dfrac{25}{8}\left(=3\dfrac{1}{8}\right)$

따라서 책을 최소 4권 사야 인터넷 서점을 이용하는 것이 유리하다.

0544 답 36개월

공기 청정기를 x개월 사용한다고 하면

$560000+14000x < 30000x$ ······ ❶

$-16000x < -560000$ $\therefore x > 35$ ······ ❷

따라서 공기 청정기를 36개월 이상 사용해야 구입하는 것이 유리하다.
    ······ ❸

채점 기준

❶ 일차부등식 세우기		40 %
❷ 일차부등식 풀기		40 %
❸ 공기 청정기를 몇 개월 이상 사용해야 구입하는 것이 유리한지 구하기		20 %

0545 답 ⑤

A 요금제와 B 요금제의 10초당 통화 요금이 각각 40원, 20원이므로 1분당 통화 요금은 각각

$40 \times 6=240$(원), $20 \times 6=120$(원)

통화 시간을 x분이라 하면

$12000+240x > 18000+120x$

$120x > 6000$ $\therefore x > 50$

따라서 B 요금제를 이용하는 것이 경제적인 것은 통화 시간이 50분 초과일 때이다.

0546 답 8명

자유 이용권을 x명이 산다고 하면

$16000x > 16000 \times \left(1-\dfrac{25}{100}\right) \times 10$ $\therefore x > \dfrac{15}{2}\left(=7\dfrac{1}{2}\right)$

따라서 8명 이상부터 10명의 단체 자유 이용권을 사는 것이 유리하다.

0547 답 37명

연극을 x명이 관람한다고 하면

$30000x > 30000 \times \left(1-\dfrac{10}{100}\right) \times 40$ $\therefore x > 36$

따라서 37명 이상부터 40명의 단체 티켓을 사는 것이 유리하다.

0548 답 ③

박물관을 x명이 관람한다고 하면

$$9000 \times \left(1 - \frac{20}{100}\right) \times x > 9000 \times \left(1 - \frac{30}{100}\right) \times 30$$

$$\frac{4}{5}x > 21 \qquad \therefore x > \frac{105}{4}\left(= 26\frac{1}{4}\right)$$

따라서 26명 이상부터 30명의 단체 관람권을 사는 것이 유리하다.

0549 답 $\dfrac{7}{8}$ km

집에서 편의점까지의 거리를 x km라 하면

$$\frac{x}{3} + \frac{10}{60} + \frac{x}{3} \le \frac{45}{60}$$

$$\frac{x}{3} + \frac{1}{6} + \frac{x}{3} \le \frac{3}{4}, \quad 4x + 2 + 4x \le 9$$

$$8x \le 7 \qquad \therefore x \le \frac{7}{8}$$

따라서 집에서 최대 $\dfrac{7}{8}$ km 떨어진 편의점까지 이용할 수 있다.

0550 답 ②

출발점에서 x km 떨어진 곳까지 갔다 온다고 하면

$$\frac{x}{3} + \frac{x}{2} \le \frac{135}{60} \quad _{\longrightarrow 2\frac{15}{60}\text{시간}}$$

$$\frac{x}{3} + \frac{x}{2} \le \frac{9}{4}, \quad 4x + 6x \le 27$$

$$10x \le 27 \qquad \therefore x \le \frac{27}{10}(= 2.7)$$

따라서 출발점에서 최대 2.7 km 떨어진 곳까지 갔다 올 수 있다.

0551 답 7 km

올라간 거리를 x km라 하면 내려온 거리는 $(x+3)$ km이므로

$$\frac{x}{2} + \frac{x+3}{4} \le 6 \qquad \cdots\cdots ❶$$

$$2x + x + 3 \le 24, \quad 3x \le 21$$

$$\therefore x \le 7 \qquad \cdots\cdots ❷$$

따라서 올라간 거리는 최대 7 km이다. $\qquad \cdots\cdots ❸$

채점 기준		
❶ 일차부등식 세우기		40 %
❷ 일차부등식 풀기		40 %
❸ 올라간 거리는 최대 몇 km인지 구하기		20 %

0552 답 ⑤

갈 때 걸은 거리를 x km라 하면 올 때 걸은 거리는 $(x+2)$ km이므로

$$\frac{x}{3} + \frac{20}{60} + \frac{x+2}{5} \le 3$$

$$\frac{x}{3} + \frac{1}{3} + \frac{x+2}{5} \le 3, \quad 5x + 5 + 3(x+2) \le 45$$

$$5x + 5 + 3x + 6 \le 45, \quad 8x \le 34$$

$$\therefore x \le \frac{17}{4}$$

따라서 산책한 거리는 최대 $\dfrac{17}{4} + \left(\dfrac{17}{4} + 2\right) = \dfrac{21}{2}$ (km)이다.

0553 답 5 km

스케이트보드를 타고 간 거리를 x km라 하면 걸어간 거리는 $(8-x)$ km이므로

$$\frac{x}{10} + \frac{8-x}{3} \le \frac{90}{60} \quad _{\longrightarrow 1\frac{30}{60}\text{시간}}$$

$$\frac{x}{10} + \frac{8-x}{3} \le \frac{3}{2}, \quad 3x + 10(8-x) \le 45$$

$$3x + 80 - 10x \le 45, \quad -7x \le -35 \qquad \therefore x \ge 5$$

따라서 스케이트보드를 타고 간 거리는 최소 5 km이다.

0554 답 ⑤

분속 60 m로 걸은 거리를 x m라 하면 분속 80 m로 걸은 거리는 $(9000-x)$ m이므로

$$\frac{x}{60} + \frac{9000-x}{80} \le 120$$

$$4x + 3(9000-x) \le 28800$$

$$4x + 27000 - 3x \le 28800 \qquad \therefore x \le 1800$$

따라서 분속 60 m로 걸은 거리는 최대 1800 m, 즉 최대 1.8 km이므로 분속 60 m로 걸은 거리가 될 수 없는 것은 ⑤이다.

0555 답 3 km

걸어간 거리를 x m라 하면 뛰어간 거리는 $(6000-x)$ m이므로

$$\frac{x}{50} + \frac{6000-x}{150} \le 80 \qquad \cdots\cdots ❶$$

$$3x + 6000 - x \le 12000, \quad 2x \le 6000$$

$$\therefore x \le 3000 \qquad \cdots\cdots ❷$$

따라서 걸어간 거리는 최대 3000 m, 즉 최대 3 km이다. $\quad \cdots\cdots ❸$

채점 기준		
❶ 일차부등식 세우기		40 %
❷ 일차부등식 풀기		40 %
❸ 걸어간 거리는 최대 몇 km인지 구하기		20 %

0556 답 ②

출발한 지 x분이 지났다고 하면

$$200x + 150x \ge 2100$$

$$350x \ge 2100 \qquad \therefore x \ge 6$$

따라서 출발한 지 최소 6분이 지나야 한다.

0557 답 ④

출발한 지 x분이 지났다고 하면

$$3700 - (230x + 170x) \le 900$$

$$-400x \le -2800 \qquad \therefore x \ge 7$$

따라서 출발한 지 최소 7분이 지나야 한다.

0558 답 4분 후

은정이가 출발한 지 x분이 지났다고 하면 민우는 출발한 지 $(x+8)$분이 지났으므로

$$60(x+8) + 50x \ge 920$$

$$60x + 480 + 50x \ge 920, \quad 110x \ge 440 \qquad \therefore x \ge 4$$

따라서 두 사람이 920 m 이상 떨어지는 것은 은정이가 출발한 지 4분 후부터이다.

0559 답 ④

연속하는 세 홀수를 $x-2$, x, $x+2$라 하면

$(x-2)+x+(x+2)>55$

$3x>55$　　$\therefore x>\dfrac{55}{3}\left(=18\dfrac{1}{3}\right)$

따라서 가운데 수가 될 수 있는 수 중에서 가장 작은 수는 19이다.

0560 답 ⑤

9월 영어 듣기 평가에서 x개를 맞힌다고 하면

$\dfrac{20+13+x}{3}\geq17$

$x+33\geq51$　　$\therefore x\geq18$

따라서 9월 영어 듣기 평가에서 18개 이상을 맞혀야 한다.

0561 답 5개

상자를 한 번에 x개 운반한다고 하면

$65+75+120x\leq800$

$120x\leq660$　　$\therefore x\leq\dfrac{11}{2}\left(=5\dfrac{1}{2}\right)$

따라서 상자를 한 번에 최대 5개까지 운반할 수 있다.

0562 답 ①, ⑤

① 집게는 $(15-x)$개 살 수 있다.

④, ⑤ 전체 금액이 5300원 이하가 되어야 하므로

　　$500x+300(15-x)\leq5300$

　　$500x+4500-300x\leq5300$

　　$200x\leq800$　　$\therefore x\leq4$

　　즉, 메모지는 최대 4개까지 살 수 있다.

따라서 옳지 않은 것은 ①, ⑤이다.

0563 답 50일 후

x일 후부터 총금액이 40000원 이상이 된다고 하면

$5000+700x\geq40000$

$700x\geq35000$　　$\therefore x\geq50$

따라서 총금액이 40000원 이상이 되는 것은 50일 후부터이다.

0564 답 ③

윗변의 길이를 $x\,\mathrm{cm}$라 하면 아랫변의 길이는 $(x+6)\,\mathrm{cm}$이므로

$\dfrac{1}{2}\times\{x+(x+6)\}\times5\leq60$

$\dfrac{5}{2}(2x+6)\leq60$, $5x+15\leq60$

$5x\leq45$　　$\therefore x\leq9$

따라서 윗변의 길이는 최대 $9\,\mathrm{cm}$이어야 한다.

0565 답 ④

각 상자에서 공을 x번 꺼낸다고 하면

$180-6x<120-3x$

$-3x<-60$　　$\therefore x>20$

따라서 각 상자에서 공을 최소 21번 꺼내야 한다.

0566 답 53개

정사각형을 1개, 2개, 3개, 4개, ... 만드는 데 필요한 성냥개비의 개수는 각각

4, $4+3\times1$, $4+3\times2$, $4+3\times3$, ...

즉, 정사각형을 x개 만드는 데 필요한 성냥개비의 개수는

$4+3(x-1)=3x+1$이므로

$3x+1\leq162$

$3x\leq161$　　$\therefore x\leq\dfrac{161}{3}\left(=53\dfrac{2}{3}\right)$

따라서 정사각형은 최대 53개 만들 수 있다.

0567 답 350 MB

데이터를 $x\,\mathrm{MB}$ 사용한다고 하면 $1\,\mathrm{MB}$당 100원의 추가 요금을 내야 하는 데이터는 $(x-100)\,\mathrm{MB}$이므로

$35000+100(x-100)\leq60000$

$35000+100x-10000\leq60000$

$100x\leq35000$　　$\therefore x\leq350$

따라서 데이터를 최대 $350\,\mathrm{MB}$ 사용할 수 있다.

0568 답 ⑤

모자의 원가를 x원이라 하면

$\left\{(x+6000)\times\left(1-\dfrac{20}{100}\right)\right\}-x\geq800$

$\dfrac{4}{5}(x+6000)-x\geq800$

$4x+24000-5x\geq4000$

$-x\geq-20000$　　$\therefore x\leq20000$

따라서 원가는 20000원 이하이어야 하므로 원가가 될 수 없는 것은 ⑤이다.

0569 답 ④

라면을 x개 산다고 하면

$1500x>\left\{1500\times\left(1-\dfrac{20}{100}\right)\right\}\times x+2400$

$1500x>1200x+2400$, $300x>2400$　　$\therefore x>8$

따라서 라면을 최소 9개 사야 대형 마트에서 사는 것이 유리하다.

0570 답 29명

테마파크에 x명이 입장한다고 하면

$25000x>25000\times\left(1-\dfrac{30}{100}\right)\times40$

$\therefore x>28$

따라서 29명 이상부터 40명의 단체 입장권을 사는 것이 유리하다.

0571 답 ④

터미널에서 식당까지의 거리를 $x\,\mathrm{km}$라 하면

$\dfrac{x}{4}+\dfrac{25}{60}+\dfrac{x}{5}\leq\dfrac{70}{60}$

$15x+25+12x\leq70$, $27x\leq45$　　$\therefore x\leq\dfrac{5}{3}$

따라서 터미널에서 최대 $\dfrac{5}{3}\,\mathrm{km}$ 떨어진 식당까지 갔다 올 수 있다.

0572 답 ③

자전거가 고장 난 지점을 상우네 집에서 x km 떨어진 곳이라 하면
걸어간 거리는 $(25-x)$ km이므로

$$\frac{x}{15}+\frac{25-x}{3}\leq 3$$

$x+5(25-x)\leq 45,\ x+125-5x\leq 45$

$-4x\leq -80\qquad\therefore\ x\geq 20$

따라서 자전거가 고장 난 지점은 상우네 집에서 20 km 이상 떨어진
곳이다.

0573 답 21분

출발한 지 x분이 지났다고 하면
$\underset{\raisebox{0.5ex}{$\frac{x}{60}$시간}}{}$

$$4\times\frac{x}{60}+6\times\frac{x}{60}\geq 3.5$$

$4x+6x\geq 210,\ 10x\geq 210$

$\therefore\ x\geq 21$

따라서 출발한 지 최소 21분이 지나야 한다.

0574 답 18개

쿠키 A를 x개 만든다고 하면 쿠키 B는 $(20-x)$개 만들 수 있으므로

$50x+40(20-x)\leq 980$ $\qquad\cdots\cdots$ ❶

$50x+800-40x\leq 980$

$10x\leq 180\qquad\therefore\ x\leq 18$ $\qquad\cdots\cdots$ ❷

따라서 쿠키 A를 최대 18개까지 만들 수 있다. $\qquad\cdots\cdots$ ❸

채점 기준	
❶ 일차부등식 세우기	40 %
❷ 일차부등식 풀기	40 %
❸ 쿠키 A를 최대 몇 개까지 만들 수 있는지 구하기	20 %

0575 답 10장

티셔츠를 x장 산다고 하면 한 장당 8000원씩 추가되는 티셔츠는
$(x-3)$장이므로

$29000+8000(x-3)\leq 8500x$ $\qquad\cdots\cdots$ ❶

$29000+8000x-24000\leq 8500x$

$-500x\leq -5000\qquad\therefore\ x\geq 10$ $\qquad\cdots\cdots$ ❷

따라서 티셔츠를 최소 10장 사야 한다. $\qquad\cdots\cdots$ ❸

채점 기준	
❶ 일차부등식 세우기	40 %
❷ 일차부등식 풀기	40 %
❸ 티셔츠를 최소 몇 장 사야 하는지 구하기	20 %

0576 답 81곡

음악을 x곡 내려받는다고 하면 A 사이트에서 1곡당 100원씩 추가
요금을 내는 음악은 $(x-50)$곡이므로

$3900+100(x-50)>6900$ $\qquad\cdots\cdots$ ❶

$3900+100x-5000>6900$

$100x>8000\qquad\therefore\ x>80$ $\qquad\cdots\cdots$ ❷

따라서 B 사이트를 이용하는 것이 경제적이려면 음악을 81곡 이상
내려받아야 한다. $\qquad\cdots\cdots$ ❸

채점 기준	
❶ 일차부등식 세우기	40 %
❷ 일차부등식 풀기	40 %
❸ B 사이트를 이용하는 것이 경제적이려면 음악을 몇 곡 이상 내려받아야 하는지 구하기	20 %

0577 답 ③

식품 A를 x g 섭취한다고 하면 식품 B는 $(400-x)$ g 섭취하므로

$$\frac{15}{100}\times x+\frac{5}{100}\times(400-x)\leq 30$$

$15x+2000-5x\leq 3000$

$10x\leq 1000\qquad\therefore\ x\leq 100$

따라서 식품 A를 최대 100 g 섭취할 수 있다.

0578 답 25 cm

(사다리꼴 ABCD의 넓이)$=\dfrac{1}{2}\times(30+70)\times 50=2500(\text{cm}^2)$

$\overline{BP}=x$ cm라 하면 $\overline{AP}=(50-x)$ cm이므로

(삼각형 DPC의 넓이)

$=2500-\left\{\dfrac{1}{2}\times 70\times x+\dfrac{1}{2}\times 30\times(50-x)\right\}$

$=2500-35x-750+15x$

$=1750-20x(\text{cm}^2)$

이때 삼각형 DPC의 넓이가 사다리꼴 ABCD의 넓이의 $\dfrac{1}{2}$ 이상이

되려면

$1750-20x\geq\dfrac{1}{2}\times 2500$

$-20x\geq -500\qquad\therefore\ x\leq 25$

따라서 $\overline{BP}$의 길이는 최대 25 cm이어야 한다.

0579 답 800원

유리컵 한 개의 판매 가격을 x원이라 하면

$$(100-10)\times x-60000\geq 60000\times\frac{20}{100}$$

$90x\geq 72000\qquad\therefore\ x\geq 800$

따라서 유리컵 한 개의 판매 가격을 최소 800원으로 정해야 한다.

0580 답 ④

식사를 하는 인원을 x명이라 하면

$$16000\times\left(1-\frac{20}{100}\right)\times x<16000\times\left(1-\frac{50}{100}\right)\times 3+16000(x-3)$$

$\dfrac{4}{5}x<\dfrac{3}{2}+x-3,\ 8x<15+10x-30$

$-2x<-15\qquad\therefore\ x>\dfrac{15}{2}\left(=7\dfrac{1}{2}\right)$

따라서 8명 이상이어야 제휴 카드 할인 혜택을 받는 것이 유리하다.

06 / 연립일차방정식

A 개념 확인

0581 답 ○

0582 답 ×

0583 답 ○

0584 답 ×
$5x+4y=4y-1$에서 $5x+1=0$

0585 답 $400x+700y=5600$

0586 답 $x+y+5=17$

0587 답 ○
$5x-2y=3$에 $x=1$, $y=1$을 대입하면
$5\times1-2\times1=3$

0588 답 ×
$5x-2y=3$에 $x=-1$, $y=4$를 대입하면
$5\times(-1)-2\times4\neq3$

0589 답 ×
$5x-2y=3$에 $x=2$, $y=3$을 대입하면
$5\times2-2\times3\neq3$

0590 답 ○
$5x-2y=3$에 $x=-3$, $y=-9$를 대입하면
$5\times(-3)-2\times(-9)=3$

0591 답

x	1	2	3	4	5	6
y	17	13	9	5	1	-3

$(1,\ 17),\ (2,\ 13),\ (3,\ 9),\ (4,\ 5),\ (5,\ 1)$

0592 답

x	19	14	9	4	-1
y	1	2	3	4	5

$(19,\ 1),\ (14,\ 2),\ (9,\ 3),\ (4,\ 4)$

0593 답 ×
$x=2$, $y=-3$을 주어진 연립방정식에 대입하면
$$\begin{cases} 2-9\times(-3)\neq27 \\ 2\times2+3\times(-3)=-5 \end{cases}$$
따라서 $(2,\ -3)$은 주어진 연립방정식의 해가 아니다.

0594 답 ○
$x=2$, $y=-3$을 주어진 연립방정식에 대입하면
$$\begin{cases} 4\times2+3\times(-3)=-1 \\ -3\times2+(-3)=-9 \end{cases}$$
따라서 $(2,\ -3)$은 주어진 연립방정식의 해이다.

0595 답 (1)

x	1	2	3	4	5
y	4	3	2	1	0

$(1,\ 4),\ (2,\ 3),\ (3,\ 2),\ (4,\ 1)$

(2)

x	7	5	3	1	-1
y	1	2	3	4	5

$(7,\ 1),\ (5,\ 2),\ (3,\ 3),\ (1,\ 4)$

(3) $(1,\ 4)$

0596 답 ㈎ $x-2$ ㈏ 1 ㈐ -1
㉠에서 y를 x에 대한 식으로 나타내면
$y=\boxed{x-2}$ ...... ㉢
㉢을 ㉡에 대입하면
$x+2(\boxed{x-2})=-1$, $x+2x-4=-1$
$3x=3$ ∴ $x=\boxed{1}$
이를 ㉢에 대입하면 $y=1-2=\boxed{-1}$

0597 답 $x=2$, $y=12$
$$\begin{cases} y=3x+6 & \cdots\cdots ㉠ \\ 2x+y=16 & \cdots\cdots ㉡ \end{cases}$$
㉠을 ㉡에 대입하면
$2x+(3x+6)=16$, $5x=10$ ∴ $x=2$
이를 ㉠에 대입하면 $y=6+6=12$

0598 답 $x=-11$, $y=-4$
$$\begin{cases} -x+4y=-5 & \cdots\cdots ㉠ \\ x-3y=1 & \cdots\cdots ㉡ \end{cases}$$
㉡에서 $x=3y+1$ ...... ㉢
㉢을 ㉠에 대입하면
$-(3y+1)+4y=-5$ ∴ $y=-4$
이를 ㉢에 대입하면 $x=-12+1=-11$

0599 답 ㈎ 2 ㈏ -14 ㈐ -2 ㈑ -4
㉠$\times\boxed{2}$를 하면 $6x+2y=-20$ ...... ㉢
㉡$+$㉢을 하면 $7x=\boxed{-14}$ ∴ $x=\boxed{-2}$
이를 ㉠에 대입하면
$-6+y=-10$ ∴ $y=\boxed{-4}$

0600 답 $x=2$, $y=\dfrac{1}{2}$
$$\begin{cases} 4x+2y=9 & \cdots\cdots ㉠ \\ 3x+4y=8 & \cdots\cdots ㉡ \end{cases}$$
㉠$\times2-$㉡을 하면 $5x=10$ ∴ $x=2$
이를 ㉠에 대입하면
$8+2y=9$, $2y=1$ ∴ $y=\dfrac{1}{2}$

0601 답 $x=-1$, $y=-4$
$$\begin{cases} 3x+5y=-23 & \cdots\cdots ㉠ \\ -x+2y=-7 & \cdots\cdots ㉡ \end{cases}$$
㉠$+$㉡$\times3$을 하면 $11y=-44$ ∴ $y=-4$
이를 ㉡에 대입하면 $-x-8=-7$ ∴ $x=-1$

0602 답 $x=-2$, $y=2$

$$\begin{cases} x+4y=6 & \cdots\cdots \ \textcircled{\scriptsize ㄱ} \\ 2x+3(y+1)=5 & \cdots\cdots \ \textcircled{\scriptsize ㄴ} \end{cases}$$

$\textcircled{\scriptsize ㄴ}$을 정리하면 $2x+3y=2$ $\quad\cdots\cdots\ \textcircled{\scriptsize ㄷ}$

$\textcircled{\scriptsize ㄱ}\times2-\textcircled{\scriptsize ㄷ}$을 하면 $5y=10$ $\quad\therefore y=2$

이를 $\textcircled{\scriptsize ㄱ}$에 대입하면 $x+8=6$ $\quad\therefore x=-2$

0603 답 $x=-\dfrac{1}{2}$, $y=3$

주어진 연립방정식을 정리하면 $\begin{cases} 2x+3y=8 & \cdots\cdots \ \textcircled{\scriptsize ㄱ} \\ -2x+6y=19 & \cdots\cdots \ \textcircled{\scriptsize ㄴ} \end{cases}$

$\textcircled{\scriptsize ㄱ}+\textcircled{\scriptsize ㄴ}$을 하면 $9y=27$ $\quad\therefore y=3$

이를 $\textcircled{\scriptsize ㄱ}$에 대입하면 $2x+9=8$, $2x=-1$ $\quad\therefore x=-\dfrac{1}{2}$

0604 답 $x=-1$, $y=2$

$$\begin{cases} x+1.5y=2 & \cdots\cdots \ \textcircled{\scriptsize ㄱ} \\ 0.5x-0.7y=-1.9 & \cdots\cdots \ \textcircled{\scriptsize ㄴ} \end{cases}$$

$\textcircled{\scriptsize ㄱ}\times10$을 하면 $10x+15y=20$ $\quad\cdots\cdots\ \textcircled{\scriptsize ㄷ}$

$\textcircled{\scriptsize ㄴ}\times10$을 하면 $5x-7y=-19$ $\quad\cdots\cdots\ \textcircled{\scriptsize ㄹ}$

$\textcircled{\scriptsize ㄷ}-\textcircled{\scriptsize ㄹ}\times2$를 하면 $29y=58$ $\quad\therefore y=2$

이를 $\textcircled{\scriptsize ㄷ}$에 대입하면 $10x+30=20$, $10x=-10$ $\quad\therefore x=-1$

0605 답 $x=2$, $y=\dfrac{1}{5}$

$$\begin{cases} 0.3x-y=0.4 & \cdots\cdots \ \textcircled{\scriptsize ㄱ} \\ 0.04x+0.3y=0.14 & \cdots\cdots \ \textcircled{\scriptsize ㄴ} \end{cases}$$

$\textcircled{\scriptsize ㄱ}\times10$을 하면 $3x-10y=4$ $\quad\cdots\cdots\ \textcircled{\scriptsize ㄷ}$

$\textcircled{\scriptsize ㄴ}\times100$을 하면 $4x+30y=14$ $\quad\cdots\cdots\ \textcircled{\scriptsize ㄹ}$

$\textcircled{\scriptsize ㄷ}\times3+\textcircled{\scriptsize ㄹ}$을 하면 $13x=26$ $\quad\therefore x=2$

이를 $\textcircled{\scriptsize ㄷ}$에 대입하면 $6-10y=4$, $-10y=-2$ $\quad\therefore y=\dfrac{1}{5}$

0606 답 $x=3$, $y=-3$

$$\begin{cases} -2x+y=-9 & \cdots\cdots \ \textcircled{\scriptsize ㄱ} \\ \dfrac{1}{2}x+\dfrac{2}{5}y=\dfrac{3}{10} & \cdots\cdots \ \textcircled{\scriptsize ㄴ} \end{cases}$$

$\textcircled{\scriptsize ㄴ}\times10$을 하면 $5x+4y=3$ $\quad\cdots\cdots\ \textcircled{\scriptsize ㄷ}$

$\textcircled{\scriptsize ㄱ}\times4-\textcircled{\scriptsize ㄷ}$을 하면 $-13x=-39$ $\quad\therefore x=3$

이를 $\textcircled{\scriptsize ㄱ}$에 대입하면 $-6+y=-9$ $\quad\therefore y=-3$

0607 답 $x=6$, $y=-12$

$$\begin{cases} \dfrac{x}{2}-\dfrac{y}{4}=6 & \cdots\cdots \ \textcircled{\scriptsize ㄱ} \\ \dfrac{x}{4}+\dfrac{y}{6}=-\dfrac{1}{2} & \cdots\cdots \ \textcircled{\scriptsize ㄴ} \end{cases}$$

$\textcircled{\scriptsize ㄱ}\times4$를 하면 $2x-y=24$ $\quad\cdots\cdots\ \textcircled{\scriptsize ㄷ}$

$\textcircled{\scriptsize ㄴ}\times12$를 하면 $3x+2y=-6$ $\quad\cdots\cdots\ \textcircled{\scriptsize ㄹ}$

$\textcircled{\scriptsize ㄷ}\times2+\textcircled{\scriptsize ㄹ}$을 하면 $7x=42$ $\quad\therefore x=6$

이를 $\textcircled{\scriptsize ㄷ}$에 대입하면 $12-y=24$ $\quad\therefore y=-12$

0608 답 $x=1$, $y=5$

주어진 방정식을 연립방정식으로 나타내면

$$\begin{cases} 3x-y=-2 & \cdots\cdots \ \textcircled{\scriptsize ㄱ} \\ -7x+y=-2 & \cdots\cdots \ \textcircled{\scriptsize ㄴ} \end{cases}$$

$\textcircled{\scriptsize ㄱ}+\textcircled{\scriptsize ㄴ}$을 하면 $-4x=-4$ $\quad\therefore x=1$

이를 $\textcircled{\scriptsize ㄱ}$에 대입하면 $3-y=-2$ $\quad\therefore y=5$

0609 답 $x=2$, $y=-3$

주어진 방정식을 연립방정식으로 나타내면

$$\begin{cases} 2x+4y+9=y+4 & \cdots\cdots \ \textcircled{\scriptsize ㄱ} \\ y+4=3x+2y+1 & \cdots\cdots \ \textcircled{\scriptsize ㄴ} \end{cases}$$

$\textcircled{\scriptsize ㄱ}$을 정리하면 $2x+3y=-5$ $\quad\cdots\cdots\ \textcircled{\scriptsize ㄷ}$

$\textcircled{\scriptsize ㄴ}$을 정리하면 $3x+y=3$ $\quad\cdots\cdots\ \textcircled{\scriptsize ㄹ}$

$\textcircled{\scriptsize ㄷ}-\textcircled{\scriptsize ㄹ}\times3$을 하면 $-7x=-14$ $\quad\therefore x=2$

이를 $\textcircled{\scriptsize ㄹ}$에 대입하면 $6+y=3$ $\quad\therefore y=-3$

0610 답 해가 무수히 많다.

$$\begin{cases} 3x+2y=-8 & \cdots\cdots \ \textcircled{\scriptsize ㄱ} \\ -6x-4y=16 & \cdots\cdots \ \textcircled{\scriptsize ㄴ} \end{cases}$$

$\textcircled{\scriptsize ㄱ}\times(-2)=\textcircled{\scriptsize ㄴ}$이므로 해가 무수히 많다.

0611 답 해가 없다.

$$\begin{cases} x+y=7 & \cdots\cdots \ \textcircled{\scriptsize ㄱ} \\ 3x+3y=14 & \cdots\cdots \ \textcircled{\scriptsize ㄴ} \end{cases}$$

$\textcircled{\scriptsize ㄱ}\times3$을 하면 $3x+3y=21$ $\quad\cdots\cdots\ \textcircled{\scriptsize ㄷ}$

이때 $\textcircled{\scriptsize ㄴ}$과 $\textcircled{\scriptsize ㄷ}$에서 x, y의 계수는 각각 같고 상수항은 다르므로 해가 없다.

B 유형 완성

98~109쪽

0612 답 ③

① 등식이 아니므로 일차방정식이 아니다.

② x가 분모에 있으므로 일차방정식이 아니다.

③ $x-5y+3=0$이므로 미지수가 2개인 일차방정식이다.

④ x의 차수가 2이므로 일차방정식이 아니다.

⑤ $-2y+3=0$이므로 미지수가 1개인 일차방정식이다.

따라서 미지수가 2개인 일차방정식인 것은 ③이다.

0613 답 ③, ⑤

③ $x+3=y$ $\qquad\qquad$ ⑤ $3x+2y=32$

0614 답 ②

$ax^2-3x+2y=4x^2+by-5$에서

$(a-4)x^2-3x+(2-b)y+5=0$

이 등식이 미지수가 2개인 일차방정식이 되려면 $a-4=0$, $2-b\neq0$
이어야 하므로

$a=4$, $b\neq2$

0615 답 ④

$x=-2$, $y=1$을 주어진 일차방정식에 각각 대입하면

① $-2+1=-1$ $\qquad\qquad$ ② $-2+7\times1=5$

③ $-2-5\times1=-7$ $\qquad\qquad$ ④ $2\times(-2)-1\neq-3$

⑤ $4\times(-2)+3\times1=-5$

따라서 순서쌍 $(-2,\ 1)$이 해가 아닌 것은 ④이다.

0616 답 ①, ④

주어진 순서쌍의 x, y의 값을 $4x+y=5$에 각각 대입하면

① $4\times(-5)+25=5$ ② $4\times(-3)+7\neq5$

③ $4\times1+(-1)\neq5$ ④ $4\times2+(-3)=5$

⑤ $4\times4+(-10)\neq5$

따라서 $4x+y=5$의 해인 것은 ①, ④이다.

0617 답 ③

주어진 순서쌍의 x, y의 값을 각 방정식에 대입하면

① $5-3\times1\neq8$

② $2\times(-1)+11-10\neq0$

③ $-3\times2+5\times3=9$

④ $5\times4-7\times2\neq7$

⑤ $4\times3+3\times(-3)-6\neq0$

따라서 주어진 순서쌍 $(x,\ y)$가 일차방정식의 해인 것은 ③이다.

0618 답 ④

$2x+y=17$에 $x=1$, 2, 3, $\dots$을 차례로 대입하여 y의 값도 자연수인 해를 구하면 $(1, 15)$, $(2, 13)$, $(3, 11)$, $(4, 9)$, $(5, 7)$, $(6, 5)$, $(7, 3)$, $(8, 1)$의 8개이다.

0619 답 6

$x+3y-16=0$에 $y=0$, 1, 2, 3, $\dots$을 차례로 대입하여 x의 값도 음이 아닌 정수인 해를 구하면 $(16, 0)$, $(13, 1)$, $(10, 2)$, $(7, 3)$, $(4, 4)$, $(1, 5)$의 6개이다.

0620 답 ③

① $x+y=4$에 $x=1$, 2, 3, $\dots$을 차례로 대입하여 y의 값도 자연수인 해를 구하면 $(1, 3)$, $(2, 2)$, $(3, 1)$의 3개이다.

② $x+2y=7$에 $y=1$, 2, 3, $\dots$을 차례로 대입하여 x의 값도 자연수인 해를 구하면 $(5, 1)$, $(3, 2)$, $(1, 3)$의 3개이다.

③ $4x+y=18$에 $x=1$, 2, 3, $\dots$을 차례로 대입하여 y의 값도 자연수인 해를 구하면 $(1, 14)$, $(2, 10)$, $(3, 6)$, $(4, 2)$의 4개이다.

④ $3x+4y=19$에 $y=1$, 2, 3, $\dots$을 차례로 대입하여 x의 값도 자연수인 해를 구하면 $(5, 1)$, $(1, 4)$의 2개이다.

⑤ $5x+2y=16$에 $x=1$, 2, 3, $\dots$을 차례로 대입하여 y의 값도 자연수인 해를 구하면 $(2, 3)$의 1개이다.

따라서 해의 개수가 가장 많은 것은 ③이다.

0621 답 (1) $30x+15y=180$
(2) $(1, 10)$, $(2, 8)$, $(3, 6)$, $(4, 4)$, $(5, 2)$

(1) (30명씩인 모둠의 학생 수)+(15명씩인 모둠의 학생 수)$=180$

　　이므로

　　$30x+15y=180$　　　　　　　　　　$\cdots\cdots$ ❶

(2) $30x+15y=180$에 $x=1$, 2, 3, $\dots$을 차례로 대입하여 y의 값도 자연수인 해를 구하면

　　$(1, 10)$, $(2, 8)$, $(3, 6)$, $(4, 4)$, $(5, 2)$　　$\cdots\cdots$ ❷

채점 기준

❶ 미지수가 2개인 일차방정식으로 나타내기		40 %
❷ 일차방정식의 모든 해를 순서쌍으로 나타내기		60 %

0622 답 ⑤

$x=5$, $y=-3$을 $2x+ay=1$에 대입하면

$10-3a=1$, $-3a=-9$　　$\therefore a=3$

0623 답 -2

$x=a$, $y=a-1$을 $3x-4y=6$에 대입하면

$3a-4(a-1)=6$, $-a=2$　　$\therefore a=-2$

0624 답 1

$x=-3$, $y=-2a$를 $-5x+2y=3$에 대입하면

$15-4a=3$, $-4a=-12$　　$\therefore a=3$　　$\cdots\cdots$ ❶

$x=b$, $y=4$를 $-5x+2y=3$에 대입하면

$-5b+8=3$, $-5b=-5$　　$\therefore b=1$　　$\cdots\cdots$ ❷

$\therefore a-2b=3-2\times1=1$　　$\cdots\cdots$ ❸

채점 기준

❶ a의 값 구하기		40 %
❷ b의 값 구하기		40 %
❸ $a-2b$의 값 구하기		20 %

0625 답 ④

$x=2$, $y=1$을 $ax-4y+10=0$에 대입하면

$2a-4+10=0$, $2a=-6$　　$\therefore a=-3$

따라서 $y=7$을 $-3x-4y+10=0$에 대입하면

$-3x-28+10=0$, $-3x=18$　　$\therefore x=-6$

0626 답 ③

$x=-1$, $y=12$를 $2x+y=a$에 대입하면

$-2+12=a$　　$\therefore a=10$

따라서 $x=b$, $y=8$을 $2x+y=10$에 대입하면

$2b+8=10$, $2b=2$　　$\therefore b=1$

또 $x=2$, $y=c$를 $2x+y=10$에 대입하면

$4+c=10$　　$\therefore c=6$

$\therefore a+b+c=10+1+6=17$

0627 답 ⑤

$x=3$, $y=-1$을 주어진 연립방정식에 각각 대입하면

① $\begin{cases} 3-3\times(-1)=6 \\ 2\times3+(-1)\neq4 \end{cases}$　　② $\begin{cases} -3+2\times(-1)\neq1 \\ 3+5\times(-1)=-2 \end{cases}$

③ $\begin{cases} 3+2\times(-1)\neq-1 \\ 5\times3+(-1)=14 \end{cases}$　　④ $\begin{cases} 2\times3+3\times(-1)=3 \\ -3+8\times(-1)\neq11 \end{cases}$

⑤ $\begin{cases} -2\times3+(-1)=-7 \\ 5\times3+3\times(-1)=12 \end{cases}$

따라서 해가 $(3, -1)$인 것은 ⑤이다.

0628 답 ④

$x=-3$, $y=4$를 주어진 일차방정식에 각각 대입하면

ㄱ. $-(-3)+3\times4\neq9$　　ㄴ. $-3+2\times4=5$

ㄷ. $2\times(-3)-3\times4\neq-15$　　ㄹ. $2\times(-3)+3\times4=6$

따라서 두 일차방정식 ㄴ, ㄹ을 한 쌍으로 하는 연립방정식의 해가 $x=-3$, $y=4$이다.

0629 답 (3, 5)

x, y의 값이 자연수일 때,

$2x+y=11$의 해는 (1, 9), (2, 7), (3, 5), (4, 3), (5, 1)

$x+3y=18$의 해는 (15, 1), (12, 2), (9, 3), (6, 4), (3, 5)

따라서 주어진 연립방정식의 해는 (3, 5)이다.
└ 공통인 해

0630 답 3

$x=2, y=4$를 $ax+y=8$에 대입하면

$2a+4=8, 2a=4$　∴ $a=2$

$x=2, y=4$를 $bx+2y=6$에 대입하면

$2b+8=6, 2b=-2$　∴ $b=-1$

∴ $a-b=2-(-1)=3$

0631 답 ④

$x=3, y=b$를 $3x-5y=4$에 대입하면

$9-5b=4, -5b=-5$　∴ $b=1$

따라서 $x=3, y=1$을 $ax+2y=3$에 대입하면

$3a+2=3, 3a=1$　∴ $a=\dfrac{1}{3}$

∴ $ab=\dfrac{1}{3}\times1=\dfrac{1}{3}$

0632 답 -15

$y=-5$를 $2x+y=9$에 대입하면

$2x-5=9, 2x=14$　∴ $x=7$　⋯⋯ ❶

따라서 $x=7, y=-5$를 $5x-2y=-3a$에 대입하면

$35+10=-3a$　∴ $a=-15$　⋯⋯ ❷

채점 기준	
❶ 연립방정식을 만족시키는 x의 값 구하기	50 %
❷ a의 값 구하기	50 %

0633 답 4

$x=6, y=m-2$를 $mx+y=19$에 대입하면

$6m+(m-2)=19, 7m=21$　∴ $m=3$

따라서 $x=6, y=1$을 $x+ny=7$에 대입하면

$6+n=7$　∴ $n=1$

∴ $m+n=3+1=4$

0634 답 ③

$x=4, y=-2$를 $ax+y=10$에 대입하면

$4a-2=10, 4a=12$　∴ $a=3$

$x=4, y=-2$를 $4x+by=12$에 대입하면

$16-2b=12, -2b=-4$　∴ $b=2$

주어진 순서쌍의 x, y의 값을 $bx+ay=-1$, 즉 $2x+3y=-1$에 대입하면

① $2\times(-5)+3\times2\neq-1$

② $2\times(-3)+3\times1\neq-1$

③ $2\times1+3\times(-1)=-1$

④ $2\times2+3\times(-3)\neq-1$

⑤ $2\times4+3\times(-5)\neq-1$

따라서 $2x+3y=-1$의 해인 것은 ③이다.

0635 답 ④

$\begin{cases} x=2y+3 & \cdots\cdots ㉠ \\ 3x-2y=11 & \cdots\cdots ㉡ \end{cases}$

㉠을 ㉡에 대입하면

$3(2y+3)-2y=11, 4y=2$　∴ $y=\dfrac{1}{2}$

이를 ㉠에 대입하면 $x=1+3=4$

따라서 $a=4, b=\dfrac{1}{2}$이므로 $ab=4\times\dfrac{1}{2}=2$

0636 답 ②

㉠을 ㉡에 대입하면

$5x-3(3x-7)=9, -4x=-12$　∴ $a=-4$

0637 답 35

$\begin{cases} 3x-4y=1 & \cdots\cdots ㉠ \\ 2x-y=-6 & \cdots\cdots ㉡ \end{cases}$

㉡에서 $y=2x+6$　⋯⋯ ㉢

㉢을 ㉠에 대입하면

$3x-4(2x+6)=1, -5x=25$　∴ $x=-5$

이를 ㉢에 대입하면 $y=-10+6=-4$

따라서 $x=-5, y=-4$를 $3x+5y+k=0$에 대입하면

$-15-20+k=0$　∴ $k=35$

0638 답 ②, ④

$\begin{cases} x=4y-8 & \cdots\cdots ㉠ \\ 2x+y=11 & \cdots\cdots ㉡ \end{cases}$

㉠을 ㉡에 대입하면 $2(4y-8)+y=11, 9y=27$　∴ $y=3$

이를 ㉠에 대입하면 $x=12-8=4$

$x=4, y=3$을 주어진 일차방정식에 각각 대입하면

① $3\neq-2\times4+13$　　② $-3\times4+5\times3=3$

③ $2\times4+5\times3\neq16$　　④ $4\times4-3\times3=7$

⑤ $7\times4-3\neq11$

따라서 주어진 연립방정식의 해가 한 해가 되는 것은 ②, ④이다.

0639 답 2

$\begin{cases} 3x-2y=16 & \cdots\cdots ㉠ \\ 2x+3y=2 & \cdots\cdots ㉡ \end{cases}$

㉠$\times3+$㉡$\times2$를 하면 $13x=52$　∴ $x=4$

이를 ㉡에 대입하면 $8+3y=2, 3y=-6$　∴ $y=-2$

따라서 $a=4, b=-2$이므로 $a+b=4+(-2)=2$

0640 답 ②, ④

x를 없애려면 x의 계수의 절댓값이 같아지도록 ㉠$\times5$, ㉡$\times4$를 한 후 x의 계수의 부호가 같으므로 변끼리 빼면 된다.

즉, x를 없애기 위해 필요한 식은 ㉠$\times5-$㉡$\times4$

y를 없애려면 y의 계수의 절댓값이 같아지도록 ㉠$\times3$, ㉡$\times5$를 한 후 y의 계수의 부호가 다르므로 변끼리 더하면 된다.

즉, y를 없애기 위해 필요한 식은 ㉠$\times3+$㉡$\times5$

0641 답 19

$\begin{cases} 3x+2y=7 & \cdots\cdots ㉠ \\ -5x+3y=1 & \cdots\cdots ㉡ \end{cases}$

㉠$\times5+$㉡$\times3$을 하면 $19y=38$　∴ $a=19$

0642 답 ③

① $\begin{cases} x+y=4 & \cdots\cdots \ ㉠ \\ x-y=-2 & \cdots\cdots \ ㉡ \end{cases}$

㉠+㉡을 하면 $2x=2$ $\quad\therefore x=1$

이를 ㉠에 대입하면 $1+y=4$ $\quad\therefore y=3$

② $\begin{cases} 3x+y=6 & \cdots\cdots \ ㉠ \\ x+3y=10 & \cdots\cdots \ ㉡ \end{cases}$

㉠$\times3-$㉡을 하면 $8x=8$ $\quad\therefore x=1$

이를 ㉠에 대입하면 $3+y=6$ $\quad\therefore y=3$

③ $\begin{cases} x-5y=-16 & \cdots\cdots \ ㉠ \\ 2x-3y=-11 & \cdots\cdots \ ㉡ \end{cases}$

㉠$\times2-$㉡을 하면 $-7y=-21$ $\quad\therefore y=3$

이를 ㉠에 대입하면 $x-15=-16$ $\quad\therefore x=-1$

④ $\begin{cases} 2x-y=-1 & \cdots\cdots \ ㉠ \\ 3x+2y=9 & \cdots\cdots \ ㉡ \end{cases}$

㉠$\times2+$㉡을 하면 $7x=7$ $\quad\therefore x=1$

이를 ㉠에 대입하면 $2-y=-1$ $\quad\therefore y=3$

⑤ $\begin{cases} 7x+y=10 & \cdots\cdots \ ㉠ \\ 5x-3y=-4 & \cdots\cdots \ ㉡ \end{cases}$

㉠$\times3+$㉡을 하면 $26x=26$ $\quad\therefore x=1$

이를 ㉠에 대입하면 $7+y=10$ $\quad\therefore y=3$

따라서 해가 나머지 넷과 다른 하나는 ③이다.

0643 답 9

$\begin{cases} 2x-y=2 & \cdots\cdots \ ㉠ \\ 3x-2y=1 & \cdots\cdots \ ㉡ \end{cases}$

㉠$\times2-$㉡을 하면 $x=3$

이를 ㉠에 대입하면 $6-y=2$ $\quad\therefore y=4$ $\quad\cdots\cdots$ ❶

따라서 $x=3$, $y=4$를 $ax+by=3$에 대입하면 $3a+4b=3$

이 식의 양변에 3을 곱하면 $9a+12b=9$ $\quad\cdots\cdots$ ❷

채점 기준

❶ 연립방정식 풀기		60 %
❷ $9a+12b$의 값 구하기		40 %

0644 답 ③

$\begin{cases} 4x-3y=9 & \cdots\cdots \ ㉠ \\ 3x+2y=11 & \cdots\cdots \ ㉡ \end{cases}$

㉠$\times2+$㉡$\times3$을 하면 $17x=51$ $\quad\therefore x=3$

이를 ㉡에 대입하면 $9+2y=11$, $2y=2$ $\quad\therefore y=1$

따라서 $a=3$, $b=1$이므로 이를 연립방정식 $\begin{cases} ax+by=-1 \\ bx+ay=5 \end{cases}$에 대입

하면 $\begin{cases} 3x+y=-1 & \cdots\cdots \ ㉢ \\ x+3y=5 & \cdots\cdots \ ㉣ \end{cases}$

㉢$\times3-$㉣을 하면 $8x=-8$ $\quad\therefore x=-1$

이를 ㉢에 대입하면 $-3+y=-1$ $\quad\therefore y=2$

0645 답 ⑤

주어진 연립방정식을 정리하면 $\begin{cases} x+4y=-7 & \cdots\cdots \ ㉠ \\ 2x+5y=-8 & \cdots\cdots \ ㉡ \end{cases}$

㉠$\times2-$㉡을 하면 $3y=-6$ $\quad\therefore y=-2$

이를 ㉠에 대입하면 $x-8=-7$ $\quad\therefore x=1$

$\therefore x-y=1-(-2)=3$

0646 답 1

주어진 연립방정식을 정리하면 $\begin{cases} -x-4y=5 & \cdots\cdots \ ㉠ \\ 10x+3y=-13 & \cdots\cdots \ ㉡ \end{cases}$

㉠$\times10+$㉡을 하면 $-37y=37$ $\quad\therefore y=-1$

이를 ㉠에 대입하면 $-x+4=5$ $\quad\therefore x=-1$ $\quad\cdots\cdots$ ❶

따라서 $1-a=-1$, $b=-1$이므로 $a=2$, $b=-1$ $\quad\cdots\cdots$ ❷

$\therefore a+b=2+(-1)=1$ $\quad\cdots\cdots$ ❸

채점 기준

❶ 연립방정식 풀기		60 %
❷ a, b의 값 구하기		20 %
❸ $a+b$의 값 구하기		20 %

0647 답 ④

주어진 연립방정식을 정리하면 $\begin{cases} 2x-3y=8 & \cdots\cdots \ ㉠ \\ 5x+3y=-1 & \cdots\cdots \ ㉡ \end{cases}$

㉠+㉡을 하면 $7x=7$ $\quad\therefore x=1$

이를 ㉠에 대입하면 $2-3y=8$, $-3y=6$ $\quad\therefore y=-2$

따라서 $x=1$, $y=-2$를 $x-3y+1=a$에 대입하면

$1+6+1=a$ $\quad\therefore a=8$

0648 답 ⑤

$\begin{cases} 0.5x+0.2y=3 & \cdots\cdots \ ㉠ \\ \dfrac{x}{6}+\dfrac{y-8}{3}=1 & \cdots\cdots \ ㉡ \end{cases}$

㉠$\times10$을 하면 $5x+2y=30$ $\quad\cdots\cdots$ ㉢

㉡$\times6$을 하면 $x+2(y-8)=6$ $\quad\therefore x+2y=22$ $\quad\cdots\cdots$ ㉣

㉢$-$㉣을 하면 $4x=8$ $\quad\therefore x=2$

이를 ㉣에 대입하면 $2+2y=22$, $2y=20$ $\quad\therefore y=10$

따라서 $a=2$, $b=10$이므로

$a+b=2+10=12$

0649 답 $x=-2$, $y=6$

$\begin{cases} \dfrac{1}{2}x-\dfrac{1}{3}y=-3 & \cdots\cdots \ ㉠ \\ 2(x-y)=-10-y & \cdots\cdots \ ㉡ \end{cases}$

㉠$\times6$을 하면 $3x-2y=-18$ $\quad\cdots\cdots$ ㉢

㉡을 정리하면 $2x-y=-10$ $\quad\cdots\cdots$ ㉣

㉢$-$㉣$\times2$를 하면 $-x=2$ $\quad\therefore x=-2$

이를 ㉣에 대입하면 $-4-y=-10$ $\quad\therefore y=6$

0650 답 3

$\begin{cases} \dfrac{x}{2}-0.6y=1.3 \\ 0.3x+\dfrac{y}{5}=0.5 \end{cases}$ $\therefore \begin{cases} \dfrac{x}{2}-\dfrac{3}{5}y=\dfrac{13}{10} & \cdots\cdots \ ㉠ \\ \dfrac{3}{10}x+\dfrac{y}{5}=\dfrac{1}{2} & \cdots\cdots \ ㉡ \end{cases}$

㉠$\times10$을 하면 $5x-6y=13$ $\quad\cdots\cdots$ ㉢

㉡$\times10$을 하면 $3x+2y=5$ $\quad\cdots\cdots$ ㉣

㉢$+$㉣$\times3$을 하면 $14x=28$ $\quad\therefore x=2$

이를 ㉣에 대입하면 $6+2y=5$, $2y=-1$

$\therefore y=-\dfrac{1}{2}$ $\quad\cdots\cdots$ ❶

따라서 $x=2$, $y=-\dfrac{1}{2}$을 $x-2y=k$에 대입하면

$2+1=k$ $\quad\therefore k=3$ $\quad\cdots\cdots$ ❷

0651 답 $x=-\dfrac{1}{3}$, $y=-2$

$$\begin{cases} 0.0\dot{3}x-0.0\dot{5}y=0.1 & \cdots\cdots \ \text{㉠} \\ x-y=1.\dot{6} & \cdots\cdots \ \text{㉡} \end{cases}$$

㉠에서 $\dfrac{1}{30}x-\dfrac{1}{18}y=\dfrac{1}{10}$ $\quad \therefore \ 3x-5y=9 \quad \cdots\cdots \ \text{㉢}$

㉡에서 $x-y=\dfrac{5}{3}$ $\quad \therefore \ 3x-3y=5 \quad \cdots\cdots \ \text{㉣}$

㉢$-$㉣을 하면 $-2y=4$ $\quad \therefore \ y=-2$

이를 ㉣에 대입하면 $3x+6=5$, $3x=-1$ $\quad \therefore \ x=-\dfrac{1}{3}$

0652 답 $x=\dfrac{1}{3}$, $y=1$

$$\begin{cases} (x+1):(y+3)=1:3 & \cdots\cdots \ \text{㉠} \\ 2y+5=3(x+2y) & \cdots\cdots \ \text{㉡} \end{cases}$$

㉠에서 $3(x+1)=y+3$, $3x+3=y+3$ $\quad \therefore \ y=3x \quad \cdots\cdots \ \text{㉢}$

㉡에서 $2y+5=3x+6y$ $\quad \therefore \ 3x+4y=5 \quad \cdots\cdots \ \text{㉣}$

㉢을 ㉣에 대입하면 $3x+12x=5$, $15x=5$ $\quad \therefore \ x=\dfrac{1}{3}$

이를 ㉢에 대입하면 $y=1$

0653 답 8

$$\begin{cases} (1-x):(y-3x)=2:5 & \cdots\cdots \ \text{㉠} \\ 4x+3y=-9 & \cdots\cdots \ \text{㉡} \end{cases}$$

㉠에서 $5(1-x)=2(y-3x)$, $5-5x=2y-6x$

$\therefore \ x-2y=-5 \quad \cdots\cdots \ \text{㉢}$

㉡$-$㉢$\times 4$를 하면 $11y=11$ $\quad \therefore \ y=1$

이를 ㉢에 대입하면 $x-2=-5$ $\quad \therefore \ x=-3$

따라서 $x=-3$, $y=1$을 $-\dfrac{1}{3}ax+y=9$에 대입하면

$a+1=9 \quad \therefore \ a=8$

0654 답 ④

$$\begin{cases} x-\dfrac{y-5}{2}=8 & \cdots\cdots \ \text{㉠} \\ (x+2):3=(y-1):2 & \cdots\cdots \ \text{㉡} \end{cases}$$

㉠$\times 2$를 하면 $2x-(y-5)=16$

$\therefore \ 2x-y=11 \quad \cdots\cdots \ \text{㉢}$

㉡에서 $2(x+2)=3(y-1)$, $2x+4=3y-3$

$\therefore \ 2x-3y=-7 \quad \cdots\cdots \ \text{㉣}$

㉢$-$㉣을 하면 $2y=18$ $\quad \therefore \ y=9$

이를 ㉢에 대입하면 $2x-9=11$, $2x=20$ $\quad \therefore \ x=10$

따라서 $a=10$, $b=9$이므로

$a+b=10+9=19$

0655 답 -12

주어진 방정식을 연립방정식으로 나타내면

$$\begin{cases} 3x+4y-1=2x+3y & \cdots\cdots \ \text{㉠} \\ 2x+3y=5x+4y-9 & \cdots\cdots \ \text{㉡} \end{cases}$$

㉠을 정리하면 $x+y=1 \quad \cdots\cdots \ \text{㉢}$

㉡을 정리하면 $3x+y=9 \quad \cdots\cdots \ \text{㉣}$

㉢$-$㉣을 하면 $-2x=-8$ $\quad \therefore \ x=4$

이를 ㉢에 대입하면 $4+y=1 \quad \therefore \ y=-3$

따라서 $a=4$, $b=-3$이므로

$ab=4\times(-3)=-12$

0656 답 ③

주어진 방정식을 연립방정식으로 나타내면

$$\begin{cases} 6x+7y=-4 & \cdots\cdots \ \text{㉠} \\ -2x+y-12=-4 & \cdots\cdots \ \text{㉡} \end{cases}$$

㉡을 정리하면 $-2x+y=8 \quad \cdots\cdots \ \text{㉢}$

㉠$+$㉢$\times 3$을 하면 $10y=20$ $\quad \therefore \ y=2$

이를 ㉢에 대입하면 $-2x+2=8$, $-2x=6$ $\quad \therefore \ x=-3$

$\therefore \ x+3y=-3+3\times 2=3$

0657 답 ③

주어진 방정식을 연립방정식으로 나타내면

$$\begin{cases} \dfrac{-x+y}{2}=3 & \cdots\cdots \ \text{㉠} \\ \dfrac{2x+4y}{3}=3 & \cdots\cdots \ \text{㉡} \end{cases}$$

㉠$\times 2$를 하면 $-x+y=6 \quad \cdots\cdots \ \text{㉢}$

㉡$\times 3$을 하면 $2x+4y=9 \quad \cdots\cdots \ \text{㉣}$

㉢$\times 2+$㉣을 하면 $6y=21$ $\quad \therefore \ y=\dfrac{7}{2}$

이를 ㉢에 대입하면 $-x+\dfrac{7}{2}=6 \quad \therefore \ x=-\dfrac{5}{2}$

0658 답 -6

주어진 방정식을 연립방정식으로 나타내면

$$\begin{cases} x+5y-4=x+y-2 & \cdots\cdots \ \text{㉠} \\ x+y-2=-x+3y-2 & \cdots\cdots \ \text{㉡} \end{cases} \quad \cdots\cdots \ ❶$$

㉠을 정리하면 $4y=2$ $\quad \therefore \ y=\dfrac{1}{2}$

㉡을 정리하면 $2x-2y=0$

즉, $x=y$이므로 $x=\dfrac{1}{2} \quad \cdots\cdots \ ❷$

따라서 $x=\dfrac{1}{2}$, $y=\dfrac{1}{2}$을 $2x-ay-4=0$에 대입하면

$1-\dfrac{1}{2}a-4=0$, $-\dfrac{1}{2}a=3$ $\quad \therefore \ a=-6 \quad \cdots\cdots \ ❸$

0659 답 ④

$x=-3$, $y=1$을 주어진 연립방정식에 대입하면

$$\begin{cases} -3a+b=-7 \\ -3b-a=1 \end{cases} \quad \therefore \ \begin{cases} -3a+b=-7 & \cdots\cdots \ \text{㉠} \\ -a-3b=1 & \cdots\cdots \ \text{㉡} \end{cases}$$

㉠$\times 3+$㉡을 하면 $-10a=-20$ $\quad \therefore \ a=2$

이를 ㉠에 대입하면 $-6+b=-7 \quad \therefore \ b=-1$

$\therefore \ a+b=2+(-1)=1$

0660 답 ④

$x=2$, $y=b$를 주어진 연립방정식에 대입하면

$\begin{cases} b=-6-a \\ 18+2b=a \end{cases}$ $\therefore \begin{cases} a+b=-6 & \cdots\cdots\ \bigcirc \\ a-2b=18 & \cdots\cdots\ \bigcirc \end{cases}$

$\bigcirc-\bigcirc$을 하면 $3b=-24$ $\therefore b=-8$

이를 $\bigcirc$에 대입하면 $a-8=-6$ $\therefore a=2$

$\therefore a-b=2-(-8)=10$

0661 답 2

$x=3$, $y=-2$를 $ax+by=5$에 대입하면

$3a-2b=5$ $\cdots\cdots\ \bigcirc$

$x=-2$, $y=-7$을 $ax+by=5$에 대입하면

$-2a-7b=5$ $\cdots\cdots\ \bigcirc$ $\cdots\cdots$ ❶

$\bigcirc\times2+\bigcirc\times3$을 하면 $-25b=25$ $\therefore b=-1$

이를 $\bigcirc$에 대입하면 $3a+2=5$, $3a=3$ $\therefore a=1$ $\cdots\cdots$ ❷

$\therefore a^2+b^2=1^2+(-1)^2=2$ $\cdots\cdots$ ❸

❶ a, b에 대한 식 세우기	40 %	
❷ a, b의 값 구하기	40 %	
❸ a^2+b^2의 값 구하기	20 %	

0662 답 -9

$x=2$, $y=-1$을 주어진 방정식에 대입하면

$2a-b-5=4a+2b-2=4$

연립방정식으로 나타내면

$\begin{cases} 2a-b-5=4 \\ 4a+2b-2=4 \end{cases}$ $\therefore \begin{cases} 2a-b=9 & \cdots\cdots\ \bigcirc \\ 2a+b=3 & \cdots\cdots\ \bigcirc \end{cases}$

$\bigcirc+\bigcirc$을 하면 $4a=12$ $\therefore a=3$

이를 $\bigcirc$에 대입하면 $6+b=3$ $\therefore b=-3$

$\therefore ab=3\times(-3)=-9$

0663 답 ①

주어진 연립방정식의 해는 세 방정식을 모두 만족시키므로 연립방정식 $\begin{cases} x+y=2 & \cdots\cdots\ \bigcirc \\ x+2y=8 & \cdots\cdots\ \bigcirc \end{cases}$의 해와 같다.

$\bigcirc-\bigcirc$을 하면 $-y=-6$ $\therefore y=6$

이를 $\bigcirc$에 대입하면 $x+6=2$ $\therefore x=-4$

따라서 $x=-4$, $y=6$을 $2x+ky=10$에 대입하면

$-8+6k=10$, $6k=18$ $\therefore k=3$

0664 답 8

$x=m$, $y=n$은 세 방정식을 모두 만족시키므로 연립방정식

$\begin{cases} 0.4x-0.3y=-0.8 & \cdots\cdots\ \bigcirc \\ y=3x+1 & \cdots\cdots\ \bigcirc \end{cases}$

의 해와 같다. $\cdots\cdots$ ❶

$\bigcirc\times10$을 하면 $4x-3y=-8$ $\cdots\cdots\ \bigcirc$

$\bigcirc$을 $\bigcirc$에 대입하면

$4x-3(3x+1)=-8$, $-5x=-5$ $\therefore x=1$

이를 $\bigcirc$에 대입하면 $y=3+1=4$

$\therefore m=1$, $n=4$ $\cdots\cdots$ ❷

따라서 $x=1$, $y=4$를 $\dfrac{6x+y}{5}-\dfrac{2x-y}{2}=k$에 대입하면

$\dfrac{6+4}{5}-\dfrac{2-4}{2}=k$, $2-(-1)=k$ $\therefore k=3$ $\cdots\cdots$ ❸

$\therefore m+n+k=1+4+3=8$ $\cdots\cdots$ ❹

❶ 주어진 연립방정식과 해가 같은 연립방정식 세우기	20 %	
❷ m, n의 값 구하기	40 %	
❸ k의 값 구하기	30 %	
❹ $m+n+k$의 값 구하기	10 %	

0665 답 ⑤

$\begin{cases} 4x=y-5 & \cdots\cdots\ \bigcirc \\ x-y=10 & \cdots\cdots\ \bigcirc \end{cases}$

$\bigcirc$에서 $4x-y=-5$ $\cdots\cdots\ \bigcirc$

$\bigcirc-\bigcirc$을 하면 $-3x=15$ $\therefore x=-5$

이를 $\bigcirc$에 대입하면 $-5-y=10$ $\therefore y=-15$

따라서 $x=-5$, $y=-15$를 $ax-3y=20$에 대입하면

$-5a+45=20$, $-5a=-25$ $\therefore a=5$

0666 답 ④

x의 값이 y의 값의 5배이므로 $x=5y$

$\begin{cases} x=5y & \cdots\cdots\ \bigcirc \\ 2x-y=9 & \cdots\cdots\ \bigcirc \end{cases}$

$\bigcirc$을 $\bigcirc$에 대입하면 $10y-y=9$, $9y=9$ $\therefore y=1$

이를 $\bigcirc$에 대입하면 $x=5$

따라서 $x=5$, $y=1$을 $x+3y=a-4$에 대입하면

$5+3=a-4$ $\therefore a=12$

0667 답 4

y의 값이 x의 값보다 3만큼 크므로 $y=x+3$

$\begin{cases} y=x+3 & \cdots\cdots\ \bigcirc \\ 3x+4y=33 & \cdots\cdots\ \bigcirc \end{cases}$

$\bigcirc$을 $\bigcirc$에 대입하면 $3x+4(x+3)=33$, $7x=21$ $\therefore x=3$

이를 $\bigcirc$에 대입하면 $y=3+3=6$

따라서 $x=3$, $y=6$을 $\dfrac{2}{3}x+y=2k$에 대입하면

$2+6=2k$, $8=2k$ $\therefore k=4$

0668 답 6

x와 y의 값의 비가 $2:3$이므로

$x:y=2:3$ $\therefore 3x=2y$ $\cdots\cdots$ ❶

$\begin{cases} 3x=2y & \cdots\cdots\ \bigcirc \\ x+2y=4 & \cdots\cdots\ \bigcirc \end{cases}$

$\bigcirc$을 $\bigcirc$에 대입하면 $x+3x=4$, $4x=4$ $\therefore x=1$

이를 $\bigcirc$에 대입하면 $3=2y$ $\therefore y=\dfrac{3}{2}$ $\cdots\cdots$ ❷

따라서 $x=1$, $y=\dfrac{3}{2}$을 $ax-8y=-6$에 대입하면

$a-12=-6$ $\therefore a=6$ $\cdots\cdots$ ❸

❶ 해의 조건을 식으로 나타내기	30 %	
❷ x, y의 값 구하기	40 %	
❸ a의 값 구하기	30 %	

0669 답 ①

x와 y의 값의 합이 3이므로 $x+y=3$

$x+y=3$, 즉 $y=-x+3$을 $\begin{cases} 2x+5y=k+1 \\ 3x+8y=2k \end{cases}$에 대입하면

$\begin{cases} 2x+5(-x+3)=k+1 \\ 3x+8(-x+3)=2k \end{cases}$ $\therefore \begin{cases} 3x+k=14 & \cdots\cdots\ \bigcirc \\ 5x+2k=24 & \cdots\cdots\ \bigcirc\!\!\!\bigcirc \end{cases}$

$\bigcirc\times5-\bigcirc\!\!\!\bigcirc\times3$을 하면 $-k=-2$ $\therefore k=2$

0670 답 ⑤

$\begin{cases} 3x-y=9 & \cdots\cdots\ \bigcirc \\ y=5x-13 & \cdots\cdots\ \bigcirc\!\!\!\bigcirc \end{cases}$

$\bigcirc\!\!\!\bigcirc$을 $\bigcirc$에 대입하면 $3x-(5x-13)=9$, $-2x=-4$ $\therefore x=2$

이를 $\bigcirc\!\!\!\bigcirc$에 대입하면 $y=10-13=-3$

$x=2$, $y=-3$을 $2x+3y=a$에 대입하면

$4-9=a$ $\therefore a=-5$

$x=2$, $y=-3$을 $bx+3y=11$에 대입하면

$2b-9=11$, $2b=20$ $\therefore b=10$

$\therefore b-a=10-(-5)=15$

0671 답 $m=1$, $n=3$

$\begin{cases} 2x+3y=-4 & \cdots\cdots\ \bigcirc \\ 3x+2y=-1 & \cdots\cdots\ \bigcirc\!\!\!\bigcirc \end{cases}$

$\bigcirc\times3-\bigcirc\!\!\!\bigcirc\times2$를 하면 $5y=-10$ $\therefore y=-2$

이를 $\bigcirc$에 대입하면 $2x-6=-4$, $2x=2$ $\therefore x=1$

$x=1$, $y=-2$를 $mx-3y=7$에 대입하면

$m+6=7$ $\therefore m=1$

$x=1$, $y=-2$, $m=1$을 $nx+my=1$에 대입하면

$n-2=1$ $\therefore n=3$

0672 답 -6

$\begin{cases} 3x-5y=4 & \cdots\cdots\ \bigcirc \\ 6x+7y=-9 & \cdots\cdots\ \bigcirc\!\!\!\bigcirc \end{cases}$

$\bigcirc\times2-\bigcirc\!\!\!\bigcirc$을 하면 $-17y=17$ $\therefore y=-1$

이를 $\bigcirc$에 대입하면 $3x+5=4$, $3x=-1$ $\therefore x=-\dfrac{1}{3}$

$x=-\dfrac{1}{3}$, $y=-1$을 $3ax+by=-1$에 대입하면

$-a-b=-1$ $\cdots\cdots\ \bigcirc\!\!\!\bigcirc\!\!\!\bigcirc$

$x=-\dfrac{1}{3}$, $y=-1$을 $6ax-by=7$에 대입하면

$-2a+b=7$ $\cdots\cdots\ \textcircled{\tiny 2}$

$\bigcirc\!\!\!\bigcirc\!\!\!\bigcirc+\textcircled{\tiny 2}$을 하면 $-3a=6$ $\therefore a=-2$

이를 $\bigcirc\!\!\!\bigcirc\!\!\!\bigcirc$에 대입하면 $2-b=-1$ $\therefore b=3$

$\therefore ab=-2\times3=-6$

0673 답 ①

$x=5$, $y=7$은 $\begin{cases} bx-ay=-11 \\ ax-by=1 \end{cases}$의 해이므로

$\begin{cases} 5b-7a=-11 \\ 5a-7b=1 \end{cases}$ $\therefore \begin{cases} -7a+5b=-11 & \cdots\cdots\ \bigcirc \\ 5a-7b=1 & \cdots\cdots\ \bigcirc\!\!\!\bigcirc \end{cases}$

$\bigcirc\times5+\bigcirc\!\!\!\bigcirc\times7$을 하면 $-24b=-48$ $\therefore b=2$

이를 $\bigcirc\!\!\!\bigcirc$에 대입하면 $5a-14=1$, $5a=15$ $\therefore a=3$

따라서 처음 연립방정식은 $\begin{cases} 3x-2y=-11 & \cdots\cdots\ \bigcirc\!\!\!\bigcirc\!\!\!\bigcirc \\ 2x-3y=1 & \cdots\cdots\ \textcircled{\tiny 2} \end{cases}$

$\bigcirc\!\!\!\bigcirc\times2-\textcircled{\tiny 2}\times3$을 하면 $5y=-25$ $\therefore y=-5$

이를 $\textcircled{\tiny 2}$에 대입하면 $2x+15=1$, $2x=-14$ $\therefore x=-7$

0674 답 $a=-7$, $b=5$

$x=2$, $y=1$은 $\begin{cases} bx+ay=3 \\ ax+by=-9 \end{cases}$의 해이므로

$\begin{cases} 2b+a=3 \\ 2a+b=-9 \end{cases}$ $\therefore \begin{cases} a+2b=3 & \cdots\cdots\ \bigcirc \\ 2a+b=-9 & \cdots\cdots\ \bigcirc\!\!\!\bigcirc \end{cases}$

$\bigcirc\times2-\bigcirc\!\!\!\bigcirc$을 하면 $3b=15$ $\therefore b=5$

이를 $\bigcirc$에 대입하면 $a+10=3$ $\therefore a=-7$

0675 답 3

상수항 2를 k로 잘못 보았다고 하면 $3x-y=k$ $\cdots\cdots\ \bigcirc$

$y=3$을 $2x-3y=-5$에 대입하면

$2x-9=-5$, $2x=4$ $\therefore x=2$

$x=2$, $y=3$을 $\bigcirc$에 대입하면 $6-3=k$ $\therefore k=3$

따라서 상수항 2를 3으로 잘못 보고 풀었다.

0676 답 ③

$x=2$, $y=3$은 $bx-y=1$의 해이므로

$2b-3=1$, $2b=4$ $\therefore b=2$

$x=2$, $y=-1$은 $2x+ay=3$의 해이므로

$4-a=3$ $\therefore a=1$

따라서 처음 연립방정식은 $\begin{cases} 2x+y=3 & \cdots\cdots\ \bigcirc \\ 2x-y=1 & \cdots\cdots\ \bigcirc\!\!\!\bigcirc \end{cases}$

$\bigcirc+\bigcirc\!\!\!\bigcirc$을 하면 $4x=4$ $\therefore x=1$

이를 $\bigcirc$에 대입하면 $2+y=3$ $\therefore y=1$

0677 답 12

$x=2$, $y=1$은 $ax+by=5$의 해이므로

$2a+b=5$ $\cdots\cdots\ \bigcirc$

$x=-1$, $y=-3$은 $ax+by=5$의 해이므로

$-a-3b=5$ $\cdots\cdots\ \bigcirc\!\!\!\bigcirc$

$\bigcirc+\bigcirc\!\!\!\bigcirc\times2$를 하면 $-5b=15$ $\therefore b=-3$

이를 $\bigcirc\!\!\!\bigcirc$에 대입하면 $-a+9=5$ $\therefore a=4$ $\cdots\cdots$ ❶

$x=-1$, $y=-3$은 $-2x+cy=17$의 해이므로

$2-3c=17$, $-3c=15$ $\therefore c=-5$ $\cdots\cdots$ ❷

$\therefore a-b-c=4-(-3)-(-5)=12$ $\cdots\cdots$ ❸

채점 기준	
❶ a, b의 값 구하기	60 %
❷ c의 값 구하기	30 %
❸ $a-b-c$의 값 구하기	10 %

0678 답 -10

$\begin{cases} 6x-3y=b & \cdots\cdots\ \bigcirc \\ ax+2y=-4 & \cdots\cdots\ \bigcirc\!\!\!\bigcirc \end{cases}$

$\bigcirc\times2$를 하면 $12x-6y=2b$ $\cdots\cdots\ \bigcirc\!\!\!\bigcirc\!\!\!\bigcirc$

$\bigcirc\!\!\!\bigcirc\times(-3)$을 하면 $-3ax-6y=12$ $\cdots\cdots\ \textcircled{\tiny 2}$

이때 해가 무수히 많으려면 $\bigcirc\!\!\!\bigcirc\!\!\!\bigcirc$과 $\textcircled{\tiny 2}$이 일치해야 하므로

$12=-3a$, $2b=12$ $\therefore a=-4$, $b=6$

$\therefore a-b=-4-6=-10$

0679 답 ②, ④

각 연립방정식에서 두 일차방정식의 x의 계수를 같게 하면

① $\begin{cases} 4x-8y=-4 \\ 4x-8y=1 \end{cases}$ ② $\begin{cases} 2x+4y=10 \\ 2x+4y=10 \end{cases}$ ③ $\begin{cases} 3x+y=6 \\ 3x+9y=30 \end{cases}$

④ $\begin{cases} 4x-6y=2 \\ 4x-6y=2 \end{cases}$ ⑤ $\begin{cases} 3x-y=-2 \\ 3x-y=2 \end{cases}$

따라서 해가 무수히 많은 연립방정식은 두 일차방정식이 일치하는 연립방정식이므로 ②, ④이다.

0680 답 ④

$\begin{cases} ax-3y=9 & \cdots\cdots \text{㉠} \\ (1-a)x+y=-3 & \cdots\cdots \text{㉡} \end{cases}$

㉡$\times(-3)$을 하면 $-3(1-a)x-3y=9$ $\cdots\cdots$ ㉢

이때 해가 무수히 많으려면 ㉠과 ㉢이 일치해야 하므로

$a=-3(1-a)$, $a=-3+3a$

$-2a=-3$ $\therefore a=\dfrac{3}{2}$

0681 답 $x=-1$, $y=1$

$\begin{cases} ax+8y=-16 & \cdots\cdots \text{㉠} \\ x-by=4 & \cdots\cdots \text{㉡} \end{cases}$

㉡$\times(-4)$를 하면 $-4x+4by=-16$ $\cdots\cdots$ ㉢

이때 해가 무수히 많으려면 ㉠과 ㉢이 일치해야 하므로

$a=-4$, $8=4b$ $\therefore a=-4$, $b=2$ $\cdots\cdots$ **ⓘ**

따라서 $a=-4$, $b=2$를 $\begin{cases} ax+y=5 \\ 3x+by=-1 \end{cases}$ 에 대입하면

$\begin{cases} -4x+y=5 & \cdots\cdots \text{㉣} \\ 3x+2y=-1 & \cdots\cdots \text{㉤} \end{cases}$

㉣$\times2-$㉤을 하면 $-11x=11$ $\therefore x=-1$

이를 ㉣에 대입하면 $4+y=5$ $\therefore y=1$ $\cdots\cdots$ **ⓘⓘ**

채점 기준	
ⓘ a, b의 값 구하기	50 %
ⓘⓘ 연립방정식 $\begin{cases} ax+y=5 \\ 3x+by=-1 \end{cases}$ 풀기	50 %

0682 답 $-\dfrac{2}{3}$

$\begin{cases} 3x-2y=2 & \cdots\cdots \text{㉠} \\ x+ay=1 & \cdots\cdots \text{㉡} \end{cases}$

㉡$\times3$을 하면 $3x+3ay=3$ $\cdots\cdots$ ㉢

이때 해가 없으려면 ㉠과 ㉢의 x, y의 계수는 각각 같고 상수항은 달라야 하므로

$-2=3a$ $\therefore a=-\dfrac{2}{3}$

0683 답 ③

각 연립방정식에서 두 일차방정식의 x의 계수를 같게 하면

① $\begin{cases} -6x+4y=6 \\ -6x+4y=6 \end{cases}$ ② $\begin{cases} 10x-15y=65 \\ 10x+12y=-16 \end{cases}$

③ $\begin{cases} 6x+2y=10 \\ 6x+2y=7 \end{cases}$ ④ $\begin{cases} 6x+10y=50 \\ 6x-6y=27 \end{cases}$

⑤ $\begin{cases} 3x-2y=4 \\ 6x-4y=8 \end{cases}$ 이므로 $\begin{cases} 6x-4y=8 \\ 6x-4y=8 \end{cases}$

따라서 해가 없는 연립방정식은 두 일차방정식의 x, y의 계수는 각각 같고 상수항은 다른 연립방정식이므로 ③이다.

0684 답 ②

$\begin{cases} -\dfrac{1}{2}x+\dfrac{1}{8}y=a & \cdots\cdots \text{㉠} \\ 4x-y=2 & \cdots\cdots \text{㉡} \end{cases}$

㉠$\times(-8)$을 하면 $4x-y=-8a$ $\cdots\cdots$ ㉢

이때 해가 없으려면 ㉡과 ㉢의 x, y의 계수는 각각 같고 상수항은 달라야 하므로

$2\ne-8a$ $\therefore a\ne-\dfrac{1}{4}$

0685 답 ⑤

$\begin{cases} 2x-4y=b & \cdots\cdots \text{㉠} \\ (a+2)x-6y=9 & \cdots\cdots \text{㉡} \end{cases}$

㉠$\times3$을 하면 $6x-12y=3b$ $\cdots\cdots$ ㉢

㉡$\times2$를 하면 $2(a+2)x-12y=18$ $\cdots\cdots$ ㉣

이때 해가 없으려면 ㉢과 ㉣의 x, y의 계수는 각각 같고 상수항은 달라야 하므로

$6=2(a+2)$, $3b\ne18$

$6=2(a+2)$에서 $a+2=3$ $\therefore a=1$

$3b\ne18$에서 $b\ne6$

0686 답 ②, ④

① x, y가 분모에 있으므로 일차방정식이 아니다.

② $x+\dfrac{y}{2}-3=0$이므로 미지수가 2개인 일차방정식이다.

③ $x^2+y+3=0$이므로 x의 차수가 2이다.

　즉, 일차방정식이 아니다.

④ $x+2y+5=0$이므로 미지수가 2개인 일차방정식이다.

⑤ $-2y-9=0$이므로 미지수가 1개인 일차방정식이다.

따라서 미지수가 2개인 일차방정식인 것은 ②, ④이다.

0687 답 ④

주어진 순서쌍의 x, y의 값을 $-5x+3y=1$에 각각 대입하면

① $-5\times(-2)+3\times(-3)=1$

② $-5\times(-1)+3\times\left(-\dfrac{4}{3}\right)=1$

③ $-5\times1+3\times2=1$

④ $-5\times\dfrac{8}{5}+3\times4\ne1$

⑤ $-5\times3+3\times\dfrac{16}{3}=1$

따라서 $-5x+3y=1$의 해가 아닌 것은 ④이다.

0688 답 4

$3x+5y=65$에 $y=1$, 2, 3, $\ldots$을 차례로 대입하여 x의 값도 자연수인 해를 구하면 $(20,\ 1)$, $(15,\ 4)$, $(10,\ 7)$, $(5,\ 10)$의 4개이다.

0689　답 6

$x=2$, $y=4$를 $x+by=10$에 대입하면

$2+4b=10$, $4b=8$　∴ $b=2$

따라서 $x=a$, $y=1$을 $x+2y=10$에 대입하면

$a+2=10$　∴ $a=8$

∴ $a-b=8-2=6$

0690　답 ②, ⑤

$x=1$, $y=2$를 주어진 연립방정식에 각각 대입하면

① $\begin{cases} 1+2=3 \\ 2\times1-3\times2\neq2 \end{cases}$　　② $\begin{cases} 1-2=-1 \\ 4\times1+3\times2=10 \end{cases}$

③ $\begin{cases} 1-3\times2=-5 \\ 2\times1+2\neq5 \end{cases}$　　④ $\begin{cases} 3\times1+2\neq6 \\ 1+3\times2=7 \end{cases}$

⑤ $\begin{cases} 3\times1+2\times2=7 \\ 1-2\times2=-3 \end{cases}$

따라서 $x=1$, $y=2$가 해인 것은 ②, ⑤이다.

0691　답 ③

$x=b$, $y=-1$을 $3x+y=5$에 대입하면

$3b-1=5$, $3b=6$　∴ $b=2$

따라서 $x=2$, $y=-1$을 $-x+ay=-9$에 대입하면

$-2-a=-9$　∴ $a=7$

∴ $ab=7\times2=14$

0692　답 ③, ⑤

③ y를 없애려면 ㉠$\times3+$㉡$\times2$를 한다.

④, ⑤ ㉠$\times2-$㉡을 하면 $-7y=7$　∴ $y=-1$

　이를 ㉠에 대입하면 $x+2=10$　∴ $x=8$

따라서 옳지 않은 것은 ③, ⑤이다.

0693　답 $x=-4$, $y=-9$

$\begin{cases} 0.3x-0.2(y-2)=1 & \cdots\cdots ㉠ \\ \dfrac{x}{2}-\dfrac{y+1}{4}=0 & \cdots\cdots ㉡ \end{cases}$

㉠$\times10$을 하면 $3x-2(y-2)=10$　∴ $3x-2y=6$　$\cdots\cdots$ ㉢

㉡$\times4$를 하면 $2x-(y+1)=0$　∴ $2x-y=1$　$\cdots\cdots$ ㉣

㉢$-$㉣$\times2$를 하면 $-x=4$　∴ $x=-4$

이를 ㉣에 대입하면 $-8-y=1$　∴ $y=-9$

0694　답 ⑤

$\begin{cases} (x+3):(y+2)=5:3 & \cdots\cdots ㉠ \\ 3x-(x+5y)=-1 & \cdots\cdots ㉡ \end{cases}$

㉠에서 $3(x+3)=5(y+2)$　∴ $3x-5y=1$　$\cdots\cdots$ ㉢

㉡에서 $2x-5y=-1$　$\cdots\cdots$ ㉣

㉢$-$㉣을 하면 $x=2$

이를 ㉣에 대입하면 $4-5y=-1$, $-5y=-5$　∴ $y=1$

따라서 $a=2$, $b=1$이므로

$a+b=2+1=3$

0695　답 -4

주어진 방정식을 연립방정식으로 나타내면

$\begin{cases} \dfrac{x-y}{2}=x-\dfrac{2+y}{3} & \cdots\cdots ㉠ \\ \dfrac{x-y}{2}=\dfrac{x-3y}{4} & \cdots\cdots ㉡ \end{cases}$

㉠$\times6$을 하면 $3(x-y)=6x-2(2+y)$

∴ $3x+y=4$　$\cdots\cdots$ ㉢

㉡$\times4$를 하면 $2(x-y)=x-3y$

∴ $x+y=0$　$\cdots\cdots$ ㉣

㉢$-$㉣을 하면 $2x=4$　∴ $x=2$

이를 ㉣에 대입하면 $2+y=0$　∴ $y=-2$

따라서 $a=2$, $b=-2$이므로

$ab=2\times(-2)=-4$

0696　답 ③

$x=1$, $y=-2$를 주어진 연립방정식에 대입하면

$\begin{cases} a+2b=6 \\ 5b-2a=-3 \end{cases}$　∴ $\begin{cases} a+2b=6 & \cdots\cdots ㉠ \\ -2a+5b=-3 & \cdots\cdots ㉡ \end{cases}$

㉠$\times2+$㉡을 하면 $9b=9$　∴ $b=1$

이를 ㉠에 대입하면 $a+2=6$　∴ $a=4$

∴ $a-b=4-1=3$

0697　답 1

주어진 연립방정식의 해는 세 방정식을 모두 만족시키므로 연립방정

식 $\begin{cases} -3x+y=7 & \cdots\cdots ㉠ \\ x+4y=2 & \cdots\cdots ㉡ \end{cases}$의 해와 같다.

㉠$+$㉡$\times3$을 하면 $13y=13$　∴ $y=1$

이를 ㉡에 대입하면 $x+4=2$　∴ $x=-2$

따라서 $x=-2$, $y=1$을 $2x+5ky=k$에 대입하면

$-4+5k=k$, $4k=4$　∴ $k=1$

0698　답 4

x와 y의 값의 차가 4이고 $x>y$이므로 $x-y=4$

$\begin{cases} x-y=4 & \cdots\cdots ㉠ \\ x+5y=-8 & \cdots\cdots ㉡ \end{cases}$

㉠$-$㉡을 하면 $-6y=12$　∴ $y=-2$

이를 ㉠에 대입하면 $x+2=4$　∴ $x=2$

따라서 $x=2$, $y=-2$를 $3x-7y=5a$에 대입하면

$6+14=5a$, $5a=20$　∴ $a=4$

0699　답 ⑤

상수항 11을 k로 잘못 보았다고 하면

$x-2y=k$　$\cdots\cdots$ ㉠

$x=9$를 $2x+3y=3$에 대입하면

$18+3y=3$, $3y=-15$　∴ $y=-5$

$x=9$, $y=-5$를 ㉠에 대입하면 $9+10=k$　∴ $k=19$

따라서 상수항 11을 19로 잘못 보고 풀었다.

0700　답 ④

$\begin{cases} -x+ay=5 & \cdots\cdots ㉠ \\ 2x-6y=b & \cdots\cdots ㉡ \end{cases}$

㉠$\times(-2)$를 하면 $2x-2ay=-10$　$\cdots\cdots$ ㉢

ㄴ. $a\neq3$, $b=-10$이면 ㉡, ㉢에서 $-6\neq-2a$

　즉, y의 계수가 다르므로 해는 1개이다.

따라서 옳은 것은 ㄱ, ㄷ이다.

참고 $a=3$, $b\neq-10$이면 해가 없다.

0701 답 7

$$\begin{cases} y=x-4 & \cdots\cdots ㉠ \\ y=-3x+8 & \cdots\cdots ㉡ \end{cases}$$

㉠을 ㉡에 대입하면

$x-4=-3x+8$, $4x=12$ $\quad \therefore x=3$

이를 ㉠에 대입하면 $y=3-4=-1$ $\qquad\qquad \cdots\cdots$ ❶

따라서 $x=3$, $y=-1$을 $2x-y=k$에 대입하면

$6-(-1)=k$ $\quad \therefore k=7$ $\qquad\qquad \cdots\cdots$ ❷

채점 기준	
❶ 연립방정식 풀기	60 %
❷ k의 값 구하기	40 %

0702 답 -3

$$\begin{cases} \dfrac{2}{5}x+y=\dfrac{26}{5} & \cdots\cdots ㉠ \\ 0.1x-0.3y=-0.9 & \cdots\cdots ㉡ \end{cases}$$

㉠×5를 하면 $2x+5y=26$ $\qquad \cdots\cdots$ ㉢

㉡×10을 하면 $x-3y=-9$ $\qquad \cdots\cdots$ ㉣

㉢-㉣×2를 하면 $11y=44$ $\quad \therefore y=4$

이를 ㉣에 대입하면

$x-12=-9$ $\quad \therefore x=3$ $\qquad\qquad \cdots\cdots$ ❶

$x=3$, $y=4$를 $6x+ay=10$에 대입하면

$18+4a=10$, $4a=-8$ $\quad \therefore a=-2$ $\qquad \cdots\cdots$ ❷

$x=3$, $y=4$, $a=-2$를 $ax-by=-2$에 대입하면

$-6-4b=-2$, $-4b=4$ $\quad \therefore b=-1$ $\qquad \cdots\cdots$ ❸

$\therefore a+b=-2+(-1)=-3$ $\qquad\qquad \cdots\cdots$ ❹

채점 기준	
❶ 두 연립방정식의 공통인 해 구하기	30 %
❷ a의 값 구하기	30 %
❸ b의 값 구하기	30 %
❹ $a+b$의 값 구하기	10 %

0703 답 -8

$$\begin{cases} x+3y=2 & \cdots\cdots ㉠ \\ ax-by=6 & \cdots\cdots ㉡ \end{cases}$$

㉠×3을 하면 $3x+9y=6$ $\qquad \cdots\cdots$ ㉢

이때 해가 무수히 많으려면 ㉡과 ㉢이 일치해야 하므로

$a=3$, $b=-9$ $\qquad\qquad \cdots\cdots$ ❶

$$\begin{cases} -2x+4y=9 & \cdots\cdots ㉣ \\ x+cy=-3 & \cdots\cdots ㉤ \end{cases}$$

㉤×(-2)를 하면 $-2x-2cy=6$ $\qquad \cdots\cdots$ ㉥

이때 해가 없으려면 ㉣과 ㉥의 x, y의 계수는 각각 같고 상수항은 달라야 하므로

$4=-2c$ $\quad \therefore c=-2$ $\qquad\qquad \cdots\cdots$ ❷

$\therefore a+b+c=3+(-9)+(-2)=-8$ $\qquad \cdots\cdots$ ❸

채점 기준	
❶ a, b의 값 구하기	40 %
❷ c의 값 구하기	40 %
❸ $a+b+c$의 값 구하기	20 %

0704 답 ②

$2x+3y=36$에 $y=1$, 2, 3, …을 차례로 대입하여 x의 값도 자연수인 해를 구하면

$(15,\ 2)$, $(12,\ 4)$, $(9,\ 6)$, $(6,\ 8)$, $(3,\ 10)$

이 중에서 x, y의 최소공배수가 24인 것은 $(6,\ 8)$이므로

$x=6$, $y=8$

$\therefore x+y=6+8=14$

0705 답 -1

$2^x \times 4^y=32$에서 $2^x \times 2^{2y}=2^5$

$2^{x+2y}=2^5$ $\quad \therefore x+2y=5$ $\qquad \cdots\cdots$ ㉠

$9^x \times 3^y=81$에서 $3^{2x} \times 3^y=3^4$

$3^{2x+y}=3^4$ $\quad \therefore 2x+y=4$ $\qquad \cdots\cdots$ ㉡

㉠×2-㉡을 하면 $3y=6$ $\quad \therefore y=2$

이를 ㉠에 대입하면 $x+4=5$ $\quad \therefore x=1$

따라서 $x=1$, $y=2$를 $2x-ay-4=0$에 대입하면

$2-2a-4=0$, $-2a=2$ $\quad \therefore a=-1$

0706 답 11

$\begin{cases} 4x+7y=4 \\ 6x+by=28 \end{cases}$의 해를 $x=m$, $y=n$이라 하면

$$\begin{cases} 4m+7n=4 & \cdots\cdots ㉠ \\ 6m+bn=28 & \cdots\cdots ㉡ \end{cases}$$

$\begin{cases} ax+2y=-15 \\ 8x+9y=5 \end{cases}$의 해는 $x=m+1$, $y=n+1$이므로

$$\begin{cases} a(m+1)+2(n+1)=-15 \\ 8(m+1)+9(n+1)=5 \end{cases}$$

$\therefore \begin{cases} am+2n=-a-17 & \cdots\cdots ㉢ \\ 8m+9n=-12 & \cdots\cdots ㉣ \end{cases}$

연립방정식 $\begin{cases} 4m+7n=4 & \cdots\cdots ㉠ \\ 8m+9n=-12 & \cdots\cdots ㉣ \end{cases}$에서

㉠×2-㉣을 하면 $5n=20$ $\quad \therefore n=4$

이를 ㉠에 대입하면 $4m+28=4$, $4m=-24$ $\quad \therefore m=-6$

$m=-6$, $n=4$를 ㉡에 대입하면

$-36+4b=28$, $4b=64$ $\quad \therefore b=16$

$m=-6$, $n=4$를 ㉢에 대입하면

$-6a+8=-a-17$, $-5a=-25$ $\quad \therefore a=5$

$\therefore b-a=16-5=11$

0707 답 ③

$x=1$, $y=k$를 $4x-y=9$에 대입하면

$4-k=9$ $\quad \therefore k=-5$

a를 b로 잘못 보았으므로 $x=1$, $y=-5$를 $2x+by=7$에 대입하면

$2-5b=7$, $-5b=5$ $\quad \therefore b=-1$

이때 b의 값이 a의 값보다 2만큼 크므로

$-1=a+2$ $\quad \therefore a=-3$

따라서 처음 연립방정식은 $\begin{cases} 2x-3y=7 & \cdots\cdots ㉠ \\ 4x-y=9 & \cdots\cdots ㉡ \end{cases}$

㉠×2-㉡을 하면 $-5y=5$ $\quad \therefore y=-1$

이를 ㉡에 대입하면 $4x+1=9$, $4x=8$ $\quad \therefore x=2$

 개념 확인   114~115쪽

0708 답 (1) $\begin{cases} x+y=84 \\ x-y=8 \end{cases}$

(2) $x=46,\ y=38$

(3) 38, 46

(2) $\begin{cases} x+y=84 & \cdots\cdots\ \bigcirc \\ x-y=8 & \cdots\cdots\ \bigcirc \end{cases}$

$\bigcirc+\bigcirc$을 하면 $2x=92$ $\therefore\ x=46$

이를 $\bigcirc$에 대입하면

$46+y=84$ $\therefore\ y=38$

0709 답 (1) $\begin{cases} x+y=15 \\ 2x+3y=36 \end{cases}$

(2) $x=9,\ y=6$

(3) 2점짜리 슛: 9개, 3점짜리 슛: 6개

(2) $\begin{cases} x+y=15 & \cdots\cdots\ \bigcirc \\ 2x+3y=36 & \cdots\cdots\ \bigcirc \end{cases}$

$\bigcirc\times2-\bigcirc$을 하면 $-y=-6$ $\therefore\ y=6$

이를 $\bigcirc$에 대입하면

$x+6=15$ $\therefore\ x=9$

0710 답 (1) $\begin{cases} x+y=11 \\ x=y-3 \end{cases}$

(2) $x=4,\ y=7$

(3) 가로: 4 cm, 세로: 7 cm

(2) $\begin{cases} x+y=11 & \cdots\cdots\ \bigcirc \\ x=y-3 & \cdots\cdots\ \bigcirc \end{cases}$

$\bigcirc$을 $\bigcirc$에 대입하면

$(y-3)+y=11,\ 2y=14$ $\therefore\ y=7$

이를 $\bigcirc$에 대입하면 $x=4$

0711 답 (1)

	A 지점 ~ B 지점	B 지점 ~ C 지점	전체
거리	x km	y km	**10 km**
속력	시속 8 km	시속 4 km	
시간	$\dfrac{x}{8}$ 시간	$\dfrac{y}{4}$ 시간	$\dfrac{3}{2}$ 시간

(2) $\begin{cases} x+y=10 \\ \dfrac{x}{8}+\dfrac{y}{4}=\dfrac{3}{2} \end{cases}$

(3) $x=8,\ y=2$

(4) 8 km, 2 km

(3) $\begin{cases} x+y=10 & \cdots\cdots\ \bigcirc \\ \dfrac{x}{8}+\dfrac{y}{4}=\dfrac{3}{2} & \cdots\cdots\ \bigcirc \end{cases}$

$\bigcirc-\bigcirc\times8$을 하면 $-y=-2$ $\therefore\ y=2$

이를 $\bigcirc$에 대입하면

$x+2=10$ $\therefore\ x=8$

0712 답 (1)

	남학생 수	여학생 수
작년	x	y
변화량	$\dfrac{8}{100}x$	$-\dfrac{5}{100}y$

(2) $\begin{cases} x+y=550 \\ \dfrac{8}{100}x-\dfrac{5}{100}y=5 \end{cases}$

(3) $x=250,\ y=300$

(4) 남학생: 250, 여학생: 300

(3) $\begin{cases} x+y=550 & \cdots\cdots\ \bigcirc \\ \dfrac{8}{100}x-\dfrac{5}{100}y=5 & \cdots\cdots\ \bigcirc \end{cases}$

$\bigcirc\times5+\bigcirc\times100$을 하면

$13x=3250$ $\therefore\ x=250$

이를 $\bigcirc$에 대입하면

$250+y=550$ $\therefore\ y=300$

B 유형 완성   116~127쪽

0713 답 ④

큰 수를 x, 작은 수를 y라 하면

$\begin{cases} x+y=37 & \cdots\cdots\ \bigcirc \\ x=3y+5 & \cdots\cdots\ \bigcirc \end{cases}$

$\bigcirc$을 $\bigcirc$에 대입하면 $(3y+5)+y=37,\ 4y=32$ $\therefore\ y=8$

이를 $\bigcirc$에 대입하면 $x=24+5=29$

따라서 큰 수는 29이다.

0714 답 $x=14,\ y=4$

$\begin{cases} x=3y+2 \\ x:y=7:2 \end{cases}$ $\therefore$ $\begin{cases} x=3y+2 & \cdots\cdots\ \bigcirc \\ 2x=7y & \cdots\cdots\ \bigcirc \end{cases}$

$\bigcirc$을 $\bigcirc$에 대입하면 $2(3y+2)=7y$ $\therefore\ y=4$

이를 $\bigcirc$에 대입하면 $x=12+2=14$

0715 답 ③

큰 수를 x, 작은 수를 y라 하면

$\begin{cases} x+y=48 \\ 3y-x=20 \end{cases}$ $\therefore$ $\begin{cases} x+y=48 & \cdots\cdots\ \bigcirc \\ -x+3y=20 & \cdots\cdots\ \bigcirc \end{cases}$

$\bigcirc+\bigcirc$을 하면 $4y=68$ $\therefore\ y=17$

이를 $\bigcirc$에 대입하면 $x+17=48$ $\therefore\ x=31$

따라서 두 수의 차는

$31-17=14$

0716 답 64

처음 수의 십의 자리의 숫자를 x, 일의 자리의 숫자를 y라 하면

$\begin{cases} x+y=10 \\ 10y+x=(10x+y)-18 \end{cases}$ $\therefore$ $\begin{cases} x+y=10 & \cdots\cdots\ \bigcirc \\ -x+y=-2 & \cdots\cdots\ \bigcirc \end{cases}$

$\bigcirc+\bigcirc$을 하면 $2y=8$ $\therefore\ y=4$

이를 $\bigcirc$에 대입하면 $x+4=10$ $\therefore\ x=6$

따라서 처음 수는 64이다.

0717 답 **18**

처음 수의 십의 자리의 숫자를 x, 일의 자리의 숫자를 y라 하면

$$\begin{cases} 10x+y=2(x+y) \\ 10y+x=4(10x+y)+9 \end{cases}$$

$$\therefore \begin{cases} y=8x & \cdots\cdots \ \text{㉠} \\ -13x+2y=3 & \cdots\cdots \ \text{㉡} \end{cases} \qquad\qquad \cdots\cdots \ \text{ⓘ}$$

㉠을 ㉡에 대입하면 $-13x+16x=3$, $3x=3$ $\quad\therefore x=1$

이를 ㉠에 대입하면 $y=8$ $\qquad\qquad\qquad\qquad\qquad \cdots\cdots \ \text{ⓘⓘ}$

따라서 처음 수는 18이다. $\qquad\qquad\qquad\qquad\qquad\qquad \cdots\cdots \ \text{ⓘⓘⓘ}$

채점 기준	
ⓘ 연립방정식 세우기	50 %
ⓘⓘ 연립방정식 풀기	40 %
ⓘⓘⓘ 처음 수 구하기	10 %

0718 답 ③

비밀번호의 백의 자리의 숫자를 x, 일의 자리의 숫자를 y라 하면

$$\begin{cases} x+y=8 \\ 100y+80+x=(100x+80+y)-198 \end{cases}$$

$$\therefore \begin{cases} x+y=8 & \cdots\cdots \ \text{㉠} \\ -x+y=-2 & \cdots\cdots \ \text{㉡} \end{cases}$$

㉠+㉡을 하면 $2y=6$ $\quad\therefore y=3$

이를 ㉠에 대입하면 $x+3=8$ $\quad\therefore x=5$

따라서 수연이의 학교 사물함의 비밀번호는 583이다.

0719 답 **남학생: 12, 여학생: 8**

남학생 수를 x, 여학생 수를 y라 하면

$$\begin{cases} x+y=20 \\ \dfrac{81x+86y}{20}=83 \end{cases} \therefore \begin{cases} x+y=20 & \cdots\cdots \ \text{㉠} \\ 81x+86y=1660 & \cdots\cdots \ \text{㉡} \end{cases}$$

㉠$\times 81-$㉡을 하면 $-5y=-40$ $\quad\therefore y=8$

이를 ㉠에 대입하면 $x+8=20$ $\quad\therefore x=12$

따라서 남학생 수는 12, 여학생 수는 8이다.

0720 답 ⑤

승연이의 몸무게를 $x\,\text{kg}$, 희주의 몸무게를 $y\,\text{kg}$이라 하면

$$\begin{cases} \dfrac{x+y}{2}=51 \\ x=y+4 \end{cases} \therefore \begin{cases} x+y=102 & \cdots\cdots \ \text{㉠} \\ x=y+4 & \cdots\cdots \ \text{㉡} \end{cases}$$

㉡을 ㉠에 대입하면 $(y+4)+y=102$

$2y=98$ $\quad\therefore y=49$

이를 ㉡에 대입하면 $x=53$

따라서 승연이의 몸무게는 53 kg이다.

0721 답 ④

국어 점수를 x점, 영어 점수를 y점이라 하면

$$\begin{cases} \dfrac{x+y+78}{3}=80 \\ x:y=5:4 \end{cases} \therefore \begin{cases} x+y=162 & \cdots\cdots \ \text{㉠} \\ 4x-5y=0 & \cdots\cdots \ \text{㉡} \end{cases}$$

㉠$\times 4-$㉡을 하면 $9y=648$ $\quad\therefore y=72$

이를 ㉠에 대입하면 $x+72=162$ $\quad\therefore x=90$

따라서 국어 점수는 90점, 영어 점수는 72점이므로 구하는 점수의 차는

$90-72=18(점)$

0722 답 **65명**

어른이 x명, 청소년이 y명 입장했다고 하면

$$\begin{cases} x+y=150 \\ 1000x+500y=117500 \end{cases} \therefore \begin{cases} x+y=150 & \cdots\cdots \ \text{㉠} \\ 2x+y=235 & \cdots\cdots \ \text{㉡} \end{cases}$$

㉠$-$㉡을 하면 $-x=-85$ $\quad\therefore x=85$

이를 ㉠에 대입하면 $85+y=150$ $\quad\therefore y=65$

따라서 청소년은 65명 입장했다.

0723 답 ③

사탕과 아이스크림을 합하여 11개를 샀으므로 $x+y=11$

지불한 금액이 7400원이므로 $400x+900y=7400$

따라서 연립방정식을 세우면 $\begin{cases} x+y=11 \\ 400x+900y=7400 \end{cases}$

0724 답 **1200원**

쿠키 한 개의 가격을 x원, 와플 한 개의 가격을 y원이라 하면

$$\begin{cases} 3x+2y=7600 & \cdots\cdots \ \text{㉠} \\ 4x+3y=10800 & \cdots\cdots \ \text{㉡} \end{cases}$$

㉠$\times 3-$㉡$\times 2$를 하면 $x=1200$

이를 ㉠에 대입하면 $3600+2y=7600$

$2y=4000$ $\quad\therefore y=2000$

따라서 쿠키 한 개의 가격은 1200원이다.

0725 답 **연필: 2자루, 색연필: 6자루**

연필을 x자루, 색연필을 y자루 샀다고 하면

$$\begin{cases} x+y=8 \\ 500x+700y+1000=6200 \end{cases}$$

$$\therefore \begin{cases} x+y=8 & \cdots\cdots \ \text{㉠} \\ 5x+7y=52 & \cdots\cdots \ \text{㉡} \end{cases} \qquad\qquad \cdots\cdots \ \text{ⓘ}$$

㉠$\times 5-$㉡을 하면 $-2y=-12$ $\quad\therefore y=6$

이를 ㉠에 대입하면 $x+6=8$ $\quad\therefore x=2$ $\qquad\qquad \cdots\cdots \ \text{ⓘⓘ}$

따라서 연필을 2자루, 색연필을 6자루 샀다. $\qquad\qquad \cdots\cdots \ \text{ⓘⓘⓘ}$

채점 기준	
ⓘ 연립방정식 세우기	50 %
ⓘⓘ 연립방정식 풀기	40 %
ⓘⓘⓘ 연필과 색연필을 각각 몇 자루 샀는지 구하기	10 %

0726 답 ④

복숭아를 x개, 자두를 y개 샀다고 하면

$$\begin{cases} x+y+5=18 \\ 800x+200y+7500=11900 \end{cases} \therefore \begin{cases} x+y=13 & \cdots\cdots \ \text{㉠} \\ 4x+y=22 & \cdots\cdots \ \text{㉡} \end{cases}$$

㉠$-$㉡을 하면 $-3x=-9$ $\quad\therefore x=3$

이를 ㉠에 대입하면 $3+y=13$ $\quad\therefore y=10$

따라서 자두를 10개 샀다.

0727 답 ③

장미 한 송이의 가격을 x원, 백합 한 송이의 가격을 y원이라 하면

$$\begin{cases} y=x+600 & \cdots\cdots \ \text{㉠} \\ 8x+5y=14700 & \cdots\cdots \ \text{㉡} \end{cases}$$

㉠을 ㉡에 대입하면 $8x+5(x+600)=14700$

$13x=11700$ $\quad\therefore x=900$

이를 ㉠에 대입하면 $y=1500$

따라서 장미 한 송이의 가격은 900원, 백합 한 송이의 가격은 1500원이므로 장미 5송이와 백합 3송이를 합한 가격은
$$900 \times 5 + 1500 \times 3 = 9000(원)$$

0728 답 60마리
이 농장에서 기르는 닭을 x마리, 토끼를 y마리라 하면
$$\begin{cases} x+y=180 \\ 2x+4y=600 \end{cases} \therefore \begin{cases} x+y=180 & \cdots\cdots ㉠ \\ x+2y=300 & \cdots\cdots ㉡ \end{cases}$$
㉠$-$㉡을 하면 $-y=-120$ $\therefore y=120$
이를 ㉠에 대입하면 $x+120=180$ $\therefore x=60$
따라서 이 농장에서 기르는 닭은 60마리이다.

0729 답 노새: 7자루, 당나귀: 5자루
노새의 짐을 x자루, 당나귀의 짐을 y자루라 하면
$$\begin{cases} x+1=2(y-1) \\ x-1=y+1 \end{cases} \therefore \begin{cases} x-2y=-3 & \cdots\cdots ㉠ \\ x-y=2 & \cdots\cdots ㉡ \end{cases}$$
㉠$-$㉡을 하면 $-y=-5$ $\therefore y=5$
이를 ㉡에 대입하면 $x-5=2$ $\therefore x=7$
따라서 노새의 짐은 7자루, 당나귀의 짐은 5자루이다.

0730 답 ③
정삼각형을 x개, 정사각형을 y개 만든다고 하면
$$\begin{cases} x+y=14 & \cdots\cdots ㉠ \\ 3x+4y=48 & \cdots\cdots ㉡ \end{cases}$$
㉠$\times 3-$㉡을 하면 $-y=-6$ $\therefore y=6$
이를 ㉠에 대입하면 $x+6=14$ $\therefore x=8$
따라서 정삼각형은 8개를 만들어야 한다.

0731 답 ⑤
현재 아버지의 나이를 x살, 아들의 나이를 y살이라 하면
$$\begin{cases} x+y=54 \\ x+6=3(y+6)+2 \end{cases} \therefore \begin{cases} x+y=54 & \cdots\cdots ㉠ \\ x-3y=14 & \cdots\cdots ㉡ \end{cases}$$
㉠$-$㉡을 하면 $4y=40$ $\therefore y=10$
이를 ㉠에 대입하면 $x+10=54$ $\therefore x=44$
따라서 현재 아버지의 나이는 44살이다.

0732 답 ②
현재 삼촌의 나이를 x살, 수아의 나이를 y살이라 하면
$$\begin{cases} x=4y \\ x-9=10(y-9)-3 \end{cases} \therefore \begin{cases} x=4y & \cdots\cdots ㉠ \\ x-10y=-84 & \cdots\cdots ㉡ \end{cases}$$
㉠을 ㉡에 대입하면 $-6y=-84$ $\therefore y=14$
이를 ㉠에 대입하면 $x=56$
따라서 현재 삼촌의 나이는 56살, 수아의 나이는 14살이므로 구하는 나이의 차는
$$56-14=42(살)$$

0733 답 33살
현재 누나의 나이를 x살, 동생의 나이를 y살이라 하면
$$\begin{cases} x-y=7 \\ x-6=2(y-6) \end{cases} \therefore \begin{cases} x-y=7 & \cdots\cdots ㉠ \\ x-2y=-6 & \cdots\cdots ㉡ \end{cases} \quad \cdots\cdots ❶$$
㉠$-$㉡을 하면 $y=13$
이를 ㉠에 대입하면 $x-13=7$ $\therefore x=20$ $\quad \cdots\cdots ❷$

따라서 현재 누나의 나이는 20살, 동생의 나이는 13살이므로 구하는 나이의 합은
$$20+13=33(살) \quad \cdots\cdots ❸$$

<table>
<tr><td colspan="3">채점 기준</td></tr>
<tr><td>❶ 연립방정식 세우기</td><td>40 %</td></tr>
<tr><td>❷ 연립방정식 풀기</td><td>40 %</td></tr>
<tr><td>❸ 현재 누나의 나이와 동생의 나이의 합 구하기</td><td>20 %</td></tr>
</table>

0734 답 어머니: 45살, 딸: 15살
현재 어머니의 나이를 x살, 딸의 나이를 y살이라 하면
$$\begin{cases} x-5=4(y-5) \\ x+10=2(y+10)+5 \end{cases} \therefore \begin{cases} x-4y=-15 & \cdots\cdots ㉠ \\ x-2y=15 & \cdots\cdots ㉡ \end{cases}$$
㉠$-$㉡을 하면 $-2y=-30$ $\therefore y=15$
이를 ㉡에 대입하면 $x-30=15$ $\therefore x=45$
따라서 현재 어머니의 나이는 45살, 딸의 나이는 15살이다.

0735 답 8 cm
사다리꼴의 윗변의 길이를 x cm, 아랫변의 길이를 y cm라 하면
$$\begin{cases} x=y-3 \\ \frac{1}{2} \times (x+y) \times 10 = 95 \end{cases} \therefore \begin{cases} x=y-3 & \cdots\cdots ㉠ \\ x+y=19 & \cdots\cdots ㉡ \end{cases}$$
㉠을 ㉡에 대입하면 $(y-3)+y=19$
$2y=22$ $\therefore y=11$
이를 ㉠에 대입하면 $x=8$
따라서 사다리꼴의 윗변의 길이는 8 cm이다.

0736 답 ④
짧은 줄의 길이를 x cm, 긴 줄의 길이를 y cm라 하면
$$\begin{cases} x+y=140 & \cdots\cdots ㉠ \\ x=\frac{1}{2}y+17 & \cdots\cdots ㉡ \end{cases}$$
㉡을 ㉠에 대입하면 $\left(\frac{1}{2}y+17\right)+y=140$
$\frac{3}{2}y=123$ $\therefore y=82$
이를 ㉡에 대입하면 $x=41+17=58$
따라서 짧은 줄의 길이는 58 cm이다.

0737 답 ②
처음 직사각형의 가로의 길이를 x cm, 세로의 길이를 y cm라 하면
$$\begin{cases} 2(x+y)=56 \\ 2\{(x-3)+2y\}=62 \end{cases} \therefore \begin{cases} x+y=28 & \cdots\cdots ㉠ \\ x+2y=34 & \cdots\cdots ㉡ \end{cases}$$
㉠$-$㉡을 하면 $-y=-6$ $\therefore y=6$
이를 ㉠에 대입하면 $x+6=28$ $\therefore x=22$
따라서 처음 직사각형의 가로의 길이는 22 cm, 세로의 길이는 6 cm이므로 구하는 넓이는
$$22 \times 6 = 132(\mathrm{cm}^2)$$

0738 답 32 cm
타일 한 장의 긴 변의 길이를 x cm, 짧은 변의 길이를 y cm라 하면
$$\begin{cases} 2\{3x+(x+y)\}=92 \\ 3x=5y \end{cases} \therefore \begin{cases} 4x+y=46 & \cdots\cdots ㉠ \\ 3x-5y=0 & \cdots\cdots ㉡ \end{cases}$$
㉠$\times 5+$㉡을 하면 $23x=230$ $\therefore x=10$
이를 ㉠에 대입하면 $40+y=46$ $\therefore y=6$

따라서 타일 한 장의 긴 변의 길이는 $10\,\mathrm{cm}$, 짧은 변의 길이는 $6\,\mathrm{cm}$
이므로 구하는 둘레의 길이는
$2\times(10+6)=32(\mathrm{cm})$

0739 답 ②
남학생 수를 x, 여학생 수를 y라 하면
$\begin{cases} x+y=36 \\ \dfrac{1}{4}x+\dfrac{1}{5}y=36\times\dfrac{2}{9} \end{cases}$
$\therefore \begin{cases} x+y=36 & \cdots\cdots \text{㉠} \\ 5x+4y=160 & \cdots\cdots \text{㉡} \end{cases}$
㉠$\times5-$㉡을 하면 $y=20$
이를 ㉠에 대입하면 $x+20=36$ $\therefore x=16$
따라서 남학생은 16명이다.

0740 답 나무 위: 7마리, 나무 아래: 5마리
나무 위에 있는 독수리를 x마리, 나무 아래에 있는 독수리를 y마리
라 하면
$\begin{cases} y-1=\dfrac{1}{3}(x+y) \\ x-1=y+1 \end{cases}$
$\therefore \begin{cases} -x+2y=3 & \cdots\cdots \text{㉠} \\ x-y=2 & \cdots\cdots \text{㉡} \end{cases}$
㉠$+$㉡을 하면 $y=5$
이를 ㉡에 대입하면 $x-5=2$ $\therefore x=7$
따라서 나무 위에 있는 독수리는 7마리, 나무 아래에 있는 독수리는
5마리이다.

0741 답 60
남학생 수를 x, 여학생 수를 y라 하면
$\begin{cases} x+y=500 \\ \dfrac{15}{100}x+\dfrac{20}{100}y=500\times\dfrac{18}{100} \end{cases}$
$\therefore \begin{cases} x+y=500 & \cdots\cdots \text{㉠} \\ 3x+4y=1800 & \cdots\cdots \text{㉡} \end{cases}$
㉠$\times3-$㉡을 하면 $-y=-300$ $\therefore y=300$
이를 ㉠에 대입하면 $x+300=500$ $\therefore x=200$
따라서 봉사 활동에 참여한 여학생 수는
$300\times\dfrac{20}{100}=60$

0742 답 ⑤
민지가 맞힌 문제 수를 x, 틀린 문제 수를 y라 하면
$\begin{cases} x+y=20 & \cdots\cdots \text{㉠} \\ 5x-2y=72 & \cdots\cdots \text{㉡} \end{cases}$
㉠$\times2+$㉡을 하면 $7x=112$ $\therefore x=16$
이를 ㉠에 대입하면 $16+y=20$ $\therefore y=4$
따라서 민지가 맞힌 문제 수는 16이다.

0743 답 8
A 팀의 이긴 경기 수를 x, 비긴 경기 수를 y라 하면
$\begin{cases} x+y=18 & \cdots\cdots \text{㉠} \\ 3x+y=38 & \cdots\cdots \text{㉡} \end{cases}$ $\cdots\cdots$ ❶
㉠$-$㉡을 하면 $-2x=-20$ $\therefore x=10$
이를 ㉠에 대입하면 $10+y=18$ $\therefore y=8$ $\cdots\cdots$ ❷
따라서 A 팀의 비긴 경기 수는 8이다. $\cdots\cdots$ ❸

0744 답 10
지혜가 맞힌 문제 수를 x, 틀린 문제 수를 y라 하면
$\begin{cases} y=\dfrac{1}{4}x \\ 100x-50y=700 \end{cases}$
$\therefore \begin{cases} x=4y & \cdots\cdots \text{㉠} \\ 2x-y=14 & \cdots\cdots \text{㉡} \end{cases}$
㉠을 ㉡에 대입하면 $8y-y=14$, $7y=14$ $\therefore y=2$
이를 ㉠에 대입하면 $x=8$
따라서 지혜가 푼 전체 문제 수는
$8+2=10$

0745 답 ②
혜수가 이긴 횟수를 x, 진 횟수를 y라 하면
소희가 이긴 횟수는 y, 진 횟수는 x이므로
$\begin{cases} 5x-3y=24 \\ 5y-3x=-8 \end{cases}$
$\therefore \begin{cases} 5x-3y=24 & \cdots\cdots \text{㉠} \\ -3x+5y=-8 & \cdots\cdots \text{㉡} \end{cases}$
㉠$\times5+$㉡$\times3$을 하면 $16x=96$ $\therefore x=6$
이를 ㉠에 대입하면 $30-3y=24$, $-3y=-6$ $\therefore y=2$
따라서 혜수가 이긴 횟수는 6이다.

0746 답 ②
준서가 이긴 횟수를 x, 진 횟수를 y라 하면
민호가 이긴 횟수는 y, 진 횟수는 x이므로
$\begin{cases} x+y=20 \\ 3y-2x=25 \end{cases}$
$\therefore \begin{cases} x+y=20 & \cdots\cdots \text{㉠} \\ -2x+3y=25 & \cdots\cdots \text{㉡} \end{cases}$
㉠$\times2+$㉡을 하면 $5y=65$ $\therefore y=13$
이를 ㉠에 대입하면 $x+13=20$ $\therefore x=7$
따라서 준서가 이긴 횟수는 7이다.

0747 답 $a=1$, $b=3$
주희는 9번 이기고 6번 졌고, 시우는 6번 이기고 9번 졌으므로
$\begin{cases} 9a-6b=-9 \\ 6a-9b=-21 \end{cases}$
$\therefore \begin{cases} 3a-2b=-3 & \cdots\cdots \text{㉠} \\ 2a-3b=-7 & \cdots\cdots \text{㉡} \end{cases}$ $\cdots\cdots$ ❶
㉠$\times2-$㉡$\times3$을 하면 $5b=15$ $\therefore b=3$
이를 ㉠에 대입하면 $3a-6=-3$, $3a=3$ $\therefore a=1$ $\cdots\cdots$ ❷

0748 답 13
승우가 이긴 횟수를 x, 진 횟수를 y라 하면
채은이가 이긴 횟수는 y, 진 횟수는 x이므로
$\begin{cases} 4x+2\times4-y=29 \\ 4y+2\times4-x=14 \end{cases}$
$\therefore \begin{cases} 4x-y=21 & \cdots\cdots \text{㉠} \\ -x+4y=6 & \cdots\cdots \text{㉡} \end{cases}$
㉠$+$㉡$\times4$를 하면 $15y=45$ $\therefore y=3$
이를 ㉡에 대입하면 $-x+12=6$ $\therefore x=6$
따라서 가위바위보를 한 총횟수는
$6+3+4=13$

0749 답 ④

자전거를 타고 간 거리를 $x\,$km, 걸어간 거리를 $y\,$km라 하면

$\begin{cases} x+y=9 \\ \dfrac{x}{10}+\dfrac{y}{4}=\dfrac{90}{60} \end{cases}$ ∴ $\begin{cases} x+y=9 & \cdots\cdots\ \text{㉠} \\ 2x+5y=30 & \cdots\cdots\ \text{㉡} \end{cases}$

㉠$\times 2-$㉡을 하면 $-3y=-12$ ∴ $y=4$

이를 ㉠에 대입하면 $x+4=9$ ∴ $x=5$

따라서 자전거를 타고 간 거리는 $5\,$km이다.

0750 답 ①

A 코스의 거리를 $x\,$km, B 코스의 거리를 $y\,$km라 하면

$\begin{cases} y=x+5 \\ \dfrac{x}{8}+\dfrac{y}{6}=2 \end{cases}$ ∴ $\begin{cases} y=x+5 & \cdots\cdots\ \text{㉠} \\ 3x+4y=48 & \cdots\cdots\ \text{㉡} \end{cases}$

㉠을 ㉡에 대입하면 $3x+4(x+5)=48$

$7x=28$ ∴ $x=4$

이를 ㉠에 대입하면 $y=9$

따라서 A 코스의 거리는 $4\,$km, B 코스의 거리는 $9\,$km이므로 구하는 거리의 합은

$4+9=13\,(\text{km})$

0751 답 ③

걸어간 거리를 $x\,$km, 뛰어간 거리를 $y\,$km라 하면

$\begin{cases} x+y=2 \\ \dfrac{x}{2}+\dfrac{10}{60}+\dfrac{y}{6}=\dfrac{54}{60} \end{cases}$ ∴ $\begin{cases} x+y=2 & \cdots\cdots\ \text{㉠} \\ 15x+5y=22 & \cdots\cdots\ \text{㉡} \end{cases}$

㉠$\times 5-$㉡을 하면 $-10x=-12$ ∴ $x=1.2$

이를 ㉠에 대입하면 $1.2+y=2$ ∴ $y=0.8$

따라서 걸어간 거리는 $1.2\,$km이다.

0752 답 $5\,$km

올라간 거리를 $x\,$km, 내려온 거리를 $y\,$km라 하면

$\begin{cases} x+y=14 \\ \dfrac{x}{3}+\dfrac{y}{5}=4 \end{cases}$ ∴ $\begin{cases} x+y=14 & \cdots\cdots\ \text{㉠} \\ 5x+3y=60 & \cdots\cdots\ \text{㉡} \end{cases}$

㉠$\times 5-$㉡을 하면 $2y=10$ ∴ $y=5$

이를 ㉠에 대입하면 $x+5=14$ ∴ $x=9$

따라서 내려온 거리는 $5\,$km이다.

0753 답 $14\,$km

올라간 거리를 $x\,$km, 내려온 거리를 $y\,$km라 하면

$\begin{cases} y=x+1 \\ \dfrac{x}{4}+\dfrac{y}{6}=6 \end{cases}$ ∴ $\begin{cases} y=x+1 & \cdots\cdots\ \text{㉠} \\ 3x+2y=72 & \cdots\cdots\ \text{㉡} \end{cases}$ $\cdots\cdots$ ❶

㉠을 ㉡에 대입하면 $3x+2(x+1)=72$

$5x=70$ ∴ $x=14$

이를 ㉠에 대입하면 $y=15$ $\cdots\cdots$ ❷

따라서 올라간 거리는 $14\,$km이다. $\cdots\cdots$ ❸

채점 기준

❶ 연립방정식 세우기		50 %
❷ 연립방정식 풀기		40 %
❸ 올라간 거리 구하기		10 %

0754 답 ③

갈 때 걸은 거리를 $x\,$km, 올 때 걸은 거리를 $y\,$km라 하면

$\begin{cases} y=x-2 \\ \dfrac{x}{5}+\dfrac{35}{60}+\dfrac{y}{4}=\dfrac{140}{60} \end{cases}$ ∴ $\begin{cases} y=x-2 & \cdots\cdots\ \text{㉠} \\ 4x+5y=35 & \cdots\cdots\ \text{㉡} \end{cases}$

㉠을 ㉡에 대입하면 $4x+5(x-2)=35$

$9x=45$ ∴ $x=5$

이를 ㉠에 대입하면 $y=3$

따라서 올 때 걸은 거리는 $3\,$km이다.

0755 답 25분 후

동생이 출발한 지 x분 후, 형이 출발한 지 y분 후에 두 사람이 만난다고 하면

$\begin{cases} x=y+15 \\ 50x=80y \end{cases}$ ∴ $\begin{cases} x=y+15 & \cdots\cdots\ \text{㉠} \\ 5x=8y & \cdots\cdots\ \text{㉡} \end{cases}$

㉠을 ㉡에 대입하면 $5(y+15)=8y$

$3y=75$ ∴ $y=25$

이를 ㉠에 대입하면 $x=40$

따라서 두 사람이 만나는 것은 형이 출발한 지 25분 후이다.

0756 답 $2\,$km

두 사람이 만날 때까지 연우가 걸은 거리를 $x\,$km, 은지가 걸은 거리를 $y\,$km라 하면

$\begin{cases} x+y=14 \\ \dfrac{x}{3}=\dfrac{y}{4} \end{cases}$ ∴ $\begin{cases} x+y=14 & \cdots\cdots\ \text{㉠} \\ 4x-3y=0 & \cdots\cdots\ \text{㉡} \end{cases}$

㉠$\times 3+$㉡을 하면 $7x=42$ ∴ $x=6$

이를 ㉠에 대입하면 $6+y=14$ ∴ $y=8$

따라서 두 사람이 만날 때까지 은지는 연우보다 $8-6=2\,(\text{km})$를 더 걸었다.

만렙 Note

A, B 두 사람이 서로 다른 두 지점에서 마주 보고 동시에 출발하여 만나는 경우

➡ $\begin{cases} (\text{A가 이동한 거리})+(\text{B가 이동한 거리})=(\text{전체 거리}) \\ (\text{A가 이동한 시간})=(\text{B가 이동한 시간}) \end{cases}$

0757 답 ③

승아가 출발한 지 x분 후, 규민이가 출발한 지 y분 후에 두 사람이 만난다고 하면

$\begin{cases} x=y+\dfrac{300}{150} \\ 150x=200y \end{cases}$ ∴ $\begin{cases} x=y+2 & \cdots\cdots\ \text{㉠} \\ 3x=4y & \cdots\cdots\ \text{㉡} \end{cases}$

㉠을 ㉡에 대입하면 $3(y+2)=4y$ ∴ $y=6$

이를 ㉠에 대입하면 $x=8$

따라서 두 사람이 만나는 것은 승아가 출발한 지 8분 후이다.

0758 답 수지: 분속 $100\,$m, 연주: 분속 $50\,$m

수지의 속력을 분속 $x\,$m, 연주의 속력을 분속 $y\,$m라 하면

$\begin{cases} 30x-30y=1500 \\ 10x+10y=1500 \end{cases}$ ∴ $\begin{cases} x-y=50 & \cdots\cdots\ \text{㉠} \\ x+y=150 & \cdots\cdots\ \text{㉡} \end{cases}$

㉠$+$㉡을 하면 $2x=200$ ∴ $x=100$

이를 ㉡에 대입하면 $100+y=150$ ∴ $y=50$

따라서 수지의 속력은 분속 $100\,$m, 연주의 속력은 분속 $50\,$m이다.

0759 답 **12분 후**

찬우가 이동한 거리를 $x\,\mathrm{m}$, 아현이가 이동한 거리를 $y\,\mathrm{m}$라 하면

$$\begin{cases} x+y=1200 \\ \dfrac{x}{40}=\dfrac{y}{60} \end{cases} \therefore \begin{cases} x+y=1200 & \cdots\cdots \text{㉠} \\ 3x-2y=0 & \cdots\cdots \text{㉡} \end{cases} \quad \cdots\cdots \text{ⓘ}$$

㉠$\times 2+$㉡을 하면 $5x=2400$ $\therefore x=480$

이를 ㉠에 대입하면 $480+y=1200$ $\therefore y=720$ $\quad\cdots\cdots$ ⓘ

따라서 두 사람은 출발한 지 $\dfrac{480}{40}=12$(분) 후에 처음으로 만난다.

$\cdots\cdots$ ⓘ

채점 기준	
ⓘ 연립방정식 세우기	40 %
ⓘ 연립방정식 풀기	40 %
ⓘ 두 사람이 출발한 지 몇 분 후에 처음으로 만나는지 구하기	20 %

0760 답 ②

준형이의 속력을 분속 $x\,\mathrm{m}$, 도훈이의 속력을 분속 $y\,\mathrm{m}$라 하면

$$\begin{cases} y=2x \\ 16y-16x=480 \end{cases} \therefore \begin{cases} y=2x & \cdots\cdots \text{㉠} \\ y-x=30 & \cdots\cdots \text{㉡} \end{cases}$$

㉠을 ㉡에 대입하면 $2x-x=30$ $\therefore x=30$

이를 ㉠에 대입하면 $y=60$

따라서 두 사람의 속력의 차는 분속 $60-30=30\,(\mathrm{m})$이다.

0761 답 ④

정지한 물에서의 배의 속력을 시속 $x\,\mathrm{km}$, 강물의 속력을 시속 $y\,\mathrm{km}$라 하면 강을 거슬러 올라갈 때의 배의 속력은 시속 $(x-y)\,\mathrm{km}$, 강을 따라 내려올 때의 배의 속력은 시속 $(x+y)\,\mathrm{km}$이므로

$$\begin{cases} 5(x-y)=30 \\ 3(x+y)=30 \end{cases} \therefore \begin{cases} x-y=6 & \cdots\cdots \text{㉠} \\ x+y=10 & \cdots\cdots \text{㉡} \end{cases}$$

㉠$+$㉡을 하면 $2x=16$ $\therefore x=8$

이를 ㉡에 대입하면 $8+y=10$ $\therefore y=2$

따라서 정지한 물에서의 배의 속력은 시속 $8\,\mathrm{km}$이다.

0762 답 **분속 24 m**

정지한 물에서의 유람선의 속력을 분속 $x\,\mathrm{m}$, 강물의 속력을 분속 $y\,\mathrm{m}$라 하면 강을 거슬러 올라갈 때의 유람선의 속력은 분속 $(x-y)\,\mathrm{m}$, 강을 따라 내려올 때의 유람선의 속력은 분속 $(x+y)\,\mathrm{m}$이므로

$$\begin{cases} 25(x-y)=1800 \\ 15(x+y)=1800 \end{cases} \therefore \begin{cases} x-y=72 & \cdots\cdots \text{㉠} \\ x+y=120 & \cdots\cdots \text{㉡} \end{cases} \quad \cdots\cdots \text{ⓘ}$$

㉠$+$㉡을 하면 $2x=192$ $\therefore x=96$

이를 ㉡에 대입하면 $96+y=120$ $\therefore y=24$ $\quad\cdots\cdots$ ⓘ

따라서 강물의 속력은 분속 $24\,\mathrm{m}$이다. $\quad\cdots\cdots$ ⓘ

채점 기준	
ⓘ 연립방정식 세우기	50 %
ⓘ 연립방정식 풀기	40 %
ⓘ 강물의 속력 구하기	10 %

0763 답 ③

두 선착장 A, B 사이의 거리를 $x\,\mathrm{km}$, 강물의 속력을 시속 $y\,\mathrm{km}$라 하면 강을 거슬러 올라갈 때의 배의 속력은 시속 $(20-y)\,\mathrm{km}$, 강을 따라 내려올 때의 배의 속력은 시속 $(20+y)\,\mathrm{km}$이므로

$$\begin{cases} x=(20-y)\times 3 \\ x=(20+y)\times 2 \end{cases} \therefore \begin{cases} x+3y=60 & \cdots\cdots \text{㉠} \\ x-2y=40 & \cdots\cdots \text{㉡} \end{cases}$$

㉠$-$㉡을 하면 $5y=20$ $\therefore y=4$

이를 ㉡에 대입하면 $x-8=40$ $\therefore x=48$

따라서 두 선착장 A, B 사이의 거리는 $48\,\mathrm{km}$이다.

0764 답 ①

기차의 길이를 $x\,\mathrm{m}$, 기차의 속력을 분속 $y\,\mathrm{m}$라 하면 길이가 $3.4\,\mathrm{km}$인 철교를 완전히 통과할 때까지 달린 거리는 $(3400+x)\,\mathrm{m}$이고, 길이가 $0.8\,\mathrm{km}$인 터널을 완전히 통과할 때까지 달린 거리는 $(800+x)\,\mathrm{m}$이므로

$$\begin{cases} 3400+x=3y \\ 800+x=y \end{cases} \therefore \begin{cases} x-3y=-3400 & \cdots\cdots \text{㉠} \\ x-y=-800 & \cdots\cdots \text{㉡} \end{cases}$$

㉠$-$㉡을 하면 $-2y=-2600$ $\therefore y=1300$

이를 ㉡에 대입하면 $x-1300=-800$ $\therefore x=500$

따라서 기차의 길이는 $500\,\mathrm{m}$이다.

0765 답 ②

A 다리의 길이를 $x\,\mathrm{m}$, 기차의 속력을 초속 $y\,\mathrm{m}$라 하면 길이가 $x\,\mathrm{m}$인 다리를 완전히 통과할 때까지 달린 거리는 $(x+120)\,\mathrm{m}$이고, 길이가 $3x\,\mathrm{m}$인 터널을 완전히 통과할 때까지 달린 거리는 $(3x+120)\,\mathrm{m}$이므로

$$\begin{cases} x+120=24y \\ 3x+120=60y \end{cases} \therefore \begin{cases} x-24y=-120 & \cdots\cdots \text{㉠} \\ x-20y=-40 & \cdots\cdots \text{㉡} \end{cases}$$

㉠$-$㉡을 하면 $-4y=-80$ $\therefore y=20$

이를 ㉡에 대입하면 $x-400=-40$ $\therefore x=360$

따라서 A 다리의 길이는 $360\,\mathrm{m}$, 기차의 속력은 초속 $20\,\mathrm{m}$이다.

0766 답 **371**

작년 남학생 수를 x, 여학생 수를 y라 하면

$$\begin{cases} x+y=750 \\ \dfrac{6}{100}x-\dfrac{3}{100}y=9 \end{cases} \therefore \begin{cases} x+y=750 & \cdots\cdots \text{㉠} \\ 2x-y=300 & \cdots\cdots \text{㉡} \end{cases}$$

㉠$+$㉡을 하면 $3x=1050$ $\therefore x=350$

이를 ㉠에 대입하면 $350+y=750$ $\therefore y=400$

따라서 올해 남학생 수는

$$350+\dfrac{6}{100}\times 350=371$$

0767 답 **285 kg**

작년 쌀의 생산량을 $x\,\mathrm{kg}$, 보리의 생산량을 $y\,\mathrm{kg}$이라 하면

$$\begin{cases} x+y=700 \\ \dfrac{3}{100}x-\dfrac{5}{100}y=-3 \end{cases}$$

$\quad\quad\quad\quad\quad\quad\quad\quad \lfloor 697-700=-3\,(\mathrm{kg})$

$$\therefore \begin{cases} x+y=700 & \cdots\cdots \text{㉠} \\ 3x-5y=-300 & \cdots\cdots \text{㉡} \end{cases} \quad \cdots\cdots \text{ⓘ}$$

㉠$\times 3-$㉡을 하면 $8y=2400$ $\therefore y=300$

이를 ㉠에 대입하면 $x+300=700$ $\therefore x=400$ $\quad\cdots\cdots$ ⓘ

따라서 올해 보리의 생산량은

$$300-\dfrac{5}{100}\times 300=285\,(\mathrm{kg}) \quad\cdots\cdots \text{ⓘ}$$

채점 기준	
ⓘ 연립방정식 세우기	40 %
ⓘ 연립방정식 풀기	40 %
ⓘ 올해 보리의 생산량 구하기	20 %

0768　답 52000원

지난달 연호의 휴대 전화 요금을 x원, 연서의 휴대 전화 요금을 y원이라 하면

$$\begin{cases} x+y=100000 \\ -\dfrac{5}{100}x+\dfrac{30}{100}y=\dfrac{9}{100}\times100000 \end{cases}$$

$$\therefore \begin{cases} x+y=100000 & \cdots\cdots \ \text{㉠} \\ -x+6y=180000 & \cdots\cdots \ \text{㉡} \end{cases}$$

㉠+㉡을 하면 $7y=280000$ $\quad\therefore y=40000$

이를 ㉠에 대입하면 $x+40000=100000$ $\quad\therefore x=60000$

따라서 이번 달 연서의 휴대 전화 요금은

$$40000+\dfrac{30}{100}\times40000=52000(\text{원})$$

0769　답 ③

어제 남자 관람객 수를 x, 여자 관람객 수를 y라 하면

$$\begin{cases} -\dfrac{5}{100}x+\dfrac{4}{100}y=-5 \\ x+y=730 \end{cases} \therefore \begin{cases} -5x+4y=-500 & \cdots\cdots \ \text{㉠} \\ x+y=730 & \cdots\cdots \ \text{㉡} \end{cases}$$

$\llcorner 725+5=730$

㉠-㉡$\times4$를 하면 $-9x=-3420$ $\quad\therefore x=380$

이를 ㉡에 대입하면 $380+y=730$ $\quad\therefore y=350$

따라서 오늘 여자 관람객 수는

$$350+\dfrac{4}{100}\times350=364$$

0770　답 6000원

A 상품의 원가를 x원, B 상품의 원가를 y원이라 하면

$$\begin{cases} x+y=40000 \\ \dfrac{7}{100}x+\dfrac{10}{100}y=3820 \end{cases} \therefore \begin{cases} x+y=40000 & \cdots\cdots \ \text{㉠} \\ 7x+10y=382000 & \cdots\cdots \ \text{㉡} \end{cases}$$

㉠$\times7-$㉡을 하면 $-3y=-102000$ $\quad\therefore y=34000$

이를 ㉠에 대입하면 $x+34000=40000$ $\quad\therefore x=6000$

따라서 A 상품의 원가는 6000원이다.

0771　답 ③

A 제품을 x개, B 제품을 y개 구입했다고 하면

$$\begin{cases} x+y=180 \\ \dfrac{20}{100}\times600x+\dfrac{25}{100}\times400y=19600 \end{cases}$$

$$\therefore \begin{cases} x+y=180 & \cdots\cdots \ \text{㉠} \\ 6x+5y=980 & \cdots\cdots \ \text{㉡} \end{cases}$$

㉠$\times5-$㉡을 하면 $-x=-80$ $\quad\therefore x=80$

이를 ㉠에 대입하면 $80+y=180$ $\quad\therefore y=100$

따라서 B 제품은 100개 구입하였다.

0772　답 A 제품: 15000원, B 제품: 20000원

A 제품의 원가를 x원, B 제품의 원가를 y원이라 하면 두 제품 A, B의 정가는 각각

$$\left(1+\dfrac{20}{100}\right)x=\dfrac{6}{5}x(\text{원}),\ \left(1+\dfrac{30}{100}\right)y=\dfrac{13}{10}y(\text{원})$$

두 제품 A, B의 판매 금액은 각각

$$\left(1-\dfrac{10}{100}\right)\times\dfrac{6}{5}x=\dfrac{27}{25}x(\text{원}),\ \left(1-\dfrac{20}{100}\right)\times\dfrac{13}{10}y=\dfrac{26}{25}y(\text{원})$$

따라서 연립방정식을 세우면

$$\begin{cases} x+y=35000 \\ \left(\dfrac{27}{25}x-x\right)+\left(\dfrac{26}{25}y-y\right)=2000 \end{cases}$$

$$\therefore \begin{cases} x+y=35000 & \cdots\cdots \ \text{㉠} \\ 2x+y=50000 & \cdots\cdots \ \text{㉡} \end{cases}$$

㉠-㉡을 하면 $-x=-15000$ $\quad\therefore x=15000$

이를 ㉠에 대입하면 $15000+y=35000$ $\quad\therefore y=20000$

따라서 A 제품의 원가는 15000원, B 제품의 원가는 20000원이다.

0773　답 30일

전체 일의 양을 1이라 하고, A, B가 하루 동안 할 수 있는 일의 양을 각각 x, y라 하면

$$\begin{cases} 5(x+y)=1 \\ 4x+10y=1 \end{cases} \therefore \begin{cases} 5x+5y=1 & \cdots\cdots \ \text{㉠} \\ 4x+10y=1 & \cdots\cdots \ \text{㉡} \end{cases}$$

㉠$\times2-$㉡을 하면 $6x=1$ $\quad\therefore x=\dfrac{1}{6}$

이를 ㉠에 대입하면 $\dfrac{5}{6}+5y=1$

$5y=\dfrac{1}{6}$ $\quad\therefore y=\dfrac{1}{30}$

따라서 B가 혼자 하면 30일이 걸린다.

0774　답 ③

전체 일의 양을 1이라 하고, A, B가 하루 동안 할 수 있는 일의 양을 각각 x, y라 하면

$$\begin{cases} 9x+2y=1 & \cdots\cdots \ \text{㉠} \\ 3x+6y=1 & \cdots\cdots \ \text{㉡} \end{cases}$$

㉠$\times3-$㉡을 하면 $24x=2$ $\quad\therefore x=\dfrac{1}{12}$

이를 ㉠에 대입하면 $\dfrac{3}{4}+2y=1$

$2y=\dfrac{1}{4}$ $\quad\therefore y=\dfrac{1}{8}$

따라서 A가 혼자 하면 12일이 걸린다.

0775　답 20분

물탱크에 가득 찬 물의 양을 1이라 하고, 두 호스 A, B로 1분 동안 채울 수 있는 물의 양을 각각 x, y라 하면

$$\begin{cases} 10x+15y=1 \\ 10y+8(x+y)=1 \end{cases}$$

$$\therefore \begin{cases} 10x+15y=1 & \cdots\cdots \ \text{㉠} \\ 8x+18y=1 & \cdots\cdots \ \text{㉡} \end{cases} \quad\cdots\cdots\ ❶$$

㉠$\times8-$㉡$\times10$을 하면 $-60y=-2$ $\quad\therefore y=\dfrac{1}{30}$

이를 ㉠에 대입하면 $10x+\dfrac{1}{2}=1$

$10x=\dfrac{1}{2}$ $\quad\therefore x=\dfrac{1}{20}$ $\quad\cdots\cdots\ ❷$

따라서 A 호스로 물탱크에 물을 가득 채우는 데 걸리는 시간은 20분이다. $\quad\cdots\cdots\ ❸$

채점 기준	
❶ 연립방정식 세우기	50 %
❷ 연립방정식 풀기	40 %
❸ A 호스로 물을 가득 채우는 데 걸리는 시간 구하기	10 %

0776 답 ④

벽화를 완성하는 일의 양을 1이라 하면 성인과 청소년 1명이 1시간 동안 할 수 있는 일의 양은 각각 $\dfrac{1}{6}$, $\dfrac{1}{10}$이다.

팀에 성인이 x명, 청소년이 y명 있다고 하면

$$\begin{cases} x+y=8 \\ \dfrac{1}{6}x+\dfrac{1}{10}y=1 \end{cases} \therefore \begin{cases} x+y=8 & \cdots\cdots \ \bigcirc \\ 5x+3y=30 & \cdots\cdots \ \bigcirc \end{cases}$$

$\bigcirc\times3-\bigcirc$을 하면 $-2x=-6$ $\therefore x=3$

이를 $\bigcirc$에 대입하면 $3+y=8$ $\therefore y=5$

따라서 팀에 청소년은 5명 있다.

0777 답 ④

3 %의 소금물의 양을 x g, 12 %의 소금물의 양을 y g이라 하면

$$\begin{cases} x+y=300 \\ \dfrac{3}{100}x+\dfrac{12}{100}y=\dfrac{9}{100}\times300 \end{cases} \therefore \begin{cases} x+y=300 & \cdots\cdots \ \bigcirc \\ x+4y=900 & \cdots\cdots \ \bigcirc \end{cases}$$

$\bigcirc-\bigcirc$을 하면 $-3y=-600$ $\therefore y=200$

이를 $\bigcirc$에 대입하면 $x+200=300$ $\therefore x=100$

따라서 12 %의 소금물의 양은 200 g이다.

0778 답 45 g

6 %의 소금물의 양을 x g, 8 %의 소금물의 양을 y g이라 하면

$$\begin{cases} x+y+40=150 \\ \dfrac{6}{100}x+\dfrac{8}{100}y=\dfrac{5}{100}\times150 \end{cases} \therefore \begin{cases} x+y=110 & \cdots\cdots \ \bigcirc \\ 3x+4y=375 & \cdots\cdots \ \bigcirc \end{cases}$$

$\bigcirc\times3-\bigcirc$을 하면 $-y=-45$ $\therefore y=45$

이를 $\bigcirc$에 대입하면 $x+45=110$ $\therefore x=65$

따라서 8 %의 소금물의 양은 45 g이다.

0779 답 소금물 A: 12 %, 소금물 B: 6 %

소금물 A의 농도를 x %, 소금물 B의 농도를 y %라 하면

$$\begin{cases} \dfrac{x}{100}\times100+\dfrac{y}{100}\times200=\dfrac{8}{100}\times300 \\ \dfrac{x}{100}\times200+\dfrac{y}{100}\times100=\dfrac{10}{100}\times300 \end{cases}$$

$$\therefore \begin{cases} x+2y=24 & \cdots\cdots \ \bigcirc \\ 2x+y=30 & \cdots\cdots \ \bigcirc \end{cases}$$

$\bigcirc-\bigcirc\times2$를 하면 $-3x=-36$ $\therefore x=12$

이를 $\bigcirc$에 대입하면 $24+y=30$ $\therefore y=6$

따라서 소금물 A의 농도는 12 %, 소금물 B의 농도는 6 %이다.

0780 답 ②

섭취해야 하는 식품 A의 양을 x g, 식품 B의 양을 y g이라 하면

$$\begin{cases} \dfrac{160}{100}x+\dfrac{120}{100}y=720 \\ \dfrac{6}{100}x+\dfrac{24}{100}y=66 \end{cases} \therefore \begin{cases} 4x+3y=1800 & \cdots\cdots \ \bigcirc \\ x+4y=1100 & \cdots\cdots \ \bigcirc \end{cases}$$

$\bigcirc-\bigcirc\times4$를 하면 $-13y=-2600$ $\therefore y=200$

이를 $\bigcirc$에 대입하면 $x+800=1100$ $\therefore x=300$

따라서 식품 A는 300 g을 섭취해야 한다.

참고 100 g당 열량이 a kcal이면 ➡ 1 g당 열량은 $\dfrac{a}{100}$ kcal

0781 답 합금 A: 10 kg, 합금 B: 4 kg

필요한 합금 A의 양을 x kg, 합금 B의 양을 y kg이라 하면

$$\begin{cases} \dfrac{60}{100}x+\dfrac{50}{100}y=8 \\ \dfrac{40}{100}x+\dfrac{50}{100}y=6 \end{cases} \therefore \begin{cases} 6x+5y=80 & \cdots\cdots \ \bigcirc \\ 4x+5y=60 & \cdots\cdots \ \bigcirc \end{cases} \ \cdots\cdots \ ❶$$

$\bigcirc-\bigcirc$을 하면 $2x=20$ $\therefore x=10$

이를 $\bigcirc$에 대입하면 $60+5y=80$

$5y=20$ $\therefore y=4$ $\cdots\cdots$ ❷

따라서 합금 A는 10 kg, 합금 B는 4 kg이 필요하다. $\cdots\cdots$ ❸

채점 기준

❶ 연립방정식 세우기		50 %
❷ 연립방정식 풀기		40 %
❸ 합금 A, B는 각각 몇 kg이 필요한지 구하기		10 %

0782 답 70 g

필요한 합금 A의 양을 x g, 합금 B의 양을 y g이라 하면

$$\begin{cases} \dfrac{3}{4}x+\dfrac{1}{2}y=\dfrac{2}{3}\times210 \\ \dfrac{1}{4}x+\dfrac{1}{2}y=\dfrac{1}{3}\times210 \end{cases} \therefore \begin{cases} 3x+2y=560 & \cdots\cdots \ \bigcirc \\ x+2y=280 & \cdots\cdots \ \bigcirc \end{cases}$$

$\bigcirc-\bigcirc$을 하면 $2x=280$ $\therefore x=140$

이를 $\bigcirc$에 대입하면 $140+2y=280$

$2y=140$ $\therefore y=70$

따라서 필요한 합금 B의 양은 70 g이다.

참고 금과 은이 m : n의 비율로 포함된 합금 x g에서

➡ 금의 양: $\dfrac{m}{m+n}\times x$ (g)

은의 양: $\dfrac{n}{m+n}\times x$ (g)

AB **유형 점검** 128~130쪽

0783 답 23

㈎에서 $A=3B+3$ $\cdots\cdots$ $\bigcirc$

㈏에서 $2A=7B+1$ $\cdots\cdots$ $\bigcirc$

$\bigcirc$을 $\bigcirc$에 대입하면 $2(3B+3)=7B+1$

$6B+6=7B+1$ $\therefore B=5$

이를 $\bigcirc$에 대입하면 $A=15+3=18$

$\therefore A+B=18+5=23$

0784 답 ③

처음 수의 십의 자리의 숫자를 x, 일의 자리의 숫자를 y라 하면

$$\begin{cases} x+y=11 \\ 10y+x=(10x+y)+27 \end{cases} \therefore \begin{cases} x+y=11 & \cdots\cdots \ \bigcirc \\ -x+y=3 & \cdots\cdots \ \bigcirc \end{cases}$$

$\bigcirc+\bigcirc$을 하면 $2y=14$ $\therefore y=7$

이를 $\bigcirc$에 대입하면 $x+7=11$ $\therefore x=4$

따라서 처음 수는 47이다.

0785 답 사과: 25, 배: 15

사과의 개수를 x, 배의 개수를 y라 하면

$\begin{cases} x+y=40 \\ \dfrac{1.2x+2y}{40}=1.5 \end{cases}$ ∴ $\begin{cases} x+y=40 & \cdots\cdots\ \text{㉠} \\ 3x+5y=150 & \cdots\cdots\ \text{㉡} \end{cases}$

㉠×3−㉡을 하면 $-2y=-30$ ∴ $y=15$

이를 ㉠에 대입하면 $x+15=40$ ∴ $x=25$

따라서 사과의 개수는 25, 배의 개수는 15이다.

0786 답 ⑤

떡볶이를 x인분, 순대를 y인분 주문했다고 하면

$\begin{cases} x+y=12 \\ 2500x+3500y=33000 \end{cases}$ ∴ $\begin{cases} x+y=12 & \cdots\cdots\ \text{㉠} \\ 5x+7y=66 & \cdots\cdots\ \text{㉡} \end{cases}$

㉠×5−㉡을 하면 $-2y=-6$ ∴ $y=3$

이를 ㉠에 대입하면 $x+3=12$ ∴ $x=9$

따라서 세정이가 주문한 떡볶이는 9인분이다.

0787 답 ②

4명씩 탄 보트를 x대, 5명씩 탄 보트를 y대라 하면

$\begin{cases} x+y=20 & \cdots\cdots\ \text{㉠} \\ 4x+5y=83 & \cdots\cdots\ \text{㉡} \end{cases}$

㉠×4−㉡을 하면 $-y=-3$ ∴ $y=3$

이를 ㉠에 대입하면 $x+3=20$ ∴ $x=17$

따라서 5명씩 탄 보트는 3대이다.

0788 답 아버지: 40살, 딸: 9살

현재 아버지의 나이를 x살, 딸의 나이를 y살이라 하면

$\begin{cases} x=y+31 \\ x+16=3(y+16)-9 \end{cases}$ ∴ $\begin{cases} x=y+31 & \cdots\cdots\ \text{㉠} \\ x-3y=23 & \cdots\cdots\ \text{㉡} \end{cases}$

㉠을 ㉡에 대입하면 $(y+31)-3y=23$

$-2y=-8$ ∴ $y=4$

이를 ㉠에 대입하면 $x=35$

따라서 현재 아버지의 나이는 35살, 딸의 나이는 4살이므로 5년 후의 아버지의 나이는 $35+5=40$(살), 딸의 나이는 $4+5=9$(살)이다.

0789 답 20명

찬성한 회원을 x명, 반대한 회원을 y명이라 하면

$\begin{cases} x=y+10 \\ x=\dfrac{3}{4}(x+y) \end{cases}$ ∴ $\begin{cases} x=y+10 & \cdots\cdots\ \text{㉠} \\ x-3y=0 & \cdots\cdots\ \text{㉡} \end{cases}$

㉠을 ㉡에 대입하면 $(y+10)-3y=0$

$-2y=-10$ ∴ $y=5$

이를 ㉠에 대입하면 $x=15$

따라서 찬성한 회원은 15명, 반대한 회원은 5명이므로 이 동아리의 전체 회원은

$15+5=20$(명)

0790 답 ②

은우가 맞힌 문제 수를 x, 틀린 문제 수를 y라 하면

$\begin{cases} x+y=30 & \cdots\cdots\ \text{㉠} \\ 4x-y=50 & \cdots\cdots\ \text{㉡} \end{cases}$

㉠+㉡을 하면 $5x=80$ ∴ $x=16$

이를 ㉠에 대입하면 $16+y=30$ ∴ $y=14$

따라서 은우가 틀린 문제 수는 14이다.

0791 답 ②

A가 이긴 횟수를 x, 진 횟수를 y라 하면

B가 이긴 횟수는 y, 진 횟수는 x이므로

$\begin{cases} 3x-y=16 \\ 3y-x=8 \end{cases}$ ∴ $\begin{cases} 3x-y=16 & \cdots\cdots\ \text{㉠} \\ -x+3y=8 & \cdots\cdots\ \text{㉡} \end{cases}$

㉠×3+㉡을 하면 $8x=56$ ∴ $x=7$

이를 ㉠에 대입하면 $21-y=16$ ∴ $y=5$

따라서 두 사람이 가위바위보를 한 총횟수는

$7+5=12$

0792 답 19 km

올라간 거리를 x km, 내려온 거리를 y km라 하면

$\begin{cases} y=x+1 \\ \dfrac{x}{3}+\dfrac{y}{4}=\dfrac{330}{60} \end{cases}$ ∴ $\begin{cases} y=x+1 & \cdots\cdots\ \text{㉠} \\ 4x+3y=66 & \cdots\cdots\ \text{㉡} \end{cases}$

㉠을 ㉡에 대입하면 $4x+3(x+1)=66$

$7x=63$ ∴ $x=9$

이를 ㉠에 대입하면 $y=10$

따라서 서준이가 걸은 전체 거리는

$9+10=19(\text{km})$

0793 답 30분 후

동생이 출발한 지 x분 후, 언니가 출발한 지 y분 후에 공원의 정문에 도착한다고 하면

$\begin{cases} x=y+60 \\ 60x=180y \end{cases}$ ∴ $\begin{cases} x=y+60 & \cdots\cdots\ \text{㉠} \\ x=3y & \cdots\cdots\ \text{㉡} \end{cases}$

㉡을 ㉠에 대입하면 $3y=y+60$

$2y=60$ ∴ $y=30$

이를 ㉠에 대입하면 $x=90$

따라서 언니가 공원의 정문에 도착하는 것은 출발한 지 30분 후이다.

0794 답 ⑤

현수의 속력을 분속 x m, 진구의 속력을 분속 y m라 하면

$\begin{cases} 75x-75y=7500 \\ 15x+15y=7500 \end{cases}$ ∴ $\begin{cases} x-y=100 & \cdots\cdots\ \text{㉠} \\ x+y=500 & \cdots\cdots\ \text{㉡} \end{cases}$

㉠+㉡을 하면 $2x=600$ ∴ $x=300$

이를 ㉡에 대입하면 $300+y=500$ ∴ $y=200$

따라서 현수의 속력은 분속 300 m이다.

0795 답 시속 10 km

정지한 물에서의 배의 속력을 시속 x km, 강물의 속력을 시속 y km라 하면 강을 거슬러 올라갈 때의 배의 속력은 시속 $(x-y)$ km, 강을 따라 내려올 때의 배의 속력은 시속 $(x+y)$ km이므로

$\begin{cases} 4(x-y)=32 \\ \dfrac{160}{60}(x+y)=32 \end{cases}$ ∴ $\begin{cases} x-y=8 & \cdots\cdots\ \text{㉠} \\ x+y=12 & \cdots\cdots\ \text{㉡} \end{cases}$

㉠+㉡을 하면 $2x=20$ ∴ $x=10$

이를 ㉡에 대입하면 $10+y=12$ ∴ $y=2$

따라서 정지한 물에서의 배의 속력은 시속 10 km이다.

0796 탑 ③

기차의 길이를 x m, 기차의 속력을 초속 y m라 하면 길이가 1200 m인 터널을 완전히 통과할 때까지 달린 거리는 $(1200+x)$ m, 길이가 600 m인 다리를 완전히 통과할 때까지 달린 거리는 $(600+x)$ m이므로

$$\begin{cases} 1200+x=50y \\ 600+x=30y \end{cases} \therefore \begin{cases} x-50y=-1200 & \cdots\cdots \text{㉠} \\ x-30y=-600 & \cdots\cdots \text{㉡} \end{cases}$$

㉠$-$㉡을 하면 $-20y=-600$ $\therefore y=30$
이를 ㉡에 대입하면 $x-900=-600$ $\therefore x=300$
따라서 기차의 속력은 초속 30 m이다.

0797 탑 ③

A 상품의 원가를 x원, B 상품의 원가를 y원이라 하면

$$\begin{cases} x+y=45000 \\ \dfrac{10}{100}x+\dfrac{20}{100}y=6500 \end{cases} \therefore \begin{cases} x+y=45000 & \cdots\cdots \text{㉠} \\ x+2y=65000 & \cdots\cdots \text{㉡} \end{cases}$$

㉠$-$㉡을 하면 $-y=-20000$ $\therefore y=20000$
이를 ㉠에 대입하면 $x+20000=45000$ $\therefore x=25000$
따라서 B 상품의 판매 가격은

$$\left(1+\dfrac{20}{100}\right)\times 20000=24000(\text{원})$$

0798 탑 4일

전체 일의 양을 1이라 하고, 민서와 진우가 하루 동안 할 수 있는 일의 양을 각각 x, y라 하면

$$\begin{cases} 3(x+y)=1 \\ 6x+2y=1 \end{cases} \therefore \begin{cases} 3x+3y=1 & \cdots\cdots \text{㉠} \\ 6x+2y=1 & \cdots\cdots \text{㉡} \end{cases}$$

㉠$\times 2-$㉡을 하면 $4y=1$ $\therefore y=\dfrac{1}{4}$

이를 ㉠에 대입하면 $3x+\dfrac{3}{4}=1$, $3x=\dfrac{1}{4}$ $\therefore x=\dfrac{1}{12}$

따라서 진우가 혼자 하면 4일이 걸린다.

0799 탑 20 g

10 %의 소금물의 양을 x g, 더 넣은 소금의 양을 y g이라 하면

$$\begin{cases} x+y=200 \\ \dfrac{10}{100}x+y=\dfrac{19}{100}\times 200 \end{cases} \therefore \begin{cases} x+y=200 & \cdots\cdots \text{㉠} \\ x+10y=380 & \cdots\cdots \text{㉡} \end{cases}$$

㉠$-$㉡을 하면 $-9y=-180$ $\therefore y=20$
이를 ㉠에 대입하면 $x+20=200$ $\therefore x=180$
따라서 더 넣은 소금의 양은 20 g이다.

0800 탑 ④

사용된 두부의 양을 x g, 오이의 양을 y g이라 하면

$$\begin{cases} x+y=220 \\ \dfrac{84}{100}x+\dfrac{10}{100}y=170 \end{cases} \therefore \begin{cases} x+y=220 & \cdots\cdots \text{㉠} \\ 42x+5y=8500 & \cdots\cdots \text{㉡} \end{cases}$$

㉠$\times 5-$㉡을 하면 $-37x=-7400$ $\therefore x=200$
이를 ㉠에 대입하면 $200+y=220$ $\therefore y=20$
따라서 사용된 두부의 양은 200 g, 오이의 양은 20 g이다.

0801 탑 121 cm²

정삼각형의 한 변의 길이를 x cm, 정사각형의 한 변의 길이를 y cm라 하면

$$\begin{cases} 3x+4y=128 & \cdots\cdots \text{㉠} \\ x=3y-5 & \cdots\cdots \text{㉡} \end{cases} \quad\cdots\cdots \text{❶}$$

㉡을 ㉠에 대입하면 $3(3y-5)+4y=128$
$13y=143$ $\therefore y=11$
이를 ㉡에 대입하면 $x=28$ $\quad\cdots\cdots \text{❷}$
따라서 정사각형의 넓이는
$11\times 11=121(\text{cm}^2)$ $\quad\cdots\cdots \text{❸}$

채점 기준	
❶ 연립방정식 세우기	40 %
❷ 연립방정식 풀기	40 %
❸ 정사각형의 넓이 구하기	20 %

0802 탑 7 km

A 지점에서 B 지점까지의 거리를 x km, B 지점에서 C 지점까지의 거리를 y km라 하면

$$\begin{cases} x+y=9 \\ \dfrac{x}{4}+\dfrac{y}{6}=\dfrac{100}{60} \end{cases} \therefore \begin{cases} x+y=9 & \cdots\cdots \text{㉠} \\ 3x+2y=20 & \cdots\cdots \text{㉡} \end{cases} \quad\cdots\cdots \text{❶}$$

㉠$\times 2-$㉡을 하면 $-x=-2$ $\therefore x=2$
이를 ㉠에 대입하면 $2+y=9$ $\therefore y=7$ $\quad\cdots\cdots \text{❷}$
따라서 B 지점에서 C 지점까지의 거리는 7 km이다. $\quad\cdots\cdots \text{❸}$

채점 기준	
❶ 연립방정식 세우기	50 %
❷ 연립방정식 풀기	40 %
❸ B 지점에서 C 지점까지의 거리 구하기	10 %

0803 탑 564 kg

작년 한라봉의 수확량을 x kg, 천혜향의 수확량을 y kg이라 하면

$$\begin{cases} x+y=3000 \\ -\dfrac{6}{100}x+\dfrac{14}{100}y=\underset{\underset{3300-3000=300\,(\text{kg})}{\rule{0pt}{1pt}}}{300} \end{cases}$$

$$\therefore \begin{cases} x+y=3000 & \cdots\cdots \text{㉠} \\ -3x+7y=15000 & \cdots\cdots \text{㉡} \end{cases} \quad\cdots\cdots \text{❶}$$

㉠$\times 3+$㉡을 하면 $10y=24000$ $\therefore y=2400$
이를 ㉠에 대입하면 $x+2400=3000$ $\therefore x=600$ $\quad\cdots\cdots \text{❷}$
따라서 올해 한라봉의 수확량은

$$600-600\times\dfrac{6}{100}=564(\text{kg}) \quad\cdots\cdots \text{❸}$$

채점 기준	
❶ 연립방정식 세우기	40 %
❷ 연립방정식 풀기	40 %
❸ 올해 한라봉의 수확량 구하기	20 %

실력 향상

131쪽

0804 탑 ③

B 지점에서 탄 승객을 x명, 내린 승객을 y명이라 하면

$$\begin{cases} 30+x-y=26 \\ 1000x+1200y+1500(30-y)=47300 \end{cases}$$

$$\therefore \begin{cases} x-y=-4 & \cdots\cdots \text{㉠} \\ 10x-3y=23 & \cdots\cdots \text{㉡} \end{cases}$$

$\bigcirc \times 3 - \bigcirc$을 하면 $-7x=-35$ $\quad$ $\therefore$ $x=5$

이를 $\bigcirc$에 대입하면 $5-y=-4$ $\quad$ $\therefore$ $y=9$

따라서 B 지점에서 탄 승객과 내린 승객은 모두

$5+9=14$(명)

다른 풀이

B 지점에서 탄 승객을 x명, 내린 승객을 y명이라 하면

$$\begin{cases} 30+x-y=26 \\ 1000x+1200y+1500(26-x)=47300 \end{cases}$$

$$\therefore \begin{cases} x-y=-4 & \cdots\cdots\ \bigcirc \\ -5x+12y=83 & \cdots\cdots\ \bigcirc \end{cases}$$

$\bigcirc \times 5 + \bigcirc$을 하면 $7y=63$ $\quad$ $\therefore$ $y=9$

이를 $\bigcirc$에 대입하면 $x-9=-4$ $\quad$ $\therefore$ $x=5$

따라서 B 지점에서 탄 승객과 내린 승객은 모두

$5+9=14$(명)

0805 답 ②

합격자 중 남자는 $150 \times \dfrac{3}{5}=90$(명), 여자는 $150 \times \dfrac{2}{5}=60$(명)

입사 지원자 중 남자를 x명, 여자를 y명이라 하면

$$\begin{cases} x:y=4:3 \\ (x-90):(y-60)=1:1 \end{cases}$$

$$\therefore \begin{cases} 3x-4y=0 & \cdots\cdots\ \bigcirc \\ x-y=30 & \cdots\cdots\ \bigcirc \end{cases}$$

$\bigcirc - \bigcirc \times 3$을 하면 $-y=-90$ $\quad$ $\therefore$ $y=90$

이를 $\bigcirc$에 대입하면 $x-90=30$ $\quad$ $\therefore$ $x=120$

따라서 입사 지원자 수는

$120+90=210$

0806 답 ④

A 기계 한 대, B 기계 한 대가 1분 동안 만들 수 있는 물건의 개수를 각각 x, y라 하면

$$\begin{cases} (3x+2y) \times 4=100 \\ (4x+y) \times 5=100 \end{cases}$$

$$\therefore \begin{cases} 3x+2y=25 & \cdots\cdots\ \bigcirc \\ 4x+y=20 & \cdots\cdots\ \bigcirc \end{cases}$$

$\bigcirc - \bigcirc \times 2$를 하면 $-5x=-15$ $\quad$ $\therefore$ $x=3$

이를 $\bigcirc$에 대입하면 $12+y=20$ $\quad$ $\therefore$ $y=8$

이때 A 기계 2대와 B 기계 3대를 동시에 사용하여 물건 100개를 만드는 데 걸리는 시간을 a분이라 하면

$$(2 \times 3 + 3 \times 8) \times a=100 \quad \therefore a=\frac{10}{3}$$

따라서 $\dfrac{10}{3}\left(=3\dfrac{20}{60}\right)$분, 즉 3분 20초가 걸린다.

0807 답 100만 원

제품 A를 x개, 제품 B를 y개 만들었다고 하면

$$\begin{cases} 4x+2y=40 \\ 3x+5y=58 \end{cases} \therefore \begin{cases} 2x+y=20 & \cdots\cdots\ \bigcirc \\ 3x+5y=58 & \cdots\cdots\ \bigcirc \end{cases}$$

$\bigcirc \times 5 - \bigcirc$을 하면 $7x=42$ $\quad$ $\therefore$ $x=6$

이를 $\bigcirc$에 대입하면 $12+y=20$ $\quad$ $\therefore$ $y=8$

따라서 제품 A는 6개, 제품 B는 8개를 만들었으므로 총이익은

$6 \times 6 + 8 \times 8 = 100$(만 원)

08 / 일차함수와 그 그래프

A 개념 확인

0808 답 ○

x	1	2	3	4	$\cdots$
y	3	4	5	6	$\cdots$

0809 답 ×

x	1	2	3	4	$\cdots$
y	없다.	1	1, 2	1, 2, 3	$\cdots$

0810 답 ○

x	1	2	3	4	$\cdots$
y	1	4	9	16	$\cdots$

0811 답 12

$f(2)=6 \times 2=12$

0812 답 -18

$f(-3)=6 \times (-3)=-18$

0813 답 2

$f\left(\dfrac{1}{3}\right)=6 \times \dfrac{1}{3}=2$

0814 답 -15

$f\left(-\dfrac{5}{2}\right)=6 \times \left(-\dfrac{5}{2}\right)=-15$

0815 답 -6

$f(3)=-\dfrac{18}{3}=-6$

0816 답 3

$f(-6)=-\dfrac{18}{-6}=3$

0817 답 2

$f(-9)=-\dfrac{18}{-9}=2$

0818 답 -36

$f\left(\dfrac{1}{2}\right)=-18 \div \dfrac{1}{2}=-18 \times 2=-36$

0819 답 ×

0820 답 ×

0821 답 ○

$y=\dfrac{5-x}{3}=-\dfrac{1}{3}x+\dfrac{5}{3}$

0822 답 ×

$y=x(x-1)=x^2-x$

0823 답 $y=3x$, 일차함수이다.

0824 답 $y=\pi x^2$, 일차함수가 아니다.

0825 답 $y=\dfrac{10}{x}$, 일차함수가 아니다.

0826 답 7   **0827** 답 -3

0828 답 $y=-x+5$

0829 답 $y=\dfrac{1}{2}x-1$

0830 답 x절편: 3, y절편: 2

0831 답 x절편: 2, y절편: -1

0832 답 x절편: -3, y절편: 3
$y=0$일 때, $0=x+3$ ∴ $x=-3$
$x=0$일 때, $y=3$

0833 답 x절편: 4, y절편: 8
$y=0$일 때, $0=-2x+8$, $2x=8$ ∴ $x=4$
$x=0$일 때, $y=8$

0834 답 x절편: 6, y절편: -1
$y=0$일 때, $0=\dfrac{1}{6}x-1$, $\dfrac{1}{6}x=1$ ∴ $x=6$
$x=0$일 때, $y=-1$

0835 답 x절편: -10, y절편: -4
$y=0$일 때, $0=-\dfrac{2}{5}x-4$, $\dfrac{2}{5}x=-4$ ∴ $x=-10$
$x=0$일 때, $y=-4$

0836 답 2, 4, 그래프: 풀이 참조
$y=0$일 때, $0=-2x+4$, $2x=4$ ∴ $x=2$
$x=0$일 때, $y=4$
따라서 x절편은 2, y절편은 4이므로 두 점
$(2, 0)$, $(0, 4)$를 지나는 직선을 그리면 오른쪽 그림과 같다.
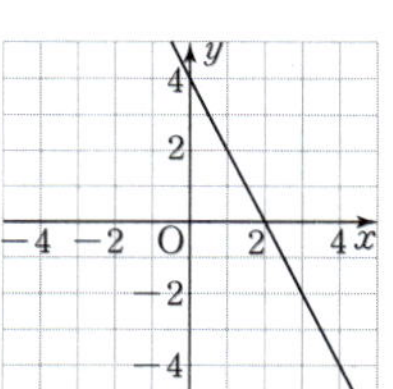

0837 답 3, -1, 그래프: 풀이 참조
$y=0$일 때, $0=\dfrac{1}{3}x-1$, $\dfrac{1}{3}x=1$ ∴ $x=3$
$x=0$일 때, $y=-1$
따라서 x절편은 3, y절편은 -1이므로 두 점
$(3, 0)$, $(0, -1)$을 지나는 직선을 그리면
오른쪽 그림과 같다.
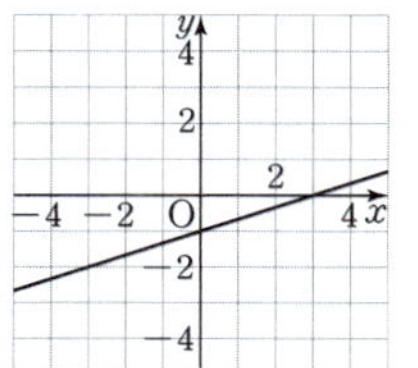

0838 답 3
그래프가 두 점 $(1, 0)$, $(2, 3)$을 지나므로 x의
값이 1만큼 증가할 때, y의 값은 3만큼 증가한다.
따라서 기울기는 $\dfrac{3}{1}=3$이다.
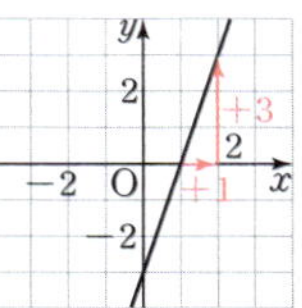

0839 답 $-\dfrac{2}{3}$
그래프가 두 점 $(-1, 2)$, $(2, 0)$을 지나므로 x의
값이 3만큼 증가할 때, y의 값은 2만큼 감소한다.
따라서 기울기는 $\dfrac{-2}{3}=-\dfrac{2}{3}$이다.
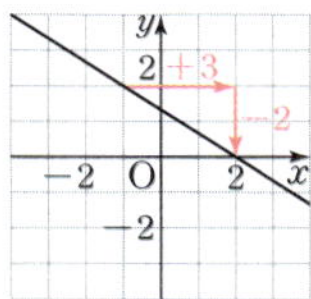

0840 답 6
기울기가 $\dfrac{3}{4}$이므로 $\dfrac{(y의\ 값의\ 증가량)}{8}=\dfrac{3}{4}$
∴ $(y의\ 값의\ 증가량)=6$

0841 답 4
$\dfrac{-8-0}{0-2}=\dfrac{-8}{-2}=4$

0842 답 -1
$\dfrac{2-6}{5-1}=\dfrac{-4}{4}=-1$

0843 답 $-\dfrac{5}{3}$
$\dfrac{-4-1}{1-(-2)}=\dfrac{-5}{3}=-\dfrac{5}{3}$

0844 답 -1, 3, 그래프: 풀이 참조
기울기는 -1, y절편은 3이므로 점 $(0, 3)$과
점 $(0, 3)$에서 x의 값이 1만큼 증가할 때, y
의 값은 1만큼 감소한 점 $(1, 2)$를 지나는 직
선을 그리면 오른쪽 그림과 같다.
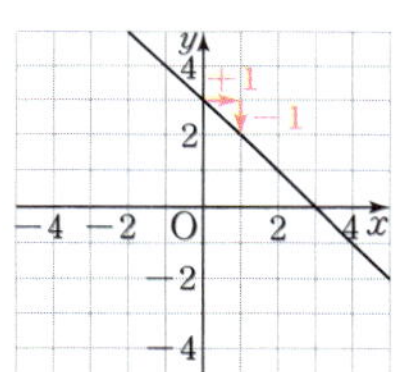

0845 답 $\dfrac{3}{2}$, -2, 그래프: 풀이 참조
기울기는 $\dfrac{3}{2}$, y절편은 -2이므로 점 $(0, -2)$
와 점 $(0, -2)$에서 x의 값이 2만큼 증가할
때, y의 값은 3만큼 증가한 점 $(2, 1)$을 지나
는 직선을 그리면 오른쪽 그림과 같다.
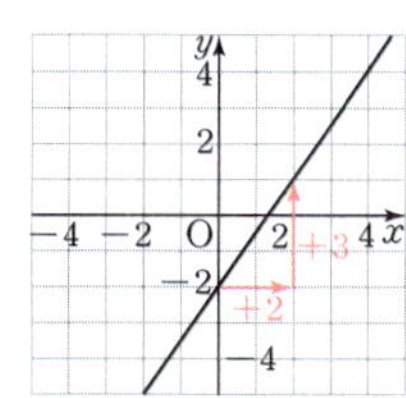

Ⓑ 유형 완성
138~147쪽

0846 답 ②
①

x	1	2	3	4	$\cdots$
y	1	2	2	3	$\cdots$

즉, x의 값이 변함에 따라 y의 값이 오직 하나씩 대응하므로 y는
x의 함수이다.

② $x=2$일 때, 2와 서로소인 수는 1, 3, 5, …이다.

즉, x의 값 하나에 y의 값이 오직 하나씩 대응하지 않으므로 y는 x의 함수가 아니다.

③

x	1	2	3	4	…
y	79	78	77	76	…

즉, x의 값이 변함에 따라 y의 값이 오직 하나씩 대응하므로 y는 x의 함수이다.

④ $y=\dfrac{36}{x}$ ➡ 반비례 관계이므로 y는 x의 함수이다.

⑤ $y=60x$ ➡ 정비례 관계이므로 y는 x의 함수이다.

따라서 y가 x의 함수가 아닌 것은 ②이다.

0847 답 ②

x	1	2	3	4	…
y	2	2	6	4	…

ㄱ. 즉, x의 값이 변함에 따라 y의 값이 오직 하나씩 대응하므로 y는 x의 함수이다.

ㄴ. $x=6$일 때, $6=2\times3$의 소인수는 2, 3이다.

즉, x의 값 하나에 y의 값이 오직 하나씩 대응하지 않으므로 y는 x의 함수가 아니다.

ㄷ.

x	1	2	3	4	…
y	46	47	48	49	…

즉, x의 값이 변함에 따라 y의 값이 오직 하나씩 대응하므로 y는 x의 함수이다.

ㄹ. 키가 x cm로 같더라도 몸무게는 사람에 따라 다를 수 있다.

즉, x의 값 하나에 y의 값이 오직 하나씩 대응하지 않으므로 y는 x의 함수가 아니다.

따라서 y가 x의 함수인 것은 ㄱ, ㄷ이다.

0848 답 14

$f(-3)=-\dfrac{24}{-3}=8,\ f(4)=-\dfrac{24}{4}=-6$

$\therefore f(-3)-f(4)=8-(-6)=14$

0849 답 ①, ⑤

① $f(0)=5\times0=0$

② $f(-1)=5\times(-1)=-5$

③ $f\left(-\dfrac{1}{10}\right)=5\times\left(-\dfrac{1}{10}\right)=-\dfrac{1}{2}$

④ $f\left(\dfrac{2}{5}\right)=5\times\dfrac{2}{5}=2$

⑤ $f(3)=5\times3=15,\ f(-5)=5\times(-5)=-25$

$\therefore f(3)+f(-5)=15+(-25)=-10$

따라서 옳지 않은 것은 ①, ⑤이다.

0850 답 ㄴ, ㄷ

ㄱ. $f(4)=12\times4=48$

ㄴ. $f(4)=-\dfrac{12}{4}=-3$

ㄷ. $f(4)=-\dfrac{3}{4}\times4=-3$

ㄹ. $f(4)=-\dfrac{4}{3\times4}=-\dfrac{1}{3}$

따라서 $f(4)=-3$을 만족시키는 것은 ㄴ, ㄷ이다.

0851 답 ⑤

19를 5로 나눈 나머지는 4이므로 $f(19)=4$

62를 5로 나눈 나머지는 2이므로 $f(62)=2$

$\therefore f(19)+f(62)=4+2=6$

0852 답 14

$f(a)=-2$에서 $-\dfrac{a}{9}=-2$　　$\therefore a=18$ ······ ❶

$f(36)=-\dfrac{36}{9}=-4$　　$\therefore b=-4$ ······ ❷

$\therefore a+b=18+(-4)=14$ ······ ❸

채점 기준

❶ a의 값 구하기	40 %
❷ b의 값 구하기	40 %
❸ $a+b$의 값 구하기	20 %

0853 답 ②

$f(-1)=-6$에서 $\dfrac{a}{-1}=-6$　　$\therefore a=6$

따라서 $f(x)=\dfrac{6}{x}$이므로

$2f(3)-f(-2)=2\times\dfrac{6}{3}-\dfrac{6}{-2}=7$

0854 답 ②

ㄱ. $y=\dfrac{1}{5}x-\dfrac{1}{5}$　　ㄴ. $y=\dfrac{1}{2}x+2$　　ㄷ. $y=-\dfrac{7}{x}$

ㄹ. $y=-2$　　ㅁ. $y=x+1$　　ㅂ. $y=x^2+3x$

따라서 y가 x에 대한 일차함수인 것은 ㄱ, ㄴ, ㅁ이다.

0855 답 ③

① $y=\dfrac{1}{2}\times x\times10$에서 $y=5x$　　② $y=24-x$

③ $y=\dfrac{120}{x}$　　④ $y=100-5x$

⑤ $y=60x$

따라서 y가 x에 대한 일차함수가 아닌 것은 ③이다.

0856 답 ②

$y=2x(ax-1)+bx+1$에서 $y=2ax^2+(b-2)x+1$

이 함수가 x에 대한 일차함수가 되려면

$2a=0,\ b-2\neq0$　　$\therefore a=0,\ b\neq2$

0857 답 ④

$f(1)=-3$에서 $-1+a=-3$　　$\therefore a=-2$

따라서 $f(x)=-x-2$이므로

$f(-4)=-(-4)-2=2$

0858 답 16

$f(7)=2\times7-1=13,\ f(-1)=2\times(-1)-1=-3$

$\therefore f(7)-f(-1)=13-(-3)=16$

0859 답 ③

$f(-4)=-3\times(-4)+7=19$ $\therefore a=19$

$f(b)=1$에서 $-3b+7=1$

$-3b=-6$ $\therefore b=2$

$\therefore a-b=19-2=17$

0860 답 ②

$f(3)=a+7$에서 $3a-5=a+7$

$2a=12$ $\therefore a=6$

따라서 $f(x)=6x-5$이므로

$f(a)=f(6)=36-5=31$

0861 답 9

$f(-3)=1$에서 $-3a+b=1$ $\cdots\cdots$ ㉠

$f(7)=11$에서 $7a+b=11$ $\cdots\cdots$ ㉡

㉠, ㉡을 연립하여 풀면 $a=1$, $b=4$ $\cdots\cdots$ ❶

따라서 $f(x)=x+4$이므로

$f(5)=5+4=9$ $\cdots\cdots$ ❷

<table>
<tr><td colspan="2">채점 기준</td></tr>
<tr><td>❶ a, b의 값 구하기</td><td>60 %</td></tr>
<tr><td>❷ $f(5)$의 값 구하기</td><td>40 %</td></tr>
</table>

0862 답 ③

$y=-\dfrac{1}{4}x+5$에 주어진 점의 좌표를 각각 대입하면

① $6=-\dfrac{1}{4}\times(-4)+5$ ② $\dfrac{21}{4}=-\dfrac{1}{4}\times(-1)+5$

③ $\dfrac{17}{4}\neq-\dfrac{1}{4}\times1+5$ ④ $\dfrac{9}{2}=-\dfrac{1}{4}\times2+5$

⑤ $4=-\dfrac{1}{4}\times4+5$

따라서 $y=-\dfrac{1}{4}x+5$의 그래프 위의 점이 아닌 것은 ③이다.

0863 답 ⑤

$y=\dfrac{2}{3}x-5$의 그래프가 점 $(-6,\ p)$를 지나므로

$p=\dfrac{2}{3}\times(-6)-5=-9$

$y=\dfrac{2}{3}x-5$의 그래프가 점 $(q,\ -3)$을 지나므로

$-3=\dfrac{2}{3}q-5,\ \dfrac{2}{3}q=2$ $\therefore q=3$

$\therefore p+q=-9+3=-6$

0864 답 2

$y=ax-2$의 그래프가 점 $(2,\ 3)$을 지나므로

$3=2a-2,\ 2a=5$ $\therefore a=\dfrac{5}{2}$

따라서 $y=\dfrac{5}{2}x-2$의 그래프가 점 $(k-4,\ k)$를 지나므로

$k=\dfrac{5}{2}(k-4)-2,\ k=\dfrac{5}{2}k-12$

$\dfrac{3}{2}k=12$ $\therefore k=8$

$\therefore 4a-k=4\times\dfrac{5}{2}-8=2$

0865 답 18

$y=ax+3$의 그래프가 점 $(1,\ b)$를 지나므로

$b=a+3$ $\cdots\cdots$ ㉠

$y=4x-7$의 그래프가 점 $(1,\ b)$를 지나므로

$b=4\times1-7=-3$

이를 ㉠에 대입하면

$-3=a+3$ $\therefore a=-6$ $\cdots\cdots$ ❶

$\therefore ab=-6\times(-3)=18$ $\cdots\cdots$ ❷

<table>
<tr><td colspan="2">채점 기준</td></tr>
<tr><td>❶ a, b의 값 구하기</td><td>80 %</td></tr>
<tr><td>❷ ab의 값 구하기</td><td>20 %</td></tr>
</table>

0866 답 11

$y=5x-2$의 그래프를 y축의 방향으로 a만큼 평행이동하면

$y=5x-2+a$

따라서 $y=5x-2+a$와 $y=bx+4$가 같으므로

$5=b,\ -2+a=4$ $\therefore a=6$, $b=5$

$\therefore a+b=6+5=11$

0867 답 ③

$y=-6x-4$의 그래프를 y축의 방향으로 6만큼 평행이동하면

$y=-6x-4+6$ $\therefore y=-6x+2$

0868 답 ④, ⑤

④ $y=8x$의 그래프를 y축의 방향으로 9만큼 평행이동하면
  $y=8x+9$의 그래프와 겹쳐진다.

⑤ $y=8x$의 그래프를 y축의 방향으로 -8만큼 평행이동하면
  $y=8x-8$, 즉 $y=8(x-1)$의 그래프와 겹쳐진다.

참고 일차함수 $y=ax+b$의 그래프는 평행이동하여도 a의 값이 변하지
않는다.

0869 답 -10

$y=ax+3$의 그래프를 y축의 방향으로 -7만큼 평행이동하면

$y=ax+3-7$ $\therefore y=ax-4$

따라서 $y=ax-4$와 $y=\dfrac{5}{2}x+b$가 같으므로

$a=\dfrac{5}{2},\ -4=b$

$\therefore ab=\dfrac{5}{2}\times(-4)=-10$

0870 답 1

$y=-x-2$의 그래프를 y축의 방향으로 8만큼 평행이동하면

$y=-x-2+8$ $\therefore y=-x+6$

$y=-x+6$의 그래프가 점 $(m,\ 5)$를 지나므로

$5=-m+6$ $\therefore m=1$

0871 답 ④

$y=3x+7$의 그래프를 y축의 방향으로 -5만큼 평행이동하면

$y=3x+7-5$ $\therefore y=3x+2$

$y=3x+2$에 주어진 점의 좌표를 각각 대입하면

① $-10=3\times(-4)+2$ ② $-1=3\times(-1)+2$

③ $2=3\times0+2$ ④ $12\neq3\times2+2$

⑤ $17=3\times5+2$

따라서 $y=3x+2$의 그래프가 지나지 않는 점은 ④이다.

0872 답 −4

$y=\frac{3}{2}x-1$의 그래프를 y축의 방향으로 k만큼 평행이동하면

$y=\frac{3}{2}x-1+k$

$y=\frac{3}{2}x-1+k$의 그래프가 점 $(-2, -8)$을 지나므로

$-8=\frac{3}{2}\times(-2)-1+k$ $\therefore k=-4$

0873 답 ④

$y=2x+a$의 그래프를 y축의 방향으로 3만큼 평행이동하면

$y=2x+a+3$

$y=2x+a+3$의 그래프가 점 $(-3, -1)$을 지나므로

$-1=2\times(-3)+a+3$ $\therefore a=2$

따라서 $y=2x+5$의 그래프가 점 $(b, 9)$를 지나므로

$9=2b+5$, $2b=4$ $\therefore b=2$

$\therefore a+b=2+2=4$

0874 답 −3

$y=ax-3$의 그래프를 y축의 방향으로 b만큼 평행이동하면

$y=ax-3+b$ …… ⅰ

$y=ax-3+b$의 그래프가 점 $(4, 1)$을 지나므로

$1=4a-3+b$ $\therefore 4a+b=4$ …… ㉠

$y=ax-3+b$의 그래프가 점 $(-2, 4)$를 지나므로

$4=-2a-3+b$ $\therefore 2a-b=-7$ …… ㉡

㉠, ㉡을 연립하여 풀면 $a=-\frac{1}{2}$, $b=6$ …… ⅱ

$\therefore ab=-\frac{1}{2}\times6=-3$ …… ⅲ

채점 기준

ⅰ 평행이동한 그래프의 식 구하기	30 %
ⅱ a, b의 값 구하기	60 %
ⅲ ab의 값 구하기	10 %

0875 답 ④

$y=0$일 때, $0=-3x+9$, $3x=9$ $\therefore x=3$

$x=0$일 때, $y=9$

따라서 x절편은 3, y절편은 9이므로 $a=3$, $b=9$

$\therefore a+b=3+9=12$

0876 답 ⑤

① $y=0$일 때, $0=-2x+4$, $2x=4$ $\therefore x=2$

즉, x절편은 2이다.

② $y=0$일 때, $0=-\frac{1}{2}x+1$, $\frac{1}{2}x=1$ $\therefore x=2$

즉, x절편은 2이다.

③ $y=0$일 때, $0=\frac{1}{3}x-\frac{2}{3}$, $\frac{1}{3}x=\frac{2}{3}$ $\therefore x=2$

즉, x절편은 2이다.

④ $y=0$일 때, $0=x-2$ $\therefore x=2$

즉, x절편은 2이다.

⑤ $y=0$일 때, $0=4x-\frac{1}{2}$, $4x=\frac{1}{2}$ $\therefore x=\frac{1}{8}$

즉, x절편은 $\frac{1}{8}$이다.

따라서 x절편이 나머지 넷과 다른 하나는 ⑤이다.

0877 답 ②

$y=\frac{5}{6}x-4$의 그래프와 y축 위에서 만나려면 y절편이 같아야 한다.

$y=\frac{5}{6}x-4$의 그래프의 y절편은 -4이고, 각 일차함수의 그래프의 y절편을 구하면 다음과 같다.

① -2 ② -4 ③ 4 ④ -3 ⑤ $\frac{5}{6}$

따라서 $y=\frac{5}{6}x-4$의 그래프와 y축 위에서 만나는 것은 ②이다.

만렙 Note

(1) 두 일차함수의 그래프가 x축 위에서 만난다. ➡ x절편이 같다.

(2) 두 일차함수의 그래프가 y축 위에서 만난다. ➡ y절편이 같다.

0878 답 4

$y=-\frac{1}{2}x+k$의 그래프의 x절편이 8이므로

$0=-\frac{1}{2}\times8+k$ $\therefore k=4$

따라서 $y=-\frac{1}{2}x+4$의 그래프의 y절편은 4이다.

0879 답 4

$y=2x+6$의 그래프의 y절편은 6이다.

따라서 $y=-\frac{2}{3}x+a$의 그래프의 x절편이 6이므로

$0=-\frac{2}{3}\times6+a$ $\therefore a=4$

다른 풀이

$y=2x+6$의 그래프의 y절편은 6이고, $y=-\frac{2}{3}x+a$의 그래프의 x절편은 $\frac{3}{2}a$이므로

$6=\frac{3}{2}a$ $\therefore a=4$

0880 답 ①

두 그래프가 x축 위에서 만나므로 두 그래프의 x절편이 같다.

즉, $y=3x+1$의 그래프의 x절편이 $-\frac{1}{3}$이므로 $y=ax-2$의 그래프의 x절편도 $-\frac{1}{3}$이다.

따라서 $0=-\frac{1}{3}a-2$이므로 $\frac{1}{3}a=-2$ $\therefore a=-6$

0881 답 15

$y=ax+b$의 그래프의 x절편이 4이므로

$0=4a+b$ …… ㉠

$y=ax+b$의 그래프의 y절편이 -12이므로 $b=-12$

이를 ㉠에 대입하면 $0=4a-12$, $4a=12$ $\quad\therefore a=3$ $\quad$ ...... **ⓘ**

$\therefore a-b=3-(-12)=15$ $\quad$ ...... **ⓘ ⓘ**

채점 기준

ⓘ a, b의 값 구하기	80 %
ⓘ ⓘ $a-b$의 값 구하기	20 %

0882 답 4

$y=-3x+p$의 그래프를 y축의 방향으로 -1만큼 평행이동하면

$y=-3x+p-1$

$y=-3x+p-1$의 그래프의 x절편은 $\dfrac{p-1}{3}$, y절편은 $p-1$이므로

$\dfrac{p-1}{3}+p-1=4$에서 $p-1+3(p-1)=12$

$4p-4=12$, $4p=16$ $\quad\therefore p=4$

0883 답 ④

$(\text{기울기})=\dfrac{(y\text{의 값의 증가량})}{(x\text{의 값의 증가량})}=\dfrac{3}{2}$

따라서 기울기가 $\dfrac{3}{2}$인 것은 ④이다.

0884 답 ②

$y=x-\dfrac{4}{3}$의 그래프의 기울기는 1, x절편은 $\dfrac{4}{3}$, y절편은 $-\dfrac{4}{3}$이므로

$p=1$, $q=\dfrac{4}{3}$, $r=-\dfrac{4}{3}$

$\therefore p-q+r=1-\dfrac{4}{3}+\left(-\dfrac{4}{3}\right)=-\dfrac{5}{3}$

0885 답 -10

$a=(\text{기울기})=\dfrac{(y\text{의 값의 증가량})}{(x\text{의 값의 증가량})}=\dfrac{-8}{4}=-2$이므로

$\dfrac{(y\text{의 값의 증가량})}{5}=-2$ $\quad\therefore (y\text{의 값의 증가량})=-10$

0886 답 ①

$(\text{기울기})=\dfrac{(y\text{의 값의 증가량})}{(x\text{의 값의 증가량})}$이므로

$-6=\dfrac{-3-9}{k-2}$, $-6(k-2)=-12$, $k-2=2$ $\quad\therefore k=4$

0887 답 -3

$(\text{기울기})=\dfrac{(y\text{의 값의 증가량})}{(x\text{의 값의 증가량})}=\dfrac{f(3)-f(-2)}{3-(-2)}=\dfrac{-15}{5}=-3$

0888 답 ③

$\dfrac{19-k}{4-(-3)}=2$이므로 $19-k=14$ $\quad\therefore k=5$

0889 답 ②

$y=f(x)$의 그래프가 두 점 $(0,\ 1)$, $(1,\ 3)$을 지나므로

$m=\dfrac{3-1}{1-0}=2$

$y=g(x)$의 그래프가 두 점 $(1,\ 3)$, $(4,\ 0)$을 지나므로

$n=\dfrac{0-3}{4-1}=-1$

$\therefore m-n=2-(-1)=3$

0890 답 7

$\dfrac{-8a-a}{7-1}=-3$이므로

$-9a=-18$ $\quad\therefore a=2$ $\quad$ ...... **ⓘ**

따라서 일차함수 $y=-3x+b$의 그래프가 점 $(1,\ 2)$를 지나므로

$2=-3\times1+b$ $\quad\therefore b=5$ $\quad$ ...... **ⓘ ⓘ**

$\therefore a+b=2+5=7$ $\quad$ ...... **ⓘ ⓘ ⓘ**

채점 기준

ⓘ a의 값 구하기	40 %
ⓘ ⓘ b의 값 구하기	40 %
ⓘ ⓘ ⓘ $a+b$의 값 구하기	20 %

다른 풀이

$y=-3x+b$의 그래프가 점 $(1,\ a)$를 지나므로

$a=-3\times1+b$ $\quad\therefore a-b=-3$ $\quad$ ...... ㉠

$y=-3x+b$의 그래프가 점 $(7,\ -8a)$를 지나므로

$-8a=-3\times7+b$ $\quad\therefore 8a+b=21$ $\quad$ ...... ㉡

㉠, ㉡을 연립하여 풀면 $a=2$, $b=5$

$\therefore a+b=2+5=7$

0891 답 $\dfrac{1}{4}$

$y=-2x+8$의 그래프의 x절편은 4

$y=3x-1$의 그래프의 y절편은 -1

즉, $y=f(x)$의 그래프의 x절편은 4, y절편은 -1이다.

따라서 $y=f(x)$의 그래프가 두 점 $(4,\ 0)$, $(0,\ -1)$을 지나므로

$(\text{기울기})=\dfrac{-1-0}{0-4}=\dfrac{1}{4}$

0892 답 ②

세 점이 한 직선 위에 있으므로 세 점 중 어떤 두 점을 택해도 기울기는 모두 같다.

따라서 $\dfrac{4-(-2)}{2-(-1)}=\dfrac{a-4}{3-2}$이므로

$2=a-4$ $\quad\therefore a=6$

0893 답 2

두 점을 지나는 직선 위에 어떤 점이 있으면 그 세 점은 한 직선 위에 있으므로 세 점 중 어떤 두 점을 택해도 기울기는 모두 같다.

따라서 $\dfrac{6-(-9)}{1-(-4)}=\dfrac{4m+1-6}{m-1}$이므로 $\quad$ ...... **ⓘ**

$3=\dfrac{4m-5}{m-1}$, $3m-3=4m-5$ $\quad\therefore m=2$ $\quad$ ...... **ⓘ ⓘ**

채점 기준

ⓘ 기울기를 이용하여 m에 대한 식 세우기	60 %
ⓘ ⓘ m의 값 구하기	40 %

0894 답 ⑤

세 점이 한 직선 위에 있으므로 세 점 중 어떤 두 점을 택해도 기울기는 모두 같다.

따라서 $\dfrac{b-7}{a-(-2)}=\dfrac{2-7}{3-(-2)}$이므로

$\dfrac{b-7}{a+2}=-1$, $-a-2=b-7$

$\therefore a+b=5$

0895 답 ③

$y=-\dfrac{2}{3}x+2$의 그래프의 x절편은 3, y절편은 2이므로 그 그래프는
③과 같다.

0896 답 ⑤

각 일차함수의 그래프는 다음 그림과 같다.

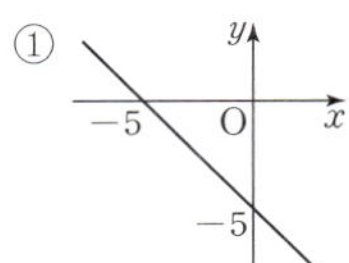 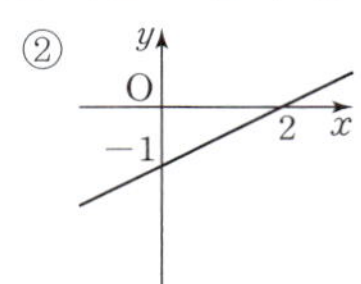 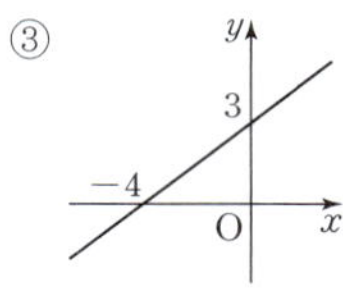

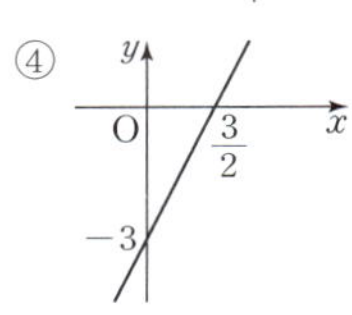 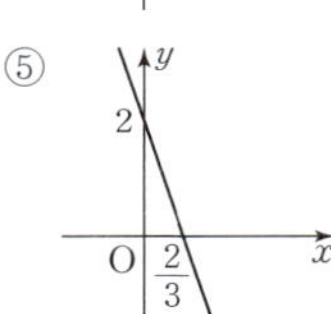

따라서 제3사분면을 지나지 않는 것은 ⑤이다.

0897 답 ①

$y=-5x+3$의 그래프를 y축의 방향으로 -7만큼 평행이동하면
$y=-5x+3-7$ $\therefore y=-5x-4$

즉, $y=-5x-4$의 그래프의 x절편은 $-\dfrac{4}{5}$, y절편은
-4이므로 그 그래프는 오른쪽 그림과 같다.
따라서 제1사분면을 지나지 않는다.

0898 답 ①

$y=ax+\dfrac{3}{4}$의 그래프의 x절편이 $-\dfrac{1}{8}$이므로
$0=-\dfrac{1}{8}a+\dfrac{3}{4},\ \dfrac{1}{8}a=\dfrac{3}{4}$ $\therefore a=6$

$y=6x+\dfrac{3}{4}$의 그래프의 y절편이 $\dfrac{3}{4}$이므로 $b=\dfrac{3}{4}$

따라서 $y=\dfrac{3}{4}x+6$의 그래프의 x절편은 -8, y절편은 6이므로 그
그래프는 ①과 같다.

0899 답 4

$y=2x-4$의 그래프의 x절편은 2, y절편은 -4이
므로 그 그래프는 오른쪽 그림과 같다.
따라서 구하는 도형의 넓이는
$\dfrac{1}{2}\times2\times4=4$

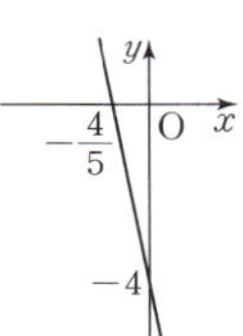

0900 답 ①

$y=ax+6$의 그래프의 y절편이 6이므로 B$(0,\ 6)$
이때 $\triangle$AOB의 넓이가 9이므로
$\dfrac{1}{2}\times\overline{\mathrm{OA}}\times6=9$ $\therefore \overline{\mathrm{OA}}=3$

따라서 $y=ax+6$의 그래프가 점 A$(-3,\ 0)$을 지나므로
$0=-3a+6,\ 3a=6$ $\therefore a=2$

$y=ax+6$의 그래프의 x절편은 $-\dfrac{6}{a}$, y절편은 6이므로
A$\left(-\dfrac{6}{a},\ 0\right)$, B$(0,\ 6)$

이때 $\triangle$AOB의 넓이가 9이므로
$\dfrac{1}{2}\times\dfrac{6}{a}\times6=9,\ \dfrac{18}{a}=9$ $\therefore a=2$

0901 답 $\dfrac{45}{2}$

$y=-x+9$의 그래프의 x절편은 9, y절편은 9이므로
D$(9,\ 0)$, A$(0,\ 9)$

$y=-x+9$의 그래프를 y축의 방향으로 -3만큼 평행이동하면
$y=-x+9-3$ $\therefore y=-x+6$

즉, $y=-x+6$의 그래프의 x절편은 6, y절편은 6이므로
C$(6,\ 0)$, B$(0,\ 6)$

따라서 사각형 ABCD의 넓이는
$\triangle$AOD$-\triangle$BOC$=\dfrac{1}{2}\times9\times9-\dfrac{1}{2}\times6\times6=\dfrac{45}{2}$

0902 답 ①

$y=-x+4$의 그래프의 x절편은 4, y절편은 4
이고, $y=\dfrac{3}{2}x-6$의 그래프의 x절편은 4, y
절편은 -6이므로 그 그래프는 오른쪽 그림과
같다.
따라서 구하는 도형의 넓이는
$\dfrac{1}{2}\times\{4-(-6)\}\times4=20$

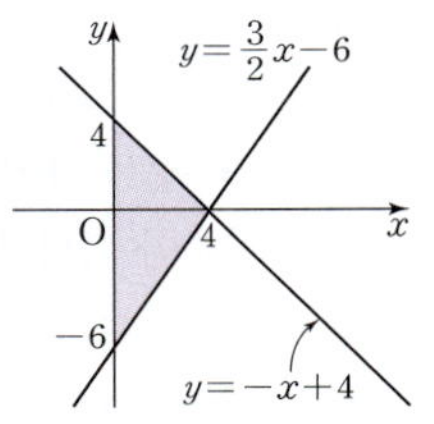

0903 답 $\dfrac{1}{2}$

$y=ax+2$와 $y=-x+2$의 그래프의 y절편은 2이므로 A$(0,\ 2)$
$y=-x+2$의 그래프의 x절편은 2이므로 C$(2,\ 0)$
이때 $\triangle$ABC의 넓이가 6이므로
$\dfrac{1}{2}\times\overline{\mathrm{BC}}\times2=6$ $\therefore \overline{\mathrm{BC}}=6$

따라서 $y=ax+2$의 그래프가 점 B$(-4,\ 0)$을 지나므로
$0=-4a+2,\ 4a=2$ $\therefore a=\dfrac{1}{2}$

$y=ax+2$의 그래프의 x절편은 $-\dfrac{2}{a}$, y절편은 2이므로
A$(0,\ 2)$, B$\left(-\dfrac{2}{a},\ 0\right)$

$y=-x+2$의 그래프의 x절편은 2이므로 C$(2,\ 0)$
이때 $\triangle$ABC의 넓이가 6이므로
$\dfrac{1}{2}\times\left\{2-\left(-\dfrac{2}{a}\right)\right\}\times2=6,\ 2+\dfrac{2}{a}=6$ $\therefore a=\dfrac{1}{2}$

0904 답 $\dfrac{9}{4}$

$y=\dfrac{1}{4}x+1$의 그래프의 x절편은 -4, y절편은 1이므로
A$(-4,\ 0)$, C$(0,\ 1)$
$y=ax+b$의 그래프의 y절편은 b이므로 B$(0,\ b)$

이때 △ACB의 넓이가 4이므로

$\dfrac{1}{2}\times(b-1)\times4=4$, $b-1=2$ $\quad\therefore b=3$ $\quad\cdots\cdots$ ❶

따라서 $y=ax+3$의 그래프가 점 $A(-4,\,0)$을 지나므로

$0=-4a+3$, $4a=3$ $\quad\therefore a=\dfrac{3}{4}$ $\quad\cdots\cdots$ ❷

$\therefore ab=\dfrac{3}{4}\times3=\dfrac{9}{4}$ $\quad\cdots\cdots$ ❸

채점 기준	
❶ b의 값 구하기	50 %
❷ a의 값 구하기	40 %
❸ ab의 값 구하기	10 %

AB 유형 점검

148~150쪽

0905 답 ④, ⑤

① $x=1$일 때, 1보다 작은 정수는 0, -1, -2, …이다.

　즉, x의 값 하나에 y의 값이 오직 하나씩 대응하지 않으므로 y는 x의 함수가 아니다.

② $x=2$일 때, 절댓값이 2인 수는 -2, 2이다.

　즉, x의 값 하나에 y의 값이 오직 하나씩 대응하지 않으므로 y는 x의 함수가 아니다.

③ $x=4$일 때, 4와 16의 공약수는 1, 2, 4이다.

　즉, x의 값 하나에 y의 값이 오직 하나씩 대응하지 않으므로 y는 x의 함수가 아니다.

④

x	1	2	3	4	…
y	49	48	47	46	…

　즉, x의 값이 변함에 따라 y의 값이 오직 하나씩 대응하므로 y는 x의 함수이다.

⑤ $y=7x$ ➡ 정비례 관계이므로 y는 x의 함수이다.

따라서 y가 x의 함수인 것은 ④, ⑤이다.

0906 답 ④

$f(10)=\dfrac{2}{5}\times10=4$, $g\left(\dfrac{1}{3}\right)=-6\times\dfrac{1}{3}=-2$

$\therefore f(10)-g\left(\dfrac{1}{3}\right)=4-(-2)=6$

0907 답 2

ㄱ. $y=-3$ 　　　　　ㄴ. $y=x+1$

ㄷ. $y=-\dfrac{5}{4}x+30$ 　　ㄹ. $y=-3x-1$

따라서 y가 x에 대한 일차함수가 아닌 것은 ㄱ, ㄹ의 2개이다.

0908 답 4

$f(2)=3$에서 $2a-5=3$

$2a=8$ $\quad\therefore a=4$

0909 답 17

$2f(a)+f(-a)=6$에서

$2(-3a-1)+(3a-1)=6$

$-3a-3=6$, $-3a=9$ $\quad\therefore a=-3$

$\therefore f(2a)=f(-6)=-3\times(-6)-1=17$

0910 답 ③

$y=-7x+6$에 $x=k$, $y=-3k$를 대입하면

$-3k=-7k+6$, $4k=6$ $\quad\therefore k=\dfrac{3}{2}$

0911 답 ②

$y=ax-6$의 그래프를 y축의 방향으로 b만큼 평행이동하면

$y=ax-6+b$

따라서 $y=2x+3$과 $y=ax-6+b$가 같으므로

$2=a$, $3=-6+b$ $\quad\therefore a=2$, $b=9$

$\therefore a-b=2-9=-7$

0912 답 8

$y=\dfrac{a}{4}x+2$의 그래프가 점 $(4,\,5)$를 지나므로

$5=\dfrac{a}{4}\times4+2$ $\quad\therefore a=3$

따라서 $y=\dfrac{3}{4}x+2$의 그래프를 y축의 방향으로 b만큼 평행이동하면

$y=\dfrac{3}{4}x+2+b$

$y=\dfrac{3}{4}x+2+b$의 그래프가 점 $(-8,\,1)$을 지나므로

$1=\dfrac{3}{4}\times(-8)+2+b$ $\quad\therefore b=5$

$\therefore a+b=3+5=8$

0913 답 ②

$y=m(x+1)$의 그래프를 y축의 방향으로 4만큼 평행이동하면

$y=m(x+1)+4$ $\quad\therefore y=mx+m+4$

$y=mx+m+4$의 그래프가 점 $(2,\,-2)$를 지나므로

$-2=2m+m+4$, $3m=-6$ $\quad\therefore m=-2$

따라서 $y=-2x+2$의 그래프가 점 $(-3,\,n)$을 지나므로

$n=-2\times(-3)+2=8$

$\therefore \dfrac{n}{m}=\dfrac{8}{-2}=-4$

0914 답 ⑤

$y=f(x)$의 그래프와 $y=-\dfrac{1}{5}x+2$의 그래프가 x축 위에서 만나므로 두 그래프의 x절편이 같다.

즉, $y=-\dfrac{1}{5}x+2$의 그래프의 x절편이 10이므로 $y=f(x)$의 그래프의 x절편도 10이다.

$y=f(x)$의 그래프와 $y=2x-8$의 그래프가 y축 위에서 만나므로 두 그래프의 y절편이 같다.

즉, $y=2x-8$의 그래프의 y절편이 -8이므로 $y=f(x)$의 그래프의 y절편도 -8이다.

따라서 $y=f(x)$의 그래프의 x절편과 y절편의 합은

$10+(-8)=2$

0915 답 -1

$a=(\text{기울기})=\dfrac{(y\text{의 값의 증가량})}{(x\text{의 값의 증가량})}=\dfrac{-2}{6}=-\dfrac{1}{3}$

$y=-\dfrac{1}{3}x+b$의 그래프의 x절편이 9이므로

$0=-\dfrac{1}{3}\times9+b$ $\qquad\therefore b=3$

$\therefore ab=-\dfrac{1}{3}\times3=-1$

0916 답 ②

$(\text{기울기})=\dfrac{(y\text{의 값의 증가량})}{(x\text{의 값의 증가량})}$이므로

$5=\dfrac{3-(-7)}{k-1}$, $5(k-1)=10$, $k-1=2$ $\qquad\therefore k=3$

0917 답 $\dfrac{9}{4}$

주어진 그래프가 두 점 $(0, 2)$, $(4, 5)$를 지나므로

$(\text{기울기})=\dfrac{5-2}{4-0}=\dfrac{3}{4}$

따라서 $\dfrac{(y\text{의 값의 증가량})}{3}=\dfrac{3}{4}$이므로

$(y\text{의 값의 증가량})=\dfrac{3}{4}\times3=\dfrac{9}{4}$

0918 답 ④

세 점이 한 직선 위에 있으므로 세 점 중 어떤 두 점을 택해도 기울기는 모두 같다.

따라서 $\dfrac{k-3}{0-(-1)}=\dfrac{k-2-k}{1-0}$이므로

$k-3=-2$ $\qquad\therefore k=1$

0919 답 ③

$y=-\dfrac{1}{2}x-3$의 그래프의 x절편은 -6, y절편은 -3이므로 그 그래프는 ③과 같다.

0920 답 27

$y=x+6$의 그래프의 x절편은 -6,

$y=-2x+6$의 그래프의 x절편은 3이고,

두 그래프의 y절편은 6이다.

따라서 구하는 도형의 넓이는

$\dfrac{1}{2}\times\{3-(-6)\}\times6=27$

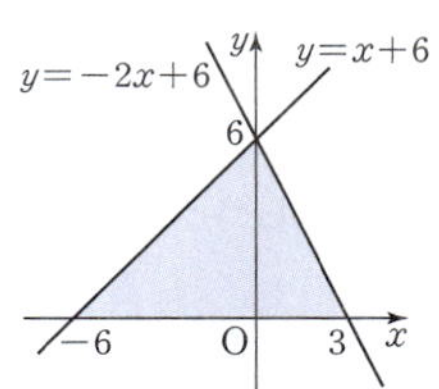

0921 답 5

$y=-4x+a$의 그래프가 점 $(-1, 7)$을 지나므로

$7=-4\times(-1)+a$ $\qquad\therefore a=3$ ⋯⋯ ❶

따라서 $y=-4x+3$의 그래프가 점 $(b, -5)$를 지나므로

$-5=-4b+3$, $4b=8$ $\qquad\therefore b=2$ ⋯⋯ ❷

$\therefore a+b=3+2=5$ ⋯⋯ ❸

채점 기준

❶ a의 값 구하기	40 %	
❷ b의 값 구하기	40 %	
❸ $a+b$의 값 구하기	20 %	

0922 답 5

$\dfrac{f(5)-f(2)}{3}=\dfrac{f(5)-f(2)}{5-2}=\dfrac{(y\text{의 값의 증가량})}{(x\text{의 값의 증가량})}=(\text{기울기})=a$이므로

$a=-\dfrac{1}{2}$ ⋯⋯ ❶

즉, $f(x)=-\dfrac{1}{2}x+b$이므로 $f(4)=2$에서

$-\dfrac{1}{2}\times4+b=2$ $\qquad\therefore b=4$ ⋯⋯ ❷

따라서 $f(x)=-\dfrac{1}{2}x+4$이므로

$f(-2)=-\dfrac{1}{2}\times(-2)+4=5$ ⋯⋯ ❸

채점 기준

❶ a의 값 구하기	50 %	
❷ b의 값 구하기	30 %	
❸ $f(-2)$의 값 구하기	20 %	

0923 답 4

$y=ax-8$의 그래프의 y절편은 -8이고,

$(\text{기울기})=a>0$이므로 그 그래프는 오른쪽 그림과 같다.

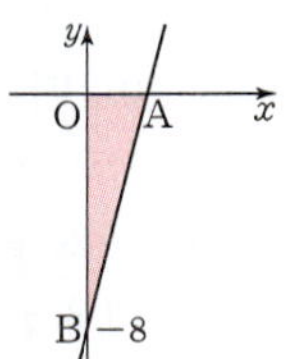

$y=ax-8$의 그래프가 x축, y축과 만나는 점을 각각 A, B라 하면 △AOB의 넓이가 8이므로

$\dfrac{1}{2}\times\overline{\text{OA}}\times8=8$ $\qquad\therefore \overline{\text{OA}}=2$ ⋯⋯ ❶

따라서 $y=ax-8$의 그래프가 점 $A(2, 0)$을 지나므로

$0=2a-8$, $2a=8$ $\qquad\therefore a=4$ ⋯⋯ ❷

채점 기준

❶ 그래프가 x축과 만나는 점과 원점 사이의 거리 구하기	50 %	
❷ a의 값 구하기	50 %	

다른 풀이

$y=ax-8$의 그래프의 x절편은 $\dfrac{8}{a}$, y절편은 -8이고, x축, y축으로 둘러싸인 도형의 넓이가 8이므로

$\dfrac{1}{2}\times\dfrac{8}{a}\times8=8$, $\dfrac{32}{a}=8$ $\qquad\therefore a=4$

Ⓒ 실력 향상 151쪽

0924 답 (1) $A(a, 2a)$, $\overline{AB}=2a$ (2) 3 (3) 36

(1) 점 B의 좌표는 $(a, 0)$이고, 점 A는 $y=2x$의 그래프 위의 점이므로

$A(a, 2a)$ $\qquad\therefore \overline{AB}=2a$

(2) 사각형 ABCD는 정사각형이므로 $\overline{AD}=2a$

따라서 점 D의 x좌표는 $a+2a=3a$이고, $\overline{DC}=\overline{AB}$이므로

$D(3a, 2a)$

이때 점 $D(3a, 2a)$는 $y=-x+15$의 그래프 위의 점이므로

$2a=-3a+15$, $5a=15$ $\qquad\therefore a=3$

(3) 정사각형 ABCD의 한 변의 길이는 $2a=2\times3=6$이므로 넓이는
$6\times6=36$

0925 답 4, 20

$y=\dfrac{1}{3}x-2$의 그래프의 x절편은 6이므로 P(6, 0)

$y=-2x+a$의 그래프의 x절편은 $\dfrac{a}{2}$이므로 Q$\left(\dfrac{a}{2},\ 0\right)$

이때 $\overline{PQ}=4$이므로 오른쪽 그림에서

$\dfrac{a}{2}=2$ 또는 $\dfrac{a}{2}=10$

$\therefore a=4$ 또는 $a=20$

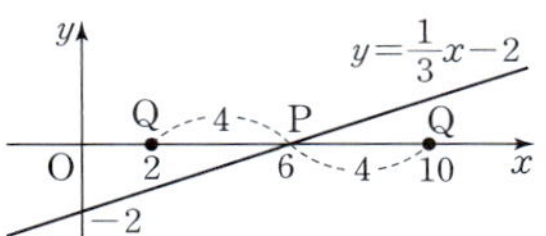

다른 풀이

$y=\dfrac{1}{3}x-2$의 그래프의 x절편은 6이므로 P(6, 0)

이때 $\overline{PQ}=4$이므로

Q(2, 0) 또는 Q(10, 0)

(ⅰ) Q(2, 0)일 때,

　$y=-2x+a$에 $x=2$, $y=0$을 대입하면

　$0=-4+a$　$\therefore a=4$

(ⅱ) Q(10, 0)일 때,

　$y=-2x+a$에 $x=10$, $y=0$을 대입하면

　$0=-20+a$　$\therefore a=20$

(ⅰ), (ⅱ)에서 $a=4$ 또는 $a=20$

0926 답 ④

$y=-2x+p$의 그래프의 x절편은 $\dfrac{p}{2}$, y절편은 p이므로

C$\left(\dfrac{p}{2},\ 0\right)$, A$(0,\ p)$

$y=\dfrac{1}{4}x+q$의 그래프의 x절편은 $-4q$, y절편은 q이므로

D$(-4q,\ 0)$, B$(0,\ q)$

이때 $\overline{AB}:\overline{BO}=3:1$에서 $\overline{AB}=3\overline{BO}$이므로

$p-q=3q$　$\therefore p=4q$　　　$\cdots\cdots$ ㉠

$\overline{CD}=18$이므로

$\dfrac{p}{2}-(-4q)=18$　$\therefore p+8q=36$　　$\cdots\cdots$ ㉡

㉠, ㉡을 연립하여 풀면 $p=12$, $q=3$

$\therefore p-q=12-3=9$

0927 답 $-\dfrac{3}{5}$

점 D의 좌표를 $(10,\ k)$라 하자.

삼각형 ADC의 넓이는

$\dfrac{1}{2}\times10\times(10-k)=50-5k$

사다리꼴 AOBD의 넓이는

$\dfrac{1}{2}\times(10+k)\times10=50+5k$

즉, $50-5k=\dfrac{3}{7}(50+5k)$이므로

$350-35k=150+15k$, $50k=200$　$\therefore k=4$

따라서 두 점 A(0, 10), D(10, 4)를 지나는 직선의 기울기는

$\dfrac{4-10}{10-0}=-\dfrac{3}{5}$

Ⓐ 개념 확인　　152~153쪽

0928 답 ㄱ, ㄴ, ㄹ

0929 답 ㄷ, ㅁ, ㅂ

0930 답 ㄴ, ㄷ, ㅁ

0931 답 $a>0$, $b>0$

0932 답 $a<0$, $b<0$

0933 답 3

0934 답 -8

기울기가 같으므로 $-4=\dfrac{1}{2}a$　$\therefore a=-8$

0935 답 $a=5$, $b=-2$

0936 답 $a=2$, $b=-7$

기울기가 같고 y절편도 같으므로

$6=3a$, $2b=-14$　$\therefore a=2$, $b=-7$

0937 답 $y=2x+9$

0938 답 $y=\dfrac{1}{3}x-2$

기울기가 $\dfrac{1}{3}$, y절편이 -2인 직선이므로 $y=\dfrac{1}{3}x-2$

0939 답 $y=-3x+10$

기울기가 -3이므로 일차함수의 식을 $y=-3x+b$로 놓고 $x=4$,
$y=-2$를 대입하면

$-2=-3\times4+b$　$\therefore b=10$

$\therefore y=-3x+10$

0940 답 $y=4x+2$

(기울기)$=\dfrac{8}{2}=4$이므로 일차함수의 식을 $y=4x+b$로 놓고 $x=1$,

$y=6$을 대입하면

$6=4\times1+b$　$\therefore b=2$

$\therefore y=4x+2$

0941 답 $y=-2x+3$

두 점 $(-2, 7)$, $(1, 1)$을 지나므로

(기울기)$=\dfrac{1-7}{1-(-2)}=-2$

일차함수의 식을 $y=-2x+b$로 놓고 $x=1$, $y=1$을 대입하면

$1=-2\times1+b$　$\therefore b=3$

$\therefore y=-2x+3$

다른 풀이

일차함수의 식을 $y=ax+b$로 놓고

$x=-2$, $y=7$을 대입하면 $7=-2a+b$　　$\cdots\cdots$ ㉠

$x=1$, $y=1$을 대입하면 $1=a+b$　　　$\cdots\cdots$ ㉡

㉠, ㉡을 연립하여 풀면 $a=-2$, $b=3$

$\therefore y=-2x+3$

0942 답 $y=5x-3$

두 점 $(1, 2)$, $(3, 12)$를 지나므로

$(기울기)=\dfrac{12-2}{3-1}=5$

일차함수의 식을 $y=5x+b$로 놓고 $x=1$, $y=2$를 대입하면

$2=5\times1+b$ $\quad\therefore b=-3$

$\therefore y=5x-3$

0943 답 $y=\dfrac{3}{2}x+3$

두 점 $(-2, 0)$, $(0, 3)$을 지나므로

$(기울기)=\dfrac{3-0}{0-(-2)}=\dfrac{3}{2}$

이때 y절편은 3이므로 구하는 일차함수의 식은

$y=\dfrac{3}{2}x+3$

0944 답 $y=\dfrac{5}{4}x-5$

두 점 $(4, 0)$, $(0, -5)$를 지나므로

$(기울기)=\dfrac{-5-0}{0-4}=\dfrac{5}{4}$

이때 y절편은 -5이므로 구하는 일차함수의 식은

$y=\dfrac{5}{4}x-5$

0945 답 (1) $y=10000-1500x$ (2) 4000원

(2) $y=10000-1500x$에 $x=4$를 대입하면

$y=10000-1500\times4=4000$

따라서 거스름돈은 4000원이다.

B 유형 완성
154~163쪽

0946 답 ④

① $(기울기)=3>0$이므로 오른쪽 위로 향하는 직선이다.

② $y=3x-4$에 $x=4$, $y=16$을 대입하면 $16\neq3\times4-4$이므로 점 $(4, 16)$을 지나지 않는다.

③, ④ $y=3x-4$의 그래프의 x절편은 $\dfrac{4}{3}$, y절편은 -4이므로 그 그래프는 오른쪽 그림과 같다. 즉, 제4사분면을 지난다.

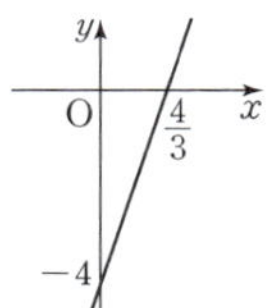

⑤ $y=3x$의 그래프를 y축의 방향으로 -4만큼 평행 이동한 것이다.

따라서 옳은 것은 ④이다.

0947 답 ③

각 일차함수의 그래프의 기울기의 절댓값을 구하면 다음과 같다.

① 5 ② 3 ③ 9 ④ $\dfrac{1}{9}$ ⑤ $\dfrac{1}{3}$

기울기의 절댓값이 클수록 그래프는 y축에 가까우므로 y축에 가장 가까운 것은 ③이다.

0948 답 ⑤

ㄴ. $b>0$이면 그래프가 y축과 양의 부분에서 만나므로 제2사분면을 반드시 지난다.

ㄷ. x축과 점 $\left(-\dfrac{b}{a}, 0\right)$에서 만나고, y축과 점 $(0, b)$에서 만난다.

ㄹ. 기울기가 a이므로 x의 값의 증가량이 1일 때, y의 값의 증가량은 a이다. $\dfrac{a}{1}$

따라서 옳지 않은 것은 ㄷ, ㄹ이다.

0949 답 ①, ⑤

① 모든 그래프는 점 $(0, 3)$을 지나므로 y절편은 3이다.

② x절편이 가장 큰 그래프는 ㉠이다.

③ x의 값이 증가할 때, y의 값은 감소하는 그래프는 ㉠, ㉡이다.

④ 두 그래프 ㉠, ㉡의 기울기가 모두 음수이고, ㉡의 그래프의 기울기의 절댓값이 ㉠의 그래프의 기울기의 절댓값보다 크므로 ㉡의 그래프는 ㉠의 그래프보다 기울기가 작다.

⑤ 기울기가 가장 큰 그래프는 기울기가 양수이면서 y축에 가장 가까운 것이므로 ㉢이다.

따라서 옳은 것은 ①, ⑤이다.

참고 음수끼리는 절댓값이 큰 수가 작다.

0950 답 제2사분면

$y=-ax+b$에서

$(기울기)=-a>0$, $(y$절편$)=b<0$

따라서 $y=-ax+b$의 그래프는 오른쪽 그림과 같으므로 제2사분면을 지나지 않는다.

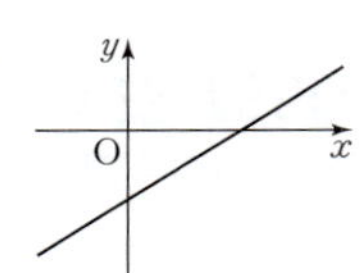

0951 답 ④

$y=ax-b$의 그래프가 오른쪽 아래로 향하는 직선이므로 $(기울기)=a<0$

y축과 양의 부분에서 만나므로 $(y$절편$)=-b>0$ $\quad\therefore b<0$

0952 답 ①

$ab>0$에서 $a>0$, $b>0$ 또는 $a<0$, $b<0$

이때 $a+b>0$이므로 $a>0$, $b>0$

따라서 $y=ax+b$에서 $(기울기)=a>0$, $(y$절편$)=b>0$이므로 그 그래프로 알맞은 것은 ①이다.

0953 답 ①

$y=\dfrac{b}{a}x-b$의 그래프가

오른쪽 위로 향하는 직선이므로 $(기울기)=\dfrac{b}{a}>0$

y축과 양의 부분에서 만나므로 $(y$절편$)=-b>0$

$\therefore a<0$, $b<0$

즉, $y=ax-ab$에서 $(기울기)=a<0$,

$(y$절편$)=-ab<0$이므로 그 그래프는 오른쪽 그림과 같다.

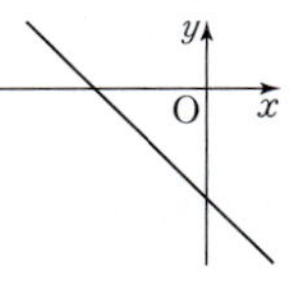

따라서 $y=ax-ab$의 그래프가 지나지 않는 사분면은 제1사분면이다.

0954　답 ⑤

$y=bx+a$의 그래프가 제2, 3, 4사분면을 지나면 오른쪽 그림과 같이 오른쪽 아래로 향하는 직선이므로 (기울기)$=b<0$

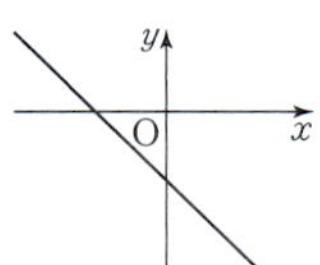

y축과 음의 부분에서 만나므로 $(y$절편$)=a<0$

따라서 $y=-\dfrac{1}{ab}x-b$에서 (기울기)$=-\dfrac{1}{ab}<0$,

$(y$절편$)=-b>0$이므로 그 그래프로 알맞은 것은 ⑤이다.

0955　답 6

두 직선이 서로 평행하므로

$\dfrac{2k+8-(k-4)}{2-(-1)}=6$

$\dfrac{k+12}{3}=6,\ k+12=18 \qquad \therefore k=6$

0956　답 ③

$y=-\dfrac{1}{4}x+5$의 그래프의 기울기는 $-\dfrac{1}{4}$이고, y절편은 5이다.

따라서 이 그래프와 만나지 않는 것, 즉 평행한 것은 기울기가 같고 y절편이 다른 ③이다.

만렙 Note

두 일차함수의 그래프가 만나지 않는다.

➡ 두 일차함수의 그래프가 서로 평행하다.

0957　답 11

두 일차함수의 그래프가 서로 평행하므로

$2(a-3)=a+5,\ 2a-6=a+5$

$\therefore a=11$

0958　답 ④

㉮에서 $y=ax+4$의 그래프가 두 점 $(-3,\ 2)$, $(6,\ -1)$을 지나는 직선과 평행하므로

$a=\dfrac{-1-2}{6-(-3)}=\dfrac{-3}{9}=-\dfrac{1}{3}$

㉯에서 $y=\dfrac{3}{2}x+b$의 그래프가 $y=\dfrac{3}{2}x-12$의 그래프와 일치하므로

$b=-12$

$\therefore ab=-\dfrac{1}{3}\times(-12)=4$

0959　답 ③

$y=ax-8$과 $y=-4x+1$의 그래프가 서로 평행하므로

$a=-4$

이때 $y=-4x-8$의 그래프의 x절편이 -2이므로 $y=3x+b$의 그래프의 x절편도 -2이다.

따라서 $0=3\times(-2)+b$이므로 $b=6$

$\therefore b-a=6-(-4)=10$

0960　답 6

$y=ax+4$의 그래프를 y축의 방향으로 -3만큼 평행이동하면

$y=ax+4-3 \qquad \therefore y=ax+1$ ⋯⋯ ❶

따라서 $y=ax+1$의 그래프가 $y=5x+b$의 그래프와 일치하므로

$a=5,\ b=1$ ⋯⋯ ❷

$\therefore a+b=5+1=6$ ⋯⋯ ❸

채점 기준

❶ 평행이동한 그래프의 식 구하기		40 %
❷ a, b의 값 구하기		40 %
❸ $a+b$의 값 구하기		20 %

0961　답 $-5\le a\le-\dfrac{2}{3}$

$y=ax-2$의 그래프는 y절편이 -2이므로 오른쪽 그림과 같이 항상 점 $(0,\ -2)$를 지난다.

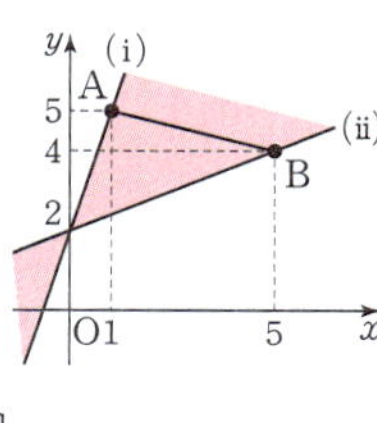

(i) $y=ax-2$의 그래프가 점 $A(-2,\ 8)$을 지날 때,

$8=-2a-2,\ 2a=-10 \qquad \therefore a=-5$

(ii) $y=ax-2$의 그래프가 점 $B(-6,\ 2)$를 지날 때,

$2=-6a-2,\ 6a=-4 \qquad \therefore a=-\dfrac{2}{3}$

(i), (ii)에서 a의 값의 범위는

$-5\le a\le-\dfrac{2}{3}$

0962　답 $\dfrac{6}{5}$

$y=ax+2$의 그래프는 y절편이 2이므로 오른쪽 그림과 같이 항상 점 $(0,\ 2)$를 지난다.

(i) $y=ax+2$의 그래프가 점 $A(1,\ 5)$를 지날 때,

$5=a+2 \qquad \therefore a=3$

(ii) $y=ax+2$의 그래프가 점 $B(5,\ 4)$를 지날 때,

$4=5a+2,\ 5a=2 \qquad \therefore a=\dfrac{2}{5}$

(i), (ii)에서 a의 값의 범위는 $\dfrac{2}{5}\le a\le 3$이므로

$m=\dfrac{2}{5},\ n=3$

$\therefore mn=\dfrac{2}{5}\times3=\dfrac{6}{5}$

0963　답 ②

$y=ax+1$의 그래프는 y절편이 1이므로 오른쪽 그림과 같이 항상 점 $(0,\ 1)$을 지난다.

(i) $y=ax+1$의 그래프가 점 $A(2,\ 6)$을 지날 때,

$6=2a+1,\ 2a=5 \qquad \therefore a=\dfrac{5}{2}$

(ii) $y=ax+1$의 그래프가 점 $C(4,\ 3)$을 지날 때,

$3=4a+1,\ 4a=2 \qquad \therefore a=\dfrac{1}{2}$

(i), (ii)에서 a의 값의 범위는

$\dfrac{1}{2}\le a\le\dfrac{5}{2}$

0964 답 -2

$(\text{기울기})=\dfrac{(y\text{의 값의 증가량})}{(x\text{의 값의 증가량})}=\dfrac{-6}{2}=-3$

이때 y절편은 1이므로 $y=-3x+1$

따라서 $a=-3$, $b=1$이므로

$a+b=-3+1=-2$

0965 답 ⑤

점 $(0, -6)$을 지나므로 y절편은 -6이다.

이때 기울기는 $\dfrac{1}{4}$이므로 $y=\dfrac{1}{4}x-6$

이 그래프가 점 $(8a, a+7)$을 지나므로

$a+7=\dfrac{1}{4}\times 8a-6$, $a+7=2a-6$ $\qquad \therefore a=13$

0966 답 ④

두 점 $(7, -6)$, $(9, -2)$를 지나는 직선과 평행하므로

$(\text{기울기})=\dfrac{-2-(-6)}{9-7}=2$

일차함수 $y=-x+5$의 그래프의 y절편은 5이므로 구하는 일차함수의 식은

$y=2x+5$

0967 답 $y=-\dfrac{3}{2}x+2$

두 점 $(2, 0)$, $(0, 3)$을 지나는 직선과 평행하므로

$(\text{기울기})=\dfrac{3-0}{0-2}=-\dfrac{3}{2}$ $\qquad\qquad$ …… ❶

$y=-x+2$의 그래프와 y축 위에서 만나면 y절편이 같으므로 y절편은 2이다. $\qquad\qquad$ …… ❷

따라서 구하는 일차함수의 식은

$y=-\dfrac{3}{2}x+2$ $\qquad\qquad$ …… ❸

채점 기준	
❶ 기울기 구하기	40 %
❷ y절편 구하기	30 %
❸ 일차함수의 식 구하기	30 %

0968 답 -3

$y=\dfrac{3}{2}x+1$의 그래프와 평행하므로

$(\text{기울기})=\dfrac{3}{2}$ $\qquad \therefore a=\dfrac{3}{2}$

따라서 $y=\dfrac{3}{2}x+b$에 $x=2$, $y=1$을 대입하면

$1=\dfrac{3}{2}\times 2+b$ $\qquad \therefore b=-2$

$\therefore ab=\dfrac{3}{2}\times(-2)=-3$

0969 답 1

기울기가 -3이므로 일차함수의 식을 $y=-3x+b$로 놓고

$x=-\dfrac{4}{3}$, $y=2$를 대입하면

$2=-3\times\left(-\dfrac{4}{3}\right)+b$ $\qquad \therefore b=-2$

따라서 $y=-3x-2$의 그래프가 점 $(k, -5)$를 지나므로

$-5=-3k-2$, $3k=3$ $\qquad \therefore k=1$

0970 답 ①

두 점 $(2, 1)$, $(4, -3)$을 지나는 직선과 평행하므로

$(\text{기울기})=\dfrac{-3-1}{4-2}=-2$

이때 x절편이 3이므로 일차함수의 식을 $y=-2x+b$로 놓고 $x=3$, $y=0$을 대입하면

$0=-2\times 3+b$ $\qquad \therefore b=6$

$\therefore y=-2x+6$

0971 답 ⑤

$(\text{기울기})=\dfrac{f(a)-f(5)}{a-5}=4$이므로 일차함수의 식을 $y=4x+b$로 놓고 $x=-2$, $y=2$를 대입하면

두 점 $(5, f(5))$, $(a, f(a))$를 지나는 직선의 기울기

$2=4\times(-2)+b$ $\qquad \therefore b=10$

따라서 $f(x)=4x+10$이므로

$f(4)=4\times 4+10=26$

0972 답 $(2, 0)$

두 점 $(-4, 9)$, $(8, -9)$를 지나므로

$(\text{기울기})=\dfrac{-9-9}{8-(-4)}=-\dfrac{3}{2}$

일차함수의 식을 $y=-\dfrac{3}{2}x+b$로 놓고 $x=-4$, $y=9$를 대입하면

$9=-\dfrac{3}{2}\times(-4)+b$ $\qquad \therefore b=3$

$y=-\dfrac{3}{2}x+3$에 $y=0$을 대입하면

$0=-\dfrac{3}{2}x+3$ $\qquad \therefore x=2$

따라서 그래프가 x축과 만나는 점의 좌표는 $(2, 0)$이다.

0973 답 ④

주어진 그래프가 두 점 $(-6, -1)$, $(2, 3)$을 지나므로

$(\text{기울기})=\dfrac{3-(-1)}{2-(-6)}=\dfrac{1}{2}$

일차함수의 식을 $y=\dfrac{1}{2}x+b$로 놓고 $x=2$, $y=3$을 대입하면

$3=\dfrac{1}{2}\times 2+b$ $\qquad \therefore b=2$

$\therefore y=\dfrac{1}{2}x+2$

0974 답 -7

두 점 $(-2, 8)$, $(4, -4)$를 지나므로

$(\text{기울기})=\dfrac{-4-8}{4-(-2)}=-2$

일차함수의 식을 $y=-2x+b$로 놓고 $x=-2$, $y=8$을 대입하면

$8=-2\times(-2)+b$ $\qquad \therefore b=4$

$\therefore y=-2x+4$ $\qquad\qquad$ …… ❶

$y=-2x+4$의 그래프를 y축의 방향으로 -5만큼 평행이동하면

$y=-2x+4-5$ $\qquad \therefore y=-2x-1$ $\qquad$ …… ❷

따라서 $y=-2x-1$의 그래프가 점 $(3, k)$를 지나므로

$k=-2\times 3-1=-7$ $\qquad\qquad$ …… ❸

0975 답 ④

두 점 $(-3, 4)$, $(6, -2)$를 지나므로

$(기울기)=\dfrac{-2-4}{6-(-3)}=-\dfrac{2}{3}$

일차함수의 식을 $y=-\dfrac{2}{3}x+b$로 놓고 $x=-3$, $y=4$를 대입하면

$4=-\dfrac{2}{3}\times(-3)+b$ $\therefore b=2$

$\therefore y=-\dfrac{2}{3}x+2$

① $y=-\dfrac{2}{3}x+2$에 $y=0$을 대입하면

$0=-\dfrac{2}{3}x+2$ $\therefore x=3$

즉, x절편은 3이다.

③ $\dfrac{(y의 값의 증가량)}{6}=-\dfrac{2}{3}$이므로

$(y의 값의 증가량)=-4$

즉, x의 값이 6만큼 증가할 때, y의 값은 4만큼 감소한다.

④ $y=-\dfrac{2}{3}x+2$에 $x=1$, $y=\dfrac{2}{3}$를 대입하면

$\dfrac{2}{3}\neq-\dfrac{2}{3}\times1+2$

즉, 점 $\left(1, \dfrac{2}{3}\right)$를 지나지 않는다.

⑤ $y=-\dfrac{2}{3}x+2$와 $y=-\dfrac{2}{3}x$의 그래프는 기울기가 같고, y절편이

다르므로 서로 평행하다.

따라서 옳지 않은 것은 ④이다.

0976 답 ②

두 점 $(3, 2)$, $(5, 6)$을 지나므로

$(기울기)=\dfrac{6-2}{5-3}=2$

일차함수의 식을 $y=2x+b$로 놓고 $x=3$, $y=2$를 대입하면

$2=2\times3+b$ $\therefore b=-4$

$\therefore y=2x-4$

따라서 일차함수 $y=2x-4$의 그래프는 오른쪽

그림과 같으므로 구하는 도형의 넓이는

$\dfrac{1}{2}\times2\times4=4$

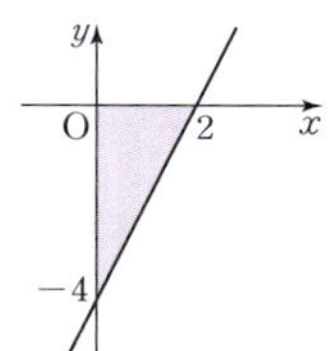

0977 답 ⑤

두 점 $(4, 0)$, $(0, 3)$을 지나므로

$(기울기)=\dfrac{3-0}{0-4}=-\dfrac{3}{4}$

이때 y절편은 3이므로 $y=-\dfrac{3}{4}x+3$

이 그래프가 점 $(-8, k)$를 지나므로

$k=-\dfrac{3}{4}\times(-8)+3=9$

0978 답 ①

주어진 그래프가 두 점 $(-6, 0)$, $(0, -4)$를 지나므로

$(기울기)=\dfrac{-4-0}{0-(-6)}=-\dfrac{2}{3}$

이때 y절편은 -4이므로

$y=-\dfrac{2}{3}x-4$

따라서 $a=-\dfrac{2}{3}$, $b=-4$이므로

$3a-b=3\times\left(-\dfrac{2}{3}\right)-(-4)=2$

0979 답 $y=3x+9$

$y=-2x-6$의 그래프의 x절편은 -3이고, $y=\dfrac{1}{4}x+9$의 그래프의

y절편은 9이므로 구하는 일차함수의 그래프의 x절편은 -3, y절편

은 9이다. $\cdots\cdots$ ⓘ

즉, 두 점 $(-3, 0)$, $(0, 9)$를 지나므로

$(기울기)=\dfrac{9-0}{0-(-3)}=3$ $\cdots\cdots$ ⓘ

따라서 구하는 일차함수의 식은

$y=3x+9$ $\cdots\cdots$ ⓘ

0980 답 $3\,km$

높이가 $1\,km$ 높아질 때마다 기온은 $6\,℃$씩 내려가므로 지면으로부

터의 높이가 $x\,km$인 지점의 기온을 $y\,℃$라 하면

$y=15-6x$

이 식에 $y=-3$을 대입하면

$-3=15-6x$, $6x=18$

$\therefore x=3$

따라서 기온이 $-3\,℃$인 지점의 지면으로부터의 높이는 $3\,km$이다.

0981 답 (1) $y=4+4x$ (2) $64\,℃$ (3) 24분 후

(1) 처음 물의 온도는 $4\,℃$이고, 1분마다 물의 온도가 $4\,℃$씩 올라가

므로

$y=4+4x$ $\cdots\cdots$ ⓘ

(2) (1)의 식에 $x=15$를 대입하면

$y=4+4\times15=64$

따라서 가열한 지 15분 후의 물의 온도는 $64\,℃$이다. $\cdots\cdots$ ⓘ

(3) (1)의 식에 $y=100$을 대입하면

$100=4+4x$, $4x=96$

$\therefore x=24$

따라서 가열한 지 24분 후에 물이 끓기 시작한다. $\cdots\cdots$ ⓘ

0982 답 40분 후

6분마다 물의 온도가 9 ℃씩 내려가므로 1분마다 물의 온도가 $\frac{3}{2}$ ℃씩 내려간다.

물을 실온에 둔 지 x분 후의 물의 온도를 y ℃라 하면
$$y=80-\frac{3}{2}x$$
이 식에 $y=20$을 대입하면
$$20=80-\frac{3}{2}x,\ \frac{3}{2}x=60 \qquad \therefore x=40$$
따라서 물의 온도가 20 ℃가 되는 것은 물을 실온에 둔 지 40분 후이다.

0983 답 75분

5분마다 양초의 길이가 2 cm씩 짧아지므로 1분마다 양초의 길이가 $\frac{2}{5}$ cm씩 짧아진다.

불을 붙인 지 x분 후의 양초의 길이를 y cm라 하면
$$y=30-\frac{2}{5}x$$
이 식에 $y=0$을 대입하면
$$0=30-\frac{2}{5}x,\ \frac{2}{5}x=30 \qquad \therefore x=75$$
따라서 양초가 모두 타는 데 75분이 걸린다.

0984 답 25 cm

4 g의 추를 매달 때마다 용수철의 길이가 2 cm씩 늘어나므로 1 g의 추를 매달 때마다 용수철의 길이가 $\frac{1}{2}$ cm씩 늘어난다.

x g의 추를 매달았을 때의 용수철의 길이를 y cm라 하면
$$y=10+\frac{1}{2}x$$
이 식에 $x=30$을 대입하면 $y=10+\frac{1}{2}\times30=25$

따라서 30 g의 추를 매달았을 때의 용수철의 길이는 25 cm이다.

0985 답 ④

ㄱ, ㄴ. 붓꽃은 2일마다 4 cm씩 자라므로 하루에 2 cm씩 자란다.
   $\therefore y=4+2x$
ㄷ. $y=4+2x$에 $x=15$를 대입하면 $y=4+2\times15=34$
   즉, 15일 후의 붓꽃의 높이는 34 cm이다.
ㄹ. $y=4+2x$에 $y=30$을 대입하면
   $30=4+2x,\ 2x=26 \qquad \therefore x=13$
   즉, 붓꽃의 높이가 30 cm가 되는 것은 13일 후이다.
따라서 옳은 것은 ㄴ, ㄹ이다.

0986 답 ②

5분마다 30 L씩 물을 넣으므로 1분마다 6 L씩 물을 넣는다.
물을 넣기 시작한 지 x분 후에 물통에 들어 있는 물의 양을 y L라 하면
$$y=60+6x$$
이 식에 $y=300$을 대입하면
$$300=60+6x,\ 6x=240 \qquad \therefore x=40$$
따라서 물통에 물을 가득 채우는 데 40분이 걸린다.

0987 답 ③

1 L의 휘발유로 12 km를 달리므로 1 km를 달리는 데 필요한 휘발유의 양은 $\frac{1}{12}$ L이다.

x km를 달린 후에 남아 있는 휘발유의 양을 y L라 하면
$$y=30-\frac{1}{12}x$$
이 식에 $x=240$을 대입하면 $y=30-\frac{1}{12}\times240=10$

따라서 240 km를 달린 후에 남아 있는 휘발유의 양은 10 L이다.

0988 답 $y=60-\frac{1}{18}x$

연비가 18 km/L인 자동차는 18 km를 주행할 때마다 연료가 1 L씩 소모되므로 1 km를 주행할 때마다 연료가 $\frac{1}{18}$ L씩 소모된다.

이때 1080 km를 주행하면 가득 차 있는 연료가 모두 소모되므로 가득 차 있을 때의 연료의 양은
$$1080\times\frac{1}{18}=60(\text{L})$$
따라서 y를 x에 대한 식으로 나타내면
$$y=60-\frac{1}{18}x$$

0989 답 ④

수지가 출발한 지 x분 후에 하연이네 집까지 남은 거리를 y km라 하면
$$y=240-1.2x$$
이 식에 $y=150$을 대입하면
$$150=240-1.2x,\ 12x=900 \qquad \therefore x=75$$
따라서 하연이네 집까지 남은 거리가 150 km가 되는 것은 출발한 지 75분 후이다.

0990 답 (1) $y=56-2x$ (2) 13초 후

(1) 초속 2 m로 내려오므로
   $$y=56-2x \qquad\qquad\qquad \cdots\cdots ❶$$
(2) (1)의 식에 $y=30$을 대입하면
   $$30=56-2x,\ 2x=26 \qquad \therefore x=13$$
   따라서 지면으로부터 엘리베이터의 바닥까지의 높이가 30 m가 되는 것은 출발한 지 13초 후이다. $\cdots\cdots ❷$

채점 기준	
❶ y를 x에 대한 식으로 나타내기	60 %
❷ 지면으로부터 엘리베이터의 바닥까지의 높이가 30 m가 되는 것은 출발한 지 몇 초 후인지 구하기	40 %

0991 답 60초

나연이가 민주를 따라잡을 때까지 출발한 지 x초 후 민주가 나연이보다 앞서 있는 거리를 y m라 하면
$$y=(60+3x)-4x \qquad \therefore y=60-x$$
이 식에 $y=0$을 대입하면 ─ 나연이가 민주를 따라잡는 순간 민주가 나연이보다 앞서 있는 거리는 0 m이다.
$$0=60-x \qquad \therefore x=60$$
따라서 나연이가 민주를 따라잡는 데 60초가 걸린다.

0992 답 **4초 후**

점 P가 점 B를 출발한 지 x초 후에 $\overline{BP}=2x\,\text{cm}$이므로

$\overline{PC}=\overline{BC}-\overline{BP}=12-2x\,(\text{cm})$

점 P가 점 B를 출발한 지 x초 후의 사각형 APCD의 넓이를 $y\,\text{cm}^2$라 하면

$$y=\frac{1}{2}\times\{12+(12-2x)\}\times10 \qquad \therefore\ y=120-10x$$

이 식에 $y=80$을 대입하면

$80=120-10x,\ 10x=40 \qquad \therefore\ x=4$

따라서 사각형 APCD의 넓이가 $80\,\text{cm}^2$가 되는 것은 점 P가 점 B를 출발한 지 4초 후이다.

0993 답 **36 cm²**

점 P는 4초에 $2\,\text{cm}$씩 움직이므로 1초에 $\frac{1}{2}\,\text{cm}$씩 움직인다.

즉, 점 P가 점 A를 출발한 지 x초 후에 $\overline{AP}=\frac{1}{2}x\,\text{cm}$

점 P가 점 A를 출발한 지 x초 후의 삼각형 APD의 넓이를 $y\,\text{cm}^2$라 하면

$$y=\frac{1}{2}\times\frac{1}{2}x\times8 \qquad \therefore\ y=2x$$

이 식에 $x=18$을 대입하면 $y=2\times18=36$

따라서 점 P가 점 A를 출발한 지 18초 후의 삼각형 APD의 넓이는 $36\,\text{cm}^2$이다.

0994 답 $y=270-9x$, **6초 후**

점 P가 점 B를 출발한 지 x초 후에 $\overline{BP}=3x\,\text{cm}$이므로

$\overline{PC}=\overline{BC}-\overline{BP}=30-3x\,(\text{cm})$

$$y=\frac{1}{2}\times3x\times12+\frac{1}{2}\times(30-3x)\times18$$이므로

$$y=270-9x$$

이 식에 $y=216$을 대입하면

$216=270-9x,\ 9x=54 \qquad \therefore\ x=6$

따라서 $\triangle$ABP와 $\triangle$DPC의 넓이의 합이 $216\,\text{cm}^2$가 되는 것은 점 P가 점 B를 출발한 지 6초 후이다.

0995 답 ④

정삼각형 1개를 만드는 데 필요한 성냥개비는 3개이고, 정삼각형이 1개 늘어날 때마다 성냥개비가 2개씩 늘어나므로 정삼각형 x개를 만드는 데 필요한 성냥개비의 개수를 y라 하면

$y=3+2(x-1) \qquad \therefore\ y=2x+1$

이 식에 $x=15$를 대입하면 $y=2\times15+1=31$

따라서 정삼각형 15개를 만드는 데 필요한 성냥개비의 개수는 31이다.

0996 답 (1) $y=8x+4$　(2) **84 cm**

(1) 1개의 블록으로 만든 도형의 둘레의 길이는 $6\times2=12\,(\text{cm})$이고, 블록이 1개 늘어날 때마다 도형의 둘레의 길이는 $4\times2=8\,(\text{cm})$씩 늘어나므로

$y=12+8(x-1) \qquad \therefore\ y=8x+4$ 　　　…… ❶

(2) (1)의 식에 $x=10$을 대입하면 $y=8\times10+4=84$

따라서 10개의 블록으로 만든 도형의 둘레의 길이는 $84\,\text{cm}$이다. 　　　…… ❷

0997 답 **10기압**

해수면에서 물속으로 $10\,\text{m}$ 내려갈 때마다 압력이 1기압씩 높아지므로 물속으로 $1\,\text{m}$ 내려갈 때마다 압력이 $\frac{1}{10}$기압씩 높아진다.

수심이 $x\,\text{m}$인 지점의 압력을 y기압이라 하면

$$y=1+\frac{1}{10}x$$

이 식에 $x=90$을 대입하면 $y=1+\frac{1}{10}\times90=10$

따라서 수심이 $90\,\text{m}$인 지점의 압력은 10기압이다.

0998 답 **200개**

500원짜리 동전을 x개 넣었을 때, 전체 무게를 $y\,\text{g}$이라 하면

$y=180+7.7x$

이 식에 $y=1720$을 대입하면

$1720=180+7.7x,\ 77x=15400 \qquad \therefore\ x=200$

따라서 전체 무게가 $1720\,\text{g}$이 되는 것은 500원짜리 동전을 200개 넣었을 때이다.

0999 답 ④

걷기 운동은 10분마다 $30\,\text{kcal}$가 소모되므로 1분마다 $3\,\text{kcal}$가 소모된다.

걷기 운동을 x분 한 후에 운동으로 전체 $y\,\text{kcal}$를 소모한다고 하면

$y=120+3x$

이 식에 $y=375$를 대입하면

$375=120+3x,\ 3x=255 \qquad \therefore\ x=85$

따라서 걷기 운동을 85분, 즉 1시간 25분 하였으므로 걷기 운동이 끝난 시각은 오후 1시 25분이다.

1000 답 (1) $y=2000x+7000$　(2) **31000원**

(1) 차량의 견인 거리가 $x\,\text{km}$일 때, $4\,\text{km}$까지는 기본요금 15000원이고 $(x-4)\,\text{km}$는 $1\,\text{km}$당 2000원의 추가 요금을 내야 하므로

$y=15000+(x-4)\times2000$

$\therefore\ y=2000x+7000$

(2) (1)의 식에 $x=12$를 대입하면 $y=2000\times12+7000=31000$

따라서 차량의 견인 거리가 $12\,\text{km}$일 때의 견인 요금은 31000원이다.

1001 답 ①

주어진 그래프가 두 점 $(80,\ 0)$, $(0,\ 720)$을 지나므로

$$(\text{기울기})=\frac{720-0}{0-80}=-9$$

이때 y절편은 720이므로

$y=-9x+720$

이 식에 $x=30$을 대입하면 $y=-9\times30+720=450$

따라서 파일을 내려받기 시작한 지 30초 후에 남은 파일의 용량은 $450\,\text{MB}$이다.

1002 답 $y=-50x+400$, 6시간 후

주어진 그래프가 두 점 $(2, 300)$, $(0, 400)$을 지나므로

$(기울기)=\dfrac{400-300}{0-2}=-50$

이때 y절편은 400이므로

$y=-50x+400$

이 식에 $y=100$을 대입하면

$100=-50x+400$, $50x=300$ $\therefore x=6$

따라서 가습기에 남은 물의 양이 $100\,\text{mL}$가 되는 것은 가습기를 사용하기 시작한 지 6시간 후이다.

1003 답 23000원

주어진 그래프가 두 점 $(0, 3000)$, $(5, 13000)$을 지나므로

$(기울기)=\dfrac{13000-3000}{5-0}=2000$

이때 y절편은 3000이므로

$y=2000x+3000$

이 식에 $x=10$을 대입하면

$y=2000\times10+3000=23000$

따라서 무게가 $10\,\text{kg}$인 물건의 배송 가격은 23000원이다.

AB 유형 점검
164~166쪽

1004 답 ③

$y=-\dfrac{1}{2}x$의 그래프를 y축의 방향으로 3만큼 평행이동하면

$y=-\dfrac{1}{2}x+3$

ㄱ. x절편은 6, y절편은 3이다.

ㄴ. $(기울기)=-\dfrac{1}{2}<0$이므로 오른쪽 아래로 향하는 직선이다.

ㄷ. 그래프는 오른쪽 그림과 같으므로 제1, 2, 4사분면을 지난다.

ㄹ. x의 값이 2만큼 증가할 때, y의 값은 1만큼 감소한다.

따라서 옳은 것은 ㄴ, ㄷ이다.

1005 답 ③

오른쪽 위로 향하는 직선은 $(기울기)>0$인 직선이므로 ㄴ, ㄷ, ㅂ의 3개이다.

$\therefore a=3$

제3사분면을 지나지 않는 직선은 $(기울기)<0$, $(y$절편$)>0$인 직선이므로 ㄱ, ㅁ의 2개이다.

$\therefore b=2$

$\therefore a+b=3+2=5$

1006 답 ①

$ab<0$에서 $a>0$, $b<0$ 또는 $a<0$, $b>0$

이때 $a-b<0$이므로 $a<0$, $b>0$

즉, $y=ax-b$에서 $(기울기)=a<0$,

$(y$절편$)=-b<0$이므로 그 그래프는 오른쪽 그림과 같다.

따라서 $y=ax-b$의 그래프는 제1사분면을 지나지 않는다.

1007 답 ②

두 직선이 서로 평행하므로

$\dfrac{a+1-(3-a)}{1-(-2)}=a$

$\dfrac{2a-2}{3}=a$, $2a-2=3a$ $\therefore a=-2$

1008 답 5

두 점 $(-4, -2)$, $(5, 10)$을 지나는 직선과 평행하므로

$(기울기)=\dfrac{10-(-2)}{5-(-4)}=\dfrac{4}{3}$

이때 y절편은 -2이므로

$y=\dfrac{4}{3}x-2$

이 그래프가 점 $\left(k, \dfrac{14}{3}\right)$를 지나므로

$\dfrac{14}{3}=\dfrac{4}{3}k-2$, $\dfrac{4}{3}k=\dfrac{20}{3}$ $\therefore k=5$

1009 답 $-\dfrac{2}{3}$

$(기울기)=\dfrac{(y의\ 값의\ 증가량)}{(x의\ 값의\ 증가량)}=\dfrac{-1}{3}=-\dfrac{1}{3}$이므로

$a=-\dfrac{1}{3}$

따라서 $y=-\dfrac{1}{3}x+b$에 $x=-6$, $y=4$를 대입하면

$4=-\dfrac{1}{3}\times(-6)+b$ $\therefore b=2$

$\therefore ab=-\dfrac{1}{3}\times2=-\dfrac{2}{3}$

1010 답 ③

두 점 $(-2, -13)$, $(3, 7)$을 지나므로

$(기울기)=\dfrac{7-(-13)}{3-(-2)}=4$

일차함수의 식을 $y=4x+b$로 놓고 $x=3$, $y=7$을 대입하면

$7=4\times3+b$ $\therefore b=-5$

따라서 $y=4x-5$에 각 점의 좌표를 대입하면

① $-16\neq4\times(-3)-5$ ② $-8\neq4\times\left(-\dfrac{1}{2}\right)-5$

③ $-2=4\times\dfrac{3}{4}-5$ ④ $1\neq4\times1-5$

⑤ $10\neq4\times4-5$

따라서 일차함수 $y=4x-5$의 그래프 위의 점은 ③이다.

1011 답 ③, ⑤

① 주어진 그래프가 두 점 $(-3, 0)$, $(0, 2)$를 지나므로

$(기울기)=\dfrac{2-0}{0-(-3)}=\dfrac{2}{3}$

② 주어진 그래프의 기울기가 $\dfrac{2}{3}$이고 y절편이 2이므로

$$y=\dfrac{2}{3}x+2$$

이 식에 $x=-9$, $y=-6$을 대입하면

$$-6\neq\dfrac{2}{3}\times(-9)+2$$

즉, 점 $(-9,\ -6)$을 지나지 않는다.

③ 주어진 그래프의 x절편은 -3이고, $y=-4x-12$의 그래프의 x절편도 -3이므로 주어진 그래프는 $y=-4x-12$의 그래프와 x축 위에서 만난다.

④ $\dfrac{(y의\ 값의\ 증가량)}{6}=\dfrac{2}{3}$이므로 $(y의\ 값의\ 증가량)=4$

즉, x의 값이 6만큼 증가할 때, y의 값은 4만큼 증가한다.

⑤ 주어진 그래프는 $y=\dfrac{2}{3}x+5$의 그래프와 기울기는 같고, y절편은 다르므로 평행하다.

따라서 옳은 것은 ③, ⑤이다.

1012　답 $y=100-\dfrac{1}{274}x$

고도가 274 m 높아질 때마다 물이 끓는 온도는 1 ℃씩 낮아지므로 고도가 1 m 높아질 때마다 물이 끓는 온도는 $\dfrac{1}{274}$ ℃씩 낮아진다.

$$\therefore y=100-\dfrac{1}{274}x$$

1013　답 ①

높이가 45 cm인 물을 모두 빼내는 데 180분이 걸리므로 1분에 $\dfrac{1}{4}$ cm씩 물의 높이가 낮아진다.

물을 빼내기 시작한 지 x분 후에 남은 물의 높이를 y cm라 하면

$$y=45-\dfrac{1}{4}x$$

이 식에 $y=28$을 대입하면

$$28=45-\dfrac{1}{4}x,\ \dfrac{1}{4}x=17\qquad\therefore x=68$$

따라서 남은 물의 높이가 28 cm가 되는 것은 물을 빼내기 시작한 지 68분 후이다.

1014　답 ⑤

① 2초에 16 mL씩 마시므로 1초에 8 mL씩 마신다.

$$\therefore y=1200-8x$$

② $y=1200-8x$에 $x=20$을 대입하면

$$y=1200-8\times20=1040$$

③ 우유를 다 마시면 남아 있는 우유의 양은 0 mL이므로

$y=1200-8x$에 $y=0$을 대입하면

$$0=1200-8x,\ 8x=1200\qquad\therefore x=150$$

즉, 우유를 다 마시는 데 걸리는 시간은 150초이다.

④ 1초 동안 8 mL의 우유를 마실 수 있으므로 1분, 즉 60초 동안 $8\times60=480(mL)$의 우유를 마실 수 있다.

⑤ $y=1200-8x$에 $x=40$을 대입하면

$$y=1200-8\times40=880$$

즉, 40초 후에 남아 있는 우유의 양은 880 mL이다.

따라서 옳은 것은 ⑤이다.

1015　답 40시간 후

태풍이 A 지점을 출발한 지 x시간 후의 태풍과 B 지점 사이의 거리를 y km라 하면

$$y=600-15x$$

이때 태풍이 B 지점에 도달하면 태풍과 B 지점 사이의 거리는 0 km이므로 $y=600-15x$에 $y=0$을 대입하면

$$0=600-15x,\ 15x=600\qquad\therefore x=40$$

따라서 태풍이 B 지점에 도달하는 것은 A 지점을 출발한 지 40시간 후이다.

1016　답 ①

두 점 P, Q가 동시에 출발한 지 x초 후에 $\overline{AP}=2x$ cm, $\overline{BQ}=3x$ cm, $\overline{QC}=\overline{BC}-\overline{BQ}=15-3x$ (cm)이므로

$$y=\dfrac{1}{2}\times\{2x+(15-3x)\}\times6$$

$$\therefore y=45-3x$$

1017　답 $y=180-4x$, 45일

하루에 4쪽씩 풀었으므로

$$y=180-4x$$

이 식에 $y=0$을 대입하면

$$0=180-4x,\ 4x=180\qquad\therefore x=45$$

따라서 45일 동안 풀면 이 문제집을 다 풀 수 있다.

1018　답 20 ℃

주어진 그래프가 두 점 $(35,\ 0)$, $(0,\ 50)$을 지나므로

$$(기울기)=\dfrac{50-0}{0-35}=-\dfrac{10}{7}$$

이때 y절편은 50이므로

$$y=-\dfrac{10}{7}x+50$$

이 식에 $x=21$을 대입하면

$$y=-\dfrac{10}{7}\times21+50=20$$

따라서 냉동실에 넣은 지 21분 후의 물의 온도는 20 ℃이다.

1019　답 제4사분면

$y=ax+b$의 그래프가 오른쪽 아래로 향하는 직선이므로

$$(기울기)=a<0$$

y축과 양의 부분에서 만나므로

$$(y절편)=b>0\qquad\cdots\cdots ❶$$

즉, $y=bx-a$에서 $(기울기)=b>0$,

$(y절편)=-a>0$이므로 그 그래프는 오른쪽 그림과 같다.　　　　$\cdots\cdots ❷$

따라서 $y=bx-a$의 그래프가 지나지 않는 사분면은 제4사분면이다.　　　　$\cdots\cdots ❸$

채점 기준	
❶ a, b의 부호 구하기	40 %
❷ 일차함수 $y=bx-a$의 그래프 그리기	40 %
❸ 일차함수 $y=bx-a$의 그래프가 지나지 않는 사분면 구하기	20 %

1020 답 1

㉮에서 $y=3x+5$의 그래프와 평행하므로 $y=f(x)$의 그래프의 기울기는 3이다.

㉯에서 $y=\dfrac{1}{2}x-\dfrac{1}{3}$의 그래프와 y절편이 같으므로 $y=f(x)$의 그래프의 y절편은 $-\dfrac{1}{3}$이다.

따라서 $f(x)=3x-\dfrac{1}{3}$이므로 ...... ❶

$f\left(\dfrac{4}{9}\right)=3\times\dfrac{4}{9}-\dfrac{1}{3}=1$ ...... ❷

채점 기준	
❶ $f(x)$ 구하기	60 %
❷ $f\left(\dfrac{4}{9}\right)$의 값 구하기	40 %

1021 답 (1) $y=800+180x$ (2) 오후 9시 20분

(1) 20분당 60톤의 물을 일정하게 흘려 보내므로 1시간에 180톤의 물을 일정하게 흘려 보낸다.

$\therefore y=800+180x$ ...... ❶

(2) (1)의 식에 $y=1760$을 대입하면

$1760=800+180x$ $\therefore x=\dfrac{16}{3}\left(=5\dfrac{1}{3}\right)$ ...... ❷

따라서 흘려 보낸 둘의 전체 양이 1760톤이 되는 시각은 오후 4시에서 5시간 20분 후인 오후 9시 20분이다. ...... ❸

채점 기준	
❶ y를 x에 대한 식으로 나타내기	40 %
❷ $y=1760$일 때, x의 값 구하기	30 %
❸ 흘려 보낸 물의 전체 양이 1760톤이 되는 시각 구하기	30 %

⊝ 실력 향상

167쪽

1022 답 ②

ㄱ. $ab>0$, $bc<0$이므로 $y=\dfrac{b}{a}x-\dfrac{c}{b}$에서

$(기울기)=\dfrac{b}{a}>0$, $(y절편)=-\dfrac{c}{b}>0$

따라서 $y=\dfrac{b}{a}x-\dfrac{c}{b}$의 그래프는 오른쪽 그림과 같으므로 제1, 2, 3사분면을 지난다.

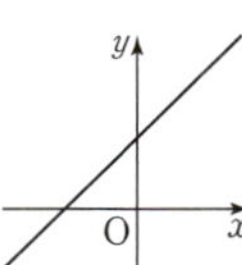

ㄴ. $ab<0$에서 a와 b의 부호는 서로 다르고, $ac>0$에서 a와 c의 부호는 서로 같다.

즉, a와 c의 부호는 같고, b의 부호는 다르므로 $y=\dfrac{b}{a}x-\dfrac{c}{b}$에서

$(기울기)=\dfrac{b}{a}<0$, $(y절편)=-\dfrac{c}{b}>0$

따라서 $y=\dfrac{b}{a}x-\dfrac{c}{b}$의 그래프는 오른쪽 그림과 같으므로 제1, 2, 4사분면을 지난다.

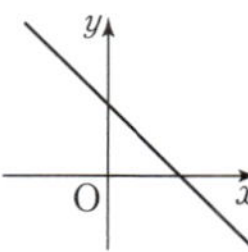

ㄷ. $ac>0$에서 a와 c의 부호는 서로 같고, $bc>0$에서 b와 c의 부호는 서로 같다.

즉, a, b, c의 부호는 모두 같으므로 $y=\dfrac{b}{a}x-\dfrac{c}{b}$에서

$(기울기)=\dfrac{b}{a}>0$, $(y절편)=-\dfrac{c}{b}<0$

따라서 $y=\dfrac{b}{a}x-\dfrac{c}{b}$의 그래프는 오른쪽 그림과 같으므로 제1, 3, 4사분면을 지난다.

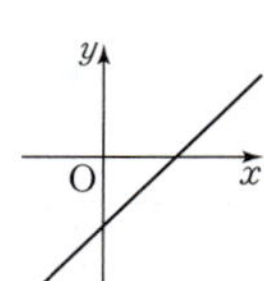

따라서 옳은 것은 ㄱ, ㄴ이다.

1023 답 $a=\dfrac{1}{2}$, $b=2$

$y=\dfrac{1}{2}x-2$와 $y=ax+b$의 그래프가 서로 평행하므로 $a=\dfrac{1}{2}$

$y=\dfrac{1}{2}x-2$에 $y=0$을 대입하면

$0=\dfrac{1}{2}x-2$ $\therefore x=4$ $\therefore P(4,\ 0)$

또 $y=\dfrac{1}{2}x+b$에 $y=0$을 대입하면

$0=\dfrac{1}{2}x+b$ $\therefore x=-2b$ $\therefore Q(-2b,\ 0)$

이때 $\overline{PQ}=8$이고 $b>0$에서 $-2b<0$이므로 두 일차함수의 그래프는 오른쪽 그림과 같다.

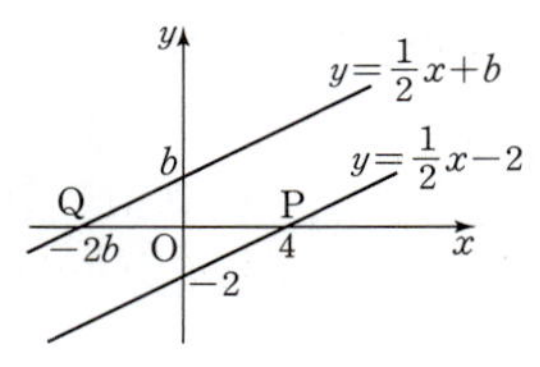

따라서 $\overline{PQ}=4-(-2b)=8$이므로

$2b=4$ $\therefore b=2$

1024 답 22

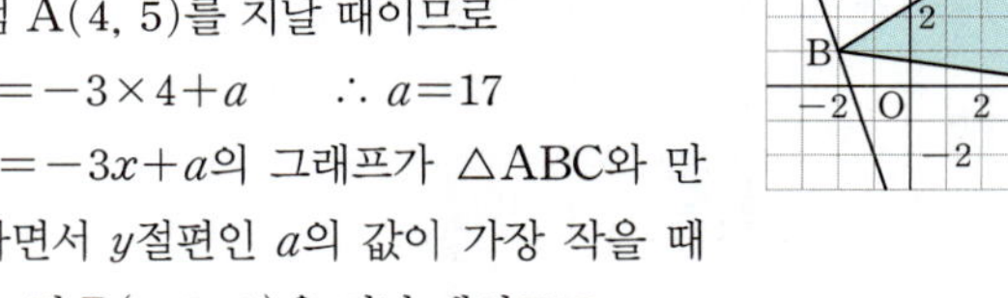

(i) $y=-3x+a$의 그래프가 $\triangle ABC$와 만나면서 y절편인 a의 값이 가장 클 때는 점 $A(4, 5)$를 지날 때이므로

$5=-3\times4+a$ $\therefore a=17$

(ii) $y=-3x+a$의 그래프가 $\triangle ABC$와 만나면서 y절편인 a의 값이 가장 작을 때는 점 $B(-2, 1)$을 지날 때이므로

$1=-3\times(-2)+a$ $\therefore a=-5$

(i), (ii)에서 a의 값 중 가장 큰 값은 17, 가장 작은 값은 -5이므로 그 차는

$17-(-5)=22$

1025 답 3

건후는 y절편 b를 바르게 보았고, 은호는 기울기 a를 바르게 보았다.

건후: 두 점 $(1, 3)$, $(2, 8)$을 지나므로

$(기울기)=\dfrac{8-3}{2-1}=5$

즉, $y=5x+b$에 $x=1$, $y=3$을 대입하면

$3=5\times1+b$ $\therefore b=-2$

은호: 두 점 $(0, -1)$, $(2, 3)$을 지나므로

$a=(기울기)=\dfrac{3-(-1)}{2-0}=2$

따라서 $y=2x-2$의 그래프가 점 $(k, 4)$를 지나므로

$4=2k-2$, $2k=6$ $\therefore k=3$

A 개념 확인
168~171쪽

1026 답 $y=-x+5$

1027 답 $y=3x+6$

1028 답 $y=\dfrac{1}{2}x-4$

1029 답 $y=-3x-\dfrac{1}{3}$

1030 답 $\dfrac{2}{3}$, 3, -2

$2x-3y-6=0$에서 $y=\dfrac{2}{3}x-2$

따라서 기울기는 $\dfrac{2}{3}$, x절편은 3, y절편은 -2이다.

1031 답 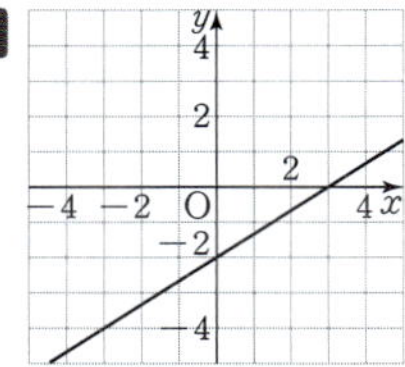

1032 답 ㄱ, ㄷ

ㄱ. $y=-x-2$　　　ㄴ. $y=2x+7$
ㄷ. $y=-3x+5$　　　ㄹ. $y=2x+5$
따라서 기울기가 음수인 그래프는 ㄱ, ㄷ이다.

1033 답 ㄴ, ㄹ

기울기가 양수인 그래프는 ㄴ, ㄹ이다.

1034 답 ㄴ, ㄹ

기울기가 같고 y절편이 다른 그래프는 ㄴ과 ㄹ이다.

1035 답 ㄷ, ㄹ

y절편이 같은 그래프는 ㄷ과 ㄹ이다.

1036 답 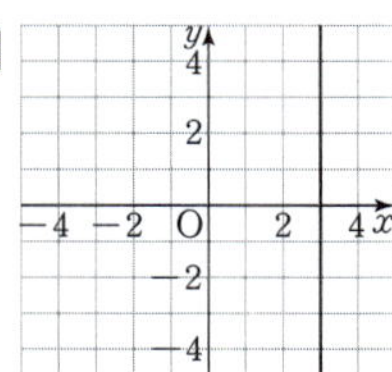

1037 답 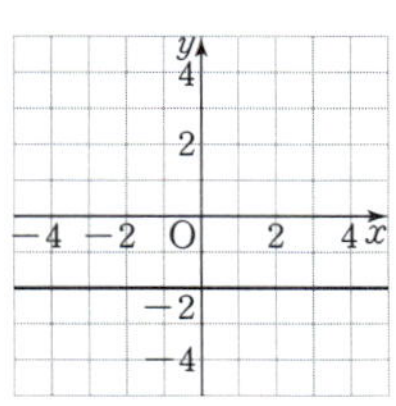

1038 답 풀이 참조

$3x+4=1$에서 $x=-1$
따라서 그래프는 오른쪽 그림과 같다.

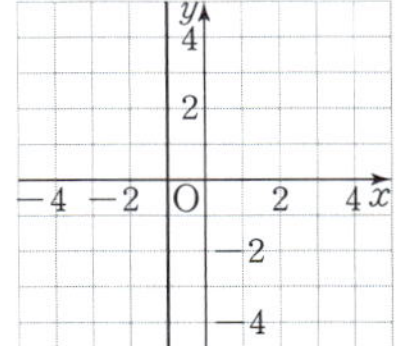

1039 답 풀이 참조

$2y-3=5$에서 $y=4$
따라서 그래프는 오른쪽 그림과 같다.

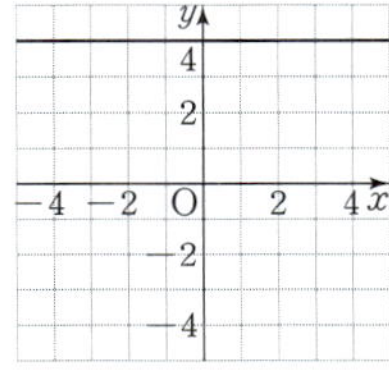

1040 답 $x=2$

1041 답 $y=-3$

1042 답 $y=-1$

1043 답 $x=8$

1044 답 $x=-4$

1045 답 $y=2$

1046 답 $x=2$, $y=2$

주어진 그래프에서 두 일차방정식 $x+4y-10=0$, $2x-y-2=0$의
그래프의 교점의 좌표가 $(2, 2)$이므로 주어진 연립방정식의 해는
$x=2$, $y=2$

1047 답 $x=-2$, $y=3$

주어진 그래프에서 두 일차방정식 $x+4y-10=0$, $5x+2y+4=0$
의 그래프의 교점의 좌표가 $(-2, 3)$이므로 주어진 연립방정식의 해
는
$x=-2$, $y=3$

1048 답 $x=0$, $y=-2$

주어진 그래프에서 두 일차방정식 $2x-y-2=0$, $5x+2y+4=0$의
그래프의 교점의 좌표가 $(0, -2)$이므로 주어진 연립방정식의 해는
$x=0$, $y=-2$

1049 답 풀이 참조

두 일차방정식 $x+y=-1$, $2x-y=4$의 그
래프는 오른쪽 그림과 같다.
따라서 두 그래프의 교점의 좌표가 $(1, -2)$
이므로 주어진 연립방정식의 해는
$x=1$, $y=-2$

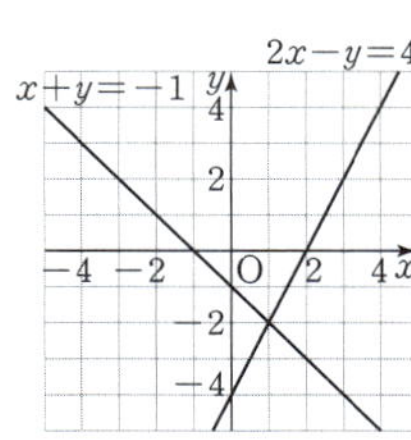

1050 답 풀이 참조

두 일차방정식 $x-2y=-4$,
$3x-2y=0$의 그래프는 오른쪽 그림과
같다.
따라서 두 그래프의 교점의 좌표가 $(2, 3)$
이므로 주어진 연립방정식의 해는
$x=2$, $y=3$

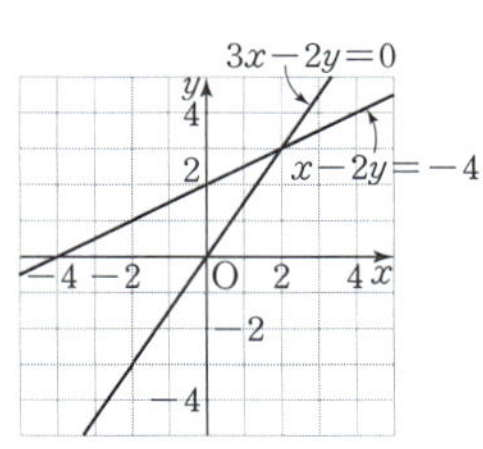

1051　답　$(-4, -2)$

$\begin{cases} y=x+2 & \cdots\cdots\ \bigcirc \\ y=3x+10 & \cdots\cdots\ \bigcirc \end{cases}$

$\bigcirc$을 $\bigcirc$에 대입하면 $x+2=3x+10$

$-2x=8$ $\quad \therefore x=-4$

이를 $\bigcirc$에 대입하면 $y=-2$

따라서 두 일차함수의 그래프의 교점의 좌표는 $(-4, -2)$이다.

1052　답　$(-6, 5)$

$\begin{cases} y=\dfrac{1}{2}x+8 & \cdots\cdots\ \bigcirc \\ y=-2x-7 & \cdots\cdots\ \bigcirc \end{cases}$

$\bigcirc$을 $\bigcirc$에 대입하면 $\dfrac{1}{2}x+8=-2x-7$

$\dfrac{5}{2}x=-15$ $\quad \therefore x=-6$

이를 $\bigcirc$에 대입하면 $y=5$

따라서 두 일차함수의 그래프의 교점의 좌표는 $(-6, 5)$이다.

1053　답　풀이 참조

두 일차방정식 $2x+y=3$, $2x+y=-3$
의 그래프는 오른쪽 그림과 같이 서로 평
행하므로 교점이 없다.
따라서 연립방정식의 해는 없다.

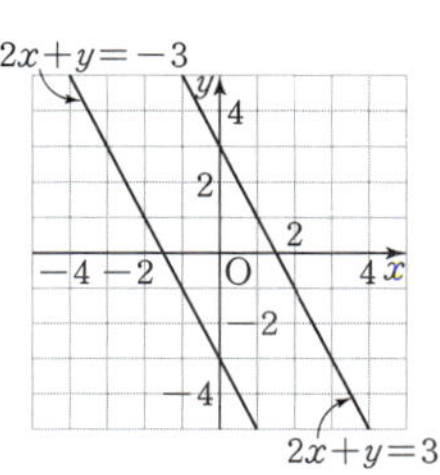

1054　답　풀이 참조

두 일차방정식 $x-3y=6$, $-2x+6y=-12$
의 그래프는 오른쪽 그림과 같이 일치하므로
교점이 무수히 많다.
따라서 연립방정식의 해는 무수히 많다.

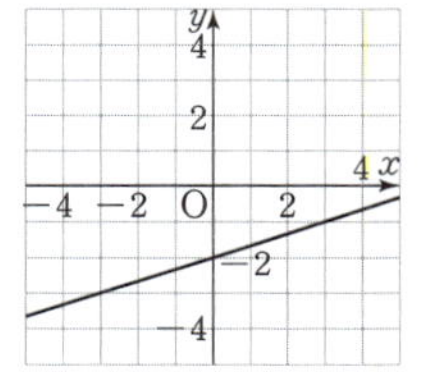

1055　답　ㄴ

ㄴ. $4x+y=-1$에서 y를 x에 대한 식으로 나타내면

$\quad y=-4x-1$ $\qquad\qquad\qquad \cdots\cdots\ \bigcirc$

$\quad -x-4y=-4$에서 y를 x에 대한 식으로 나타내면

$\quad 4y=-x+4$ $\quad \therefore y=-\dfrac{1}{4}x+1$ $\quad \cdots\cdots\ \bigcirc$

따라서 $\bigcirc$, $\bigcirc$의 그래프는 기울기가 다르므로 한 점에서 만난다.
즉, 연립방정식의 해가 하나뿐이다.

1056　답　ㄱ

ㄱ. $x-y=2$에서 y를 x에 대한 식으로 나타내면

$\quad y=x-2$ $\qquad\qquad\qquad \cdots\cdots\ \bigcirc$

$\quad -3x+3y=-6$에서 y를 x에 대한 식으로 나타내면

$\quad 3y=3x-6$ $\quad \therefore y=x-2$ $\quad \cdots\cdots\ \bigcirc$

따라서 $\bigcirc$, $\bigcirc$의 그래프는 기울기와 y절편이 각각 같으므로 일치
한다.
즉, 연립방정식의 해가 무수히 많다.

1057　답　ㄷ

ㄷ. $x+2y=3$에서 y를 x에 대한 식으로 나타내면

$\quad 2y=-x+3$ $\quad \therefore y=-\dfrac{1}{2}x+\dfrac{3}{2}$ $\quad \cdots\cdots\ \bigcirc$

$\quad 2x+4y=9$에서 y를 x에 대한 식으로 나타내면

$\quad 4y=-2x+9$ $\quad y=-\dfrac{1}{2}x+\dfrac{9}{4}$ $\quad \cdots\cdots\ \bigcirc$

따라서 $\bigcirc$, $\bigcirc$의 그래프는 기울기가 같고 y절편이 다르므로 평행
하다.
즉, 연립방정식의 해가 없다.

1058　답　$a\neq-5$

$ax-y+3=0$에서 y를 x에 대한 식으로 나타내면
$y=ax+3$
$5x+y-b=0$에서 y를 x에 대한 식으로 나타내면
$y=-5x+b$
해가 하나뿐이려면 두 그래프가 한 점에서 만나야 하므로
$a\neq-5$

1059　답　$a=-5, b=3$

해가 무수히 많으려면 두 그래프가 일치해야 하므로
$a=-5, b=3$

1060　답　$a=-5, b\neq3$

해가 없으려면 두 그래프가 평행해야 하므로
$a=-5, b\neq3$

Ⓑ 유형 완성 172~180쪽

1061　답　③

$5x-2y+8=0$에서 y를 x에 대한 식으로 나타내면

$2y=5x+8$ $\quad \therefore y=\dfrac{5}{2}x+4$

①, ② (기울기)$=\dfrac{5}{2}>0$이므로 오른쪽 위로 향하는 직선이다.

③ x절편은 $-\dfrac{8}{5}$, y절편은 4이다.

④ 그래프는 오른쪽 그림과 같으므로 제1, 2, 3사분
면을 지난다.

⑤ $y=\dfrac{5}{2}x-4$의 그래프와 기울기가 같고 y절편이

다르므로 평행하다.
즉, 만나지 않는다.
따라서 옳지 않은 것은 ③이다.

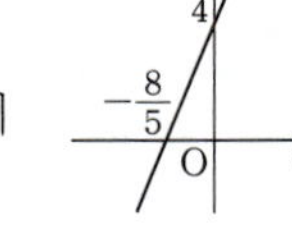

1062　답　⑤

$3x-2y-6=0$에서 y를 x에 대한 식으로 나타내면

$2y=3x-6$ $\quad \therefore y=\dfrac{3}{2}x-3$

따라서 $y=\dfrac{3}{2}x-3$의 그래프의 x절편은 2, y절편은 -3이므로 그
그래프는 ⑤와 같다.

1063 답 ③

$8x-4y+b=0$에서 y를 x에 대한 식으로 나타내면

$4y=8x+b$ $\quad\therefore y=2x+\dfrac{b}{4}$

따라서 $y=2x+\dfrac{b}{4}$와 $y=ax-2$의 그래프가 일치하므로

$2=a$, $\dfrac{b}{4}=-2$ $\quad\therefore a=2$, $b=-8$

$\therefore a+b=2+(-8)=-6$

1064 답 ③

$4x+3y+1=0$에서 y를 x에 대한 식으로 나타내면

$3y=-4x-1$ $\quad\therefore y=-\dfrac{4}{3}x-\dfrac{1}{3}$

따라서 $y=-\dfrac{4}{3}x-\dfrac{1}{3}$의 그래프의 기울기는 $-\dfrac{4}{3}$, x절편은 $-\dfrac{1}{4}$,

y절편은 $-\dfrac{1}{3}$이므로

$a=-\dfrac{4}{3}$, $b=-\dfrac{1}{4}$, $c=-\dfrac{1}{3}$

$\therefore abc=-\dfrac{4}{3}\times\left(-\dfrac{1}{4}\right)\times\left(-\dfrac{1}{3}\right)=-\dfrac{1}{9}$

1065 답 3

$ax-5y-10a=0$에서 y를 x에 대한 식으로 나타내면

$5y=ax-10a$ $\quad\therefore y=\dfrac{a}{5}x-2a$ $\quad\cdots\cdots$ ❶

따라서 $y=\dfrac{a}{5}x-2a$의 그래프의 x절편은 10,

y절편은 $-2a$이므로 그 그래프는 오른쪽 그

림과 같다. $\quad\cdots\cdots$ ❷

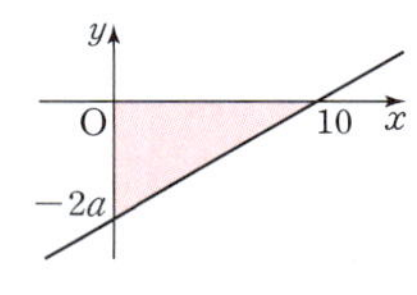

이때 $ax-5y-10a=0$의 그래프와 x축, y축

으로 둘러싸인 도형의 넓이가 30이므로

$\dfrac{1}{2}\times10\times2a=30$ $\quad\therefore a=3$ $\quad\cdots\cdots$ ❸

채점 기준	
❶ y를 x에 대한 식으로 나타내기	20 %
❷ 일차방정식 $ax-5y-10a=0$의 그래프 그리기	40 %
❸ a의 값 구하기	40 %

1066 답 ④

$7x-3y=-1$에 $x=a$, $y=2a+1$을 대입하면

$7a-3(2a+1)=-1$ $\quad\therefore a=2$

1067 답 ⑤

$2x-3y=8$에 주어진 점의 좌표를 각각 대입하면

① $2\times(-5)-3\times(-6)=8$

② $2\times(-2)-3\times(-4)=8$

③ $2\times1-3\times(-2)=8$

④ $2\times4-3\times0=8$

⑤ $2\times6-3\times2\neq8$

따라서 $2x-3y=8$의 그래프 위의 점이 아닌 것은 ⑤이다.

1068 답 8

$x-2y-10=0$에서 y를 x에 대한 식으로 나타내면

$2y=x-10$ $\quad\therefore y=\dfrac{1}{2}x-5$ $\quad\cdots\cdots$ ❶

$y=\dfrac{1}{2}x-5$의 그래프를 y축의 방향으로 -2만큼 평행이동하면

$y=\dfrac{1}{2}x-5-2$ $\quad\therefore y=\dfrac{1}{2}x-7$ $\quad\cdots\cdots$ ❷

따라서 $y=\dfrac{1}{2}x-7$의 그래프가 점 $(a, -3)$을 지나므로

$-3=\dfrac{1}{2}a-7$, $\dfrac{1}{2}a=4$ $\quad\therefore a=8$ $\quad\cdots\cdots$ ❸

채점 기준	
❶ y를 x에 대한 식으로 나타내기	20 %
❷ 평행이동한 그래프의 식 구하기	40 %
❸ a의 값 구하기	40 %

1069 답 3

$ax+by-4=0$의 그래프가 점 $(4, 0)$을 지나므로

$4a-4=0$ $\quad\therefore a=1$

또 점 $(0, 2)$를 지나므로

$2b-4=0$ $\quad\therefore b=2$

$\therefore a+b=1+2=3$

다른 풀이

$ax+by-4=0$에서 y를 x에 대한 식으로 나타내면

$by=-ax+4$ $\quad\therefore y=-\dfrac{a}{b}x+\dfrac{4}{b}$

주어진 그래프가 두 점 $(4, 0)$, $(0, 2)$를 지나므로

$(기울기)=\dfrac{2-0}{0-4}=-\dfrac{1}{2}$, $(y절편)=2$

따라서 $-\dfrac{a}{b}=-\dfrac{1}{2}$, $\dfrac{4}{b}=2$이므로

$a=1$, $b=2$

$\therefore a+b=1+2=3$

1070 답 ③

$ax-by-5=0$에서 y를 x에 대한 식으로 나타내면

$by=ax-5$ $\quad\therefore y=\dfrac{a}{b}x-\dfrac{5}{b}$

즉, $y=\dfrac{a}{b}x-\dfrac{5}{b}$의 그래프의 기울기가 4, y절편이 1이므로

$\dfrac{a}{b}=4$, $-\dfrac{5}{b}=1$ $\quad\therefore a=-20$, $b=-5$

$\therefore b-a=-5-(-20)=15$

1071 답 9

$mx-3y+7=0$에서 y를 x에 대한 식으로 나타내면

$3y=mx+7$ $\quad\therefore y=\dfrac{m}{3}x+\dfrac{7}{3}$

주어진 그래프가 두 점 $(-2, 2)$, $(0, 8)$을 지나므로

$(기울기)=\dfrac{8-2}{0-(-2)}=3$

따라서 $\dfrac{m}{3}=3$이므로 $m=9$

1072 답 ②

$4x+by=10$에 $x=-8$, $y=6$을 대입하면
$-32+6b=10$, $6b=42$ $\therefore b=7$
따라서 $4x+7y=10$에 $x=6$, $y=a$를 대입하면
$24+7a=10$, $7a=-14$ $\therefore a=-2$
$\therefore a+b=-2+7=5$

1073 답 ①

$ax+y+b=0$에서 y를 x에 대한 식으로 나타내면
$y=-ax-b$
주어진 그래프에서 (기울기)$=-a<0$, (y절편)$=-b<0$이므로
$a>0$, $b>0$

1074 답 ②

$ax-by+c=0$에서 y를 x에 대한 식으로 나타내면
$by=ax+c$ $\therefore y=\dfrac{a}{b}x+\dfrac{c}{b}$
따라서 (기울기)$=\dfrac{a}{b}>0$, (y절편)$=\dfrac{c}{b}<0$이므로
그래프는 오른쪽 그림과 같다.
즉, 제2사분면을 지나지 않는다.

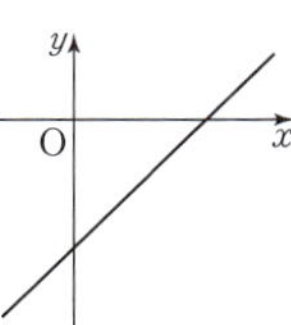

1075 답 ③, ④

$ax+by+c=0$에서 y를 x에 대한 식으로 나타내면
$by=-ax-c$ $\therefore y=-\dfrac{a}{b}x-\dfrac{c}{b}$
그래프가 제1, 2, 3사분면을 지나므로 오른쪽 그림에서
(기울기)$=-\dfrac{a}{b}>0$, (y절편)$=-\dfrac{c}{b}>0$
$\therefore \dfrac{a}{b}<0$, $\dfrac{c}{b}<0$

따라서 $\dfrac{a}{b}<0$에서 a와 b의 부호는 서로 다르고, $\dfrac{c}{b}<0$에서 b와 c의 부호는 서로 다르므로
$a>0$, $b<0$, $c>0$ 또는 $a<0$, $b>0$, $c<0$

1076 답 제1사분면

점 $(a-b, ab)$가 제4사분면 위의 점이므로 $a-b>0$, $ab<0$
$ab<0$에서 $a>0$, $b<0$ 또는 $a<0$, $b>0$
이때 $a-b>0$이므로 $a>0$, $b<0$ ······ ❶
$x+ay-b=0$에서 y를 x에 대한 식으로 나타내면
$ay=-x+b$ $\therefore y=-\dfrac{1}{a}x+\dfrac{b}{a}$ ······ ❷
따라서 (기울기)$=-\dfrac{1}{a}<0$, (y절편)$=\dfrac{b}{a}<0$이
므로 그래프는 오른쪽 그림과 같다.
즉, 제1사분면을 지나지 않는다.   ······ ❸

채점 기준	
❶ a, b의 부호 구하기	40 %
❷ y를 x에 대한 식으로 나타내기	20 %
❸ 그래프가 지나지 않는 사분면 구하기	40 %

1077 답 ③

$ax+by+c=0$에서 y를 x에 대한 식으로 나타내면
$by=-ax-c$ $\therefore y=-\dfrac{a}{b}x-\dfrac{c}{b}$
주어진 그래프에서 (기울기)$=-\dfrac{a}{b}>0$, (y절편)$=-\dfrac{c}{b}<0$이므로
$\dfrac{a}{b}<0$, $\dfrac{c}{b}>0$
$\dfrac{a}{b}<0$에서 a와 b의 부호는 서로 다르고, $\dfrac{c}{b}>0$에서 b와 c의 부호는 서로 같으므로 a와 c의 부호는 서로 다르다.
따라서 $y=\dfrac{c}{a}x-\dfrac{b}{a}$에서 (기울기)$=\dfrac{c}{a}<0$, ($y$절편)$=-\dfrac{b}{a}>0$이므로 그 그래프로 알맞은 것은 ③이다.

1078 답 ②

$x-3y+12=0$에서 y를 x에 대한 식으로 나타내면
$3y=x+12$ $\therefore y=\dfrac{1}{3}x+4$
즉, $y=\dfrac{1}{3}x+4$의 그래프와 평행하므로 기울기는 $\dfrac{1}{3}$이다.
$y=\dfrac{1}{3}x+b$로 놓고 $x=3$, $y=6$을 대입하면
$6=\dfrac{1}{3}\times3+b$ $\therefore b=5$
따라서 $y=\dfrac{1}{3}x+5$이므로 $x-3y+15=0$

1079 답 7

두 점 $(8, 0)$, $(0, -6)$을 지나므로
(기울기)$=\dfrac{-6-0}{0-8}=\dfrac{3}{4}$
이때 y절편은 -6이므로
$y=\dfrac{3}{4}x-6$ $\therefore 3x-4y-24=0$
따라서 $a=3$, $b=4$이므로 $a+b=3+4=7$

다른 풀이
$ax-by-24=0$에 $x=8$, $y=0$을 대입하면
$8a-24=0$ $\therefore a=3$
$ax-by-24=0$에 $x=0$, $y=-6$을 대입하면
$6b-24=0$ $\therefore b=4$
$\therefore a+b=3+4=7$

1080 답 ⑤

두 점 $(-2, 8)$, $(4, -1)$을 지나므로
(기울기)$=\dfrac{-1-8}{4-(-2)}=-\dfrac{3}{2}$
$y=-\dfrac{3}{2}x+b$로 놓고 $x=-2$, $y=8$을 대입하면
$8=-\dfrac{3}{2}\times(-2)+b$ $\therefore b=5$
따라서 $y=-\dfrac{3}{2}x+5$이므로 $3x+2y-10=0$

1081 답 ④

x축에 평행한 직선 위의 점은 y좌표가 모두 같으므로
$-3+a=5-3a$, $4a=8$ $\therefore a=2$

1082 답 ④

y축에 평행한 직선의 방정식은 $x=m\,(m\neq0)$ 꼴이다.

ㄷ. $4x+1=0$에서 $x=-\dfrac{1}{4}$

ㄹ. $6x=3$에서 $x=\dfrac{1}{2}$

ㅁ. $-2y=0$에서 $y=0$

ㅂ. $3y-8=0$에서 $y=\dfrac{8}{3}$

따라서 y축에 평행한 직선의 방정식은 ㄱ, ㄷ, ㄹ이다.

1083 답 3

주어진 그래프는 점 $(0,\,-3)$을 지나고 x축에 평행한 직선이므로

$y=-3$ $\qquad\cdots\cdots$ ㉠ $\qquad\cdots\cdots$ ❶

$ax-by=-9$에서 y를 x에 대한 식으로 나타내면

$by=ax+9$ $\quad\therefore\ y=\dfrac{a}{b}x+\dfrac{9}{b}$ $\quad\cdots\cdots$ ㉡ $\quad\cdots\cdots$ ❷

㉠, ㉡이 같으므로

$\dfrac{a}{b}=0,\ \dfrac{9}{b}=-3$ $\quad\therefore\ a=0,\ b=-3$

$\therefore\ a-b=0-(-3)=3$ $\qquad\cdots\cdots$ ❸

채점 기준	
❶ 주어진 그래프의 식 구하기	40 %
❷ $ax-by=-9$에서 y를 x에 대한 식으로 나타내기	30 %
❸ $a-b$의 값 구하기	30 %

1084 답 ④

$ax+by-2=0$의 그래프가 x축에 수직이려면 $x=m\,(m$은 상수$)$
꼴이어야 한다.

$\therefore\ a\neq0,\ b=0$

즉, $ax-2=0$에서 $x=\dfrac{2}{a}$

이때 그래프가 제2, 3사분면만을 지나려면

$\dfrac{2}{a}<0$ $\quad\therefore\ a<0$

1085 답 ③

$3x-9=0$에서 $x=3$, $y-2=0$에서 $y=2$

즉, 세 일차방정식 $x=3$, $y=2$, $y=7$의 그래프
는 오른쪽 그림과 같고, 일차방정식 $x=0$의 그
래프는 y축이다.

따라서 구하는 도형의 넓이는

$3\times(7-2)=15$

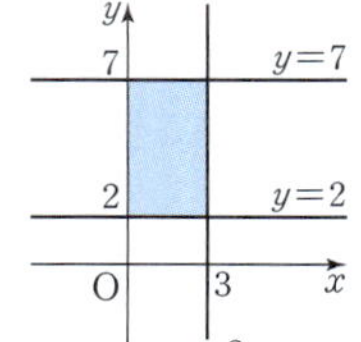

1086 답 6

네 일차방정식 $x=-2$, $x=4$, $y=a$, $y=-a$의 그래프로 둘러싸인
도형의 넓이가 72이므로

$\{4-(-2)\}\times\{a-(-a)\}=72$

$12a=72$ $\quad\therefore\ a=6$

1087 답 ①

두 그래프의 교점의 좌표는 연립방정식 $\begin{cases}3x+2y=7 & \cdots\cdots\ ㉠\\ x-2y=-3 & \cdots\cdots\ ㉡\end{cases}$
의 해와 같다.

㉠+㉡을 하면 $4x=4$ $\quad\therefore\ x=1$

이를 ㉡에 대입하면 $1-2y=-3$

$-2y=-4$ $\quad\therefore\ y=2$

따라서 두 그래프의 교점의 좌표는 $(1,\,2)$이므로

$a=1,\ b=2$

$\therefore\ a-b=1-2=-1$

1088 답 ②

두 그래프의 교점의 좌표는 연립방정식

$\begin{cases}3x+y-2=0 & \cdots\cdots\ ㉠\\ 5x-y+10=0 & \cdots\cdots\ ㉡\end{cases}$의 해와 같다.

㉠+㉡을 하면 $8x+8=0$ $\quad\therefore\ x=-1$

이를 ㉠에 대입하면 $-3+y-2=0$ $\quad\therefore\ y=5$

즉, 두 그래프의 교점의 좌표는 $(-1,\,5)$이다.

따라서 직선 $y=ax-1$이 점 $(-1,\,5)$를 지나므로

$5=-a-1$ $\quad\therefore\ a=-6$

1089 답 (1) 직선 $l:\ y=-x+2$, 직선 $m:\ y=2x-3$

(2) $\left(\dfrac{5}{3},\,\dfrac{1}{3}\right)$

(1) 직선 l은 두 점 $(0,\,2)$, $(2,\,0)$을 지나므로

$(기울기)=\dfrac{0-2}{2-0}=-1$

이때 y절편은 2이므로 $y=-x+2$ $\qquad\cdots\cdots$ ❶

직선 m은 두 점 $(0,\,-3)$, $(2,\,1)$을 지나므로

$(기울기)=\dfrac{1-(-3)}{2-0}=2$

이때 y절편은 -3이므로 $y=2x-3$ $\qquad\cdots\cdots$ ❷

(2) 두 직선 l, m의 교점의 좌표는 연립방정식

$\begin{cases}y=-x+2 & \cdots\cdots\ ㉠\\ y=2x-3 & \cdots\cdots\ ㉡\end{cases}$의 해와 같다.

㉠을 ㉡에 대입하면 $-x+2=2x-3$

$-3x=-5$ $\quad\therefore\ x=\dfrac{5}{3}$

이를 ㉠에 대입하면 $y=-\dfrac{5}{3}+2=\dfrac{1}{3}$

따라서 두 직선 l, m의 교점의 좌표는 $\left(\dfrac{5}{3},\,\dfrac{1}{3}\right)$이다. $\quad\cdots\cdots$ ❸

채점 기준	
❶ 직선 l의 방정식 구하기	30 %
❷ 직선 m의 방정식 구하기	30 %
❸ 두 직선 l, m의 교점의 좌표 구하기	40 %

1090 답 ⑤

두 그래프의 교점의 좌표가 $(3,\,-2)$이므로 연립방정식

$\begin{cases}ax-y-8=0\\ -x+by+7=0\end{cases}$의 해는 $x=3$, $y=-2$이다.

$ax-y-8=0$에 $x=3$, $y=-2$를 대입하면

$3a+2-8=0,\ 3a=6$ $\quad\therefore\ a=2$

$-x+by+7=0$에 $x=3$, $y=-2$를 대입하면

$-3-2b+7=0,\ -2b=-4$ $\quad\therefore\ b=2$

$\therefore\ ab=2\times2=4$

1091 답 3

두 직선의 교점의 좌표가 $(-2,\ b)$이므로 연립방정식

$\begin{cases} 5x+y+9=0 \\ ax+3y+1=0 \end{cases}$ 의 해는 $x=-2,\ y=b$이다.

$5x+y+9=0$에 $x=-2,\ y=b$를 대입하면

$5\times(-2)+b+9=0$ $\therefore b=1$

$ax+3y+1=0$에 $x=-2,\ y=1$을 대입하면

$-2a+3\times1+1=0$

$-2a=-4$ $\therefore a=2$

$\therefore a+b=2+1=3$

1092 답 4

두 그래프의 교점이 x축 위에 있으면 교점의 y좌표가 0이므로

$2x-y=6$에 $y=0$을 대입하면

$2x=6$ $\therefore x=3$

따라서 두 그래프의 교점의 좌표가 $(3,\ 0)$이므로 $ax-y=12$에

$x=3,\ y=0$을 대입하면

$3a=12$ $\therefore a=4$

1093 답 ③

연립방정식 $\begin{cases} 2x+y-3=0 \\ x+y-2=0 \end{cases}$ 을 풀면 $x=1,\ y=1$이므로 두 일차방정식

의 그래프의 교점의 좌표는 $(1,\ 1)$이다.

일차방정식 $3x+y=5$, 즉 $y=-3x+5$의 그래프와 평행하므로 기

울기는 -3이다.

따라서 구하는 직선의 방정식을 $y=-3x+b$로 놓고 $x=1,\ y=1$을

대입하면

$1=-3\times1+b$ $\therefore b=4$

$\therefore y=-3x+4$

1094 답 $y=-2$

연립방정식 $\begin{cases} 3x-y-5=0 \\ x-3y-7=0 \end{cases}$ 을 풀면 $x=1,\ y=-2$이므로 두 일차방

정식의 그래프의 교점의 좌표는 $(1,\ -2)$이다.

따라서 점 $(1,\ -2)$를 지나고 y축에 수직인 직선의 방정식은

$y=-2$

1095 답 $y=2x-1$

연립방정식 $\begin{cases} x+y=5 \\ x-y=-1 \end{cases}$ 을 풀면 $x=2,\ y=3$이므로 두 직선의 교점

의 좌표는 $(2,\ 3)$이다.   ······ ❶

y절편이 -1인 직선의 방정식을 $y=ax-1$로 놓고 $x=2,\ y=3$을

대입하면

$3=2a-1,\ 2a=4$ $\therefore a=2$

따라서 구하는 직선의 방정식은

$y=2x-1$ ······ ❷

채점 기준	
❶ 두 직선의 교점의 좌표 구하기	50 %
❷ 직선의 방정식 구하기	50 %

1096 답 -6

연립방정식 $\begin{cases} 2x+y-12=0 \\ 3x-4y-7=0 \end{cases}$ 을 풀면 $x=5,\ y=2$이므로 두 일차방정

식의 그래프의 교점의 좌표는 $(5,\ 2)$이다.

직선 $ax-y+b=0$, 즉 $y=ax+b$가 두 점 $(5,\ 2),\ (3,\ -2)$를 지

나므로

$a=\dfrac{-2-2}{3-5}=2$

따라서 $y=2x+b$에 $x=3,\ y=-2$를 대입하면

$-2=2\times3+b$ $\therefore b=-8$

$\therefore a+b=2+(-8)=-6$

1097 답 ⑤

연립방정식 $\begin{cases} x+y=4 \\ x-2y=1 \end{cases}$ 을 풀면 $x=3,\ y=1$이므로 두 직선 $x+y=4$,

$x-2y=1$의 교점의 좌표는 $(3,\ 1)$이다.

따라서 직선 $4x-ay=a+2$가 점 $(3,\ 1)$을 지나므로

$4\times3-a\times1=a+2$

$-2a=-10$ $\therefore a=5$

1098 답 -2

두 직선의 교점을 다른 한 직선이 지나므로 세 직선은 한 점에서 만

난다.

연립방정식 $\begin{cases} 2x-y=3 \\ x+y=6 \end{cases}$ 을 풀면 $x=3,\ y=3$이므로 두 직선의 교점

의 좌표는 $(3,\ 3)$이다.

따라서 직선 $y=ax+9$가 점 $(3,\ 3)$을 지나므로

$3=3a+9,\ 3a=-6$ $\therefore a=-2$

1099 답 $-4,\ -2,\ -\dfrac{3}{2}$

세 직선에 의하여 삼각형이 만들어지지 않으려면 세 직선 중 어느

두 직선이 서로 평행하거나 세 직선이 한 점에서 만나야 한다.

(ⅰ) 세 직선 중 어느 두 직선이 서로 평행한 경우

$x-y-3=0$에서 $y=x-3$

$2x-y+5=0$에서 $y=2x+5$

$ax+2y+10=0$에서 $y=-\dfrac{a}{2}x-5$

즉, 두 직선 $y=x-3,\ y=-\dfrac{a}{2}x-5$가 서로 평행하거나

두 직선 $y=2x+5,\ y=-\dfrac{a}{2}x-5$가 서로 평행해야 하므로

$1=-\dfrac{a}{2}$ 또는 $2=-\dfrac{a}{2}$ $\therefore a=-2$ 또는 $a=-4$

(ⅱ) 세 직선이 한 점에서 만나는 경우

연립방정식 $\begin{cases} x-y-3=0 \\ 2x-y+5=0 \end{cases}$ 을 풀면 $x=-8,\ y=-11$이므로 두

직선의 교점의 좌표는 $(-8,\ -11)$이다.

따라서 직선 $ax+2y+10=0$이 점 $(-8,\ -11)$을 지나므로

$-8a+2\times(-11)+10=0$

$-8a=12$ $\therefore a=-\dfrac{3}{2}$

(ⅰ), (ⅱ)에서 $a=-4,\ -2,\ -\dfrac{3}{2}$

$ax+2y-2=0$에서 $y=-\dfrac{a}{2}x+1$

$6x-4y+b=0$에서 $y=\dfrac{3}{2}x+\dfrac{b}{4}$

연립방정식의 해가 무수히 많으려면 두 일차방정식의 그래프가 일치해야 하므로

$-\dfrac{a}{2}=\dfrac{3}{2}$, $1=\dfrac{b}{4}$ $\therefore a=-3$, $b=4$

$\therefore a+b=-3+4=1$

다른 풀이

$\dfrac{a}{6}=\dfrac{2}{-4}=\dfrac{-2}{b}$ $\therefore a=-3$, $b=4$

$\therefore a+b=-3+4=1$

1101 답 ⑤

각 연립방정식을 이루는 일차방정식에서 y를 x에 대한 식으로 나타내면 다음과 같다.

① $\begin{cases} y=2x-2 \\ y=3x-3 \end{cases}$ ② $\begin{cases} y=-2x+4 \\ y=-2x+\dfrac{3}{2} \end{cases}$ ③ $\begin{cases} y=2x-5 \\ y=-x+2 \end{cases}$

④ $\begin{cases} y=2x-2 \\ y=-4x+3 \end{cases}$ ⑤ $\begin{cases} y=2x+6 \\ y=2x+6 \end{cases}$

연립방정식의 해가 무수히 많으려면 두 일차방정식의 그래프가 일치해야 하므로 기울기가 같고 y절편도 같은 ⑤이다.

1102 답 ④

$x-6y=4$에서 $y=\dfrac{1}{6}x-\dfrac{2}{3}$

$ax+12y=-1$에서 $y=-\dfrac{a}{12}x-\dfrac{1}{12}$

연립방정식의 해가 없으려면 두 일차방정식의 그래프가 서로 평행해야 하므로

$\dfrac{1}{6}=-\dfrac{a}{12}$ $\therefore a=-2$

다른 풀이

$\dfrac{1}{a}=\dfrac{-6}{12}\neq\dfrac{4}{-1}$ $\therefore a=-2$

1103 답 $a\neq1$

$x-y=3$에서 $y=x-3$

$ax-y=7$에서 $y=ax-7$

연립방정식의 해가 하나뿐이려면 두 일차방정식의 그래프가 한 점에서 만나야 하므로

$a\neq1$

1104 답 ③

$2x-y=a$에서 $y=2x-a$

$bx-y=-3$에서 $y=bx+3$

두 직선의 교점이 존재하지 않으려면 두 직선이 서로 평행해야 하므로

$2=b$, $-a\neq3$ $\therefore a\neq-3$, $b=2$

다른 풀이

연립방정식 $\begin{cases} 2x-y=a \\ bx-y=-3 \end{cases}$ 의 해가 없어야 하므로

$\dfrac{2}{b}=\dfrac{-1}{-1}\neq\dfrac{a}{-3}$ $\therefore a\neq-3$, $b=2$

1105 답 ①

연립방정식 $\begin{cases} x+y-6=0 \\ x-y+2=0 \end{cases}$ 을 풀면 $x=2$, $y=4$

즉, 두 일차방정식의 그래프의 교점의 좌표는 $(2,\ 4)$이다.

두 일차방정식 $x+y-6=0$, $x-y+2=0$의 그래프의 x절편은 각각 6, -2이다.

따라서 구하는 도형의 넓이는

$\dfrac{1}{2}\times\{6-(-2)\}\times4=16$

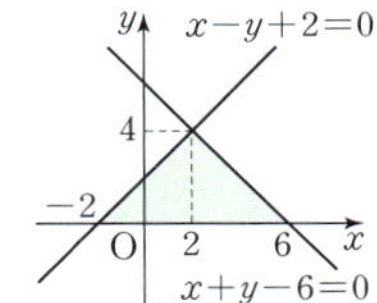

1106 답 ③

$x-y=1$에서 $y=x-1$

$2x+6=0$에서 $x=-3$

$3y-6=0$에서 $y=2$

$y=x-1$에 $x=-3$을 대입하면 $y=-4$

즉, 두 직선 $y=x-1$, $x=-3$의 교점의 좌표는 $(-3,\ -4)$이다.

$y=x-1$에 $y=2$를 대입하면

$2=x-1$ $\therefore x=3$

즉, 두 직선 $y=x-1$, $y=2$의 교점의 좌표는 $(3,\ 2)$이다.

따라서 세 직선 $y=x-1$, $x=-3$, $y=2$는 오른쪽 그림과 같으므로 구하는 도형의 넓이는

$\dfrac{1}{2}\times\{3-(-3)\}\times\{2-(-4)\}=18$

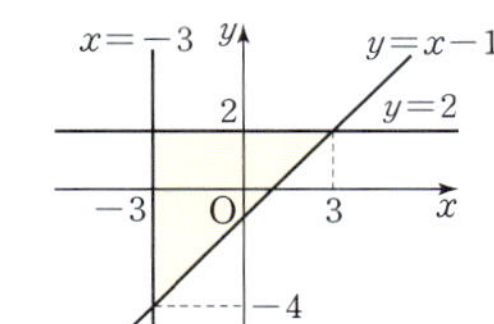

1107 답 **15**

$x-2y+4=0$에서 $y=\dfrac{1}{2}x+2$

$y=\dfrac{1}{2}x+2$에 $x=-2$를 대입하면 $y=1$

즉, 두 직선 $y=\dfrac{1}{2}x+2$, $x=-2$의 교점의 좌표는 $(-2,\ 1)$이다.

         …… ❶

$y=\dfrac{1}{2}x+2$에 $x=4$를 대입하면 $y=4$

즉, 두 직선 $y=\dfrac{1}{2}x+2$, $x=4$의 교점의 좌표는 $(4,\ 4)$이다.

         …… ❷

따라서 구하는 도형의 넓이는

$\dfrac{1}{2}\times(1+4)\times\{4-(-2)\}=15$ …… ❸

채점 기준	
❶ 두 직선 $x-2y+4=0$, $x=-2$의 교점의 좌표 구하기	30 %
❷ 두 직선 $x-2y+4=0$, $x=4$의 교점의 좌표 구하기	30 %
❸ 세 직선 및 x축으로 둘러싸인 도형의 넓이 구하기	40 %

1108 답 $-\dfrac{3}{2}$

두 일차방정식 $ax-y+8=0$, $x-y-2=0$의 그래프의 y절편은 각각 8, -2이다.

오른쪽 그림과 같이 두 일차방정식의 그래프
의 교점의 x좌표를 k라 하면 두 일차방정식의
그래프와 y축으로 둘러싸인 도형의 넓이가 20
이므로

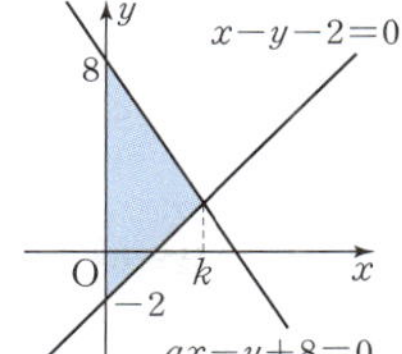

$$\frac{1}{2}\times\{8-(-2)\}\times k=20 \qquad \therefore k=4$$

$x-y-2=0$에 $x=4$를 대입하면

$4-y-2=0 \qquad \therefore y=2$

따라서 두 일차방정식의 그래프의 교점의 좌표가 $(4,\,2)$이므로

$ax-y+8=0$에 $x=4$, $y=2$를 대입하면

$$4a-2+8=0,\ 4a=-6 \qquad \therefore a=-\frac{3}{2}$$

1109 답 2

오른쪽 그림과 같이 직선 $x+y-1=0$
이 x축과 만나는 점을 D라 하자.
직선 $x-3y+3=0$의 x절편은 -3, y
절편은 1이므로

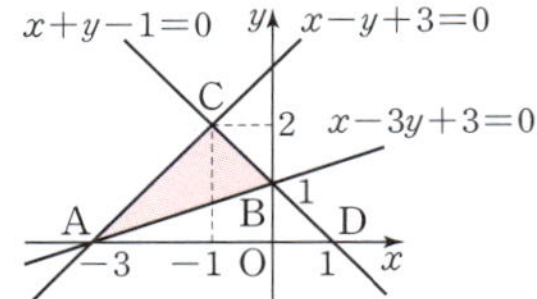

$A(-3,\,0)$, $B(0,\,1)$

직선 $x+y-1=0$의 x절편은 1이므로 $D(1,\,0)$

연립방정식 $\begin{cases} x-y+3=0 \\ x+y-1=0 \end{cases}$ 을 풀면 $x=-1$, $y=2$이므로

$C(-1,\,2)$

$$\therefore \triangle ABC=\triangle ADC-\triangle ADB$$
$$=\frac{1}{2}\times\{1-(-3)\}\times 2-\frac{1}{2}\times\{1-(-3)\}\times 1$$
$$=2$$

1110 답 ①

오른쪽 그림과 같이 $2x-y+8=0$의 그래프가 x
축, y축과 만나는 점을 각각 A, B라 하면
$2x-y+8=0$의 그래프의 x절편은 -4, y절편은
8이므로

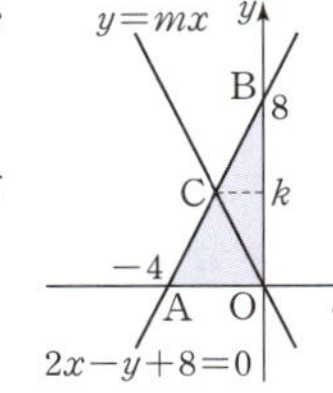

$A(-4,\,0)$, $B(0,\,8)$

$$\therefore \triangle AOB=\frac{1}{2}\times 4\times 8=16$$

두 직선 $y=mx$, $2x-y+8=0$의 교점을 C라 하고, 점 C의 y좌표
를 k라 하면 $\triangle CAO=\frac{1}{2}\triangle AOB$이므로

$$\frac{1}{2}\times 4\times k=\frac{1}{2}\times 16 \qquad \therefore k=4$$

$2x-y+8=0$에 $y=4$를 대입하면

$2x-4+8=0,\ 2x=-4 \qquad \therefore x=-2$

따라서 직선 $y=mx$가 점 $C(-2,\,4)$를 지나므로

$4=-2m \qquad \therefore m=-2$

1111 답 ⑤

연립방정식 $\begin{cases} x-y+1=0 \\ 2x+y-10=0 \end{cases}$ 을 풀면

$x=3$, $y=4$이므로 $P(3,\,4)$

또 두 직선 $x-y+1=0$, $2x+y-10=0$
의 x절편은 각각 -1, 5이므로

$A(-1,\,0)$, $B(5,\,0)$

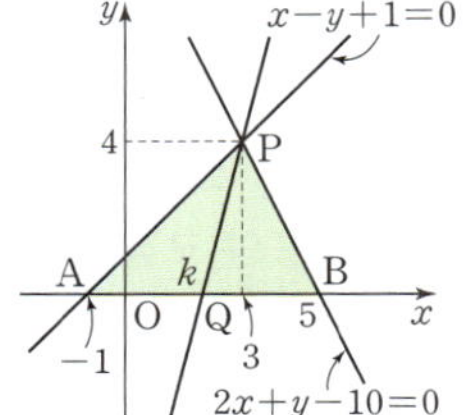

$$\therefore \triangle PAB=\frac{1}{2}\times\{5-(-1)\}\times 4=12$$

점 P를 지나는 직선이 x축과 만나는 점을 $Q(k,\,0)$이라 하면

$\triangle PAQ=\frac{1}{2}\triangle PAB$이므로

$$\frac{1}{2}\times\{k-(-1)\}\times 4=\frac{1}{2}\times 12 \qquad \therefore k=2$$

$\therefore Q(2,\,0)$

따라서 두 점 $P(3,\,4)$, $Q(2,\,0)$을 지나므로

$$(기울기)=\frac{0-4}{2-3}=4$$

$y=4x+b$로 놓고 $x=2$, $y=0$을 대입하면

$0=4\times 2+b \qquad \therefore b=-8$

$\therefore y=4x-8$

1112 답 (1) 20초 후 (2) 160 m

형: 두 점 $(0,\,0)$, $(50,\,400)$을 지나는 직선이므로

$$(기울기)=\frac{400-0}{50-0}=8$$

이때 직선이 원점을 지나므로 $y=8x$

동생: 두 점 $(0,\,100)$, $(50,\,250)$을 지나는 직선이므로

$$(기울기)=\frac{250-100}{50-0}=3$$

이때 y절편은 100이므로 $y=3x+100$

(1) $8x=3x+100$에서 $5x=100 \qquad \therefore x=20$

따라서 두 사람이 동시에 달리기 시작한 지 20초 후에 형이 동생
을 따라잡는다.

(2) $x=20$을 $y=8x$에 대입하면

$y=8\times 20=160$

따라서 형이 출발한 지점으로부터 160 m 떨어진 지점에서 형과
동생이 처음으로 만난다.

1113 답 2분 후

물통 A: 두 점 $(0,\,40)$, $(4,\,0)$을 지나는 직선이므로

$$(기울기)=\frac{0-40}{4-0}=-10$$

이때 y절편은 40이므로 $y=-10x+40$ ······ ❶

물통 B: 두 점 $(0,\,30)$, $(6,\,0)$을 지나는 직선이므로

$$(기울기)=\frac{0-30}{6-0}=-5$$

이때 y절편은 30이므로 $y=-5x+30$ ······ ❷

연립방정식 $\begin{cases} y=-10x+40 \\ y=-5x+30 \end{cases}$ 을 풀면

$x=2$, $y=20$ ······ ❸

따라서 두 물통에 남아 있는 물의 양이 같아지는 것은 y의 값이 같을
때이므로 두 물통에 남아 있는 물의 양이 같아지는 것은 물을 빼내
기 시작한 지 2분 후이다. ······ ❹

1114 답 ②, ③

$4x+3y-6=0$에서 y를 x에 대한 식으로 나타내면

$3y=-4x+6$　　$\therefore y=-\dfrac{4}{3}x+2$

① x절편은 $\dfrac{3}{2}$이다.

③ (기울기)$=-\dfrac{4}{3}<0$이므로 오른쪽 아래로 향하는 직선이다.

④ 그래프는 오른쪽 그림과 같으므로 제3사분면을
　지나지 않는다.

⑤ $y=-\dfrac{3}{4}x+7$의 그래프와 기울기가 다르므로 한
　점에서 만난다.

따라서 옳은 것은 ②, ③이다.

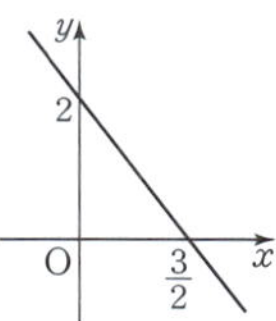

1115 답 12

$3x-4y=2$에 $x=a$, $y=7$을 대입하면

$3a-4\times7=2$, $3a=30$　　$\therefore a=10$

$3x-4y=2$에 $x=-2$, $y=b$를 대입하면

$3\times(-2)-4b=2$, $-4b=8$　　$\therefore b=-2$

$\therefore a-b=10-(-2)=12$

1116 답 ②

$ax+by+4=0$에서 y를 x에 대한 식으로 나타내면

$by=-ax-4$　　$\therefore y=-\dfrac{a}{b}x-\dfrac{4}{b}$

이 그래프를 y축의 방향으로 -3만큼 평행이동하면

$y=-\dfrac{a}{b}x-\dfrac{4}{b}-3$　　　　　$\cdots\cdots$ ㉠

㉠에 $x=-1$, $y=-4$를 대입하면

$-4=\dfrac{a}{b}-\dfrac{4}{b}-3$　　$\therefore a+b=4$　　　$\cdots\cdots$ ㉡

㉠에 $x=2$, $y=5$를 대입하면

$5=-\dfrac{2a}{b}-\dfrac{4}{b}-3$　　$\therefore a+4b=-2$　　$\cdots\cdots$ ㉢

㉡, ㉢을 연립하여 풀면 $a=6$, $b=-2$

$\therefore ab=6\times(-2)=-12$

1117 답 ②

$ax-by-3=0$에서 y를 x에 대한 식으로 나타내면

$by=ax-3$　　$\therefore y=\dfrac{a}{b}x-\dfrac{3}{b}$

주어진 그래프에서 (기울기)$=\dfrac{a}{b}<0$, (y절편)$=-\dfrac{3}{b}>0$이므로

$a>0$, $b<0$

1118 답 ④

$2x+3y-15=0$에서 y를 x에 대한 식으로 나타내면

$3y=-2x+15$　　$\therefore y=-\dfrac{2}{3}x+5$

이 그래프와 평행한 직선의 방정식을 $y=-\dfrac{2}{3}x+b$로 놓자.

일차방정식 $x-2y-3=0$의 그래프의 x절편은 3이므로

$y=-\dfrac{2}{3}x+b$의 그래프의 x절편도 3이다.

즉, $0=-\dfrac{2}{3}\times3+b$이므로 $b=2$

따라서 $y=-\dfrac{2}{3}x+2$이므로 $2x+3y-6=0$

1119 답 ④

각 직선의 방정식을 구하면

① $x=3$　　　　　② $y=2$　　　　　③ $y=1$

④ $y=3$　　　　　⑤ $x=-3$

따라서 $y=3$의 그래프인 것은 ④이다.

1120 답 ②

y축에 평행하고 점 $(-6,\ 4)$를 지나는 직선의 방정식은 $x=-6$이므로

$x+6=0$　　$\therefore 2x+12=0$

따라서 $5-a=2$, $3b+2=0$이므로

$a=3$, $b=-\dfrac{2}{3}$

$\therefore ab=3\times\left(-\dfrac{2}{3}\right)=-2$

1121 답 3

$x-3p=0$에서 $x=3p$

$y-5=0$에서 $y=5$

$p>0$이므로 네 일차방정식 $x=p$, $x=3p$,
$y=-2$, $y=5$의 그래프는 오른쪽 그림과
같다.

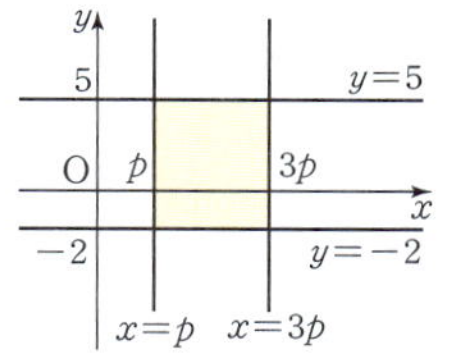

이때 네 일차방정식의 그래프로 둘러싸인 도형의 넓이가 42이므로

$(3p-p)\times\{5-(-2)\}=42$

$14p=42$　　$\therefore p=3$

1122 답 5

기울기가 $\dfrac{2}{3}$이고 y절편이 4인 직선의 방정식은

$y=\dfrac{2}{3}x+4$　　$\therefore 2x-3y+12=0$

두 그래프의 교점의 좌표는 연립방정식

$\begin{cases}2x-3y+12=0 & \cdots\cdots ㉠\\ x-2y+7=0 & \cdots\cdots ㉡\end{cases}$ 의 해와 같다.

㉠$-$㉡$\times2$를 하면 $y-2=0$　　$\therefore y=2$

이를 ㉡에 대입하면 $x-4+7=0$　　$\therefore x=-3$

따라서 두 그래프의 교점의 좌표는 $(-3,\ 2)$이므로

$a=-3$, $b=2$

$\therefore b-a=2-(-3)=5$

1123 답 $\dfrac{1}{2}$

두 그래프의 교점의 y좌표가 2이므로 $2x+y-6=0$에 $y=2$를 대입하면

$2x+2-6=0$, $2x=4$　　$\therefore x=2$

따라서 두 그래프의 교점의 좌표가 $(2, 2)$이므로 $ax-y+1=0$에 $x=2$, $y=2$를 대입하면
$2a-2+1=0$, $2a=1$ $\therefore a=\dfrac{1}{2}$

1124 답 ③
연립방정식 $\begin{cases} x+2y-5=0 \\ 2x-3y-3=0 \end{cases}$ 을 풀면 $x=3$, $y=1$이므로 두 직선의
교점의 좌표는 $(3, 1)$이다.
기울기가 -4이므로 직선의 방정식을 $y=-4x+b$로 놓고 $x=3$, $y=1$을 대입하면
$1=-4\times3+b$ $\therefore b=13$
따라서 $y=-4x+13$이므로 $4x+y-13=0$

1125 답 $\dfrac{3}{2}$
두 직선의 교점을 다른 한 직선이 지나므로 세 직선은 한 점에서 만난다.
두 점 $(-2, 7)$, $(4, -5)$를 지나므로
$(기울기)=\dfrac{-5-7}{4-(-2)}=-2$
$y=-2x+b$로 놓고 $x=-2$, $y=7$을 대입하면
$7=-2\times(-2)+b$ $\therefore b=3$
$\therefore y=-2x+3$
이때 연립방정식 $\begin{cases} y=-2x+3 \\ x-y-3=0 \end{cases}$ 을 풀면 $x=2$, $y=-1$이므로 두 직선의 교점의 좌표는 $(2, -1)$이다.
따라서 직선 $mx+y-2=0$이 점 $(2, -1)$을 지나므로
$2m-1-2=0$, $2m=3$ $\therefore m=\dfrac{3}{2}$

1126 답 ④
① 두 직선의 기울기가 같으면 연립방정식의 해가 없거나 해가 무수히 많다.
② 두 직선이 일치하면 연립방정식의 해가 무수히 많다.
③ 두 직선이 평행하면 연립방정식의 해가 없다.
⑤ 두 직선의 기울기가 같고 y절편이 다르면 두 직선은 평행하다. 즉, 연립방정식의 해가 없다.
따라서 옳은 것은 ④이다.

1127 답 ②
$2x-y-3=0$에서 $y=2x-3$
$x-y+1=0$에서 $y=x+1$
$y-1=0$에서 $y=1$
연립방정식 $\begin{cases} y=2x-3 \\ y=x+1 \end{cases}$ 을 풀면 $x=4$, $y=5$
즉, 두 직선 $y=2x-3$, $y=x+1$의 교점의 좌표는 $(4, 5)$이다.
$y=2x-3$에 $y=1$을 대입하면
$1=2x-3$, $2x=4$ $\therefore x=2$
즉, 두 직선 $y=2x-3$, $y=1$의 교점의 좌표는 $(2, 1)$이다.
$y=x+1$에 $y=1$을 대입하면
$1=x+1$ $\therefore x=0$
즉, 두 직선 $y=x+1$, $y=1$의 교점의 좌표는 $(0, 1)$이다.

따라서 세 직선 $y=2x-3$, $y=x+1$, $y=1$은 오른쪽 그림과 같으므로 구하는 도형의 넓이는
$\dfrac{1}{2}\times2\times(5-1)=4$

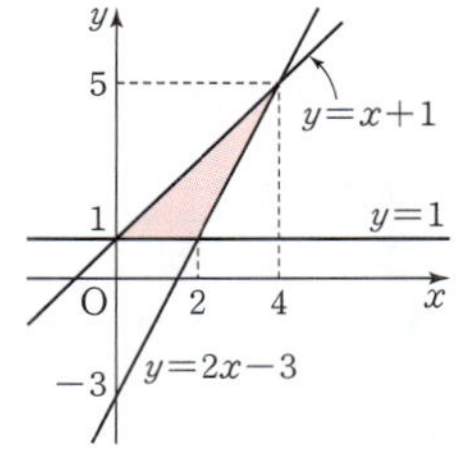

1128 답 ④
오른쪽 그림과 같이 $y=-\dfrac{4}{3}x+6$의 그래프가 x축, y축과 만나는 점을 각각 A, B라 하면 $y=-\dfrac{4}{3}x+6$의 그래프의 x절편은 $\dfrac{9}{2}$, y절편은 6이므로

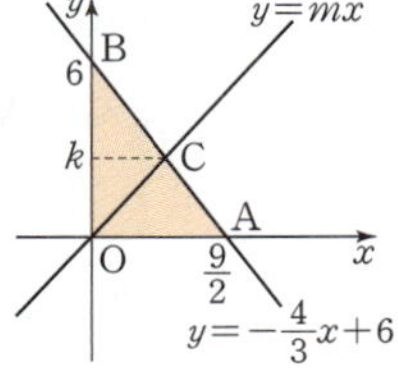

$A\left(\dfrac{9}{2}, 0\right)$, $B(0, 6)$
$\therefore \triangle ABO=\dfrac{1}{2}\times\dfrac{9}{2}\times6=\dfrac{27}{2}$
두 직선 $y=mx$, $y=-\dfrac{4}{3}x+6$의 교점을 C라 하고, 점 C의 y좌표를 k라 하면 $\triangle COA=\dfrac{1}{2}\triangle ABO$이므로
$\dfrac{1}{2}\times\dfrac{9}{2}\times k=\dfrac{1}{2}\times\dfrac{27}{2}$ $\therefore k=3$
$y=-\dfrac{4}{3}x+6$에 $y=3$을 대입하면
$3=-\dfrac{4}{3}x+6$, $\dfrac{4}{3}x=3$ $\therefore x=\dfrac{9}{4}$
따라서 직선 $y=mx$가 점 $C\left(\dfrac{9}{4}, 3\right)$을 지나므로
$3=\dfrac{9}{4}m$ $\therefore m=\dfrac{4}{3}$

1129 답 오후 1시 40분
희주: 두 점 $(0, 0)$, $(80, 6)$을 지나는 직선이므로
$(기울기)=\dfrac{6-0}{80-0}=\dfrac{3}{40}$
이때 직선이 원점을 지나므로 $y=\dfrac{3}{40}x$
은수: 두 점 $(20, 0)$, $(60, 6)$을 지나는 직선이므로
$(기울기)=\dfrac{6-0}{60-20}=\dfrac{3}{20}$
즉, $y=\dfrac{3}{20}x+b$로 놓고 $x=20$, $y=0$을 대입하면
$0=\dfrac{3}{20}\times20+b$ $\therefore b=-3$
$\therefore y=\dfrac{3}{20}x-3$
연립방정식 $\begin{cases} y=\dfrac{3}{40}x \\ y=\dfrac{3}{20}x-3 \end{cases}$ 을 풀면 $x=40$, $y=3$
따라서 희주와 은수가 만나는 것은 y의 값이 같을 때이므로 희주와 은수는 오후 1시에서 40분 후인 오후 1시 40분에 처음으로 만난다.

1130 답 $y=-17$
y축에 수직인 직선 위의 점은 y좌표가 모두 같으므로
$5a+3=2a-9$, $3a=-12$ $\therefore a=-4$ ······ ❶

따라서 구하는 직선의 방정식은 $y=5a+3$에 $a=-4$를 대입하면
$y=5\times(-4)+3$ $\therefore y=-17$ ...... ⓘ

채점 기준

ⓘ a의 값 구하기		60 %
ⓘ 직선의 방정식 구하기		40 %

1131 답 제1사분면

$ax-2y=8$에서 $y=\dfrac{a}{2}x-4$

$9x+6y=b$에서 $y=-\dfrac{3}{2}x+\dfrac{b}{6}$

연립방정식의 해가 무수히 많으려면 두 일차방정식의 그래프가 일치
해야 하므로

$\dfrac{a}{2}=-\dfrac{3}{2}$, $-4=\dfrac{b}{6}$ $\therefore a=-3$, $b=-24$ ...... ⓘ

따라서 $y=ax+b$, 즉 $y=-3x-24$의 그래프의 x절
편은 -8, y절편은 -24이므로 그 그래프는 오른쪽
그림과 같다.

즉, 제1사분면을 지나지 않는다.   ...... ⓘ

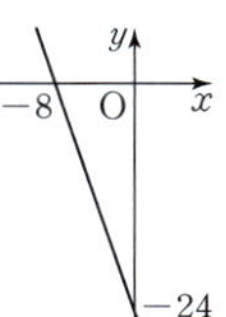

채점 기준

ⓘ a, b의 값 구하기		60 %
ⓘ 그래프가 지나지 않는 사분면 구하기		40 %

1132 답 3

두 일차방정식 $ax+4y-4a=0$,
$ax-6y+6a=0$의 그래프의 x절편은
각각 4, -6이고 y절편은 모두 $a\,(a>0)$
이므로 그 그래프는 오른쪽 그림과 같
다.   ...... ⓘ

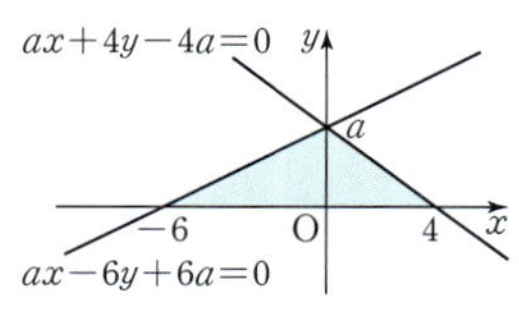

이때 두 그래프와 x축으로 둘러싸인 도형의 넓이가 15이므로

$\dfrac{1}{2}\times\{4-(-6)\}\times a=15$ $\therefore a=3$ ...... ⓘ

채점 기준

ⓘ 주어진 두 일차방정식의 그래프 그리기		60 %
ⓘ a의 값 구하기		40 %

C 실력 향상

184쪽

1133 답 제3사분면

연립방정식 $\begin{cases} y=ax-b & \cdots\cdots \text{㉠} \\ y=bx-a & \cdots\cdots \text{㉡} \end{cases}$에서 ㉠을 ㉡에 대입하면

$ax-b=bx-a$, $(a-b)x=b-a$

$\therefore x=\dfrac{b-a}{a-b}=\dfrac{-(a-b)}{a-b}=-1\ (\because a\neq b)$

$x=-1$을 ㉠에 대입하면 $y=-a-b$

즉, 두 일차함수의 그래프의 교점의 좌표는 $(-1,\ -a-b)$이고, 이
점이 제2사분면 위에 있으므로

$-a-b>0$ $\therefore a+b<0$

이때 $ab>0$이므로 $a<0$, $b<0$

따라서 점 $(a,\ b)$는 제3사분면 위의 점이다.

1134 답 -12

$\overline{AB}\,/\!/\,\overline{CD}$, 즉 두 직선 $y=2x+2$, $y=ax+b$가 평행하므로
$a=2$

점 B는 두 직선 $y=2x+2$, $y=-2$의 교점이므로
$B(-2,\ -2)$

이때 사각형 ABCD의 넓이가 24이므로
$\overline{BC}\times\{4-(-2)\}=24$, $6\overline{BC}=24$ $\therefore \overline{BC}=4$

$\therefore C(2,\ -2)$

따라서 직선 $y=2x+b$가 점 $C(2,\ -2)$를 지나므로
$-2=2\times2+b$ $\therefore b=-6$

$\therefore ab=2\times(-6)=-12$

1135 답 ④

$x+1=0$에서 $x=-1$
$2x-10=0$에서 $x=5$
$y+2=0$에서 $y=-2$
$2y-6=0$에서 $y=3$
네 일차방정식 $x=-1$, $x=5$, $y=-2$,
$y=3$의 그래프는 오른쪽 그림과 같다.
따라서 네 일차방정식의 그래프로 둘러
싸인 도형의 넓이는
$\{5-(-1)\}\times\{3-(-2)\}=30$

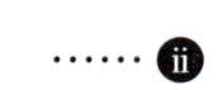

직선 $y=x+a$와 두 일차방정식 $y=3$,
$y=-2$의 그래프의 교점을 각각 A, B라 하면
$A(3-a,\ 3)$, $B(-2-a,\ -2)$
일차방정식 $x=5$의 그래프와 두 일차방정식 $y=3$, $y=-2$의 그래
프의 교점을 각각 C, D라 하면
$C(5,\ 3)$, $D(5,\ -2)$
사다리꼴 ABDC의 넓이는

$\dfrac{1}{2}\times[\{5-(3-a)\}+\{5-(-2-a)\}]\times\{3-(-2)\}=\dfrac{5}{2}(9+2a)$

이때 직선 $y=x+a$가 네 일차방정식의 그래프로 둘러싸인 도형의
넓이를 이등분하므로

$\dfrac{5}{2}(9+2a)=\dfrac{1}{2}\times30$, $9+2a=6$ $\therefore a=-\dfrac{3}{2}$

1136 답 -4

두 일차방정식 $ax-y+4=0$, $x-y+b=0$의 그래프의 y절편은 각
각 4, b이므로
$A(0,\ 4)$, $B(0,\ b)$
$\triangle AOC$와 $\triangle BCO$의 넓이의 비가 2 : 1이므로
$\triangle AOC=2\triangle BCO$

$\dfrac{1}{2}\times\overline{AO}\times\overline{CO}=2\times\dfrac{1}{2}\times\overline{BO}\times\overline{CO}$

$\overline{AO}=2\overline{BO}$

$4=2\times(-b)$ $\therefore b=-2$
└ 길이는 양수이므로 $\overline{BO}=|b|=-b$

즉, $x-y-2=0$에 $y=0$을 대입하면 $x=2$
따라서 $ax-y+4=0$의 그래프가 점 $C(2,\ 0)$을 지나므로
$2a+4=0$ $\therefore a=-2$
$\therefore a+b=-2+(-2)=-4$

01 / 유리수와 순환소수

2~5쪽

1 답 ①, ②

① $\dfrac{1}{11}=0.090909\cdots$ ② $\dfrac{8}{15}=0.5333\cdots$

③ $\dfrac{17}{16}=1.0625$ ④ $\dfrac{21}{25}=0.84$

⑤ $\dfrac{11}{40}=0.275$

따라서 무한소수인 겄은 ①, ②이다.

2 답 ②

$\dfrac{6}{13}=0.461538461538\cdots$이므로 순환마디는 461538이다.

따라서 순환마디를 이루는 숫자가 아닌 것은 ②이다.

3 답 ③

① $\dfrac{3}{11}=0.272727\cdots$이므로 순환마디는 27이고, 순환마디를 이루는 숫자는 2개이다.

② $\dfrac{9}{11}=0.818181\cdots$이므로 순환마디는 81이고, 순환마디를 이루는 숫자는 2개이다.

③ $\dfrac{7}{18}=0.3888\cdots$이므로 순환마디는 8이고, 순환마디를 이루는 숫자는 1개이다.

④ $\dfrac{8}{33}=0.242424\cdots$이므로 순환마디는 24이고, 순환마디를 이루는 숫자는 2개이다.

⑤ $\dfrac{61}{99}=0.616161\cdots$이므로 순환마디는 61이고, 순환마디를 이루는 숫자는 2개이다.

따라서 순환마디의 개수가 나머지 넷과 다른 하나는 ③이다.

4 답 ③, ⑤

① $5.2888\cdots=5.2\dot{8}$

② $4.010101\cdots=4.\dot{0}\dot{1}$

④ $3.523523\cdots=3.\dot{5}2\dot{3}$

따라서 옳은 것은 ③, ⑤이다.

5 답 ③

$\dfrac{41}{110}=0.3727272\cdots=0.3\dot{7}\dot{2}$

6 답 4

$\dfrac{26}{111}=0.234234234\cdots=0.\dot{2}3\dot{4}$이므로 순환마디를 이루는 숫자는 2, 3, 4의 3개이다.

이때 $96=3\times32$이므로 소수점 아래 96번째 자리의 숫자는 순환마디의 세 번째 숫자인 4이다.

7 답 86

$\dfrac{5}{21}=0.238095238095\cdots=0.\dot{2}3809\dot{5}$이므로 순환마디를 이루는 숫자는 2, 3, 8, 0, 9, 5의 6개이다.

이때 $20=6\times3+2$이므로 순환마디가 3번 반복되고, 소수점 아래 19번째 자리의 숫자와 20번째 자리의 숫자는 각각 2, 3이다.

따라서 구하는 합은

$(2+3+8+0+9+5)\times3+(2+3)=86$

8 답 28

$\dfrac{1}{40}=\dfrac{1}{2^3\times5}=\dfrac{5^2}{2^3\times5\times5^2}=\dfrac{25}{10^3}=\dfrac{250}{10^4}=\dfrac{2500}{10^5}=\cdots$

따라서 $a=25$, $n=3$일 때, $a+n$의 값이 가장 작으므로 구하는 값은

$25+3=28$

9 답 ②, ⑤

① $-\dfrac{7}{9}=-\dfrac{7}{3^2}$ ② $\dfrac{16}{25}=\dfrac{16}{5^2}$

③ $\dfrac{33}{180}=\dfrac{11}{60}=\dfrac{11}{2^2\times3\times5}$ ④ $\dfrac{6}{3^2\times5}=\dfrac{2}{3\times5}$

⑤ $\dfrac{27}{2^2\times3^2}=\dfrac{3}{2^2}$

따라서 유한소수로 나타낼 수 있는 것은 ②, ⑤이다.

10 답 ④

$\dfrac{n}{30}=\dfrac{n}{2\times3\times5}$이 유한소수가 되려면 n은 3의 배수이어야 한다.

따라서 n의 값이 될 수 있는 30보다 작은 자연수는 3, 6, 9, $\cdots$, 27의 9개이다.

11 답 14, 21

$\dfrac{1}{4}=\dfrac{7}{28}$, $\dfrac{6}{7}=\dfrac{24}{28}$이므로

$\dfrac{7}{28}<\dfrac{a}{28}<\dfrac{24}{28}$

이때 $\dfrac{a}{28}=\dfrac{a}{2^2\times7}$가 유한소수가 되려면 a는 7의 배수이어야 한다.

따라서 구하는 자연수 a의 값은 14, 21이다.

12 답 ③

$\dfrac{25\times x}{420}=\dfrac{5\times x}{84}=\dfrac{5\times x}{2^2\times3\times7}$가 유한소수가 되려면 x는 3과 7의 공배수, 즉 21의 배수이어야 한다.

이때 x가 50 이하의 자연수이므로

$x=21, 42$

따라서 모든 x의 값의 합은

$21+42=63$

13 답 ④, ⑤

$\dfrac{6}{2^3 \times 5 \times x} = \dfrac{3}{2^2 \times 5 \times x}$이므로 x에 주어진 수를 각각 대입하면

① $\dfrac{3}{2^2 \times 5 \times 3} = \dfrac{1}{2^2 \times 5}$ ② $\dfrac{3}{2^2 \times 5 \times 5} = \dfrac{3}{2^2 \times 5^2}$

③ $\dfrac{3}{2^2 \times 5 \times 6} = \dfrac{1}{2^3 \times 5}$ ④ $\dfrac{3}{2^2 \times 5 \times 7}$

⑤ $\dfrac{3}{2^2 \times 5 \times 9} = \dfrac{1}{2^2 \times 3 \times 5}$

따라서 x의 값이 될 수 없는 것은 ④, ⑤이다.

14 답 $p=3$, $q=16$

$\dfrac{p}{48} = \dfrac{p}{2^4 \times 3}$가 유한소수가 되려면 p는 3의 배수이어야 한다.

이때 $1 < p < 6$이므로 $p=3$

따라서 $\dfrac{3}{48} = \dfrac{1}{16}$이므로 $q=16$

15 답 7

$\dfrac{9}{5^2 \times x}$가 순환소수가 되려면 기약분수의 분모에 2 또는 5 이외의 소인수가 있어야 한다.

따라서 x의 값이 될 수 있는 가장 작은 자연수는 7이다.

16 답 ⑤

순환소수 $0.5\dot{1}\dot{7}$을 x라 하면

$x = 0.5171717\cdots$ $\cdots\cdots$ ㉠

㉠의 양변에 $\boxed{1000}$ 을 곱하면

$\boxed{1000}\, x = 517.171717\cdots$ $\cdots\cdots$ ㉡

㉠의 양변에 $\boxed{10}$ 을 곱하면

$\boxed{10}\, x = 5.171717\cdots$ $\cdots\cdots$ ㉢

㉡에서 ㉢을 변끼리 빼면

$\boxed{990}\, x = \boxed{512}$ $\therefore x = \boxed{\dfrac{256}{495}}$

17 답 $a=14$, $b=134$, $c=45$

$1.4\dot{8} = \dfrac{148-14}{90} = \dfrac{134}{90} = \dfrac{67}{45}$

$\therefore a=14$, $b=134$, $c=45$

18 답 ④

$\dfrac{3}{5} \times \left(\dfrac{1}{10} + \dfrac{1}{100} + \dfrac{1}{1000} + \dfrac{1}{10000} + \cdots \right)$

$= \dfrac{3}{5} \times (0.1 + 0.01 + 0.001 + 0.0001 + \cdots)$

$= \dfrac{3}{5} \times 0.1111\cdots = \dfrac{3}{5} \times 0.\dot{1}$

$= \dfrac{3}{5} \times \dfrac{1}{9} = \dfrac{1}{15}$

$\therefore a=15$

19 답 ⑤

태리는 분자를 제대로 보았으므로 $0.7\dot{4} = \dfrac{74-7}{90} = \dfrac{67}{90}$에서 처음 기약분수의 분자는 67이고, 분모는 90으로 잘못 보았다.

따라서 $a=67$, $b=90$이므로

$a+b = 67+90 = 157$

20 답 ②

$(2,\ 3,\ 6) = 0.00\dot{2} + 0.0\dot{3} + 0.\dot{6}$

$\quad = \dfrac{2}{900} + \dfrac{3}{90} + \dfrac{6}{9}$

$\quad = \dfrac{2}{900} + \dfrac{30}{900} + \dfrac{600}{900} = \dfrac{632}{900}$

$(1,\ 7,\ 3) = 0.00\dot{1} + 0.0\dot{7} + 0.\dot{3}$

$\quad = \dfrac{1}{900} + \dfrac{7}{90} + \dfrac{3}{9}$

$\quad = \dfrac{1}{900} + \dfrac{70}{900} + \dfrac{300}{900} = \dfrac{371}{900}$

$\therefore (2,\ 3,\ 6) - (1,\ 7,\ 3) = \dfrac{632}{900} - \dfrac{371}{900} = \dfrac{261}{900}$

$\qquad\qquad\qquad\qquad\quad = \dfrac{29}{100} = 0.29$

21 답 ④

어떤 자연수를 a라 하면 $0.\dot{2}a - 0.2a = 0.\dot{3}$이므로

$\dfrac{2}{9}a - \dfrac{1}{5}a = \dfrac{3}{9}$, $10a - 9a = 15$

$\therefore a = 15$

22 답 9

$2.\dot{5}\dot{4} = \dfrac{254-2}{99} = \dfrac{252}{99} = \dfrac{28}{11}$이므로 a는 11의 배수이어야 한다.

따라서 a의 값이 될 수 있는 두 자리의 자연수는 11, 22, 33, $\cdots$, 99의 9개이다.

23 답 33

$0.3\dot{4}\dot{8} = \dfrac{348-3}{990} = \dfrac{345}{990} = \dfrac{23}{66} = \dfrac{23}{2 \times 3 \times 11}$이므로 a는 3과 11의 공배수, 즉 33의 배수이어야 한다.

따라서 a의 값이 될 수 있는 가장 작은 자연수는 33이다.

24 답 ③

$2.5\dot{2} = 2.5222\cdots$

$2.\dot{5}\dot{2} = 2.525252\cdots$

$2.52\dot{4} = 2.52444\cdots$

$2.5\dot{2}\dot{4} = 2.5242424\cdots$

$2.52\dot{4} = 2.524524\cdots$

따라서 작은 것부터 차례로 나열하면

$2.5\dot{2}$, $2.5\dot{2}\dot{4}$, $2.52\dot{4}$, $2.\dot{52}\dot{4}$, $2.\dot{5}\dot{2}$

이므로 세 번째에 오는 수는 $2.52\dot{4}$이다.

25 답 ②

ㄴ. 무한소수 중 순환소수는 분수로 나타낼 수 있다.

ㄷ. 모든 유한소수는 기약분수로 나타낼 수 있다.

따라서 옳은 것은 ㄱ, ㄹ이다.

02 / 단항식의 계산

1 답 ③

$ab=2^x \times 2^y=2^{x+y}=2^6=64$

2 답 ②

$27^{2x-1}=(3^3)^{2x-1}=3^{6x-3}$

따라서 $3^{6x-3}=3^{x+12}$이므로

$6x-3=x+12,\ 5x=15$

$\therefore x=3$

3 답 9

$3^4 \div 3^a=\dfrac{1}{3^{a-4}}$

따라서 $\dfrac{1}{3^{a-4}}=\dfrac{1}{9}=\dfrac{1}{3^2}$이므로

$a-4=2 \quad \therefore a=6$

$5^7 \div 25^b=5^7 \div (5^2)^b=5^7 \div 5^{2b}=5^{7-2b}$

따라서 $5^{7-2b}=5$이므로

$7-2b=1,\ -2b=-6 \quad \therefore b=3$

$\therefore a+b=6+3=9$

4 답 ④

$a^{10} \div a^4 \div a^3=a^6 \div a^3=a^3$

① $a^{10} \times a^4 \div a^3=a^{14} \div a^3=a^{11}$

② $a^{10} \div a^4 \times a^3=a^6 \times a^3=a^9$

③ $a^{10} \times (a^4 \div a^3)=a^{10} \times a=a^{11}$

④ $a^{10} \div (a^4 \times a^3)=a^{10} \div a^7=a^3$

⑤ $a^{10} \div (a^4 \div a^3)=a^{10} \div a=a^9$

따라서 주어진 식과 계산 결과가 같은 것은 ④이다.

5 답 ②

$7^{64} \div 7^9=7^{55}$

$7^1=\underline{7},\ 7^2=49,\ 7^3=34\underline{3},\ 7^4=240\underline{1},\ 7^5=1680\underline{7},\ \cdots$

따라서 7의 거듭제곱의 일의 자리의 숫자는 7, 9, 3, 1이 이 순서대로 반복된다.

이때 $55=4 \times 13+3$이므로 7^{55}의 일의 자리의 숫자는 7^3의 일의 자리의 숫자와 같은 3이다.

> **참고** a^x의 일의 자리의 숫자는 $a,\ a^2,\ a^3,\ a^4,\ \cdots$의 일의 자리의 숫자를 차례로 구한 후 반복되는 규칙을 찾아 구한다.

6 답 ⑤

$(xy^2)^a=x^a y^{2a}=x^7 y^b$이므로 $a=7,\ 2a=b$

$\therefore a=7,\ b=14$

$\left(-\dfrac{3x^3}{y^4}\right)^2=\dfrac{9x^6}{y^8}=\dfrac{cx^6}{y^d}$이므로 $c=9,\ d=8$

$\therefore a+b+c+d=7+14+9+8=38$

7 답 ③

$4^3 \times (0.25)^3=(4 \times 0.25)^3=1^3=1$

8 답 ③

$2^{14} \times 5^{10}=2^4 \times 2^{10} \times 5^{10}=2^4 \times (2 \times 5)^{10}$
$=16 \times 10^{10}$

따라서 $a=16,\ b=10$이므로

$a-b=16-10=6$

9 답 ④

ㄴ. $2^9 \div (2^4 \div 2^3)=2^9 \div 2=2^8$

ㄷ. $(-3x^4 y)^3=-27x^{12}y^3$

ㅁ. $a^5 \div (a^2)^2 \times a^6=a^5 \div a^4 \times a^6=a \times a^6=a^7$

따라서 옳은 것은 ㄱ, ㄹ, ㅁ이다.

10 답 ④

지구에서부터 1광년 떨어진 거리는 빛이 초속 $3 \times 10^5\,\mathrm{km}$로 3×10^7초($=1$년) 동안 나아간 거리이므로

$(3 \times 10^5) \times (3 \times 10^7)=3^2 \times 10^{12}\,(\mathrm{km})$

따라서 지구에서부터 100광년 떨어진 행성과 지구 사이의 거리는

$(3^2 \times 10^{12}) \times 100=3^2 \times 10^{12} \times 10^2$
$=9 \times 10^{14}\,(\mathrm{km})$

11 답 2^{14}배

각 단계에서 전자 우편을 받는 사람 수는

[1단계] ➡ 2

[2단계] ➡ $2 \times 2=2^2$

[3단계] ➡ $2^2 \times 2=2^3$

$\vdots$

[n단계] ➡ 2^n

따라서 6단계에서 전자 우편을 받는 사람 수는 2^6, 20단계에서 전자 우편을 받는 사람 수는 2^{20}이므로

$2^{20} \div 2^6=2^{14}$(배)

12 답 ①

$2^{11}+2^{11}+2^{11}+2^{11}=4 \times 2^{11}=2^2 \times 2^{11}=2^{13}$

13 답 ①

$9^5 \div 27^6 \times 3^2=(3^2)^5 \div (3^3)^6 \times 3^2=3^{10} \div 3^{18} \times 3^2=\dfrac{1}{3^8} \times 3^2$
$=\dfrac{1}{3^6}=\dfrac{1}{3^{3 \times 2}}=\dfrac{1}{(3^3)^2}=\dfrac{1}{a^2}$

14 답 ④

$a=2^{x-2}=2^x \div 2^2=\dfrac{2^x}{4}$이므로 $2^x=4a$

$\therefore 16^x=(2^4)^x=(2^x)^4=(4a)^4=256a^4$

15 답 21

$\dfrac{2^{41} \times 45^{20}}{18^{20}}=\dfrac{2^{41} \times (3^2 \times 5)^{20}}{(2 \times 3^2)^{20}}=\dfrac{2^{41} \times 3^{40} \times 5^{20}}{2^{20} \times 3^{40}}$
$=2^{21} \times 5^{20}=2 \times 2^{20} \times 5^{20}=2 \times (2 \times 5)^{20}$
$=2 \times 10^{20}=200\cdots0$
$\underset{\text{20개}}{\underline{}}$

따라서 $\dfrac{2^{41} \times 45^{20}}{18^{20}}$은 21자리의 자연수이므로 $n=21$

16 답 $8a^5b^5c^3$

$(-3ab^2c)^2 \times 2ac \times \dfrac{4}{9}a^2b = 9a^2b^4c^2 \times 2ac \times \dfrac{4}{9}a^2b = 8a^5b^5c^3$

17 답 ④

$(4x^4y^a)^2 \div (2x^by^8)^3 = 16x^8y^{2a} \div 8x^{3b}y^{24} = \dfrac{2x^{8-3b}}{y^{24-2a}}$

따라서 $\dfrac{2x^{8-3b}}{y^{24-2a}} = \dfrac{cx^2}{y^{12}}$ 이므로

$2 = c,\ 8-3b = 2,\ 24-2a = 12 \qquad \therefore a = 6,\ b = 2,\ c = 2$

$\therefore abc = 6 \times 2 \times 2 = 24$

18 답 ③, ⑤

② $(-3xy^2)^3 \times (-xy)^2 = -27x^3y^6 \times x^2y^2 = -27x^5y^8$

③ $\dfrac{2}{3}x^3y^2 \times (3xy)^2 \times (xy^3)^2 = \dfrac{2}{3}x^3y^2 \times 9x^2y^2 \times x^2y^6 = 6x^7y^{10}$

④ $\left(\dfrac{3}{4}x^4y^3\right)^2 \div \left(\dfrac{x^3y}{2}\right)^3 = \dfrac{9x^8y^6}{16} \div \dfrac{x^9y^3}{8} = \dfrac{9x^8y^6}{16} \times \dfrac{8}{x^9y^3} = \dfrac{9y^3}{2x}$

⑤ $(5x^2y^3)^2 \div \dfrac{(-y)^3}{4x^2} \div \left(\dfrac{10x^2}{y^4}\right)^2 = 25x^4y^6 \div \dfrac{-y^3}{4x^2} \div \dfrac{100x^4}{y^8}$

$\qquad\qquad = 25x^4y^6 \times \dfrac{4x^2}{-y^3} \times \dfrac{y^8}{100x^4}$

$\qquad\qquad = -x^2y^{11}$

따라서 옳지 않은 것은 ③, ⑤이다.

19 답 $-6x^{11}$

$x^3y \div \left(\dfrac{2y^2}{9x}\right)^2 \times \left(-\dfrac{2}{3}x^2y\right)^3 = x^3y \div \dfrac{4y^4}{81x^2} \times \left(-\dfrac{8}{27}x^6y^3\right)$

$\qquad\qquad = x^3y \times \dfrac{81x^2}{4y^4} \times \left(-\dfrac{8}{27}x^6y^3\right)$

$\qquad\qquad = -6x^{11}$

20 답 ⑤

$(3xy^2)^A \times 4x^3y^B \div (-6x^2y)^2 = 3^A x^A y^{2A} \times 4x^3y^B \div 36x^4y^2$

$\qquad\qquad = 3^A x^A y^{2A} \times 4x^3y^B \times \dfrac{1}{36x^4y^2}$

$\qquad\qquad = 3^{A-2}x^{A-1}y^{2A+B-2}$

따라서 $3^{A-2}x^{A-1}y^{2A+B-2} = Cx^2y^8$ 이므로

$3^{A-2} = C,\ A-1 = 2,\ 2A+B-2 = 8$

$A-1 = 2$ 에서 $A = 3$

$2A+B-2 = 8$ 에서 $6+B-2 = 8 \qquad \therefore B = 4$

$3^{A-2} = C$ 에서 $C = 3$

$\therefore A-B+C = 3-4+3 = 2$

21 답 $-5x^4y^3$

$\dfrac{1}{3}xy^2 \div (\boxed{}) \times (-3x^3y)^2 = -\dfrac{3}{5}x^3y$ 에서

$\dfrac{1}{3}xy^2 \times \dfrac{1}{\boxed{}} \times (-3x^3y)^2 = -\dfrac{3}{5}x^3y$

$\therefore \boxed{} = \dfrac{1}{3}xy^2 \times (-3x^3y)^2 \div \left(-\dfrac{3}{5}x^3y\right)$

$\qquad = \dfrac{1}{3}xy^2 \times 9x^6y^2 \times \left(-\dfrac{5}{3x^3y}\right)$

$\qquad = -5x^4y^3$

22 답 ④

(직사각형의 넓이) $= 20a^3b^2 \times \dfrac{1}{4}ab^7 = 5a^4b^9$

23 답 $6\pi x^2y^7$

(물의 부피) $= \dfrac{3}{4} \times \{\pi \times (4x^2y^3)^2\} \times \dfrac{y}{2x^2}$

$\qquad\qquad = \dfrac{3}{4} \times \pi \times 16x^4y^6 \times \dfrac{y}{2x^2}$

$\qquad\qquad = 6\pi x^2y^7$

24 답 $\dfrac{9}{2}$배

원기둥 A의 높이를 h, 밑면의 반지름의 길이를 r라 하면

(원기둥 A의 부피) $= \pi r^2 \times h = \pi r^2 h$

원기둥 B의 높이는 원기둥 A의 높이의 $\dfrac{1}{2}$배이므로 $\dfrac{1}{2}h$, 원기둥 B의

밑면의 반지름의 길이는 원기둥 A의 밑면의 반지름의 길이의 3배이

므로 $3r$이다.

$\therefore$ (원기둥 B의 부피) $= \{\pi \times (3r)^2\} \times \dfrac{1}{2}h = \dfrac{9}{2}\pi r^2 h$

따라서 원기둥 B의 부피는 원기둥 A의 부피의

$\dfrac{9}{2}\pi r^2 h \div \pi r^2 h = \dfrac{9}{2}\pi r^2 h \times \dfrac{1}{\pi r^2 h} = \dfrac{9}{2}$(배)

25 답 ⑤

$\left(\dfrac{1}{2} \times 4ab^5 \times 3a^4\right) \times (높이) = 30a^5b^7$ 이므로

$6a^5b^5 \times (높이) = 30a^5b^7$

$\therefore (높이) = 30a^5b^7 \div 6a^5b^5 = \dfrac{30a^5b^7}{6a^5b^5} = 5b^2$

03 / 다항식의 계산 10~13쪽

1 답 -4

$2(3x-2y-5) - 4(x+5y-7) = 6x-4y-10-4x-20y+28$

$\qquad\qquad\qquad\qquad\qquad = 2x-24y+18$

따라서 $a = 2,\ b = -24,\ c = 18$ 이므로

$a+b+c = 2+(-24)+18 = -4$

2 답 ④

① $(x-2y) + 2(6x-3y) = x-2y+12x-6y$

$\qquad\qquad\qquad\quad = 13x-8y$

② $(-4a+5b) - (2a-b-4) = -4a+5b-2a+b+4$

$\qquad\qquad\qquad\qquad\quad = -6a+6b+4$

③ $\left(\dfrac{2}{3}x+\dfrac{1}{4}y+2\right) - \left(\dfrac{3}{4}x-\dfrac{3}{8}y+1\right)$

$= \dfrac{2}{3}x+\dfrac{1}{4}y+2-\dfrac{3}{4}x+\dfrac{3}{8}y-1$

$= -\dfrac{1}{12}x+\dfrac{5}{8}y+1$

④ $\dfrac{x-4y}{3} + \dfrac{2x+5y}{5} = \dfrac{5(x-4y)+3(2x+5y)}{15}$

$\qquad\qquad\qquad\qquad = \dfrac{5x-20y+6x+15y}{15}$

$\qquad\qquad\qquad\qquad = \dfrac{11x-5y}{15} = \dfrac{11}{15}x - \dfrac{1}{3}y$

⑤ $\dfrac{-4a+2b}{3}-\dfrac{6a-3b}{2}=\dfrac{2(-4a+2b)-3(6a-3b)}{6}$
$$=\dfrac{-8a+4b-18a+9b}{6}$$
$$=\dfrac{-26a+13b}{6}=-\dfrac{13}{3}a+\dfrac{13}{6}b$$

따라서 옳은 것은 ④이다.

3 답 ④, ⑤

② $a^2+7-3a+2=a^2-3a+9$ ➡ a에 대한 이차식

③ $2x^2-5x+3+5x=2x^2+3$ ➡ x에 대한 이차식

④ 분모에 문자가 있으므로 다항식이 아니다.

⑤ $(x^2+2x)-(x^2-3)=2x+3$ ➡ x에 대한 일차식

따라서 이차식이 아닌 것은 ④, ⑤이다.

4 답 23

$3(x^2+2x+6)-(2x^2-3x+4)=3x^2+6x+18-2x^2+3x-4$
$$=x^2+9x+14$$

따라서 x의 계수는 9, 상수항은 14이므로 구하는 합은
$9+14=23$

5 답 $x^2-11x+15$

$3(A☆B)+2(A◎B)=3(2A+B)+2(A-2B)$
$$=6A+3B+2A-4B$$
$$=8A-B$$
$$=8(x^2-x+2)-(7x^2+3x+1)$$
$$=8x^2-8x+16-7x^2-3x-1$$
$$=x^2-11x+15$$

6 답 ③

$4x^2-3x-\{-2x^2+6x-(x^2-x+3)\}$
$=4x^2-3x-(-2x^2+6x-x^2+x-3)$
$=4x^2-3x-(-3x^2+7x-3)$
$=4x^2-3x+3x^2-7x+3$
$=7x^2-10x+3$

따라서 $a=7$, $b=-10$, $c=3$이므로
$a-b-c=7-(-10)-3=14$

7 답 $7a-2b+3$

어떤 식을 A라 하면
$A+2(-a+3b)=5a+4b+3$
$\therefore A=(5a+4b+3)-2(-a+3b)$
$$=5a+4b+3+2a-6b$$
$$=7a-2b+3$$

8 답 $A=-3x^2+6x$, $B=-2x^2+4x-5$

$(2x^2-3x)+(7x-x^2)=x^2+4x$이므로
$A+(4x^2-2x)=x^2+4x$에서
$A=(x^2+4x)-(4x^2-2x)=x^2+4x-4x^2+2x=-3x^2+6x$
$(3x^2+5)+B=x^2+4x$에서
$B=(x^2+4x)-(3x^2+5)=x^2+4x-3x^2-5=-2x^2+4x-5$

9 답 ③

어떤 식을 A라 하면
$A-(7a-3b-2)=9a+5b-6$
$\therefore A=(9a+5b-6)+(7a-3b-2)=16a+2b-8$
즉, 어떤 식은 $16a+2b-8$이다.
따라서 바르게 계산한 식은
$(16a+2b-8)+(7a-3b-2)=23a-b-10$

10 답 ⑤

$(-4x^3+2x-6)\times\dfrac{3}{2}x=-6x^4+3x^2-9x$

따라서 $a=-6$, $b=3$, $c=-9$이므로
$a+b-c=-6+3-(-9)=6$

11 답 24

$\left(4x^4-2x^3y+\dfrac{1}{8}x^2y^2\right)\div\left(-\dfrac{x^2}{4}\right)=\left(4x^4-2x^3y+\dfrac{1}{8}x^2y^2\right)\times\left(-\dfrac{4}{x^2}\right)$
$$=-16x^2+8xy-\dfrac{y^2}{2}$$

따라서 x^2의 계수는 -16, xy의 계수는 8이므로 구하는 차는
$8-(-16)=24$

12 답 ③

③ $(6x^2-7y^2)\times(-3xy)=-18x^3y+21xy^3$

④ $(-30a^3b^2+24ab^2)\div(-6ab)=\dfrac{-30a^3b^2+24ab^2}{-6ab}$
$$=5a^2b-4b$$

⑤ $(12x^3y^4+16x^2y^2)\div\dfrac{4}{3}x^2y=(12x^3y^4+16x^2y^2)\times\dfrac{3}{4x^2y}$
$$=9xy^3+12y$$

따라서 옳지 않은 것은 ③이다.

13 답 ④

$A=(16xy+32xy^2+72y^2)\times\dfrac{3}{8}x$
$\qquad=6x^2y+12x^2y^2+27xy^2$
$B=(36x^3y^2-30x^3y^3+12x^2y^3)\div(-6xy)$
$\qquad=\dfrac{36x^3y^2-30x^3y^3+12x^2y^3}{-6xy}$
$\qquad=-6x^2y+5x^2y^2-2xy^2$
$\therefore A+B=(6x^2y+12x^2y^2+27xy^2)+(-6x^2y+5x^2y^2-2xy^2)$
$\qquad\qquad=17x^2y^2+25xy^2$

14 답 $-3x+6y^2$

어떤 다항식을 A라 하면
$A\times\left(-\dfrac{2}{3}x\right)=2x^2-4xy^2$
$\therefore A=(2x^2-4xy^2)\div\left(-\dfrac{2}{3}x\right)$
$\qquad=(2x^2-4xy^2)\times\left(-\dfrac{3}{2x}\right)$
$\qquad=-3x+6y^2$

따라서 어떤 다항식은 $-3x+6y^2$이다.

15 답 $A=10x-5xy+25y,\ B=12x^4y^2-6x^4y^3+30x^3y^3$

$A\times\dfrac{3}{5}xy=6x^2y-3x^2y^2+15xy^2$이므로

$A=(6x^2y-3x^2y^2+15xy^2)\div\dfrac{3}{5}xy$

$\quad=(6x^2y-3x^2y^2+15xy^2)\times\dfrac{5}{3xy}$

$\quad=10x-5xy+25y$

$B=(6x^2y-3x^2y^2+15xy^2)\times2x^2y$

$\quad=12x^4y^2-6x^4y^3+30x^3y^3$

16 답 x^2+3x+6

㈎에서 $A\div(-2x)=-7x+5$이므로

$A=(-7x+5)\times(-2x)=14x^2-10x$

㈏에서 $A+B=29x^2-17x+6$이므로

$B=(29x^2-17x+6)-(14x^2-10x)$

$\quad=29x^2-17x+6-14x^2+10x$

$\quad=15x^2-7x+6$

$\therefore B-A=(15x^2-7x+6)-(14x^2-10x)$

$\quad\quad\quad=15x^2-7x+6-14x^2+10x$

$\quad\quad\quad=x^2+3x+6$

17 답 ⑤

$\dfrac{-12xy^2+6y^2}{3y}+\dfrac{21x^3-42x^2y}{7x^2}=-4xy+2y+3x-6y$

$\quad\quad\quad\quad\quad\quad\quad\quad\quad\quad=3x-4xy-4y$

따라서 $a=3,\ b=-4,\ c=-4$이므로

$a-b-c=3-(-4)-(-4)=11$

18 답 ③

$2x(y-4)+(12x^3+8x^2y-20x^2)\div\left(\dfrac{2}{3}x\right)^2$

$=2x(y-4)+(12x^3+8x^2y-20x^2)\div\dfrac{4}{9}x^2$

$=2x(y-4)+(12x^3+8x^2y-20x^2)\times\dfrac{9}{4x^2}$

$=2xy-8x+27x+18y-45$

$=19x+2xy+18y-45$

ㄱ. x의 계수는 19이다.

ㄹ. 상수항은 -45이다.

따라서 옳은 것은 ㄴ, ㄷ이다.

19 답 $8x+4xy+6y-2$

오른쪽 그림에서

㉠$=(4x-1)+y(2x-y)$,

㉡$+$㉢$=y(y+3)$

따라서 도형의 둘레의 길이는

㉠$+$㉡$+$㉢$+(4x-1)+y(2x-y)$

$+y(y+3)$

$=2\{(4x-1)+y(2x-y)+y(y+3)\}$

$=2(4x-1+2xy-y^2+y^2+3y)$

$=2(4x+2xy+3y-1)$

$=8x+4xy+6y-2$

20 답 ③

(색칠한 부분의 넓이)

$=$(큰 직사각형의 넓이)$-$(작은 직사각형의 넓이)

$=(5x+4y)\times2xy-2y^2\times3x$

$=10x^2y+8xy^2-6xy^2=10x^2y+2xy^2$

21 답 ③

(사각기둥의 부피)$=\left[\dfrac{1}{2}\times\{(a+b)+(3a-2b)\}\times5b\right]\times4a^2b$

$=\left\{\dfrac{1}{2}\times(4a-b)\times5b\right\}\times4a^2b$

$=\left(10ab-\dfrac{5}{2}b^2\right)\times4a^2b=40a^3b^2-10a^2b^3$

(삼각뿔의 부피)$=\dfrac{1}{3}\times\left(\dfrac{1}{2}\times5a^2b^2\times\dfrac{1}{a}\right)\times$(높이)$=\dfrac{5}{6}ab^2\times$(높이)

따라서 $40a^3b^2-10a^2b^3=2\times\dfrac{5}{6}ab^2\times$(높이)이므로

(높이)$=(40a^3b^2-10a^2b^3)\div\dfrac{5}{3}ab^2$

$=(40a^3b^2-10a^2b^3)\times\dfrac{3}{5ab^2}=24a^2-6ab$

22 답 $8a^2b+2ab^2$

$\dfrac{1}{2}\times\overline{\mathrm{BD}}\times3a+\dfrac{1}{2}\times\overline{\mathrm{BD}}\times4a=28a^3b+7a^2b^2$이므로

$\dfrac{7}{2}a\overline{\mathrm{BD}}=28a^3b+7a^2b^2$

$\therefore \overline{\mathrm{BD}}=(28a^3b+7a^2b^2)\div\dfrac{7}{2}a$

$\quad\quad=(28a^3b+7a^2b^2)\times\dfrac{2}{7a}=8a^2b+2ab^2$

23 답 ①

$2x(4x-3y)-(16x^2y^2+6xy^3-8y^2)\div4y^2$

$=2x(4x-3y)-\dfrac{16x^2y^2+6xy^3-8y^2}{4y^2}$

$=8x^2-6xy-\left(4x^2+\dfrac{3}{2}xy-2\right)$

$=8x^2-6xy-4x^2-\dfrac{3}{2}xy+2$

$=4x^2-\dfrac{15}{2}xy+2$

$=4\times\left(\dfrac{1}{2}\right)^2-\dfrac{15}{2}\times\dfrac{1}{2}\times4+2=-12$

24 답 ②

$x+2y=7$에서 $x=-2y+7$이므로

$4(x-2y)+5x-2(3x+y)=4x-8y+5x-6x-2y$

$=3x-10y$

$=3(-2y+7)-10y$

$=-6y+21-10y=-16y+21$

25 답 ②

$-3(A-3B)+2A-5B=-3A+9B+2A-5B$

$=-A+4B$

$=-(x-2y)+4(-3x+y)$

$=-x+2y-12x+4y=-13x+6y$

1 답 T

$2x+9=5x$, $2\times3-1=5$, $x(x-1)=0$은 등식

$x-\dfrac{1}{5}$은 다항식(일차식)

따라서 주어진 표에서 부등식이 있는 칸을 모두 색칠하면 다음과 같으므로 나타나는 알파벳은 T이다.

$\dfrac{x}{6}>15$	$x-3<7x$	$8x-2\geq8x-7$
$2x+9=5x$	$5x-6<0$	$x-\dfrac{1}{5}$
$2\times3-1=5$	$-2>-4$	$x(x-1)=0$

2 답 ②

3 답 ④

① $4x+2<5x-7$

② $3x\leq30$

③ $60x<1600$

⑤ $\dfrac{x}{50}\leq2$

따라서 부등식으로 나타낸 것으로 옳은 것은 ④이다.

4 답 ⑤

각 부등식에 [　] 안의 수를 대입하면

① $7-3<5$ (참)

② $3\times4-2>9$ (참)

③ $4\times3+11\geq5\times3+8$ (참)

④ $2\times(-5)-7\leq4\times(-5)+3$ (참)

⑤ $-2\times(-2)-5<3\times(-2)+4$ (거짓)

따라서 [　] 안의 수가 주어진 부등식의 해가 아닌 것은 ⑤이다.

5 답 ①, ②

$5x+3\leq3x-1$에 $x=-3$, -2, -1, 0, 1을 차례로 대입하면

① $x=-3$일 때, $5\times(-3)+3\leq3\times(-3)-1$ (참)

② $x=-2$일 때, $5\times(-2)+3\leq3\times(-2)-1$ (참)

③ $x=-1$일 때, $5\times(-1)+3\leq3\times(-1)-1$ (거짓)

④ $x=0$일 때, $5\times0+3\leq3\times0-1$ (거짓)

⑤ $x=1$일 때, $5\times1+3\leq3\times1-1$ (거짓)

따라서 부등식 $5x+3\leq3x-1$의 해인 것은 ①, ②이다.

6 답 ③

ㄴ. $x\geq y$에서 $-5x\leq-5y$

ㄷ. $x\geq y$에서 $2x\geq2y$이므로 $2x-1\geq2y-1$

ㄹ. $x\geq y$에서 $-\dfrac{x}{9}\leq-\dfrac{y}{9}$이므로 $4-\dfrac{x}{9}\leq4-\dfrac{y}{9}$

따라서 옳은 것은 ㄱ, ㄹ이다.

7 답 ③

② $a\leq b$에서 $-\dfrac{a}{2}\geq-\dfrac{b}{2}$이므로 $-\dfrac{a}{2}+6\geq-\dfrac{b}{2}+6$

③ $-\dfrac{a}{5}\leq-\dfrac{b}{5}$에서 $a\geq b$이므로 $a-5\geq b-5$

④ $7a-4\geq7b-4$에서 $7a\geq7b$이므로 $a\geq b$

⑤ $8-a>8-b$에서 $-a>-b$이므로 $2a<2b$

따라서 옳지 않은 것은 ③이다.

8 답 ⑤

$ab<0$에서 $a>0$, $b<0$ 또는 $a<0$, $b>0$

이때 $a>b$이므로 $a>0$, $b<0$

① $a>b$에서 $a-2>b-2$

② $a>b$에서 $-\dfrac{a}{4}<-\dfrac{b}{4}$

③ $a>b$에서 $a>0$이므로 $a^2>ab$

④ $a>b$에서 $b<0$이므로 $ab<b^2$

$\therefore ab+1<b^2+1$

⑤ $a>b$에서 $b<0$이므로 $\dfrac{a}{b}<1$

따라서 옳은 것은 ⑤이다.

9 답 ③

$-1\leq x<4$의 각 변에 3을 곱하면

$-3\leq3x<12$

이 식의 각 변에서 5를 빼면

$-8\leq3x-5<7$

$\therefore -8\leq A<7$

10 답 ㄴ, ㄷ

ㄱ. $6x-4<8-x^2$에서 $x^2+6x-12<0$ ➡ 일차부등식이 아니다.

ㄴ. $5x+1<7x$에서 $-2x+1<0$ ➡ 일차부등식이다.

ㄷ. $(x+4)x\geq x^2-2$에서 $x^2+4x\geq x^2-2$

$\therefore 4x+2\geq0$ ➡ 일차부등식이다.

ㄹ. $\dfrac{1}{x}-3\leq2$에서 $\dfrac{1}{x}-5\leq0$ ➡ 일차부등식이 아니다.

└ 분모에 x가 있으므로 일차식이 아니다.

따라서 일차부등식인 것은 ㄴ, ㄷ이다.

11 답 ⑤

① $x-5<1$에서 $x<6$

② $-2x>-8$에서 $x<4$

③ $-3x-8<4$에서 $-3x<12$ $\therefore x>-4$

④ $3x-9<x-1$에서 $2x<8$ $\therefore x<4$

⑤ $3-4x>2x+27$에서 $-6x>24$ $\therefore x<-4$

따라서 해가 $x<-4$인 것은 ⑤이다.

12 답 ⑤

$4x-10<-x+38$에서

$5x<48$ $\therefore x<\dfrac{48}{5}\left(=9\dfrac{3}{5}\right)$

따라서 주어진 부등식을 만족시키는 자연수 x는 1, 2, 3, …, 9의 9개이다.

13 답 $x\geq 9$

$-5x+6=-9$에서 $-5x=-15$ $\therefore x=3$
따라서 $a=3$이므로 $3x-1\leq 4x-10$에서
$-x\leq -9$ $\therefore x\geq 9$

14 답 ③

$2(3x-7)+1>2x+7$에서
$6x-14+1>2x+7,\ 4x>20$ $\therefore x>5$
따라서 해를 수직선 위에 나타내면 오른쪽 그림과 같다.

15 답 ②

$x-3(x+4)>2(x-3)$에서
$x-3x-12>2x-6,\ -4x>6$ $\therefore x<-\dfrac{3}{2}\left(=-1\dfrac{1}{2}\right)$
따라서 주어진 부등식을 만족시키는 x의 값 중 가장 큰 정수는 -2이다.

16 답 10

$-0.2x+0.8\leq 2-0.5x$의 양변에 10을 곱하면
$-2x+8\leq 20-5x,\ 3x\leq 12$ $\therefore x\leq 4$
따라서 주어진 부등식을 만족시키는 자연수 x는 1, 2, 3, 4이므로 구하는 합은
$1+2+3+4=10$

17 답 -12

$\dfrac{2}{3}x+2>\dfrac{x-2}{4}$의 양변에 12를 곱하면
$8x+24>3(x-2),\ 8x+24>3x-6$
$5x>-30$ $\therefore x>-6$
$\therefore a=-6$
$0.3(x+6)>0.5x+1.4$의 양변에 10을 곱하면
$3(x+6)>5x+14,\ 3x+18>5x+14$
$-2x>-4$ $\therefore x<2$
$\therefore b=2$
$\therefore ab=-6\times 2=-12$

18 답 ②

$a<0$에서 $-2a>0$이므로 $-2ax<4$의 양변을 $-2a$로 나누면
$x<\dfrac{4}{-2a}$ $\therefore x<-\dfrac{2}{a}$

19 답 $x\leq 2$

$3ax+2b\geq bx+6a$에서
$(3a-b)x\geq 2(3a-b)$ $\cdots\cdots$ ㉠
이때 $a<0<b$에서 $3a-b<0$이므로 ㉠의 양변을 $3a-b$로 나누면
$x\leq 2$

20 답 ④

$\dfrac{2}{3}x+4\geq\dfrac{x+5a}{2}$의 양변에 6을 곱하면
$4x+24\geq 3(x+5a),\ 4x+24\geq 3x+15a$
$\therefore x\geq 15a-24$

이때 부등식의 해가 $x\geq 6$이므로
$15a-24=6,\ 15a=30$ $\therefore a=2$

21 답 3

$3a-5x<13-ax$에서 $(a-5)x<13-3a$
이때 주어진 그림에서 부등식의 해가 $x>-2$이므로
$a-5<0$
따라서 $(a-5)x<13-3a$에서 $x>\dfrac{13-3a}{a-5}$이므로
$\dfrac{13-3a}{a-5}=-2,\ 13-3a=-2a+10$
$-a=-3$ $\therefore a=3$

22 답 ③

$-x+3>2x+1$에서
$-3x>-2$ $\therefore x<\dfrac{2}{3}$
$3(x-2)+a<5$에서
$3x-6+a<5,\ 3x<11-a$ $\therefore x<\dfrac{11-a}{3}$
따라서 $\dfrac{11-a}{3}=\dfrac{2}{3}$이므로
$11-a=2$ $\therefore a=9$

23 답 ⑤

$4(4-x)\geq 5x+a$에서
$16-4x\geq 5x+a,\ -9x\geq a-16$
$\therefore x\leq -\dfrac{a-16}{9}$
따라서 $-\dfrac{a-16}{9}=-3$이므로
$a-16=27$ $\therefore a=43$

24 답 5

$\dfrac{x}{3}+a\geq\dfrac{3x+15}{4}$의 양변에 12를 곱하면
$4x+12a\geq 3(3x+15),\ 4x+12a\geq 9x+45$
$-5x\geq -12a+45$ $\therefore x\leq\dfrac{12a-45}{5}$ $\cdots\cdots$ ㉠
㉠을 만족시키는 자연수 x가 3개 이상이므로 오른쪽 그림에서
$\dfrac{12a-45}{5}\geq 3,\ 12a-45\geq 15$
$12a\geq 60$ $\therefore a\geq 5$
따라서 a의 값 중 가장 작은 수는 5이다.

25 답 $a\geq -\dfrac{5}{2}$

$6x-2(x+a)\geq 3x+5$에서
$6x-2x-2a\geq 3x+5$ $\therefore x\geq 2a+5$ $\cdots\cdots$ ㉠
㉠을 만족시키는 음수 x가 존재하지 않으므로 오른쪽 그림에서
$2a+5\geq 0,\ 2a\geq -5$ $\therefore a\geq -\dfrac{5}{2}$

05 / 일차부등식의 활용

1 답 ③
어떤 정수를 x라 하면
$4x-27<15$
$4x<42$ $\therefore x<\dfrac{21}{2}\left(=10\dfrac{1}{2}\right)$
따라서 구하는 가장 큰 정수는 10이다.

2 답 16
연속하는 세 자연수를 $x-1$, x, $x+1$이라 하면
$(x-1)+x+(x+1)<50$
$3x<50$ $\therefore x<\dfrac{50}{3}\left(=16\dfrac{2}{3}\right)$
따라서 가운데 수가 될 수 있는 수 중에서 가장 큰 수는 16이다.

3 답 93점
세 번째 시험에서 x점을 받는다고 하면
$\dfrac{86+91+x}{3}\geq90$
$177+x\geq270$ $\therefore x\geq93$
따라서 세 번째 시험에서 93점 이상을 받아야 한다.

4 답 ⑤
남학생의 과학 점수의 평균을 x점이라 하면
$\dfrac{85\times15+25x}{15+25}\geq87.5$
$1275+25x\geq3500,\ 25x\geq2225$ $\therefore x\geq89$
따라서 남학생의 과학 점수의 평균은 최소 89점이어야 한다.

5 답 ④
열대어를 x마리 산다고 하면
$2000x+9000<33000$
$2000x<24000$ $\therefore x<12$
따라서 열대어를 최대 11마리까지 살 수 있다.

6 답 14개
초콜릿을 x개 산다고 하면 젤리는 $(30-x)$개 살 수 있으므로
$15(30-x)+20x\leq520$
$450-15x+20x\leq520,\ 5x\leq70$ $\therefore x\leq14$
따라서 초콜릿을 최대 14개까지 살 수 있다.

7 답 ③
x개월 후부터 시후의 예금액이 아윤이의 예금액의 3배보다 적어진다고 하면
$3(8000+2500x)>40000+3500x$
$24000+7500x>40000+3500x$
$4000x>16000$ $\therefore x>4$
따라서 시후의 예금액이 아윤이의 예금액의 3배보다 적어지는 것은 5개월 후부터이다.

8 답 ②
직사각형의 세로의 길이를 $x\,\mathrm{cm}$라 하면
$14x\geq252$ $\therefore x\geq18$
따라서 세로의 길이는 최소 18 cm이어야 한다.

9 답 십일각형
n각형이라 하면
$180°\times(n-2)>1500°$
$180°\times n-360°>1500°,\ 180°\times n>1860°$
$\therefore n>\dfrac{31}{3}\left(=10\dfrac{1}{3}\right)$
따라서 최소 십일각형이어야 한다.

> **참고** (1) n각형의 내각의 크기의 합 ➡ $180°\times(n-2)$
> (2) n각형의 외각의 크기의 합 ➡ $360°$

10 답 ③
형에게 x원을 준다고 하면 동생에게는 $(30000-x)$원을 줄 수 있으므로
$2x\leq3(30000-x)$
$2x\leq90000-3x,\ 5x\leq90000$
$\therefore x\leq18000$
따라서 형에게 최대 18000원을 줄 수 있다.

11 답 450 mL
처음 병에 들어 있던 주스의 양을 $x\,\mathrm{mL}$라 하면
$(x-120)\times\left(1-\dfrac{1}{3}\right)\geq220$
$2x-240\geq660,\ 2x\geq900$
$\therefore x\geq450$
따라서 처음 병에 들어 있던 주스의 양은 최소 450 mL이다.

12 답 ①
전체 일의 양을 1이라 하면 중학생 한 명이 하루 동안 하는 일의 양은 $\dfrac{1}{6}$, 초등학생 한 명이 하루 동안 하는 일의 양은 $\dfrac{1}{9}$이다.
중학생이 x명이라 하면 초등학생은 $(8-x)$명이므로
$\dfrac{1}{6}x+\dfrac{1}{9}(8-x)\geq1$
$3x+2(8-x)\geq18$
$3x+16-2x\geq18$
$\therefore x\geq2$
따라서 중학생은 최소 2명이 필요하다.

13 답 12번
A가 B보다 큰 수가 적힌 카드를 x번 꺼냈다고 하면 B는 A보다 큰 수가 적힌 카드를 $(20-x)$번 꺼냈으므로
$\underbrace{\{3x+(20-x)\}}_{\text{A의 점수}}-\underbrace{\{3(20-x)+x\}}_{\text{B의 점수}}\geq8$
$2x+20-(60-2x)\geq8$
$2x+20-60+2x\geq8$
$4x\geq48$ $\therefore x\geq12$
따라서 A는 B보다 큰 수가 적힌 카드를 최소 12번 꺼냈다.

14 답 **13장**

색종이를 x장 이어 붙인다고 하면 겹치는 부분이 $(x-1)$개 생기므로 완성된 직사각형의 가로의 길이는

$4 \times x - 1 \times (x-1) = 3x+1 \,(\text{cm})$

둘레의 길이가 $84\,\text{cm}$ 이상이 되려면

$2 \times \{(3x+1)+4\} \geq 84$

$3x+5 \geq 42, \ 3x \geq 37 \qquad \therefore \ x \geq \dfrac{37}{3}\left(=12\dfrac{1}{3}\right)$

따라서 색종이는 최소 13장이 필요하다.

15 답 ④

전체 이동 거리를 $x\,\text{m}$라 하면 $1\,\text{m}$를 이동할 때마다 $\dfrac{100}{130}$ 원의 추가 요금이 나오는 거리는 $(x-1600)\,\text{m}$이므로

$1500 + 4500 + \dfrac{100}{130}(x-1600) \leq 12000$

$\dfrac{10}{13}(x-1600) \leq 6000, \ x-1600 \leq 7800$

$\therefore \ x \leq 9400$

따라서 최대 $9400\,\text{m}$, 즉 최대 $9.4\,\text{km}$까지 이동할 수 있다.

16 답 ⑤

호두파이의 정가를 x원이라 하면

$x \times \left(1-\dfrac{50}{100}\right) - 15000 \geq 1500$

$\dfrac{1}{2}x \geq 16500 \qquad \therefore \ x \geq 33000$

따라서 정가를 33000원 이상으로 정해야 한다.

17 답 ③

치약을 x개 산다고 하면

$2000x > 1700x + 1800$

$300x > 1800 \qquad \therefore \ x > 6$

따라서 치약을 7개 이상 사야 도매 시장에서 사는 것이 유리하다.

18 답 ③

1년에 x회 수업을 듣는다고 하면

$35000x > 200000 + 14000x$

$21000x > 200000 \qquad \therefore \ x > \dfrac{200}{21}\left(=9\dfrac{11}{21}\right)$

따라서 회원으로 가입하는 것이 경제적이려면 1년에 최소 10회 수업을 들어야 한다.

19 답 **16명**

동물원에 x명이 입장한다고 하면

$8000x > 6000 \times 20$

$\therefore \ x > 15$

따라서 16명 이상부터 20명의 단체 입장권을 사는 것이 유리하다.

20 답 **꽃집, 서점, 문구점**

기차역에서 상점까지의 거리를 $x\,\text{km}$라 하면

$\dfrac{x}{5} + \dfrac{15}{60} + \dfrac{x}{5} \leq 1$

$\dfrac{x}{5} + \dfrac{1}{4} + \dfrac{x}{5} \leq 1, \ 4x+5+4x \leq 20$

$8x \leq 15 \qquad \therefore \ x \leq \dfrac{15}{8}(=1.875)$

따라서 은수가 갔다 올 수 있는 상점은 기차역으로부터 거리가 $1.875\,\text{km}$ 이하인 꽃집, 서점, 문구점이다.

21 답 ②

갈 때 걸은 거리를 $x\,\text{km}$라 하면 올 때 걸은 거리는 $(x+1)\,\text{km}$이므로

$\dfrac{x}{4} + \dfrac{x+1}{5} \leq 2$

$5x + 4(x+1) \leq 40, \ 5x+4x+4 \leq 40$

$9x \leq 36 \qquad \therefore \ x \leq 4$

따라서 갈 때 걸은 거리는 최대 $4\,\text{km}$이다.

22 답 ④

집에서 자전거 대리점까지의 거리를 $x\,\text{km}$라 하면

$\dfrac{x}{3} + \dfrac{20}{60} + \dfrac{x}{12} \geq \dfrac{80}{60}$

$\dfrac{x}{3} + \dfrac{1}{3} + \dfrac{x}{12} \geq \dfrac{4}{3}, \ 4x+4+x \geq 16$

$5x \geq 12 \qquad \therefore \ x \geq \dfrac{12}{5}(=2.4)$

따라서 집에서 자전거 대리점까지의 거리는 최소 $2.4\,\text{km}$이다.

23 답 ⑤

시속 $3\,\text{km}$로 걸은 거리를 $x\,\text{km}$라 하면 시속 $5\,\text{km}$로 걸은 거리는 $(6-x)\,\text{km}$이므로

$\dfrac{6-x}{5} + \dfrac{x}{3} \leq \dfrac{100}{60}$

$\dfrac{6-x}{5} + \dfrac{x}{3} \leq \dfrac{5}{3}, \ 3(6-x)+5x \leq 25$

$18 - 3x + 5x \leq 25, \ 2x \leq 7 \qquad \therefore \ x \leq \dfrac{7}{2}$

따라서 시속 $3\,\text{km}$로 걸은 거리는 최대 $\dfrac{7}{2}\,\text{km}$이므로 시속 $3\,\text{km}$로 걸은 거리가 될 수 없는 것은 ⑤이다.

24 답 **2.1 km**

분속 $120\,\text{m}$로 걸은 거리를 $x\,\text{m}$라 하면 분속 $40\,\text{m}$로 걸은 거리는 $(3000-x)\,\text{m}$이므로

$\dfrac{3000-x}{40} + \dfrac{x}{120} \leq 40$

$3(3000-x)+x \leq 4800$

$9000 - 3x + x \leq 4800$

$-2x \leq -4200 \qquad \therefore \ x \geq 2100$

따라서 분속 $120\,\text{m}$로 걸은 거리는 최소 $2100\,\text{m}$, 즉 최소 $2.1\,\text{km}$이다.

25 답 ④

동생이 출발한 지 x분이 지났다고 하면

$(600+160x) - 200x \leq 360$

$-40x \leq -240 \qquad \therefore \ x \geq 6$

따라서 동생이 출발한 지 최소 6분이 지나야 한다.

06 / 연립일차방정식

1 답 ③, ④

① 등식이 아니므로 일차방정식이 아니다.

② $x-y^2+y=0$이므로 y의 차수가 2이다.

　　즉, 일차방정식이 아니다.

③ $\dfrac{x}{3}+\dfrac{y}{2}-1=0$이므로 미지수가 2개인 일차방정식이다.

④ $x+3y-3=0$이므로 미지수가 2개인 일차방정식이다.

⑤ $3x=0$이므로 미지수가 1개인 일차방정식이다.

따라서 미지수가 2개인 일차방정식인 것은 ③, ④이다.

2 답 ㄱ, ㄹ, ㅂ

주어진 순서쌍의 x, y의 값을 $3x-y=15$에 각각 대입하면

ㄱ. $3\times1-(-12)=15$

ㄴ. $3\times\dfrac{5}{2}-\left(-\dfrac{5}{2}\right)\neq15$

ㄷ. $3\times7-5\neq15$

ㄹ. $3\times\left(-\dfrac{2}{3}\right)-(-17)=15$

ㅁ. $3\times(-2)-21\neq15$

ㅂ. $3\times\left(-\dfrac{7}{3}\right)-(-22)=15$

따라서 $3x-y=15$의 해인 것은 ㄱ, ㄹ, ㅂ이다.

3 답 ③

$x+4y=21$에 $y=1$, 2, 3, $\ldots$을 차례로 대입하여 x의 값도 자연수인 해를 구하면 $(17, 1)$, $(13, 2)$, $(9, 3)$, $(5, 4)$, $(1, 5)$의 5개이다.

4 답 ④

② $1000x+1500y=10000$에 $y=1$, 2, 3, $\ldots$을 차례로 대입하여 x의 값도 자연수인 해를 구하면 $(7, 2)$, $(4, 4)$, $(1, 6)$의 3개이다.

③ 해가 $(7, 2)$일 때 음료수를 최대로 사므로 음료수는 7개, 과자는 2개를 사야 한다.

④ 해가 $(1, 6)$일 때 과자를 최대로 사므로 음료수는 1개, 과자는 6개를 사야 한다.

따라서 옳지 않은 것은 ④이다.

5 답 ①

$5x+y=16$에 $x=1$, 2, 3, $\ldots$을 차례로 대입하여 y의 값도 자연수인 해를 구하면

$(1, 11)$, $(2, 6)$, $(3, 1)$

$x=1$, $y=11$을 $ax+3y=12$에 대입하면

$a+33=12$　　∴ $a=-21$

$x=2$, $y=6$을 $ax+3y=12$에 대입하면

$2a+18=12$, $2a=-6$　　∴ $a=-3$

$x=3$, $y=1$을 $ax+3y=12$에 대입하면

$3a+3=12$, $3a=9$　　∴ $a=3$

따라서 구하는 자연수 a의 값은 3이다.

6 답 14

$x=4$, $y=a-2$를 $3x-7y=5$에 대입하면

$12-7(a-2)=5$, $-7a=-21$　　∴ $a=3$

$x=b$, $y=4$를 $3x-7y=5$에 대입하면

$3b-28=5$, $3b=33$　　∴ $b=11$

∴ $a+b=3+11=14$

7 답 ②, ③

$x=2$, $y=3$을 주어진 연립방정식에 각각 대입하면

① $\begin{cases}2+3=5\\2\times2+3\neq-1\end{cases}$　　② $\begin{cases}2+3\times3=11\\-3\times2+4\times3=6\end{cases}$

③ $\begin{cases}-2+2\times3=4\\2\times2-3\times3=-5\end{cases}$　　④ $\begin{cases}2\times2+3\times3=13\\4\times2-3\times3\neq1\end{cases}$

⑤ $\begin{cases}-3\times2+5\times3=9\\4\times2-2\times3\neq1\end{cases}$

따라서 해가 $(2, 3)$인 것은 ②, ③이다.

8 답 ②

$x=4$, $y=-3$을 $ax+y=5$에 대입하면

$4a-3=5$, $4a=8$　　∴ $a=2$

$x=4$, $y=-3$을 $x-by=-11$에 대입하면

$4+3b=-11$, $3b=-15$　　∴ $b=-5$

∴ $a-b=2-(-5)=7$

9 답 -10

㉠을 ㉡에 대입하면 $2x+3(-4x-2)=4$, $-10x=10$

∴ $a=-10$

10 답 29

$\begin{cases}y=x+3 & \cdots\cdots ㉠\\3x-y=1 & \cdots\cdots ㉡\end{cases}$

㉠을 ㉡에 대입하면 $3x-(x+3)=1$, $2x=4$　　∴ $x=2$

이를 ㉠에 대입하면 $y=2+3=5$

∴ $x^2+y^2=2^2+5^2=29$

11 답 ①

$\begin{cases}3x+2y=-6 & \cdots\cdots ㉠\\7x+3y=6 & \cdots\cdots ㉡\end{cases}$

㉠$\times3-$㉡$\times2$를 하면 $-5x=-30$　　∴ $x=6$

이를 ㉠에 대입하면 $18+2y=-6$, $2y=-24$　　∴ $y=-12$

따라서 $x=6$, $y=-12$를 $ax-4y=30$에 대입하면

$6a+48=30$, $6a=-18$　　∴ $a=-3$

12 답 ③

주어진 연립방정식을 정리하면

$\begin{cases}-3x+4y=14 & \cdots\cdots ㉠\\6x-3y=-13 & \cdots\cdots ㉡\end{cases}$

㉠$\times2+$㉡을 하면 $5y=15$　　∴ $y=3$

이를 ㉠에 대입하면 $-3x+12=14$, $-3x=2$　　∴ $x=-\dfrac{2}{3}$

따라서 $a=-\dfrac{2}{3}$, $b=3$이므로 $ab=-\dfrac{2}{3}\times3=-2$

13 답 ⑤

$$\begin{cases} 0.1x+0.3y=1 & \cdots\cdots ㉠ \\ 0.05x-0.12y=-0.04 & \cdots\cdots ㉡ \end{cases}$$

㉠×10을 하면 $x+3y=10$ $\cdots\cdots ㉢$

㉡×100을 하면 $5x-12y=-4$ $\cdots\cdots ㉣$

㉢×4+㉣을 하면 $9x=36$ $\therefore x=4$

이를 ㉢에 대입하면 $4+3y=10$, $3y=6$ $\therefore y=2$

$\therefore x+y=4+2=6$

14 답 $x=-24,\ y=-8$

$$\begin{cases} (3-x):3=(10-y):2 & \cdots\cdots ㉠ \\ \dfrac{x}{4}-\dfrac{3y}{2}=6 & \cdots\cdots ㉡ \end{cases}$$

㉠에서 $2(3-x)=3(10-y)$

$6-2x=30-3y$ $\therefore 2x-3y=-24$ $\cdots\cdots ㉢$

㉡×4를 하면 $x-6y=24$ $\cdots\cdots ㉣$

㉢×2-㉣을 하면 $3x=-72$ $\therefore x=-24$

이를 ㉣에 대입하면 $-24-6y=24$

$-6y=48$ $\therefore y=-8$

15 답 ②

주어진 방정식을 연립방정식으로 나타내면

$$\begin{cases} 3x-y=8 & \cdots\cdots ㉠ \\ 9x+5y=8 & \cdots\cdots ㉡ \end{cases}$$

㉠×3-㉡을 하면 $-8y=16$ $\therefore y=-2$

이를 ㉠에 대입하면 $3x+2=8$, $3x=6$ $\therefore x=2$

$\therefore x-y=2-(-2)=4$

16 답 2

주어진 방정식에 $x=3,\ y=b$를 대입하면

$$\frac{3a+3b}{3}=\frac{12+b}{5}=\frac{24-3b}{15}$$

$$\therefore a+b=\frac{12+b}{5}=\frac{8-b}{5}$$

이 방정식을 연립방정식으로 나타내면

$$\begin{cases} a+b=\dfrac{12+b}{5} & \cdots\cdots ㉠ \\ \dfrac{12+b}{5}=\dfrac{8-b}{5} & \cdots\cdots ㉡ \end{cases}$$

㉠×5를 하면 $5(a+b)=12+b$

$\therefore 5a+4b=12$ $\cdots\cdots ㉢$

㉡×5를 하면 $12+b=8-b$, $2b=-4$ $\therefore b=-2$

이를 ㉢에 대입하면 $5a-8=12$, $5a=20$ $\therefore a=4$

$\therefore a+b=4+(-2)=2$

17 답 ①

$x=-3,\ y=1$을 주어진 연립방정식에 대입하면

$$\begin{cases} -3a+b=5 \\ -3b+a=-7 \end{cases} \therefore \begin{cases} -3a+b=5 & \cdots\cdots ㉠ \\ a-3b=-7 & \cdots\cdots ㉡ \end{cases}$$

㉠×3+㉡을 하면 $-8a=8$ $\therefore a=-1$

이를 ㉠에 대입하면 $3+b=5$ $\therefore b=2$

$\therefore ab=-1\times2=-2$

18 답 ③

주어진 연립방정식의 해는 세 방정식을 모두 만족시키므로 연립방정식 $\begin{cases} x-y=-1 & \cdots\cdots ㉠ \\ 4x-y=2 & \cdots\cdots ㉡ \end{cases}$의 해와 같다.

㉠-㉡을 하면 $-3x=-3$ $\therefore x=1$

이를 ㉠에 대입하면 $1-y=-1$ $\therefore y=2$

따라서 $x=1,\ y=2$를 $3x+2y=6-a$에 대입하면

$3+4=6-a$ $\therefore a=-1$

19 답 1

$x:y=4:1$에서 $x=4y$ $\cdots\cdots ㉠$

이를 $2x+7y=5$에 대입하면 $8y+7y=5$

$15y=5$ $\therefore y=\dfrac{1}{3}$

이를 ㉠에 대입하면 $x=\dfrac{4}{3}$

$\therefore x-y=\dfrac{4}{3}-\dfrac{1}{3}=1$

20 답 ⑤

y의 값이 x의 값의 3배이므로 $y=3x$

$$\begin{cases} y=3x & \cdots\cdots ㉠ \\ x-2y=10 & \cdots\cdots ㉡ \end{cases}$$

㉠을 ㉡에 대입하면 $x-6x=10$, $-5x=10$ $\therefore x=-2$

이를 ㉠에 대입하면 $y=-6$

따라서 $x=-2,\ y=-6$을 $3x-ay=6$에 대입하면

$-6+6a=6$, $6a=12$ $\therefore a=2$

21 답 15

$$\begin{cases} 4x-3y=2 & \cdots\cdots ㉠ \\ 8x+y=-10 & \cdots\cdots ㉡ \end{cases}$$

㉠×2-㉡을 하면 $-7y=14$ $\therefore y=-2$

이를 ㉡에 대입하면 $8x-2=-10$

$8x=-8$ $\therefore x=-1$

$x=-1,\ y=-2$를 $x+ay=-11$에 대입하면

$-1-2a=-11$, $-2a=-10$ $\therefore a=5$

$x=-1,\ y=-2$를 $bx+2y=-7$에 대입하면

$-b-4=-7$, $-b=-3$ $\therefore b=3$

$\therefore ab=5\times3=15$

22 답 ④

$x=1,\ y=2$는 $\begin{cases} bx+ay=3 \\ ax-by=4 \end{cases}$의 해이므로

$$\begin{cases} b+2a=3 \\ a-2b=4 \end{cases} \therefore \begin{cases} 2a+b=3 & \cdots\cdots ㉠ \\ a-2b=4 & \cdots\cdots ㉡ \end{cases}$$

㉠×2+㉡을 하면 $5a=10$ $\therefore a=2$

이를 ㉠에 대입하면 $4+b=3$ $\therefore b=-1$

따라서 처음 연립방정식은 $\begin{cases} 2x-y=3 & \cdots\cdots ㉢ \\ -x-2y=4 & \cdots\cdots ㉣ \end{cases}$

㉢×2-㉣을 하면 $5x=2$ $\therefore x=\dfrac{2}{5}$

이를 ㉢에 대입하면 $\dfrac{4}{5}-y=3$ $\therefore y=-\dfrac{11}{5}$

23 답 $x=13,\ y=20$

a를 b로 잘못 보았으므로 $x=5,\ y=4$를 $-3x+by=1$에 대입하면

$-15+4b=1,\ 4b=16$ $\therefore b=4$

이때 a의 값이 b의 값보다 2만큼 작으므로 $a=4-2=2$

따라서 처음 연립방정식은 $\begin{cases} -3x+2y=1 & \cdots\cdots\ \text{㉠} \\ 2x-y=6 & \cdots\cdots\ \text{㉡} \end{cases}$

㉠$+$㉡$\times 2$를 하면 $x=13$

이를 ㉡에 대입하면 $26-y=6$ $\therefore y=20$

24 답 ②

$\begin{cases} 2y=x+m \\ -3x+ny=6 \end{cases}$ $\therefore \begin{cases} -x+2y=m & \cdots\cdots\ \text{㉠} \\ -3x+ny=6 & \cdots\cdots\ \text{㉡} \end{cases}$

㉠$\times 3$을 하면 $-3x+6y=3m$ $\cdots\cdots\ \text{㉢}$

이때 해가 무수히 많으려면 ㉡과 ㉢이 일치해야 하므로

$n=6,\ 6=3m$ $\therefore m=2,\ n=6$

$\therefore n-m=6-2=4$

25 답 6

주어진 연립방정식을 정리하면

$\begin{cases} ax+2y=1 & \cdots\cdots\ \text{㉠} \\ 3x+y=-2 & \cdots\cdots\ \text{㉡} \end{cases}$

㉡$\times 2$를 하면 $6x+2y=-4$ $\cdots\cdots\ \text{㉢}$

이때 해가 없으려면 ㉠과 ㉢의 $x,\ y$의 계수는 각각 같고 상수항은 달라야 하므로

$a=6$

07 / 연립일차방정식의 활용 26~29쪽

1 답 9

큰 수를 x, 작은 수를 y라 하면 $\begin{cases} x+y=74 & \cdots\cdots\ \text{㉠} \\ x=7y+2 & \cdots\cdots\ \text{㉡} \end{cases}$

㉡을 ㉠에 대입하면 $(7y+2)+y=74,\ 8y=72$ $\therefore y=9$

이를 ㉡에 대입하면 $x=63+2=65$

따라서 작은 수는 9이다.

2 답 93

두 자리의 자연수의 십의 자리의 숫자를 x, 일의 자리의 숫자를 y라 하면

$\begin{cases} x=3y & \cdots\cdots\ \text{㉠} \\ x+y=12 & \cdots\cdots\ \text{㉡} \end{cases}$

㉠을 ㉡에 대입하면 $3y+y=12$ $\therefore y=3$

이를 ㉠에 대입하면 $x=9$

따라서 이 자연수는 93이다.

3 답 ③

처음 수의 백의 자리의 숫자를 x, 일의 자리의 숫자를 y라 하면

$\begin{cases} x+7+y=15 \\ 100y+70+x=100x+70+y+198 \end{cases}$

$\therefore \begin{cases} x+y=8 & \cdots\cdots\ \text{㉠} \\ -x+y=2 & \cdots\cdots\ \text{㉡} \end{cases}$

㉠$+$㉡을 하면 $2y=10$ $\therefore y=5$

이를 ㉠에 대입하면 $x+5=8$ $\therefore x=3$

따라서 처음 수는 375이다.

4 답 ②

딸기 와플을 x개, 바나나 와플을 y개 샀다고 하면

$\begin{cases} x+y=12 \\ 1500x+1800y+1400=21500 \end{cases}$

$\therefore \begin{cases} x+y=12 & \cdots\cdots\ \text{㉠} \\ 5x+6y=67 & \cdots\cdots\ \text{㉡} \end{cases}$

㉠$\times 5-$㉡을 하면 $-y=-7$ $\therefore y=7$

이를 ㉠에 대입하면 $x+7=12$ $\therefore x=5$

따라서 딸기 와플은 5개 샀다.

5 답 85마리

농장에서 기르는 오리를 x마리, 염소를 y마리라 하면

$\begin{cases} x+y=120 \\ 2x=4y+30 \end{cases}$ $\therefore \begin{cases} x+y=120 & \cdots\cdots\ \text{㉠} \\ x-2y=15 & \cdots\cdots\ \text{㉡} \end{cases}$

㉠$-$㉡을 하면 $3y=105$ $\therefore y=35$

이를 ㉠에 대입하면 $x+35=120$ $\therefore x=85$

따라서 농장에서 기르는 오리는 85마리이다.

6 답 ③

A 세트를 x개, B 세트를 y개 만든다고 하면

$\begin{cases} 3x+5y=42 & \cdots\cdots\ \text{㉠} \\ 2x+3y=26 & \cdots\cdots\ \text{㉡} \end{cases}$

㉠$\times 2-$㉡$\times 3$을 하면 $y=6$

이를 ㉡에 대입하면 $2x+18=26,\ 2x=8$ $\therefore x=4$

따라서 A 세트는 4개 만들 수 있다.

7 답 ④

현재 주원이의 나이를 x살, 쌍둥이 동생의 나이를 y살이라 하면

$\begin{cases} y=x-6 & \cdots\cdots\ \text{㉠} \\ x+2y=30 & \cdots\cdots\ \text{㉡} \end{cases}$

㉠을 ㉡에 대입하면 $x+2(x-6)=30,\ 3x=42$ $\therefore x=14$

이를 ㉠에 대입하면 $y=8$

따라서 현재 주원이의 나이는 14살이다.

8 답 36살

현재 고모의 나이를 x살, 보영이의 나이를 y살이라 하면

$\begin{cases} x+y=48 \\ x+5=2(y+5)+7 \end{cases}$ $\therefore \begin{cases} x+y=48 & \cdots\cdots\ \text{㉠} \\ x-2y=12 & \cdots\cdots\ \text{㉡} \end{cases}$

㉠$-$㉡을 하면 $3y=36$ $\therefore y=12$

이를 ㉠에 대입하면 $x+12=48$ $\therefore x=36$

따라서 현재 고모의 나이는 36살이다.

9 답 ⑤

직사각형의 가로의 길이를 $x\ \text{cm}$, 세로의 길이를 $y\ \text{cm}$라 하면

$\begin{cases} x=y+4 \\ 2(x+y)=16 \end{cases}$ $\therefore \begin{cases} x=y+4 & \cdots\cdots\ \text{㉠} \\ x+y=8 & \cdots\cdots\ \text{㉡} \end{cases}$

㉠을 ㉡에 대입하면 $(y+4)+y=8,\ 2y=4$ $\therefore y=2$

이를 ㉠에 대입하면 $x=6$

따라서 직사각형의 가로의 길이는 $6\ \text{cm}$이다.

10 답 긴 변: **7 cm**, 짧은 변: **4 cm**

직사각형의 긴 변의 길이를 x cm, 짧은 변의 길이를 y cm라 하면

$$\begin{cases} 2x+2y=22 & \cdots\cdots \text{㉠} \\ 2x-y=10 & \cdots\cdots \text{㉡} \end{cases}$$

㉠$-$㉡을 하면 $3y=12$　　$\therefore y=4$

이를 ㉡에 대입하면 $2x-4=10$, $2x=14$　　$\therefore x=7$

따라서 직사각형의 긴 변의 길이는 7 cm, 짧은 변의 길이는 4 cm이다.

11 답 **24**

남자 회원 수를 x, 여자 회원 수를 y라 하면

$$\begin{cases} x+y=42 \\ \dfrac{1}{2}x+\dfrac{3}{4}y=27 \end{cases} \therefore \begin{cases} x+y=42 & \cdots\cdots \text{㉠} \\ 2x+3y=108 & \cdots\cdots \text{㉡} \end{cases}$$

㉠$\times 2-$㉡을 하면 $-y=-24$　　$\therefore y=24$

이를 ㉠에 대입하면 $x+24=42$　　$\therefore x=18$

따라서 여자 회원은 24명이다.

12 답 ①

합격품의 개수를 x, 불량품의 개수를 y라 하면

$$\begin{cases} x+y=30 \\ 500x-700y=11400 \end{cases} \therefore \begin{cases} x+y=30 & \cdots\cdots \text{㉠} \\ 5x-7y=114 & \cdots\cdots \text{㉡} \end{cases}$$

㉠$\times 5-$㉡을 하면 $12y=36$　　$\therefore y=3$

이를 ㉠에 대입하면 $x+3=30$　　$\therefore x=27$

따라서 불량품은 3개이다.

13 답 **11**

나리가 이긴 횟수를 x, 진 횟수를 y라 하면
은주가 이긴 횟수는 y, 진 횟수는 x이므로

$$\begin{cases} 6x-4y=26 \\ 6y-4x=16 \end{cases} \therefore \begin{cases} 3x-2y=13 & \cdots\cdots \text{㉠} \\ -2x+3y=8 & \cdots\cdots \text{㉡} \end{cases}$$

㉠$\times 2+$㉡$\times 3$을 하면 $5y=50$　　$\therefore y=10$

이를 ㉠에 대입하면 $3x-20=13$, $3x=33$　　$\therefore x=11$

따라서 나리가 이긴 횟수는 11이다.

14 답 ③

다은이가 이긴 횟수를 x, 진 횟수를 y라 하면
혜성이가 이긴 횟수는 y, 진 횟수는 x이므로

$$\begin{cases} y=2x \\ 14+5x-2y=5y-2x \end{cases} \therefore \begin{cases} y=2x & \cdots\cdots \text{㉠} \\ x-y=-2 & \cdots\cdots \text{㉡} \end{cases}$$

㉠을 ㉡에 대입하면 $x-2x=-2$　　$\therefore x=2$

이를 ㉠에 대입하면 $y=4$

따라서 가위바위보를 한 총횟수는

$2+4=6$

15 답 **6 km**

걸어간 거리를 x km, 뛰어간 거리를 y km라 하면

$$\begin{cases} x+y=10 \\ \dfrac{x}{4}+\dfrac{y}{6}=2 \end{cases} \therefore \begin{cases} x+y=10 & \cdots\cdots \text{㉠} \\ 3x+2y=24 & \cdots\cdots \text{㉡} \end{cases}$$

㉠$\times 2-$㉡을 하면 $-x=-4$　　$\therefore x=4$

이를 ㉠에 대입하면 $4+y=10$　　$\therefore y=6$

따라서 뛰어간 거리는 6 km이다.

16 답 ①

A 코스의 거리를 x km, B 코스의 거리를 y km라 하면

$$\begin{cases} x+y=8 \\ \dfrac{x}{2}+\dfrac{y}{3}=3 \end{cases} \therefore \begin{cases} x+y=8 & \cdots\cdots \text{㉠} \\ 3x+2y=18 & \cdots\cdots \text{㉡} \end{cases}$$

㉠$\times 2-$㉡을 하면 $-x=-2$　　$\therefore x=2$

이를 ㉠에 대입하면 $2+y=8$　　$\therefore y=6$

따라서 A 코스의 거리는 2 km이다.

17 답 **10분 후**

단비가 출발한 지 x분 후, 다솜이가 출발한 지 y분 후에 두 사람이
처음으로 만난다고 하면

$$\begin{cases} x=y+10 \\ 50x+80y=1800 \end{cases} \therefore \begin{cases} x=y+10 & \cdots\cdots \text{㉠} \\ 5x+8y=180 & \cdots\cdots \text{㉡} \end{cases}$$

㉠을 ㉡에 대입하면 $5(y+10)+8y=180$

$13y=130$　　$\therefore y=10$

이를 ㉠에 대입하면 $x=20$

따라서 다솜이가 출발한 지 10분 후에 두 사람이 처음으로 만난다.

18 답 배: 시속 **7 km**, 강물: 시속 **1 km**

정지한 물에서의 배의 속력을 시속 x km, 강물의 속력을 시속 y km
라 하면 강을 거슬러 올라갈 때의 배의 속력은 시속 $(x-y)$ km, 강
을 따라 내려올 때의 배의 속력은 시속 $(x+y)$ km이므로

$$\begin{cases} 4(x-y)=24 \\ 3(x+y)=24 \end{cases} \therefore \begin{cases} x-y=6 & \cdots\cdots \text{㉠} \\ x+y=8 & \cdots\cdots \text{㉡} \end{cases}$$

㉠$+$㉡을 하면 $2x=14$　　$\therefore x=7$

이를 ㉡에 대입하면 $7+y=8$　　$\therefore y=1$

따라서 정지한 물에서의 배의 속력은 시속 7 km, 강물의 속력은 시
속 1 km이다.

19 답 ④

기차의 길이를 x m, 기차의 속력을 초속 y m라 하면 길이가 3 km인
터널을 완전히 통과할 때까지 달린 거리는 $(3000+x)$ m이고, 길이
가 1.8 km인 다리를 완전히 통과할 때까지 달린 거리는
$(1800+x)$ m이므로

$$\begin{cases} 3000+x=105y \\ 1800+x=65y \end{cases} \therefore \begin{cases} x-105y=-3000 & \cdots\cdots \text{㉠} \\ x-65y=-1800 & \cdots\cdots \text{㉡} \end{cases}$$

㉠$-$㉡을 하면 $-40y=-1200$　　$\therefore y=30$

이를 ㉡에 대입하면 $x-1950=-1800$　　$\therefore x=150$

따라서 기차의 길이는 150 m이다.

20 답 **616**

작년 남학생 수를 x, 여학생 수를 y라 하면

$$\begin{cases} x+y=1200 \\ -\dfrac{5}{100}x+\dfrac{10}{100}y=1200\times\dfrac{2}{100} \end{cases}$$

$$\therefore \begin{cases} x+y=1200 & \cdots\cdots \text{㉠} \\ -x+2y=480 & \cdots\cdots \text{㉡} \end{cases}$$

㉠$+$㉡을 하면 $3y=1680$　　$\therefore y=560$

이를 ㉠에 대입하면 $x+560=1200$　　$\therefore x=640$

따라서 올해 여학생 수는

$560+\dfrac{10}{100}\times 560=616$

21 답 ③

처음 직사각형의 가로의 길이를 $x\,\mathrm{cm}$, 세로의 길이를 $y\,\mathrm{cm}$라 하면

$$\begin{cases} 2(x+y)=120 \\ 2\left(\dfrac{20}{100}x-\dfrac{10}{100}y\right)=\dfrac{7}{100}\times 120 \end{cases}$$

$$\therefore \begin{cases} x+y=60 & \cdots\cdots\ \bigcirc \\ 2x-y=42 & \cdots\cdots\ \bigcirc\!\bigcirc \end{cases}$$

$\bigcirc+\bigcirc\!\bigcirc$을 하면 $3x=102$ $\therefore x=34$

이를 $\bigcirc$에 대입하면 $34+y=60$ $\therefore y=26$

따라서 처음 직사각형의 가로의 길이는 $34\,\mathrm{cm}$, 세로의 길이는 $26\,\mathrm{cm}$이므로 구하는 넓이는

$34\times 26=884(\mathrm{cm}^2)$

22 답 ④

A 상품의 원가를 x원, B 상품의 원가를 y원이라 하면

$$\begin{cases} x+y=50000 \\ \dfrac{15}{100}x+\dfrac{20}{100}y=8600 \end{cases} \therefore \begin{cases} x+y=50000 & \cdots\cdots\ \bigcirc \\ 3x+4y=172000 & \cdots\cdots\ \bigcirc\!\bigcirc \end{cases}$$

$\bigcirc\times 3-\bigcirc\!\bigcirc$을 하면 $-y=-22000$ $\therefore y=22000$

이를 $\bigcirc$에 대입하면 $x+22000=50000$ $\therefore x=28000$

따라서 A 상품의 판매 가격은

$\left(1+\dfrac{15}{100}\right)\times 28000=32200(원)$

23 답 ①

전체 일의 양을 1이라 하고, A, B가 하루 동안 할 수 있는 일의 양을 각각 x, y라 하면

$$\begin{cases} 6(x+y)=1 \\ 3x+12y=1 \end{cases} \therefore \begin{cases} 6x+6y=1 & \cdots\cdots\ \bigcirc \\ 3x+12y=1 & \cdots\cdots\ \bigcirc\!\bigcirc \end{cases}$$

$\bigcirc\times 2-\bigcirc\!\bigcirc$을 하면 $9x=1$ $\therefore x=\dfrac{1}{9}$

이를 $\bigcirc$에 대입하면 $\dfrac{2}{3}+6y=1$, $6y=\dfrac{1}{3}$ $\therefore y=\dfrac{1}{18}$

따라서 A가 혼자 하면 9일이 걸린다.

24 답 ①

$10\,\%$의 소금물의 양을 $x\,\mathrm{g}$, $30\,\%$의 소금물의 양을 $y\,\mathrm{g}$이라 하면

$$\begin{cases} x+y-160=240 \\ \dfrac{10}{100}x+\dfrac{30}{100}y=\dfrac{25}{100}\times 240 \end{cases} \therefore \begin{cases} x+y=400 & \cdots\cdots\ \bigcirc \\ x+3y=600 & \cdots\cdots\ \bigcirc\!\bigcirc \end{cases}$$

$\bigcirc-\bigcirc\!\bigcirc$을 하면 $-2y=-200$ $\therefore y=100$

이를 $\bigcirc$에 대입하면 $x+100=400$ $\therefore x=300$

따라서 $10\,\%$의 소금물의 양은 $300\,\mathrm{g}$이다.

25 답 **250 g**

섭취해야 하는 삶은 달걀의 양을 $x\,\mathrm{g}$, 치즈의 양을 $y\,\mathrm{g}$이라 하면

$$\begin{cases} \dfrac{160}{100}x+\dfrac{350}{100}y=575 \\ \dfrac{12}{100}x+\dfrac{20}{100}y=40 \end{cases} \therefore \begin{cases} 16x+35y=5750 & \cdots\cdots\ \bigcirc \\ 3x+5y=1000 & \cdots\cdots\ \bigcirc\!\bigcirc \end{cases}$$

$\bigcirc-\bigcirc\!\bigcirc\times 7$을 하면 $-5x=-1250$ $\therefore x=250$

이를 $\bigcirc\!\bigcirc$에 대입하면 $750+5y=1000$

$5y=250$ $\therefore y=50$

따라서 삶은 달걀은 $250\,\mathrm{g}$ 섭취해야 한다.

---

08 / 일차함수와 그 그래프

1 답 ④

①

x	1	2	3	4	$\cdots$
y	2	4	6	8	$\cdots$

즉, x의 값이 변함에 따라 y의 값이 오직 하나씩 대응하므로 y는 x의 함수이다.

②

x	1	2	3	4	$\cdots$
y	1	$\dfrac{1}{2}$	$\dfrac{1}{3}$	$\dfrac{1}{4}$	$\cdots$

즉, x의 값이 변함에 따라 y의 값이 오직 하나씩 대응하므로 y는 x의 함수이다.

③ $y=500x$ ➡ 정비례 관계이므로 y는 x의 함수이다.

④ 키가 $x\,\mathrm{cm}$로 같더라도 발의 길이는 사람에 따라 다를 수 있다.

즉, x의 값 하나에 y의 값이 오직 하나씩 대응하지 않으므로 y는 x의 함수가 아니다.

⑤ $y=2\pi x$ ➡ 정비례 관계이므로 y는 x의 함수이다.

따라서 y가 x의 함수가 아닌 것은 ④이다.

2 답 **14**

13 이하의 소수는 2, 3, 5, 7, 11, 13의 6개이므로

$f(13)=6$

21 이하의 소수는 2, 3, 5, 7, 11, 13, 17, 19의 8개이므로

$f(21)=8$

$\therefore f(13)+f(21)=6+8=14$

3 답 ②

$f(a)=8$에서 $-4a=8$ $\therefore a=-2$

$f\left(-\dfrac{1}{2}\right)=-4\times\left(-\dfrac{1}{2}\right)=2$ $\therefore b=2$

$\therefore ab=-2\times 2=-4$

4 답 **4**

$f(-2)=-6$에서 $\dfrac{a}{-2}=-6$ $\therefore a=12$

따라서 $f(x)=\dfrac{12}{x}$이므로 $f(3)=\dfrac{12}{3}=4$

5 답 ④

③ $y=-x^2+6x$ ⑤ $y=\dfrac{2}{3}$

따라서 y가 x에 대한 일차함수인 것은 ④이다.

6 답 ㄴ, ㄷ, ㄹ

ㄱ. $y=\dfrac{200}{x}$

ㄴ. $y=5000-1200x$

ㄷ. $y=\dfrac{1}{2}\times(x+2x)\times 3$에서 $y=\dfrac{9}{2}x$

ㄹ. $y=280-20x$

따라서 y가 x에 대한 일차함수인 것은 ㄴ, ㄷ, ㄹ이다.

7 답 9

$f(4)=-\dfrac{3}{2}\times4+4=-2,\ g(-3)=2\times(-3)-5=-11$

$\therefore f(4)-g(-3)=-2-(-11)=9$

8 답 ⑤

$f(-1)=10$에서 $-a+b=10$ ...... ㉠

$f(5)=-8$에서 $5a+b=-8$ ...... ㉡

㉠, ㉡을 연립하여 풀면 $a=-3,\ b=7$

따라서 $f(x)=-3x+7$이므로

$f(-4)=-3\times(-4)+7=19$

9 답 ④

$y=4x-1$에 주어진 점의 좌표를 각각 대입하면

① $13\neq4\times3-1$ ② $5\neq4\times1-1$

③ $0\neq4\times(-1)-1$ ④ $-9=4\times(-2)-1$

⑤ $-19\neq4\times(-5)-1$

따라서 $y=4x-1$의 그래프 위의 점은 ④이다.

10 답 4

$y=ax+1$의 그래프가 점 $(3,\ -5)$를 지나므로

$-5=3a+1,\ 3a=-6$ $\therefore a=-2$

따라서 $y=-2x+1$의 그래프가 점 $(b,\ -3)$을 지나므로

$-3=-2b+1,\ 2b=4$ $\therefore b=2$

$\therefore b-a=2-(-2)=4$

11 답 ③

$y=-2x+a$의 그래프를 y축의 방향으로 -7만큼 평행이동하면

$y=-2x+a-7$

따라서 $y=-2x+a-7$과 $y=bx+2$가 같으므로

$-2=b,\ a-7=2$ $\therefore a=9,\ b=-2$

$\therefore a+b=9+(-2)=7$

12 답 6

$y=ax-3$의 그래프가 점 $(-1,\ 1)$을 지나므로

$1=-a-3$ $\therefore a=-4$

따라서 $y=-4x-3$의 그래프를 y축의 방향으로 -1만큼 평행이동하면

$y=-4x-3-1$ $\therefore y=-4x-4$

$y=-4x-4$의 그래프가 점 $(k,\ 2)$를 지나므로

$2=-4k-4,\ 4k=-6$ $\therefore k=-\dfrac{3}{2}$

$\therefore ak=-4\times\left(-\dfrac{3}{2}\right)=6$

13 답 ②

$y=2x-9$의 그래프를 y축의 방향으로 p만큼 평행이동하면

$y=2x-9+p$

$y=2x-9+p$의 그래프가 점 $(p-1,\ p-3)$을 지나므로

$p-3=2(p-1)-9+p,\ p-3=3p-11$

$-2p=-8$ $\therefore p=4$

$\therefore f(p)=f(4)=2\times4-9=-1$

14 답 ④

$y=-\dfrac{2}{5}x+4$의 그래프의 x절편은 10, y절편은 4이므로

$a=10,\ b=4$

$\therefore a+b=10+4=14$

15 답 -6

$y=5x-4$의 그래프를 y축의 방향으로 k만큼 평행이동하면

$y=5x-4+k$

따라서 $y=5x-4+k$의 그래프의 x절편이 2이므로

$0=5\times2-4+k$ $\therefore k=-6$

16 답 ①

두 그래프가 y축 위에서 만나므로 두 그래프의 y절편이 같다.

따라서 $y=\dfrac{3}{4}x-2$의 그래프의 y절편이 -2이므로 $y=-7x+a$의 그래프의 y절편도 -2이다.

$\therefore a=-2$

17 답 ③

$(기울기)=\dfrac{(y의\ 값의\ 증가량)}{(x의\ 값의\ 증가량)}=\dfrac{-3}{9}=-\dfrac{1}{3}$

따라서 기울기가 $-\dfrac{1}{3}$인 것은 ③이다.

18 답 ④

$y=-4x+12$의 그래프의 x절편이 3이므로 $y=ax+b$의 그래프의 x절편도 3이다.

$\therefore 0=3a+b$ ...... ㉠

$y=-\dfrac{7}{2}x+6$의 그래프의 y절편이 6이므로 $y=ax+b$의 그래프의 y절편도 6이다.

$\therefore b=6$

이를 ㉠에 대입하면 $0=3a+6$

$3a=-6$ $\therefore a=-2$

따라서 두 점 $(a,\ b),\ (a+b,\ a-b)$, 즉 $(-2,\ 6),\ (4,\ -8)$을 지나는 직선의 기울기는

$\dfrac{-8-6}{4-(-2)}=-\dfrac{7}{3}$

19 답 -5

$\dfrac{k-4}{-2-1}=3$이므로 $k-4=-9$ $\therefore k=-5$

20 답 ⑤

$(기울기)=\dfrac{1-(-5)}{3-1}=3$

따라서 $\dfrac{(y의\ 값의\ 증가량)}{2-(-4)}=3$이므로

$(y의\ 값의\ 증가량)=18$

21 답 $\dfrac{7}{2}$

세 점 $(-4,\ 1),\ (1,\ -3),\ (a,\ -5)$가 한 직선 위에 있으므로 세 점 중 어떤 두 점을 택해도 기울기는 모두 같다.

따라서 $\dfrac{-3-1}{1-(-4)}=\dfrac{-5-(-3)}{a-1}$이므로

$\dfrac{-4}{5}=\dfrac{-2}{a-1}$, $-4a+4=-10$, $-4a=-14$ $\quad\therefore a=\dfrac{7}{2}$

22 답 ④

④ 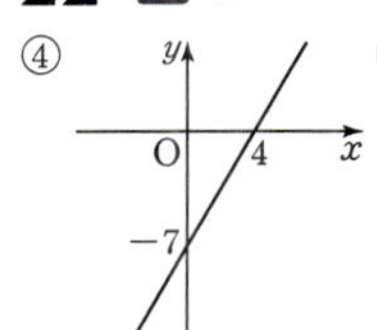 ➡ 제1, 3, 4사분면을 지난다.

23 답 $\dfrac{15}{2}$

$y=-\dfrac{3}{5}x+3$의 그래프의 x절편은 5, y절편은 3이므로

A(5, 0), B(0, 3)

$\therefore \triangle\text{ABO}=\dfrac{1}{2}\times5\times3=\dfrac{15}{2}$

24 답 ②

$y=ax+2$와 $y=\dfrac{4}{5}x+2$의 그래프의 y절편은 2이므로 A(0, 2)

$y=\dfrac{4}{5}x+2$의 그래프의 x절편은 $-\dfrac{5}{2}$이므로 B$\left(-\dfrac{5}{2}, 0\right)$

이때 $\triangle$ABC의 넓이가 3이므로

$\dfrac{1}{2}\times\overline{\text{BC}}\times2=3$ $\quad\therefore \overline{\text{BC}}=3$

따라서 $y=ax+2$의 그래프가 점 C$\left(\dfrac{1}{2}, 0\right)$을 지나므로

$0=\dfrac{1}{2}a+2$, $\dfrac{1}{2}a=-2$ $\quad\therefore a=-4$

다른 풀이

$y=\dfrac{4}{5}x+2$의 그래프의 x절편은 $-\dfrac{5}{2}$, y절편은 2이므로

A(0, 2), B$\left(-\dfrac{5}{2}, 0\right)$

$y=ax+2$의 그래프의 x절편은 $-\dfrac{2}{a}$이므로 C$\left(-\dfrac{2}{a}, 0\right)$

이때 $\triangle$ABC의 넓이가 3이므로

$\dfrac{1}{2}\times\left\{-\dfrac{2}{a}-\left(-\dfrac{5}{2}\right)\right\}\times2=3$

$-\dfrac{2}{a}+\dfrac{5}{2}=3$, $-\dfrac{2}{a}=\dfrac{1}{2}$ $\quad\therefore a=-4$

25 답 18

각 일차함수의 그래프의 x절편과 y절편은 다음과 같다.

$y=x+3$ ➡ x절편은 -3, y절편은 3

$y=x-3$ ➡ x절편은 3, y절편은 -3

$y=-x+3$ ➡ x절편은 3, y절편은 3

$y=-x-3$ ➡ x절편은 -3, y절편은 -3

따라서 네 일차함수의 그래프는 오른쪽 그림과 같으므로 구하는 도형의 넓이는

$\left(\dfrac{1}{2}\times3\times3\right)\times4=18$

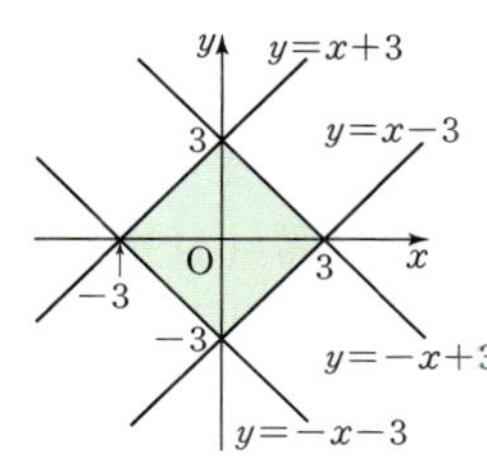

09 / 일차함수의 그래프의 성질과 활용

1 답 ④

x의 값이 증가할 때, y의 값도 증가하려면 기울기가 양수이어야 한다. 기울기가 양수이면서 제2사분면을 지나지 않으려면 y절편이 0 또는 음수이어야 한다.

따라서 x의 값이 증가할 때, y의 값도 증가하면서 제2사분면을 지나지 않는 것은 ④이다.

2 답 ③

③ $b<0$이면 (y절편)$=-b>0$이므로 y축과 양의 부분에서 만난다.

3 답 ⑤

$y=ax-1$의 그래프는 오른쪽 아래로 향하는 직선이므로 $a<0$이다.

이때 a의 절댓값이 $y=-\dfrac{5}{2}x-1$의 그래프의 기울기의 절댓값보다 작아야 하므로 a의 값이 될 수 없는 것은 ⑤이다.

4 답 ㄹ

ㄱ. (기울기)$=a>0$, (y절편)$=b<0$이므로 제1, 3, 4사분면을 지난다.

ㄴ. (기울기)$=a>0$, (y절편)$=-b>0$이므로 제1, 2, 3사분면을 지난다.

ㄷ. (기울기)$=-a<0$, (y절편)$=b<0$이므로 제2, 3, 4사분면을 지난다.

ㄹ. (기울기)$=-a<0$, (y절편)$=-b>0$이므로 제1, 2, 4사분면을 지난다.

따라서 제3사분면을 지나지 않는 것은 ㄹ이다.

5 답 ③

$y=ax+b$의 그래프가 오른쪽 위로 향하는 직선이므로

(기울기)$=a>0$

y축과 음의 부분에서 만나므로

(y절편)$=b<0$

① $ab<0$

② $a-b>0$

③ $b^2>0$이므로 $a+b^2>0$

④ $\dfrac{b}{a}<0$이므로 $a-\dfrac{b}{a}>0$

⑤ $\dfrac{a}{b}<0$이므로 $b+\dfrac{a}{b}<0$

따라서 옳은 것은 ③이다.

6 답 ①

$y=abx-b$의 그래프는 오른쪽 아래로 향하는 직선이므로

(기울기)$=ab<0$

y축과 음의 부분에서 만나므로

(y절편)$=-b<0$

$\therefore a<0$, $b>0$

따라서 $y=bx+a$에서 (기울기)$=b>0$, (y절편)$=a<0$이므로 그 그래프로 알맞은 것은 ①이다.

7 답 ④

주어진 그래프는 두 점 $(3, 0)$, $(0, -4)$를 지나므로

$(기울기) = \dfrac{-4-0}{0-3} = \dfrac{4}{3}$

따라서 주어진 일차함수의 그래프와 평행한 것은 ④이다.

8 답 $-\dfrac{1}{3}$

$y = 4ax - 2$와 $y = \dfrac{2}{3}x + b$의 그래프가 일치하므로

$4a = \dfrac{2}{3}$, $-2 = b$ $\therefore a = \dfrac{1}{6}$, $b = -2$

$\therefore ab = \dfrac{1}{6} \times (-2) = -\dfrac{1}{3}$

9 답 $\dfrac{5}{2}$

$y = ax + 1$의 그래프는 y절편이 1이므로 오른쪽 그림과 같이 항상 점 $(0, 1)$을 지난다.

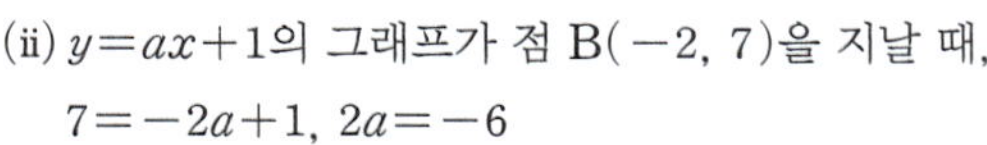

(i) $y = ax + 1$의 그래프가 점 $\mathrm{A}(-4, 3)$을 지날 때,

$3 = -4a + 1$, $4a = -2$

$\therefore a = -\dfrac{1}{2}$

(ii) $y = ax + 1$의 그래프가 점 $\mathrm{B}(-2, 7)$을 지날 때,

$7 = -2a + 1$, $2a = -6$

$\therefore a = -3$

(i), (ii)에서 a의 값의 범위는 $-3 \leq a \leq -\dfrac{1}{2}$이므로

$m = -3$, $n = -\dfrac{1}{2}$

$\therefore n - m = -\dfrac{1}{2} - (-3) = \dfrac{5}{2}$

10 답 $\dfrac{9}{2}$

오른쪽 그림과 같이 $y = ax + b$의 그래프가 두 점 A, C를 지날 때 b의 값이 가장 크고, 두 점 B, D를 지날 때 b의 값이 가장 작다.

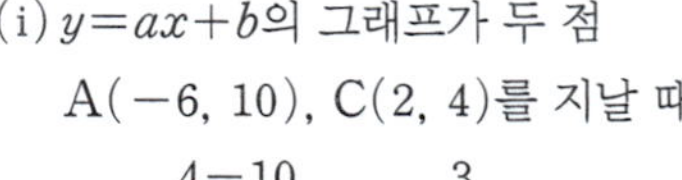

(i) $y = ax + b$의 그래프가 두 점 $\mathrm{A}(-6, 10)$, $\mathrm{C}(2, 4)$를 지날 때,

$a = \dfrac{4-10}{2-(-6)} = -\dfrac{3}{4}$

$y = -\dfrac{3}{4}x + b$에 $x = 2$, $y = 4$를 대입하면

$4 = -\dfrac{3}{4} \times 2 + b$ $\therefore b = \dfrac{11}{2}$

(ii) $y = ax + b$의 그래프가 두 점 $\mathrm{B}(-6, 2)$, $\mathrm{D}(2, -2)$를 지날 때,

$a = \dfrac{-2-2}{2-(-6)} = -\dfrac{1}{2}$

$y = -\dfrac{1}{2}x + b$에 $x = 2$, $y = -2$를 대입하면

$-2 = -\dfrac{1}{2} \times 2 + b$ $\therefore b = -1$

(i), (ii)에서 b의 값 중 가장 큰 값은 $\dfrac{11}{2}$, 가장 작은 값은 -1이므로

$\dfrac{11}{2} + (-1) = \dfrac{9}{2}$

11 답 ④

기울기가 5이고 y절편이 -8이므로 일차함수의 식은 $y = 5x - 8$

이 식에 주어진 점의 좌표를 각각 대입하면

① $-23 = 5 \times (-3) - 8$

② $-13 = 5 \times (-1) - 8$

③ $2 = 5 \times 2 - 8$

④ $8 \neq 5 \times 3 - 8$

⑤ $17 = 5 \times 5 - 8$

따라서 그래프 위의 점이 아닌 것은 ④이다.

12 답 -24

두 점 $(0, -4)$, $(3, 2)$를 지나는 직선과 평행하므로

$(기울기) = \dfrac{2-(-4)}{3-0} = 2$ $\therefore a = 2$

$y = 2x + b$의 그래프의 x절편이 6이므로

$0 = 2 \times 6 + b$ $\therefore b = -12$

$\therefore ab = 2 \times (-12) = -24$

13 답 ④

$y = 3x - 1$의 그래프와 평행하므로 일차함수의 식을 $y = 3x + b$로 놓고 $x = -2$, $y = 3$을 대입하면

$3 = 3 \times (-2) + b$ $\therefore b = 9$

따라서 $y = 3x + 9$의 그래프는 오른쪽 그림과 같으므로 구하는 도형의 넓이는

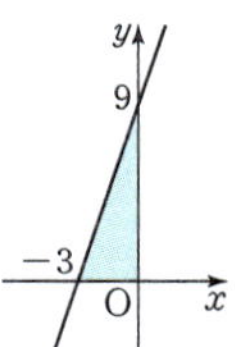

$\dfrac{1}{2} \times 3 \times 9 = \dfrac{27}{2}$

14 답 ①

주어진 그래프가 두 점 $(-2, 6)$, $(4, -3)$을 지나므로

$(기울기) = \dfrac{-3-6}{4-(-2)} = -\dfrac{3}{2}$

일차함수의 식을 $y = -\dfrac{3}{2}x + b$로 놓고 $x = -2$, $y = 6$을 대입하면

$6 = -\dfrac{3}{2} \times (-2) + b$ $\therefore b = 3$

따라서 $y = -\dfrac{3}{2}x + 3$에 $x = m$, $y = 15$를 대입하면

$15 = -\dfrac{3}{2}m + 3$, $\dfrac{3}{2}m = -12$ $\therefore m = -8$

$y = -\dfrac{3}{2}x + 3$에 $x = \dfrac{2}{3}$, $y = n$을 대입하면

$n = -\dfrac{3}{2} \times \dfrac{2}{3} + 3 = 2$

$\therefore mn = -8 \times 2 = -16$

15 답 $y = \dfrac{2}{3}x + 4$

두 점 A, B를 지나는 직선과 x축, y축으로 둘러싸인 삼각형의 넓이가 12이고, x절편은 $a \, (a < 0)$, y절편은 4이므로 오른쪽 그림에서

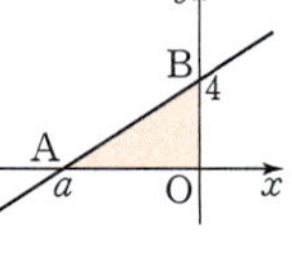

$\dfrac{1}{2} \times (-a) \times 4 = 12$ $\therefore a = -6$

따라서 두 점 $A(-6, 0)$, $B(0, 4)$를 지나므로
$$(기울기)=\frac{4-0}{0-(-6)}=\frac{2}{3}$$
이때 y절편은 4이므로 $y=\frac{2}{3}x+4$

16 답 ⑤

2분마다 물의 온도가 $5\,^\circ\mathrm{C}$씩 올라가므로 1분마다 물의 온도가 $\frac{5}{2}\,^\circ\mathrm{C}$씩 올라간다.
물을 데우기 시작한 지 x분 후의 물의 온도를 $y\,^\circ\mathrm{C}$라 하면
$$y=12+\frac{5}{2}x$$
이 식에 $y=57$을 대입하면
$$57=12+\frac{5}{2}x, \ \frac{5}{2}x=45 \qquad \therefore \ x=18$$
따라서 물을 $57\,^\circ\mathrm{C}$가 되도록 데우려면 18분이 걸린다.

17 답 ②

4분마다 아이스크림의 높이가 $3\,\mathrm{cm}$씩 낮아지므로 1분마다 아이스크림의 높이가 $\frac{3}{4}\,\mathrm{cm}$씩 낮아진다.
처음 아이스크림의 높이는 $18\,\mathrm{cm}$이므로
$$y=18-\frac{3}{4}x \qquad \therefore \ y=-\frac{3}{4}x+18$$

18 답 ⑤

3분에 $6\,\mathrm{mL}$씩 링거액이 들어가므로 1분에 $2\,\mathrm{mL}$씩 링거액이 들어간다.
링거액을 투여하기 시작한 지 x분 후에 남은 링거액을 $y\,\mathrm{mL}$라 하면
$$y=900-2x$$
이 식에 $y=0$을 대입하면
$$0=900-2x, \ 2x=900 \qquad \therefore \ x=450$$
따라서 링거액을 모두 투여한 시각은 링거액을 투여하기 시작한 지 450분 후, 즉 7시간 30분 후인 오후 8시 30분이다.

19 답 10 L

5분 동안 물의 양이 $20\,\mathrm{L}$ 늘어났으므로 1분마다 $4\,\mathrm{L}$씩 물의 양이 늘어난다.
처음 물통에 들어 있던 물의 양을 $a\,\mathrm{L}$라 하고 물을 채우기 시작한 지 x분 후에 물통에 들어 있는 물의 양을 $y\,\mathrm{L}$라 하면
$$y=a+4x$$
이 식에 $x=5$, $y=30$을 대입하면
$$30=a+20 \qquad \therefore \ a=10$$
따라서 처음 물통에 들어 있던 물의 양은 $10\,\mathrm{L}$이다.

20 답 1.8 km

태구는 분속 $40\,\mathrm{m}$, 즉 분속 $0.04\,\mathrm{km}$로 걸어가고 있다.
A지점을 출발한 지 x분 후에 B지점까지 남은 거리를 $y\,\mathrm{km}$라 하면
$$y=5-0.04x$$
1시간 20분은 80분이므로 이 식에 $x=80$을 대입하면
$$y=5-0.04\times80=1.8$$
따라서 A지점을 출발한 지 1시간 20분 후에 B지점까지 남은 거리는 $1.8\,\mathrm{km}$이다.

21 답 ④

점 P가 점 B를 출발한 지 x초 후에 $\overline{BP}=2x\,\mathrm{cm}$이므로 사각형 ABPD의 넓이를 $y\,\mathrm{cm}^2$라 하면
$$y=\frac{1}{2}\times(16+2x)\times9$$
$$\therefore \ y=9x+72$$
이 식에 $y=108$을 대입하면
$$108=9x+72, \ 9x=36$$
$$\therefore \ x=4$$
따라서 사각형 ABPD의 넓이가 $108\,\mathrm{cm}^2$가 되는 것은 점 P가 점 B를 출발한 지 4초 후이다.

22 답 (1) $y=3x+1$ (2) 24

(1) 정사각형 1개를 만드는 데 필요한 빨대는 4개이고, 정사각형이 1개 늘어날 때마다 빨대가 3개씩 늘어나므로
$$y=4+3(x-1)$$
$$\therefore \ y=3x+1$$
(2) (1)의 식에 $y=73$을 대입하면
$$73=3x+1, \ 3x=72$$
$$\therefore \ x=24$$
따라서 73개의 빨대로 만들 수 있는 정사각형의 개수는 24이다.

23 답 ④

기온이 $x\,^\circ\mathrm{C}$일 때 소리의 속력을 초속 $y\,\mathrm{m}$라 하면
$$y=331+0.6x$$
이 식에 $y=352$를 대입하면
$$352=331+0.6x, \ 6x=210$$
$$\therefore \ x=35$$
따라서 소리의 속력이 초속 $352\,\mathrm{m}$일 때의 기온은 $35\,^\circ\mathrm{C}$이다.

24 답 42곡

한 달 동안 $x\,(x>30)$곡을 내려받을 때 내야 하는 요금을 y원이라 하면
$$y=15000+700(x-30)$$
$$\therefore \ y=700x-6000$$
이 식에 $y=23400$을 대입하면
$$23400=700x-6000$$
$$700x=29400 \qquad \therefore \ x=42$$
따라서 한 달 동안 42곡을 내려받았다.

25 답 90 mL

주어진 그래프가 두 점 $(5, 125)$, $(0, 150)$을 지나므로
$$(기울기)=\frac{150-125}{0-5}=-5$$
이때 y절편은 150이므로
$$y=-5x+150$$
이 식에 $x=12$를 대입하면
$$y=-5\times12+150=90$$
따라서 방향제를 개봉하고 12일이 지났을 때, 남아 있는 방향제의 양은 $90\,\mathrm{mL}$이다.

10 / 일차함수와 일차방정식의 관계

1 답 ④

$x+2y-4=0$에서 y를 x에 대한 식으로 나타내면

$2y=-x+4$ ∴ $y=-\dfrac{1}{2}x+2$

따라서 그래프가 일치하는 것은 ④이다.

2 답 ④

$2x-5y-10=0$에서 y를 x에 대한 식으로 나타내면

$5y=2x-10$ ∴ $y=\dfrac{2}{5}x-2$

① x절편은 5, y절편은 -2이다.

② x의 값이 5만큼 증가할 때, y의 값은 2만큼 증가한다.

③ 그래프는 오른쪽 그림과 같으므로 제1, 3,
4사분면을 지난다.

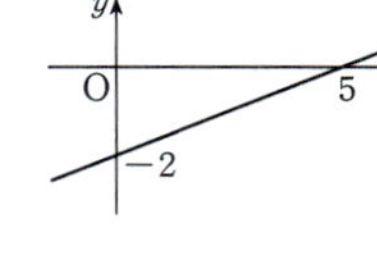

④ $y=\dfrac{2}{5}x-1$의 그래프와 기울기가 같고 y절

편이 다르므로 평행하다.
즉, 만나지 않는다.

⑤ 일차함수 $y=\dfrac{2}{5}x$의 그래프를 y축의 방향으로 -2만큼 평행이동

한 것이다.

따라서 옳은 것은 ④이다.

3 답 12

$2x+y=7$에 $x=-1$, $y=a$를 대입하면

$2\times(-1)+a=7$ ∴ $a=9$

$2x+y=7$에 $x=b$, $y=1$을 대입하면

$2b+1=7$, $2b=6$ ∴ $b=3$

∴ $a+b=9+3=12$

4 답 ②

$ax+by-8=0$에서 y를 x에 대한 식으로 나타내면

$by=-ax+8$ ∴ $y=-\dfrac{a}{b}x+\dfrac{8}{b}$

주어진 그래프가 두 점 $(0, 4)$, $(2, 0)$을 지나므로

$(기울기)=\dfrac{0-4}{2-0}=-2$

즉, $-\dfrac{a}{b}=-2$이므로 $a=2b$ …… ㉠

$y=-2x+\dfrac{8}{b}$의 그래프의 x절편이 4이므로

$0=-2\times4+\dfrac{8}{b}$, $\dfrac{8}{b}=8$ ∴ $b=1$

이를 ㉠에 대입하면 $a=2$

∴ $a+b=2+1=3$

5 답 ①

$ax-by+4=0$에서 y를 x에 대한 식으로 나타내면

$by=ax+4$ ∴ $y=\dfrac{a}{b}x+\dfrac{4}{b}$

주어진 그래프에서 $(기울기)=\dfrac{a}{b}>0$, $(y절편)=\dfrac{4}{b}<0$이므로

$a<0$, $b<0$

6 답 제2사분면

$ax+by-c=0$에서 y를 x에 대한 식으로 나타내면

$by=-ax+c$ ∴ $y=-\dfrac{a}{b}x+\dfrac{c}{b}$

$ab<0$에서 a와 b의 부호는 서로 다르고, $ac>0$에서 a와 c의 부호
는 서로 같으므로 b와 c의 부호는 서로 다르다.

따라서 $(기울기)=-\dfrac{a}{b}>0$, $(y절편)=\dfrac{c}{b}<0$이므

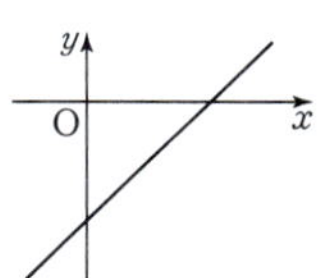

로 그래프는 오른쪽 그림과 같다.

즉, 제2사분면을 지나지 않는다.

7 답 8

두 점 $(-3, -2)$, $(7, 3)$을 지나므로

$(기울기)=\dfrac{3-(-2)}{7-(-3)}=\dfrac{1}{2}$

$y=\dfrac{1}{2}x+k$로 놓고 $x=7$, $y=3$을 대입하면

$3=\dfrac{7}{2}+k$ ∴ $k=-\dfrac{1}{2}$

즉, $y=\dfrac{1}{2}x-\dfrac{1}{2}$의 그래프를 y축의 방향으로 4만큼 평행이동하면

$y=-\dfrac{1}{2}x-\dfrac{1}{2}+4$ ∴ $y=-\dfrac{1}{2}x+\dfrac{7}{2}$

따라서 $x+2y-7=0$이므로 $a=1$, $b=-7$

∴ $a-b=1-(-7)=8$

8 답 ③

$3x+2y+4=0$의 그래프의 y절편은 -2이다.

따라서 기울기가 $\dfrac{3}{4}$이고 y절편이 -2인 직선의 방정식은

$y=\dfrac{3}{4}x-2$ ∴ $3x-4y-8=0$

9 답 ②

점 $(-4, -6)$을 지나고 y축에 평행한 직선의 방정식은 $x=-4$

10 답 ③, ⑤

$2x+10=0$에서 $x=-5$

① y축에 평행하다.

② 직선 $x=5$와 평행하다.

④ 그래프가 지나는 모든 점의 x좌표는 -5이므로 점 $(5, -3)$을 지
나지 않는다.

따라서 옳은 것은 ③, ⑤이다.

11 답 3

x축에 평행한 직선 위의 점은 y좌표가 모두 같으므로

$2a-6=a-1$ ∴ $a=5$

x축에 수직인 직선 위의 점은 x좌표가 모두 같으므로

$2b+1=-3b-9$, $5b=-10$ ∴ $b=-2$

∴ $a+b=5+(-2)=3$

12 답 ④

두 일차방정식 $x=2$, $y=4$의 그래프는 오른쪽 그림과 같고, 두 일차방정식 $x=0$, $y=0$의 그래프는 각각 y축, x축이다.

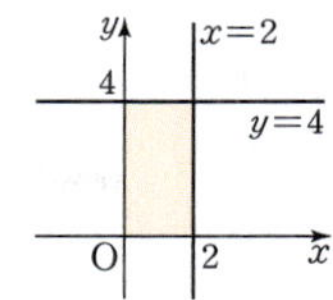

따라서 구하는 도형의 넓이는
$2 \times 4 = 8$

13 답 2

$x+2=0$에서 $x=-2$
$y+2p=0$에서 $y=-2p$
네 일차방정식 $x=-2$, $x=3$, $y=p$, $y=-2p$
의 그래프는 오른쪽 그림과 같고, 네 그래프로
둘러싸인 도형의 넓이가 30이므로

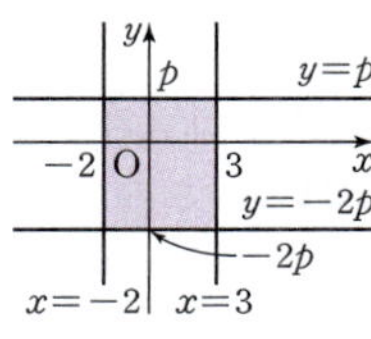

$\{3-(-2)\} \times \{p-(-2p)\}=30$
$15p=30$ ∴ $p=2$

14 답 ②

두 그래프의 교점의 좌표는 연립방정식 $\begin{cases} 2x+3y=8 & \cdots\cdots \text{㉠} \\ 4x-y=-5 & \cdots\cdots \text{㉡} \end{cases}$

의 해와 같다.
㉠$\times 2-$㉡을 하면 $7y=21$ ∴ $y=3$
이를 ㉡에 대입하면 $4x-3=-5$
$4x=-2$ ∴ $x=-\dfrac{1}{2}$

따라서 두 그래프의 교점의 좌표는 $\left(-\dfrac{1}{2},\ 3\right)$이다.

15 답 ①

두 그래프의 교점의 좌표가 $(1,\ 3)$이므로 연립방정식 $\begin{cases} x+y=a \\ bx+y=1 \end{cases}$의

해는 $x=1$, $y=3$이다.
$x+y=a$에 $x=1$, $y=3$을 대입하면
$1+3=a$ ∴ $a=4$
$bx+y=1$에 $x=1$, $y=3$을 대입하면
$b+3=1$ ∴ $b=-2$
∴ $ab=4 \times (-2)=-8$

16 답 ③

연립방정식 $\begin{cases} 4x+y=15 \\ x+y=6 \end{cases}$을 풀면 $x=3$, $y=3$이므로 두 그래프의 교

점의 좌표는 $(3,\ 3)$이다.
이때 $x+2y=10$, 즉 $y=-\dfrac{1}{2}x+5$의 그래프와 평행하므로 기울기

는 $-\dfrac{1}{2}$이다.

구하는 직선의 방정식을 $y=-\dfrac{1}{2}x+b$로 놓고 $x=3$, $y=3$을 대입

하면
$3=-\dfrac{3}{2}+b$ ∴ $b=\dfrac{9}{2}$

따라서 $y=-\dfrac{1}{2}x+\dfrac{9}{2}$이므로
$x+2y-9=0$

17 답 ⑤

연립방정식 $\begin{cases} 2x+y-1=0 \\ 3x+2y-4=0 \end{cases}$을 풀면 $x=-2$, $y=5$이므로 두 그래

프의 교점의 좌표는 $(-2,\ 5)$이다.
따라서 점 $(-2,\ 5)$를 지나고 y축에 수직인 직선의 방정식은
$y=5$

18 답 ④

연립방정식 $\begin{cases} x+y=3 \\ x-y=7 \end{cases}$을 풀면 $x=5$, $y=-2$이므로 두 일차방정식

$x+y=3$, $x-y=7$의 그래프의 교점의 좌표는 $(5,\ -2)$이다.
따라서 $ax-4y=23$의 그래프가 점 $(5,\ -2)$를 지나므로
$5a-4 \times (-2)=23$
$5a=15$ ∴ $a=3$

19 답 ②

$x-3y=6$에서 $y=\dfrac{1}{3}x-2$
$ax+by=4$에서 $y=-\dfrac{a}{b}x+\dfrac{4}{b}$
연립방정식의 해가 없으려면 두 일차방정식의 그래프가 서로 평행해
야 하므로
$\dfrac{1}{3}=-\dfrac{a}{b}$, $-2 \neq \dfrac{4}{b}$
$\dfrac{1}{3}=-\dfrac{a}{b}$에서 $b=-3a$ $\cdots\cdots$ ㉠
$-2 \neq \dfrac{4}{b}$에서 $b \neq -2$
$bx+2ay-2=0$에 $x=-1$, $y=-1$을 대입하면
$-b-2a-2=0$ ∴ $b=-2a-2$
이를 ㉠에 대입하면
$-2a-2=-3a$ ∴ $a=2$
이를 ㉠에 대입하면 $b=-6$
∴ $a-b=2-(-6)=8$

20 답 -4

$5x+ay=-4$에서 $y=-\dfrac{5}{a}x-\dfrac{4}{a}$
$-10x+4y=b$에서 $y=\dfrac{5}{2}x+\dfrac{b}{4}$
연립방정식의 해가 무수히 많으려면 두 일차방정식의 그래프가 일치
해야 하므로
$-\dfrac{5}{a}=\dfrac{5}{2}$, $-\dfrac{4}{a}=\dfrac{b}{4}$
∴ $a=-2$, $b=8$
따라서 $y=-ax+b$, 즉 $y=2x+8$의 그래프의 x절편은 -4이다.

21 답 12

연립방정식 $\begin{cases} y=-x+1 \\ y=\dfrac{1}{2}x-5 \end{cases}$를 풀면 $x=4$, $y=-3$

즉, 두 일차함수의 그래프의 교점의 좌표는 $(4,\ -3)$이다.
두 일차함수 $y=-x+1$, $y=\dfrac{1}{2}x-5$의 그래프의 y절편은 각각 1,
-5이다.

따라서 두 그래프는 오른쪽 그림과 같으므로
구하는 도형의 넓이는

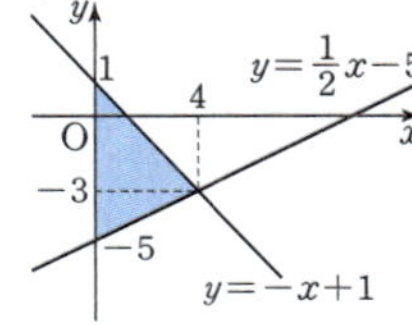

$$\frac{1}{2}\times\{1-(-5)\}\times4=12$$

22 답 -1

$4y-8=0$에서 $y=2$

$x+2y-3=0$에 $y=2$를 대입하면

$x+2\times2-3=0$ $\quad\therefore x=-1$

즉, 두 일차방정식 $y=2$, $x+2y-3=0$의 그래프의 교점의 좌표는
$(-1,\ 2)$이다.

$2x+ay-6=0$에 $y=2$를 대입하면

$2x+2a-6=0$ $\quad\therefore x=3-a$

즉, 두 일차방정식 $y=2$, $2x+ay-6=0$의 그래프의 교점의 좌표는
$(3-a,\ 2)$이다.

두 일차방정식 $x+2y-3=0$, $2x+ay-6=0$의 그래프의 x절편은
모두 3이다.

따라서 세 일차방정식 $y=2$,
$x+2y-3=0$, $2x+ay-6=0$의 그래프
는 오른쪽 그림과 같고, 세 그래프로 둘
러싸인 도형의 넓이가 5이므로

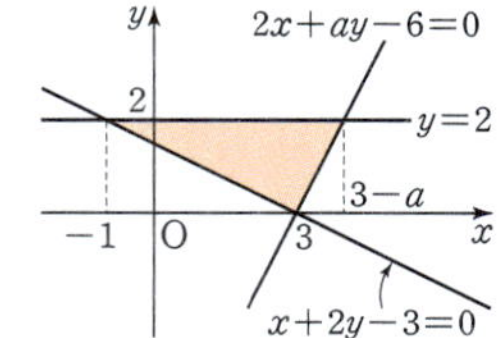

$$\frac{1}{2}\times\{(3-a)-(-1)\}\times2=5$$

$4-a=5$ $\quad\therefore a=-1$

23 답 $-\dfrac{5}{4}$

오른쪽 그림과 같이 $5x-4y-20=0$의 그래
프가 x축, y축과 만나는 점을 각각 A, B라 하
면 $5x-4y-20=0$의 그래프의 x절편은 4, y
절편은 -5이므로

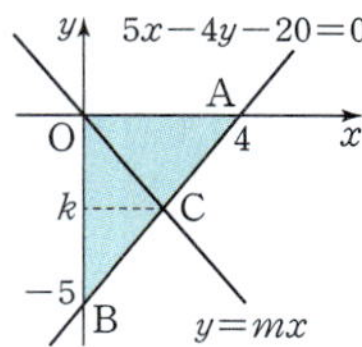

$A(4,\ 0)$, $B(0,\ -5)$

$\therefore \triangle AOB=\dfrac{1}{2}\times4\times5=10$

두 직선 $y=mx$, $5x-4y-20=0$의 교점을 C라 하고, 점 C의 y좌
표를 k라 하면 $\triangle AOC=\dfrac{1}{2}\triangle AOB$이므로

$$\frac{1}{2}\times4\times(-k)=\frac{1}{2}\times10$$

$$\therefore k=-\frac{5}{2}$$

$5x-4y-20=0$에 $y=-\dfrac{5}{2}$를 대입하면

$$5x-4\times\left(-\frac{5}{2}\right)-20=0$$

$5x=10$ $\quad\therefore x=2$

따라서 직선 $y=mx$가 점 $C\left(2,\ -\dfrac{5}{2}\right)$를 지나므로

$$-\frac{5}{2}=2m \quad\therefore m=-\frac{5}{4}$$

24 답 $\dfrac{17}{4}$

$A(0,\ 6)$이고 직선 $y=-3x+6$의 x절편은 2이므로

$B(2,\ 0)$

$y=2x-12$에 $y=6$을 대입하면

$6=2x-12$, $2x=18$ $\quad\therefore x=9$

$\therefore C(9,\ 6)$

직선 $y=2x-12$의 x절편은 6이므로

$D(6,\ 0)$

사다리꼴 ABDC의 넓이는

$$\frac{1}{2}\times\{9+(6-2)\}\times6=39$$

오른쪽 그림과 같이 직선 $x=k$와 $\overline{AC}$,
$\overline{BD}$의 교점을 각각 P, Q라 하면

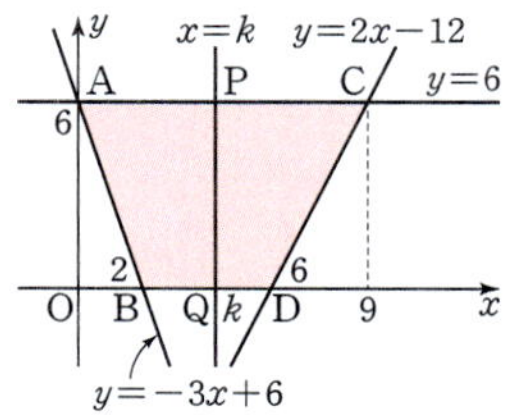

$P(k,\ 6)$, $Q(k,\ 0)$

사다리꼴 ABQP의 넓이는

$$\frac{1}{2}\times\{k+(k-2)\}\times6=6k-6$$

이때 직선 $x=k$가 사다리꼴 ABDC의 넓이를 이등분하므로

$$6k-6=\frac{1}{2}\times39,\ 6k=\frac{51}{2}$$

$$\therefore k=\frac{17}{4}$$

25 답 ④

과자 A: 두 점 $(0,\ 2000)$, $(10,\ 6000)$을 지나는 직선이므로

$$(기울기)=\frac{6000-2000}{10-0}=400$$

이때 y절편은 2000이므로

$$y=400x+2000$$

과자 B: 두 점 $(0,\ 0)$, $(15,\ 12000)$을 지나는 직선이므로

$$(기울기)=\frac{12000-0}{15-0}=800$$

이때 직선이 원점을 지나므로

$$y=800x$$

연립방정식 $\begin{cases} y=400x+2000 \\ y=800x \end{cases}$를 풀면 $x=5$, $y=4000$

따라서 두 과자 A, B의 총판매량이 같아지는 것은 y의 값이 같을
때이므로 두 과자 A, B의 총판매량이 같아지는 것은 과자 B가 판매
되기 시작한 지 5개월 후이다.

MEMO